中国气象局　南京信息工程大学共建项目资助精品教材

大气科学概论

何金海　郭品文
银　燕　申双和　主编

气象出版社
China Meteorological Press

内容简介

本书是在参阅大量有关的教科书、专著和论文的基础上，结合多年教学经验和体会编写而成的。在内容上力求完整、准确而又简练地阐明大气科学的基本原理、基本概念和基础知识，达到学术性、可读性和应用性的统一。本书的主要内容包括基础知识篇的大气成分与结构、大气现象、大气系统的能量收支与平衡、大气运动的规律与特征；探测篇的常规气象观测、天气雷达、气象卫星原理及其应用、大气探测新技术；预报篇的气旋和反气旋、气团和锋、天气预报的基本方法和技术、季风与中国雨带、厄尔尼诺与南方涛动及气候变化；应用篇的农业气象、气象能源、交通气象、健康气象和气象防灾减灾。

本书可供大学低年级学生学习使用，亦对气象行业工作者和其他大气科学爱好者有参考价值。

图书在版编目(CIP)数据

大气科学概论/何金海等主编．—北京：气象出版社，2012．5(2023．2 重印)
ISBN 978-7-5029-5471-0

Ⅰ．①大… Ⅱ．①何… Ⅲ．大气科学-概论
Ⅳ．①P4

中国版本图书馆 CIP 数据核字(2012)第 078457 号

出版发行：气象出版社
地　　址：北京市海淀区中关村南大街 46 号　　邮政编码：100081
电　　话：010-68407112(总编室)　010-68408042(发行部)
网　　址：http://www.qxcbs.com　　E-mail：qxcbs@cma.gov.cn
责任编辑：林雨晨　　终　　审：周诗健
封面设计：燕　彤　　责任技编：吴庭芳
印　　刷：三河市百盛印装有限公司
开　　本：720mm×960mm　1/16　　印　　张：32.75
字　　数：641 千字　　插　　页：6
版　　次：2012 年 4 月第 1 版　　印　　次：2023 年 2 月第 8 次印刷
定　　价：88.00 元

序

大气科学是研究大气中的各种现象及其演变规律，以及利用这些规律进行预报预测进而为人类服务的一门学科。它的研究对象主要是覆盖整个地球的大气圈，也研究大气与其周围的水圈、冰雪圈、岩石圈和生物圈相互作用的物理和化学过程，此外还研究太阳系其他行星的大气。自17世纪以来，大气科学历经建立、主要分支形成以及迅速发展三个阶段。现今的大气科学是一门分支学科众多的综合性学科，其在地球及地球生物系统研究学科中地位很高。它的基础包括数学、物理学、流体力学、动力气象学和天气学。探测、预报及预测、应用服务是大气科学的主要构成部分。大气科学的各个分支学科彼此不是孤立的，而是相互交叉与渗透的，它还包括大气物理学、大气环境学、大气化学、人工影响天气等等。

研究和发展大气科学对于人类改善自身生活环境，促进人类社会发展发挥着举足轻重的作用。随着理论研究的加深以及实践经验的积累，大气科学在防灾减灾，环境保护以及现代交通运输上均起到重要作用，并在农林、渔盐、交通、工程、医疗卫生和军事国防等方面取得显著效益。

南京信息工程大学大气科学相关学院的部分教授和专家，为适应大气科学学科深化教学改革的需要，让更多的学生了解大气科学，尽可能地为全校其他各专业向大气科学的拓展提供基础，在中国气象局和南京信息工程大学局校共建项目的支持下，编写了这本《大气科学概论》。中国气象局1992年确定气象事业为探测、预报预测、应用服务“三大块”结构，据此，该教材由基础篇、探测篇、预报篇、应用篇四大部分组成，从而和现代的中国气象业务板块有相应的衔接。

本书共有20章。在第1章进行概述的基础上，以基础篇、探测篇、预报篇、应用篇四大部分为核心进行阐述。其中基础篇包括第2章大气成分与结构：主要介绍大气质量与大气成分，大气垂直结构及表征大气的基本要素；第3章大气现象：主要介绍云、降水、雾、霾、露、霜、雷暴、龙卷、闪电、大气光学现象等大气现象；第4章大气系统的能量收支与平衡：主要介绍大气热量传输，大气的吸收、发射与温室效应以及太阳辐射与地球能量平衡；第5章大气运动的规律与特征：主要介绍大气中基本动力过程的特征、大气所受的力、动力过程的分类以及天气和气候的基本过程。探测篇包括

第 6 章常规气象观测：主要介绍常规气象观测内容，包括地面气象观测、自动气象站和高空气象探测三大部分；第 7 章天气雷达：主要介绍天气雷达的组成、工作原理及其探测原理以及雷达资料的应用；第 8 章气象卫星原理及其应用：主要介绍气象卫星原理，卫星资料的应用及星载仪器；第 9 章大气探测新技术：主要介绍风廓线仪、微波辐射计、激光雷达和 GPS 气象探测技术。预报篇包括第 10 章气旋和反气旋：主要介绍气旋反气旋的基本概念、天气学特征和分类，讨论涡度的概念，并重点介绍台风的结构和特征；第 11 章气团和锋：主要介绍气团和锋的相关知识；第 12 章天气预报的基本方法和技术：主要介绍天气预报的基本概念，短期天气预报思路、方法与技术，气象要素预报及其他天气预报；第 13 章季风与中国雨带：主要介绍季风的基本概念，亚洲季风环流系统，亚洲季风变率及东亚季风与中国雨带的关系；第 14 章厄尔尼诺与南方涛动：主要介绍海水温度分布及洋流，厄尔尼诺及其发生基本成因、生命期和基本特征以及厄尔尼诺对气候的影响；第 15 章气候变化：主要介绍不同时期气候变化的主要特征及其原因，重点介绍近百年气候变化的事实及其与人类活动的关系，探讨气候变化的影响与应对措施。应用篇包括第 16 章农业气象：主要介绍气象与农业的关系，影响农业的气象要素，农业气象预报以及气候变化对农业生产的影响；第 17 章气象能源：主要介绍气象能源，着重介绍太阳能以及风能的利用；第 18 章交通气象：主要介绍交通气象产生的背景，影响交通的不利气象条件和气象灾害以及交通气象业务；第 19 章健康气象：主要介绍气象要素如何影响人体健康、气象与人体疾病的关系、人体对气候的适应性和健康气象预报等方面的基础知识；第 20 章气象防灾减灾：主要介绍气象灾害特点，主要气象灾害种类以及气象防灾减灾技术。

该教材是在参阅了大量有关的教科书、专著和论文的基础上，结合教学经验和体会编写的，在内容上力求完整、准确而又简练地阐明大气科学的基本概念、基础知识和基本原理，达到学术性、可读性和应用性的统一，以便使本教材不仅能适应大气科学教学的需要，而且对气象行业工作者和其他大气科学爱好者也有参考价值。我相信广大读者定会从中受益。

丁一汇*

2012年3月

---

* 丁一汇，中国工程院院士

前　言

《大气科学概论》课程通过介绍大气科学的基本概念和基本知识，对专业课程中详细讨论的大气现象及其本质进行初步的描述和解释，将科学性和趣味性相结合，目的在于激发学生学习大气科学的热情和兴趣。该课程原本是为大气科学专业新生开设的《天气动力学引论》，后更名为《大气科学导论》，2010 年定为《大气科学概论》。

大气科学是一门多学科交叉的综合性学科，不仅涉及到物理、化学、流体力学、数学等学科，还与地球科学、社会科学、生态科学等方面有着密不可分的关系。同时，大气科学还是一门应用科学，需要用一系列监测、建模、推演等科学手段来深刻理解大气与地球系统、人类社会之间的关系，准确进行天气、气候和大气环境的监测和预报，从而减少大气活动对人类社会的负面影响。因此，大气科学本身的特点及其与经济社会发展之间的关系决定了大气科学及其研究的重要地位，使大气科学有着永无止境的科学前沿和不断发展的驱动力。随着全球变暖，极端灾害天气和气候频发，减缓和应对气候变化的需求更加迫切，大气科学的重要性更加日益凸现。

得益于中国气象局和南京信息工程大学局校共建的支持，为适应我校大气科学学科深化教学改革的需要，让更多的学生了解大气科学，尽可能地为全校其他各专业向大气科学的拓展提供基础，我们联合了本学科相关学院的部分教授和专家，编写了这本《大气科学概论》。中国气象局 1992 年确定气象事业为探测、预报预测、应用服务“三大块”结构，据此，我们确定该教材由基础篇、探测篇、预报篇、应用篇四大部分组成。本教材是在参阅了大量有关的教科书、专著和论文的基础上，结合教学经验和体会编写的，在内容上力求完整、准确而又简练地阐明大气科学的基本原理、基本概念和基础知识，达到学术性、可读性和应用性的统一，以便使本教材不仅能适应大气科学教学的需要，而且对从事气象行业工作者和其他大气科学爱好者也有参考价值。

本教材由何金海，郭品文，银燕，申双和共同担任主编，全书由何金海负责统稿、定稿，具体修改事宜由卢楚翰、蔡佳熙、刘琳负责。各章撰稿人分工如下：

第 1 章 何金海、卢楚翰、包云轩；

第 2 章 朱彬；

第 3 章 银燕；

第 4 章 杨军；
第 5 章 郭品文、王文；
第 6 章 陈爱军；
第 7 章 魏鸣；
第 8 章 官莉、陈爱军；
第 9 章 黄兴友；
第 10 章 徐海明、祁莉；
第 11 章 徐海明、高庆九；
第 12 章 苗春生；
第 13 章 郭品文、王黎娟；
第 14 章 郭品文、周顺武；
第 15 章 江志红；
第 16 章 申双和；
第 17 章 缪启龙；
第 18 章 包云轩；
第 19 章 胡继超、申双和；
第 20 章 景元书。

本书是首次印刷，其中基础篇和预报篇的部分内容取自大气科学专业（含大气探测方向）的《大气科学导论》教材（何金海等主编），并在教学中使用多年。新教材的效果还有待教学实践的检验。我们拟在该教材使用一段时间后根据教学实践和学生反映，对书中内容做进一步的调整和修改。由于水平有限和时间仓促，书中错误和不妥之处并不少见，因此可称为待修改的第 1 版。作为本书的作者，我们热切盼望读者提出宝贵意见和建议。

本书在编撰过程中得到学校各级领导和职能部门的大力支持，气象出版社陈云峰总编多次来校督促指导，国家信息气象中心周自江研究员提供了许多宝贵意见，在此谨向他们，向所有支持我们的人表示衷心的感谢。还要特别感谢中国工程院院士丁一汇教授能够拨冗为本书作序，全面阐述了本书内容和大气科学的重要作用。

本教材得到中国气象局和南京信息工程大学局校共建精品教材项目以及国家科技支撑计划“极端天气气候事件的检测和可预测性关键技术研究（No. 2007BAC29B01）”课题的资助。

何金海

2010 年 9 月

目　　录

第 1 章　概　论

1.1　大气科学的重要性

1.1.1　大气科学在人类生存与发展中的重要性

犹如鱼离不开水，大气是人类赖以生存的必需条件，它为地球生命提供所需的资源与养料。大气层对人类所处的地球起着关键作用。如果失去大气层的保护，地球将会是什么样子？由于流星、紫外线和太阳耀斑粒子流的肆意撞击，地球表面会变得坑坑洼洼，起伏不平，生命也无法存在；昼夜温差以及赤道和极地间温差巨大得惊人。这种荒芜的景象与我们的绿色地球家园之间的天渊之别就源于大气层的存在。

天气、气候变化无时无刻不在影响着人类的生存与发展。风调雨顺可以造福人类，而严寒、酷暑、干旱和雨涝、冰雹、龙卷等灾害性气候和天气，直接影响了工农业生产、交通运输和人民生活，甚至威胁了人民的生命财产。

开展大气科学研究，根本目的在于“知风晓雨，为我所用”。随着理论研究的加深以及实践经验的积累，大气科学在防灾减灾，环境保护以及现代交通运输上均起到重要作用，并在农林、渔盐、交通、工程、医疗卫生和军事国防等方面取得良好效果。

农业与气象、气候关系最为密切，因为各种农作物的生长、发育都必须具备一定的温度、日照和降水等气候条件。在进行农业区划时，必须根据这些有关气象要素统计资料，充分利用气候资源，合理地解决农业生产布局等问题。在进行播种、移栽、收割等农事活动时，必须利用短期和中、长期天气预报来加强工作的计划性，利用有利的天气时机，克服不利的天气条件，采取有效措施，预防灾害性天气带来的危害。还可利用气候学原理，改善田间小气候，夺取农作物的丰收。

植树造林同样也要研究气候条件，例如种植大规模的防护林时，先要调查造林区的盛行风向和风力，根据这些气候条件才能合理地规划防护林带的位置、宽度、走向和间距，使防护林带能发挥最大的效用。要预防森林灾害，如风折、雪压、霜冻等，必须利用天气预报及早采取措施，防患于未然。

沿海的渔、盐生产和气象条件关系也十分密切。就渔业生产来讲，我国渔场的面积很大，在世界渔场中占有相当的比重。捕鱼与风的关系最大，风力适宜既利于渔船出海，又利于鱼类群栖，抢风头、赶风尾，往往取得良好的成绩。因此，正确的风力预报，可以指导渔业生产。海盐生产过程，实质上就是海水蒸发过程，需要了解日照、温度、湿度、风向、风速以及晴、雨日数的气候资料，一次生产作业过程中最好有连续七八天的晴天，切忌中途出现大雨，这就需要准确的天气预报。

在海、陆、空交通和工程建设方面都需要应用气候资料和天气预报。海上航行，在很大程度上与天气有关。大风，海雾、台风等灾害性天气对航行有很大障碍，必须依靠天气预报，作好防御工作。建筑海港，需视港湾形势，利用当地盛行风向、风速资料，设计海港的口门方位。海港位置的选择也必须考虑雾的出现频率，冬季冰冻情况等气候条件。

陆上的交通也受到气象条件的影响，例如大风会折断电杆，雨凇压断电线，使通讯遭受破坏。大雾影响铁路和公路运输。公路和铁路的建筑必须知道冻土深度、最低温度和低于 0℃的连续出现日数。气温能够改变路基土壤内部水分的重新分布，影响路基强度，降水中的一次最大量和连续最大量，为公路和铁路桥涵设计的必要依据。如果没有足够的气候资料，没有掌握天气变化的极端情况，在雨季或暴雨时，就会发生路基崩塌、路面翻浆、排水道溢流、桥梁冲毁等等事故。

航空路线的选择需要根据云量、云状、云高、沿途风速和盛行风向、能见度等气象资料，来确定最有利的航线和高度。飞机场不宜建筑在多雾的地方，飞机跑道的方向要参考当地盛行风向来决定。在飞机起飞、航行途中和降落时，都必须根据当时的天气情况和天气预报采取措施，保证安全，特别是当盛夏午间空气对流旺盛，容易导致飞机颠簸，穿过过冷水滴构成的云层时，会产生飞机积冰现象，改变飞机的动力性能，往往因此发生航行事故，应加以防范。

在水利建设中为了作好某流域的总体规划、水库设计、灌溉工程、防洪、防风以及洪水预报等，就需要该地区和水文有关的气候资料，特别是降水方面的资料，年、月的平均降水量、最大降水量、最小降水量、降水强度、降水持续时间、暴雨持续时间、暴雨范围、降水变率、降水周期以及蒸发量等等的统计资料及其综合分析的研究成果，并且还要考虑这些水利工程实施后的气候效应。

在城市建设方面为了合理地布置工厂、机关、学校与住宅区，就需要盛行风向、风速和浑浊指数的资料。例如北京的工业区选择在东南郊，其原因之一就是由于北京常年盛行西北风的缘故，这样使工厂区位于下风方向，工厂的烟尘就不致大量扩散到市内。在城市中还由于近代工业的发展，出现人口密集的现象，工厂、汽车和居民所用炉灶等排放出的烟尘废气，使大气污染，直接间接影响着人体的健康。大气污染的监测、预报，大气污染气候与大气环境的评价以及作好大气环境保护等方面的工作，都需要应用气象资料和及时的天气分析和预报。

人体健康与气象条件关系十分密切。疗养地点的选择，对日照、气温、湿度、大气透明度和风速等都有一定的要求。病菌的繁殖与温度、湿度关系很大，人体抵御疾病的机能，也和天气情况有关。例如每次寒潮爆发，都会导致患呼吸道器官疾病的人病情加重，因此，医疗卫生部门必须重视天气变化，及早采取措施，防病治病，提高医疗效果。

在国防建设中，海、陆、空军事基地的选择，都必须慎重考虑气候条件，在战争中，气象情报是军事行动的重要保证之一。正确地利用气象条件和天气预报，制订周密的作战计划，才能收到克敌制胜的效果。

由此可见，研究和发展大气科学对于人类改善自身生活环境，促进人类社会发展发挥着举足轻重的作用。

1.1.2 大气科学在自然科学中的重要性

大气科学与许多自然科学学科是相互交叉、相互促进的。大气科学除了应对自身的科学挑战外，还在许多学科中提出重要问题，促进这些学科的发展；同时又从这些学科中获得知识促进自身的进步。其中，海洋学可能是大气科学最密切的伙伴。大气和海洋环流认识的发展为地球科学研究打开了新的领域，验证了一些已有的结论并且激发出新的思想。

大气科学的不少著名理论对自然科学的发展起了重要作用。20 世纪 20 年代挪威著名气象学家皮叶克尼斯(V. Bjerknes)提出斜压大气和环流理论，推动了整个宏观流体动力学的研究；1922 年英国科学家理查森(L. F. Richardson)提出逐步积分的概念，促进了后来计算机技术的发明和发展；60 年代初，美国著名气象学者洛仑兹(E. N. Lorenz)提出分岔、混沌和怪引子概念，表明科学上的确定论与随机论不能截然分开，它们是可以相互联系起来的，这被公认为当代自然科学的重大突破。这些概念的提出不仅使气候动力学大大发展，而且使数学、物理学、生物学等自然科学取得重大突破，同时使社会科学得到很大发展。

1963 年，著名物理学家 A. M. Weinberg(温伯格)指出，各种学科的相对科学价值可以用它们对其他学科的影响来评估，即是说“最具科学价值的领域是对邻近科学学科具有最大贡献并将邻近学科照得最亮的领域”。在此意义上，大气科学在地球及地球生物系统研究学科中地位很高。

1.2 大气科学的研究对象、内容和学科体系

1.2.1 大气科学的研究对象和内容

大气科学是研究大气的各种现象及其演变规律，以及如何利用这些规律为人类

服务的一门学科。大气科学是地球科学的一个组成部分。它的研究对象主要是覆盖整个地球的大气圈，也研究大气与其周围的水圈、岩石圈和生物圈相互作用的物理和化学过程，此外还研究太阳系其他行星的大气。

覆盖整个地球的大气，质量约 5300 万亿 t，约占地球总质量的百万分之一。由于地心引力的作用，大气质量的 90%聚集在地表 15 km 高度以下的大气层内，99.9%在 48 km 以内。2000 km 高度以上，大气极其稀薄，逐渐向星际空间过渡，无明显上界。

大气本身的可压缩性、太阳辐射、地球的形状和它的重力、地球的公转和自转、地球表面的海陆分布和地形起伏、地球的演化和地球生态系统等是造成地球大气特定组分、特定结构和特定运动状态的主要自然条件。人类活动及其对生态因素所起的作用，是影响大气组分、大气结构和大气运动的人为条件。

地球大气的组分以氮、氧、氩为主，它们占大气总体积的 99.96%。其他气体含量甚微，有二氧化碳、氪、氖、氨、甲烷、氢、一氧化碳、氙、臭氧、氡、水汽等。大气中还悬浮着水滴、冰晶、尘埃、孢子、花粉等液态、固态微粒。太阳系的八大行星，都存在大气。地球大气中的氧气是人类赖以生存的物质基础，氧气的出现及其含量的变化，同地球的形成过程和生物的演化过程密切相关。大气中的水汽来自江河、湖泊和海洋表面的蒸发，植物叶面的蒸腾，以及其他含水物质的蒸发。在夏季湿热处，大气中水汽含量的体积比可达 4%，而冬季干寒处（如极地），则低于 0.01%。水汽随着大气温度发生相变，成云致雨，成为淡水的主要资源。

水的相变和水文循环过程不仅把大气圈同水圈、岩石圈、生物圈紧密地联系在一起，而且对大气运动的能量转换和变化有重要影响。大气中的二氧化碳含量受植物的光合作用、动物的呼吸作用、含碳物质的燃烧以及海水对二氧化碳的吸收作用所影响，化石燃料（如煤、石油、天然气）燃量增加，森林覆盖面积减少的情况下，已观测到二氧化碳含量与年俱增。大气中本来没有或极少存在的甲烷、一氧化二氮等气体，由于人类活动的影响，近年来它们的含量也迅速增加。这些有温室效应的气体含量的变化对大气温度的重要影响，已成为研究现代气候变化的一个前沿课题。

大气中臭氧的含量极少，即使在离地表 20～30 km 的浓度最大处，其含量也不到这层大气的十万分之一，然而大气臭氧层能够大量吸收太阳紫外辐射中对生命有害的部分，对人类和生物起着十分重要的保护作用。另外，大气臭氧层的存在，对平流层大气的温度起着重要作用。由于人类活动对高空光化学过程的影响会引起臭氧含量的变化，人类活动对臭氧含量影响的研究，已成为医学界和气象学界共同关注的问题。

地球大气的运动非常复杂。地球的自转和公转运动以及地球自转轴的方向产生了地球上的昼夜交替、四季变化和温度自赤道向两极递减的规律。由于海陆分布和地貌等的不均匀性，地表的温度并不完全按纬圈带分布，而呈现出非带状的不均匀分布。

整个大气圈通过各种机制相互紧密地联系在一起，形成了空间尺度小至几米以下，大至几千千米甚至上万千米，时间尺度短至几秒，长至数十天或更长时间的多种大气运动系统。在影响大气运动的因素中，人为的因素在变化着（如工农业生产引起大气中有温室效应的气体增加，大面积森林砍伐等），自然的因素也在变化着（如火山爆发等引起辐射能的变化，地球自转轴方向的变化等）。大气的运动也就呈现出既有规律性又有随机性的特点。

大气科学的研究对象——地球大气，无论它的组分、它的结构，还是它的运动，都存在确定性和不确定性两个方面。这正是大气科学研究复杂性的一面。

大气圈以外，还存在着水圈、冰雪圈、岩石圈和生物圈，这些圈层组成一个综合系统。大气圈中发生的各种变化都受其他圈层的影响；反之，大气圈也影响着其他圈层的变化。研究大气运动的能源，大气中的物质循环、能量转换和变化过程，大气环流以及天气、气候的分布和变化，都必须考虑大气圈同水圈、冰雪圈、岩石圈、生物圈之间的相互影响和相互作用。

大气圈不是孤立的，在空间和时间上具有宽广尺度谱的各种大气现象也不是孤立的。它们种类繁多，相互叠加又相互影响。即使同一类现象，其结构也不尽相同。影响这些天气现象的因素非常复杂，人类至今还很难在实验室内用人工控制的方法对它们进行完整的实验和研究。只能以大自然为实验室，组织从局地到全球的气象观测网，运用多种观测手段对大气现象进行长期的连续的观测，特别是定量的观测，以获取资料；对有关气候现象还需搜集地质考查、考古发掘和历史文献等资料。

大气科学家们通过对大量资料的分析和综合，提炼出量与量之间的定性的或定量的关系，归纳出典型现象的模式特征，如锋面、气旋、大气长波等。在模式的基础上运用已知的物理学和化学的基本原理，以及数学工具和计算技术进行理论上的演绎和模拟，导出新的结论。理论模式是否合理，还需回到大自然的实验室中进行检验，有些理论模式还有待于新的观测资料加以证实。

全球大气在不停地运动着，而且是一个整体。为掌握大气运动变化快、范围广、形式多的特征，就必须对大气进行连续的、高频率的、全球性的观测。全球数以万计的为天气预报进行观测的气象站，要在相同的时间、用接近相同的仪器和观测方法，在全球各地进行同步观测；由气象卫星、气象雷达等探测手段观测的大量资料，凡用于天气预报业务的资料还要作同步处理。这些资料都要在观测完毕后的短短数十分钟内迅速集中到世界气象中心和各国的气象中心。再加上为数更多的水文气象站的观测资料。资料的范围之广、数量之多、传递之快是惊人的，这是自然科学中的奇观。这一切只有通过国际间的密切合作才能实现。

1.2.2 大气科学的学科体系

大气科学是由一些从不同角度描述并探讨地球上和其他行星上的大气现象的有关学科组成的。传统上，它可分为两门：一门叫气象学[Meteorology，出自希腊文“meteoros”(意思是“上空的”)和“logos”(意思是“推理”)]，它研究大气现象及其随时间变化的特征；另一门叫气候学，它研究构成气候的大气长期统计特性(例如像温度那样的各种测定量的平均值和变化范围以及像雨或大风那样的各种事件的频率，随地理位置、季节和一天中时间而变化)。

从 20 世纪 60 年代以来，“大气科学”术语的应用日益广泛，它大大扩充了传统的研究内容，现今的大气科学是一门分支学科众多的综合性学科。学科体系如图 1.1 所示，它的基础包括数学、物理、流体力学、动力气象学和天气学；探测、预测及预报、应用服务是大气科学的主要构成部分；其中探测为预测及预报、应用服务提供了可靠的数据资料，包括了地面探测、高空探测以及近年来发展迅速的卫星、雷达等遥感学科；天气预报及气候预测则是大气科学的核心部分，主要包括数值预报、统计预报以及天气学预报；应用服务则是大气科学的出发点和归宿，包括应用气象学、应用气候学以及航空气象学等。大气科学的各个分支学科彼此不是孤立的，而是相互交叉与渗透的，它还包括了大气物理学、大气环境学、大气化学、人工影响天气等。

- 大气科学
  - 基础
    - 数学、物理、化学
    - 流体力学
    - 天气学
    - 动力气象
  - 探测
    - 地面
    - 高空探测
    - 遥感
      - 卫星
      - 雷达
  - 预测、预报
    - 数值预报
    - 统计预报
    - 天气学预报
  - 应用服务
    - 应用气象学
    - 应用气候学
    - ……

图 1.1 大气科学学科体系

1.2.3 大气科学与其他学科的关系

近年来，由于人类越来越认识到大气圈与水圈、冰雪圈、岩石圈和生物圈之间相互作用和相互影响的重要性，要了解大气变化过程就不能不深入到其他圈层变化过程的研究。因此,大气科学与其他学科之间的相互渗透也越来越深入。

比如:研究大气运动,需同流体力学、热力学、数学密切合作;研究太阳辐射以及太阳扰动在大气中引起的各种机制,需同高层大气物理学、太阳物理学和空间物理学密切合作;研究水分循环、海洋和大气的相互作用,需同水文科学、海洋科学密切合作;研究地球大气的演化、地球气候的演变,需同地球化学、地质学、冰川学、海洋科学、生物学和生态学密切合作;研究大气化学、大气污染,需同化学、物理学、生物学和生态学密切合作;研究大气问题的数值模拟、数值天气预报等,需同计算数学等密切合作;研究大气探测的手段和方法,需同有关的技术科学密切合作;在大气探测、天气预报等自动化进程中,大气科学还不断同信息论、系统工程等科学技术领域密切合作。在相互合作和相互渗透的过程中,大气科学不断汲取其他学科的养分;大气科学特定的要求又不断为其他学科开辟新的研究前沿,不断丰富着其他学科内容。

总之,人类生产和生活的发展,将不断提出新的问题和要求,推动大气科学新理论和新分支的发展。大气科学新的发展,必将不断提高它为生产和生活服务的能力,如提高天气和气候预报的准确率、为开发利用气象资源和制定经济政策提供更加可靠的科学依据等,其经济效益和社会效益将不可估量。

1.3 大气科学的发展历史及展望

大气科学是一门古老的学科,有关天气、气候知识起源于人类长久的生产劳动和社会生活的经验之中。我国自周朝以后,许多典籍中都有关于气象和气候知识的记载。例如,《易经》、《孙子兵法》、《本草纲目》、《山海经》等历代史书,以及《楚辞》、唐诗等文学作品,都收集有很多描述天气的内容。所有古代遗留下来的宝贵经验,在《图书集成》一书中集其大成。在国外,古代的底格里斯河和幼发拉底河流域的楔形文字碑上,也记载许多有关天气的知识。希腊医生希波克拉底所著《空气、水和地方》(约为公元前 400 年)是一篇很好的气候志。

大致可以说,从古代到 16 世纪,大气科学的研究只限于零碎的定性观察和描述,还谈不到是独立的科学。在 17 世纪由于工业的发展,推动了自然科学的发展,特别是物理学有显著的成就,较精密的气象仪器相继发明,大气科学的理论也得到大大提高,使大气科学逐步发展成为独立的科学。17 世纪以来大气科学发展主要分为以下三个阶段。

1.3.1 大气科学的建立

17—19 世纪初是大气科学的建立时期。在这期间,各种气象仪器相继问世,意大利物理学家和天文学家伽利略于 1593 年发明了温度表;其后,意大利物理学家和数学家托里拆利于1643年发明了气压表。由于有了温度表和气压表等气象仪器，1653年意大利的斐迪南二世在佛罗伦萨建立了世界上第一个气象观测站，哈默尔在18世纪80年代组建了由欧洲、北美洲和西伯利亚共20个国家的57个气象观测站构成的观测网。18世纪中叶，人们开始进行高空探测的尝试。随着全球较广泛地进行气象观测，获得了丰富的资料，大气科学的研究逐步深入以及其他学科理论如流体的概念及牛顿的力学三大定律和微积分学，为大气科学提供了理论基础，气象学家逐步提出了各自的理论。1686年哈雷发现信风，认为信风同太阳供给赤道较多的热有关。哈得来在1735年的《关于信风之起因》中，第一次对大气环流考虑地球自转的因素，并首次创立了经圈环流的理论。

1.3.2 大气科学主要分支的形成

19世纪初至20世纪40年代大气科学主要分支逐渐形成。随着无线电报的发展，使气象观测结果能很快地传送到各地，给予编制和研究天气图以可能性。1820年，德国人布兰德斯(H. W. Brandes)利用《巴拉丁气象学会杂志》上登载的气象观测资料，将1783年各地同一时刻的气压和风的记录填在地图上，在莱比锡绘成了世界上第一张天气图。1860—1865年间天气图迅速发展起来。1857年，荷兰学者白贝罗(Buys Ballot)提出了风与气压关系，之后，拜斯·巴罗特发现风和气压之间的经验关系，从而开展了海平面等压线分布的基本型式与天气关系的研究。

在19世纪最后25年间，气象学的发展颇为迅速。1878年雷根据8000次卷云状的云移动的观测记录作为气旋经验模式，给出了锋面低压三度空间结构的实质，想象冷锋是冷空气楔侵入暖空气。1879年苏本(A. Sapan)出版了第一幅世界温度分布图；1882年卢米斯(E. Loomis)出版了用等雨线表示的世界降水量分布图；1883年泰塞伦克做出第一幅显示季节性的反气旋和气旋的平均气压图，其中的“活动中心”成了研究大气总环流的基础。汉恩(J. F. Hann)出版了《气候学手册》(共三卷)，一卷出版于1883年，是普通气候学，随后出版的二卷是区域气候学。19世纪末叶，在小范围里开始了高空探测的高空气象学。例如，泰塞伦克和阿斯曼(R. Assmann)在欧洲，罗奇(A. L. Rotch)在美国，都进行了高空探测。

从20世纪初期开始，气象学已成为一门物理科学。由于有了坚实的理论基础，气象学发展很快。特别是1920年前后，皮叶克尼斯父子创立的挪威学派提出了锋面和气旋的立体模型，明确地论述了气旋形成的著名极锋学说，并用天气图分析来推测天气的演变。迄今，挪威学派所创立的锋面学说还在国际上广泛地应用于天气分析和天气预报中，这是20世纪大气科学一个重要的理论成就。

在20世纪大气环流与大尺度动力学研究史上最重要的研究应是30—40年代以罗斯贝为首的芝加哥学派所创立的大气长波理论，该理论不仅为天气预报提供了理论依据，也使得后来的数值天气预报和大气环流数值试验成为可能，奠定了现代大气环流与大气动力学的基础，使得人们对大气环流的看法有了一个根本性的改变。

1930年代贝吉龙(T. Bergeron)和芬德森(W. Findeisen)研究的冰晶与过冷水共存的云中雨滴形成过程的理论，这个理论为人工影响局部天气奠定了基础。1947年他在朗格缪(I. Lang muir)指导下谢拂(V. J. Schaefer)和冯内古特(B. Vonnegut)分别发现干冰和碘化银在冰箱的又发现干冰和碘化银掉入云过冷云中可以产生大量冰晶，为人工影响冷云降水的具体实施提供了实际途径。同时，还发现热带区暖云中，由于大小水滴发生碰并也同样会增大雨滴，这就为人工播撒大小水滴或盐粒影响暖云降水奠定了理论基础。

与此同时，气候学也有长足的进步。例如，1918年柯本(W. Koppen)以陆地植被为基础，作出详尽的世界气候分类。1930—1940年间，柯本和盖格(R. Geiger)出版了五卷《气候学手册》。小气候领域于1917年第一次由盖格详细勾画出轮廓。1942年雅各布斯发展了天气气候学。

1.3.3 大气科学的迅速发展及发展趋势

20世纪50年代以后，大气科学的发展更为迅速。其发展大致有以下三个特色：第一是开展大规模的科学实验。由于观测系统有了激光、雷达、人造地球卫星，开展了大规模的跟踪加预报。技术的进步促进了基础理论的发展，如现在已能把大气环流基本状态和它的季节变化模拟出来，从而对它有了更深入的理解。探测技术的发展还促进了光和辐射等大气传播规律的基础研究；第二是利用电子计算机，对大气现象定量地进行数值模拟实验，使气象科学能进入定量地深入研究各种大气物理过程的新阶段；第三是把大气作为一个整体进行研究，把对流层与平流层，中、高纬度与低纬度，南半球与北半球结合起来进行研究。同时，也更注意海洋与陆地表面的物理性质对天气和气候的影响，以及气候变迁问题。此外，还愈来愈注意人类活动对气候的影响。

1743年法国传教士高比在北京设立的测候所，是我国境内用近代气象仪器进行测候的开始。1911年后，我国在北京成立中央观象台。1927年后，在南京中央研究院设置气象研究所。抗日战争期间，1941年在重庆成立中央气象局。其间，竺可桢研究了我国的区域气候、季风强弱和雨量的关系、台风的频率、我国历史上的气候变迁、地面大气的运行等。涂长望修订了竺可桢的气候分区，研究了我国的气团和锋面，并应用相关系数来研究夏季旱涝等。赵九章研究过有关信风主流热力学方面的问题等。

20世纪50年代以后，大气科学的发展更为迅速。二战后，世界各地建立了大量的高空观测站，特别是60年代以来探测技术的日益进步，气象探测资料大量增加，促进了大气科学的高速发展。依据各种实际观测资料以及数值模拟分析，各种时空尺度运动的特征和演变规律得以揭示。随着新问题的大量提出，大气科学的分支学科受到不断开拓与完善。在这期间，大气科学的理论研究无论在深度还是广度方面得到了迅猛发展。

新中国成立以来，大气科学的研究有了较大进展。全国各地普遍建立各级气象台站，地面和高空气象测报网已基本建成。特别是结合农业的需要，促进了我国具有独创性的县站预报的建立和发展。在基础理论方面，如大气环流和动力气象等；在天气气候方面，如中国天气、东亚季风、高原气象、热带气象等；在卫星气象方面，如甚高分辨云图接收机的研制、卫星气象学和探测原理的研究；在人工影响天气方面，如云雾物理、人工消雹和人工增雨等；所有这些方面，都开展了研究，并取得了较好的成绩。

跨入 21 世纪，大气科学充满新的重点领域，并对社会产生更加突出的贡献。当前世界比较先进的国家如美国、日本、西欧等，对大气科学研究的趋向大致着重在三个方面：

(1)中小尺度天气系统，以灾害性天气为重点，对于资料收集、分析和预报等方面逐渐走向自动化和定量化，从而能比较细致地分析天气系统的结构；

(2)气候变化，对全球及国家范围的气候资源进行广泛的调查研究，利用卫星绘制各种气候资源分布图，关注气候变化，估计长期和短期气候变化趋势。随着气象卫星的应用，气候资料大量增加，用电子计算机进行快速处理也得到发展。1970 年以来，气候学已突破只从大气的角度研究气候的限制，而扩大到考虑大气圈、水圈、冰雪圈、岩石圈及生物圈所组成的气候系统，向着更广泛、更综合的方向发展；

(3)大气物理和大气化学有了进一步的发展，进行了人工降水的试验，特别重视城市污染、酸雨、对流层化学、平流层臭氧等方面的研究。

1.4 气象业务与气象服务

天气的变化与人们的生产活动、社会活动、军事活动以及日常生活都有着十分密切的关系，对天气变化进行分析和预测有着十分重要的实际意义，能够为人类活动提供天气保障服务，指导人类趋利避害。气象部门的工作主要包括对当前气象状况进行测报、对未来的天气状况进行预报、为各类服务对象提供气象服务，天气预报是其工作的核心。天气预报是根据气象观测、探测资料，应用天气学、运动学、统计学的原理和方法，对某区域或某地点未来一定时段的天气状况作出定性或定量的预测。随着气象科技的发展，气象卫星、天气雷达、大气廓线仪等先进探测技术和专家系统、神经网络等人工智能技术的应用，天气预报越来越准确，气象信息的使用价值也越来越高，气象服务产生的效益也越来越明显。

1.4.1　气象业务

目前我国有五级气象台站，即国家级气象业务中心、区域气象中心、省级气象台、地级气象台和县级气象站。其业务包括对当前气象状况进行测报、对未来的天气状况进行预报、为各类服务对象提供气象服务三个方面，天气预报是各级气象台工作的核心。

天气预报按其预报时效大致可分为临近预报(0～2 h)、甚短期预报(2～12 h)、短期预报(12～48 h)、中期预报(3～10 d)、长期预报(10 d以上)等。

看似简单的天气预报，实际是一项浩大的系统工程，简单地讲，它是由大气观测探测、资料通讯传输、资料加工处理、天气分析和预报、预报产品制作和发布等几大部分组成，其业务流程大致如图1.2所示。从由地面气象观测站、高空气象探测站、天气雷达站和气象卫星共同组成的全球大气监视网对大气的运动变化进行观测、探测开始，到各级气象台站通过各种媒体向公众及其他服务对象发布天气预报，其中凝聚了全球广大气象工作者大量的辛勤劳动。

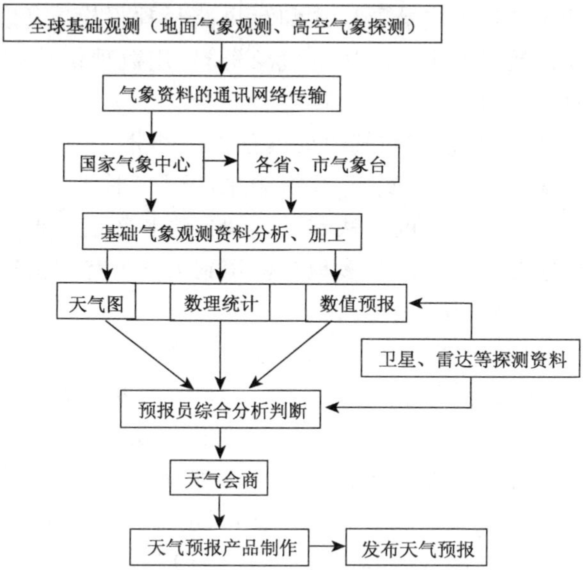

图1.2　天气预报业务流程简图

气象台进行天气预报所用的资料主要有地面观测和高空探测资料、各类数值分析预报产品、天气雷达和气象卫星资料等，所需的主要资料通过世界气象组织(WMO)实现全球共享。气象资料分为常规观测资料和非常规观测资料，常规观测资料来自全球气候观测计划中的陆地观测站、海洋船舶观测站和高空探测站在每天世界时00时、06时、12时、18时的天气报告，通过全球电传通讯系统（GTS）发送；非常规资料包括气象卫星、雷达、大气廓线仪等探测资料。数值分析预报产品亦可通过GTS由世界气象组织全球资料加工系统（GDPS）获取。

目前常用的天气预报技术方法主要有：天气学预报方法、动力学预报方法和统计学预报方法，以及由这三种基本预报方法相互结合形成的天气—统计预报方法、动力—统计预报方法（MOS法和PP法）和天气—动力预报方法等。天气学预报方法即天气图预报方法，是一种定性的、经验性的方法，主要利用地面、高空天气图和各种辅助天气图，根据天气学原理，分析当前天气系统的分布、结构以及发生发展的规律，推断其移动和变化趋势，由此预测未来的天气形势，并结合卫星云图、雷达回波图、各要素场图、数值预报产品以及预报员的经验，最终作出天气预报。动力学预报方法即计算机数值预报方法，是以大气动力学和热力学为基础，建立起一系列描述大气运动的方程组（数值模式），以计算机为工具，将当前的气象要素场作为初始场，应用数值积分方法，对方程组按时间步长进行反复求解，计算出未来气象要素场的分布，来预报未来大气运动的状态，如美国的RAMS模式、中国的T106L19全球谱模式、HLAFS有限区域模式、HBFS华北区域暴雨模式和台风路径预报模式等。统计学预报方法即数理统计预报方法，是根据大量的历史气象资料，用数理统计方法来进行分析，归纳出预报模式，从而进行定量或定性的预报。

天气预报可分天气形势预报和气象要素预报两部分。天气形势预报就是预测各种天气系统的发生、发展、移动和演变，预报未来的天气形势，它是天气预报（气象要素预报）的基础。天气形势预报的方法有天气学方法和数值预报方法，天气学方法是常用方法，但数值预报方法已愈来愈多地被应用到天气形势预报中，目前已基本取代了传统的天气图形势预报方法。

气象要素预报的内容很多，主要包括气温、风、雾、云和降水等气象要素的预报。气象要素预报的方法主要有天气学方法、统计预报方法及动力—统计预报方法，在动力—统计预报数值产品的释用中通常采用完全预报法（PP法）和模式输出统计法（MOS法），以及卡尔曼滤波、神经元、相似、动力解释和指标迭套等。目前实际工作中，气象要素预报采用以数值预报产品（如我国目前每天下发的T106谱模式产品含24个要素、15个预报时次、16个层次，共1864个场）为基础的综合预报方法，综合应用数值预报、统计预报产品、天气学经验、卫星和雷达探测资料，并结合本地区地理气候特点，作出具体的气象要素预报。

自1960年第一颗气象卫星（美国电视和红外观测卫星TIROS—1）发射升空以来，世界各国已相继发射了150多颗气象卫星。气象卫星探测资料的应用极大地促进了天气预报准确率的提高，已成为天气分析和预报中不可缺少的重要工具，并被广泛地应用到其他领域。气象卫星按其轨道可分为极轨气象卫星和静止气象卫星，极轨气象卫星南北向绕近极地轨道运行，高度为600～1500 km(低轨)，周期为100 min左右，如美国的TIROS、前苏联的Cosmos和Meteor、中国的FY-1等。静止气象卫星又称地球同步气象卫星，在赤道上空东西向绕地球运行，与地球自转方向和角速度一致，高度约36000 km，周期为24 h，如美国的GOES、俄罗斯的GOMS、欧洲的METEOSAT、日本的GMS、中国的FY-2等，目前在气象业务中主要使用的是静止气象卫星的图像资料。利用卫星拍摄的1小时一次的可见光(VIS)、红外(IR)和水汽(WV)图像可以识别出天气系统并确定其位置，估计其强度和发展趋势，尤其是对资料稀少的高原、沙漠和海洋上的天气系统。利用动态图显示的云图或比较连续时次的云图，可观测云和水汽的变化，进而分析天气系统移动和演变。此外，气象卫星的可见光、红外图像还被直接用来为航空、航海提供气象保障服务。

自1940年雷达开始应用到气象领域以来，世界各国相继建立了天气雷达探测站网。天气雷达是一种掌握降水动态、提供降水临近预报的有效工具，尤其是在中小尺度天气系统探测及强对流天气灾害预警中发挥了重要的作用，雷达回波的强度、形状变化，以及多普勒速度，提供了降水系统本身及大气运动对降水系统作用的信息，使天气雷达能够迅速、准确、细致地测定降水区的位置、范围、强度、性质以及降水随时间的变化。目前使用的S波段(10 cm)、C波段(5 cm)和X波段(3 cm)天气雷达所观测到的回波，绝大多数来自云和降水，它能够随时探测到测站周围一定范围内降水的发生、发展、消散以及移动等情况。1960年多普勒技术开始应用到天气雷达，多普勒天气雷达可以探测到降水云内和晴天大气中的水平风场和铅直气流场、降水滴谱和大气湍流等，能够探测冰雹、龙卷、下击暴流等。

在大气观测、探测技术、数值天气预报和计算机可视化技术迅猛发展的推动下，天气预报业务不断向自动化、客观化、定量化、综合化和智能化方向发展，各国相继研制开发了自动化业务预报系统，如英国的FRONTIERS系统、加拿大的RAINSAT系统、瑞典的PROMIS系统、美国的AWIPS系统。20世纪90年代，中国气象局实施了以气象卫星综合应用业务系统(简称9210工程)为中心的现代化建设，采用卫星通信、计算机网络、分布式数据库、程控交换等先进技术，建成了卫星通信与地面通信相结合、以卫星通信为主的现代化气象信息网络系统，实现了气象信息的中高速网络化传输和气象信息的共享。在解决气象资料通信瓶颈问题的同时，中国气象局配套开发并在全国气象台站普遍应用了新一代天气预报业务系统，其核心为9210工程的天气预报人机交互处理系统，即气象信息综合分析处理系统(Meteorological Information Comprehensive Analysis and Processing System，MICAPS)，MICAPS是一个与通讯、数据库配套的支持天气预报制作的人机交换系统，集气象信息显示(各类常规天气图表、卫星云图、传真图、指导预报图等)、国家地理数据(行政区域图、地形地貌图、湖泊河流、城市与台站资料、主要铁路和公路等)、历史气象数据(气温、降水量极值等)、人机交换处理和气象预报服务产品制作加工为一体，作为预报员进行天气分析和业务预报的计算机工作平台。此外，目前在气象业务及科研上广泛使用的软件系统还有 NCAR(美国国家大气研究中心)GKS 绘图软件包和 GrADS(Grid Analysis and Display System)数据分析显示系统，作为气象数据分析的标准图形显示平台。

1.4.2 气象服务

气象服务是气象工作的出发点和归宿，2000 年 1 月 1 日起正式实施的《中华人民共和国气象法》明确规定："气象事业是经济建设、国防建设、社会发展和人民生活的基础性公益性事业"。

从气象服务的内容看，气象服务分为气象信息服务、气象工程技术服务和气象科技综合咨询服务。气象信息服务包括气象情报信息服务和气象预报信息服务，气象情报信息服务是指向用户提供实测性的气象信息服务，气象预报信息服务是指向用户提供有关未来时刻的预测性气象信息服务。气象技术工程服务是根据气象控制信息，采取适当的工程技术措施对用户系统进行有效控制，使之趋气象环境之利、避气象环境之害，如人工影响局部天气技术(人工增雨、人工消雹、人工消雾、人工防霜冻、人工消云和消雨等)、农业气象适用技术(设施农业和霜冻、干热风等防御技术以及抗旱、防冻、保鲜剂利用技术等)、雷电防御技术等。气象科技综合咨询服务是指向用户提供有关气象科技方面的综合性咨询服务。

从气象服务的对象看，气象服务分为决策气象服务、公众气象服务和专业气象服务。决策气象服务是指为各级党政机关指挥防汛抗洪救灾、抢险救灾、发展经济和维护社会稳定所提供的气象信息服务。公众气象服务是指通过各种媒体为社会公众提供的气象服务，所提供的主要是天气预报服务。公众气象服务是气象公益服务的重要内容，随着公众对气象服务需求的提高，常规气象要素预报进一步定点、定时、定量化，天气现象预报概率化，同时也发展出了以各种气象指数预报为代表的新的公众气象信息服务项目，如生活质量(供暖等)、安全保障(火险等)、舒适(舒适度指数、穿衣指数等)、方便(晒衣指数、晨练指数、发霉指数等)、公众旅游气象信息服务和空气质量指数(或空气污染指数)、紫外线强度、花粉浓度、各种疾病发生率(中暑、哮喘病、感冒气象指数等)预报等。专业气象服务是指为特定用户专门提供的有专门用途的气象服务，如暴雨、大风、雾、雷电、电线结(积)冰、污(雾)闪等专用气象服务，可分为有偿气象服务和商业性气象服务。

从气象服务的载体看，气象服务分为印刷品(书面、报纸和期刊)、声讯电话、广播电视、警报器、计算机网络及因特网气象信息服务等。

参考文献

华莱士,霍布斯.2008.大气科学.何金海,王振会,银燕,朱彬,等,译.北京:科学出版社.

黄荣辉.2005.大气科学概论.北京:气象出版社.

黄润本.1986.气象学与气候学.北京:高等教育出版社.

美国大气科学和气候专业委员会,美国地球科学、环境和资源委员会,美国国家研究委员会.2008.进入21世纪的大气科学.郑国光,等,译.北京:气象出版社.

周淑贞,等.1985.气象学与气候学.北京:高等教育出版社.

第2章 大气成分与结构

从人造卫星上观测地球大气，它好像是地球的一层透明的薄壳，在太空中散发出蓝色的幽光。这薄薄的一层大气是地球生命赖以生存的保障。说它是“薄壳”，是因为大气质量的50%集中在离地面6 km以下的低空，99.9%是在离地面50 km的高度内，这个厚度还不到地球半径的百分之一。然而，地球大气又是没有确定上界的，因为大气密度是随着高度的增加而呈指数减少，并且逐渐过渡到星际空间。如果以极光或者流星辉迹出现的高度定义为大气层的上界的话，其高度大约在地表面以上1000～1200 km；如果按照现代卫星运行轨道衰减的速率推测，大气上界的高度约在2500～3000 km。

太阳系的几大行星除水星外几乎都被一层大气所包围。本章首先简单介绍行星大气的状况，目的是为了用全面的和发展的眼光探讨地球大气的现状和演化。大气质量和大气成分的分布状况对地球上的生物有十分重要的影响，本章对大气的质量和成分也将做简单介绍。考虑到人们对生存环境和全球气候变化的日益关注，本章也简单介绍地球大气微量成分的源、汇、浓度变化及循环过程，其中重点是二氧化碳和臭氧。

大气具有三维空间结构，又是呈层状分布的。本章将通过大气的垂直分层简要介绍大气温度、气压、成分和电离状况的垂直分布特征，重点是与人类关系最密切且包含3/4大气质量和主要天气现象的对流层。

地球是太阳系中的一颗行星，太阳系一共有8大行星，如表2.1所示，而地球是离太阳较近的行星之一。这些行星的大气化学成分、物理状态及结构都有不同的特点，它和各个行星在太阳系中的位置、大小以及密度等有关，因此研究行星大气有助于深刻了解我们的地球大气，也有助于探索地球大气的演化。

(1)地球大气

太阳系中的行星和太阳一样，都是由宇宙漂浮的轻原子(氢或氦)星云气体或者较轻的宇宙尘埃逐渐凝聚形成的。各个行星外围大气中所含的气体成分是不同的。地球大气主要是氮气和氧气，这在迄今为止所有已发现的天体大气中是唯一的。由于液态水和空气分子的散射，地球又是太阳系中唯一呈蔚蓝色的星球。

表2.1 行星大气概况(王永生,1987)

行 星[1]	平均表面温度(K)	表面压强(1atm)	重力加速度(m/s^2)	逃逸速度(km/s)	距日平均距离[2]	主要成分	说 明
水 星	阳面700～600 阴面100		3.7	4.3	0.4		未发现大气
金 星	750	90	8.8	10.3	0.7	CO_2 97% N_2 3%	被浓硫酸的厚云雾覆盖
地 球	288	1	9.8	11.2	1.0	N_2 78% O_2 21%	
火 星	240	0.005～0.007	3.8	5.0	1.5	CO_2 95% N_2,Ar,CO	大气稀薄
木 星	134(云顶)	2(云顶)	26.2	60	5.2	H_2 88.6% He 11.2%	大气厚度约1000 km
土 星	78		11.3	36	9.5	H_2,CH_4,NH_3	
天王星	62		9.7	21	19.2	H_2,He	浓密大气
海王星[2]	<46		11.4	23	30.1	H_2,CH_4	浓密云层

注1:2006年8月24日于布拉格举行的第26届国际天文联会中,将冥王星划为矮行星(dwarf planet)。2008年6月,国际天文学会再将冥王星做为子分类类冥矮行星(Plutoid)的原型。

注2:以日地距离为1.0。

估计地球形成已有46亿年,地球大气的演化大体可分为原始大气、次生大气(还原大气)和现代大气(氧化大气)三个阶段。

原始大气是指地球形成初期的大气,据推测应该是以宇宙中最丰富的轻物质H_2、He和CO为主。在太阳风(年轻恒星会喷发大量的物质流,此时正值地球形成初期)和地球升温共同作用下,原始大气不停地向宇宙空间膨胀并逐渐逃逸散失。估计在45亿年前或者更晚些的时候,地球上是没有大气的。

次生大气大概存在45亿～20亿年前,此时地球开始逐渐冷却,估计当时的地表温度为－15～－10℃。以后,由于造山运动、火山爆发和从地幔中释放出大量的地壳内原来吸附的气体,组成了次生大气,其主要成分是CO_2、CH_4、NH_3和H_2O等。

现代地球大气以氮气和氧气为主。其主要组成部分及特征会在下一节详细描述。

(2)金星大气

金星是太阳系中离地球较近的一颗行星，是我们的姐妹星，在晴朗的夜晚可以用肉眼观看到金星。在1960年以前，人们普遍认为金星可能是地球的孪生兄弟，因为它的大小、质量和密度都和地球接近。但是，根据近年来宇宙探测器探明的数据显示，金星却有与地球完全不同的大气。金星的大气是地球大气的90倍，也就是说，在地球海洋中900 m深处的压强才和金星表面的大气压强相同。

金星浓密的大气层分布在100 km高度以下，它能反射掉太阳光的3/4，所以金星十分明亮。大气主要成分是二氧化碳，其含量高达97%，在大气低层甚至可能达99%，此外还有大约3%的氮和少量水汽、一氧化碳等。距离金星地面三四十千米高空中密布着浓硫酸小液滴组成的浓云雾。

金星大气的温度是随高度下降的：表面温度约达750 K，在0～60 km高度内迅速降低到300 K；60 km以上下降缓慢，68 km以上温度接近不变，达到200 K左右。金星大气的运动激烈，60 km高空的风速约达100 m/s（地球表面风速大于33 m/s已是台风），且闪电和雷暴现象频繁。

(3)火星大气

火星也是离地球比较近的一颗行星，它的质量很小，平均直径只有6747 km，大概只有地球的一半，地心引力仅为地球的38%，因此它的大气很稀薄，其表面气压还不到地球的7%。人们一直认为火星大气温度一定会非常高，其实正好相反，火星表面大气的温度非常低，一般在−90℃左右，并且它的日夜温差竟高达100℃。火星主要的大气成分是二氧化碳，此外还有少量氮和氢。

火星一直是人类感兴趣的星球之一。从1962年开始，苏联便发射了“火星”系列探测器，其中的“火星3号”登陆舱成功地实现了软着陆，以后美国也发射了一系列太空探测器。1999年3月，美国航空航天局的火星全球巡视计划在寻找火星水方面取得重大进展，通过轨道相机进行高分辨率成像探测，看到了干枯的河床和两大片曾经是海的平坦低地，从而推测火星上曾经有过大量的水。日本、俄罗斯、美国和法国计划在现在和今后十几年内继续发射探测器，以进一步研究火星的大气和土壤。因为火星大气的温度很低且大气成分主要是二氧化碳，所以它是不可能有生物存在的。

(4)木星大气

木星和土星属于离地球比较远的外行星，它们的体积特别大。木星的赤道半径比地球的11倍还多。木星大气85%是氢气，15%是氮气与甲烷。木星大气的下垫面不像地球有固定的表面，而是由分子状的液态氢组成。

2.1　大气质量与大气成分

2.1.1　大气质量

要估计大气的总质量，就应该先求单位截面积上大气柱的质量。这个空气柱的下界面是海平面，上界面是大气上界。但是由于大气和星际空间没有明显的分界，所以可取离地面无限远的高度为上界。这样单位截面积内气柱的质量可以表示为

$$m_0 = \int_0^{\infty} \rho \, \mathrm{d}z \tag{2.1.1}$$

由静力学方程，以及把大气上界处的气压看成为零，g 可以近似的当作常数，那么上式可以写为

$$m_0 = \frac{p_0}{g} \tag{2.1.2}$$

式中 $p_0 = 1013.25$ hPa 为海平面处的气压，取 $g = g_0 \approx 9.80665\ \mathrm{m/s^2}$，那么

$$m_0 = \frac{101325}{9.80665} \approx 10332(\mathrm{kg/m^2}) \tag{2.1.3}$$

但是实际上因为 g 随高度是逐渐减小的，因此上面估算出的 m_0 的值要比实际大气的小。m_0 再乘以地球的表面积 $4\pi R^2$ 就得到大气的总质量

$$M = 4\pi R^2 m_0 = 5.27 \times 10^{18}\,\mathrm{kg} = 5.27 \times 10^{15}\,t \tag{2.1.4}$$

再由气压 p_1 到气压 p_2 的高度处，单位截面气柱的质量为

$$m = -\int_{p_1}^{p_2} \frac{dp}{g} = \frac{p_1 - p_2}{g} \tag{2.1.5}$$

与整个大气柱的质量相比，这一段空气占整个大气质量的百分数为

$$\frac{m}{m_0} = \frac{p_1 - p_2}{p_0} \tag{2.1.6}$$

大气中各个高度处大气压的平均数值如表 2.2。

表 2.2　各个高度的气压值

高度(km)	海平面	10	30	50	90
气压(hPa)	1013.25	265	11.97	0.8	1.8×10^{-3}

可以算出，大气质量的 73.9%集中在 10 km 以下，98.81%集中在 30 km 以下，99.92%集中在 50 km 以下，99.999%集中在 90 km 以下。所以，可以认为绝大部分大气质量集中在包括对流层和平流层在内的 50 km 以下，这个厚度和地球半径相比是相当浅薄的。

2.1.2 大气成分

在地球系统的物质循环过程中，大气是最重要最活跃的一个环节。大气是许多物质的重要储库，它的许多重要组成成分在其源和汇之间不断的交换。所以，在讨论大气的任何一种成分时，首先需要指明的是它的重要的物理量，一个是它的浓度，即它在整个大气中的相对含量；另一个是它在大气中的平均滞留时间，或者说是该组分的所有分子更新一次所需要的时间，也就是通常说的寿命。

在大气化学中，通常用两种方法来表示某种大气成分的含量。对于气体成分，最常用的方法是混合比法，分为质量混合比和体积混合比两种。因为对于理想气体，体积混合比是守恒的，也就是说体积混合比不因混合气体的温度和气压的变化而变化，大气可以近似地看成是理想气体。常用的混合比表示法有：ppm(10^{-6})，ppb(10^{-9})和 ppt(10^{-12})，分别在末尾加后缀 m 或 v 表示质量混合比或体积混合比，例如 ppmm 和 ppmv。

另一种表示大气成分浓度的方法是用单位体积空气中所含的某种成分的质量分数来表示。大气气溶胶粒子的浓度就常用这种方法表示。有时候，也用这种方法表示一些弱挥发性气体成分的浓度。常用的单位是 mg/m^3、$\mu g/m^3$、ng/m^3。由于观测时所采集的气体样品的体积是随温度和气压的变化而变化的，所以用这种方法表示的浓度会因为观测时的大气状况差异而不同。因此，为了使观测的结果可以相互比较，通常需要把观测到的浓度进行归一化，都转化到标准状态下的浓度，也就是说要把观测时的采样体积换算到标准状态下的体积后再计算浓度。

平均滞留时间是指该种成分的所有分子更新一次所需要的时间，也就是"平均寿命"。在准平衡条件下，一种大气成分的分子在大气中的平均滞留时间定义为

$$\tau = \frac{M}{F} = \frac{M}{R} \tag{2.1.7}$$

式中 M 为这种成分的总质量，F 是向大气的输入速率（包括源和化学转化），R 是消失速率（因沉降、化学转化和逃逸）。一般地，寿命长的成分其浓度也比较大，因此按照上述两个物理量的分类有一定的相关性。

对于地球大气的各种成分，出于不同的研究目的有几种不同的分类方法。本节仅介绍根据浓度和平均滞留时间的分类法。

通常把除水汽以外的纯净大气称为干洁大气，简称干空气。干洁大气是由多种气体混合组成的，按照各成分在大气中的浓度，可分为主要成分、微量成分和痕量成分三部分，后两部分也可合称为次要成分或微量成分。主要成分其浓度在混合比百分率量级，也就是说其浓度在 1%以上，一般指 N_2、O_2、Ar；微量成分，其浓度在 1 ppmv到 1%，包括 CO_2、H_2O、CH_4、He、Ne、Kr 等；痕量成分，其浓度在 1 ppmv 以

下，主要有 O_3、H_2、Xe、CO、氮氧化合物、硫化物及人为污染物氟氯烃类化合物等。此外还有一些大气中本来没有，纯属于人为产生的污染成分，它们目前在大气中的浓度多为 pptv 量级，比如说氯氟烃(CFCs)、氢氟碳化物(HFCs)、全氟碳化物(PFCs)、六氟化硫(SF_6)等等。

我们主要关注的是与人类关系最密切的低层大气中空气的成分，特别是对流层大气内空气的成分。由表 2.3 可见，氮、氧、氩三种气体就占了空气容积的 99.66%，如果再加上二氧化碳，则剩下的次要成分所占的容积是极微小的。表 2.4 列出了空气中的微量成分(也包括水汽和气溶胶)。它们的含量虽少，和人类的关系却很密切。

表 2.3　低层大气(对流层内)的主要成分(王明星,1991)

气体		相对分子质量	按容积百分比	按质量百分比	浓度($\mu g/m^3$)	同位素	平均停留时间
定常成分	氮(N_2)	28.0134	78.084	75.52	9.76×10^8	^{14}N 99.635% ^{15}N 0.365%	$\sim10^6$ a
	氧(O_2)	31.9988	20.948	23.15	2.98×10^8	^{16}O 99.759% ^{17}O 0.0374% ^{18}O 0.2039%	$\sim5\times10^3$ a
	氩(Ar)	39.948	0.934	1.28	1.66×10^7	^{40}Ar 99.600% ^{38}Ar 0.063% ^{36}Ar 0.337%	$\sim10^7$ a
可变成分	二氧化碳(CO_2)	44.0099	0.038	0.05	$(4\sim8)\times10^5$	^{12}C 98.9% ^{13}C 1.1% ^{14}C 2×10^{-10}%	5～6a
			(近地面平均)				

表 2.4　低层大气(对流层内)的次要成分(王永生,1987)

气体		相对分子质量	浓度		平均停留时间
			(ppmv)	($\mu g/m^3$)	
定常成分	氖　Ne	20.183	18.18	1.6×10^4	$\sim10^7$ a
	氦　He	4.003	5.24	920	$\sim10^7$ a
	氪　Kr	83.80	1.14	4100	$\sim10^7$ a
	氙　Xe	131.30	0.087	500	$\sim10^7$ a

续表

气体			相对分子质量	浓度 (ppmv)	浓度 ($\mu g/m^3$)	平均停留时间
可变成分	氢	H_2	2.016	0.4～1.0	36～90	6～8a
	甲烷	CH_4	16.04	1.2～1.5	850～1100	～10a
	氧化亚氮	N_2O	44.01	0.25～0.6	500～1200	
	一氧化碳	CO	28.01	0.01～0.2	10～200	0.2 ～0.5a
	臭氧	O_3	47.998	10^{-3}～10^{-1}	0～100	
	水汽	H_2O	18.015	可变		～10d
	氨	NH_4	17.03	0.002～0.02	2～20	～5d
	二氧化硫	SO_2	64.06	0～0.02	0～50	～2d
	甲醛	CH_2O	30.03	0～0.1	0～16	
	硫化氢	H_2S	34.07	(2～20) (10^{-3}	3～30	～0.5d
	二氧化氮	NO_2	46.00	(1～4.5)(10^{-3}	2～8	
	碘	I_2	253.80	(0.4～4) (10^{-5}	0.05～0.5	
	氯	Cl_2	70.90	(3～15) (10^{-4}	1～5	
	气溶胶			(1～1000)(10^{-9}		～10d

在大气化学研究中，也经常按照大气成分的平均滞留时间分成三类：第一类是基本不变成分或称为准定常成分，它们的平均寿命大于 1000a，主要包括 N_2、O_2、Ar，还有微量的惰性气体 Ne、Kr、Xe 及 He 等。它们之间大致保持固定的比例。第二类称为可变成分，其平均寿命几年到十几年，主要包括 CO_2、CH_4、H_2 和 N_2O 等，它们在大气中所占的比例随时间、地点而变。CO_2、CH_4 等气体是重要的温室气体，工业革命以来在大气中含量有了明显增加。第三类称为快变成分，它们是平均寿命小于 1a 的变化很快的气体成分，主要包括水汽、一氧化碳、一氧化氮、二氧化氮、臭氧、氨、二氧化硫、硫化氢等，它们的含量虽极微少，但由于人类活动的影响或特殊的自然条件，在某些局部地区浓度可能很大，造成危害。

在大气化学中我们一般不怎么关心氮气和氧气以及惰性气体等这些大气中的准定常成分，而是着重研究那些寿命短的微量成分和痕量成分。因为大气中的次要成分的源和汇以及它们在大气中的浓度均有较大的时空差异，它们在大气中的化学性质特别活跃，参与各种各样的大气化学过程。另外，许多次要成分还是辐射活性气体，对太阳短波辐射和地表长波辐射有很强的吸收作用。因此，虽然它们的浓度很低，但是对于地气系统的能量平衡过程以及生物圈和大气的相互作用过程起着十分关键的作用，它们的变化可能会引起一系列的气候效应和环境效应。并且人类活动对它们的影响比较大，比如，人类大量燃烧化石燃料排放出的二氧化碳以及森林砍伐和土地的不合理利用，已经使得大气中二氧化碳的浓度在过去的 200 年间增加了 25%以上，并且这种增加的趋势至今仍然没有得到缓解。下面主要介绍近年来对地球环境影响较大的臭氧和二氧化碳。

(1)臭氧

常温常压下，较低浓度的臭氧是无色气体，当浓度达到 15%时，呈现出淡蓝色。臭氧可溶于水，在标准温度和压力下(STP)臭氧在水中的溶解度是氧的 13 倍，比空气高 25 倍。但臭氧水溶液的稳定性受水中所含杂质的影响较大，特别是有金属离子存在时，臭氧可迅速分解为氧，在纯水中分解较慢。臭氧虽然在水中的溶解度比氧大 13 倍，但实际上它的溶解度非常小，因为它遵守亨利定律，其溶解度与体系中的分压和总压成比例。臭氧在空气中的含量极低，故分压也极低，那就会迫使水中臭氧从水和空气的界面上逸出，使水中臭氧浓度总是处于较低水平。

虽然臭氧在大气中占的比例极小，但是由于它对太阳紫外辐射(0.2～0.29 μm)有强烈的吸收作用，所以是大气中最重要的微量成分之一。这是因为：第一，臭氧层可以阻挡强紫外辐射到达地面，从而保护了地球上的生命。因为强紫外辐射中含有足够的能量可以破坏包括 DNA 在内的重要生物分子，使患皮肤癌、白内障和免疫缺损症的发生率增高，并且还危害农作物和水生生态系统，如果没有大气臭氧层的保护，就不可能存在现今的生物圈。第二，臭氧层吸收的太阳紫外辐射能量可以使平流层大气增温，对平流层的温度场和大气环流起着决定性作用，如果平流层臭氧浓度下降，那么将会引起平流层上部温度下降，平流层下部和对流层温度上升。因此，臭氧层对建立大气的垂直温度结构和大气的辐射平衡起重要作用。臭氧层吸收了部分太阳辐射能，估计能使地面的平均温度降低 1～2℃。

对流层臭氧约占大气臭氧总量的 10%，虽然含量很低，但它浓度的增加目前已越来越引起人们的注意。根据报道，19 世纪巴黎地面大气臭氧浓度仅为 10 ppb，而现在一些大城市常超过 100 ppb，大大高于现今 30 ppb 的背景值。观测表明，夏季地面臭氧的含量稍大。臭氧是一种强氧化剂，在许多大气污染物的转化过程中起重要作用。它能促进二氧化硫的氧化及氮氧化物的转化，而这些过程正是酸雨和光化学烟雾的主要成因之一。另一方面，臭氧在红外波段的 9.6 μm 附近有一个很强的吸收带，因此它又是能使低层大气增温的重要的温室气体。还需指出，地表附近的臭氧本身就是一种重要的污染气体，其浓度的增加会直接危害生态环境。在某些工矿企业的空气中，臭氧会达到与二氧化硫相同的浓度。高浓度的臭氧对人和动物的呼吸系统有损害，也是造成一些地区森林大片死亡的原因之一。

对流层臭氧的来源有两个:平流层输入和对流层光化学反应生成。长期以来多认为平流层是对流层臭氧的主要源。1980 年代,有人提出对流层内发生的化学反应是对流层臭氧的重要源。直到 1990 年代,大量观测、特别是大气化学模式的发展和应用,基本确定对流层内发生的光化学反应是对流层臭氧的主要源。由于人为排放的臭氧前体物(NO_x、CO、VOCs 等)的增加,对流层臭氧有显著增高的趋势。但对某一地区而言,臭氧来源比例又有很大的变化,随高度、纬度、地理位置以及受人为活动影响的不同而变化。对某一地区对流层臭氧来源和控制过程有较大争议。必须具备较强的大气化学、大气环流、中小尺度天气过程和边界层的相关知识综合开展研究。

平流层氧气在太阳紫外辐射作用下会发生光致离解,光致离解产生的氧原子是大气臭氧的主要源。1930 年,查普曼(S. Chapman)建立了有关平流层臭氧形成与消亡的"经典"光化学平衡理论。该理论指出,若只考虑氧的光离解而不涉及其他气体成分,则有下面的基本光化学反应。

高层大气中,分子氧吸收波长短于 0.24 μm 的紫外辐射而离解成原子氧

$$O_2 + h\nu \longrightarrow O + O \tag{2.1.8}$$

由于这部分紫外辐射向下传输时被大气吸收,光离解系数(s^{-1})将随高度的降低而减弱,到地面以上 20 km 后再往下已不再发生光致离解;另一方面,分子氧的浓度随高度下降而逐渐增加,这两种因素的综合效果使得氧在太阳辐射下的离解速率约在 42 km 处达到最大。

原子氧的化学性质非常活泼,它能和分子氧结合成臭氧,也能重新复合成分子氧

$$O + O_2 + M \longrightarrow O_3 + M \tag{2.1.9}$$

$$O + O + M \longrightarrow O_2 + M \tag{2.1.10}$$

式中 M 是第三种分子(N_2、O_2 或其他分子),它的作用是维持反应过程的动量和能量守恒,吸收反应中释放的化学能。新分子如果不能丢弃多余的能量,还会重新分开。所以上面两个反应只能在气体分子比较密集的高度上发生。

臭氧分子吸收波长短于 0.3 μm 的太阳紫外辐射,能分解成分子氧和原子氧

$$O_3 + h\nu \longrightarrow O_2 + O \tag{2.1.11}$$

此过程是 40～50 km 高空大气中臭氧耗损的主要过程。实际上,由于臭氧三原子结构的不稳定性,可见光甚至红外辐射都能为这个过程提供能量而使它分解。

臭氧也可因与原子氧反应而消失

$$O_3 + O \longrightarrow 2O_2 \tag{2.1.12}$$

(2.1.8)—(2.1.12)式是描述臭氧光化学过程的主要反应式,这些反应式决定了当它们在大气中达到光化学平衡时的臭氧浓度和氧原子浓度。这个光化学平衡理论

可以解释臭氧浓度垂直分布的主要特征，但是理论上的计算值和观测值相比还有一定差异，说明这个理论尚有欠缺，目前还有一些不足，说明臭氧的实际生消过程要比这个过程复杂得多。首先，大气中的其他微量成分如氮氧化物 NO、NO_2 等或 H、OH、HO_2 等其他分子的光化学反应都会影响臭氧的浓度，但是目前还缺乏这些过程准确的定量结果。其次，在大约 30 km 以下的大气中，臭氧浓度不仅由光化学过程决定，大气运动的输送作用也会使它们在空间重新得到分布。因此臭氧的光化学平衡理论在大气低层是不大适用的。

由于影响臭氧生成的两个主要因素——太阳紫外辐射和氧分子含量——随高度下降的变化趋势是不同的：前者减少，后者增加；再加上三体碰撞需要比较密集的气体分子，综合作用的结果，使臭氧主要分布在平流层高度内。

大气中有一些气体，如 NO_x 和 Cl 等能和臭氧发生光化学反应。通常它们都处于光化学平衡中，但是如果 NO_x 和 Cl 的含量增大，就可能把 O_3 很快地分解从而破坏现有的平衡。平流层超音速飞机的飞行和核爆炸均会产生 NO_x。工业和航空业上使用的氟氯烃化合物，主要有制冷剂氟利昂 12(CF_2Cl_2)和发泡剂氟利昂 11($CFCl_3$)，因为其化学性质稳定，安全无毒，曾经长期得到广泛应用。后来发现它们的平均寿命分别在 100a 和 75a 左右，能长期滞留在大气中并输送到平流层，在高空受到紫外辐射分解出氯原子 Cl 参与破坏臭氧的光化学反应

$$Cl + O_3 \longrightarrow ClO + O_2 \tag{2.2.13}$$

$$ClO + O \longrightarrow Cl + O_2 \tag{2.2.14}$$

上述反应中 Cl 和 ClO 都未减少，它们只起催化作用，其净效果是臭氧被消耗

$$O_3 + O \longrightarrow 2O_2 \tag{2.2.15}$$

如果这一过程不被其他过程干扰，则只要有少量的原子氯，就会把臭氧层很快破坏。由于臭氧层浓度的减少或者增加，都会对气候变化和人类生活带来巨大影响，因此，目前世界上对于臭氧的观测和研究都很重视。

1985 年英国南极站(Halley Bay 站)的大气科学家有了一个惊人的发现：1977—1984 年期间，南极哈雷湾上空大气中春季(9—11 月)的臭氧总量减少了 40%以上；而该站自 1956 年建立到 1976 年期间，气柱臭氧总量是几乎保持不变的。不久，另一些研究小组也证实了这一点。臭氧损耗区实际上超过了南极大陆，延伸高度 12～24 km，即在平流层的下部存在一个臭氧“洞”(图 2.1)。臭氧洞的含义是：①从空间分布来看，臭氧总量在 60°S 附近的环极涡旋(即南极附近闭合的大型冷性气旋或低涡内的极点周围形成一块低值区，而在环极涡旋外围达到极大值；②从时间序列上看，9—10 月南极地区臭氧总量突然大幅度下降，形成一个低谷。人为制造排放的氯氟碳化合物(CFC)和溴化烃(halons)等中释放的氯和溴对臭氧有很强的破坏作用。氯

氟碳化合物主要是北半球中纬度地区排放的，在大气环流作用下能长距离输送和扩散到达平流层。平流层上部强烈的太阳紫外辐射使氟氯烃化合物分解，释放出氯原子，进而催化损耗臭氧。南极春季上空臭氧垂直分布的观测资料表明，在平流层下部的 15～25 km 高度处臭氧含量减少迅速，这与南极上空在极低温度下形成的极地平流层冰晶云有关，在极地平流层云表面发生的非均相反应促使臭氧迅速消耗。全球平流层臭氧的变化和南极臭氧洞的问题仍是当前大气化学观测和研究的重要课题。

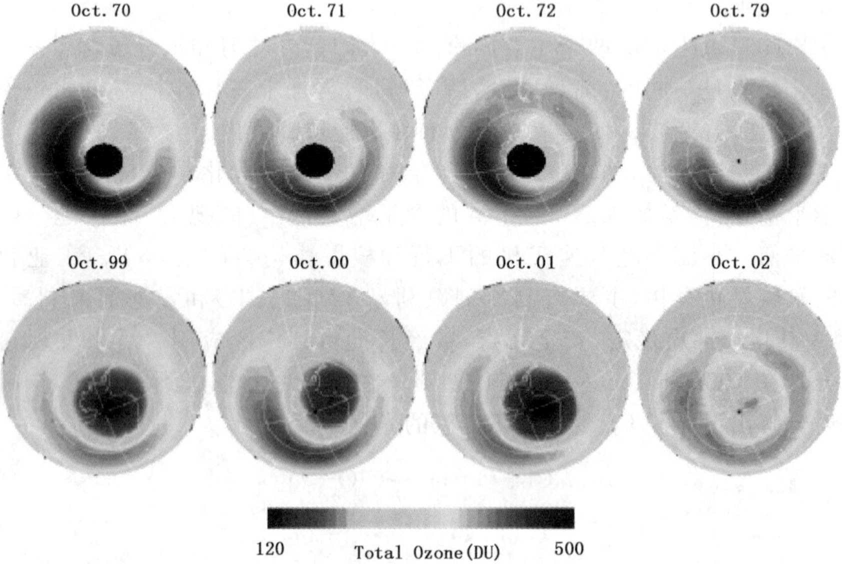

图 2.1 1970—2002 年南半球 10 月 8 年的臭氧柱卫星探测结果。颜色与 Dobson units(DU)成比例。1970 年，1971 年和 1972 年在极点上空的黑色圆圈不是臭氧洞，为数据缺失。[引自 P. Newman, NASA Goddard Space Flight Center]

1995 年周秀骥等根据 TOMS 卫星资料(1979—1991 年)对中国地区大气臭氧总量分析后发现：6—10 月的夏秋季节，在青藏高原上空出现一个明显的臭氧总量低谷(或臭氧低值区)，减少的极大值区域位于 15～20 km 高度，即平流层下部和对流层上部。而在冬春季节，臭氧总量的等值线几乎与纬线平行。他们分析认为，青藏高原具有独特的地形条件，它在夏季是热源，上空盛行上升气流运动；冬季却是冷源，上空盛行下沉运动。上升气流在高空的辐散作用是青藏高原夏季产生臭氧低谷的主要因子。所以说，动力和热力作用是形成该地区臭氧季节变化的主要原因之一，而化学作用的影响较小。

(2)二氧化碳

CO_2 来源于地球表面，主要的人为源是矿物燃料燃烧和工业活动。此外，死亡

生物体的腐败和呼吸作用也都排出 CO_2，而植物的光合作用又使 CO_2 还原，这个循环可用以下反应式表示

光合作用 $$nCO_2 + nH_2O \rightarrow [CH_2O]_n + nO_2 \quad (2.2.16)$$

呼吸作用 $$[CH_2O]_n + nO_2 \rightarrow nCO_2 + nH_2O \quad (2.2.17)$$

光合作用产生的 $[CH_2O]_n$ 俗称碳水化合物，也就是糖类，它将转化为以淀粉为主的有机物，构成植物体。因此，生物圈对 CO_2 含量影响最大的是森林和绿地。绿色植物的生长有很强的季节性，受其影响，大气 CO_2 的浓度也表现出明显的季节变化。

海洋能吸收大量 CO_2，好比是一个巨大的储存库。海水中溶解的 CO_2 的浓度取决于海水与大气间 CO_2 的分压差，如果海水内 CO_2 分压大于大气的 CO_2 分压，则 CO_2 将从海洋进入大气，反之，则海洋吸收 CO_2。海水中 CO_2 分压与海水的温度、酸度、含盐量、表层海水和深层海水的交换速率以及洋流状况等有关。在温度低而且酸度小的海水内，CO_2 的平衡蒸气压也低，所以，高纬寒冷地区的洋面主要起到汇的作用，吸收大气中的 CO_2；而热带和低纬地区的洋面是大气中 CO_2 的源，往往放出 CO_2。全球平均而言，是大气向海洋输送 CO_2。深海里的水流能把海水中的部分 CO_2 从高纬地区带往低纬地区，还有部分 CO_2 转变成碳酸盐矿物（例如贝壳）沉积于海底。因此，海洋对于全球大气中的 CO_2 起到调节作用。CO_2 是在地壳、大气层、海洋和生物圈之间循环的。

大气中 CO_2 含量的变化主要由燃烧煤、石油、天然气等燃料所引起，火山爆发及从碳酸盐矿物、浅地层里释放 CO_2 是次要的原因。根据夏威夷冒纳罗亚观象台（Mauna Loa）于 1958 年开始的准确的观测记录，1970—1978 年 CO_2 的年增加率约 1.19 ppmv。近年来检测极地冰层里的气体成分后推算出，距今约 10000 年以前的最后一次冰河期尚未转暖时，大气中的 CO_2 浓度比 200 ppmv 还要低。根据 IPCC（由世界气象组织（WMO）建立的 Intergovernmental Panel on Climate Change 的缩写。）1995 年的报告中依据南极的冰芯记录和 Mauna Loa 的观测记录得到的过去 1000 年内 CO_2 浓度的变化指出：随着 19 世纪初工业的发展及世界人口的增长，全球大气中 CO_2 平均含量在逐年增加，已经从工业化前的 280 ppmv 增长到了 1994 年的 358 ppmv。

CO_2 有强烈的“温室效应”* 作用，如图 2.2 所示，当 CO_2 浓度不断增加时会改变大气的热量平衡，导致大气低层和地面的平均温度上升，而全球气候的变化将直接影响到人类的生存环境。但全球平均气温变化和气候的变迁，不仅取决于 CO_2 浓度的

* 绝大部分太阳短波辐射能穿过大气到达地表，而地表向外放出的部分长波热辐射线却被大气吸收，从而使地表与低层大气温度增高。

增加，而是一个相当复杂的问题，目前正在密切观测和研究中。

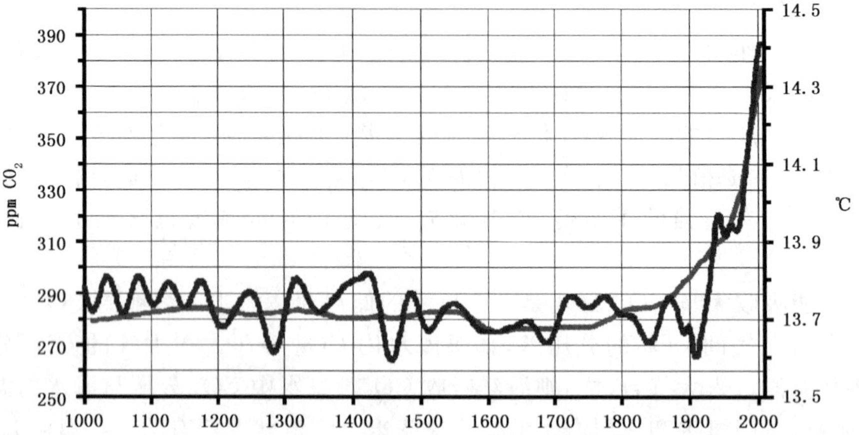

图 2.2 CO_2 和温度的时间变化图(自 IPCC，2008)(黑线为 CO_2，灰线为温度)

2.2 大气的垂直结构

地球大气的成分及其分布状况非常复杂，因此造成大气的垂直结构也十分复杂。如今一般按照大气温度、成分和电离状况的垂直分布特征对大气进行分层，有时还可以按照大气质量的垂直分布进行分层。

由于地球自转以及不同高度大气对太阳辐射吸收程度的差异，使得大气在水平方向比较均匀，而在垂直方向呈明显的层状分布。通常如图 2.3 所示，按大气的热力性质、电离状况、大气组分等特征分成若干层次。最常用的分层法有以下几种：(1)按大气温度的垂直结构(热力结构)，把大气分成对流层、平流层，中间层和热层，这种分层方法是当今最常用的；(2)按大气的化学成分，可以把大气分为匀和层和非匀和层；(3)按大气的电磁特性，分为中性层、电离层和磁层；(4)按大气的压强结构，分为气压层和外大气层(或逃逸层)。另外还可按大气的光化反应，分为臭氧层。

2.2.1 按温度垂直结构分层

按大气的温度垂直结构分层，也就是按大气中性成分的热力结构分层，主要是依据大气垂直减温率的正负变化，可以把大气分成对流层、平流层，中间层和热层。按大气的温度垂直结构分层，也就是按大气中性成分的热力结构分层，主要是依据大气垂直减温率的正负变化，可以把大气分成对流层、平流层，中间层和热层(如图 2.4 所示)。

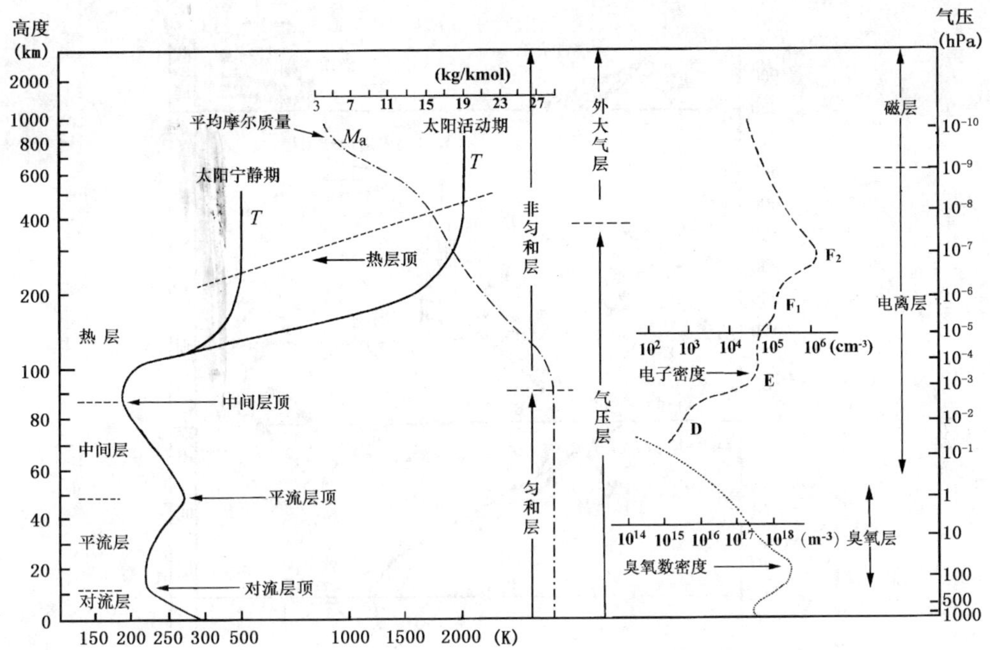

图 2.3　大气分层图(盛裴轩,2003)

大气温度的垂直分布是由热量平衡关系决定,大气吸收热量则温度升高,反之,大气若放出热量则温度降低。不同高度的大气,影响温度的主要因子有很大差异:在低层大气中,主要是由太阳照射地面使地面温度升高后引起的对流、湍流交换作用以及地面本身发射的红外辐射为主,地面是最主要的热源;中、高层大气中则以辐射平衡作用为主,大气的主要组成成分 N_2 吸收辐射很少,所以 N_2 对中、高层大气的温度贡献不是很大,而含量较少的 O_2、O 和 O_3 因为对辐射有较强的吸收能力对中、高层大气温度有较大影响。其中 O_2、O 和 O_3 吸收太阳辐射对大气加热,是平流层以上大气中的热源;O_3、CO_2 和水汽的红外辐射冷却,是平流层以上大气中的热源。

(1)对流层

对流层(troposphere)是大气的最底层,下界是地球表面,上界是对流层顶。对流层的主要特点是:①大气温度随高度降低;②大气的垂直混合作用强;③气象要素水平分布不均匀。

由于地面是对流层大气的主要热源,所以对流层最大的特点就是温度随高度递减,平均温度递减率约为 6.5℃/ km,也就是说每上升 1 km,温度就下降 6.5℃。比如说在南京夏季气温是 31.5℃,那么在南京上空 3 km 处大气温度仅为 12℃左右。大气温度随高度降低的结果是对流层内有强烈的对流运动,因此对流层是大气运动

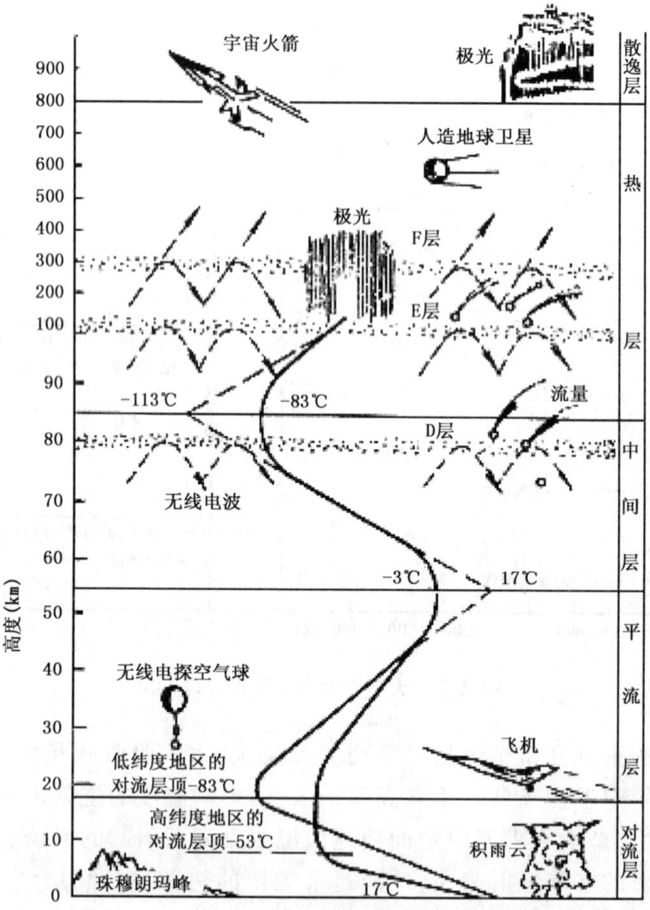

图 2.4 大气温度分层图(引自中国百科网)

最活跃的一个层,从对流层的英文名称也可以看出,"tropo"是希腊语,是"混乱"的意思,也就是说这一层的空气运动是丰富多彩的。剧烈的对流运动有利于水汽和气溶胶粒子等大气成分在垂直方向上的输送,假如对流层大气是静止的,那么水汽就无法迅速地进入高空,也就不会成云致雨了。由于对流层位于大气的最底层,连接地球表面的高山、海洋、湖泊、陆面,因此集中了大气几乎全部的水汽;由上一节讲的大气质量的垂直分布可知,大气质量主要集中在地面至 20 km 高度大气层内,而对流层则占其中的 3/4;又因为这层大气高层温度低空气冷,底层温度高空气暖,冷空气下沉,暖空气上升,从而形成剧烈的垂直运动,因此主要的天气现象和过程比如寒潮、台风、雷雨、闪电等都发生在这一层。

在离地表十几千米处,大气温度下降到−50～−70℃左右,在往上温度的下降渐趋缓慢或者向上稍有增加。气象观测中规定，当温度递减率减小到 2 K/km 或更小时的最低高度，就称这一高度为对流层顶。对流层顶的高度大约为几千米，是对流层与平流层的过渡区域。对流层顶的高度随纬度和季节的变化而变化。赤道附近及热带对流层顶的高度最高，约为 15～20 km；极地和中纬度带的高度较低，约为 8～14 km。在对流层还有一个比较有趣的现象：极地对流层顶的温度反而比热带对流层顶的温度约高 15～25℃。这种现象主要是因为热带地区对流运动非常剧烈，垂直气流能达到很高的高度，按照大气热力学原理，充分的垂直混合作用能够使气温随高度递减，即垂直混合延伸的高度越高，顶部的温度就越低，所以热带对流层顶温度反而低；而极地地区恰好相反，地表温度非常低，大气对流运动很弱，所以垂直气流不能上升到很高的高度，从而温度相对较高。

对流层顶的高度还和地形及海、陆分布有关，例如我国对流层顶在夏季普遍高于 12 km，西南地区达到 18 km。南亚夏季平均对流层顶显得很特别，其高度明显高于世界上其他地方，这可能和地球上最高的地面——青藏高原有关。青藏高原在夏季相当于一个大热源，有利于空气的垂直对流，从而导致该地区对流层顶的高度向上伸展。

由于地理纬度的不同，大片陆地和海洋的存在，使各地区空气受热程度及水汽含量都不同，造成空气性质的差异，因此对流层内水平方向上气象要素(主要是指温度、气压、湿度、风向风速、辐射等)分布不均匀。当然，这种不均匀性在水平方向上比垂直方向上小得多。通常在水平方向上温度、湿度相对比较均匀，天气现象比较类似；在垂直方向上气象要素的变化近于相同的大范围地区的空气，划分为一个气团。气团的水平范围约几百千米至几千千米，垂直厚度为几千米至十几千米。它是由于空气长时间受单一的地理因素影响形成的。比如我国北方冬季常常受到寒冷的西伯利亚大平原上的极地气团影响；在温润的热带、副热带洋面上则会形成热带气团。气团的低层是高压区，空气下沉辐散，一般天气晴朗，或有不强的分散性的阵雨。

根据对流层大气在垂直方向上的不均匀性，还可以将对流层分为行星边界层和自由大气。自地面向上到高度约为 1～2 km 为行星边界层，又叫大气边界层。由于贴近地面，空气明显地受到地面摩擦作用的影响，因此又叫做摩擦层。在这一层中大气运动不仅受到摩擦力的作用，还受到科里奥利力的作用，并且两者大小相当。湍流运动把地面的水汽和热量往高层输送，并把高层的动量往低层输送，使他们混合；湍流运动还引起烟尘、沙尘等气溶胶粒子和污染气体的输送。目前研究这一层大气物理现象的边界层物理学发展得很快。此外，从地表面到 10 m 的高度处的贴地表面的大气层，由于这一层中由湍流所产生的应力不依赖于高度变化，而是近似为一个常数，所以这一层又被称为表面边界层，或者接地边界层。行星边界层以上的大气称为自由大气，在自由大气中，地球表面的摩擦可以忽略不计。

由上可以看出，对流层的大气运动史丰富多彩的，所以说是地球是地球大气圈中最活跃的一层。

(2)平流层

平流层(stratosphere)是指由对流层顶向上到 55 km 左右的大气层。在 1902 年发现这一层温度在对流层顶上方至 20 km 处几乎不随高度变化，当时称为同温层。后来，尤其是在第二次世界大战之后，通过大量的火箭观测资料表明：在同温层上方与对流层温度随高度降低完全相反，温度随高度反而增加，并且到 50 km 时，温度已经达到 270 K 左右。因此，从第二次世界大战之后，气象界就不再使用同温层，而把 11～50 km 的大气层用平流层代替。总体来说，平流层的垂直减温率为负值，其下半部的温度随高度变化非常缓慢，上半部由于臭氧层把吸收的紫外辐射能量转化为分子动能，使空气的温度随着高度上升而显著增加，每千米大约能上升 2℃，到 50 km 附近达到最大值(约－3℃)，称为平流层顶。平流层臭氧约占大气臭氧总量的 90%，平流层的温度结构即与平流层臭氧的垂直分布并吸收太阳辐射紧密相关。

平流层的大气质量约占总大气质量的 1/5 左右。这一层没有山脉，也不直接与海洋、陆面相连接，因此在这一层中几乎没有水汽凝结，所以这一层的大气运动不像对流层大气运动那样复杂。由于该层中水汽的含量很少，几乎没有在对流层中经常出现的各种天气现象，仅在高纬度冬季 20 km 处早、晚会出现不常见的珠母云。珠母云可能是由水滴或冰晶组成的。

由于平流层逆温的存在，使得大气很稳定，垂直运动非常微弱，一般是大尺度的平流运动。平流层环流的特点是：中纬度地区夏季时是东风，冬季时是西风。环流的季节变化常常是对流层环流变化的先兆，因此对长期天气预报有重要的参考意义。

以前人们认为，平流层由于逆温的存在，大气层结非常稳定，空气很难上下混合，轻、重气体分离，空气成层状静静地存在。但是，后来经过大量的观测发现这种说法是错误的，平流层中也有各种运动。对流层激起的内波会垂直上传到平流层，由于上传的内波的振幅与密度成正比，所以在对流层很弱的重力波到了平流层其振幅有可能会变得很大。此外，行星波传导至平流层，其振幅也会变得很大，也是平流层中很重要的一种波动。

(3)中间层

如图 2.4 所示，大气的温度在平流层先是不变，当高度增加到 50 km 时达到最高温度。然而，从这个高度在往上，温度就不再随高度而升高，反而是随高度而下降，大约在 80～90 km 高度处，达到最低温度。因此，一般把从平流层顶到 85 km 左右称为中间层(mesosphere)。中间层的顶端称中间层顶，在大气科学中一般把平流层顶到 80 km 处的大气称为中间层大气。

中间层内臭氧已很稀少，而太阳辐射中能被氧分子吸收的波长更短的紫外辐射

(<0.18 μm)已被其上面的热层大气吸收了,所以这层大气吸收的辐射能量很少,温度随高度降低。到 85 km 左右的中间层顶(气压约为 0.1 hPa),温度下降到约－90～－100℃,是地球大气中最冷的部分。与对流层类似,温度随高度下降的结构有利于对流和湍流混合的发展。中间层内水汽非常少,但是在高纬地区 75～90 km 上空的黄昏前后,有时在出现薄而带银白色光亮的云,不过出现的机会很少。由于这些云质点太小,平时很难见到,只有在黄昏时候,低层大气已经见不到阳光,而中间层却还被太阳照射时,在地面上才能见到这种云,所以叫夜光云。

(4)热层

热层(thermosphere)是中间层顶以上的大气层,大致到 800 km 的高度。由于太阳辐射中的强紫外辐射(<0.18 μm)的光化学分解和电离反应,使得这一层的温度随高度增加而迅速升高。在热层内,温度很快就上升到几百度,再往上,升温的趋势才渐渐变缓,最终趋近于常数约 1000～2000 K。这一层空气非常稀薄,这一层空气质量只有大气质量的十万分之一。

在热层的高纬度地区经常会出现一种辉煌瑰丽的大气光学现象(极光。高层稀薄的空气分子或原子被太阳发出的高速带电粒子流激发,并通过与其他粒子碰撞或自身辐射回到基态时发出可见光,即出现极光。高速带电粒子流在地球磁场的作用下趋向南北两极附近,所以极光常在高纬地区出现。太阳活动强时,极光出现的次数也多。

在热层以上是大气圈的外层,即大气圈与星际空间的过渡层,其高度可以达到 1000 km。从地面到 100 km 的高度,包括对流层、平流层和中间层,由于大气的湍流和对流混合起到重要作用,使得大气上、下混合很强,所以大气成分的比例在 100 km 内是相同的;但是在 100 km 以上由于大气上、下混合很弱,所以大气成分的比例是不同的,而是随高度变化的。

2.2.2　按化学成分分层

(1)均质层

从地面到 86～90 km 高度,包括对流层、平流层、中间层在内,由于湍流扩散作用使大气均匀混合,大气中各种成分所占的比例,除臭氧等可变成分外,在垂直方向和水平方向保持不变,干空气的平均摩尔质量 $M_d = 28.964$ kg/(kmol)。这一层大气就称为均质层(homosphere),又叫做湍流层。

(2)非均质层

均质层以上的大气层称为非均质层(heterosphere)。在非均质层里,由于重力分离作用及光化学作用,大气各成分的比例随高度而变化,平均摩尔质量随高度逐渐减小。在 500 km 高度处,大气的五种主要中性成分是 O、He、N_2 和 H、O_2;到 1000 km

高度处，就只有 He、H 和 O 了。在非均质层的不同高度处，自下往上，数密度最大的气体成分依次为氧原子(180～650 km)、氦原子(650～1000 km)及氢原子(1000 km 以上)。氧原子浓度的峰值约在 100 km 高度处，其相对浓度则随高度而迅速增加。这是因为高空的太阳紫外辐射强，光解作用生成的原子氧多，而气体分子密度小，碰撞频率也小，复合机会少，使原子氧能够成为一个稳定的成分。空气的各种成分随高度的分布还和太阳活动有关。

均质层和非均质层之间是过渡层。

2.2.3 按电离特性分层

依据不同高度大气的电磁特性，可分成中性层(60 km 以下)、电离层和磁层。

(1)电离层

地表以上 60 km 到 500～1000 km 的大气层是电离层(ionosphere)。在太阳电磁辐射(主要是短于 0.1 μm 的紫外线、X 射线)和微粒辐射(从太阳发出的质子、电子等及宇宙线粒子)的作用下，空气分子和原子(N_2，O_2，O 等)开始电离为正离子和自由电子。这些正离子和自由电子一旦产生又倾向于复合，最后建立起平衡，形成电子密度的垂直分布。虽然电子密度只占中性气体的百分之几，但因它是被电离了的，所以在高层大气中引起一些很重要的现象，这些现象包括产生电流和磁场，对无线电波的反射及各种等离子体过程。

(2)磁层

磁层(magnetosphere)起始于 500～1000 km，其外部边界称为磁层顶。由于电离层以上的电子密度随高度递减，在这个高度上的带电粒子和中性气体粒子之间很少有碰撞机会，相互作用很小，所以带电粒子愈来愈受地球磁场的控制，并沿着地球的磁力线作回旋运动。

2.2.4 按压力结构分层

在地面 500 km 以上，分子很稀少，碰撞的几率非常小，分子各自运动，已经很难达到热平衡。因此，只有在 500 km 以下，大气压力服从压高关系，称为气压层。而在 500 km 以上，直到 2000～3000 km 的大气，在太阳紫外线和宇宙射线的作用下，大部分分子姓电离，使质子的含量远超过中性氧原子的含量，某些速度快的分子和离子可以克服地球着力场而逃逸到行星际空间，因此称为外大气层或者逃逸层。

2.3 表征大气的基本要素

描述大气状况的基本要素有 4 个：温度、气压、湿度和风。这 4 个物理量是表征大气基本状态的参数，因此又称为气象要素。此外，还有降水量、云量、云状、日照、辐射强度等。其中又以温度、气压、风和湿度最为重要。

2.3.1 温度

温度是物系内分子间平均动能的一种表现形式。分子运动愈快，物体愈热，即温度愈高；分子运动愈慢，物体愈冷，即温度愈低。这种现象被描述为一个物体的热势，或能量效应。当以数值表示温度时，即称之为温度度数。值得注意的是，少数几个分子甚至是一个分子构成的系统，由于缺乏统计的数量要求，是没有温度的意义的。大气温度是指大气层中气体的温度简称为气温，是气象学常用名词，为表征大气状态的重要的物理参数之一。

气温的单位一般用摄氏温标℃和绝对温标 K 表示，我国曾经使用华氏温度℉，如今美国和其他一些英语国家仍使用华氏温度而较少使用摄氏温度。

1740 年瑞典人摄氏（Anders Celsius）提出在标准大气压下，把冰水混合物的温度规定为 0 度，水的沸腾温度规定为 100 度。根据水这两个固定温度点来对玻璃水银温度表进行分度。两点间作 100 等分，每一份称为 1 摄氏度，记作 1℃。

华氏温度是以其发明者 Gabriel D. Fahrenheit 命名的，其结冰点是 32 ℉，沸点为 212 ℉。1714 年德国人法勒海特（Fahrenheit）以水银为测温介质，制成玻璃水银温度表，选取氯化铵和冰水的混合物的温度为温度表的零度，人体温度为温度表的 100 度，把水银温度表从 0 度到 l00 度按水银的体积膨胀距离分成 100 份，每一份为 1 华氏度，记作 1 ℉。

摄氏温度和华氏温度的关系为

$$℃ = \frac{5}{9}(℉ - 32) \tag{2.3.1}$$

摄氏温度和热力学温度的关系为

$$℃ = K - 273.15 \tag{2.3.2}$$

在对流层中，大气温度随高度是递减的，对流层内干空气气温的平均递减率约为 −6.5℃/km，也就是空气每上升 1 km，气温就会下降 6.5℃。但是整层大气温度的垂直变化并都是递减的，所以在大气科学中可以依温度随高度变化特征的不同而把大气分成不同的层次，这点已经在前一节阐明了。大气的气压与温度随高度的变化见表 2.5。

气温不仅随高度变化，而且是随着空间和时间变化（图 2.5a 和图 2.5b）。它不仅有日变化，比如早晨气温低、中午气温高；而且还有季节变化，北半球夏季气温高，冬季气温低。气温除了上述周期性变化外，和气压一样也有非周期性变化。气温的非周期性变化与大气运动有关，比如说寒潮爆发，气温就会降低。气温的非周期性变化有时也会引起灾害，比如在1999年和2000年夏季，华北地区就发生了热夏，不仅仅影响了工农业生产，也直接影响了人民的正常生活和工作。又比如2003年和2004年夏季，江南和东南沿海地区发生的酷暑，不仅严重影响了人们的正常生活，而且造成了水资源短缺。

表2.5　气压、气温和密度随高度的变化(黄荣辉,2005)

高度 z(km)	气温 T(K)	气压 p(hPa)	密度 ρ(kg/m³)
0	288.13	1013.0	1.225
5	255.68	540.5	7.364×10^{-1}
10	223.25	265.0	1.135×10^{-1}
15	216.65	121.1	1.948×10^{-1}
20	216.65	55.3	8.891×10^{-2}
25	221.55	25.5	4.008×10^{-2}
30	226.51	12.0	1.841×10^{-2}
35	236.51	5.7	8.463×10^{-3}
40	250.35	2.9	3.996×10^{-3}
45	264.16	1.5	1.966×10^{-3}
50	270.65	0.8	1.027×10^{-4}
60	247.02	0.2	0.097×10^{-4}
70	219.59	0.05	8.283×10^{-5}
80	198.64	0.01	1.846×10^{-5}

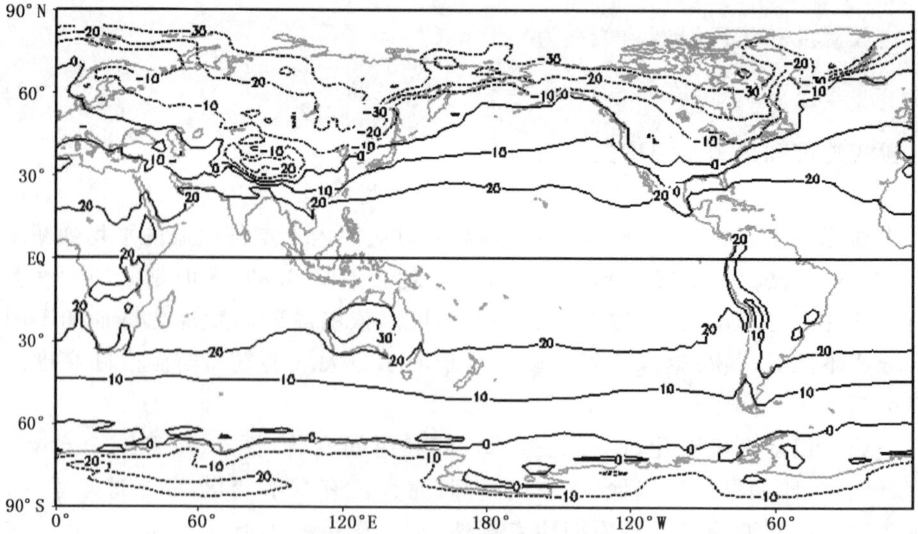

图2.5a　1月份全球温度分布

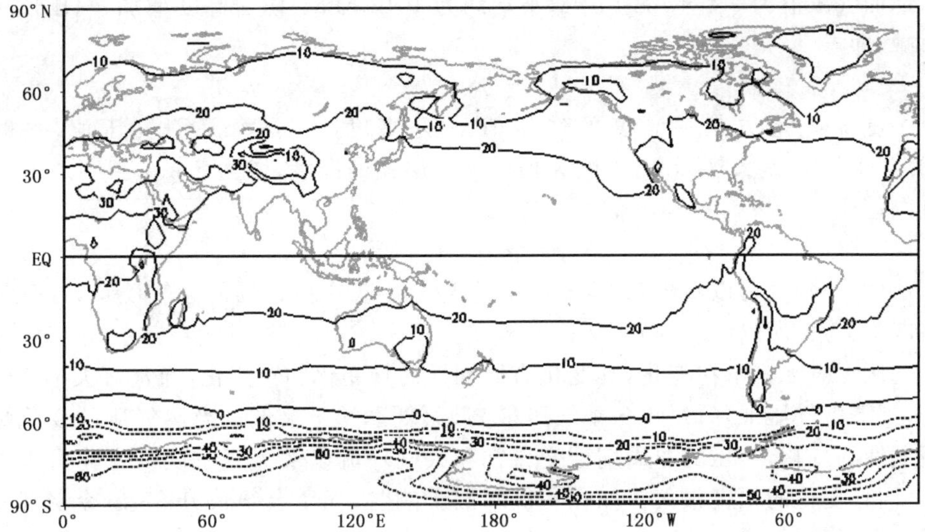

图 2.5b　7 月份全球温度分布

2.3.2　气压

地球表面覆盖着一层厚厚的由空气组成的大气层。在大气层中的物体，都要受到空气分子撞击产生的压力，这个压力称为大气压力严格应该称为叫大气压强，简称为气压。也可以认为，大气压强是大气层中的物体受大气层自身重力产生的作用于单位面积物体上的压力。大气压强在大气科学中一般用 p 来表示。

气压是表征大气状态改变的最重要的物理参数之一。气象学之所以能够比地震学发展得快，主要是由于气象上发现了能够用气压、温度和湿度等物理参数来表征大气状态的改变。

单位体积中的气体分子数越多，那么气压就越高。由于地心引力作用，距地球表面近的地方，地球吸引力大，空气分子的密集程度高，撞击到物体表面的频率高，由此产生的大气压强就大。距地球表面远的地方，地球吸引力小，空气分子的密集程度低，撞击到物体表面的频率也低，由此产生的大气压强就小。对流层中单位体积中的气体分子数最多，因此对流层气压最高，而平流层、中间层中单位体积中分子数比较少，所以平流层和中间层的气压就比较低。气压一般用 hPa（百帕）来表示，1 hPa 定义为每平方米上所受到的压力为 100 N。气象上曾经长期使用 mb（毫巴）作为气压的单位，至今英、美、日等国还在使用 mb 作为气压的单位。但应注意毫巴不是国际单位制。1 hPa＝1 mb。在气象和工程中还常用标准大气压（atm）作为气压的单位，1 atm＝1013.25 hPa。此外，空气的温度和湿度对大气压强也有影响。

地面气压值为 980～1040 hPa，平均约为 1013 hPa。随着高度增加，气压值呈指数递减，即

$$p = p_0 e^{-z/h} \tag{2.3.3}$$

式中 p 是某一地方某一高度的气压值，z 是高度，p_0 是海平面气压值，一般取 1013.25 hPa，h 是大气标高，一般为均质大气层顶的高度，取为 8 km。所以(2.3.3)式可以写成

$$p = p_0 \times 10^{-z/18400} \tag{2.3.4}$$

从(2.3.4)式可以看出，18 km 以下的大气层集中了 90％的大气质量，并且气压和高度由关系，所以(2.3.4)式又称为压高公式。

气压无时无刻不在变化，其变化有周期性的日变化和年变化，通常每天早晨气压上升，到下午气压下降；每年冬季气压最高，而夏季气压最低。当然气压的变化也有非周期性的变化，气压的非周期性变化常和大气环流以及天气系统的变化有很大的关系，而且变化的幅度很大。如在一次寒潮影响时，气压会很快升高，但冷空气一过气压又慢慢降低。

由于地表面的非均一性和动力因子、热力因子等的作用，使得实际大气压强的分布并不是简单的纬向分布。根据各地气象台站在同一时刻所观测到的海平面气压值，用等压线在地图上画出高、低压的分布区域，即水平气压场(图 2.6a，图 2.6b)气压场中一般可以分为低气压、高气压、低压槽、高压脊以及鞍形气压等区域，低压区或者低压中心称为气旋，高压区或者高压中心称为反气旋。低压区中往往有气流上升

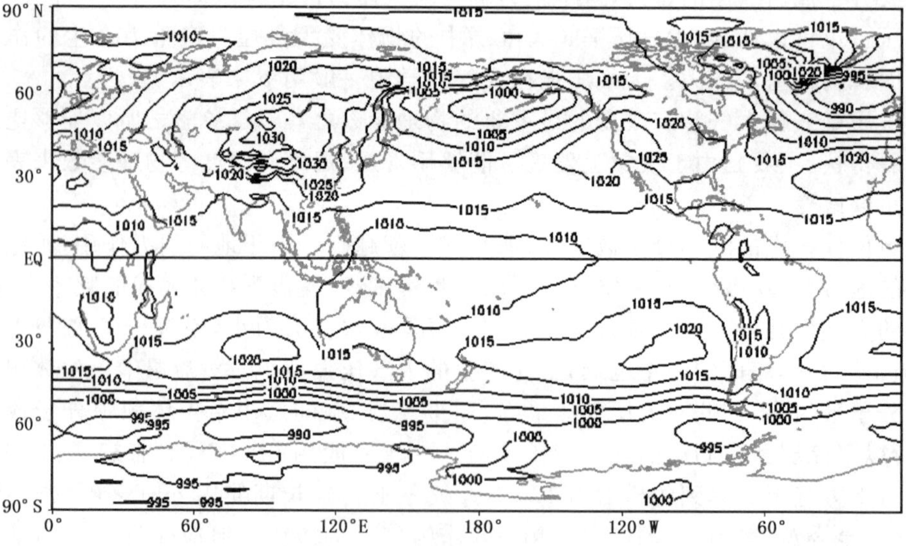

图 2.6a　1 月全球海平面气压场

运动，常常会有云、雨或大风天气出现；高压区有气流的下沉运动，往往伴随着晴朗的好天气。因此，正确的分析气压系统的生成、消失、加强、减弱或移动，是做好天气预报的重要环节。

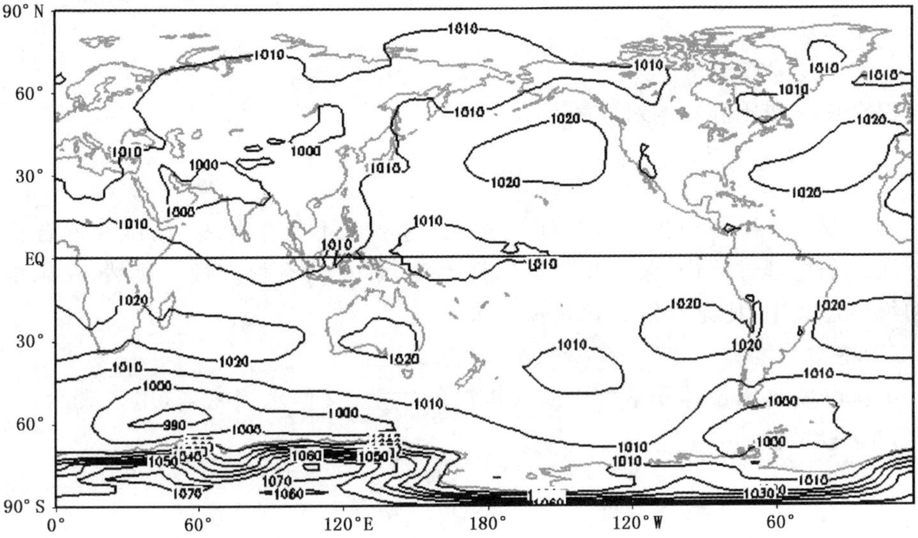

图 2.6b　7 月全球海平面气压场

2.3.3　湿度

大气中含有的水汽量多少及其发生的相变对大气现象影响很大。表征大气中水汽含量的一个重要物理参数就是湿度。表征湿度的方法有很多种，比如说混合比、比湿、绝对湿度、相对湿度、露点温度等。下面先介绍水气压和饱和水气压概念，再分别介绍上述几种比较重要的湿度表示方法。

水汽压是指大气中水汽的分压强，常用 e 来表示，也称为实际水汽压。饱和水汽压是指空气中的水汽量达到某一温度下空气所能容纳水汽的最大量，常用 $e_s(T)$ 表示。饱和水汽压又分为纯水面饱和水汽压和纯冰面饱和水汽压。一定温度下纯水汽与水(冰)处于相态平衡时的水汽压，称为纯水(冰)面饱和水汽压。实验表明，饱和水汽压仅与温度有关，是温度的函数，随温度升高而增大。而在同一温度下，纯冰面上的饱和水汽压要小于纯水面上的饱和水汽压。

(1)混合比与比湿

混合比是某一体积空气所含水汽的质量与干空气的质量之比，一般用 r 表示。设一定体积空气中含有水汽质量 m_v 克，干空气质量 m_d 克，那么混合比为

$$r = \frac{m_v}{m_d} \tag{2.3.5}$$

比湿是指某一体积空气中所含水汽的质量与湿空气的质量之比，一般用 q 表示，即

$$q = \frac{m_v}{m_d + m_v} \tag{2.3.6}$$

混合比 r 和比湿 q 的对应关系为

$$q = \frac{r}{1 + r} \tag{2.3.7}$$

如果湿空气团与外界不发生质量交换，内部也不发生相变，比湿和混合比就不变。在一个物理过程中，某个物理量保持不变，称它具有保守性。显然，在未饱和空气的绝热过程中，比湿和混合比是保守量。

(2)绝对湿度

绝对湿度是单位体积空气中所含水汽的质量，又称水汽密度，用 ρ_v 表示，单位是 kg/m^3，表达式为

$$\rho_v = \frac{e}{R_v T} = \frac{\varepsilon e}{R_d T} \tag{2.3.8}$$

(2.3.8)式是在常温常压下将纯水汽看作理想气体，通过状态方程得到的。其中 R_v 是水汽的比气体常数，e 是实际水汽压，R_d 是干空气的比气体常数，ε 为 R_d 与 R_v 的比值。对于趋近于饱和状态的水汽，它与理想气体性态的差距将增大，但是实验表明，这种差距最多也不过千分之几。所以饱和水汽仍可遵从理想气体状态方程。

(3)相对湿度

相对湿度是单位体积中的实际水汽压与同温度下饱和水汽压之比的百分率，一般用 f 来表示，即

$$f = \left(\frac{e}{e_s(T)}\right)_{p,T} \tag{2.3.9}$$

式中 e 为实际水汽压，$e_s(T)$ 为饱和水汽压。如果某体积中空气的相对湿度为100%，那么就表示该体积空气已经达到饱和了，也就有可能产生凝结甚至成云致雨。冰面的相对湿度 f_i 可仿照上式推导，只需将 $e_s(T)$ 换成冰面饱和水汽压 $e_{si}(T)$ 即可。

相对湿度的分布也受季节和地形的影响，图 2.5a，b 分别为 1 月和 7 月全球相对湿度的分布。由图可以看出海洋表面和沿海地区因为有大量的水汽蒸发补充给大气，所以这些地区的大气的相对湿度全年都很高。而内陆地区由于干旱少雨，况且陆面少有水分蒸发补充，所以其相对湿度比较小。还可以看出，中纬度地区内陆夏季相对湿度比冬季大，但是沿海地区相对湿度全年变化不大，几乎不受季节的影响。

(4)露点温度

在气压保持不变的情况下，使某一体积空气中的水汽冷却达到饱和时的温度称为露点温度，一般用 T_d 表示。当湿空气定压降温达到露点 T_d 时，即 $e_s(T)=e$，如果气体等压降温冷却到对冰面饱和，那么就是霜点 T_f。在气压保持不变的情况下，如果露点温度愈低，那么就说明该体积空气中水汽的含量愈少；相反，露点温度愈高，那么就说明该体积空气中水汽含量愈多。

据研究表明，在极为纯净的大气中，凝结和凝华过程都很难发生，所以空气有可能达到过饱和状态。然而，大气内总是含有丰富的凝结核或有固体表面存在，所以气温降到露点就会在凝结核或固体表面上凝结。因而大气的相对湿度一般不会超过 101%。

露点完全由空气的水汽压决定，在等压冷却过程中水汽压不变，露点也不变，所以它在等压过程中是保守量。露点可由露点仪直接测得，也可由其他湿度参量换算得到。

由于湿度参量比较多，所以将这些参量相互之间的关系和主要特点列在表 2.6 中。其中除了相对湿度表示空气接近饱和的程度，是相对量之外，其余的都是表示水汽的绝对含量。常用的相对量还有饱和差($E(e)$、温度露点差($T(T_d)$)等。

表 2.6　湿度参量(盛裴轩，2003)

名　称	惯用符号	单　位	测量方法	应　用
混合比 比湿	r q	g/g，g/kg	绝对法(称重法)	因在气块无相变的绝热过程中保持常量，故常用于理论计算
水汽密度	ρ_v	g/m^3，kg/m^3	绝对法(称重法)	表示水汽绝对含量，常用于理论计算
露点 霜点	T_d T_f	℃ ℃	露点仪	预报露、霜、云和雾等现象是否出现
相对湿度	U_w，U_i	%	通风干湿表和毛发湿度计	表示空气接近饱和状态的程度，也可用来推算其他湿度参量

2.3.4　风

风是指空气相对于地面的水平运动，它既有方向又有大小，是一个平面矢量。风是大气显示其无穷能量的一种方式，风能是取之不尽、用之不竭的清洁能源。风还可以使地球上南北之间，以及通过辐合辐散使气层上下之间的空气发生交换，同时还伴随水汽、热量和动量的交换，这种交换对整个地球大气的运动状况有非常重要的意义。风的表现形式多种多样，如季风、地方性的海陆风、山谷风、焚风等。

因为风是矢量，所以就要测量风向和风速，只有这样才能准确地描述风的状况。我国在汉朝时就已经可以使用测风旗和相风乌测量风向，同时还用羽毛举高的程度来判断风速大小，这比国外领先了一千多年。气象上风向是指风的来向，比如说从北方吹来的风叫北风，从南边吹来的风叫南风。气象上把风向分为16个方位，如图2.7。

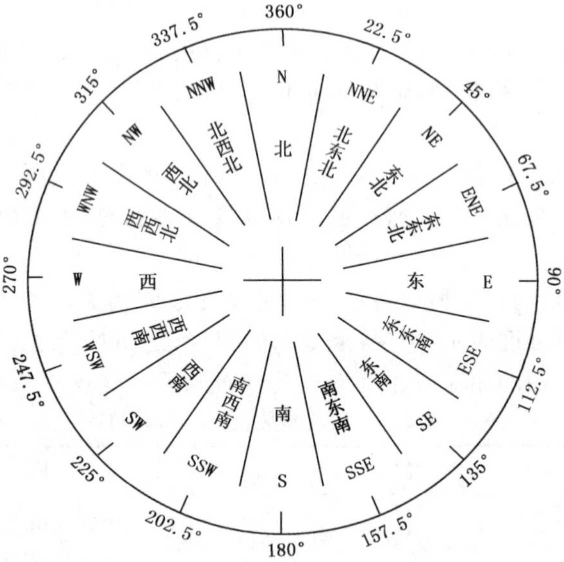

图2.7　16方位风向图(张霭琛，2000)

风速是指空气运动时气流前进的速度，风速越大，风的动量越大，风所携带的能量也就越大，气象上一般用风力来表示风速的大小。风速的单位是m/s或者km/h，也可以用风力等级来表示。目前国际上通用的是蒲福风级表(表2.7)。蒲福风级表由爱尔兰人法兰西·蒲福(F. Beaufort)海军上将在1805年左右制定，是划分风力等级的方法。按强弱，将风力划为“零”至“十二”，共十三个等级。蒲福风级发明的时候是只是一种依靠观察海面现象的分级法。各级数根据海情或海浪的状况来划分，并没有标明相关联的风速。1830年英国皇家海军以蒲福风级为纪录标准。1850年起，一般航海也使用蒲福风级，之后开始改用风杯风速计测量风速。1923年风速计标准化，蒲福风级亦略为修改以方便气象学使用。至今航海上仍然普遍使用蒲福风级描述不同风速。1946年后，风力等级扩展至17级，13～17级风力陆上极少见。

表 2.7　蒲福风级表(张霭琛,2000)

描述风力术语	蒲福风级	平均风速			地面状态	海面状态
		mile/h	m/s	km/h		
静风	0	<1	0～0.2	<1	烟直向上升	海面平静如镜
软风	1	1～3	0.3～0.5	1～5	烟能表示风向,但风向标则不动	波纹柔和,状似鱼鳞,浪头不起白沫
轻风	2	4～6	1.6～3.3	6～11	人面感觉有风,树叶微响,风向标会转动	小形微波,相隔较短,但已较显著,波峰似玻璃而不破碎
微风	3	7～10	3.4～5.4	12～19	树叶及微枝摇动不息,旌旗展开	微波较大,波峰开始破碎,白沫状似玻璃,间中有白头浪
和风	4	11～16	5.5～7.9	20～28	能吹起地面灰尘和纸张,树的小枝摇动	小浪,形状开始拖长,白头浪较为频密
清劲风	5	17～21	8.0～10.7	29～38	有叶的小树摇摆,内陆的水面有微波	中浪,形状显著拖长,白头浪更多,间有浪花飞溅
强风	6	22～27	10.8～13.8	39～49	大树枝摇动,电线呼呼有声,举伞困难	大浪开始出现,周围都是较大的白头浪。浪花较多
疾风	7	28～33	13.9～17.1	50～61	全树摇动,迎风步行感觉不便	海浪堆栈,碎浪生成之白沫随风吹成条纹
大风	8	34～40	17.2～20.7	62～74	微枝折毁,人行向前感觉阻力甚大	将达高浪阶段,波峰开始破碎,成为浪花,条纹更觉显著
烈风	9	41～47	20.8～24.4	75～88	建筑物有小损坏	高浪,白沫随风吹成浓厚条纹状,波涛汹涌,浪花飞溅,影响能见度

续表

描述风力术语	蒲福风级	平均风速			地面状态	海面状态
		mile/h	m/s	km/h		
狂风	10	48～55	24.5～28.4	89～102	陆上少见，可使树木拔起或使建筑物损坏严重	非常高浪，出现拖长的倒悬浪峰；大片泡沫随风吹成浓厚白色条纹，海面白茫茫一片，波涛互相冲击，能见度受到影响
暴风	11	56～63	28.5～32.6	103～117	内陆很少见，会引起广泛损坏	波涛澎湃，浪高足以遮掩中型船只；长片白沫随风摆布，遍罩海面，能见度受到影响
飓风	12	64～71	32.7～36.5	118～133	内陆很少见，会引起广泛损坏	海面空气充满浪花白沫，巨浪如江河倒泻，遍海皆白，能见度大受影响
飓风	13	72～80	37.0～41.4	134～149	注 1：13—17 级风力是 1946 年增加的，陆上极少见；注 2：13—17 级风力只当风速可用仪器测量时用之，故不列特征。	
飓风	14	81～89	41.5～46.1	150～166		
飓风	15	90～99	46.2～50.9	167～183		
飓风	16	100～108	51.0～56.0	184～201		
飓风	17	109～118	56.1～61.2	202～220		
飓风	＞17	≥118	≥61.3	≥221		

风向的测量仪器是风向标，由指向杆、平衡重锤、旋转轴和风尾组成。风尾是感受风力的部件，在风力的作用下产生旋转力矩，使指向杆——风尾轴线不断调整它的取向，与风向保持一致。指向杆的作用是指向风的来向。

风速的测量主要有旋转风杯风速表、散热式风速表、声学风速表等。

旋转风杯风速计的感应部分是一个固定转轴上的感应风的组件。常见的有三种形式：螺旋桨叶片组、平板叶片组和半球形或（抛物锥形）的空心杯壳组成。风杯一般是由 3 个半球形的空心杯壳组成的，杯壳固定在互成 120°角的支架上，杯的凹面顺着一个方向排列，支架固定在垂直的旋转轴上。在稳定的风力作用下，风杯受到扭力矩而开始旋转，它的转速与风速成一定关系，从而推算出风速。散热式风速计是利用散热速率与周围空气的流速之间的关系，推算出风速的大小。声学风速计是利用声波在大气中的传播速度与空气的温度和风速之间的关系，推算出风速大小的。

大气运动产生的风可以带来很多好处。风速适度对改善农田环境条件起着重要作用。近地层热量交换、农田蒸散和空气中的二氧化碳、氧气等输送过程随着风速的增大而加快或加强。风可传播植物花粉、种子，帮助植物授粉和繁殖。风能是分布广泛、用之不竭的能源。中国盛行季风，对作物生长有利。在内蒙古高原、东北平原、东南沿海以及内陆高山，都具有丰富的风能资源可作为能源开发利用。

风也会产生消极作用。它能传播病原体，蔓延植物病害。高空风是黏虫、稻飞虱、稻纵卷叶螟、飞蝗等害虫长距离迁飞的气象条件。大风不仅造成海难事故，还使作物倒伏、树木断折、落花落果而影响产量。大风还造成土壤风蚀、沙丘移动，而毁坏农田。在干旱地区盲目垦荒，风将导致土地沙漠化。牧区的大风和暴风雪可吹散畜群，加重冻害。地方性风的某些特殊性质，也常造成风害。由海上吹来含盐分较多的海潮风，高温低温的焚风和干热风，都严重影响果树的开花、坐果和谷类作物的灌浆。防御风害，多采用培育矮化、抗倒伏、耐摩擦的抗风品种。营造防风林，设置风障等更是有效的防风方法。

参考文献

黄荣辉. 2005. 大气科学概论. 北京：气象出版社.

林晔，等. 1993. 大气探测教程. 北京：气象出版社.

邱金桓，等. 2005. 大气物理与大气探测学. 北京：气象出版社.

盛裴轩，等. 2003. 大气物理学. 北京：北京大学出版社.

唐孝炎，等. 2006. 大气环境化学(第二版). 北京：高等教育出版社.

王明星，等. 2005. 大气化学概论. 北京：气象出版社.

王永生，等. 编著，1987. 大气物理学. 北京：气象出版社.

许绍祖，等. 1993. 大气物理学基础. 北京：气象出版社.

张霭琛. 2000. 现代气象观测. 北京：北京大学出版社.

周发琇. 1990. 大气科学概论. 青岛：青岛海洋大学出版社.

周秀骥，等. 1995. 中国地区臭氧总量变化与青藏高原低值中心. 科学通报，**4**(15)，1396-1398，

Houghton J T. 1986. The Physics of Atmospheres. Cambridge University Press.

Iribarne J V, Cho H R. 1980. Atmospheric Physics. D. Reidel Publishing Company.

Iribarne J V, Godson W L. 1981. Atmosphere Thermodynamics. D. Reidel Publishing Company.

Lydolph P E. 1985. Weather and Climate. Totowa N. J: Rowman & Allanheld.

Wallace J M, Hobbs P V. 2006. 大气科学(第二版). 何金海，等，译. 北京：科学出版社.

思考题

1. 大气有哪些成分？为什么说臭氧、水汽含量甚少，却有很大的作用？

2. 已知地面大气压强为1013.25 hPa，地面高度h处的大气压强为300hPa，请问从地面到h处单位截面空气柱的质量是多少？其占整个大气质量的百分数是多少？

3. 大气垂直分层的依据是什么？分哪些层？有什么特点？

4. 已知空气温度为26.4℃，露点为9.3℃，求实际水汽压(e)，饱和水汽压(E)，相对湿度(f)。如果露点不变，空气温度变高了，则以上各量将怎样变化？如果气温不变，露点变高了，则以上各量又将怎样变化？（提示：$e=6.11\times 10^{\frac{7.45t}{235+t}}$）

5. 描述大气状况的基本气象要素有哪些？并分别简述它们的主要特征。

第 3 章　大气现象

理解自然界的事物一般都是从现象开始，然后逐步上升到对事物本质的认识。对大气中所发生的各种现象的认识是掌握其发生、发展规律，进而达到预报预测的第一步。大气中的许多现象对天气变化都有指示意义，比如云形、云状的变化、晕虹等光学现象等。本章首先简单介绍云与降水的形成和分类，以及大气中的其他水汽凝结(华)形式如露、雾、霜等；然后对雷暴、闪电、龙卷等强对流天气现象及其形成机理进行解释；接着介绍大气中发生的主要光学现象如虹、晕等形成原理，最后对酸雨、臭氧洞等与大气环境和气候变化关系密切的大气化学现象进行了解释。

3.1　云与降水

云可定义为微小水滴或冰晶，或二者混合物组成的可见聚合体。云除了是一种经常出现的，有时甚至是非常壮观的大气现象外，它也是气象预报人员日常关注的焦点，因为云对天气过程有很好的指示意义。

3.1.1　云的形成与分类

3.1.1.1　云的形成

云是大气中水汽凝结的产物。含有水汽的湿空气，由于某种原因向上抬升。在上升过程中，由于周围空气越来越稀薄，气压越来越低，上升空气体积就要绝热膨胀。膨胀的过程中要耗去自身的热量，因此，上升空气的温度要降低。随着温度降低，饱和水汽压减小，上升空气在某一高度(这个高度称为抬升凝结高度)，或它的温度降低到其露点温度时，就要达到饱和。温度再降低，多余的水汽就附在空气里悬浮的凝结核上，成为小水滴。如果空气继续上升，温度低于 0℃，多余的水汽就会凝结成为过冷却水滴或凝华成为冰晶。它们集中在一起，受上升气流的支托，飘浮在空中，成为我们能见到的云。在自然界，根据云形成过程不同可分为：锋面云(锋面上暖气团抬升成云)、地形云(当空气沿着地形坡度爬升形成的云)、对流云(因为空气对流运动而产生的云)等。

3.1.1.2 云的分类

简单来说，云主要有三种形态：团状的积云、片状的层云和纤维状的卷云。而科学上云的分类最早是由法国博物学家尚·拉马克(Jean Lamarck)于1801年提出的。1929年，国际气象组织以英国科学家路克·霍华德(Luke Howard)于1803年制定的分类法为基础，按云的形状、组成、形成原因等把云分为十大云属。而这十大云属则可按其云底高度把它们划入三个云族：高云族、中云族、低云族。另一种分法则将积云与积雨云从低云族中分出，称为直展云族。[彩]图3.1是各种云形的示意图。

高云族　高云形成于6000 m以上高空(注：这里使用的云底高度仅适用于中纬度地区)，对流层较冷的部分。在此高度上的水都会凝华或冻结为冰晶，所以这族云都是由冰晶所组成。高云一般呈纤维状，薄薄的并多数会透明。分为3属：

卷云(Ci，Cirrus)云体具有纤维状结构，色白无影且有光泽，日出前及日落后带黄色或红色，云层较厚时为灰白色。卷云又分成4类：

毛卷云(Ci fil)：云丝分散，纤维结构明晰，状如乱丝、羽毛、尾等。

密卷云(Ci dens)：云丝密集、聚合成片。

钩卷云(Ci unc)：云丝平行排列，顶端有小钩成小团，类似逗号。

伪卷云(Ci not)：已脱离母体之积雨云顶部冰晶部分，云体大而浓密，经常呈铁砧状。

卷层云(Cs，Cirrostratus)云体均匀成层、透明或乳白色，透过云层日、月轮廓清晰可见，地物有影，常有晕。卷层云又可分成2类：

薄幕卷层云(Cs nebu)：云幕薄而均匀，看不出明显的结构。

毛卷层云(Cs fil)：云幕的厚度不均匀，丝状纤维组织明显。

卷积云(Cc，Cirrocumulus)云块很小，呈白色细鳞、片状，常成行或成群，排列整齐，似微风吹过水面所引起的小波纹。卷积云只有1类。

中云族　中云于2500～6000 m的高空形成。它们多由过冷小水滴组成，可分为：

高层云(As，Altostratus)云体均匀成层，呈灰白色或灰色，布满全天。高层云又可分成2类：

透光高层云(As tra)：云层较薄，厚度均匀，呈灰白色，日、月被掩，轮廓模糊，似隔一层毛玻璃。

蔽光高层云(As op)：云层较厚，呈灰色，底部可见明暗相间的条纹结构，日、月被掩，不见其轮廓。

高积云(Ac，Altocumulus)云块较小，轮廓分明。薄云块呈白色，能见日、月轮廓；厚云块呈灰暗色，日、月轮廓不辨。呈扁圆形、瓦块状、鱼鳞或水波状的密集云条。成群、成行、成波状沿一个或两个方向整齐排列。高积云又可分成6类：

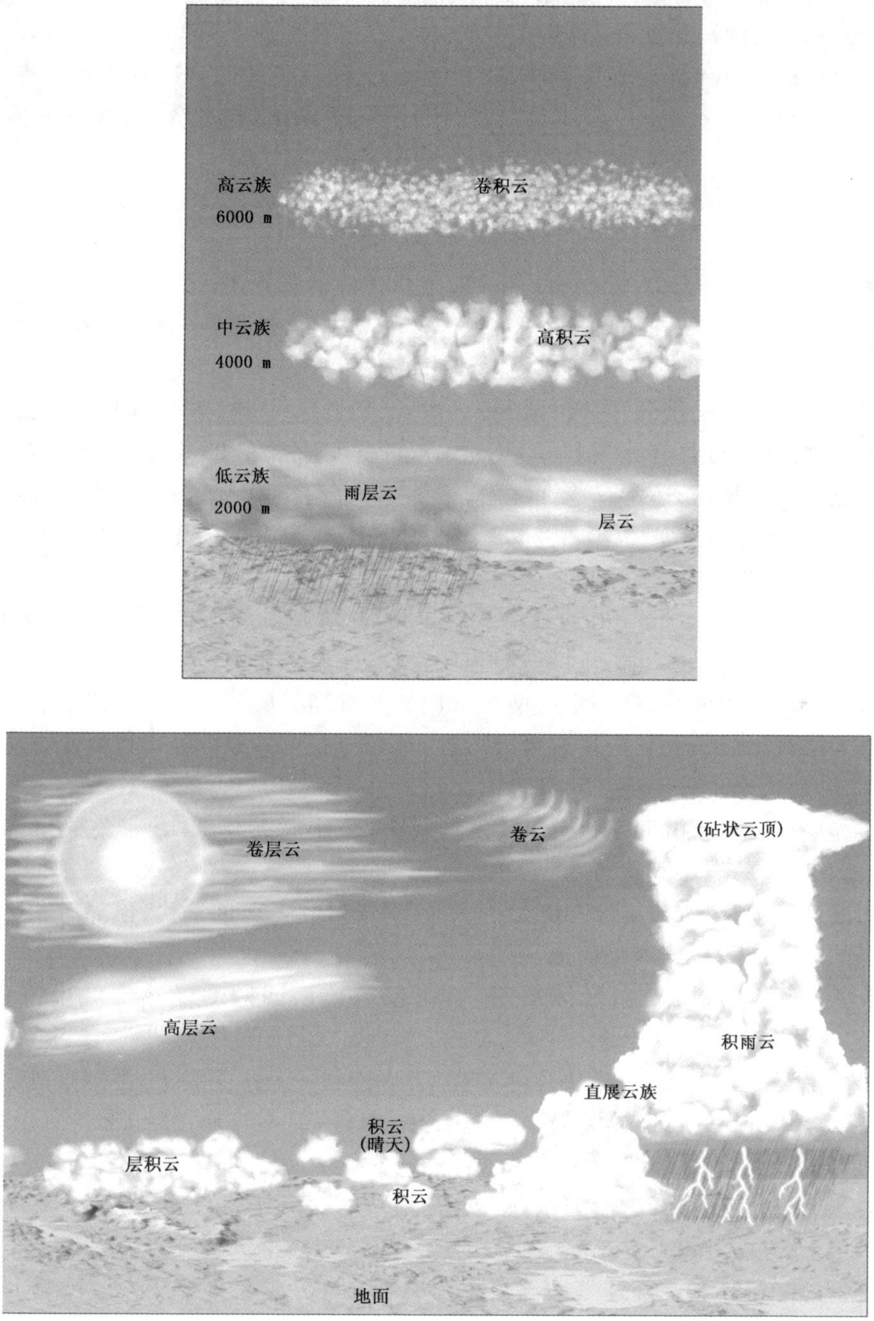

图 3.1　根据高度和形状对云的分类(Lutgens and Tarbuck, 2004)

透光高积云(Ac tra):云块较薄,个体分离、排列整齐,云缝处可见蓝天;即使无缝隙,云层薄的部分,也比较明亮。

蔽光高积云(Ac op):云块较厚,排列密集,云块间无缝隙,日、月位置不辨。

荚状高积云(Ac lent):云块呈白色,中间厚,边缘薄,轮廓分明,孤立分散,形如豆荚或呈柠檬状。

堡状高积云(Ac cast):云块底部平坦,顶部突起成若干小云塔,类似远望的城堡。

絮状高积云(Ac flo):云块边缘破碎,很像破碎的棉絮团。

积云性高积云(Ac cug):云块大小不一,呈灰白色,外形略有积云特性,由衰退的浓积云或积雨云扩展而成。

低云族　包括层积云、层云、雨层云、积云、积雨云 5 属(类),其中层积云、层云、雨层云由水滴(有时含有冰雪粒子)组成,云底高度通常在 2500 m 以下。大部分低云都可能下雨,雨层云还常有连续性雨、雪。而积云、积雨云由水滴、过冷水滴、冰晶混合组成,云底高度一般也常在 2500 m 以下,但云顶很高。积雨云多下雷阵雨,有时伴有狂风、冰雹等。

层积云(Sc,Stratocumulus)云块一般较大,其薄厚或形状有很大差异,常呈灰白色或灰色,结构较松散。薄云块可辨出日、月位置;厚云块则较阴暗。有时零星散布,大多成群、成行、成波状,沿一个或两个方向整齐排列。层积云又可分成 5 类:

透光层积云(Sc tra):云块较薄,呈灰白色,排列整齐,缝隙处可以看见蓝天,即使无缝隙,云块边缘也较明亮。

蔽光层积云(Sc op):云块较厚;显暗灰色,云块间无缝隙,常密集成层,布满全天,底部有明显的波状起伏。

积云性层积云(Sc cug):云块大小不一,呈灰白或暗灰色条状,顶部有积云特征,由衰退的积云或积雨云展平而成。

荚状层积云(Sc lent):云体扁平,常由傍晚地面四散的受热空气上升而直接形成。

堡状层积云(Sc cast):云块顶部突起,云底连在一条水平线上,类似远处城堡。

层云(St,Stratus)云体均匀成层,呈灰色,似雾,但不与地接触,常笼罩山腰。层云又可分成 2 类:

碎层云(St):由层云分裂或浓雾抬升而形成的支离破碎的层云小片。

雨层云(Ns,Nimbostratus)　云体均匀成层,布满全天,完全遮蔽日、月,呈暗灰色,云底常伴有碎雨云,降连续性雨雪。雨层云又可分成 2 类:

碎雨云(Fn):云体低而破碎,形状多变,呈灰色或暗灰色,常出现在雨层云、积雨云及蔽光高层云下,系降水物蒸发,空气湿度增大凝结而形成。

直展云族 直展云有非常强的上升气流，所以它们可以一直从底部长到更高处。带有大量降雨和雷暴的积雨云可以从接近地面的高度开始，可以一直伸展到15千米之上的高空。在积雨云的底部，当下降中较冷的空气与上升中较暖的空气相遇就会形成像一个个小袋的乳状云。薄薄的幞状云则会在积雨云膨胀时于其顶部形成。

积云(Cu,Cumulus) 个体明显，底部较平，顶部凸起，云块之间多不相连，云体受光部分洁白光亮，云底较暗。积云又可分成3类：

淡积云(Cu hum)：个体不大，轮廓清晰，底部平坦，顶部呈圆弧形凸起，状如馒头，其厚度小于水平宽度。

浓积云(Cu cong)：个体高大，轮廓清晰，底部平而暗，顶部圆弧状重叠，似花椰菜，其厚度超过水平宽度。

碎积云(Fc)：个体小，轮廓不完整，形状多变，多为白色碎块，系破碎或初生积云。

积雨云(Cb,Cumulonimbus) 云浓而厚，云体庞大如高耸的山岳，顶部开始冻结，轮廓模糊，有纤维结构，底部十分阴暗，常有雨幡及碎雨云。积雨云又可分成2类：

秃积雨云(Cb calv)：云顶开始冻结，圆弧形重叠，轮廓模糊，但尚未向外展。

鬃积雨云(Cb cap)：云顶有白色丝状纤维结构，并扩展成为马鬃状或铁砧状，云底阴暗混乱。

其他。(1)凝结尾迹是指当喷射飞机在高空划过时所形成的细长而稀薄的云。(2)夜光云非常罕见，它形成于大气层的中间层，只能在高纬度地区看到。

每一种云都有它的特殊性，但不是一成不变的。在一定条件下，云的种类可以互相转变。例如淡积云可以发展成浓积云，再发展成积雨云；积雨云顶部脱离成为伪卷云或积云性高积云；卷积云降低成高层云；而高层云降低又可变成雨层云。

3.1.2 降水的形成与分类

3.1.2.1 降水的形成

云滴直径只有0.01～0.02 mm，最大也只有0.2 mm。因它们体积小重量轻，被空气中的上升气流托在空中。这些小水滴要变成雨滴降到地面，它的体积大约要增大100多万倍。这些小水滴是怎样使自己的体积增长到100多万倍的呢？在暖云中，它主要通过两种途径，一是凝结增长；二是依靠云滴之间的碰并增长。在雨滴形成的初期，云滴主要依靠不断吸收云体四周的水汽来使自己凝结增长。如果云体内的水汽能源源不断得到供应和补充，使云滴表面经常处于过饱和状态，那么，这种凝结过程将会继续下去，使云滴不断增大，成为雨滴，但这种过程比较慢，特别是有时云内的水汽含量有限，在同一块云里，水汽往往供不应求，这样就不可能使每个云滴都增大为较大的雨滴,有些较小的云滴只好归并到较大的云滴中去。如果云内出现水滴和冰晶共存的情况,那么,这种凝结增大过程将大大加快。当云中的云滴增大到一定程度时,由于大云滴的体积和重量不断增加,它们在下降过程中不仅能赶上那些速度较慢的小云滴,而且还会"吞并"更多的小云滴而使自己壮大起来(图 3.2)。当大云滴越长越大,最后大到空气再也托不住它时,便从云中直落到地面,成为我们常见的雨水。

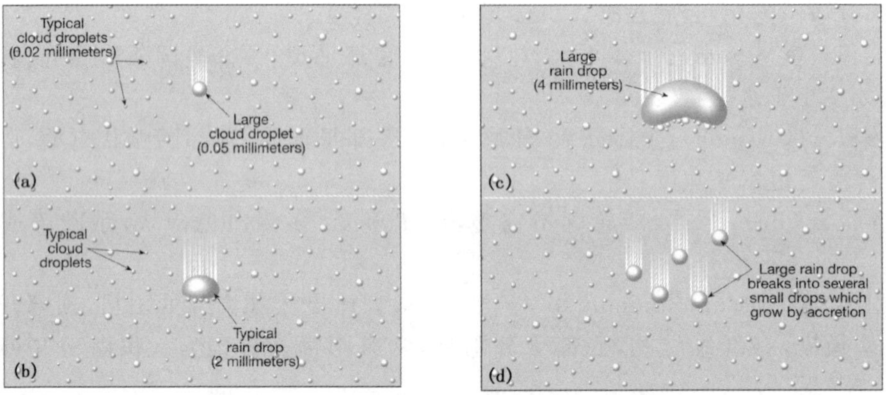

图 3.2 云滴通过碰并形成雨滴的过程(Lutgens and Tarbuck, 2004)

3.1.2.2 降水的分类

降水的种类很多。按照形成降水的天气系统分,有对流性降水、锋面降水、地形降水、台风降水(气旋降水);按照降水量的大小分,有小雨、中雨、大雨、暴雨;按照降水的形式:降雪、降雨、冰雹等。

雨量等级划分标准是:日降水量 0~10 mm 为小雨;10~25 mm 为中雨;25~50 mm为大雨;50~100 mm 为暴雨;100~200 mm 为大暴雨、大于 200 mm 的为特大暴雨。

3.2 雾、霾、露和霜

3.2.1 雾

雾和云都是由浮游在空中的小水滴或冰晶组成的水汽凝结物,只是雾生成在大气的近地面层中,而云生成在大气的较高层而已。雾既然是水汽凝结物,因此应从造成水汽凝结的条件中寻找它的成因。大气中水汽达到饱和的原因不外两个:一是增湿,由于地面上各种水体的蒸发,增加了大气中的水汽;另一是由于空气自身的冷却。对于雾来说,冷却更重要。当空气中有凝结核时,达到饱和的空气中如继续有水汽增加或继续冷却，便会发生凝结。凝结的水滴如使水平能见度降低到1000 m以内时，就形成了雾。

根据其成因不同，常分为辐射雾、平流雾、混合雾等。顾名思义，辐射雾是由辐射冷却形成的，多出现在晴朗、微风、近地面水汽比较充沛且比较稳定或有逆温存在的夜间和清晨；另一种是暖而湿的空气作水平运动，经过寒冷的地面或水面，逐渐冷却而形成的雾，称之为平流雾；有时兼有两种原因形成的雾，称为混合雾。可以看出，具备这些条件的就是深秋初冬，尤其是深秋初冬的早晨。这是因为，在秋冬季节夜长，而且出现无云风小的机会较多，地面散热较夏天更迅速，以致使地面温度急剧下降，这样就使得近地面空气中的水汽，容易在后半夜到早晨达到饱和而凝结成小水珠，形成雾。秋冬的清晨气温最低，便是雾最浓的时刻。

我们还可以看到一种蒸发雾。即冷空气流经温暖水面，如果气温与水温相差很大，则因水面蒸发大量水汽，在水面附近的冷空气便发生水汽凝结成雾。这时雾层上往往有逆温层存在，否则对流会使雾消散。所以蒸发雾范围小，强度弱，一般发生在下半年的水塘周围。

此外，根据形成过程不同还有上坡雾、锋面雾等。上坡雾是由于潮湿空气沿着山坡上升，绝热冷却使空气达到过饱和而产生的雾。这种潮湿空气必须稳定，山坡坡度必须较小，否则形成对流，雾就难以形成。锋面雾经常发生在冷、暖空气交界的锋面附近。锋前锋后均有，但以暖锋附近居多。锋前雾是由于锋面上面暖空气云层中的雨滴落入地面冷空气内，经蒸发，使空气达到过饱和而凝结形成；而锋后雾，则由暖湿空气移至原来被暖锋前冷空气占据过的地区，经冷却达到过饱和而形成的。因为锋面附近的雾常跟随着锋面一道移动，军事上就常常利用这种锋面雾来掩护部队，向敌人进行突然袭击。

总之，凡是在有利于空气低层冷却的地区，如果水汽充分，风力微弱，大气层结稳定，并有大量的凝结核存在，便最容易生成雾。

根据水平能见度不同，雾可分为三个等级：

雾：能见度0.5 km～小于1.0 km；

浓雾：能见度0.05 km～小于0.5 km；

强浓雾：能见度小于0.05 km；

根据中国气象局《地面观测规范》，由微小水滴或已湿的吸湿性质粒构成的灰白色的稀薄雾幕，使水平能见度大于等于1.0 km至小于10.0 km的天气现象称为轻雾。

雾消散的原因，一是由于下垫面的增温，雾滴蒸发；二是风速增大，将雾吹散或抬升成云；再有就是湍流混合，水汽上传，热量下递，近地层雾滴蒸发。雾的持续时间长短，主要和当地气候干湿有关：一般来说，干旱地区多短雾，多在1 h以内消散，潮湿地区则以长雾最多见，可持续 6 h 左右。

3.2.2 霾

(1)霾的定义

霾的气象定义是悬浮在大气中的大量微小尘粒、烟粒或盐粒的集合体，使空气浑浊，水平能见度降低到 10 km 以下的一种天气现象。霾一般呈乳白色，它使物体的颜色减弱，使远处光亮物体微带黄红色，而黑暗物体微带蓝色。组成霾的粒子极小，不能用肉眼分辨。

霾作为一种自然现象，其形成有三方面因素。一是水平方向静风现象的增多。随着城市建设的迅速发展，高大建筑物的增多增大了地面摩擦系数，使风流经城区时明显减弱。静风现象增多，不利于大气污染物向城区外围扩展稀释，并容易在城区内积累高浓度污染。二是垂直方向的逆温现象。污染物在正常气象条件下，从气温高的低空向气温低的高空扩散，逐渐循环排放到大气中。但是逆温现象下，低空的气温反而更低，导致污染物在低空的滞留，不能及时排放出去。三是悬浮颗粒物的增加。污染物排放和城市悬浮物大量增加，直接导致了能见度降低，使得整个城市看起来灰蒙蒙一片。霾的形成与污染物的排放密切相关，城市中机动车尾气以及其他烟尘排放源排出粒径在微米或亚微米级的细小颗粒物，停留在大气中，当逆温、静风等不利于扩散的天气出现时，就形成霾。据研究，在中国存在着 4 个霾天气比较严重地区：黄淮海地区、长江河谷、四川盆地和珠江三角洲。

(2)霾与雾的区别

区别在于发生霾时相对湿度不大，而雾中的相对湿度是饱和或接近饱和的(如有大量凝结核存在时，相对湿度不一定达到 100%就可能出现饱和)。一般相对湿度小于 80%时的大气混浊视野模糊导致的能见度恶化是霾造成的，相对湿度大于 90%时的大气混浊视野模糊导致的能见度恶化是雾造成的，相对湿度介于 80%～90%之间时的大气混浊视野模糊导致的能见度恶化是霾和雾的混合物共同造成的，但其主要成分是霾。霾的厚度比较厚，可达 1～3 km 左右。霾与雾、云不一样，与晴空区之间没有明显的边界，霾中粒子的分布比较均匀，而且粒子的尺度比较小，从 0.001 μm 到 10 μm，肉眼一般看不到空中飘浮的颗粒物。由于灰尘、硫酸、硝酸及其此类等粒子组成的霾，其散射波长较长的光比较多，因而霾看起来呈黄色或橙灰色。而雾是由大量悬浮在近地面空气中的微小水滴或冰晶组成的，是近地面层空气中水汽凝结(或凝华)的产物。一般雾的厚度比较小，常见的辐射雾的厚度大约从几十米到一两百米。雾和云一样，与晴空区之间有明显的边界，雾滴浓度分布不均匀，而且雾滴的尺度比较大，从几微米到 100 μm，平均直径大约在几微米至十几微米，有时肉眼可以看到空中飘浮的雾滴，毛毛雨有时只能以皮肤感觉来判断。由于液态水或冰晶组成的雾散射的光与波长关系不大，因而雾看起来呈乳白色或青白色。

3.2.3 霜

霜是在近地面层的空气里形成的一种白色的冰晶(图 3.3)，多形成于夜间。少数情况下，在日落以前太阳斜照的时候也能形成。通常，日出后不久霜就融化了。但是在天气严寒的时候或者在背阴的地方，霜也能终日不消。

图 3.3 霜的照片(Lutgens and Tarbuck, 2004)

霜的形成不仅和当时的天气条件有关，而且与所附着的物体的属性也有关。当物体表面的温度很低，而物体表面附近的空气温度却比较高，那么在空气和物体表面之间有一个温度差，如果物体表面与空气之间的温度差主要是由物体表面辐射冷却造成的，则在较暖的空气和较冷的物体表面相接触时空气就会冷却，达到水汽过饱和的时候多余的水汽就会析出。如果温度在 0℃以下，则多余的水汽就在物体表面上凝华为冰晶，这就是霜。因此霜总是在有利于物体表面辐射冷却的天气条件下形成。另外，云对地面物体夜间的辐射冷却是有妨碍的，天空有云不利于霜的形成，因此，霜大都出现在晴朗的夜晚，也就是地面辐射冷却强烈的时候。此外，风对于霜的形成也有影响。有微风的时候，空气缓慢地流过冷物体表面，不断地供应着水汽，有利于霜的形成。但是，风大的时候，由于空气流动得很快，接触冷物体表面的时间太短，同时风大的时候，上下层的空气容易互相混合，不利于温度降低，从而也会妨碍霜的形成。大致说来，当风速达到 3 级或 3 级以上时，霜就不容易形成了。因此，霜一般形成在寒冷季节里晴朗、微风或无风的夜晚。

霜的形成，不仅和上述天气条件有关，而且和地面物体的属性有关。霜是在辐射冷却的物体表面上形成的，所以物体表面越容易辐射散热并迅速冷却，在它上面就越容易形成霜。同类物体，在同样条件下，假如质量相同，其内部含有的热量也就相同。如果夜间它们同时辐射散热，那么，在同一时间内表面积较大的物体散热较多，冷却得较快，在它上面就更容易有霜形成。这就是说，一种物体，如果与其质量相比，表面积相对大的，那么在它上面就容易形成霜。草叶很轻，表面积却较大，所以草叶上就容易形成霜。另外，物体表面粗糙的，要比表面光滑的更有利于辐射散热，所以在表面粗糙的物体上更容易形成霜，如土块。

霜的消失有两种方式：一是升华为水汽，一是融化成水。最常见的是日出以后因温度升高而融化消失。霜所融化的水，对农作物有一定好处。霜的出现，说明当地夜间天气晴朗并寒冷，大气稳定，地面辐射降温强烈。这种情况一般出现于有冷气团控制的时候，所以往往会维持几天好天气。我国民间有“霜重见晴天”的谚语，道理就在这里。

3.2.4 露

露的形成原因和过程与霜一样，只不过它形成时的温度在0℃以上罢了。在0℃以上，空气在同等气压下因冷却而达到水汽饱和时的温度叫做“露点温度”。在温暖季节里，夜间地面物体强烈辐射冷却的时候，与物体表面相接触的空气温度下降，在它降到“露点”以后就有多余的水汽析出。因为这时温度在0℃以上，这些多余的水汽就凝结成水滴附着在地面物体上，这就是露。

3.3 雷暴、闪电与龙卷

3.3.1 雷暴与闪电

雷暴是伴有雷击和闪电的局地对流性天气。它必定产生在强烈的积雨云中，因此常伴有强烈的阵雨或暴雨，有时伴有冰雹和龙卷风，属强对流天气系统。形成雷暴的积雨云发展旺盛，云的上部常有冰晶。冰晶的淞附、水滴的破碎以及空气对流等过程，使云中产生电荷。云中电荷的分布很复杂，但总的说来，云的上部以正电荷为主，云的中、下部以负电荷为主，云的下部前方的强烈上升气流中还有一范围小的正电区。因此，云的上、下之间形成一个电位差，当电位差大到一定程度后，就产生放电，这就是平常所见的闪电现象。放电过程中，闪道中的温度骤增，使空气体积急剧膨胀，从而产生冲击波，导致强烈的雷鸣。当云层很低时，有时可形成云地间放电，这就是雷击。因此，雷暴是大气不稳定状况的产物，是积雨云及其伴生的各种强烈天气的总称。雷暴的持续时间一般较短，单个雷暴的生命史一般不超过2 h。我国雷暴是南方多于北方，山区多于平原。多出现在夏季和秋季，冬季只在我国南方偶有出现。

雷暴出现的时间多在下午。夜间因云顶辐射冷却，使云层内的温度层结变得不稳定，也可引起雷暴，称为夜雷暴。

雷暴共分为三种，分别为单体雷暴、多单体雷暴及超级单体雷暴。而分辨它们的方法是根据大气的不稳定性及不同层次里的相对风速而定。单体雷暴(single cell storms)是在大气不稳定，但风切变较弱时发生。这些雷暴通常较为短暂，不会持续超过1h。在平日亦有很多机会看到这种雷暴，因此亦被称为阵雷。多单体雷暴(multicell storms)由多个雷暴单体所组成，是单体雷暴的进一步发展而形成的。与多单体雷暴相伴随的有因云下冷空气形成的阵风锋。阵风锋可以延绵数里，如果风速加快、大气压力加大及温度下降，阵风锋会影响更大的区域。超级单体雷暴(supercell storms)是在风切变极大时发生的，并由各种不同程度的雷暴组织形成。这种雷暴的破坏力最大，并有30%可能性会产生龙卷风。

3.3.2 龙卷风

龙卷风是一种涡旋，空气绕龙卷的轴快速旋转，受龙卷中心气压极度减小的吸引，近地面几十米厚的一薄层空气内，气流被从四面八方吸入涡旋的底部。并随即变为绕轴心向上的涡流。龙卷中的风总是气旋性的，即逆时针旋转，其中心的气压可以比周围气压低很多，一般可低至400 hPa，最低可达200 hPa。

龙卷风是云层中雷暴的产物。具体地说，龙卷风就是雷暴巨大能量中的一小部分在很小的区域内集中释放的一种形式。龙卷风的形成可以分为四个阶段：(1)大气的不稳定性产生强烈的上升气流，由于急流中的最大过境气流的影响，它被进一步加强。(2)由于与在垂直方向上速度和方向均有切变的风相互作用，上升气流在对流层的中部开始旋转，形成中尺度气旋。(3)随着中尺度气旋向地面发展和向上伸展，它本身变细并增强。同时，一个小面积的增强辐合，即初生的龙卷在气旋内部形成，产生气旋的同时，形成龙卷核心。(4)龙卷核心中的旋转与气旋中的不同，它的强度足以使龙卷一直伸展到地面。当发展的涡旋到达地面高度时，地面气压急剧下降，地面风速急剧上升，形成龙卷风。

3.4 大气光学现象

在太阳和月球等自然光源的照射下，由于大气分子、气溶胶和云雾降水粒子的反射、折射、衍射和散射等作用而引起的一系列光学现象。这些光象包括曙暮光、朝晚霞、虹、晕、华、宝光环、海市蜃楼和星光闪烁等。它们往往是某种大气状态的反映，或是坏天气来临的征兆，因此研究大气光象对于了解大气状态和天气预报有一定的作用。

3.4.1 海市蜃楼

海市蜃楼是一种光学幻景，是地球上物体反射的光经大气折射而形成的虚像（[彩]图 3.4）。海市蜃楼简称蜃景，根据物理学原理，海市蜃楼是由于不同的空气层有不同的密度，而光在不同的密度的空气中又有着不同的折射率。也就是因地面上的暖空气与高空中冷空气之间的密度不同，光行经热空气层（密度小）的速度较冷空气层（密度大）快，因此从远处物体发出的光线，经过空气层间的折射和底层的反射后，不是沿直线进入我们的眼睛，而是使我们以为是从路面下的倒影所发出。也就是因海面上暖空气与高空中冷空气之间的密度不同，对光线折射而产生的。蜃景与地理位置、地球物理条件以及那些地方在特定时间的气象特点有密切联系。气温的反常分布是大多数蜃景形成的气象条件。

图 3.4 沙漠中海市蜃楼
（沙漠探索 http://www.zhongguook.com/public/web/smtm/）

3.4.2 虹

虹（rainbow）是气象中的一种光学现象。当阳光照射到半空中的雨点，光线被折射及反射，在天空上形成拱形的七彩的光谱。彩虹七彩颜色，从外至内分别为：赤、橙、黄、绿、蓝、靛、紫。它对观测者的角半径约 42°，总宽度约 2°，又称主虹，在主虹的外侧，有时还能看到角半径约 52°的同心光环，称为霓，又称副虹。副虹的色序和主虹相反，外紫内红，宽度约为主虹的两倍，但亮度比较弱（[彩]图 3.5）。偶尔，在主虹虹圈以内和副虹虹圈以外还可看到很弱的彩环，称为附属虹。

根据几何光学原理，当平行的太阳光束照射到水滴上时，从不同部位入射的光经水滴折射和内反射后，向各个方向射出，大部分是发散光，只有从某一适当部位以一定入射角射入的光束，射出时仍保持平行，这时入射光和出射光的夹角 β（偏向角）最小，光的强度也最大。这种以一定入射角入射经水滴一次内反射而满足最小偏向角的那部分光线，构成了虹，而以一定入射角入射经水滴两次内反射且满足最小偏向角的光线则构成霓。观测角 $\theta=180^\circ-\beta$。要完整地解释虹的全部现象，必须借助于衍射理论，这样才能说明虹的亮度和附属虹现象。但也有人用米散射理论来解释。

图 3.5　彩虹（国家地理 http://www.cctv.com/special/586/－1/30685.html）

3.4.3　晕

悬浮在大气中的冰晶（卷云、冰雾等）对日光或月光的折射和反射作用而形成的一组光学现象。呈环状、弧状、柱状或亮点状（[彩]图 3.6）。主要有 22°晕、46°晕、近幻日、远幻日、近幻日环、环天顶弧、环地平弧、内晕珥、日柱、反假日等。其中最常见的是 22°晕，其晕环对观测者的张角半径为 22°，又称内晕。它的色彩鲜明，色序内红外紫，与虹相反，通常以红色最清晰，橙、黄次之，绿、蓝甚浅淡，紫色不显。46°晕出现的机会较少。它对观测者的张角半径为 46°，又称外晕。外晕的色序与内晕相同，但色彩不鲜明，亮度也弱，往往只能看到白色光环。晕象经常是坏天气的征兆。

造成大气晕族的云中冰晶形状主要有 4 种：六角板状、六角柱状、带帽盖的六角柱状和六角锥状。六角形冰晶，如光线以入射角 i 由一侧射入，从相间的另一侧面射出时，只有入射角 $i=(\beta+\gamma)/2$ 时才满足最小偏向角条件，形成最大亮度。式中 β 为最小偏向角，γ 为冰晶相间侧面的交角。由此可算得当 $\gamma=60^\circ$ 时（冰晶轴呈水平方向），β 约为 22°；当 $\gamma=90^\circ$ 时（冰晶轴呈铅直方向，光线由六角形冰晶的侧面射入而由端面射出，反之亦然），β 约为 46°。因为冰晶轴呈水平方向的状态较铅直方向稳定，所以 22°晕比 46°晕更稳定和常见。46°晕即使出现，也难以形成完整的晕圈，而表现为晕圈的一段光弧。

图 3.6 晕(Lutgens and Tarbuck, 2004)

3.4.4 华

天空有薄云存在时,透过云层在太阳或月亮周围看到的彩色光环,其色序为内紫外红,最多可重复出现三次。最靠近华发光体的光环叫华盖,华的内侧呈白色或青白色,中间是黄色,外缘呈红褐色。其角半径通常小于 5°,一般只包含华盖部分,然而发展完善的华,其角半径可达 10°。因日光太亮,日华不易被观测到,月华则较为常见。

光通过大小和光波波长相当的小孔或狭缝等微小障碍物时,会发生衍射。华就是由日光或月光在云中水滴或冰晶间发生衍射而生成的。华的彩环位置和云滴直径 d 有关

$$\sin\varphi=(n+0.22)\lambda/d$$

式中 φ 是波长为 λ 的第 n 级光环的角半径。由此看出,云滴越小,光环越大。根据这种关系,只要测定华的彩环张角,就能大致估计云滴的平均大小。火山爆发后,空中悬浮大量和光波长大小相近的火山尘,当它们飘浮在太阳或月亮光盘之下时,因衍射作用也能生成类似于华的彩色光环,角半径约 22°,称为毕旭甫光环(Bishop's ring)。

华是一种地方性的天气预兆,如果从晕变到华,而且华的张角又在变小,则表示云中水滴增大,云层变厚,因而未来有降水的可能。

3.4.5 其他大气光学现象

(1)宝光环

人在背向太阳时,从小水滴组成的云、雾背景上可能看到在自己影子周围出现的彩色光环,色序与华相同,内紫外红,有时可达 5 层之多,而在距彩色光环一定间隔的最外缘,有时还可看到角半径为 30 多度的白色大环。因宝光环与华类似,但出现在

太阳对面，又称“反华”。它也是一种衍射现象，但形成衍射的光是阳光在水滴中折射、反射，再沿水滴表面传播一定距离后平行于原方向射出的光线。与华相似，宝光环的角半径随云滴增大而变小。因为日、月光源对人眼的张角均在半度左右，所以每个光环都至少要有半度宽，当环直径小到使各环的间距仅为半度时，则看不出明显的环，而是形成一片光亮的华盖。当我们看到明显的宝光环时，可以断定云滴直径小于50 μm。

宝光环常在德国哈茨山脉布罗肯峰附近观测到，所以又叫“布罗肯宝光”(Brocken spectrum 或 Brocken bow)。在多云雾的山峰一般常可看到宝光环。如中国四川峨眉山等地也常看到这种光象，在中国把宝光环称为“峨眉宝光”。当飞机在云层上空飞行而上方有阳光照射时，飞行员或乘客有时也能在云幕上看到内含飞机影子的宝光环。

(2)星光闪烁

星光通过大气之后，强度发生随机变化的现象，是一种光波在湍流大气中的传播效应。晴空夜晚，肉眼就能看到这种星光亮度时明时暗的闪烁现象，俗称星星眨眼。通过望远镜观察，便会清楚地看到，除了亮度不断变化之外，星的位置和色彩也不断变化。这种位置振动的振幅约为几分之一[角]秒至几[角]秒，振动频率约为2～30 Hz，常把这种位置的变化称为抖动。星光亮度的闪烁系光波强度起伏引起，而星光位置的抖动系光波相位起伏引起。星的高度角越小，星光通过的路径越长，则星光闪烁现象越明显(见大气折射)。星光闪烁是天文闪烁的一种，光波在近地面大气水平方向传播时也会出现这种现象，相应的叫地面闪烁。当地面闪烁强烈时，会妨碍闪亮信号灯的作用，限制望远镜瞄准的精度等。夏日观测远处地面的景物时，常有晃动的感觉，这就是地面闪烁的效应，也称为闪晃。由高灵敏度光电仪器记录的星光强度的变化，可以发现在星光平均强度背景上叠加着许多不规则的起伏。分析表明，这种起伏周期主要在1～100 Hz之间。闪烁的频谱与光波传播路径上的横向风速分量有关，风速加大，频谱向高频方向移动。闪烁强度也与大气湍流强度有关，因此有明显的日变化，中午最强，夜间最弱。利用上述效应测量闪烁强度的变化，有可能推断大气中的风速结构和湍流状况。

3.5　其他大气现象

3.5.1　光化学烟雾

光化学烟雾是指在一定的条件下(如强日光、低风速和低湿度等)，氮氧化物和碳氢化合物发生化学转化形成的高氧化性的混合气团。从化学的观点，光化学烟雾污染化学实际上就是碳氢化合物在氮氧化物和日光作用下缓慢的氧化过程，并同时形成一定量的臭氧。光化学烟雾是一种淡蓝色烟雾，属于大气中二次污染物（[彩]图 3.7）。

图 3.7 城市上空的光化学烟雾(Lutgens and Tarbuck, 2004)

汽车、工厂等污染源排入大气的碳氢化合物(HC)和氮氧化物(NO_x)等一次污染物在阳光(紫外光)作用下会发生光化学反应生成二次污染物。参与光化学反应过程的一次污染物和二次污染物的混合物(其中有气体污染物，也有气溶胶)所形成的烟雾污染现象，统称为光化学烟雾。经过研究表明，在 60°N～60°S 之间的一些大城市，都可能发生光化学烟雾。光化学烟雾主要发生在阳光强烈的夏、秋季节。随着光化学反应的不断进行，反应生成物不断蓄积，光化学烟雾的浓度不断升高约 3～4 h 后达到最大值。这种光化学烟雾可随气流飘移数百千米，使远离城市的农村庄稼也受到损害。20 世纪 40 年代之后，随着全球工业和汽车业的迅猛发展，光化学烟雾污染在世界各地不断出现，如美国洛杉矶、日本东京、大阪、英国伦敦、澳大利亚、德国等大城市及中国北京、南宁、兰州均发生过光化学烟雾现象。鉴于光化学烟雾的频繁发生及其造成危害巨大，如何控制其形成已成为令人注目的研究课题。

3.5.2 臭氧洞

指地球上空的臭氧层因臭氧浓度大幅度减少而形成的空洞([彩]图 3.8)。人类向大气中排放的氟利昂等化合物进入臭氧层与臭氧发生化学反应，是使臭氧减少的重要因素。

经过多年的研究，大气化学家发现与氟氯碳化物释出的氯(Cl)及氧化氯(ClO)破坏臭氧有关。氟氯碳化物是人造的化学物质，通常作为冷却剂及喷雾器中的推进气体(propellantgas)。氟氯碳化物在对流层中相当稳定，但是一进入低平流层(如 20～25 km)，就可吸收波长小于 260 nm 的短波辐射，释出 Cl 及 ClO，如：

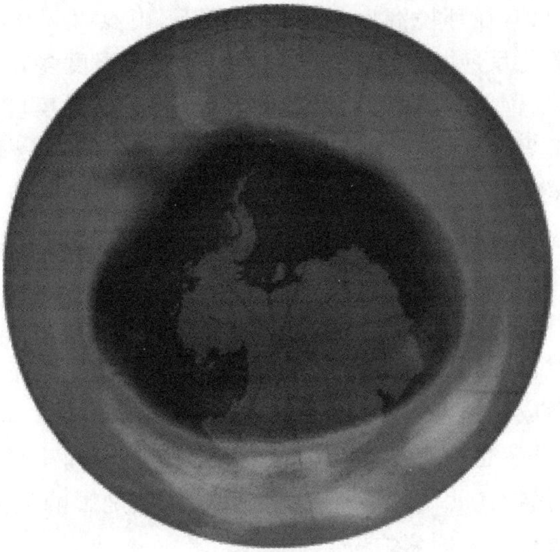

图 3.8　臭氧洞(国家地理 http://www.cctv.com/special/586/—1/30685.html)

$$CFCl_3 + h\nu \rightarrow CO_2 + HF + 3Cl \text{ 或 } 3ClO \quad (3.1)$$

如前所述,Cl 及 ClO 可充当催化剂,引发破坏臭氧的催化反应。除氟氯碳化物外,火山爆发、海草及生物质燃烧也会产生氯,但是其含量大约只有由 CFC 释出的氯浓度的 1/5。上述的化学反应由 Mario Molina 与 Sherwood Rowland 于 1974 年提出。由于该研究对了解臭氧洞的形成有极大的贡献,他们二人与 Paul Crutzen 获得 1995 年诺贝尔化学奖。

光靠上述的化学反应,我们仍旧无法解释为何臭氧洞发生在南极洲上空,而不在其他地区(譬如,北极)。除非在特殊环境,前述的催化反应,并不会一直运作下去,因为 HO、ClO 等自由基会与 NO_2 反应:

$$HO + NO_2 \rightarrow HNO_3 \quad (3.2)$$

$$ClO + NO_2 \rightarrow ClONO_2 \quad (3.3)$$

一旦形成 HNO_3 或 $ClONO_2$,活性极高的 HO 与 ClO 就暂存在 HNO_3 与 $ClONO_2$ 之中,无法引发催化反应。HNO_3 与 $ClONO_2$,因此被称为储存分子(reservoir molecules)。但是在冰面上,$ClONO_2$ 与 HCl 反应则会释出氯气及产生固态之 HNO_3:

$$ClONO_2 + HCl \rightarrow Cl_2(\text{气}) + HNO_3(\text{冰}) \quad (3.4)$$

氯气进一步吸收波长小于 450 nm 的短波辐射,产生氯原子:

$$Cl_2 + h\nu \rightarrow 2Cl \quad (3.5)$$

反应式(3.4)在气态下也可发生,但极其缓慢,在冰面上 $ClONO_2$ 与 HCl 的作用则十分快速。因此,只有在环境温度极低的情况下,由氟氯碳化物释出的 Cl 及 ClO 才能进行高效率的催化反应,破坏臭氧。南极的平流层温度多在－80℃以下,即使水汽含量很低,也能达到饱和形成极区平流层云(PSC),使得反应(3.4)能快速进行。这样的低温条件在世界其他地区不易形成。另一个因素则与大气环流有关。南北向的垂直环流将氟氯碳化物等,从北半球传送进南极涡旋。此一传送在冬季效率最高,而且因为缺乏太阳辐射,破坏臭氧的化学反应不会发生。加上,南极上空的涡旋远比北极的涡旋强,其内部的空气比较不容易与外界空气混合。这些因素使得南极上空的温度较低,以及破坏臭氧的微量气体(如,ClO)逐渐累积。但是,一到春天,太阳辐射增强而平流层气温仍旧相当低,破坏臭氧的化学反应就可快速进行,产生臭氧洞。

南极臭氧洞的形成是由许多因素的巧妙配合才得以形成。北极的气象因素不像南极那般独特,因此虽然也有形成臭氧洞的迹象,但尚不如南极那样严重。有趣的是,大部分的氟氯碳化物在北半球中纬度地区释出,但是影响最大的地区却是南极。大气环流的长程传送是主要因素之一。

3.5.3　酸雨

酸雨是指 pH 值小于 5.6 的雨雪或其他形式的大气降水([彩]图 3.9)。pH 值是表征酸碱度强弱的数值,pH 值为 7 时是中性;大于 7 时表现为碱性,pH 值越高碱性越强;反之,pH 值小于 7 时表现为酸性,pH 值越低,酸性越强。而在大气中,由于酸性气体(如 CO_2,SO_2 等)的谙解,pH 值的分界线从 7 减小为 5.6,所以将 pH 值小于 5.6 的降水定义为酸雨。

图 3.9　酸雨过后的树木

(酸雨 http://ichoabc.baoan.net.cn/hxkz/hjbh/syu02.htm)

酸雨是大气受污染的一种表现，因最早引起注意的是酸性的降雨，所以习惯上统称为酸雨。酸雨正式的名称应为酸性沉降，它可分为“湿沉降”与“干沉降”两大类，前者指的是所有气状污染物或粒状污染物，随着雨、雪、雾或雹等降水形态而落到地面者，后者则是指在不下雨的日子，从空中降下来的落尘所携带的酸性物质。

近代工业革命，从蒸汽机开始，锅炉烧煤，产生蒸汽，推动机器；而后火力电厂星罗齐布，燃煤数量日益猛增。遗憾的是，煤含杂质硫，约百分之一，在燃烧中将排放酸性气体 SO_2；燃烧产生的高温尚能促使助燃的空气发生部分化学变化，氧气与氮气化合，也排放酸性气体 NO_x。它们在高空中为雨雪冲刷、溶解，雨成为了酸雨；这些酸性气体成为雨水中杂质硫酸根、硝酸根和铵离子。1872 年英国科学家史密斯分析了伦敦市雨水成分，发现它呈酸性，且农村雨水中含碳酸铵，酸性不大；郊区雨水含硫酸铵，略呈酸性；市区雨水含硫酸或酸性的硫酸盐，呈酸性。于是史密斯首先在他的著作《空气和降雨：化学气候学的开端》中提出“酸雨”这一专有名词。

一般酸水化学组成中，较重要的物种包括 Cl^-、NO_3^-、SO_4^{2-}、NH_4^+、K^+、Na^+、Ca^{2+} 及 Mg^{2+} 等 9 种。其来源包括自然来源及人为来源。一般而言，NO^{3-} 及 SO_4^{2-} 为主要的致酸物质，它们是由硫氧化物（SO_2）与氮氧化物（NO，NO_2）转化而来。在人为污染排放方面，前者与使用化石燃料、火力发电厂、燃烧含硫有机物有关，后者主要来自工厂高温燃烧过程、交通工具排放等因素。Ca^{2+} 及 NH_4^+ 为主要的中和（致碱）物质。

在此理清一个观念，即雨水 pH 值之高低，并不必然代表其中人为污染物的多寡。除了上述酸性离子外，亦存在其他如铵根、钙、镁等碱性离子，以中和其酸性。雨水酸碱值则为以上离子平衡后之氢离子所计算得来。换言之，雨水中若有高浓度的硫酸根与硝酸根离子，但因有其他碱性离子与之中和，那么雨水未必呈现酸性反应（即低酸碱值）；反之亦然。雨水酸碱值无疑可以作为一项先期指标，但更重要的是必须进一步进行雨水化学成分分析，了解其污染物来源，并计算随雨水沉降至地表的污染物通量（即所谓沉降量），进而制定控制策略以改善之。

参考文献

戈尔德 R H. 1982. 雷电（上卷）. 周诗健，等，译. 北京：电力工业出版社.

国家地理 http://www.cctv.com/special/586/－1/30685.html.

梅森 B J. 1978. 云物理学. 中国科学院大气物理研究所，译. 北京：科学出版社.

沙漠探索 http://www.zhongguook.com/public/web/smtm/.

酸雨 http://ichoabc.baoan.net.cn/hxkz/hjbh/syu02.htm.

中国科普博览 http://www.kepu.net.cn/gb/earth/acidrain/index.html.

Lutgens F K, Tarbuck E J. 2004. The Atmosphere: An Introduction to Meteorology (9th ed). New Jersey Upper Saddle River: Pearson Prentice Hall.

McCartney E J. 1976. Optics of the Atmosphere. New York: John Wiley & Sons.
Tricker R A R. 1970. Introduction to Meteorological Optics. New York: American Elsevier Publ.

思考题

1. 云的形成过程是空气中的水汽达到饱和或过饱和状态而发生凝结的过程。使空气中水达到汽饱和的途径有哪些?

2. 晕和虹的形成过程有何差异? 如何从视觉上加以区别?

3. 如何区别雾和霾两类视程障碍现象。

4. 酸雨形成的机理是什么?

第 4 章　大气系统的能量收支与平衡

太阳以电磁辐射的形式把巨大的能量不断地输送到地球上来，一年中整个地球可由太阳获得 5.5×10^{24} J 的能量。地面和大气的其他能量来源与之相比极其微小，因此可以近似认为太阳辐射能是地面和大气的唯一能量来源。

地球自转的同时围绕太阳公转，自转轴和公转平面的夹角始终保持在 23.5°附近。地球的运动形成了日月星辰东升西落、日夜交替、四季变化等现象，造成地球表面获取太阳能量的时空不均匀性，影响着大气和地面的能量分布和热状况，驱动大气中不同规模的运动，从而形成各种天气和气候。

本章首先叙述大气中热量传递的基本形式，然后介绍大气温度的变化和大气温室效应，最后讨论地球系统能量平衡问题。

4.1　大气热量传输

温度的高低是通过给定的温标来表示物体的冷热程度，但还可以从另一种角度来理解温度。

空气是由无数原子和分子组成的混合气体，这些分子和原子处于无序的热运动状态，并不断发生碰撞。在大气低层，一个分子要与另一个分子碰撞，需要移动大约相当于分子半径 1000 倍的距离。除了运动方向各不相同之外，所有原子和分子的运动速度也不一样。与这种原子和分子运动相关的能量称为动能，即运动具有的能量。而空气(或任何物质)的温度则是平均动能的度量。简单地说，温度是对原子和分子平均速度的度量，较高的温度对应于较快的平均运动速度。如果大气温度降低到绝对零度(－273℃)时，原子和分子的运动停止，原子和分子具有的能量达到最小值。

如果考虑一块大气低层的空气，对其加热时，空气分子运动速度加快，同时也将运动更远的距离，结果是空气的密度减小。相反，如果将这块空气冷却，分子运动速度减慢，分子之间也更加接近，从而使空气密度增大。这种暖空气密度小、冷空气密度大的特性是我们后面讨论大气问题的基础。

原子和分子本身所具有的全部能量称为内能。我们用热量(或热能)表示由于温差的存在而导致的能量转化的多少，把该转化过程称为热交换或热传递，所交换或传递的能量以内能的形式存在。热量的国际单位为焦耳。大气中，热量通过传导、对流和辐射三种方式传递。下面讨论潜热的概念和大气中能量传递的物理过程。

4.1.1 潜热

水汽是一种不可见气体，当其转变为具有一定大小的液滴或冰粒子时变得可见。这个转变过程称为相态变化，简称相变，相变过程所需要的热能称为潜热。为什么说这部分能量是“潜在的”？可以通过我们熟悉的蒸发降温过程来理解。

从微观角度来看，一个纯水滴表面不断有水分子进入周围空气（蒸发），其中动能大、运动速度快的水分子最容易离开水滴，结果使其他保留在液水中的水分子平均运动速度减小。由于温度是分子平均运动速度的度量，所以保留在水滴中未蒸发的水分子由于平均运动速度减小而对应水滴温度的下降，即蒸发表现为冷却过程。如果换一个角度，也可以把这一相变过程看成是空气为液水分子蒸发提供能量，从而导致空气温度下降。

液态水因蒸发失去的能量可以看做是水汽分子带走了能量，或者说这部分能量被“固定”在所蒸发的水分子中，于是把这部分能量称为潜热，其中“潜”的意思指相变过程中液水的温度没有变化。不过，当水汽凝结回液体状态时，热量则表现为显热（能够感觉到或能够用温度计测量到的热量）。因此，凝结是一个放热增温过程。

水汽凝结时所释放的热能称为凝结潜热，反之，在温度不变情况下液水蒸发所消耗的热能称为蒸发（汽化）潜热。在室温条件下蒸发 1 kg 水需要 2.5×10^6J 能量，所以湿衣服蒸发变干的过程中会感觉到温度较低。图 4.1 给出了水的相变过程与热量传递的关系，从左至右的相变过程中冰粒或水滴从环境空气中吸收热量，即融化、蒸发、升华过程使环境空气温度下降。而从右至左的相变过程中水汽或水滴释放热量，即凝结、冻结、凝华过程使环境空气温度升高。

潜热是大气能量的重要来源之一。水汽分子离开地表后随风运动，当上升到温度较低的高空后，转化为大量液滴或冰粒形成云，向环境大气释放大量热能。据估计，一次雷暴过程中相变潜热释放的热量超过了一颗小型核弹爆炸所释放的能量。

从温暖的热带洋面蒸发的水汽可被大气运动输送到南北极地区，在那里凝结或凝华后释放热能。因此，蒸发—输送—凝结、凝华过程是大气中极为重要的热能（和水分）再分配机制，对此在后面还将进一步讨论。

4.1.2 传导

以物质作为介质的热量传递方式称为传导。例如，我们手持金属针的一端，将另一端放在燃烧的火焰上加热，组成针的金属分子从火焰吸收能量后振动加快，并逐步带动相邻分子振动速度加快。此过程可看成分子振动能量的逐步传递，直到我们手

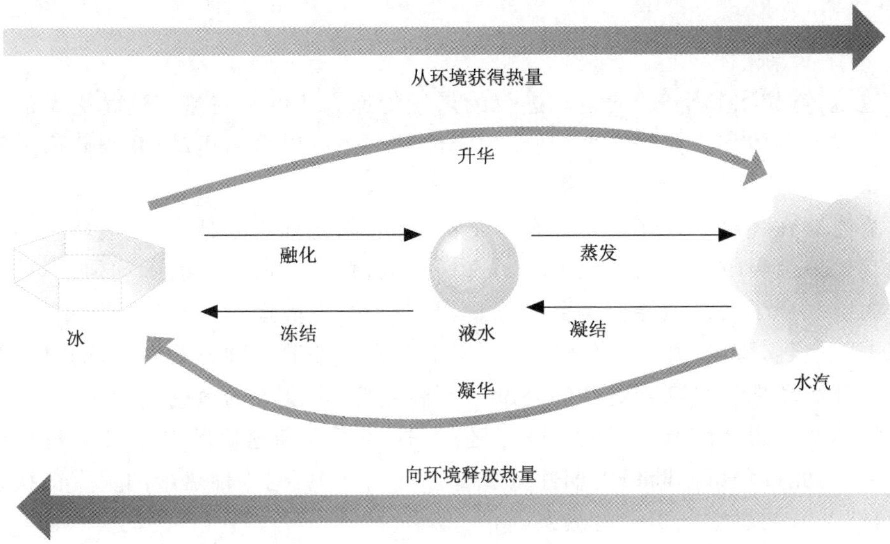

图 4.1　相变过程中热量的吸收和释放

持部分的分子也开始加速振动后，针上分子的快速振动引起我们手上的分子振动速度也加快。这就是热量从针传到手指的过程，结果使我们感觉到针和手指都变热了。以上热量从针的一端传到另一端，再从针传到手指的过程就是传导过程。这种传递方式始终是把热量从高温物体传到低温物体，或从高温区传到低温区。一般而言，温差越大，传热过程就进行得越快。

对于某种物质，如果热能可以很容易地从一个分子传递到另一个，则认为该物质是热的良导体。物质导热性能的好坏取决于它们的分子结构，从表 4.1 中可以看出，金属是很好的热良导体，因此我们经常不容易准确判断金属物体的温度。例如，一根金属管与室温相同，但当我们拿起它时会觉得它明显比室温更冷，这是因为金属管能快速地将我们手上的热量传导开去。相反，空气是热的不良导体，这就是为什么多数绝缘材料中都具有大量由空气填充的空隙。由于空气的导能性能非常差，在无风的稳定条件下，如果只通过传导过程，被太阳加热的地面只能使地面以上几厘米的浅层空气温度升高。然而，实际上地面的热能却能被空气输送到更高的高度或更远的地区，这又是为什么呢？

表 4.1　一些物质的热传导率

物质	静止空气	木材	干土壤	水	雪	湿土壤	冰	砂岩	花岗岩	铁	银
热传导率 (W·m^{-1}·℃$^{-1}$)	0.023 (20℃时)	0.08	0.25	0.60 (20℃时)	0.63	2.1	2.1	2.6	2.7	80	427

4.1.3 对流

通过流体(如水和空气)的运动进行的热量传递方式称为对流。这种类型的传热方式之所以在液体和气体中发生,是因为液体和气体可以自由运动,并因此形成流动状态。

对流能够在大气中自然发生。在一个炎热的、阳光灿烂的日子里,地球表面某些地区比其他地区吸收更多的太阳能量。这样一来,贴地气层被地面不均匀加热,靠近热地表的空气分子通过传导获得更多能量,并向各个方向运动。空气受热膨胀,密度低于周围冷空气,膨胀的暖空气在浮力作用下上升。按照这种方式,较大的热空气团通过其上升运动把热量带到更高的高度。而温度低、密度大的冷空气则向下运动,取代上升的热空气团之前所占据的空间。随后,这些下沉到地面的冷空气又被热地表加热后上升,此过程可不断地周期性重复。在气象学中,把这种热量的垂直交换称为对流,而把上升的热空气团称为热泡(图 4.2)。

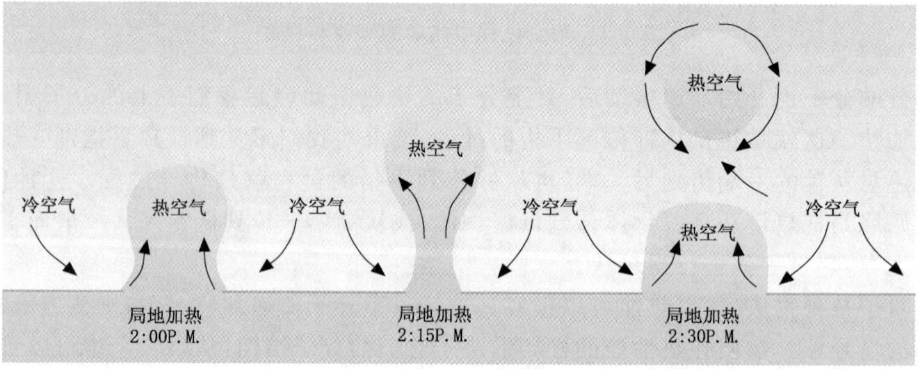

图 4.2 热泡发展过程示意图

上升的热空气膨胀,体积不断扩展,温度也不断下降,然后开始慢慢下沉。如果冷却后的空气团回到原来的热地表,取代正在上升的空气,这样就形成了一个热对流环流。大气中,空气只要上升就会膨胀降温,原因是大气压强随高度减小,空气团上升后通过体积膨胀使其压强与环境气压平衡,而体积膨胀是空气分子向外运动的结果,而向外运动所需要的能量来源于空气团的内能,因此导致空气团温度降低。与此过程相反,空气下沉则被压缩增温。空气垂直运动与体积、温度变化的关系是大气运动过程中的一个重要基本性质。

虽然一个完整的热对流环流过程包括空气受热上升,膨胀冷却后下沉,最后回到地面上的初始位置,但气象学中提到对流时主要是指其中的上升和下沉运动。

热对流环流中的水平运动(风)携带着所在空间的空气属性,通过空气的水平运动引起空气属性的输送，称为平流。例如，风从水面吹过会携带着水体表面蒸发的水汽并将其输送到流动空气所到达的任何位置。如果这团空气冷却，水汽会凝结成云滴并释放潜热。因此也可以说，风携带着水汽运动，热量又被水汽携带着通过平流过程进行输送，这是大气中热量再分配的重要途径之一。

4.1.4　辐射

除上所述，还有一种能量传递方式——辐射，通过辐射过程传递的能量称为辐射能，这是地球从太阳获得能量的方式。通过辐射过程把能量从一个物体传递到另一物体，不需要两个物体之间的介质被加热，这与前两种方式不同。实际上，辐射的传输可在没有介质的真空中传递。当我们夏天站在烈日下，太阳光对身边的空气作用很小，但皮肤则会吸收很多太阳辐射能并将其转换为热能，于是皮肤被晒得发烫，此过程中太阳光没有加热空气但加热了皮肤。

从太阳传输到皮肤上的能量称为辐射能量，也简称辐射。它以波动的方式进行传播，当被物质吸收时释放能量。由于这些波兼具电场和磁场的性质，所以称之为电磁波。电磁波的传播不需要介质分子，在真空中的传播速度为光速，约为每秒 30 万 km。

图 4.3 中给出了不同波长的辐射，其中波长（通常用希腊字母 λ 表示）是电磁波两个相邻波峰（或波谷）之间的距离。一些电磁波的波长非常短，如我们眼睛能够看到的可见光，其波长比 1m 的百万分之一还要小，约为我们头发丝直径的百分之一。为了表示这么短的长度，通常采用 μm（微米）为波长单位：

$$1\ \mu\text{m}=0.000001\ \text{m}=10^{-6}\text{m}$$

图 4.3 中显示，可见光的波长平均约为 0.0000005 m，即 0.5 μm。

在图 4.3 中还可以看到，电磁波的波长越短，所携带的能量越多。对于不同波长辐射所携带的能量大小，可使用电磁波的粒子特性进行说明，即把电磁波看成由具有不连续能量的粒子流或光子流组成。一个紫外线（UV）光子比一个可见光光子具有更多的能量。某些波长很短的紫外线光子具有足够大的能量，能够晒伤和穿透皮肤，甚至引起皮肤癌。

为了更好地理解辐射的概念，下面一些重要的事实和规律需要我们首先掌握：

（1）所有物体（温度大于绝对零度），无论其大小如何，都向外发出辐射。空气、我们身体、花草树木、地球、恒星都发射波长范围很宽的电磁波，所发出的这些辐射能量来源于物体中大量快速振动的电子。

（2）一个物体发出辐射的波长主要取决于它的温度。物体温度越高，发出辐射的波长越短。同样道理，物体温度越高，发出的辐射能最大值所对应的波长也越短。这个辐射波长与温度的关系称为维恩定律（或维恩位移定律）

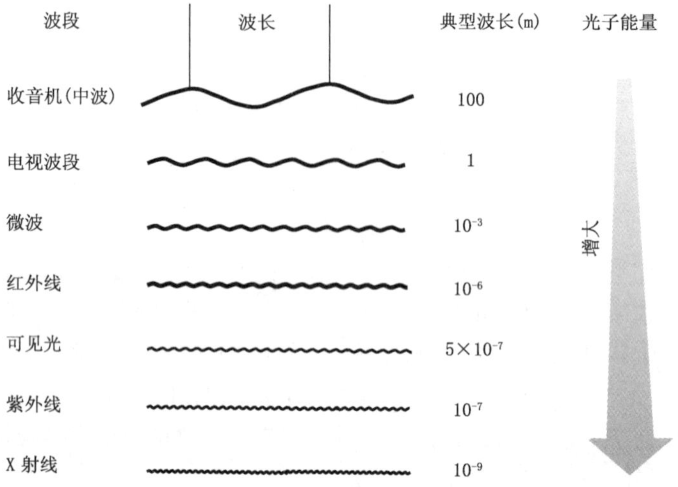

图 4.3 电磁波的波长与能量

$$\lambda_{max} T = 2897(\mu m \cdot K) \qquad (4.1)$$

这一规律是德国物理学家维恩(Wilhelm Wien,1864—1928)首先发现的。

(3)面积相同的高温物体与低温物体相比,在相同时间内发射的总辐射能更多。对同一物体来说,随着其温度升高,单位时间内也将向外界发射更多的总辐射能。这种物体发射的总辐射能与温度的关系,称为斯蒂芬—玻尔兹曼定律

$$E = \sigma T^4 \qquad (4.2)$$

式中 $\sigma = 5.67 \times 10^{-8} W \cdot m^{-2} \cdot K^{-4}$,称为斯蒂芬—玻尔兹曼常数。该定律是由斯洛文尼亚物理学家约瑟夫·斯蒂芬(Josef Stefan,1835—1893)和奥地利物理学家路德维希·玻尔兹曼(Ludwig Boltzmann,1844—1906)分别于 1879 年和 1884 年各自独立提出的。

超过 500℃的高温物体发射的电磁波中开始包含有波长短到能使我们眼睛感觉到颜色的辐射,刚超过这一温度的物体看起来为红色,低于这一温度的物体发射的辐射波长太长,以至于我们看不见。例如,现在所看到的书页同样向外发射电磁辐射,但由于它的温度大约只有 20℃,发射的辐射波长太长,我们无法看见。之所以我们能够看这本书,是其他光源(如灯泡、太阳等)的光波照射到纸上后反射到我们眼睛的结果。如果把这本书放在一个完全黑暗的房间里,虽然它继续向外发射辐射,但我们却无法看到,因为房间里没有可见光照射到纸上。

太阳发射几乎所有波长的辐射,由于它的表面温度高达 6000 K,所以发射的辐射波长相对较短。如果知道了所有波长的太阳辐射量,就得到了太阳辐射的电磁波谱,或称为太阳光谱(图 4.4)。

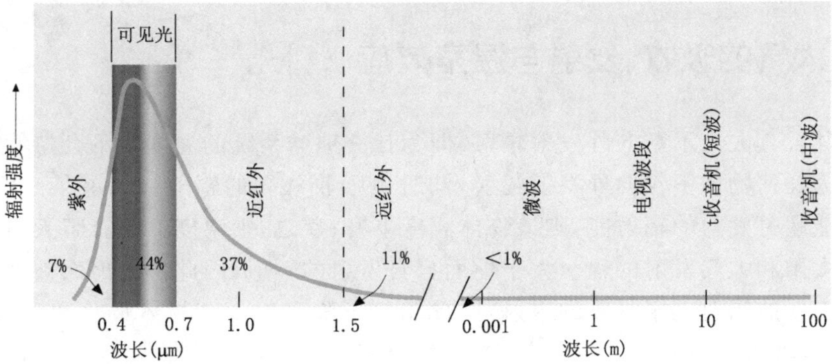

图 4.4　太阳辐射的电磁波谱

（百分数为各光谱范围（或“波段”）能量占太阳总辐射能的比例）

从图 4.4 可以看到，太阳辐射的能量峰值对应的波长约位于 0.5 μm。我们的眼睛能感觉到 0.4～0.7 μm 的电磁波，于是把这一波长范围称为可见光波段，该波段的辐射称为可见光。紫光（0.4 μm）是波长最短的可见光，因此把波长小于 0.4 μm 的光谱范围称为紫外波段，相应的辐射为紫外线（UV）。类似地，可见光的最大波长对应于红光（0.7 μm），波长大于 0.7 μm 就称为红外，相应的辐射称为红外线（IR）。

太阳辐射仅有一部分位于红外光谱范围，而温度较低的地球发出的辐射则几乎都是红外辐射。具体而言，地球表面的平均温度约为 15℃，主要发射 5～25 μm 的辐射，峰值约位于 10 μm（[彩]图 4.5）。同地球辐射的波长相比，太阳辐射主要部分的波长要小很多，因此通常把太阳辐射称为短波辐射，地球辐射称为长波辐射，分界线为 4 μm。

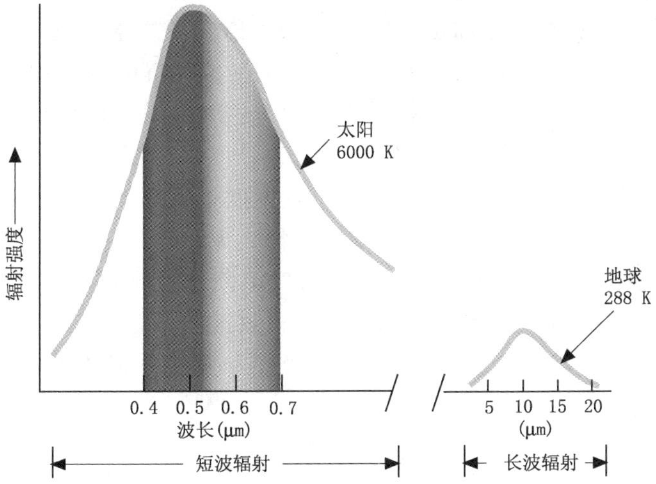

图 4.5　太阳辐射与地球辐射的比较

（相对于太阳辐射，地球辐射的纵坐标放大了 10 万倍）

4.2 大气的吸收、发射与温室效应

地球及其大气不断向外发射辐射，但为什么地球系统的温度并不会持续降低呢？这是因为任何物体不仅向外发射辐射，同时也吸收外界的辐射。如果某一物体吸收的辐射能超过发射的辐射能，则该物体温度上升；反之，则温度下降。晴天时，白天地面吸收太阳和大气发射的辐射大于地面自身发射的辐射，因此白天地面被加热；而夜间地面发射的辐射大于吸收的辐射，因此温度下降。当一个物体吸收和释放的能量相等时，其温度保持不变。

一个物体吸收和发射辐射的能力主要由温度高低决定，同时还与其表面属性关系密切，如颜色、结构、潮湿程度等。例如，阳光下一块黑色物体就是很好的吸收体，它将太阳辐射能转化为内能，温度升高。夏日晴天的午后，当你赤脚走在黑色的沥青路面上便可以直接感受到这一特点。而在夜间，黑色路面通过发射红外辐射快速降温，到凌晨时其温度便比周围的物体更低。

任何一个物体，如果它完全吸收来自外界的辐射，同时又发射所处温度状态下可能发射的最大辐射量，则认为该物体既是完全吸收体，又是完全发射体，这样就把该物体称为黑体。黑体的颜色不一定是黑色，仅仅只是完全吸收和完全发射辐射。与太阳和地球的温度相对应，它们表面的吸收率和发射率都接近 100%，因此可近似地把太阳和地球看作黑体。

我们从太空看到地球时，地球的一面接收太阳辐射，另一面则为黑夜。太阳持续地向地球提供辐射能，同时地球也不断地向外发射长波辐射。假设没有其他传热方式，当地球吸收的太阳辐射能与其发射的长波辐射能相等时，则地球处于辐射平衡状态，此时地球的平均温度被称为辐射平衡温度。也就是说，地球吸收太阳辐射和发射长波辐射的速率相等，辐射平衡温度保持不变。地球与太阳的距离约为 1.5 亿 km，相应的辐射平衡温度约为 255 K(−18℃)，该温度远低于观测到地球表面平均温度(288 K，15℃)。出现这种温度差异的原因是什么呢？

出现上述温度差异的原因归结为地球大气不断地吸收和发射红外辐射。与地球表面不同的是，不能把大气看作黑体，因为它吸收某些波段的辐射，而对另外一些波段则是透明的。因此，类似大气这样选择性吸收和发射一定波段辐射的物体被称为选择性吸收体。

4.2.1 大气的选择性吸收与温室效应

在我们的地球环境中，有很多选择性吸收体。例如，雪对红外辐射是很好的吸收体，但对太阳光吸收很少。选择性吸收某些波段的物体，同时也选择性地放射同样波

段的辐射，即雪对红外辐射而言也是很好的放射体。夜间积雪表面相对周围环境放射更多的长波辐射能，加上雪的热传导性能又很差，使得冬季晴朗夜晚雪表面的温度相对较低。

图 4.6 给出了大气中主要吸收气体的吸收特性，阴影部分表示各气体吸收相应波长辐射的百分比。可以看到，水汽(H_2O)和二氧化碳(CO_2)强烈吸收红外辐射，但很少吸收太阳辐射中的可见光部分。大气中吸收相对较弱的选择性吸收气体还有一氧化二氮(N_2O)、甲烷(CH_4)和臭氧(O_3，主要存在于平流层)等，它们在大气中的含量远小于水汽和二氧化碳。这些气体分子吸收地球表面发射的红外辐射后动能增加，然后通过碰撞将动能传递给其他大气分子，如传递给基本不吸收红外辐射的氧气和氮气，从而增大空气的平均动能，结果使得气温增高。通过这一过程，地球表面发射的大部分红外辐射被用于低层大气的增暖。

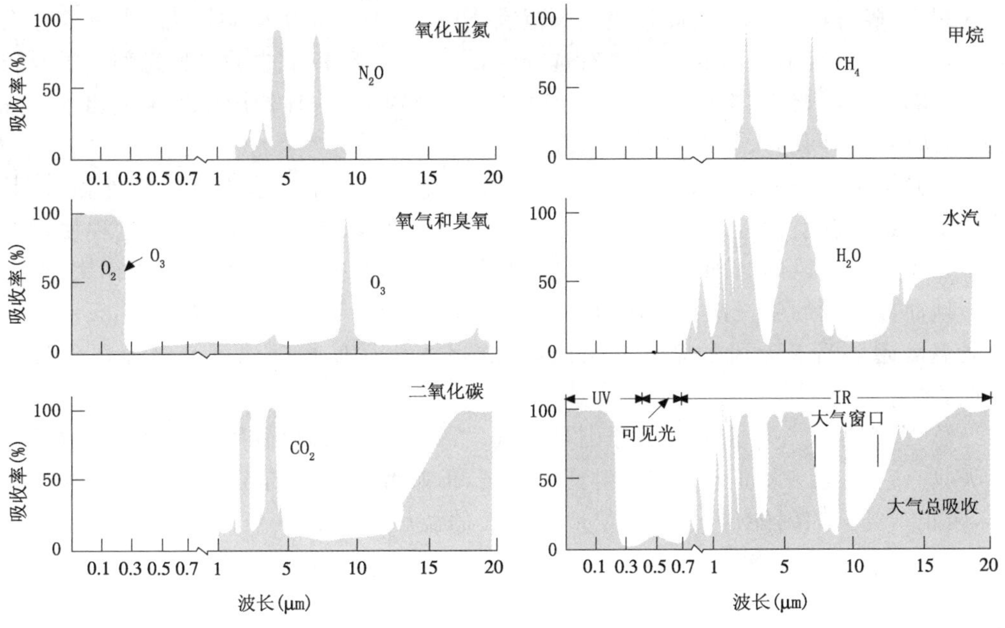

图 4.6　大气成分吸收率随波长的变化

由前述可知，水汽和二氧化碳除了选择性吸收之外，同时选择性地向各个方向发射红外辐射，其中一部分朝向地球的辐射可能到达地球表面并被吸收，从而使地表温度升高。同时地表向上发射的红外辐射又被低层大气吸收，使近地层大气增温。在以上过程中，水汽和二氧化碳同时吸收和发射红外辐射，并且作为覆盖在地球表面的隔热层，使地表发射的部分红外辐射不至于快速传向太空。因此，地球表面和低层大气的温度远高于没有这些选择性吸收气体存在时地球的辐射平衡温度(－18℃)，具体来说相差 33℃。

水汽和二氧化碳等气体曾被人们类比为温室的玻璃。对温室而言，玻璃能够透过太阳的可见光，但阻止了一部分温室向外发射的长波辐射。因此，大气中水汽和二氧化碳等吸收气体的类似特性被通俗地称为“温室效应”。但是，研究表明温室内维持较高的温度主要是由于玻璃阻止了温室内的空气和外界冷空气的对流和混合，而不是上面所说的玻璃阻止了长波辐射能量向外输送。基于这样的认识，一些科学家坚持将温室效应改称为大气效应。此外，也有将上述两种说法综合，把水汽和二氧化碳等气体起到的这种维持地球表面平均温度高于无大气效应时平衡温度的作用称为大气温室效应。

从图 4.6 中最下面的整个大气层吸收光谱分布还可以看到，水汽和二氧化碳基本上都不吸收 8～11 μm 的红外辐射。地球和大气发射的该波长范围的辐射无吸收地穿越大气层进入太空，因此将该波长范围(8～11 μm)称为大气窗口。当有云存在时，微小云滴对辐射的吸收同样具有选择性，它们对太阳辐射中的可见光部分吸收较少，但能有效吸收包括 8～11 μm 大气窗口的红外辐射，这种作用相当于关闭了大气窗口，从而使夜间的大气温室效应增强。

云同样也是极好的红外辐射发射体。云层向上和向地球表面发射红外辐射，其中向下发射的辐射被地表吸收，同时地表也向云层发射红外辐射。这个过程使无风的多云夜晚比无风的晴朗夜晚温暖。在白天，云层则会把大量太阳光反射回太空，从而使地面接收到的阳光减少，致使地面的升温速率远小于无云的晴天，即白天无风多云时温度通常低于无风的晴天。因此，云的存在往往使夜间温度升高而白天温度降低。

总之，产生大气温室效应的原因是水汽、二氧化碳和其他微量气体对辐射的选择性吸收。它们允许大部分太阳辐射到达地面，但吸收相当一部分地球发射的红外辐射，阻止这部分辐射能传向太空，使地球表面的温度保持在一个适宜的水平。因此，大气温室效应对我们来说不光是件好事，甚至可以说是地球上生命存在的前提条件。

4.2.2 温室效应的增强

虽然几十年前的温度测量不如现在准确，但通过大量研究，科学家们基本上达成共识，认为过去 100 年来地球表面气温大约升高了 0.6℃。现在已经有了先进的大气环流模式(GCMs)，它以自然规律为基础，采用计算数学方法模拟大气和海洋的物理过程。这些模式(或称为气候模式)预测，如果这种变暖趋势持续下去，人类必将承受气候变化产生的后果。例如，全球风场将发生改变，从而导致世界各地有更多风暴产生，同时降水分布也随之改变。

许多科学家认为，全球变暖的主要原因是化石燃料燃烧和森林砍伐导致二氧化碳这一温室气体浓度的不断升高。然而，其他一些温室气体[如甲烷(CH_4)、氧化亚氮(N_2O)、氯氟碳化合物(CFC)等]的浓度在近年来也在不断升高，这些气体共同产生的温室效应已几乎等于二氧化碳的效应。图 4.6 显示，CH_4 和 N_2O 能强烈吸收红外辐射，氯氟碳化合物中的 CFC－12 能吸收 8～11 μm 大气窗区的辐射。从对红外辐射的吸收能力来看，大气中一个 CFC－12 分子的作用相当于大气中增加了 1 万个二氧化碳分子。总体而言，水汽在大气温室效应中起到约 60%的作用，二氧化碳的作用约占 26%，其他温室气体的作用约占 14%。

现在，近地面大气中二氧化碳的体积大约占空气体积的 0.037%。在气候模式中将这一浓度值加倍后，预测到 21 世纪末地球表面温度将平均上升 2.5℃。为什么增加这么少量的二氧化碳或其他微量温室气体会引起这么大的温度上升呢？

气候模式计算表明，当海洋温度上升后，将导致海水的蒸发率加大，作为主要的温室气体，这些新增加的水汽将使大气温室效应增强，结果是促进地球表面温度进一步上升，这一过程称为地球温度的正反馈，大气中同时也还存在其他反馈过程。

气候系统中最主要，同时也是我们目前理解得最不清楚的两个反馈过程是云和海洋的反馈。云的面积、厚度和辐射特性都随着气候变化而改变，我们到现在仍然不完全清楚云的这些改变对大气系统的净效应是什么。而海洋覆盖了地球表面的 70%，洋流、海温和海冰对全球变暖的响应将决定全球气候变化的方式和速度。不幸的是，现在还不知道这些响应的方向以及速度如何。

从地球辐射收支试验(ERBE)获取的卫星数据来看，云总体上是使地球降温的，理由是云反射和发射到外空的辐射多于它吸收的。也就是说，如果没有云，地球温度将会更高。因此，如果全球云量增加，有可能部分抵消大气温室效应正反馈造成的全球变暖。云对气候系统的这种影响过程称为云对气候变化的负反馈。

对于二氧化碳和其他微量气体浓度升高对增强大气温室效应的作用，目前毫无疑问存在着不确定性。尽管如此，还是有很多(但不是全部)科学研究表明，大气中温室气体浓度的升高将会导致 21 世纪末全球范围的气候改变，这种改变将对水资源和农业生产带来不利影响。

4.2.3　地面加热空气

在晴天，太阳辐射向下传输时受大气的影响较小，到达地面后首先加热地面(图 4.7)。与暖地面接触的空气分子通过传导从地面获得能量并向上运动。由于近地面空气分子非常密集，这些向上运动的分子运动很短距离后便与其他分子发生碰撞，并把一部分能量传给原来能量较少的分子，从而提高了空气的平均温度。但是，空气的热传导性能非常差，以上过程只影响到地面以上几厘米厚的贴地气层。

贴地层空气增温后密度小于其上方温度相对较低的空气，暖空气上升和冷空气

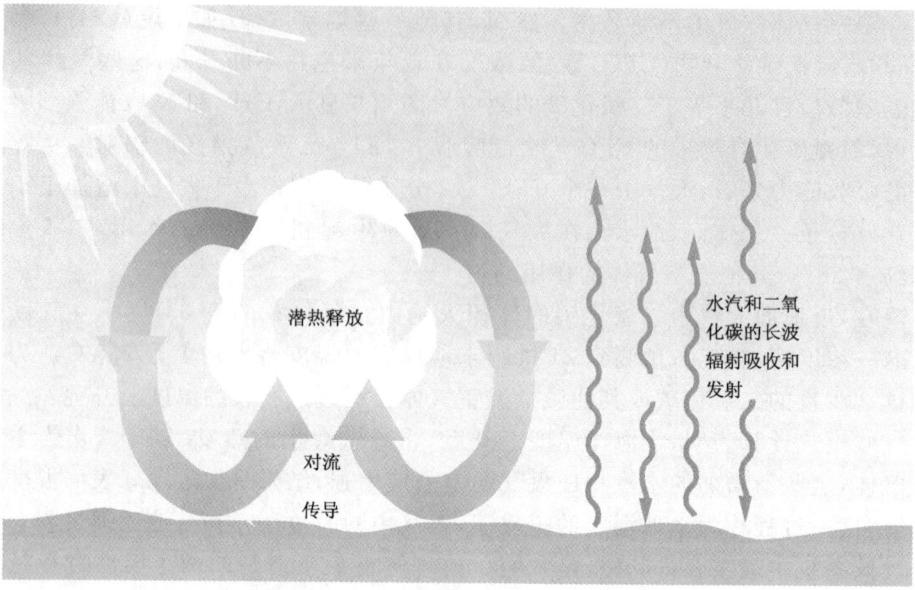

图 4.7 低层大气被地面加热的过程

下沉形成热泡，通过该过程将热量向上传递到较高的高度。热泡上升时体积膨胀、温度降低，如果足够潮湿，其中的水汽凝结为云滴，并释放出潜热使空气温度升高。与此同时，地球持续地向上发射红外辐射，一部分被温室气体(如水汽、二氧化碳等)吸收，而这些温室气体也同样向上和向下发射红外辐射，其中向下的部分可回到地面。由于水汽浓度随高度升高很快降低，所以水汽主要在低层大气吸收向上的地面长波辐射。综上所述，低层大气的增温是从地面开始的。

4.3 太阳辐射与地球能量平衡

太阳辐射到达大气顶之前受到星际空间的影响极小，考虑到地球公转轨道为椭圆，日地距离不断变化，把地球的太阳常数定义为，在日地平均距离处，大气上界与太阳光垂直的单位面积在单位时间内接收到的太阳辐射能量。我们知道太阳发射的辐射能并非是稳定不变的，因此以上定义的太阳常数并非一个不变的数，但由于其相对变化量与目前辐射测量的精度相当，所以在大气科学的应用中通常将地球的太阳常数取为 1367 W/m^2。

4.3.1 散射与反射

太阳辐射进入大气层后将与大气发生多种相互作用。例如，一部分能量被气体

(如高层大气中的臭氧等)吸收。除吸收过程之外,当朝一个方向传输的阳光照射到非常小的粒子(如空气分子、尘埃粒子等)后,辐射方向发生改变,继而向各个方向传播,这种辐射重新分布的过程称为散射(散射光也称为漫射光)。由于空气分子的大小远远小于可见光的波长,它们散射波长较短的辐射(如蓝光)远比散射波长较长的辐射(如红光)更有效。因此,当我们白天避开直射阳光看天空时,被散射的蓝光从四面八方进入我们的眼睛,这就是天空为什么是蓝色的原因。正午时,所有波长的太阳可见光都进入我们的眼睛,这时的太阳颜色就接近白色。在日出和日落时,阳光必须在大气层通过很长距离才能到达我们所在的位置,其中波长短的蓝光几乎都被空气分子散射消除了,余下波长较长的红光、橙光、黄光进入我们眼睛,使我们看到的太阳呈红、黄色。

阳光还会被物体反射。一般来说,反射与散射的主要区别是反射辐射主要集中在入射辐射的反方向,而散射光则分布到各个方向。反照率指给定表面反射的辐射与入射辐射的百分比,即为反射率。从表 4.2 看到,厚度大的云层反照率高于厚度小的云层,平均而言,云的反照率约为 60%。当太阳光照射到雪覆盖的地面时,被反射的辐射高达 95%,其中主要是可见光和紫外线。在这种情况下,如果没有预防措施,直射太阳辐射和反射太阳辐射叠加在一起,可以严重晒伤皮肤,或者导致雪盲。与以上高反照率表面不同的是,水面仅仅反射少量的太阳光,平静的水面一整天只反射大约 10%的太阳辐射。就一年时间来看,地球及其大气层(包括云),把大约 30%的太阳辐射反射回太空,即整个地球系统的行星反照率为 30%(图 4.8)。

表 4.2　不同表面的太阳辐射反照率

表面	新雪	云层(厚)	云层(薄)	金星	冰面	砂地	地气系统	火星	草地	干的耕地	水面	森林	月球
反照率(%)	75～95	60～90	30～50	78	30～40	15～45	30	17	10～30	5～20	10(日平均)	3～10	7

4.3.2　地球能量平衡

虽然不同地区的平均气温每年都不相同,但是整个地球平均温度的年变化却非常小。这一事实表明,每年地球和大气输送到太空的能量应该与接收到的太阳辐射能量基本相等。若就地球表面和大气分别而言,它们的能量收支也同样应该是平衡的。这就是说,每年地球表面返回到大气中的能量等于它吸收的能量,如果不是这样的话,地球表面年平均温度就会发生明显变化。那么地球及其大气层每年是如何保持这种能量平衡的呢?

假设到达地球大气层顶的太阳辐射能为 100 个单位。从图 4.8 可以知道,平均而言,云、地表和大气共反射和散射 30 个单位回到太空,大气和云共吸收 19 个单位,其余 51 个单位的直接和间接(漫射)太阳辐射被地球表面吸收。

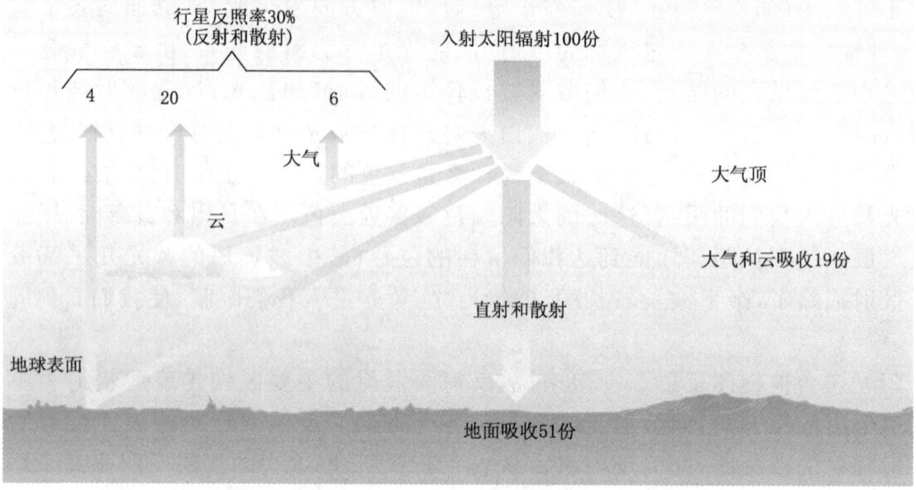

图 4.8 大气中的太阳辐射过程与能量分配

图 4.9 近似给出了地表和大气吸收的太阳辐射是如何分配的。到达地面的 51 个单位中,大部分(23 个单位)用于水的蒸发,大约 7 个单位通过传导和对流传输给大气,其余 21 个单位通过发射红外辐射支出。图 4.9 还进一步表明,地球表面总的向上辐射其实高达 117 个单位。这是因为,虽然地表只在白天获得太阳辐射能,但无论白天还是夜间它都持续地发出红外辐射,而大气层只允许地表长波辐射的一小部分(6 个单位)通过大气进入太空,其余绝大部分(111 个单位)则主要被水汽、CO_2 和云吸收。被吸收的这 111 个单位的能量中大部分(96 个单位)又以长波辐射的形式返回地表,形成了大气温室效应。因此,地球表面接收的大气长波辐射约相当于它接收的太阳短波辐射的两倍。综合以上过程,地球表面失去的能量(147 个单位)与接收的能量(147 个单位)正好达到平衡。

地球表面和大气之间也存在着类似的能量平衡。在图 4.9 中还可以看到,大气得到的能量为 160 个单位,与输出的能量平衡。此外,从全年平均来看,地球表面和大气吸收的太阳辐射(51+19 个单位)与地球表面和大气发射到太空的长波辐射(6+64 个单位)达到平衡。

分析地气系统能量平衡时如果只考虑辐射过程,便能够更加清晰地看到传导、对流和潜热对大气的加热作用。地球表面接收到来自太阳和大气层的辐射能共 147 个单位,而通过辐射方式支出 117 个单位,这样就有 30 个单位的净收入。另一方面,大气共收入 130 个单位的辐射能(19 个单位来自太阳辐射,111 个单位来自地球辐射),通过辐射方式支出 160 个单位,这样就有 30 个单位的净支出。这两个 30 个单位的

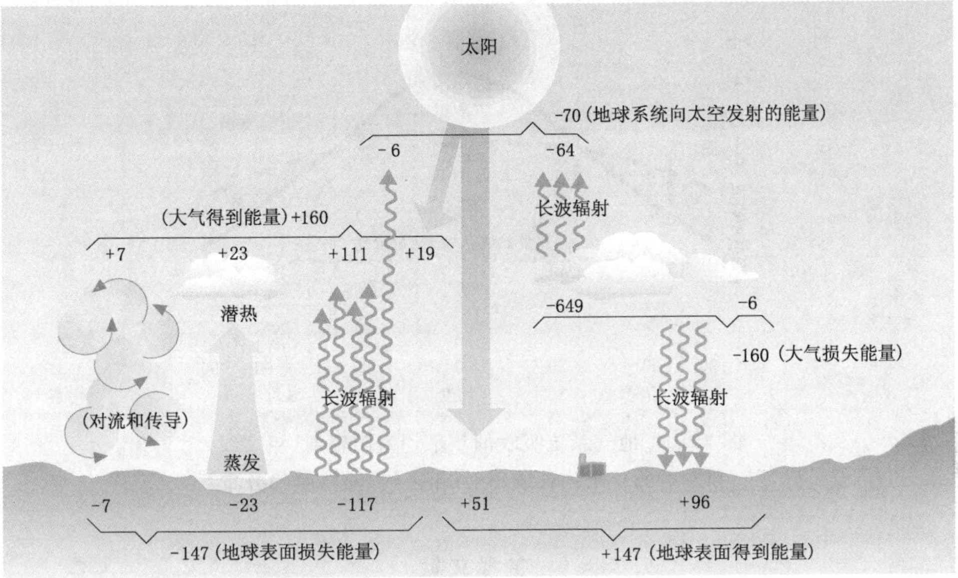

图 4.9　地球大气系统的能量平衡示意图

(数字(%)是基于地面和卫星观测数据得到的近似值,大气顶的入射太阳辐射为 100%,每个过程的实际值可能会有百分之几的变化,重要的是相对大小)

能量达到平衡是通过传导、对流(共 7 个单位)和潜热释放(23 个单位)产生的大气加热来实现的。

因此,地球和大气吸收太阳短波辐射的同时,也互相吸收它们发射的长波辐射。通过以上一系列能量输送与转换过程,地气系统保持着一种微妙的能量平衡。从本质上讲,基本上没有总能量收支的年变化,因此地球和大气的平均温度非常稳定,也没有明显年变化。但是,这种平衡并不意味着地球的平均温度完全不会改变,只是年变化非常微弱而已(通常小于 0.1℃),通过长期观测才能够显示出地球平均温度的变化。

从不同地理位置来看,由于太阳直射仅在南北回归线之间,因此不同纬度接收到的太阳辐射能不同。图 4.10 显示,低纬地区从太阳得到的能量多于支出,而高纬地区得到的辐射能量则小于支出,仅在大约 37°的中纬度地区辐射能量收支才达到平衡。那么是不是因此两极地区会越来越冷,而赤道地区则越来越热呢?实际情况显然不是这样,大气中的风和海洋中的洋流不断地将暖空气和暖海水向两极方向输送,把冷空气和冷海水向赤道方向输送。通过气流和洋流的热量输送作用,阻止了低纬地区持续升温、高纬地区持续降温。因此大气和海洋环流对地气系统能量平衡,进而对天气和气候都具有重要作用。

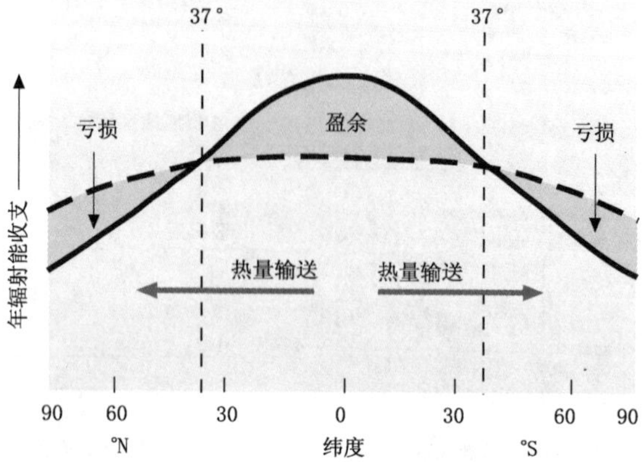

图 4.10 地气系统吸收的年平均太阳辐射(粗实线)和发射的年平均长波辐射(粗虚线)随纬度的分布

参考文献

Ahrens C D. 2001. Essentials of Meteorology: An Invitation to the Atmosphere(3rd ed). Brooks/Cole/Thomson Learning.

Ahrens C D. 2009. Meteorology Today: An Introduction to Weather, Climate, and the Environment(9th ed). Brooks/Cole/Thomson Learning.

Allaby M. 2004. A Change in the Weather: Facts on File Dangerous Weather Series. Infobase Publishing.

Barry R G, Chorley R J. 2003. Atmosphere, Weather and Climate(8th ed). Routledge.

Linacre E, Geerts B. 1997. Climates and Weather Explained. Routledge.

Mavi H S, Tupper G J. 2004. Agrometeorology: Principles and Applications of Climate Studies in Agriculture. Food Products Press.

Sportisse B. 2010. Fundamentals in Air Pollution: From Processes to Modelling. Springer.

思考题

1. 什么是潜热？为什么说潜热是大气能量的重要来源？
2. 太阳辐射和地球辐射的主要区别有哪些方面？
3. 为何把水汽和 CO_2 称为选择性吸收体？
4. 促进大气温室效应增强的主要气体是什么？为什么？
5. 天空为何是蓝色的？早晨和傍晚的太阳为何看起来是红色的？

第 5 章　大气运动的规律与特征

地球大气中的各种天气现象以及天气和气候的变化都与大气运动有关。地球大气处于不断的运动之中,其运动始终要遵循某些物理定律,如质量守恒、动量守恒、能量守恒等定律。地球大气可以看成是一种连续介质,因此,在地球大气中所发生的运动是可以利用流体动力学和热力学定律来研究的。一般假定在大气这一连续流体介质中每一点上,气压,密度,温度和风速都有唯一的值,这些值的空间分布和时间分布就构成了物理量场,如温度场、气压场、风(流)场、(位势)高度场等,这些场变量以及它们的导数都认为是空间和时间的连续函数。控制大气运动的流体力学和热力学定律就可表述为这些常变量的偏微分方程组。支配大气运动状态的和热力状态变化的基本方程有连续方程,运动学方程,热力学方程和理想气体状态方程。

大气可看成是一种连续的流体介质。连续介质中的一个质点和要研究的大气的体积相比是非常小的体积元,但其中不要包含大量的分子。这种质点通常称为"气块"、"质块"或"空气微团"。大气运动对大气中的水分、热量和动量的输送,能量的转换,以及天气、气候的形成、演变都起着重要作用,研究大气运动的规律是大气科学的重要课题之一。本章将阐述大气中基本动力过程的特征、大气所受的力、动力过程的分类以及天气和气候的基本过程。

5.1　描述大气运动的基本物理定律

大气运动具有多种特征,影响大气运动的因子也很多,但大气运动总是受质量守恒、动量守恒、能量守恒等基本规律的控制。描述大气运动状态的和热力状态变化的基本方程是在惯性坐标系中给出的,但由于人们总是取固定在地球上并与地球一起旋转的参考系来观察和研究大气运动的,为了应用这些物理定律讨论在气象上有意义的相对于自转地球的大气运动,我们先讨论影响大气运动的基本作用力和旋转坐标系中所呈现的视示力,然后导出控制大气运动的基本方程组。

牛顿第二定律适用于惯性坐标系,即静止或匀速直线运动的坐标系,对单位质量的物体,该定律的表达式为

$$\boldsymbol{F} = \boldsymbol{a} = \frac{\mathrm{d}\boldsymbol{V}_a}{\mathrm{d}t} \tag{5.1}$$

式中 $\boldsymbol{V}_a$ 为绝对加速度。它说明单位质量的空气块相对于空间固定坐标系的运动加速度等于所有作用力之和。这里所指的力是真实作用于大气的力，一般称为基本力或牛顿力，包括气压梯度力、地心引力、摩擦力等。对于相对于自转地球的大气运动而言，单位质量空气块的相对运动加速度，除决定于基本作用力外，还决定于由于坐标系随地球一起旋转所呈现出的视示力，它包括同地球旋转有关的惯性离心力和地转偏向力。若在作用力中包括视示力，牛顿第二运动定律仍然适用于随地球一起旋转的非惯性参考系。

5.1.1 基本作用力

基本力是大气与地球或大气之间的相互作用而产生的真实力，它们的存在与参考系无关。但力是一个矢量，它的分量与所选的坐标系有关。

5.1.1.1 气压梯度力

气压梯度力由气压分布的不均匀所造成，它是作用于空气微团表面上的压力 p 的合力，空气微团表面所受的压力是其外围空气通过接触表面相互作用而产生的作用力，它总是与空气微团表面垂直、指向其内部的。气压梯度力可分为垂直气压梯度力和水平气压梯度力。空气微团的垂直气压梯度力基本和自身的重力相平衡，称之为静力平衡。水平气压梯度力正比于水平气压梯度，气压梯度是一个既有方向又有大小的物理量，其方向是沿着垂直于等压线的方向，从高压指向低压；它的大小等于沿这个方向上单位距离内的气压的改变量，在自然坐标系中可以用 $-\Delta p/\Delta n$ 表示。式中 Δp 代表两点间(或两条等压线之间)的气压差，Δn 为这两条等压线间的垂直距离。沿着气压梯度的方向，气压总是降低的，所以气压差恒为负值，气压梯度前的负号，表示其方向由高压指向低压。

水平气压梯度力是指由于水平气压梯度存在而作用在单位质量空气上的力。其数值大小可用 G 表示，即

$$G = -\frac{1}{\rho}\frac{\Delta p}{\Delta n} \tag{5.2}$$

垂直于等压线的方向，从高压指向低压。此式表明：

①水平气压梯度力的大小与水平气压梯度成正比，而与气压本身的高低无关。在天气图上等压线愈密，水平气压梯度力愈大；

②若气压梯度一定时，空气密度愈小，水平气压梯度力愈大；相反，空气密度愈大，水平气压梯度力愈小。

风就是由于水平气压梯度力所引起的。水平气压梯度力一般有多大呢？我们可

以估算一下。若取空气密度 $\rho=1.3\times10^{-3}\,g/cm^3$，$-\Delta p/\Delta n=1\,hPa/100\,km$，则 $G=7.6\times10^{-4}\,m/s^2$。在这种气压梯度力持续作用下 3 h，可使风速由零增大到 7.6 m/s。可以看出，只要水平方向存在着气压差异，就有水平气压梯度力作用在空气上，使空气由高压向低压方向流动，所以气压梯度力是使空气作水平运动的原始动力。在大气中，由于垂直方向气压梯度力通常与重力相平衡，因此，可以说水平方向的气压梯度力才是空气水平运动的原动力。

5.1.1.2　地心引力

牛顿万有引力定律说明，宇宙间任何两个物体之间都具有引力，其大小与两物体的质量乘积成正比，与两物体之间的距离平方成反比。如图 5.1 所示，M 为地球的质量，m 为空气块的质量，其间距离为 r。地球对单位质量空气的引力的方向是指向地球中心的，故称之为地心引力。设地球平均半径为 a（即地心至海平面的距离），z 为海拔高度，则 $r=a+z$，所以越往高空（距离地心越远），则引力越小。但在气象应用范围内，z 值一般仅为数十千米，而地球半径 a 超过 6000 km，如果用 $\boldsymbol{g}_0^*$ 表示海平面上的地心引力，$\boldsymbol{g}^*$ 表示大气中某一质点的地心引力，则有 $\boldsymbol{g}^*\approx\boldsymbol{g}_0^*$，可作为常数处理。

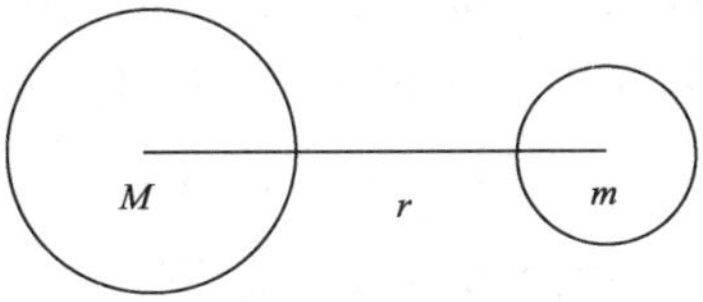

图 5.1　地心引力

5.1.1.3　摩擦力 $\boldsymbol{F}$

摩擦力 $\boldsymbol{F}$ 是较难讨论的复杂问题。空气运动中由于地面对空气的作用和空气层之间相互作用而产生的力称为摩擦力，它包括外摩擦和内摩擦两种力。地面及地面物体都能阻碍空气的运动，这种下垫面对空气的阻力，称为外摩擦力（也称地面摩擦力）$\boldsymbol{F}_{r0}$。空气在地面运动时，受到地面摩擦力的方向与空气的运动方向相反，其大小与空气的运动速度成正比，同时和摩擦系数有关，下垫面愈粗糙，摩擦系数愈大，外摩擦力也就愈大。

当空气内部各气层气流方向或风速大小不同时，各层之间也会产生一种相互牵制的力，称为内摩擦力。它是由于乱流作用引起的，能使气流的速度和方向发生改变，而它的方向及大小视上下层间气流的向量差而定。内摩擦力 $\boldsymbol{F}_{ri}$ 包括分子摩擦和湍流摩擦两部分。它们分别由分子（也称黏性应力）和湍流应力产生。

分子黏性力是由流速不同的流体（液体、气体）之间，分子不规则运动引起分子动量交换而作用在流体界面上的黏性力。其大小与运动速度和分子运动学黏滞系数

(简称动黏系数)有关。因动量输送(交换)的结果表现为黏性,湍流应力就是由流速不同的流体(空气微团)之间湍流运动引起的湍流动量交换而作用在流体界面上的应力。其大小与运动速度和湍流动黏系数(或称交换系数)有关。

分子黏性力是在空气速度分布不均匀的情况下,由于空气分子运动引起动量输送的表现,属于流体的属性。湍流黏性力是雷诺(Reynolds)应力在垂直方向的差异形成的,属于流动的属性。大气中以空气微团为单位的湍流运动的尺度要比以分子为单位的分子不规则运动(布朗运动)的尺度大得多,所以在数值上大气的湍流黏性力通常要比分子黏性力大得多。因而在运动方程中,分子黏性应力相对于湍流黏性应力可以略去。实际上,因雷诺数 Re 定义为惯性力与分子黏性力之比,而大气中 $Re>10^{10}$。所以在运动方程中,分子黏性力与惯性力相比是微不足道的。也就是说,和水平气压梯度力相比,大气中湍流黏性力很小,通常可以不考虑。但在行星边界层,大气中湍流摩擦力不能忽略。摩擦力的大小是随高度变化的,近地面层(地面 30～50 m)最为显著,随高度增加逐渐减小,到 1～2 km 高度,摩擦力的影响就可以忽略不计,这个高度以下称为摩擦层(行星边界层),以上称为自由大气层。根据理论推算,行星边界层的高度一般为 1.5 km 左右,但根据 1979 年第一次和 1998 年第二次青藏高原大气科学试验(QXPMEN 和 TIPEX)探测资料研究发现,青藏高原边界层的厚度比平原地区深厚得多,在 1850～2750 m 之间摆动,变化幅度较大。

5.1.1.4 视示力

当把牛顿第二运动定律应用到随地球一起旋转的一个坐标系时,需要引进“视示力”,以补偿参考系的加速度。为说明这些力是如何出来的,让我们考虑自西向东相对于地球而移动的一个气块的情况。从地球以外作鸟瞰的观测者看来,该气块是沿一个圆形轨道以速度(ΩR_A+V)运动着。其中 R_A 是气块离开地球自转轴的距离,而 ΩR_A 项是位于气块处的坐标系统所具有的切向速度。因此地球自转产生的指向圆心的加速度与$\frac{(\Omega R_A+V)^2}{R_A}$成正比,而不是仅与空气质点相对于地球表面运动的速度 V^2 成正比。于是根据站在转动着的地球上的观测者的观点,气块的运动似乎违背了牛顿第二定律。因为由他看来,指向地球旋转轴的加速度仅仅是 V^2/R_A。此时只有引进视示力,才能消除表面上违背牛顿第二定律的现象。这两个视示力分别为惯性离心力和科里奥利力。

(1)惯性离心力

当空气沿着曲线运动时,就要受到一个离开曲率中心而向外的力,这个力是空气为保持其惯性方向运动而产生的,所以叫惯性离心力。为了便于了解惯性离心力的意义和导出其表达式,这里引用一个简单的例子进行讨论。我们用一根绳子牵着一个具有单位质量的球,并使其以均匀的角速度 Ω 作旋转运动,球距转动中心的距离

为 R。设在 δt 时间内,旋转角度 $\delta\theta$(图 5.2)。如果我们站在不随球一起转动的固定坐标中观察,则会看到球在作匀速圆周运动,其速度大小是不变的,但其方向不断地变化,因而其速度向量是变化的。这就是在固定坐标系中所观察到的加速度,称为向心加速度。按照牛顿第二定律,产生向心加速度必定是有一个力作用于其上。这个力就是绳子对球的牵引力,称之为向心力。

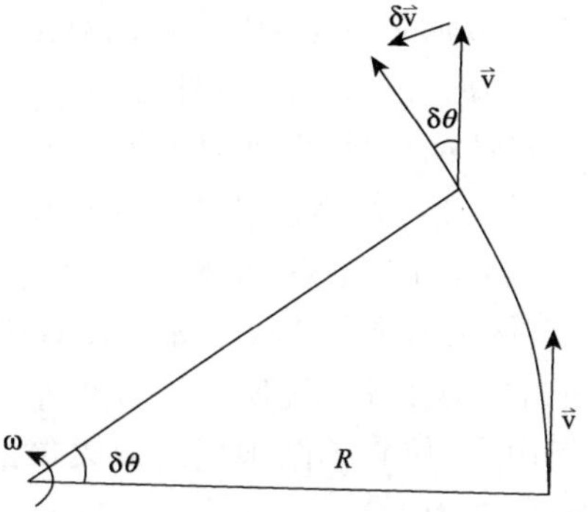

图 5.2 惯性离心力

现在,如果我们站在随球一起转动的坐标系中来观察,则发现球是静止的。但是绳子对球的牵引力是真实存在的。这就是说向心力的作用,但不作加速运动,这是违背牛顿第二定律的。为了解释这种现象,我们在这转动坐标系中引进一个力,其大小与向心力相等而方向相反。由于这个力与向心力平衡,因而球静止。这个力就叫做惯性离心力。

由上可见,惯性离心力不是真实存在的,而只是由于我们站在非惯性坐标系内观察到的运动,并企图运用牛顿第二定律来解释它的结果。地球在不停地自旋,因此当我们站在地球上观察时(实际是位于相对坐标系中),地球上所有的物体都会受到一惯性离心力的作用。

除了地球自转作用于物体上的离心力外,空气相对于地球表面做弯曲运动时也会产生离心力,它与地球的旋转无关,只与空气的运动速度,空气块运动轨迹的弯曲程度(曲率)有关。这种惯性离心力的作用,正如汽车转弯时,汽车内的人要向外倒一样,车速愈大、曲率愈大(曲率半径愈小)时,这种作用愈明显。在大范围(大尺度)水平运动中,空气运动路径的曲率半径一般很大,从几十千米到几百千米,甚至上千千米,因而惯性离心力的作用很小,可以不考虑。只有在空气运动轨迹的曲率半径很小,风速很大的情况下(例如台风、龙卷风等),它的作用才较明显。

(2)地转偏向力

如果空气只受水平气压梯度力的作用,风向应该与等压线垂直从高压吹向低压,而且风速将会不断加大。实际上风向往往基本上是与等压线平行,风速也不是无限制地加大的。那么,是什么力使空气的运动偏离了气压梯度力的方向,而且抑制了风速的不断增大呢?

空气是在转动的地球上运动着,由于地球转动而产生作用于运动空气的惯性力,称为地转偏向力,它是使空气运动偏离气压梯度力方向的主要原因。此力产生的原因由图 5.3 来说明。图中有一个圆盘,中间有一垂直轴,当圆盘不绕垂直轴转动时,有一个小球自中心 O 点向 OB 方向运动时,则站在圆盘上 A 点的人及站在圆盘外 B 点的人看来,小球沿着直线运动向他们滚来,小球运动的方向没有发生变化。如果圆盘是绕垂直轴作逆时针方向自西向东旋转,小球自 O 点向 OB 方向运动时,对站在圆盘外 B 点的观测者看来,小球保持惯性沿着直线运动,但对站在圆盘上 A 点的观测者看来,由于他和圆盘一起转动到了 A_1 点,旋转了一个角度 AOA_1。他是以转动圆盘作为衡量物体运动的标准,因此在他看来,小球并没有沿着圆盘的直线 OA_1 方向运动,而是向右偏到 A 的位置上,如图虚线所示。好像小球时刻都受到一个同它相垂直的并指向它的右方的作用力,使它不断地向着原来运动方向的右方偏转,这个力就是由于圆盘转动而产生的偏向力。

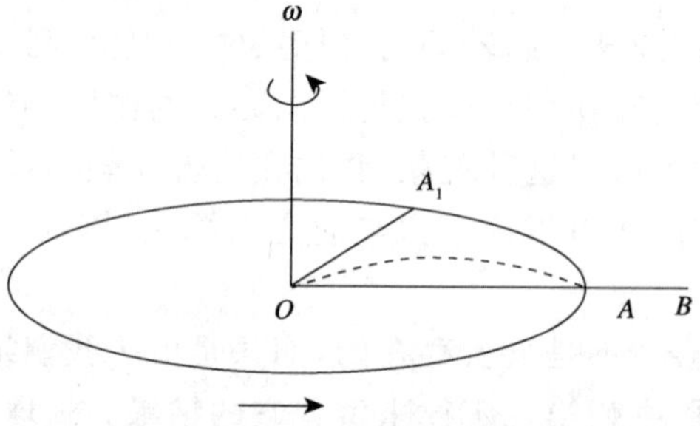

图 5.3　地转偏向力示意图

地球自转和圆盘的转动相似。地转偏向力完全是由于观测者处于转动地球上引起的。但情况比圆盘转动要复杂得多。在北极,地球的转动轴与地平面的垂直轴相重合,这时极地平面上绕其垂直轴旋转,在单位时间内转动的角度,即它的角速度与地球转动的角速度 Ω 一样,每 24 h 转一周,转动的方向是逆时针向。与上述讲的圆盘转动情况类似,无论空气是向南或向北运动,总有地转偏向力使空气向着它原来运动的方向向右方偏转。因而在北极,地转偏向力与空气运动方向垂直,指向它的右方。在南极情况相反,地转偏向力指向空气运动方向的左方。

在赤道上,地球转动轴与地平面垂直轴是相垂直的,赤道平面上固定点 A 不绕垂直轴旋转,其角速度 Ω 为零。随着地球的旋转,赤道地平面由位置 A 转到位置 B 后,它的经线、纬线的方向都没有改变方向,说明赤道上没有地转偏向力。

处于两极和赤道间的其他纬度，地球转动轴与地平面的垂直轴的交角小于 90°，因此地平面都有绕其垂直轴的旋转。因此在北半球，运动的空气无论朝哪个方向运动，都要发生右偏现象。

在地球自转情况下，运动着的空气参加两种运动：一种是空气相对于地球的水平运动，另一种是随地球自转运动。由于地球上的水平方向，是以经纬线为标准的。随着地球的旋转，经纬线也在转动，所以方向也在不断地改变。对于和地球一起转动的人看来，空气运动方向在不断偏转，这实际是一种视偏转，而不是空气运动方向的真正偏转。

而对于南半球来说，由于地平面绕其垂直轴按顺时针方向转动，因此偏向力总指向运动空气的左方，运动物体都要发生左偏现象。

地转偏向力是影响旋转坐标系中大尺度运动特征的一个很重要的力。对于相对于旋转坐标系处于静止状态的空气块，只要在作用力中包括惯性离心力，就可以在旋转坐标系中应用牛顿第二定律。但当空气块相对旋转坐标系运动时，除了需要引入惯性离心力外，还需要引入另一种视示力，即科里奥利力（气象上一般称为地转偏向力），才能应用牛顿第二定运动律描述旋转坐标系中的相对运动。

为了便于了解地转偏向力的性质和其对大气运动特征的影响，我们取固定于地球表面上的局地直角坐标系，即原点取在某纬度 φ 处的地表面上，x 轴沿原点所在纬圈切线方向指向东，y 轴沿原点所在经圈切线方向指向北，z 轴指向当地的天顶方向，其向量形式为

$$\boldsymbol{Co} = -2\boldsymbol{\Omega}\times\mathbf{V} \tag{5.3}$$

其中地球自转角速度 $\boldsymbol{\Omega}$ 在 x,y,z 方向的投影分量分别为（图 5.4）

$$\Omega_x=0,\Omega_y=\Omega\cos\varphi,\Omega_z=\Omega\sin\varphi$$

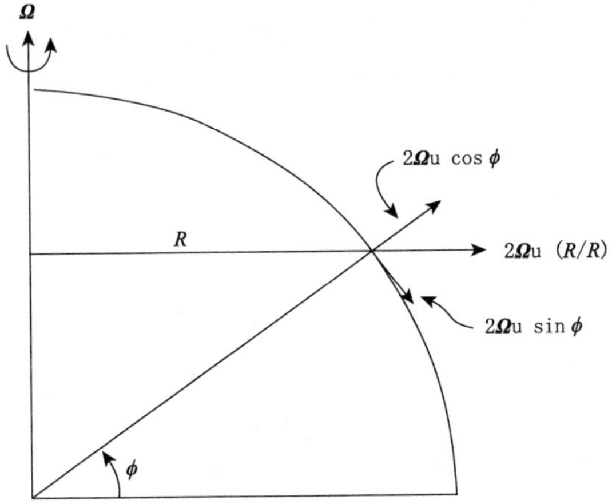

图 5.4　局地直角坐标系和 Ω 分解

从定义式可以看出地转偏向力有以下重要特点：

1)地转偏向力 $\boldsymbol{Co}$ 与 $\boldsymbol{\Omega}$ 相垂直，而 $\boldsymbol{\Omega}$ 与赤道平面垂直，所以 Co 在纬圈平面内。

2)地转偏向力 $\boldsymbol{Co}$ 与 $\boldsymbol{V}$ 相垂直，在北半球指向运动方向的右侧，南半球指向运动方向左侧。因而地转偏向力对运动气块不做功，它只能改变气块的运动方向，而不能改变其速度大小。

3)地转偏向力的垂直分量一般比较小，所以气块的运动特征主要受水平地转偏向力的影响；考虑到通常情况下垂直运动远小于水平运动的事实，空气在沿纬圈和经圈运动时所产生的水平地转偏向力分别为 $-2\Omega u\sin\varphi$ 和 $2\Omega v\sin\varphi$，因此，在两极水平地转偏向力最大，在赤道上水平地转偏向力为零。由于赤道附近没有水平地转偏向力，所以气流总是沿水平气压梯度力方向流动，致使气压分布较均匀，气压梯度较小，等压线较稀疏。

4)地转偏向力的大小与相对速度的大小成比例。当 $\boldsymbol{V}=0$ 时，地转偏向力消失。

作为一个例子，我们可以看出地球自转对运动物体的作用，若以 1000 m/s 的初速度在 43°N 向东发射导弹，因受地转偏向力的影响，当导弹飞过 1000 km 时大约向南偏离 50 km。对于大气运动而言，地转偏向力的数值通常是很小的。假若在 $\varphi=30°$处，风速 $V=10$ m/s，地球自转角速度 $\Omega=7.292\times10^{-5}\ \text{s}^{-1}$，则水平地转偏向力为

$$Co=2\times7.292\times10^{-5}\times0.5=7.3\times10^{-4}\ \text{m/s}^2$$

这个数值与 1 hPa/100 km 的气压梯度力大小是相当的。这说明水平地转偏向力所引起的加速度虽小，但对于大尺度大气运动来说，因为它的大小与气压梯度力相近，是一个很重要的作用力。

5.1.1.5 旋转坐标系中的重力

在随地球一起旋转的坐标系中，相对地球静止的物体或空气块，同时受到地心引力和惯性离心力的作用。如图 5.5 所示，惯性离心力在地心引力相反方向的分量部分抵消了地心引力，气块的重量实际上小于 mg^*。因此，在气象上将单位质量大气所受到的地心引力与惯性离心力的合力定义为重力。

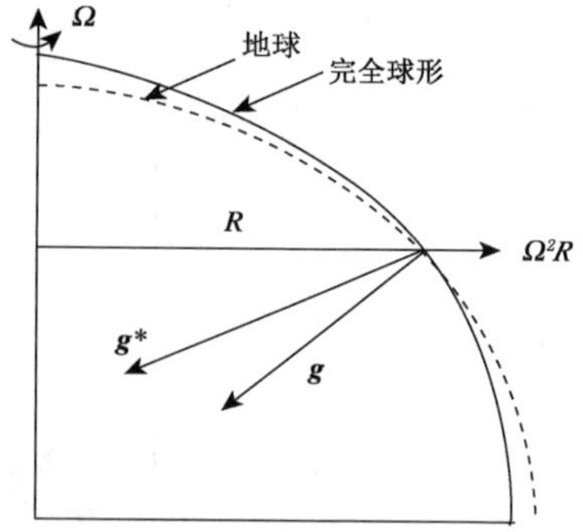

图 5.5 重力

气象上的重力，除在极地和赤道外，并不指向地球中心。如果地球是一个正球体，在平行地面指向赤道方向上会有重力的分量。但是，由于地球是近似椭球体(赤道半径比极地半径大 21 km)，调整得平行地面指向赤道上没有重力分量，因而在任何地方重力都垂直于水平面。重力在赤道上最小，随纬度而增大，至极地达最大。一般采用 45°纬度海平面的

重力加速度值，即 $g=9.806\ \mathrm{m/s^2}$。

上述作用于空气水平运动的四种力，对于空气运动的影响应根据情况具体分析。一般来说，水平气压梯度力是使空气产生运动的直接原动力，其他三个力则视具体情况而定。如讨论赤道附近的空气运动时，可不考虑偏向力的影响；如空气在作近似直线运动时，可不考虑惯性离心力；在讨论自由大气中的空气运动时，可以不考虑摩擦力的作用。

5.1.2 控制大气运动的基本定律

大气运动方程是牛顿第二定律应用于大气运动的数学表达式。由于地球的自转，描述大气相对于地面的运动方程的形式与绝对坐标系中的牛顿第二定律有所区别。当取不同的相对坐标系时，又可以得到不同的大气运动方程形式。

5.1.2.1 绝对运动方程

牛顿第二定律仅适用绝对坐标系，即静止或匀速直线运动的坐标系。空气运动是相对地面而言的(即坐标系固定在地面上)，若不考虑地球的旋转运动，对单位质量的物体，大气运动方程可直接用牛顿第二定律来描述，其中作用力包括：气压梯度力 $\boldsymbol{G}$、地心引力 $\boldsymbol{g}*$、和摩擦力 $\boldsymbol{F}$。因此，大气绝对运动方程可写为

$$\frac{\mathrm{d}\boldsymbol{V}_a}{\mathrm{d}t}=\boldsymbol{G}+\boldsymbol{g}*+\boldsymbol{F} \tag{5.4}$$

5.1.2.2 相对运动方程

实际上，地球由围绕自身的自转运动和绕太阳的公转运动，相对太阳(恒星)而言，地球有加速度(主要由自转运动形成)。固定在地球上的坐标系是相对坐标系，因此，必须将绝对坐标系的方程转换成相对坐标系中的表达形式。根据前一节对大气所受作用力的分析，可知在相对坐标系中的相对运动方程为

$$\frac{\mathrm{d}\boldsymbol{V}}{\mathrm{d}t}=\boldsymbol{G}+\boldsymbol{Co}+\boldsymbol{g}+\boldsymbol{F} \tag{5.5}$$

式中右端将惯性离心力与地心引力合并为重力 $\boldsymbol{g}$。该式就是旋转坐标系中牛顿第二定律的表达式，称为单位质量空气的相对运动方程，也就是一般称谓的旋转坐标系中的大气运动方程。

以上的方程是矢量形式的，在具体应用时要根据不同的坐标系写成分量形式。

为了揭示和研究大气运动特征和规律，必须突出基本方程中对起决定作用的主要因子，略去次要因子，也就是说要对方程进行简化。通过一定的方法，对运动方程组进行简化后有以下特点：在垂直方向上，大气较高精度地满足准静力方程；简化方程中不包含时间偏导项，即大气运动处于准定常状态；大尺度运动表现为一种平衡运动，空气在运动方向上没有加速度。

5.1.2.3 大气连续方程

大气运动不仅遵循牛顿运动定律，而且还受质量定律的约束。表示大气质量守恒定律的数学表达式就是连续方程。在一个固定的几何空间内，根据质量守恒原理，其中流体质量变化取决于流体从四周流入与流出量之差。现考虑一个空气微元体 δt （$=\delta x\delta y\delta z$）的质量收支，如果流入的空气质量大于流出的（称之为辐合），则微元体中空气密度增大；反之，当流入的空气质量小于流出时（称之为辐散），则微元体中空气密度减小。同理，考虑一质量为 δm 的空气微元，当微元体膨胀（增大）时，称为辐散，此时密度减小；当微元体压缩（减小）时，称为辐合，密度将增大。这种密度和质量之间的关系式称之为连续方程，说明体积的变化是由空气微元体表面上各点的速度分布不均匀引起的，即微元体的辐合对应于速度散度小于零，辐散就是速度散度大于零。因此连续方程反映了空气密度与速度分布之间的关系。

若流体是不可压缩的，那么在运动过程中其密度保持不变，则速度散度为零，它表明不可压缩流体是三维无辐散的。速度散度是气象上的一个重要物理量。在气象上经常计算水平散度，它表示流体在单位时间内水平面积的相对膨胀率。大范围的大气运动，可近似看成是不可压缩的，所以水平风场的辐合辐散经常与垂直运动联系在一起。因为在大气中进行垂直运动的观测是困难的，于是可以通过这种关系用水平风速的分布来推断垂直运动。

5.1.3 热力学能量方程

大气运动不仅受动力学的守恒定律控制，而且还受热力学能量守恒定律的约束，即实际的大气运动是动力学过程和热力学过程相互制约的。按照热力学观点，大气是热机系统，把热量由低纬（热源）向高纬（热汇）输送，即地球大气冷热源汇的不均匀会引起大气的运动。在热力学中表示能量守恒原理的就是热力学第一定律。

热力学第一定律指出：任一系统从外界吸收的热量 $\mathrm{d}Q$，等于该系统内能的变化 $\mathrm{d}U$ 和对外作功 $\mathrm{d}W$ 之和，即

$$\mathrm{d}Q=\mathrm{d}U+\mathrm{d}W \tag{5.6}$$

将其应用于大气时，通常假设：(1)将大气看作理想气体；(2)热力过程是无摩擦准静态过程，且满足准静力条件；(3)只考虑空气膨胀、压缩所作的功。

表示大气能量守恒定律的数学公式(5.6)就是热力学能量方程。系统从外界吸收热量，体积膨胀反抗压力对外做功，因而它代表了热能和机械能之间的转换，反映了大气动力过程与热力学过程的相互联系。正是这种相互联系和转换过程使太阳能可以驱动大气运动。

5.2 参照系

5.2.1 地球的基本特征

地球一方面绕太阳公转，另一方面又绕自己的轴（地轴）自西向东旋转。对于恒星而言，地球自转一周的平均时间为 23 小时 56 分 4 秒（恒星日）。自转角速度为一指向正北的矢量，即垂直于旋转平面（赤道面）的地轴方向，大小为 $\Omega=7.292\times10^{-5}\mathrm{s}^{-1}$。

地球可视为一椭球体，赤道半径比极地半径大约 21 km，平均半径 $a\approx6371$ km；地球上最高的山脉高度不超过 10 km，所以一般可作为球体来处理。在赤道上地球的线速度大于 400 m/s，所以地球自转对大尺度大气运动有重大影响。

5.2.2 旋转坐标系

为了观测地球上的大气运动，研究大气运动的规律及其演变特征，我们需要选取一定的坐标系作为参照系，从力学、流体力学、热力学等概念出发，建立在旋转地球上的大气动力学方程组，并通过这套方程组对有关的大气运动和天气现象给予物理的、定性的或定量的解释，从而为天气分析和预报提供理论依据。

根据牛顿第一定律，在固定于空间的坐标系（称为**惯性坐标系**或绝对坐标系）中，当物体不受外力作用时，将保持静止或匀速运动。但是，相对于随地球一起旋转的坐标系呈现静止或匀速运动的物体，相对于惯性坐标系并不是静止或匀速运动，实际上是加速运动。这样的坐标系称为**旋转坐标系**，是一种**非惯性坐标**系。

气象上常用的坐标系有三类：

(1)坐标轴的方向与气流的流向无关，如局地直角坐标、球坐标和柱坐标系等。

(2)坐标轴的方向决定于流向。自然坐标系就属于此类。

(3)垂直坐标用某类气象要素表示。如（x,y,p）坐标系（简称 p 坐标）中的垂直坐标为气压，它适用于等压面分析；（x,y,σ）坐标系（简称 σ 坐标，或称地形坐标）中，垂直坐标是气压和地形的函数，如取 $\sigma=p/p_s$，其中 p_s 为地面气压，这种坐标便于反映地形特征；而 θ 坐标系则取 θ 作为垂直坐标，它适用于等熵面分析。

局地直角坐标系（x,y,z）取地球上某指定点 P 为原点；其 x 轴沿该点指向正东（与纬圈相切）；y 轴指向正北（与经圈相切）；z 轴指向天顶，与 $x-y$ 平面相垂直（图 5.6）。这种坐标系是一种在地球上可随意移动的直角坐标系，当然，由一点移到另一点时，坐标轴也随之发生变化。在这种坐标系中，只有计入坐标系的加速度才能应用牛顿运动定律。为此需要引入按照旋转坐标系的加速度效应而假想的视示力（外观力),这在下一节中会详细说明。

球坐标系能反映地球的球面性,在诸多坐标系中最为完善。地球的形状与球体的差别很小,将地球近似看做一个球体对于处理气象上的问题所产生的影响完全可以忽略,因此研究球面大气运动采用球坐标最为合适。在球坐标系中(图 5.7),3 个坐标轴为(λ,φ,r),地球水平面相当于坐标平面。例如,空气质点位于图中的 P 点时,其位置可用 3 个变量(λ,φ,r))表示,其中 λ 为经度,φ 为纬度,r 为球心至 P 点的距离。这种坐标系里 $\boldsymbol{i},\boldsymbol{j},\boldsymbol{k}$ 分别表示在 P 点与纬圈相切指向东、与经圈相切指向北以及指向天顶的单位向量。由于坐标面的球面性,这些单位向量的指向在不同的地理位置上是不同的。然而,球坐标系应用比较麻烦,因此,除了考虑全球范围或极地地区的大气运动问题时必须用球坐标系外,通常还是采用局地直角坐标。局地直角坐标系实际上就是球坐标系在忽略地球曲率影响项的简化,因此这种坐标系既具有一般直角坐标的特点,又含有部分球坐标特点,因此在气象上使用最广泛。

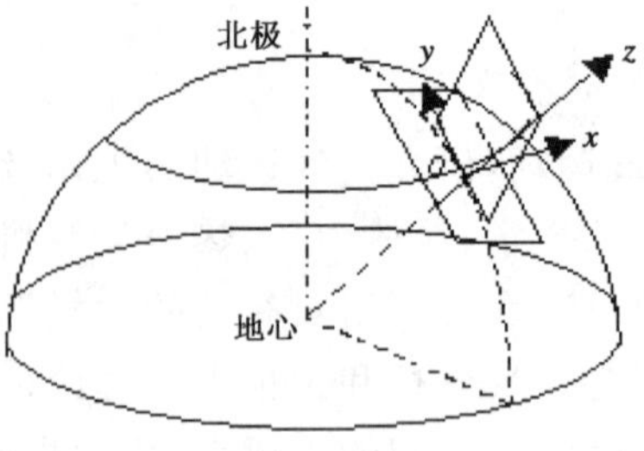

图 5.6 局地直角坐标系

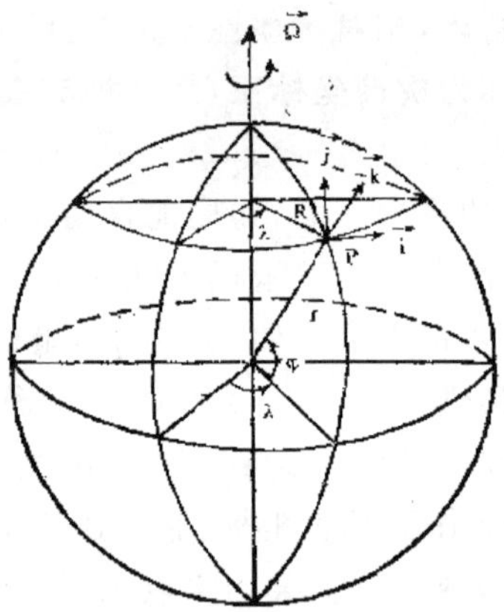

图 5.7 球坐标系

取 u,v,w 分别表示相对速度 $\mathbf{V}$ 在球坐标系 $\boldsymbol{i},\boldsymbol{j},\boldsymbol{k}$ 三个方向的分量,则

$$\mathbf{V} = u\boldsymbol{i} + v\boldsymbol{j} + w\boldsymbol{k} \tag{5.7}$$

即 u 为沿维圈的风速,$u>0$ 时表示为西风,$u<0$ 时为东风;v 为沿经圈的风速,$v>0$

表示南风，$v<0$ 则为北风；w 为垂直运动速度，$w>0$ 为上升运动，$w<0$ 为下沉运动。

在气象上常用局地直角坐标(x,y,z)代替球坐标(λ,φ,r)。两个坐标系中的 u,v 和 w 表示的意思是相同的，应当注意的是，局地直角坐标系和球坐标系在 P 点的 $\boldsymbol{i}$，$\boldsymbol{j}$，$\boldsymbol{k}$ 是一致的，但局地直角坐标系将球面视为以 P 点为中心的平面而不考虑 $\boldsymbol{i}$，$\boldsymbol{j}$，$\boldsymbol{k}$ 的空间变化，可是在球坐标中随着空气质点的移动而 $\boldsymbol{i}$，$\boldsymbol{j}$，$\boldsymbol{k}$ 是改变的。例如，两点的经度不同，其 $\boldsymbol{i}$ 不是同一向量。

自然坐标系也是一种固定于地球上随地球一起旋转的非惯性坐标系。它的原点取在某流线 s 上，水平坐标为 s 和 n。s 的方向与每一点上瞬间风速的方向一致，那么 s 坐标线族(n=常数)就是流线族。n 的方向与 s 轴垂直并指向流线前进方向的左方。所以自然坐标是曲线坐标。一般情况下它的水平轴 s、n 的方向是随时间和地点而变的(图 5.8)。在后面讨论梯度风方程时将会用到。

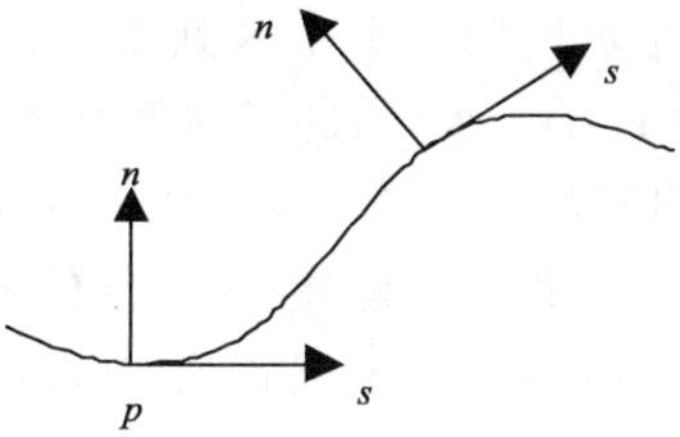

图 5.8　自然坐标系

以上的坐标系都是以垂直轴为"z"的(x,y,z,t)坐标系，在这种坐标系中，空气质点的空间位置用 x,y,z 坐标来表示，其中的垂直坐标以几何高度表示，这类坐标系简称为"z 坐标系"。若用该坐标系中的方程分析和研究实际大气运动，可通过分析等高面上的等压线、等温线以及其他气象要素来揭示和了解气压场、温度场等气象要素场的空间分布及其随时间的变化。但是，实际工作中所分析的天气图，除地面是等高面图(在海平面上分析等压线)外，其他层次都采用等压面图。当用等压面图(在等压面上分析等高线)分析大气运动时，空气质点的空间位置就应改用 x,y,p 坐标来表示。以气压 p 为垂直坐标的坐标系称为"**p 坐标系**"。它是用物理量气压 p 来代替几何高度 z 作为垂直坐标的，还可以用其他物理量来代替 z，如前面提到的 σ 和 θ 坐标系。并不是任何物理量都可以用来代替 z 作为垂直坐标的，它必须满足一定的条件，就是所选的物理量必须是高度 z 的单调函数，如 p 坐标系要满足静力平衡条件。所以对大尺度大气运动可以使用 p 坐标系，而对中小尺度运动，气压 p 不能作为垂直坐标。σ 坐标系实际是一种修正的 p 坐标系，它的物理基础仍然是静力平衡关系成立。由于在绝热运动过程中位温守恒，因此用 θ 坐标系研究绝热运动过程是比较方便的，但它也可以用于非绝热过程。还有其他一些地形坐标系，是考虑地形而对 z 坐标的一种修正坐标系，这里不再一一赘述。

5.3 大气运动的多尺度性

在地球大气中，包含着多种不同时空尺度的运动，从而形成不同的天气与气候现象。不同时空尺度的运动，其动力特征也不一样。因此，有必要阐述大气中主要运动的时空尺度。运动的空间尺度，是指运动系统的空间范围。因为大气运动系统的水平范围与铅直范围往往有较大的差异，所以空间尺度又区分为水平空间尺度和铅直空间尺度，或简称为水平尺度和铅直尺度。运动的时间尺度是指运动过程经历一个阶段所需的时间，例如，对于波动，时间尺度可认为就是它的周期。大气运动无论在时间尺度上还是水平尺度上都具有很宽的尺度谱，其范围从边界层中的湍涡，直到遍及全球的平均纬向环流。积雨云或对流单体的水平尺度为 1 ~ 10 km，飑线、背风波和低纬的对流群（云团）的水平尺度为数十千米到二三百千米；温带气旋反气旋以及西风带中的长波，其水平尺度以千千米计；超长波和几乎环绕地球的热带辐合带的水平尺度可以和地球半径相比拟，等等。

不同尺度运动系统在性质上有很大差异，对天气的影响也不同。例如，西风带中的长波具有准水平、地转平衡性质，它对天气影响的范围较广；强烈的局地风暴，是一种小尺度强对流运动，一般说来它是非静力平衡的，铅直上升运动极强，造成的天气很严重，但范围较小。

5.3.1 中纬度地区天气系统的特征尺度

支配大气运动的方程组是非常复杂的，利用它来研究具体的大气运动过程常常需要对其进行简化。简化的目的有两个：一是为了使方程在数学形式上变得简单一些，有利于进行数学推导和求解；二是为了便于从物理机制上对数学结果进行解释。下面讨论一下大气动力学中最常用的一种简化方程的方法—尺度分析。

大气中有各种不同尺度运动系统，其水平范围差别相当大。各种运动系统能够维持的时间、所占据的空间大个以及它们的物理特性都有很大的差别，对于如此众多不同形式的运动，方程组中起支配作用的因子也会有明显的不同，因此，在方程组中突出所要研究运动对象项，而略去其他相对贡献较小的项，从而使方程简化，这就是尺度分析的目的。

一般来说，运动的特点与运动的水平尺度最为密切，故一般都根据大气运动的水平尺度把大气运动进行分类，然后，根据尺度分析方法，略去在运动方程中的小项，从而完全消去或部分滤掉某些不重要的运动类型。因此，尺度分析可以说是一种"过滤"方法，它可以滤去不关心的运动类型，而保留所关心的类型。在应用尺度分析时，事先假定各种运动类型是可分的、是相互没有作用的，在实际大气中，这一点只能是近似成立的。

尺度分析就是要利用尺度分析方法对支配大气运动的动力方程组进行简化。这里主要针对中高纬度地区的天气系统来说明天气系统的时间、空间特征尺度以及应遵从的运动方程。为此，在决定特征尺度时，一方面根据观测的结果，另一方面有一些基本的原则。水平尺度 L 根据运动的不同类型有所区别，对于波状形式的运动取其 1/4 波长，而对于涡旋运动则取其半径；垂直尺度 H 是指系统的垂直厚度，一般可取为对流层顶的高度；时间尺度 τ 取为平流的时间尺度，大体上以西风带水平移动的天气尺度的气压系统在某一地点由刚出现至达到极值所需的时间。还有天气系统的物理特征量，如速度和气压以及这些物理量的时空改变量等。根据中纬度天气系统的观测结果，各个变量的特征尺度如下：

运动的水平尺度为数千千米，即 $L \sim 10^3$ km；运动的垂直尺度为 10^1 km 左右，即 $H \sim 10^1$ km；运动的时间尺度为几天，即 $\tau \sim 10^5$ s。水平速度尺度 $u, v \sim 10^1$ m/s；垂直速度尺度 $w \sim 10^{-2}$ m/s；气压在水平方向变动的尺度 $\Delta p \sim 10$ hPa，在垂直方向的变动尺度可以达到自身的量级。

5.3.2　大气运动时间、空间的多尺度性

地球大气运动是很复杂的，如图 5.9 所示，它包含着各种时间和空间尺度。这些运动的时空尺度主要有如下几种。

(1)湍流运动：大气中存在空间尺度为 1 cm～100 m、时间尺度为 1.0 s～1.0 h 的各种各样的湍涡运动，这种湍涡对各种物理量，如动量、热量、水汽垂直输送起到重要作用。

(2)重力波和热对流：大气边界层中存在着空间尺度为 100 m～1 km、时间尺度为 1.0 h～1.0 d 的各种运动。在行星边界层中摩擦力和科里奥利力具有同样大小，因此，在这一层中，大气运动具有某些独特的特征，它包括了如下几种运动：①由于地形起伏，大气在这一层中形成各种各样的重力波；②由于风速随高度激增会形成不稳定的湍流；③由于地表加热，会形成各种不同型态的对流，如贝纳型对流(Benard convection)。

(3)积云对流：大气中存在着空间尺度 1.0～10 km、时间尺度为 1.0～6.0 h 的积云对流，这种积云对流活动能向大气释放出大量潜热，从而加热大气，因此，它对大气运动具有重要作用。

(4)台风和中尺度暴雨系统：大气中存在台风与中尺度暴雨系统，这种系统的空间尺度为 100～1000 km，时间尺度为几小时到 2～3 d。由于这种系统它会带来强降水，从而造成严重的灾害，因此，台风或中尺度气象学是大气科学的一个重要分支学科。

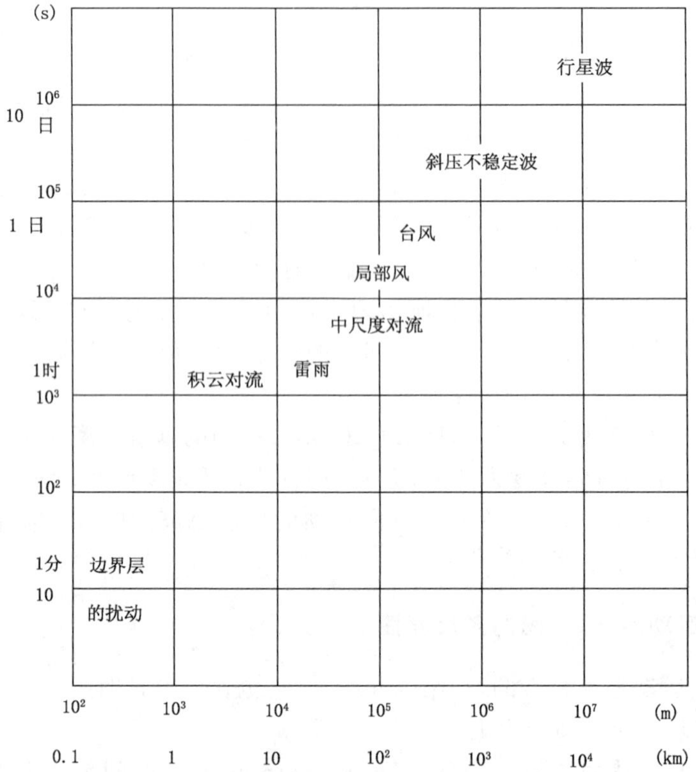

图 5.9　大气运动的时间、空间尺度

(5)大气长波与气旋:大气中存在着长波,也称罗斯贝波(Rossby wave),它的空间尺度为 6000 km 左右,时间尺度为 6～7 d。由于它是与地面上所观测的高、低压相联系,并且会带来各种天气现象,控制着大气环流短期变化,是大气动力学主要的研究对象。

(6)超长波:大气中还存在着 10000 km 左右的行星波(或超长波),这种波动将控制着>15d 的大气环流的中期与长期变化,是当今大气环流和短期气候变化研究的主要对象。

此外,大气环流或气候还有季节内、年际和年代际的变化。因此,可以看出,大气中包含着丰富多彩的运动形式,它带来各种各样的天气和气候现象。

大气中不同空间、时间尺度运动,它们并不是各自独立的,这些不同尺度的运动系统之间还存在着相互作用。小尺度运动系统往往是在大尺度运动系统的背景条件下发生发展起来的,反过来,它对大尺度运动系统的发展变化又有反馈作用。例如,在低纬,小尺度对流往往在条件不稳定大气中热带扰动的某些部位上得以发展,而有组织的小尺度对流群凝结潜热的释放又为热带扰动的发展提供了能源，这种凝结潜热释放的反馈作用，可以造成热带扰动的不稳定发展。这种潜热将严重影响大气中水平尺度为几千千米的罗斯贝波以及上万千米的行星波运动；相反，大尺度运动，如水平尺度为上万千米的西太平洋副热带高压、季风环流影响着水平尺度为几百千米的中尺度暴雨系统的生成。我国夏季东部中尺度暴雨系统的生成经常是受东亚季风环流和西太平洋副热带高压的作用。

5.4　决定大气运动的主要因子

对于中纬度大尺度运动，水平气压梯度力与科氏力近似相平衡，实际风场接近地转风场，即风场与气压场近似处于地转平衡状态。这种平衡不是绝对的，否则就没有天气发展变化了，中纬度大尺度运动是运动中的平衡，是不断变化中的平衡。这种运动变化过程称为准地转演变过程，或称为准地转运动。

中纬度大尺度运动之所以是准水平、准地转的，这是外界的一些固有条件对运动制约的结果。也就是准地转运动产生的物理背景。概括地说，这些固有条件是：

(1)重力场的作用使大气质量向靠近地球固定边界一薄层中堆积，限制了大气运动的铅直尺度。

在重力的作用下，90％的大气质量堆积在紧靠地球固定边界的一层次中，这一层次的厚度约为等温大气中的标高，即 $H \sim RT/g$，它与平均温度有关，约为 10 km。由于地球和太阳的几何位置相对固定，因而辐射平衡造成的平均温度的尺度也是相对固定的，也就是说 H 是大气运动的一个固有的高度尺度。在这个高度层内气压随高度的改变量能达到气压本身的量级，质量的铅直分布造成的铅直气压梯度力应和重力具有相同量级，因此，在这一层次中铅直运动受到了限制。

(2)地球旋转作用制约了水平气压梯度，限制了大气运动的水平尺度。

当空气质量分布不均匀时，就会产生气压梯度力。在气压梯度力的作用下，空气块(质点)将沿梯度力的方向流动，形成梯度流。梯度流会使流体的质量重新分配，减小气压梯度，即运动本身破坏了继续运动的环境，最终使运动停止。在旋转的地球上，运动的物体都要受到地转偏向力的作用，其影响程度与运动质点的特征时间有关。对于大尺度运动而言，运动气块的地转偏向力和气压梯度力具有同样的量级，使得流体质点偏离气压梯度力的方向。当流动达到地转平衡时，流体质点沿等压线运动，维持了已存在的气压梯度。因此，当气压梯度力大于地转偏向力时，就会有沿气压梯度力的净余力，它将减小气压梯度力，使流体运动重新回到地转平衡。

(3)地球和太阳几何位置相对固定，使地球南北接受的太阳辐射能受到限制，从而制约了大气的水平速度尺度。

大气运动的最终能源是太阳辐射能。可以证明，大气相对于地表的运动速度与地球自转的线速度比值的大小取决于赤道和极地之间平均温差与平均温度的比值。由于地球和太阳的相对位置在天文学上是固定的，由太阳辐射能造成的赤道与极地之间的平均温差远小于其温度本身，从而对于一定水平尺度的运动，其速度尺度也受到限制。因此，大气运动的速度尺度不但受到限制，而且相对地球的线速度是异常缓慢的。

除了上述的决定大气运动的物理因子外，将大气作为流体力学研究对象时，还应该注意到地球大气本身的一些基本特性，它不同于传统流体力学中流体的性质。

地球近似于正球体，它的旋转角速度矢量在垂直于地表面方向上的分量是随纬度变化的，这对大尺度运动具有重要的动力作用。每日天气图上看到的西风带中的波动就与此作用有关。地球旋转对大气运动来说还是一个稳定因子，大尺度运动中科里奥利力总是力图与水平气压梯度力相平衡，使得大气内能、位能转化为动能的可能性减小。锋面的存在，说明了本来在非旋转系统中可以释放出的位能，在旋转大气中就不能完全被释放出来了。此外，在斜压扰动不稳定发展中，地球旋转对波长较长的波动也具有很强的稳定作用。

大气的密度随高度是改变的，所以大气是层结流体。对于均质流体，重力对运动几乎不起重要作用。然而对于层结流体，与重力相联系的阿基米德净浮力对运动却有重要影响。在不稳定层结大气中，阿基米德净浮力可使积云对流得以发展，在稳定层结大气中可以产生重力内波。即使对于大尺度扰动的斜压不稳定发展，大气层结也有重要作用。

虽然大气中的水汽最多只占到大气体积的4%，然而水分在相变过程中会使大气得到热量或失去热量，因而为大气运动提供了另外一种能源的源和汇。例如，低纬度扰动和台风的发展就与积云对流释放的凝结潜热有关，对流凝结释放的潜热是低纬度扰动发展的重要能源。

大气的下边界是不均匀的。地球陆地表面不但起伏不平，而且其热力性质也不完全一样，使得边界层中的大气运动具有明显的湍流性质。海陆分布所决定的非均匀加热，起伏不平的大地形对大尺度运动的热力和运动强迫作用，对大气环流的形成有重要影响。

大气本身的一些特性和外界环境的影响，决定了大气运动的复杂性，这固然给我们研究大气运动具体规律带来了困难，但也激起了人们对它研究的兴趣。

5.5 风场和气压场的关系

将分析大尺度运动系统的风场和气压场的关系

5.5.1　地转风

1～1.5 km 以上的大气中摩擦力很小，可以不予考虑，故称之为自由大气。在自由大气中，水平气压梯度力与水平科氏力平衡下形成的水平匀速直线运动称为地转风，通常用 $\boldsymbol{V}_g$ 表示。地转风的方向与等压线平行，在北半球，背风而立，高压在右低压在左；在南半球，背风而立，高压在左低压在右(图 5.10)。

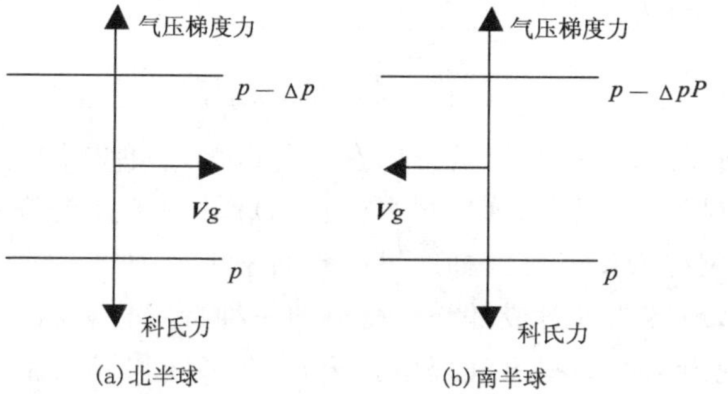

图 5.10　地转平衡的风压关系

地转风的大小与水平气压梯度成正比，因此，在天气图上可以看到，等压线越密，地转风速越大。地转风大小还与地理纬度和空气密度成反比，因此，赤道地区由于科氏力为零，地转关系不成立。当气压梯度一定时，高纬地区(φ 值大)地转风速将比低纬地区小，然而实际情况是高纬地区的风速往往比低纬地区的大，这是由于高纬地区的气压梯度通常比低纬地区大得多的缘故。在某一固定地区若气压梯度不变，则空气密度随高度增加而减小，故地转风会随高度增加而增大。

地转风抓住了自由大气中风压场之间的基本关系。除了极地和赤道附近地区以外，自由大气中的实际风与地转风相当近似，因此常用地转风代替实际风。

5.5.2　梯度风

地转风是大尺度运动的最简单近似，它只能描述空气的匀速直线运动。然而，空气运动通常是曲线运动，为此，需要引进梯度风的概念。

梯度风是水平气压梯度力、水平科氏力和离心力相平衡下的无切向加速度的空气水平运动，常用 $\boldsymbol{V}_{gr}$ 表示。梯度风也是一种简化的大气运动，当等压线呈弯曲状态时，用梯度风近似比地转风近似更为合理。因为曲线运动在自然坐标系中表示得最清楚，因此我们准备在自然坐标系中讨论梯度风。取坐标原点为运动着的空气质点，而取空气质点运动的方向为 s 轴，与 s 轴垂直、指向 s 轴左方的(即左法线)为 n 轴(图 5.11)。

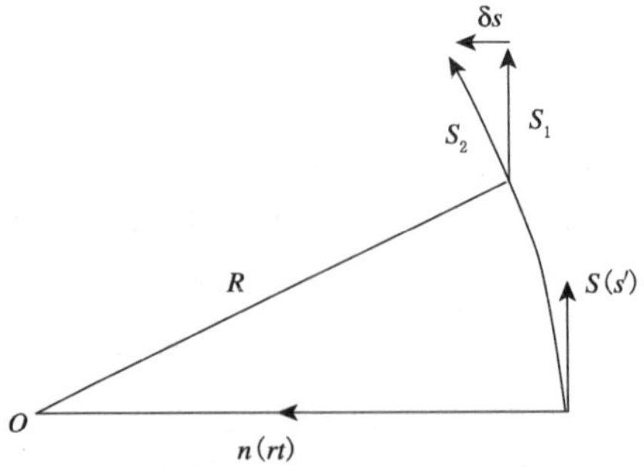

图 5.11　水平自然坐标系

空气作水平曲线运动时，其运动方向有两种情况，一种是围绕曲率中心作逆时针旋转，这时的梯度风称为气旋式梯度风(图 5.12)；另一种是围绕曲率中心作顺时针旋转，这时的梯度风称为反气旋式梯度风。当曲率半径 $R\to\infty$时，梯度风平衡变为地转平衡关系，因此，地转风可看成是是梯度风的一种特例。利用梯度风平衡关系可以解释天气图上表现出来的一些天气现象。例如，在纬度和气压梯度力相同的情况下，为什么气旋中的梯度风比反气旋中的小？而在纬度和梯度风速相同的情况下，气旋内的等压线比反气旋内的等压线密集？

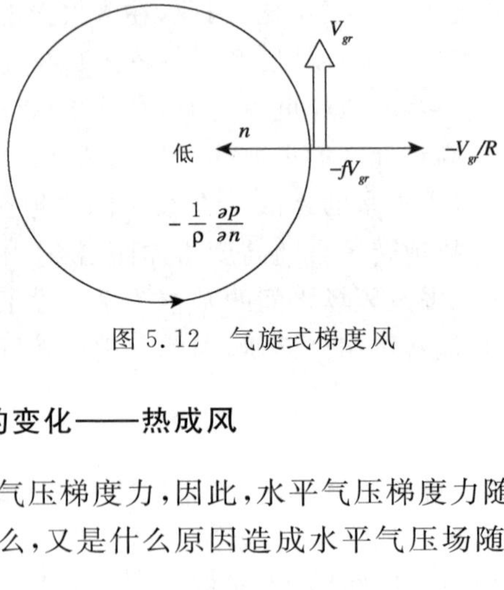

图 5.12　气旋式梯度风

5.5.3　地转风随高度的变化——热成风

地转风取决于水平气压梯度力，因此，水平气压梯度力随高度的变化就是地转风随高度变化的原因。那么，又是什么原因造成水平气压场随高度的变化呢？主要是由水平温度梯度引起的。

如图 5.13 所示，若地面($z=z_0$)气压处处相等，即等压面 p_0 与等高面重合，地转风等于零。但水平温度不相等，设 A 点处的气柱比 B 点冷，即 $T_A<T_B$(故 $\rho_A>\rho_B$)，那么 A 点上空的气压随高度下降的速度要比 B 点快，即 $\left(\frac{\Delta p}{\Delta z}\right)_A>\left(\frac{\Delta p}{\Delta z}\right)_B$，或者说，B 点上空单位气柱高度差比 A 点上空的大，于是等压面向 A 点发生倾斜。这时，等压面将与等高面相交，使某高度 z_1 处 A、B 两地的气压不再相同，$p_A<(z_1)<p_B<$

(z_2),即暖区的气压高于冷区,产生了水平气压梯度,从而使地转风从零(z_0 高度)变为 $\mathbf{V}_{g1}$。当高度增至 z_2 时,等压面倾斜的坡度将更大,水平气压梯度力和地转风也随之增大。这种由于水平温度梯度所引起的上、下气层之间的地转风矢量差,称为热成风,用 $\mathbf{V}_T$ 表示。

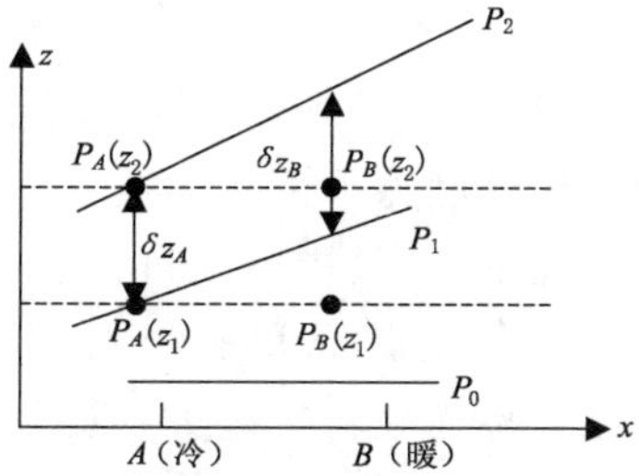

图 5.13　热成风的形成

可见,热成风平行于气层的平均温度等值线,在北半球,背热成风而立,右手为高温区,左手为低温区(图 5.14);南半球则相反。热成风的大小与气层平均温度的水平梯度和气层厚度成正比,与纬度的正旋及平均温度成反比。

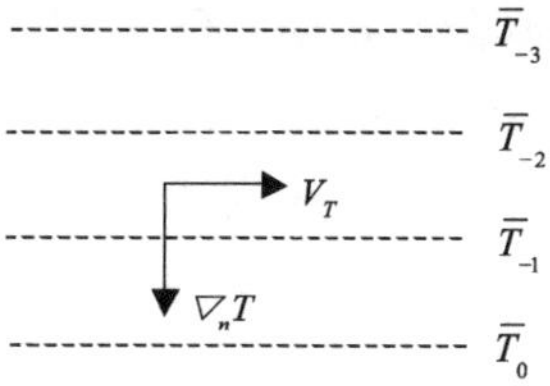

图 5.14　热成风与平均温度场之间的关系

当大气密度的分布仅仅随气压而变时,即 $\rho \equiv \rho(p)$,这种状态的大气称为正压大气。所以,在正压大气中等压面也就是等密度面。对于一个理想大气($p=\rho RT$),当大气是正压时,等压面也就是等温面。于是在等压面上没有温度梯度,也就是在等压面上分析不出等温线。因而也就没有热成风。这就是说,在正压大气中,地转风随高度不发生变化。

当大气中密度分布不仅随气压而且还随温度而变时,即 $\rho=\rho(p,T)$,这种状态的大气称为斜压大气。在斜压大气中,等压面和等密度面(或等温面)是相交的。在等压面上具有温度梯度,因而就有了热成风。这就是说,在斜压大气中地转风是随高度而发生变化的。大气的斜压性对于天气系统的发生、发展有很重要的意义。

地转风随高度的变化及其数学表达式——热成风方程,在实际中有着广泛的应用。首先,它是天气图分析的主要理论基础,由于它把不同层次的地转风与平均温度的水平分布联系起来,因此,根据气压和温度的三维结构,可以了解不同层次的地转风。例如，若已知某一高度的地转风和两个高度间的平均温度场，则可求另一高度上的地转风。相反，若将不同层次的实测风近似当作地转风，则可根据风场推出气压和温度场结构。另一方面，热成风关系还可以定性地解释一些天气现象。例如，为什么北半球对流层内西风(分量)向上增加？以致在对流层顶附近形成西风急流？

5.5.4　地转偏差

地转风是地转偏向力和气压梯度力平衡时的空气水平运动。在大气中地转风只能在个别地区出现。在一般情况下，大气中的实际风都不是纯粹的地转风。所以地转风平衡只是相对而暂时的。既然实际风和地转风不同，二者之间，必有一定的差别。我们把实际风与地转风之差称为地转偏差 $\boldsymbol{D}$，或偏差风(图 5.15)。

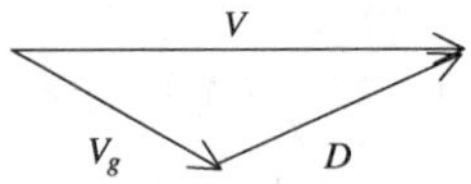

图 5.15　地转偏差

在大气中，地转偏差相对于地转风来说并不大，但是它对于大气运动和天气变化却是有非常重要的作用。因为地转偏差使实际风穿越等压线，使有的地区质量堆积，有的地区质量减少，从而引起气压场的改变。同时，当风穿越等压线时气压梯度力对空气做功，从而使空气动能改变，促使风速变化。地转偏差也是造成垂直运动的重要原因，而垂直运动则是产生天气的重要因素。

5.6　天气与气候

地球一大气系统是一个开放、非平衡、高度复杂的巨大动力学系统，它有多层次性，在时间和空间上存在各种尺度的互相嵌套的变化，形成复杂的分形结构。各种时空尺度存在复杂的非线性相互作用，但不同时空尺度的现象又有自己独特的不同于其他时空尺度的特点。这就使得我们可以从中抽出一种时空尺度作为大气科学的突破口来单独研究。根据时空尺度的不同，就有了天气和气候不同的内涵。天气是一定区域内在某一瞬间或某一较短时段内大气中影响人们日常生活、生产活动的各种气象要素和各种大气现象及其变化的总称。表述天气的基本依据是气温、气压、湿度、风向、风速、降水与空气化学成分等气象要素的观测结果。气候一般是指某一地区长期天气状况的综合表现，既反映平均情况，也反映极端情况。气候的含义不只是几个气象要素的简单统计状态，而是大气综合状态的统计特征。气候作为自然界的一种现象，是包括人类在内的一切生物赖以生存的重要自然环境。

天气尺度系统是对流层中半径为数百到上千千米的涡旋运动，生命期约为 5 d

左右，它处在万千米的行星尺度的涡旋中，其中又有更小尺度的涡旋。这种涡旋与每天的天气变化最为密切，这是首先研究天气尺度系统的因素之一。大气探测站网的分布和动力理论上恰巧允许的简化，使得大气科学在揭示这种时空尺度的演变规律上首先获得了突破。数值天气预报的成功就是一个重要的标志。

大气运动是遵守一定的物理定律的，控制大气运动的方程组是非线性方程组，而非线性方程的解几乎根本就不可能有解析表达式。根据给定的初始条件和边界条件把方程组的解用数值的方法计算出来，这就是数值天气预报。现在电子计算机每天都客观定量地计算出未来1～5 d的天气变化，证实已相当符合实际。不过目前数值天气预报给出的只是大气的大尺度面貌，还不是各地的天气情况，它仅仅提供了预报各地天气的背景。

随着预报时间的增加，数值预报所需的初始条件的空间范围要增大，考虑的物理过程也不同。对于1～2 d的预报只考虑中纬度对流层中上层的信息就可以了，1.5～4 d的预报就需要考虑边界层、平流层低层和热带大气状况的影响，3～5 d的预报还要增加陆面过程和南半球热带大气以及海表的状况；对于一周以上的天气过程就必须知道全球大气从平流层地面的初始状态，以及海洋表层的初始条件。

大气在垂直方向上平流层和对流层性质很不相同，热带大气的动力特征也不同于中高纬度的大气。大气科学经过近百年的发展到现在，真正成熟的理论只是关于中高纬度的对流层内的大尺度地转理论。目前除了向平流层现象和热带气象进军外，主要是在时间尺度上向两端延伸。一是几小时到十几个小时、水平尺度几十至一二百千米的中尺度现象。另一是月到年的短期气候预测。

天气和气候的预测基本上是按时间划分的，0～3 h的预报称即时预报，3～12 h的预报称甚短期预报，12～72 h的预报称短期预报，3 d至半月的预报称中期预报，半月以上至全年的预报称长期预报，也称短期气候预测，展望未来多年的预报称超长期预报，也称气候展望。时间越长考虑影响的因素越多。对于气候来说地球的五大圈层都会互相影响。所以在1974年在斯德哥尔摩召开的世界气象组织和国际科学联盟理事会（WMO－ICSU）的联席会议上，明确地提出了“气候系统”的概念。气候系统包括大气圈、水圈、冰雪圈、岩石圈和生物圈五个成员，各成员之间有密切而复杂的相互作用。大气是气候系统的主体部分，大气环流是严寒、酷暑、干旱、洪涝等气候极端事件发生的直接原因。

气候变化按时间尺度可粗略地分为六类，月或季的短期气候变化，数年的中期气候变化（年际变化），几十年的长期气候变化（年代际变化），数百年的超长期气候变化（世纪际变化），以及千年的历史时期气候变化。时间尺度为万年或更长的为地质期气候变化。

参考文献

丑纪范.2002.大气科学中的非线性与复杂性.北京:气象出版社.
何金海,等.2000.大气科学概论.南京信息工程大学.
华莱士,霍布斯.2008.大气科学.何金海,等,译.北京:科学出版社.
黄荣辉.2006.大气科学概论.北京:气象出版社.
吕美仲,侯志明,周毅.2004.动力气象学.北京:气象出版社.

思考题

1.地球大气主要受到哪些力的作用?
2.地转偏向力有哪些主要的特征?
3.气压梯度力是如何形成的?
4.为什么北半球高压系统对应的大气运动是顺时针旋转的?

第 6 章　常规气象观测

气象观测是借助仪器和目力对反映大气状况的气象要素、天气现象及其变化过程进行系统、连续的观察和测定，并对观测记录进行整理的过程和方法。气象观测如今已发展成为大气科学的一个重要分支——大气探测学，涉及大气物理学、气象学、传感器技术、遥感技术、电子技术、无线电通信技术和空间技术等多个学科领域和专业。气象观测为天气预报、气候分析、科学研究以及国民经济和国防安全直接提供准确、完整的气象资料。

本章将主要介绍常规气象观测内容，包括地面气象观测、自动气象站和高空气象探测三大部分，重点介绍地面气象观测涉及的云、能见度、天气现象、气温、气压、空气湿度、风、降水、辐射、日照、积雪、蒸发等气象要素的观测。

6.1　地面气象观测

地面气象观测，要求必须做到“三性”，即：代表性、准确性和比较性。

代表性是指气象观测记录不仅要反映测点的气象状况，而且要反映测点周围一定范围内的平均气象状况。地面气象观测在选择站址和仪器性能，确定仪器安装位置时要充分满足记录的代表性要求。根据观测用途不同代表性要求也不一样。

准确性是指气象观测记录要真实地反映实际气象状况。地面气象观测使用的气象观测仪器性能和制定的观测方法要充分满足本标准规定的准确度要求。

比较性是指不同地方的地面气象观测站在同一时间观测的同一气象要素值，或同一个气象站在不同时间观测的同一气象要素值能进行比较，从而能分别表示出气象要素的地区分布特征和随时间的变化特点。地面气象观测在观测时间、观测仪器、观测方法和数据处理等方面要保持高度统一。

按承担的观测和作用，观测站可分为国家基准气候站、国家基本气象站、国家一般气象站和加密气象观测站四大类，具体规定如下：(1)国家基准气候站。简称基准站，是根据国家气候区划，以及全球气候观测系统的要求，为获取具有充分代表性的长期、连续资料而设置的气候观测站，是国家气候站网的骨干。(2)国家基本气象站。简称基本站，是根据全国气候分析和天气预报的需要所设置的地面气象观测站，大多担负区域或国家气象信息交换任务，是国家天气气候站网的主体。(3)国家一般气象站。简称一般站，主要是按省(区、市)行政区划设置的地面气象观测站，获取的观测资料主要用于本省(区、市)和当地的气象服务，也是国家天气气候站网的补充。(4)加密气象观测站。简称加密站，为了满足不同部门特殊服务的需要，或用于天气气候站网的空间加密，而设立的气象站，可以是人工观测站或无人气象观测站，其观测项目和发报时次可根据需要而设定。

承担气象辐射观测任务的站，按观测项目的不同分为基准辐射站、一级站、二级站和三级站，具体规定如下：(1)气象基准辐射站。以测量方法、校准和准确度均遵循可实现的最高标准的方式，提供地表辐射通量的连续、长期和频繁采样的现代化测量。这些站点主要是为确定区域气候趋势和提供卫星观测的地基校正测量而特别建立的。(2)气象辐射观测一级站。进行总辐射、散射辐射、太阳直接辐射、反射辐射和净全辐射观测的辐射观测站。(3)气象辐射观测二级站。进行总辐射、净全辐射观测的辐射观测站。(4)气象辐射观测三级站。只进行总辐射观测的辐射观测站。各种类型的气象辐射观测站，根据需要增加紫外辐射、大气长波辐射和地面长波辐射的观测。

地面气象观测工作的基本任务是观测、记录处理和编发气象报告(包括上传气象观测数据)。地面气象观测分为人工观测和自动观测两种，其中人工观测又包括人工目测和人工器测。

各气象站均须观测的项目：云、能见度、天气现象、气压、空气的温度和湿度、风向和风速、降水、日照、蒸发、地面温度、草温、雪深；由国务院气象主管机构指定地面气象观测站观测的项目：浅层和深层地温、冻土、电线积冰、辐射、地面状态；由省级气象主管机构指定地面气象观测站观测的项目：雪压；根据服务需要增加的观测项目。

6.1.1 云的观测

云是悬浮在大气中的小水滴、过冷水滴、冰晶或它们的混合物组成的可见聚合体；有时也包含一些较大的雨滴、冰粒和雪晶；其底部不接触地面。

云的存在和变化反映了大气中的各种物理状况。通过云的观测，可以间接了解空中气象要素的变化和大气运动的状况。因此，云的观测十分重要。

对云的观测主要包括：判定云状、估计云量、测定云高和选定云码。

云的形状多种多样，变化也比较复杂。早在1802年，拉马克就对云状进行了分类，将云的基本形态分为积状云、层状云、层积云和冰晶云(卷云)。如今，《地面气象观测规范》结合云的外形特征、结构特点、组成和云底高度将云分为3族、10属、29类(表6.1)

表 6.1　云状分类表

云族	云属		云类	
	学名	简写	学名	简写
低云	积云	Cu	淡积云 碎积云 浓积云	Cu hum Fc Cu cong
	积雨云	Cb	秃积雨云 鬃积雨云	Cb calv Cb cap
	层积云	Sc	透光层积云 蔽光层积云 积云性层积云 堡状层积云 荚状层积云	Sc tra Sc op Sc cug Sc cast Sc lent
	层云	St	层云 碎层云	St Fs
	雨层云	Ns	雨层云 碎雨云	Ns Fn
中云	高层云	As	透光高层云 蔽光高层云	As tra As op
	高积云	Ac	透光高积云 蔽光高积云 荚状高积云 积云性高积云 絮状高积云 堡状高积云	Ac tra Ac op Ac lent Ac cug Ac flo Ac cast
高云	卷云	Ci	毛卷云 密卷云 伪卷云 钩卷云	Ci fil Ci dens Ci not Ci unc
	卷层云	Cs	毛卷层云 薄幕卷层云	Cs fil Cs nebu
	卷积云	Cc	卷积云	Cc

云状的观测应尽量选择在能看到全部天空及地平线的开阔、固定地点或平台进行。在连续观测的时，判定云状应注意以下几点：一是抓住云状的基本特征，二是注意云的演变规律，三要注意积累观测经验。记录云状时，按“云状分类表”中二十九类云的简写字母记载。

云量是指云遮蔽天空视野的成数。把整个天空视野分成10成，被云遮蔽的成数称为云量。云量观测包括总云量、低云量。总云量是指观测时天空被所有的云遮蔽的总成数，低云量是指天空被低云族的云所遮蔽的成数，均记整数。全天无云，总云量为记0；云占全天十分之一，总云量记1；云占全天十分之二，总云量记2，其余以此类推；天空完全为云所遮蔽，记10。天空有少许云，其量不到天空的十分之零点五时，总云量记0。天空完全为云所遮蔽，但只要从云隙中可见青天，则记10^{-}。

估计云量的地点应尽可能见到全部天空，当部分天空为障碍物（如山、房屋等）所遮蔽时，云量应从未被遮蔽的天空中估计；如果一部分天空为降水所遮蔽，这部分天空应为被产生降水的云所遮蔽。

云高是指云底距测站的垂直距离，以米(m)为单位，记录取整数，并在云高数值前加记云状。此时，云状只记十个云属和Fc、Fs、Fn三个云类。有条件的测站应尽量实测云高，无条件实测云高时，进行估测。实测云高常用云幕球、激光测云仪、云幕灯等设备。估测云高包括目测云高、利用已知目标物高度估测云高和利用半经验公式估测算云高。记录云高时，实测云高应在数值右上角加记“S”，估测云高不加记任何符号。

6.1.2 能见度的观测

能见度用气象光学视程表示。气象光学视程是指白炽灯发出色温为2700 K的平行光束的光通量在大气中削弱至初始值的5%所通过的路途长度。

白天能见度指视力正常（对比感阈为0.05）的人，在当时天气条件下，能够从天空背景中看到和辨认的目标物（黑色、大小适度）的最大距离，实际上也是气象光学视程。观测时，必须选择视野开阔、能看到所有目标物的固定地点作为能见度的观测点。观测四周事先测定的各目标物，根据“能见”的最远目标物和“不能见”的最近目标物，从而判定当时的能见距离。

夜间能见度按如下两种方式定义：(1)假定总体照明增加到正常白天水平，适当大小的黑色目标物能被看到和辨认出的最大距离；(2)中等强度的发光体能被看到和识别的最大水平距离。

夜间观测能见度的时候，以灯光目标物为参照。有条件的情况下，应在各个方向选择一些固定的目标灯或专门设置的目标灯作为观测能见度的依据。观测时，应先在黑暗处停留5～15 min，待眼睛适应环境后进行观测，根据最远目标灯能见与否确定能见距离。无条件利用目标灯进行观测的情况下，只能根据天黑前能见度的实况和变化趋势，结合观测时天气现象、湿度、风等气象要素的变化情况，以及实践经验加以判定。月光较明亮时，可根据目标物的能见与否来判定能见度。由于光照条件差，不可能像白天那样清楚地看清目标物的形体、轮廓，因而只要能隐约地分辨出比较高大的目标物的轮廓，该目标物距离就可定为能见距离；如能清楚分辨时，能见距离可定为大于该目标物的距离。

除了人工观测能见度之外，还可以通过能见度观测仪进行观测。常见的能见度仪有透射式和散射式两种。

透射能见度仪采用测量发射器和接收器之间水平空气柱的平均消光（透射）系数而算出能见度。发射器提供一个经过调制的定常平均功率的光通量源，接收器主要由一个光检测器组成，由光检测器输出测定透射系数，再据此计算消光系数和气象光学视程。透射能见度仪测定气象光学视程是根据准直光束的散射和吸收导致光的损失的原理，所以它与气象光学视程的定义密切相关，观测的能见距离与能见度很一致。发射器和接收器之间光束传递距离称为基线，可从几米到 150 m。它取决于气象光学视程值的范围与测量结果应用情况。

散射能见度仪是测量散射系数从而估算出气象光学视程的仪器。图 6.1 为一个前向散射能见度仪，由发送器、接收器与处理器组成。发射器发出近红外光脉冲，接收器测量的是与发射光束成 33°角的散射光束，然后由处理器计算出气象光学视程。散射能见度仪的基线长度很短，光源与接收安在同一支架上，避免基线难以对准的缺陷。

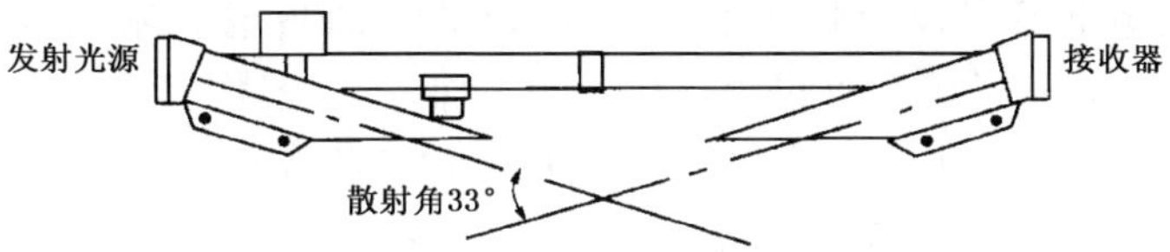

图 6.1 散射能见度仪工作示意图

6.1.3 天气现象的观测

天气现象是指发生在大气中、地面上的一些物理现象，包括降水现象、地面凝结现象、视程障碍现象、雷电现象和其他现象等。

1. 降水现象

降水现象指能够产生降水量的天气现象，包括：

雨：滴状的液态降水，下降时清楚可见，强度变化较缓慢，落在水面上会激起波纹和水花，落在干地上可留下湿斑。

阵雨：开始和停止都较突然、强度变化大的液态降水，有时伴有雷暴。

毛毛雨：稠密、细小而十分均匀的液态降水，下降情况不易分辨，看上去似乎随空气微弱的运动飘浮在空中，徐徐落下。迎面有潮湿感，落在水面无波纹，落在干地上只是均匀地润湿，地面无湿斑。

雪：固态降水，大多是白色不透明的六出分枝的星状、六角形片状结晶，常缓缓飘落，强度变化较缓慢。温度较高时多成团降落。

阵雪：开始和停止都较突然、强度变化大的降雪。

雨夹雪：半融化的雪（湿雪），或雨和雪同时下降。

阵性雨夹雪：开始和停止都较突然、强度变化大的雨夹雪。

霰：白色不透明的圆锥形或球形的颗粒固态降水，直径约 2～5 mm，下降时常呈阵性，着硬地常反跳，松脆易碎。

米雪：白色不透明的比较扁、长的小颗粒固态降水，直径常小于 1 mm，着硬地不反跳。

冰粒：透明的丸状或不规则的固态降水，较硬，着硬地一般反跳。直径小于 5 mm。有时内部还有未冻结的水，如被碰碎，则仅剩下破碎的冰壳。

冰雹：坚硬的球状、锥状或形状不规则的固态降水，雹核一般不透明，外面包有透明的冰层，或由透明的冰层与不透明的冰层相间组成。大小差异大，大的直径可达数十毫米。常伴随雷暴出现。

2. 地面凝结现象

地面凝结现象指在地面或地物上产生水汽凝结或凝华的天气现象，包括：

露：水汽在地面及近地面物体上凝结而成的水珠，容易在晴朗少风湿度大的夜间、地表温度 0℃上时形成。由霜融化形成的水珠，不能当作露。

霜：水汽在地面和近地面物体上凝华而成的白色松脆的冰晶，或者由露冻结而成的冰珠，容易在晴朗风小的夜间生成。

雨凇：过冷却液态降水碰到地面物体后直接冻结而成的坚硬冰层，呈透明或毛玻璃状，外表光滑或略有隆突。气温稍低、有雨或毛毛雨下降时，在水平面、垂直面上均可形成，但水平面和迎风面上增长快。

雾凇：空气中水汽直接凝华，或过冷却雾滴直接冻结在物体上的乳白色冰晶物，常呈毛茸茸的针状或表面起伏不平的粒状，多附在细长的物体或物体的迎风面上，有时结构较松脆，受震易塌落。在气温较低（－3℃以下）、有雾或湿度大时容易形成。

3. 视程障碍现象

视程障碍现象指影响能见度且其强度与能见度直接相关的天气现象，包括：

雾：大量微小水滴浮游空中，常呈乳白色，使水平能见度小于 1.0 km。高纬度地区出现的冰晶雾也记为雾，并加记冰针。根据能见度大小，可将雾分为雾、浓雾和强浓雾三个等级：能见度为 500～1000 m 的为雾；能见度为 50～500 m 的为浓雾；能见度小于 50 m 的为强浓雾。

轻雾：微小水滴或已湿的吸湿性质粒所构成的灰白色的稀薄雾幕，水平能见度大于等于 1.0 km 但小于 10.0 km。

吹雪：由于强风将地面积雪卷起，使水平能见度小于 10.0 km 的现象。

雪暴：大量的雪被强风卷着随风运行，并且不能判定当时天空是否有降雪。水平能见度一般小于 1.0 km。

烟幕：大量的烟存在空气中，使水平能见度小于 10.0 km。城市、工矿区上空的烟幕呈黑色、灰色或褐色，浓时可以闻到烟味。

霾：大量极细微的干尘粒等均匀地浮游在空中，使水平能见度小于 10.0 km 的空气普遍混浊现象。霾使远处光亮物体微带黄、红色，使黑暗物体微带蓝色。

沙尘暴：由于强风将地面大量尘沙吹起，使空气相当混浊，水平能见度小于 1.0 km。根据能见度可将其分为三个等级：沙尘暴，能见度 0.5 km～小于 1.0 km；强沙尘暴，能见度 0.05 km～小于 0.5 km；特强沙尘暴，能见度小于 0.05 km。

扬沙：由于风大将地面尘沙吹起，使空气相当混浊，水平能见度大于等于 1.0 km 至小于 10.0 km。

浮尘：尘土、细沙均匀地浮游在空中，使水平能见度小于 10.0 km。浮尘多为远处尘沙经上层气流传播而来，或为沙尘暴、扬沙出现后尚未下沉的细粒浮游空中而成。

4. 雷电现象

雷电现象指在大气中与放电、电离有关的现象，包括：

雷暴为积雨云云中、云间或云地之间产生的放电现象，表现为闪电兼有雷声，有时亦可只闻雷声而不见闪电。

闪电为积雨云云中、云间或云地之间产生放电时伴随的电光，但不闻雷声。

5. 其他天气现象

极光：在高纬度地区（中纬度地区也可偶见）晴夜见到的一种在大气高层辉煌闪烁的彩色光弧或光幕。亮度一般像满月夜间的云。光弧常呈向上射出活动的光带，光带往往为白色稍带绿色或翠绿色，下边带淡红色；有时只有光带而无光弧；有时也呈振动很快的光带或光幕。

大风：瞬时风速达到或超过 17.0 m/s，目测估计风力达到或超过 8 级的风。

飑：突然发作的强风，持续时间短促。出现时瞬时风速突增，风向突变，气象要素随之亦有剧烈变化，常伴随雷雨出现。

龙卷：一种小范围的强烈旋风，从外观看，是从积雨云底盘旋下垂的一个漏斗状云体。有时稍伸即隐或悬挂空中；有时触及地面或水面，旋风过境，对树木、建筑物、船舶等均可能造成严重破坏。

尘卷风：因地面局部强烈增热，而在近地面气层中产生的小旋风，尘沙及其他细小物体随风卷起，形成尘柱。很小的尘卷风，直径在 2 m 以内，高度在 10 m 以下的不记录。

冰针：飘浮于空中的很微小的片状或针状冰晶，在阳光照耀下，闪烁可辨，有时可形成日柱或其他晕的现象。多出现在高纬度和高原地区的严冬季节。

积雪：雪（包括霰、米雪、冰粒）覆盖地面达到气象站四周能见面积一半以上。

结冰：指露天水面（包括蒸发器的水）冻结成冰。

6.1.4 气温的观测

1. 温标

温度是反映物体冷热程度的物理量。为了定量表示物体的温度，需要采用一个衡量温度的尺度，即温标。常用的温标摄氏温标（℃）、华氏温标（℉）和热力学温标（K）。如果以 t 表示摄氏温标，以 τ 表示华氏温标，以 T 表示热力学温标，它们之间的关系如下：

$$t = \frac{5}{9}(\tau - 32) \tag{6.1}$$

$$T = 273.16 + t \tag{6.2}$$

从 1990 年 1 月 1 日起，国际计量委员会（CIPM）在世界范围内实行国际温标（ITS－90）。国际温标是根据若干可以再现的平衡状态温度的认定值和在这些温度下校准的专用仪器确定的。在 ITS 定义的固定点之外，还设置了气象上关注的二类参考点（表 6.2）。

表 6.2 ITS－90 部分温度参考点

类型	物质	相态	国际温标的认定值	
			K	℃
ITS 固定点	氩	三相点	83.8058	－189.3442
	汞	三相点	234.3156	－38.8344
	水	三相点	273.16	0.01
	镓	熔点	302.9146	29.7646
	铟	凝固点	429.7485	156.5985

续表

类型	物质	相态	国际温标的认定值	
			K	℃
二类参考点	二氧化碳	升华点	194.686	−78.464
	汞	凝固点	234.296	−38.854
	二苯醚	三相点	300.014	26.864
	苯甲酸	三相点	395.49	122.34

常规测温仪器有温度表和温度计两类，常见的玻璃液体温度表属于前一类，双金属片温度计则属于后一类。无论是温度表，还是温度计，都是将测温元件与目标物充分接触，待两者达到热平衡时，通过测温元件的形体和特性变化来测定温度。

2. 玻璃液体温度表

玻璃液体温度表利用测温液体热胀冷缩的特点制成，感应球部和一根一端封闭的玻璃毛细是其核心部件（图 6.2），在感应球和毛细管中充有测温液体。此外，还有固定玻璃毛细管的鞍托，毛细管背后衬有白瓷刻度板，以及外套保护管。温度变化时，毛细管内液柱的高度会随之变化，指示温度的高低。温度表内液体体积越大，毛细管的截面积越小，液体与玻璃的相对膨胀系数越大，温度表的灵敏度越高。

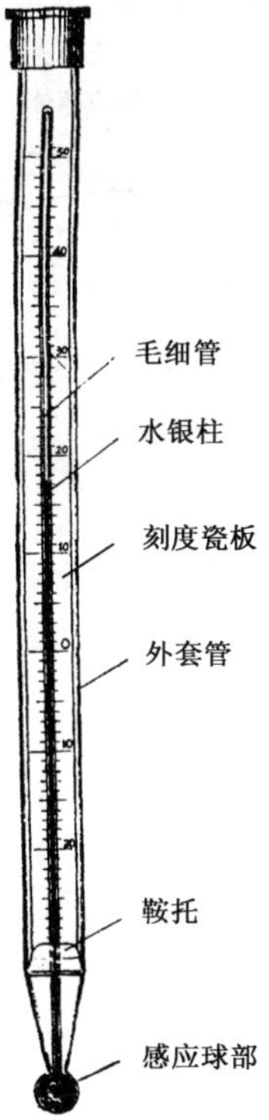

图 6.2　玻璃液体温度表

液体玻璃温度表中常用的测温液体有水银和有机液体酒精或二甲苯。水银温度表的优点是纯水银易于获得，比热容小，导热系数高，对玻璃无浸润，饱和蒸气压小；缺点是水银的凝固点为−38.862℃，因而低于该温度时无法使用，而且膨胀系数较小。有机液体温度表的优点是膨胀系数大，而且可以用于低温，缺点是易于浸润玻璃，易于发生断柱现象，而且导热系数小，饱和蒸气压高。

地面气象观测中，玻璃液体温度表除了用于大气温度的测量之外，还可用于大气湿度的测量（详见“湿度的观测”一节）。不仅如此，经过特殊设计，还可以制成最高温度表和最低温度表。最高温度表的感应部分内有一玻璃针，伸入毛细管，使感应部分和毛细管之间形成一窄道（图 6.3）。当温度升高时，感应部分的水银体积膨胀，挤入毛细管；而温度下降时，毛细管内的水银，由于通道窄不能缩回感应部分，因而能指示出上次调整后这段时间内的最高温度。最低温度表的感应液是酒精，其毛细管内有一哑铃形游标(图 6.4)。当温度下降时，酒精柱便相应下降，由于酒精柱顶端表面张力作用，带动游标下降；当温度上升时，酒精膨胀，酒精柱经过游标周围慢慢上升，而游标仍停在原来位置上。

此外，还可以制成曲管地温表(图 6.5)和直管地温表(图 6.6)。

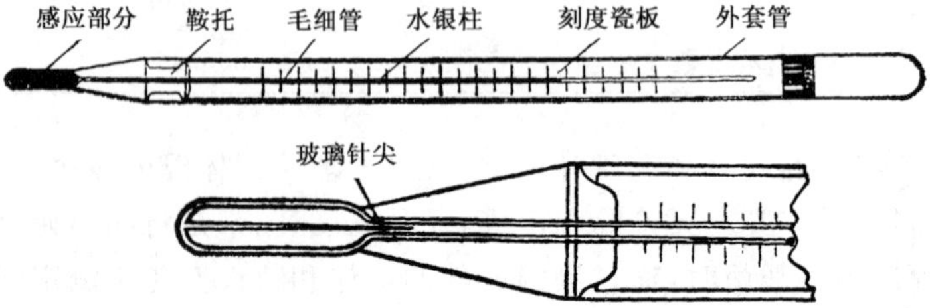

图 6.3　最高温度表

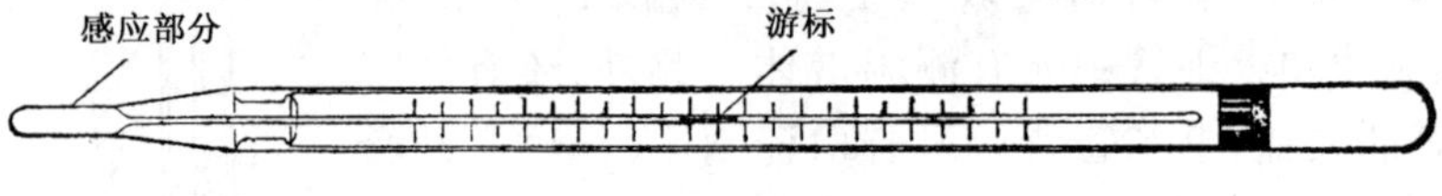

图 6.4　最低温度表

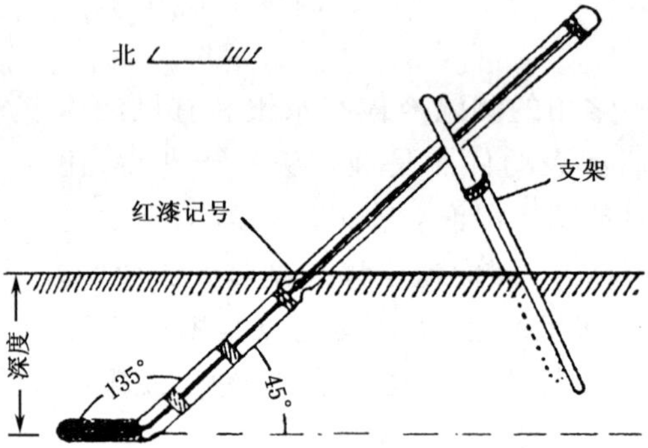

图 6.5　曲管地温表

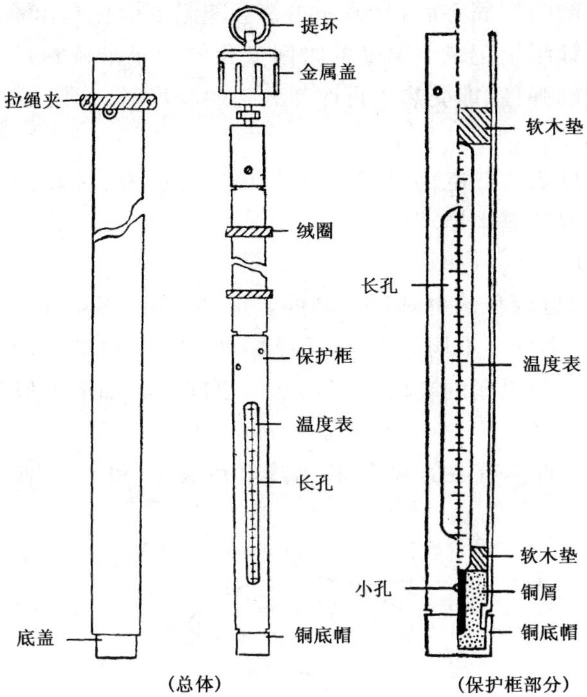

图 6.6　直管地温表

3. 双金属片温度计

双金属片温度计是自动记录气温连续变化的仪器，由感应部分、传递放大部分(杠杆)、自记部分(自记钟、纸、笔)等共同组成(图 6.7)。感应部分由焊接在一起的两种热膨胀系数不同的金属片构成。温度变化时，双金属片的形状和曲率也会产生

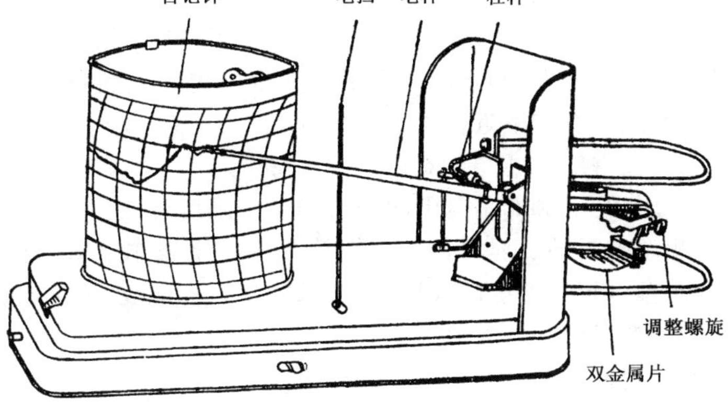

图 6.7　双金属片温度计

变化。将双金属片的一端固定后，其另一端就会随温度变化自由移动，通过自计笔在由自计钟带动的自计纸上记录下温度的时间变化。为了准确地反映温度变化，要求双金属片具有很好的弹性，即受热后再冷却到初始温度时，能恢复到初始形状。

4．电学温度表

常见的电学温度表有热电偶温度表、金属电阻温度表、热敏电阻温度表等。下面将分别说明它们测温的基本原理。

（1）热电偶温度表

如图 6.8 所示，将两种热电顺序不同的金属 A 和 B 焊接在一起，并组成闭合回路，当焊点 1 和 2 分别处于不同温度时，回路中就会产生电动势，通过电位计 G 可以测量电动势的大小。热电偶的电动势 E 与温差之间存在如下近似关系

$$E = \varepsilon(t_1 - t_2) \tag{6.3}$$

式中 ε 是与两种金属性质有关的常数，称为热电系数，t_1 和 t_2 分别为 1、2 两个焊点的温度。

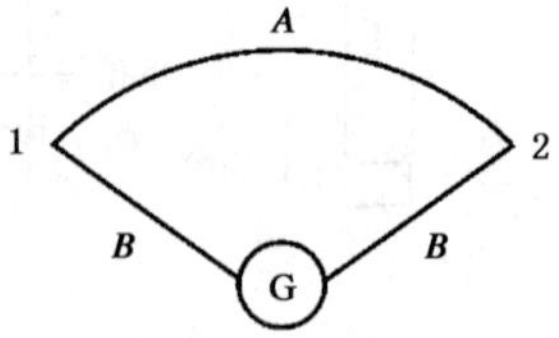

图 6.8　热电偶温度表示意图

气象上常用热电偶是锰铜一康铜。通常将若干个热电偶串联起来形成热电堆，达到提高测温灵敏度的目的。热电偶温度表的特点是感应元件的体积小、惯性系数小、不受辐射影响，测量时无需供电，避免了电源系统造成的测量误差，常用于测量小范围的脉动温度和平均温度。

（2）金属电阻温度表

选择性能稳定、电阻率大、易于制成高阻值的金属电阻材料，可制成金属电阻温度表，其电阻与温度之间有如下近似关系

$$R_t = R_0(1 + \alpha t + \beta t^2) \tag{6.4}$$

式中 R_0 是 0℃时的电阻，α 和 β 是电阻的一次和二次温度系数。

气象上常用测温电阻的金属有铂、镍、铜等几种。金属铂电阻的性能稳定、电阻率大、易于提纯，而且电阻与温度的线性关系较好，工艺性能也好，可以加工成极细的铂丝，常用来制作标准温度表。

（3）热敏电阻温度表

除了金属电阻温度表之外，常用的另一类电阻元件是热敏电阻。在气象测温范围内，半导体热敏电阻的阻值 R_T 与绝对温度 T 之间有如下关系

$$R_T = Ae^{\frac{b}{T}} \tag{6.5}$$

式中 A 和 b 为元件系数。测温热敏电阻就是利用这种关系来测量温度的。测温热敏电阻的材料通常是某些金属氧化物的混合物(如氧化镁、氧化铜、氧化钴和氧化铁的混合物)在 800～900℃的高温下烧制而成,常见的有棒状、珠状和片状。

热敏电阻与温度之间的关系是非线性的,但是通过一定的线路设计,可以使其输出与温度的关系线性化。半导体热敏电阻目前主要用于无线电探空仪的高空气温探测。

6.1.5　气压的观测

1. 概述

气压是大气压强的简称,数值上等于单位面积上向上延伸到大气上界垂直气柱的重量。气象上表示气压的基本单位是帕斯卡(Pa),但我国规定气压的常用单位是百帕(hPa),取一位小数。过去一直沿用巴(bar)或毫巴(mb)作为气压单位。

气象上主要是利用水银柱与大气压力平衡的原理来测量气压,因而也采用水银柱的高度,即毫米汞柱(mmHg)来衡量气压的大小。由于水银柱的高度不仅受气压的影响,还会因温度、重力加速度而变化。因此,统一规定标准温度 0℃,重力加速度为 9.80665 m/s^2 为标准状态。在标准状态下,高度为 760 mmHg 的水银柱产生的压强为 1013.250 hPa,规定为一个标准大气压。

气压单位之间的换算关系为:

1 Pa=1N/m^2=10^{-2} mb=10^{-2}hPa

1 hPa=0.750062 mmHg≈3/4 mmHg

1 mmHg=1.333224 hPa

气象上常用的测定气压的方法有:水银气压表,空盒气压表和空盒气压计、振筒式气压传感器和沸点气压表。

2. 水银气压表

水银气压表是一根一端封闭并充满水银的玻璃管,将开口一端插入水银槽中,管内水银柱受重力作用而下降,当作用在水银槽面上的大气压力与管内水银柱重量产生的压力平衡时,水银柱就稳定在某一高度上。在标准状态下,气压的大小可以用水银柱的高度来表示。

如图 6.9 所示,设玻璃管截面积为 S,水银柱高度为 h,水银密度为 ρ,重力加速度为 g,则管内水银柱的重量为

$$W = S\rho gh \tag{6.6}$$

其在 S 截面上产生的压强与大气压强 P 保持平衡,则

$$P = \rho gh \tag{6.7}$$

虽然任何一种液体都可以用来制作气压表，但水银性能稳定、密度比较大，对玻璃无浸润，而且水银在60℃以下的蒸气压很小，因而具有其他液体所不及的优点，可以保证测定气压的精度，是制作气压表的理想选择。

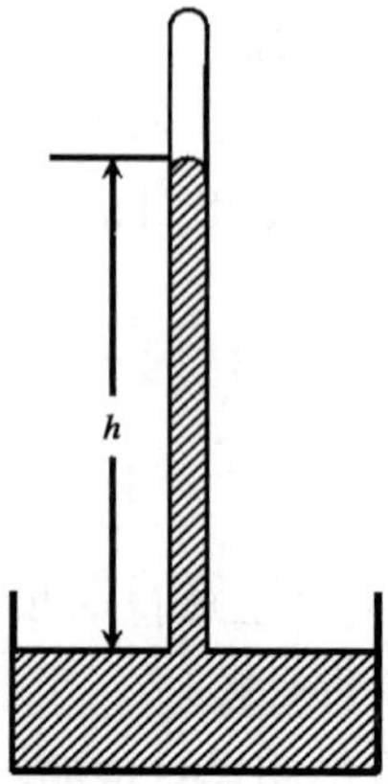

图 6.9 水银气压表测压原理图

目前，气象上常用的水银气压表有动槽式水银气压表和定槽式水银气压表两种。

动槽式水银气压表的主要特点是测定水银气压柱高度的标尺有一个固定的“零点”，每次读数时，必须将水银槽内的水银面调整到该零点处。动槽式水银气压表主要由内管、外管和水银槽组成（图 6.10）。动槽式水银气压表的内管为一根直径约 8 mm，长约 900 mm 的玻璃管。玻璃管一端封闭，一端开口，开口处的内径较小。经过专门的工艺清洗后，抽成真空，并灌注高纯度水银后插入水银槽中。内管位于外套管中，外套管起到保护和固定内管的作用，并附有悬环、刻度标尺、游尺、游尺调整旋钮和附属温度表。外套管的下端与水银槽相连。水银槽分为上下两部分，中间有一个玻璃圈，并用三根吊环螺丝扣紧。水银槽主要由用来盛水银的羊皮囊、指示刻度零点的象牙针尖和铜质套管，底部有一个水银面调整旋钮。

动槽式水银气压表应安装在气压室内，并牢固、垂直地悬挂在墙壁、水泥柱或坚固的木柱上，切勿安装在热源（暖气管、火炉）和门窗、空调器旁边，以及阳光直接照射的地方。观测时，应首先观测附属温度表，再调整水银槽内水银面，使之与象牙针尖刚好相接，然后调整游标尺，使之恰好与水银柱顶部相切，调整时注意保持视线与水银柱同高，最后读数并记录，准确至 0.1 hPa。读数完毕后，旋转槽底调整螺旋使槽内水银面下降到与象牙针尖脱离的位置。

定槽式水银气压表的最大特点是槽部没有调整水银面的装置（图 6.11）。由于无法像动槽式水银气压表那样调节水银面的高度，随着气压的变化，水银柱高度的变化也会造成槽内水银面高度的变化，而标尺固定不变，无法随水银面活动，需要考虑由于基点变化引起的示度变化，并将它反映在标尺的刻度上，称之为补偿标尺。

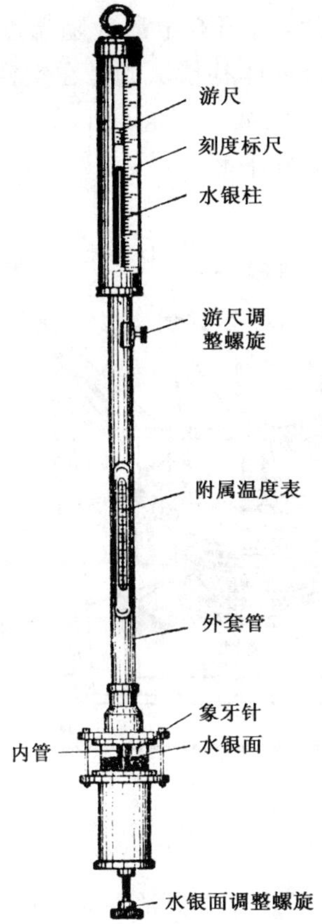

图 6.10　动槽式水银气压表

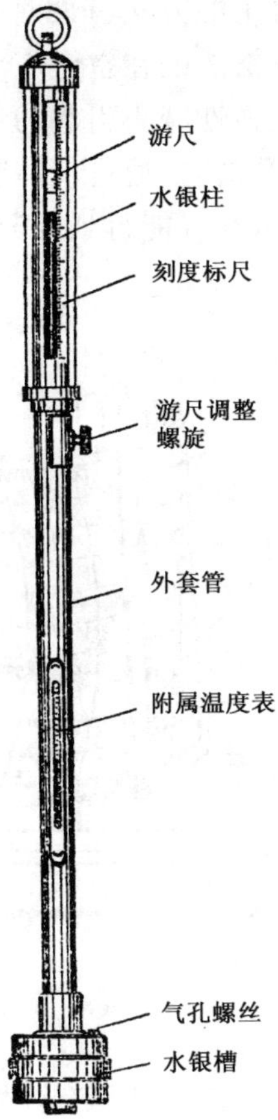

图 6.11　定槽式水银气压表

需要指出的是，由于仪器误差，而且水银气压表的使用环境并不一定满足标准状态，因而气压表的读数只是水银柱的高度，并不是真正的气压，只有按顺序经过仪器差、温度差、重力差的订正之后，才能获得本站气压。如果要获得天气图上标注的海平面气压，还需要将本站气压进一步订正到海平面高度。

3. 空盒气压表和空盒气压计

空盒气压表和空盒气压计的感应元件都是金属弹性空盒（图 6.12）。与弹簧受力形变相似，当大气压力发生变化时，空盒随之产生形变，空盒的弹力与大气压力平衡时，对空盒的形变进放大即可用来指示气压变化。为了提高空盒感应气压的灵敏度，通常将若干空盒串联成一个整体组成空盒组。另外，为了提高空盒的抗压性能，常将空盒表面压成波纹形。

空盒弹性具有温度效应，其弹性随着温度的升高会减弱，因而需要采取一定的措施加以修正。常用的方法有两种：一种是双金属片补偿法，另一种是残余气体补偿法。双金属片补偿法是在空盒底部安装双金属片，利用双金属片随温度变化产生的形变来补偿空盒弹性减小引起的形变不足。残余气体补偿法则是在空盒中残留一定的气体，当温度升高时，通过气体膨胀补偿空盒弹性减小引起的形变。但是，无论采用哪种补偿方法，都只能得到部分补偿，除两者恰好平衡。

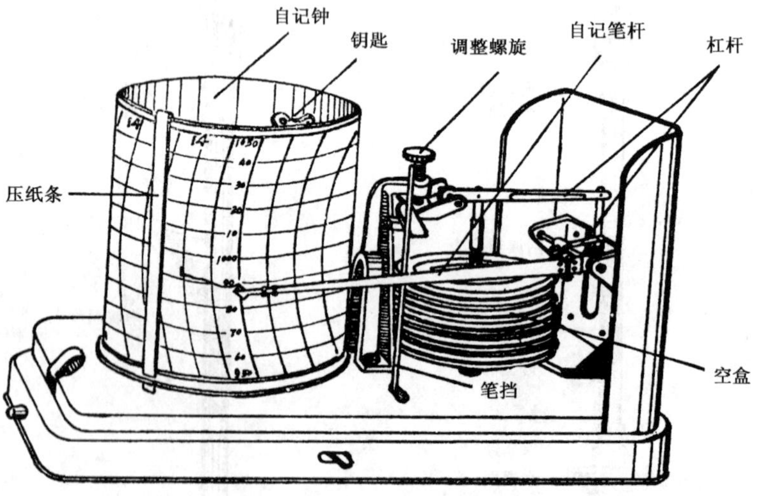

图 6.12 空盒气压计

空盒的另一个特点是具有弹性后效，也就是当外界压力消失后，空盒并不能完全恢复到它的初始状态。弹性后效表现在以下两点：一是当气压停止变化时，空盒形变并不停止。如图 6.13a 所示，尽管气压降低至某一值后保持不变，但空盒形变仍在继续，有 A 点继续形变至 B 点。为了避免这种弹性后效，可以在制造空盒时使空盒在升压和降压过程中反复老化。二是空盒的升压曲线和降压曲线不一致，形成一个滞差环(图 6.13b)。对于这种现象，只能根据实际情况选择合适的检定曲线，例如：降压时选择气压—形变检定曲线 OBA，升压时选择 ACO，气压变化比较复杂时选择 OA(图 6.13b)。

4. 其他气压测量仪器

(1)振筒式气压传感器

振筒式气压传感器由两个一端密封的同轴圆筒组成(图 6.14)。内筒为振动筒，外筒为保护筒。两个筒的一端固定在公共基座上，另一端为自由端。线圈架安装在基座上，位于筒的中央。线圈架上相互垂直地装有两个线圈，其中激振线圈用于激励

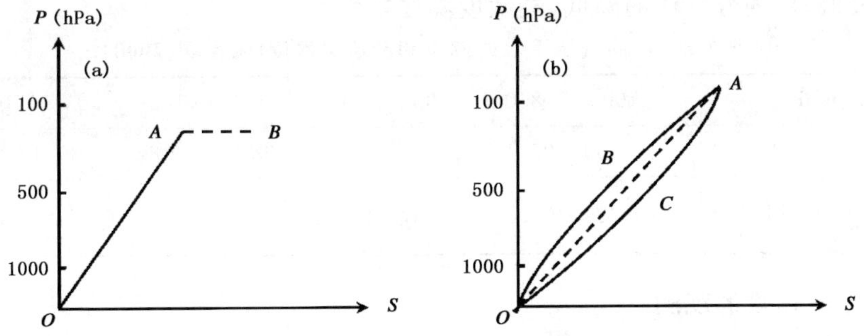

图 6.13　空盒弹性后效示意图

内筒振动,拾振线圈用来检测内筒的振动频率。两筒之间的空间被抽成真空,作为绝对压力标准。内筒与被测气体相通,于是筒壁为作用在筒内表面的压力所张紧,这一张力使筒的固有频率随压力的增加而增加,测出其频率即可知压力。

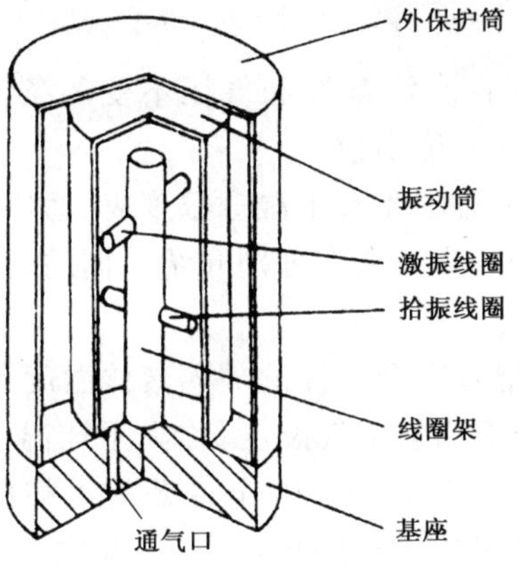

图 6.14　振筒式气压传感器结构图

(2)沸点气压表

液体的沸点与气压之间的关系非常准确,因而可以通过测量液体的沸点来测定气压。沸点气压表就是利用这一特点来测量气压。沸点气压表在低气压时的测量精度要高于空盒气压表,而且将气压测量转化为比较容易实施的温度测量。

气压 p 与沸点 t_b 之间的关系可表示为

$$\lg p = A - \frac{B}{t_b - E} \tag{6.8}$$

式中 A,B 和 E 为待定常数,不同的液体有不同的取值。表 6.3 给出了蒸馏水在不同气压下的沸点及相应的气压灵敏度。从中可以看出,沸点气压表在高气压式的灵敏度相对较低，但随着气压的降低，灵敏度随之增大。

表 6.3　不同气压下水的沸点和测压灵敏度(张霭琛，2000)

p(hPa)	1000	850	700	500	300	100	50	20	10
t_b (℃)	99.63	95.12	89.95	81.34	69.10	45.82	32.89	17.50	7.00
$\frac{dt_b}{dp}$ (℃/hPa)	0.029	0.034	0.037	0.052	0.080	0.20	0.37	0.82	1.50

6.1.6　空气湿度的观测

湿度是反映大气中水汽含量和潮湿程度的物理量。地面气象观测中测定的是离地面 1.5 m 处的湿度，主要观测项目及其单位包括：

(1)水汽压(e)：空气中水汽部分作用于单位面积上的压力，以百帕为单位，取一位小数。

(2)相对湿度(U)：空气中实际水汽压与当时气温下的饱和水汽压之比，以百分数表示，取整数。

(3)露点温度(t_d)：空气在水汽含量和气压不变的条件下，降低气温达到饱和时的温度，以摄氏度为单位，取一位小数。

用于测量大气湿度的仪器主要有干湿球湿度表、通风干湿表、毛发湿度表和湿度计和湿敏电容湿度传感器等，接下来将分别介绍它们的构造、工作原理及其特点。

1. 干湿球湿度表

干湿球湿度表由两只型号完全一样的玻璃液体温度表组成(图 6.15)：一支温度表的球部裸露在空气中，用于测量空气温度，称为干球温度，记为 t；另一支温度表则在球部缠上一条纱布，纱布的下部浸入一个带盖的水杯内，测得的温度称为湿球温度，记为 t_w。由于两支温度表置于相同环境中，当湿球周围空气未达到饱和之前，湿球表面的水分不断蒸发，消耗蒸发潜热，使湿球温度下降；同时，由于气温与湿球的温差，四周空气与湿球之间产生热交换。在稳定平衡条件下，湿球温度表蒸发支出的热量等于由于与四周热量交换得到的热量。由此，可得如下关系式

$$e=E-AP(t-t_w) \tag{6.9}$$

式中 e 为空气中的水汽压；E 为饱和水汽压；A 为常数，称为测湿系数。从式中可以看出：干湿球之间的温度差越大，空气中的水汽压 e 就越小；当干湿球之间的温度相等时，$e=E$，空气达到饱和。

流经湿球的风速是影响测湿系数 A 的主要因素。测湿系数 A 随风速的增加而减小。一般当风速超过 2.5 m/s 时，A 值就趋于一个最小临近值，风速再增大时，A 值基本保持不变。根据这一特点，为了提高测湿精度，人们设计了通风干湿表(图 6.16)，减小风速对测湿系数的影响，提高测湿结果的准确。其次，湿球的形状、大小、

湿润方式等也对测湿系数也有影响。

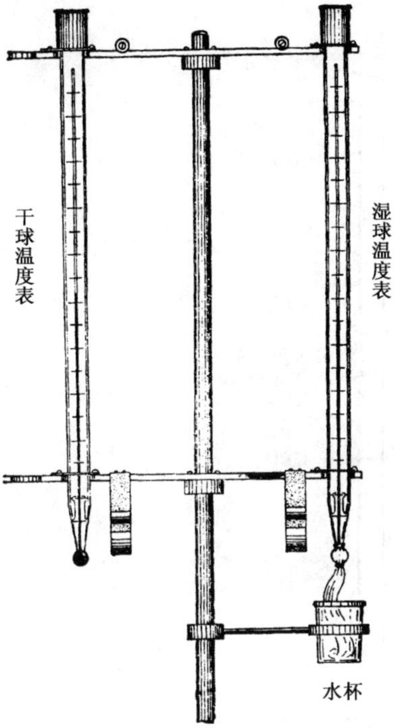

图 6.15　百叶箱干湿球湿度表

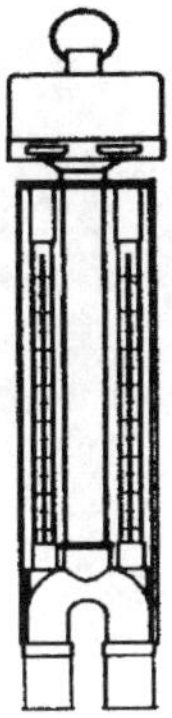

图 6.16　通风干湿表

气象观测规范规定，气温在－10.0℃以下时，停止观测湿球温度，改用毛发湿度表或湿度计测定湿度。在冬季偶有几次气温低于－10.0℃的地区，可以仍然采用干、湿球温度表进行观测。当气温在－36.0℃以下，接近水银凝固点－38.9℃时，改用备用的酒精温度表观测气温，如果没有备用的酒精温度表，也可用最低温度表酒精柱的示度来测定空气温度。

2. 毛发湿度表和湿度计

毛发湿度表和毛发湿度计的感湿元件是脱脂的人发。脱脂人发具有随空气湿度大小而改变长度的特性，相对湿度增大时毛发升长，反之毛发会缩短。毛发湿度表的构造如图 6.17 所示，一根脱脂人发固定在金属架上，其上端的调节螺丝可用来调整毛发表的零点，下端固定在弧钩上，其固定点到轴心的距离比同轴上的指针要短得多，因而可以起到传递放大的作用，小锤是用来平衡毛发弹性力的。根据索修尔的研究结果，当相对湿度从 0％变到 100％时，毛发总伸长是原有长度的 2.5％。后来，盖吕萨克研究发现，在湿度很小时，毛发伸长的速度很快，到相对湿度为 28％时，毛发可达其伸长量的一半，以后逐渐减小。毛发湿度表的刻度盘就是根据这一变化规律刻制的，即盖吕萨克尺度。

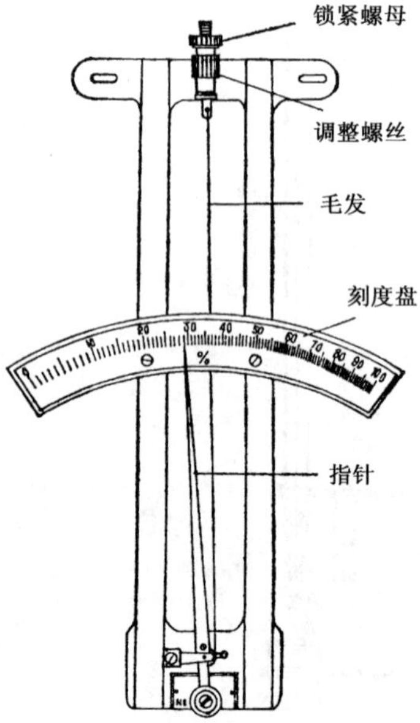

图 6.17　毛发湿度表

毛发湿度计的构造如图 6.18 所示，其感应部分由一束毛发组成，以增大拉力，发束两端固定以提高测湿的灵敏度，传动机械采用曲臂杠杆，起到传递放大和调整放大率两个作用。通过调整放大率，可以消除毛发自身随相对湿度改变其伸长量的不均匀性，使自记笔尖对湿度的变化做均匀移动，因而自计纸的刻度线是等距的。与温度计一样，自计纸也是在自计钟的带动下连续地记录相对湿度的连续变化。

值得指出的是，毛发的热膨胀系数极不规则，具有温度效应。实验表明，毛发在 1.5℃时最长，1.5～15.0℃时，随着温度的升高其伸长量逐渐缩短，而在 1.5℃以下时，随着温度的降低其伸长量迅速缩短。其次，毛发指示的湿度常常落后于实际湿度的变化，具有滞后效应。此外，毛发还具有瘫痪效应。如果毛发在相对湿度低于 30%的空气中放置过久，当湿度再回升时，毛发指示度总是低于实际湿度，感湿速度也显著下降。考虑到毛发测湿的精度较低，而且影响毛发测湿精度的因子比较多，因而毛发湿度表在使用前需要与干湿球湿度表进行对比观测，并编制毛发湿度订正图。

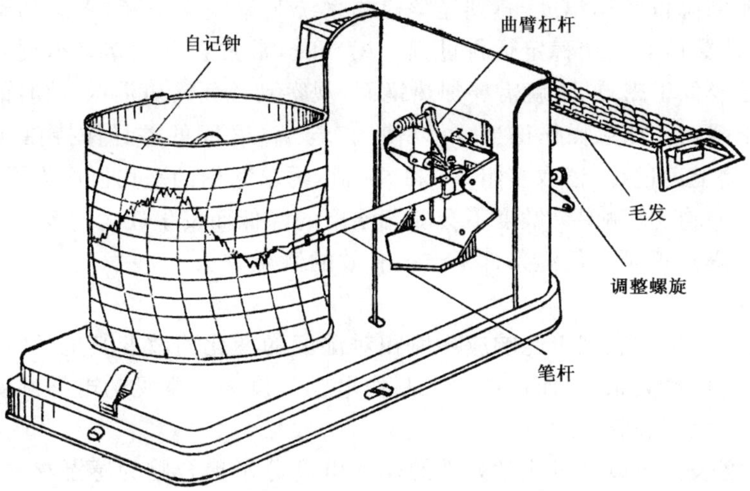

图 6.18　毛发湿度计

3. 露点仪

露点温度是指湿空气温度保持气压和水汽含量不变的情况下，相对于纯水面达到饱和时的温度，常用 t_d 表示，单位摄氏度(℃)。当气压一定时，露点的高低仅仅与空气中的水汽含量有关，水汽含量越多，露点越高；反之，露点越低。因此，露点可以反映空气中的水汽含量。只有当空气饱和时，露点温度才与气温相等。实际大气中，空气通常处于未饱和状态，露点温度比气温要低。

露点仪就是用来测定空气露点的一种仪器，主要由金属冷凝镜、光学检测系统、温控系统和测温系统组成。当气流经过冷凝镜时，冷凝镜受温控系统的控制，镜面温度降低，湿空气在镜面上凝结成小露滴，当光学检测系统刚好检测到小露滴形成时，测温系统显示的镜面温度就是露点温度(图 6.19)。

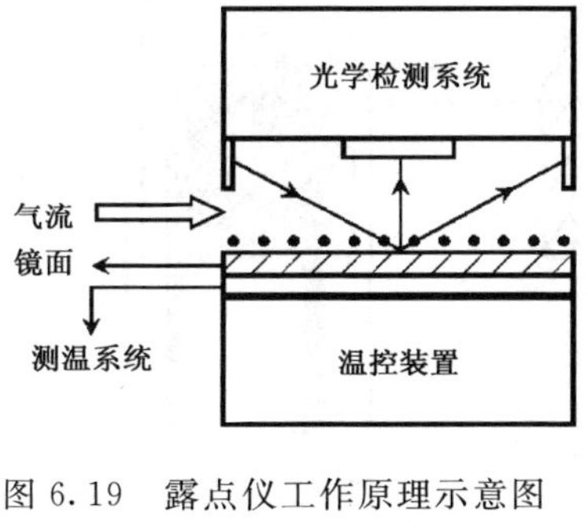

图 6.19　露点仪工作原理示意图

实际观测时，应先加热冷凝镜，使镜面不至于发生凝结，再让气流不断流经镜面上方，然后不断降低镜面温度，直到光学检测系统观察镜面露斑(露滴的聚集区)，并保证仪器在读数前有一个稳定运行过程。读数时，常常会发生露斑出现时刻的镜面温度(t_d^-)已经低于露点，这就需要加热镜面，观察到镜面露斑消退，此时的镜面温度(t_d^+)又高于露点。如果操作得当，可以使 t_d^- 与 t_d^+ 之间的差异保持在 0.5℃之内。一般需要重复上述过程，读取多组 t_d^- 和 t_d^+ 值，再求它们的平均值作为露点温度。

露点仪的特点是测湿灵敏度不会随着温度的降低而发生较大的改变。与其他测湿方法相比，露点仪是在低温条件下唯一有效的测湿方法。

4. 电学湿度表

某些吸湿性物质表现出能响应环境相对湿度的变化而改变其电学特性，且与温度只有很小的依赖关系，因而可以用来制作电学湿度表。常见的电学湿度表有电阻湿度表和电容湿度表。

电阻湿度表一般以经过化学处理的非导电高分子聚合物为感湿材料，上面覆盖一层导电材料。高分子聚合物吸湿后膨胀，导致其表面导电材料的电阻率随之增大；反之，当湿度降低，聚合物脱水收缩，电阻率降低。因此，通过测量元件的电阻值可以确定空气的相对湿度。电阻湿度表传感器的感湿部位较薄，且以水汽吸附过程为主导，因而可以快速响应环境湿度的变化。

电容湿度表的传感器是同样是以有机高分子膜作介质的一种电容器(图 6.20)。湿敏电容器的上电极是一层多孔金膜，能透过水汽；下电极为一对刀状或梳状电极，引线由下电极引出。基板是玻璃。整个感应器是由两个小电容器串联组成。传感器置于大气中，当大气中水汽透过上电极进入介电层，介电层吸收水汽后，介电系数发生变化，导致电容器电容量发生变化。电容量的变化正比于相对湿度。湿敏电容传感器应安装在百叶箱内，传感器的中心点离地面 1.5 m。在某些自动气象站中，铂电阻温度传感器与湿敏电容湿度传感器制作成为一体。为防止感应元件被尘埃污染，湿敏电容传感器的头部有保护滤膜，每月应拆开检查传感器头部网罩，若污染严重应

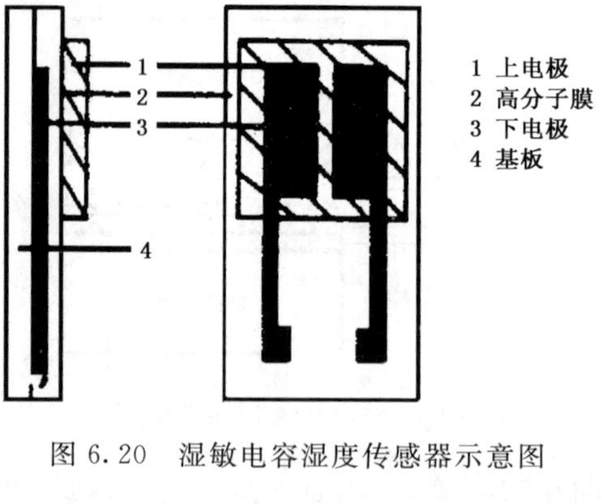

图 6.20 湿敏电容湿度传感器示意图

更换新的滤膜。禁止手触摸湿敏电容,以免影响正常感应。

6.1.7 风的观测

1. 概述

大气运动产生气流,气流就是通常所说的风。风是风由许多在时空上随机变化的小尺度脉动叠加在大尺度规则气流上的一种三维矢量,包括水平分量和垂直分量。地面气象观测中测量的风是两维矢量(水平运动),用风向和风速表示。风向指风的来向,以正北方向为基准,顺时针方向旋转,自动观测时以度(°)为单位,人工观测时则采用十六方位法(图 6.21)。表 6.4 列出了风向记录符号与度数之间的对照关系。风速指单位时间内空气移动的水平距离,以米/秒(m/s)为单位,取 1 位小数。

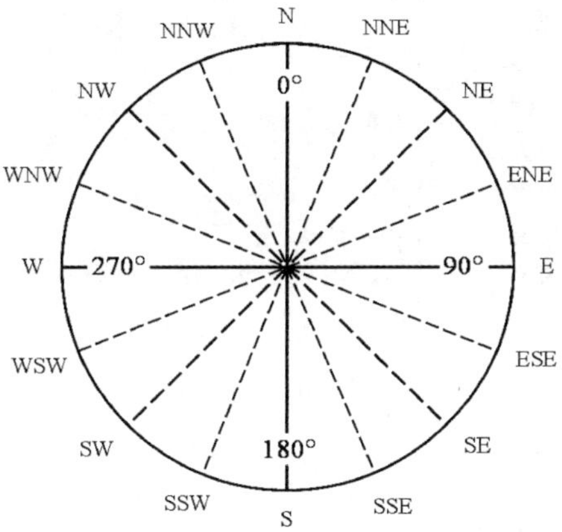

图 6.21 风向十六方位图

由于风是所有气象要素中变化最为剧烈的一个,观测中应包括瞬时量和平均量两部分。瞬时量实际也是在一个比较短的时间内的平均量。为了获得具有一定代表性的风向和风速观测资料,一般取某一时段内的平均风速和最多风向。最多风向是指在规定时间段内出现频数最多的风向。平均风速是指在规定时段内风速的平均值,如 3 s,1 min,2 min 和 10 min 的平均值。人工观测时,测量平均风速和最多风向。自动观测时,测量平均风速、平均风向、最大风速、极大风速。最大风速是指某个时段内出现的最大 10 min 平均风速值。极大风速是指某个时段内出现的最大瞬时风速值。

表 6.4 风向符号与度数对照表

方位	符号	中心角度(°)	角度范围(°)
北	N	0	348.76～11.25
北东北	NNE	22.5	11.26～33.75
东北	NE	45	33.76～56.25
东东北	ENE	67.5	56.26～78.75
东	E	90	78.76～101.25
东东南	ESE	112.5	101.26～123.75
东南	SE	135	123.76～146.25
南东南	SSE	157.5	146.26～168.75
南	S	180	168.76～191.25
南西南	SSW	202.5	191.26～213.75
西南	SW	225	213.76～236.25
西西南	WSW	247.5	236.26～258.75
西	W	270	258.76～281.25
西西北	WNW	295.5	281.26～303.75
西北	NW	315	303.76～326.25
北西北	NNW	337.5	326.26～348.75
静风	C	风速小于或等于 0.2 m/s	

风力等级是日常生活和气象预报中经常采用的一种反映风速大小的方式。常用的风力等级由英国人蒲福于 1805 年规定，称为蒲福风力等级，由 0～12 级共 13 个等级组成。我国于 2006 年 6 月 15 日起实施了新的热带气旋等级划分方法，将台风中心风力划为 12～13 级，强台风的中心风力划为 14～15 级，超强台风的风力划为 16 级及以上（表 6.5）。

表 6.5 风力等级表

风力等级	名称	海面大概波高(m)		海面和渔船征象	陆上地物征象	相当于平地 10 m 高处的风速(m/s)	
		一般	最高			范围	中数
0	静风	—	—	海面平静。	静、烟直上。	0.0～0.2	0.0
1	软风	0.1	0.1	微波如鱼鳞状,没有浪花。一般渔船正好能使舵。	烟能表示风向,树叶略有摇动。	0.3～1.5	1.0
2	轻风	0.2	0.3	小波、波长尚短,但波形显著,波峰光亮但不破裂。渔船张帆时,可随风移行每时 1～2 海里。	人面感觉有风,树叶有微响,旗子开始飘动。高的草开始摇动。	1.6～3.3	2.0
3	微风	0.6	1.0	小波加大,波峰开始破裂;浪沫光亮,有时有散见的白浪花。渔船开始簸动,张帆随风移行每小时 3～4 海里。	树叶及小枝摇动不息,旗子展开。高的草,摇动不息。	3.4～5.4	4.0
4	和风	1.0	1.5	小浪,波长变长;白浪成群出现。渔船满帆时,可使船身倾于一侧。	能吹起地面灰尘和纸张,树枝动摇。高的草,呈波浪起伏。	5.5～7.9	7.0
5	清劲风	2.0	2.5	中浪,具有较显著的长波形状;许多白浪形成(偶有飞沫)。渔船需缩帆一部分。	有叶的小树摇摆,内陆的水面有小波。高的草,波浪起伏明显。	8.0～10.7	9.0
6	强风	3.0	4.0	轻度大浪开始形成;到处都有更大的白沫峰(有时有些飞沫)。渔船缩帆大部分,并注意风险。	大树枝摇动,电线呼呼有声,撑伞困难。高的草,不时倾伏于地。	10.8～13.8	12.0
7	疾风	4.0	5.5	轻度大浪,碎浪而成白沫沿风向呈条状。渔船不再出港,在海者下锚。	全树摇动,大树枝弯下来,迎风步行感觉不便。	13.9～17.1	16.0
8	大风	5.5	7.5	有中度的大浪,波长较长,波峰边缘开始破碎成飞沫片;白沫沿风向呈明显的条带。所有近海渔船都要靠港,停留不出。	可折毁小树枝,人迎风前行感觉阻力甚大。	17.2～20.7	19.0
9	烈风	7.0	10.0	狂浪,沿风向白沫呈浓密的条带状,波峰开始翻滚,飞沫可影响能见度。机帆船航行困难。	草房遭受破坏,屋瓦被掀起,大树枝可折断。	20.8～24.4	23.0

续表

风力等级	名称	海面大概波高(m)		海面和渔船征象	陆上地物征象	相当于平地10 m高处的风速(m/s)	
		一般	最高			范围	中数
10	狂风	9.0	12.5	狂涛，波峰长而翻卷；白沫成片出现，沿风向呈白色浓密条带；整个海面呈白色；海面颠簸加大有震动感，能见度受影响，机帆船航行颇危险。	树木可被吹倒，一般建筑物遭破坏。	24.5～28.4	26.0
11	暴风	11.5	16.0	异常狂涛(中小船只可一时隐没在浪后)；海面完全被沿风向吹出的白沫片所掩盖；波浪到处破成泡沫；能见度受影响，机帆船遇之极危险。	大树可被吹倒，一般建筑物遭严重破坏。	28.5～32.6	31.0
12	飓风	14.0	—	空中充满了白色的浪花和飞沫；海面完全变白，能见度严重地受到影响。	陆上少见，其摧毁力极大。	32.7～36.9	35.0
13						37.0～41.4	39.0
14						41.5～46.1	44.0
15						46.2～50.9	49.0
16						51.0～56.0	54.0
17						56.1～61.2	59.0
18						≥61.3	—

2. 风向的测量

风向标是各种测风仪器中用来指示风向的最主要部件，由指向杆、平衡重锤、尾翼和旋转轴等组成。尾翼在风力的作用下带动指向杆绕旋转轴转动，经过不断调整方向使之与风向保持一致，指示风向。平衡重锤在指向杆上起到调节平衡的作用，使整个风向标对旋转轴保持重力矩平衡。经过理论分析和推导，可以得到风向标的响应特性是一个典型的带衰减的周期振动。实际大气中，由于风向持续不断的变动，因而风向标的摆动与弹簧受力强迫振动的情形相似，有时甚至会产生共振现象。

采用格雷码盘通过光电转换可以传送和指示方向标指示的方位。格雷码盘是由等分的同心圆组成，由内到外依次分为 $0,2^0,2^1,\cdots,2^n$ 等份(n 为格雷码的位数)，相邻两份分别做透光和避光处理。在每一个同心圆上有一个红外发光管，且 n 个发光管排列在同一半径上。在码盘的下方有一个与红外发光管一一对应的光电接收管作为转换器。格雷码盘固定在风向标的转轴上，当风向标带动格雷码盘转动时，若发光管发出的光通过码盘的透光部分时，光电接收管接收的信号为“1”，若发光管发出的光通过码盘不透光的部分时，光电接收管接收的信号为“0”，从而把风向标转动角度的度数转换成一个 n 位格雷码数字信号，每一个码表示一个风向，风向的分辨率为 $360°/2^n$。常用格雷码盘为七位，可以计算其角度分辨率约为 2.8°。

格雷码最大的优点是每进一位时只有其中的一位数发生 0 与 1 之间的变化，因而即使发生误读也只有一位码的误差，这对于保证风向测量的精度是非常有利的。表 6.6 给出了十进制与格雷码及通用二进制码的转换关系。

表 6.6　十进制、二进制码及格雷码的转换关系

十进制	0	1	2	3	4	5	6	7	8	9
二进制	0000	0001	0010	0011	0100	0101	0110	0111	1000	1001
格雷码	0000	0001	0011	0010	0110	0111	0101	0100	1100	1101

3. 风速的测量

风杯风速计是一种常用的风速测量仪器。风杯一般由三个(或四个)半球形或抛物形的空心杯壳组成，杯壳材料为碳纤维增强塑料。空心杯壳固定在互成 120°的三叉形支架上(或者互成 90°的十字形支架上)，杯的凹面顺着一个方向排列，整个横臂架固定在一根垂直的旋转轴上(图 6.22)。

假设风速 u 恒定不变，风杯组受风力作用产生的旋转力矩与正好与其机械系统的摩擦力矩平衡。经过理论分析和推导，可得如下形式的运动方程

$$n = \frac{2Nu^2 - B_0}{B_1 + Du} \tag{6.11}$$

式中 B_1 和 B_0 分别是动摩擦力矩、静摩擦力矩；N 和 D 可视为常数。当摩擦力矩很小时，认为 $B_0 \to 0, B_1 \to 0$，则

$$n \approx \frac{2Nu}{D} \tag{6.12}$$

上式表明，风杯的转速 n 与风速 u 近似成正比关系。

实际上，风杯风速计存在“过高效应”。也就是说，随着风速的增大，风杯转速逐渐增大，但当风速减小时，风杯转速却由于惯性无法立即减小。另外，垂直气流的影响，以及风速的脉动性也会导致风杯风速计测得的风速比实际风速偏高。

4. 常用测风仪器

常用的测风仪器主要有 EL 型电接风向风速计、EN 型系列测风数据处理仪、海岛自动测风站、轻便风向风速表、单翼风向传感器和风杯风速传感器等。当没有测定风向风速的仪器，或虽有仪器但因故障而不能使用时，需要进行人工观测。人工观测

时，应站在空旷处根据风对地面或海面物体的影响而引起的各种现象进行认真观测，按风力等级表估计风力(共分 12 级)，根据炊烟、旌旗、布条展开的方向及人的感觉，按八个方位估计风向。

EL 型电接风向风速计是由感应器、指示器、记录器组成的有线遥测仪器。感应器由风向和风速两部分组成(图 6.22)。风向部分由风标、风向方位块、导电环、接触簧片等组成；风速部分由风杯、交流发电机、蜗轮等组成。指示器由电源、瞬时风向指示盘、瞬时风速指示盘等组成(图 6.23)。记录器由八个风向电磁铁、一个风速电磁铁、自记钟、自记笔、笔挡、充放电线路等部分组成(图 6.24)。

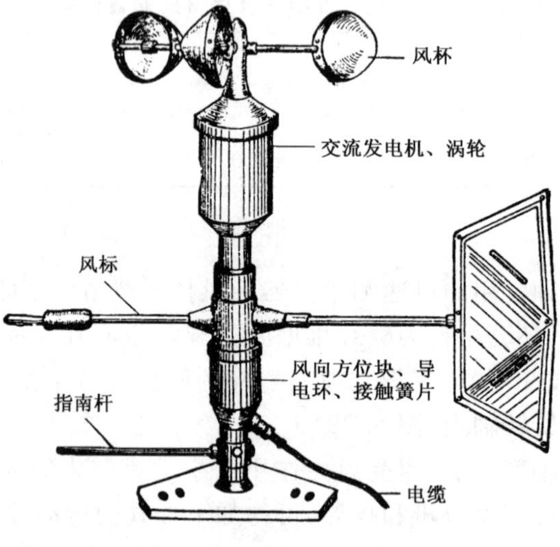

图 6.22 EL 型风向风速计感应部分

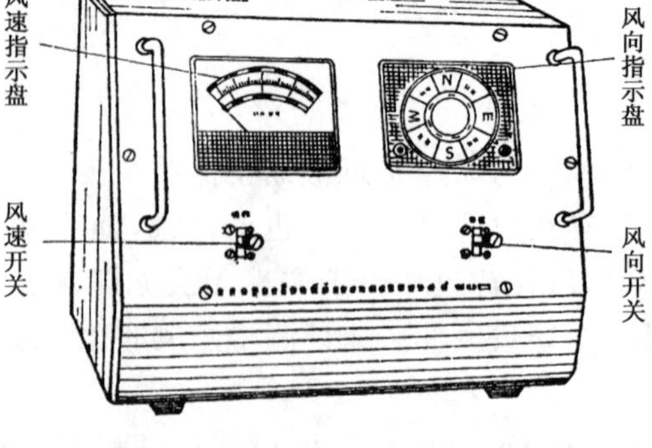

图 6.23 EL 型风向风速计指示器

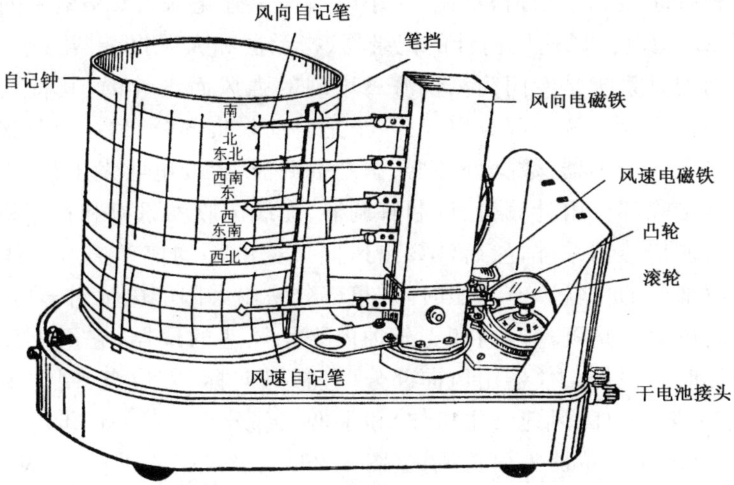

图 6.24　EL 型风向风速计记录器

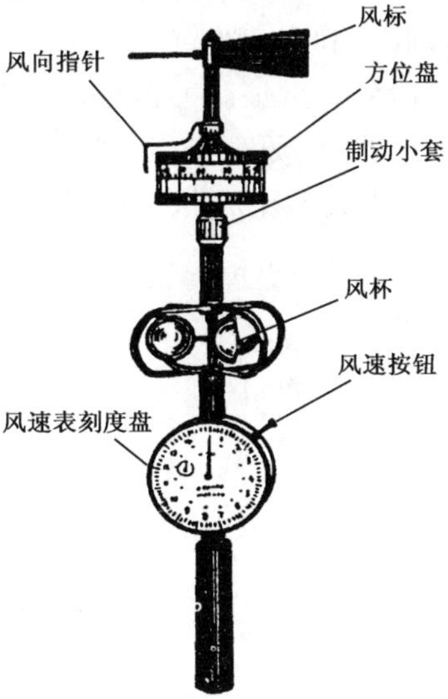

图 6.25　轻便风向风速表

EN 型系列测风数据处理仪与特定感应器配套可以组成 EN1 型和 EN2 型两种自动测风仪。主要功能有:定时打印输出 2 min、10 min 平均风向风速;打印输出大风报警、航危报大风报警及解除警报的风向、风速及其出现时间,发出报警信号;每天 20 时打印输出日极大风速、最大风速及相应的风向、出现时间,日合计、日平均,并可随时显示各种瞬时值和平均值，存储 24 小时风向风速记录。EN 型系列测风数据处理仪可代替 EL 型电接风速风向计的记录器、指示器和大风报警器。

海岛自动测风系统是专门为测量海岛出现的强风而设计的，其特点是具有较好的测强风能力。系统由两个部分组成：一个是自动采集部分，另一个是接收部分。采集部分由风向风速传感器、数据处理器、调制解调器、无线电收发讯机、太阳能板和蓄电池等组成。接收部分由计算机、调制解调器、无线电收发讯机和打印机组成。采集部分对风向风速传感器采样，然后计算出风向风速的平均值。通过无线通讯实现采集数据到接收部分的传输。有日照时，采集部分采用太阳能电池对蓄电池充电。

轻便风向风速表是测量风向和 1 分钟内平均风速的仪器，它用于野外考察或气象站仪器损坏时的备份。仪器由风向部分（包括风向标、方位盘、制动小套）、风速部分（包括十字护架、风杯、风速表主机体）和手柄三部分组成（图 6.25）。

此外，单翼风向传感器为单翼风标（图 6.26）。当风标转动时，带动格雷码盘，光电管组就会产生新的七位并行格雷码输出。

风速传感器采用三杯式感应器，风杯由碳纤维增强塑料制成（图 6.27）。当风杯转动时，带动同轴的多齿截光盘转动，使下面的光敏三极管有时接收到上面发光二极管发射的光线而导通，有时接收不到上面发光二极管照射来的光线而截止。这样就能得到与风杯转速成正比的脉冲信号，该脉冲信号由计数器计数，经换算后就能得出实际风速值。还有一种风速计的工作原理是：当风杯转动时，带动同轴的磁棒旋转，在霍尔集成电路中感应出与风速成正比的脉冲信号，经计数器处理后，输出实际风速值。

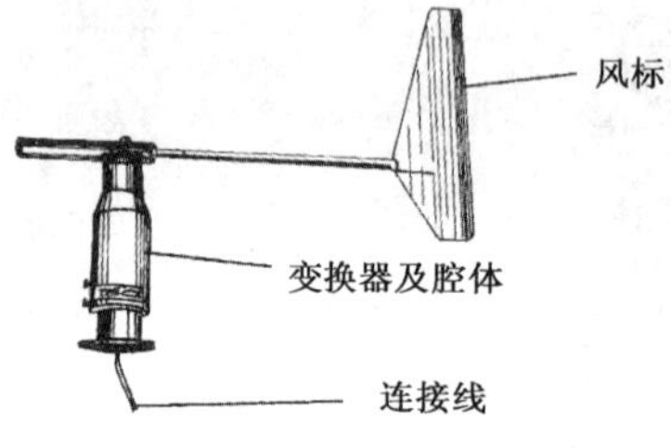

图 6.26 单翼风标

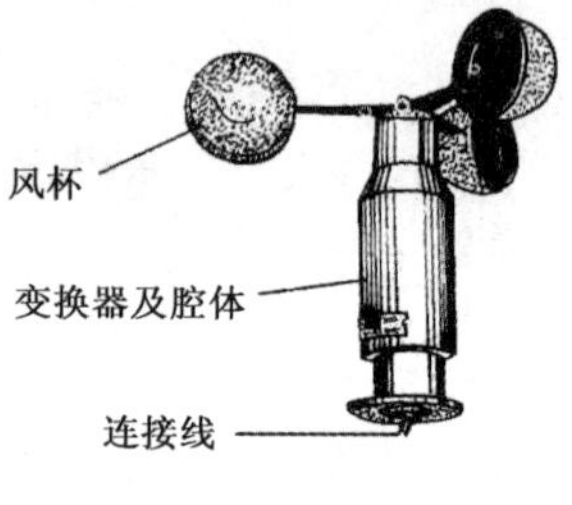

图 6.27 风速传感器

螺旋桨式风向风速感应器的头部是一组螺旋桨叶片，风向标部分制成飞机机身相似的外形，保持良好的流线型。在风向尾翼作用下，叶片旋转平面始终对准风的来向。叶片系统受到风压的作用，产生一定的扭力矩，使叶片旋转。转速与外界风速成正比。

6.1.8　降水的观测

降水是指从天空降落到地面上的液态或固态(经融化后)的水。某一时段内的未经蒸发、渗透、流失的降水在水平面上积累的深度称为降水量,以毫米(mm)为单位,取 1 位小数。降水强度是指单位时间或某一时段内的降水量,通常测定 5 min、10 min和 1 h 内的最大降水量。

人工观测时观测 12 h(每日北京时 08、20 时)降水量和日降水量。自动观测时观测每分钟、小时、日降水量。

常用测量降水的仪器有雨量器、翻斗式雨量计、虹吸式雨量计和双阀容栅式雨量传感器等。

1. 雨量器

雨量器是人工观测降水量的仪器,它由雨量筒与量杯组成(图 6.28)。雨量筒用来承接降水物,它包括承水器、贮水瓶和外筒。我国采用直径为 20 cm 正圆形承水器,其口缘镶有内直外斜刀刃形的铜圈,以防雨滴溅失和筒口变形。承水器有两种:一是带漏斗的承雨器,另一种不带漏斗的承雪器。外筒内放贮水瓶,以收集降水量。量杯为一特制的有刻度的专用量杯,其口径和刻度与雨量筒口径成一定比例关系,量杯有 100 分度,每 1 分度等于雨量筒内水深 0.1 mm。

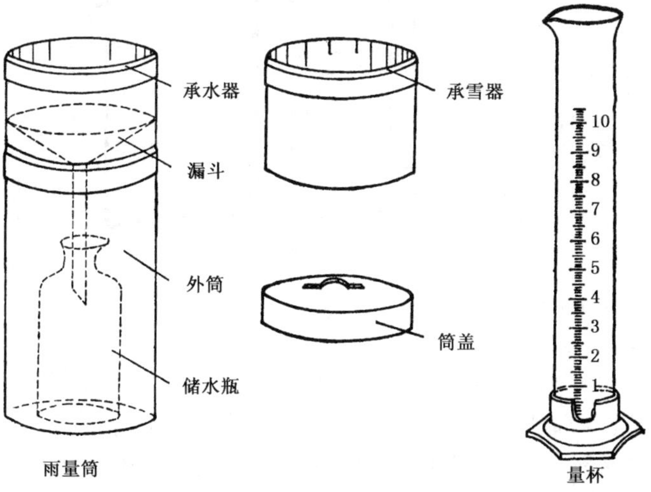

图 6.28　雨量筒及量杯

气象站雨量器安装在观测场内固定架子上。器口保持水平,距地面高 70 cm。冬季积雪较深地区,应备有一个较高的备份架子。当雪深超过 30 cm 时,应把仪器移至备份架子上进行观测。单纯测量降水的站点不宜选择在斜坡或建筑物顶部,应尽量选在避风地方。不要太靠近障碍物，最好将雨量仪器安在低矮灌木丛间的空旷地方。

2. 双翻斗式雨量计

双翻斗雨量传感器装在室外，主要由承水器(常用口径为 20 cm)、上翻斗、汇集漏斗、计量翻斗、计数翻斗和干簧管等组成(图 6.29)。采集器或记录器(图 6.30)在室内，二者用导线连接，用来遥测并连续采集液体降水量。

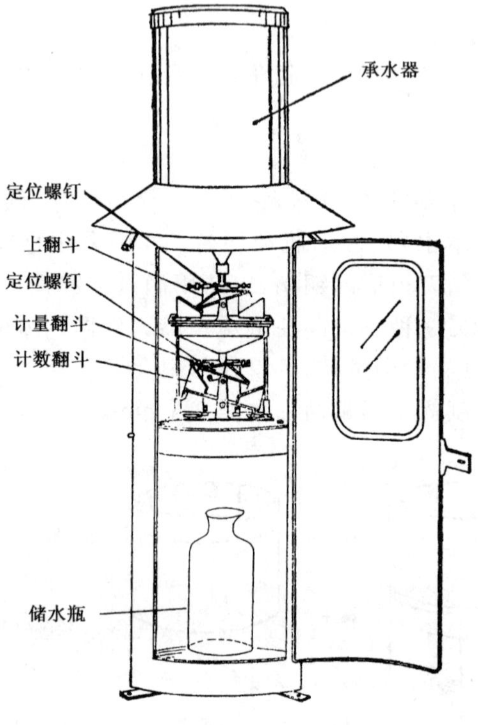

图 6.29 双翻斗雨量传感器

承雨器收集的降水通过漏斗进入上翻斗，当雨水积到一定量时，由于水本身重力作用使上翻斗翻转，水进入汇集漏斗。降水从汇集漏斗的节流管注入计量翻斗时，就把不同强度的自然降水，调节为比较均匀的降水强度，以减少由于降水强度不同所造成的测量误差。当计量翻斗承受的降水量为 0.1 mm 时(也有的为 0.5 mm 或 1 mm 翻斗)，计量翻斗把降水倾倒到计数翻斗，使计数翻斗翻转一次。计数翻斗在翻转时，与它相关的磁钢对干簧管扫描一次。干簧管因磁化而瞬间闭合一次。这样，降水量每次达到 0.1 mm 时，就送出去一个开关信号，采集器就自动采集存储 0.1 mm 降水量。

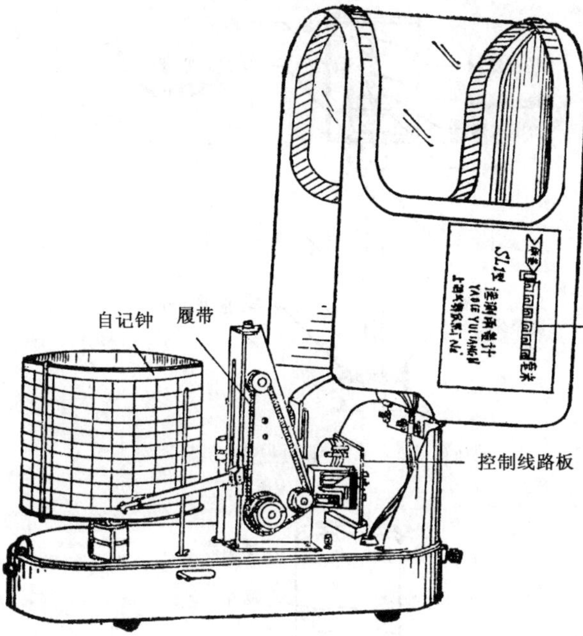

图 6.30　翻斗式遥测雨量计记录器

双翻斗雨量传感器与记录器连接作为连续测量降水量的仪器称为双翻斗雨量计。记录器由计数器、记录笔、自记钟、控制线路板等构成(图 6.30)，安在室内台架上。

3. 单翻斗雨量传感器

单翻斗雨量传感器也是用来自动测量降水量的仪器，主要由承水器(口径为 159.6mm)、过滤漏斗、翻斗、干簧管和底座等组成，安装在观侧场内预制水泥座上，保持筒口水平(图 6.31)。降水通过承水器，再通过一个过滤斗流入翻斗里，当翻斗流入一定量的雨水后，翻斗翻转，倒空斗里的水，翻斗的另一个斗又开始接水，翻斗的每次翻转动作通过干簧管转成脉冲信号(1 脉冲为 0.1 mm)传输到采集系统。仪器测量范围 0～4 mm/min。

4. 虹吸式雨量计

虹吸式雨量计是用来连续记录液体降水的自记仪器，由承水器(通常口径为 20 cm)、浮子室、自记钟和虹吸管等组成(图 6.32)，安装的地方和要求与翻斗式遥测雨量计相同。有降水时，降水从承水器经漏斗进水管引入浮子室。浮子室是一个圆形容器，内装浮子，浮子上固定有直杆与自记笔连接。浮子室外连虹吸管。降水使浮子上升，带动自记笔在钟筒自记纸上划出记录曲线。当自记笔尖升到自记纸刻度的

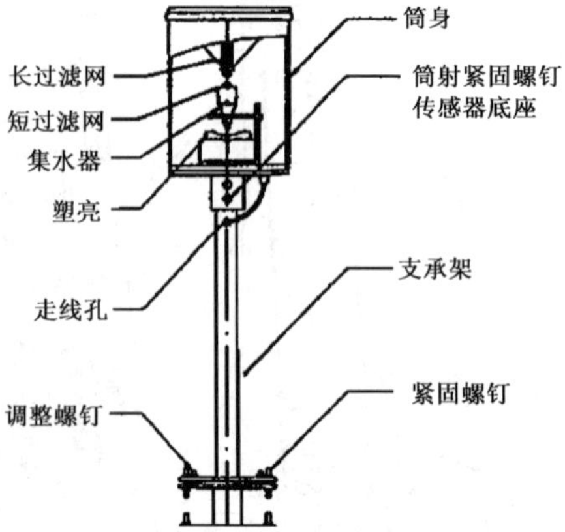

图 6.31 单翻斗雨量传感器

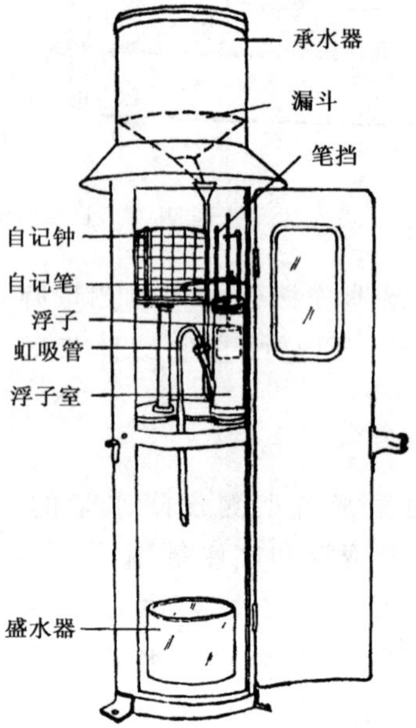

图 6.32 虹吸式雨量计

上端(一般为 10 mm)浮子室内的水恰好上升到虹吸管顶端。虹吸管开始迅速排水,使自记笔尖回到刻度“0”线,又重新开始记录。自记曲线的坡度可以表示降水强度。由于虹吸过程中落入雨量计的降水也随之一起排出,因此要求虹吸排水时间尽量快,以减少测量误差。

5. 双阀容栅式雨量传感器

双阀容栅式雨量传感器是用来自动测量降水量的仪器，主要由承水器、贮水室、浮子与感应极板，以及信号处理电路等组成(图 6.33)，利用降水量贮水室内浮子随雨量上升带动感应极板，使容栅移位传感器产生的电容量变化，经转换为位移计量测得降水量。

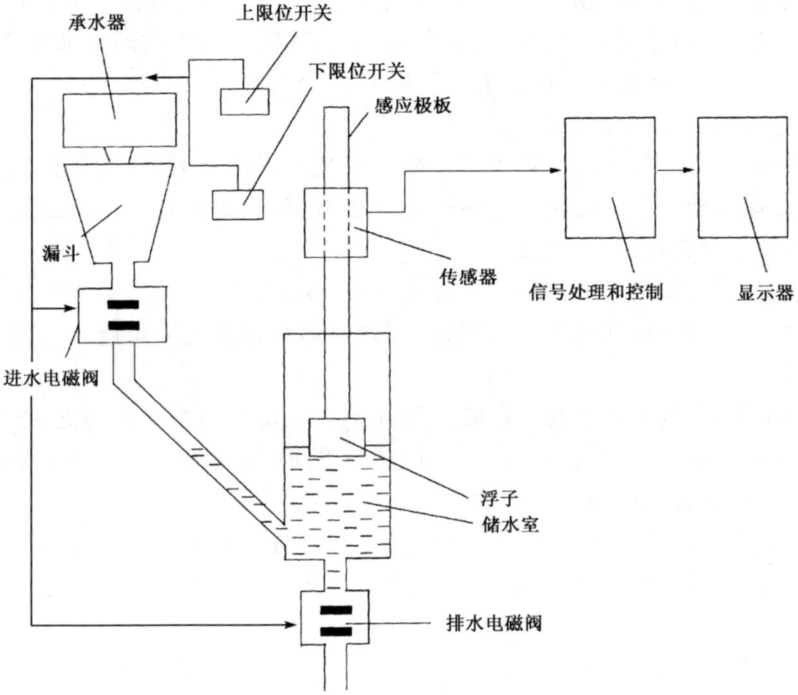

图 6.33　双阀容栅式雨量传感器结构

6.1.9　辐射的观测

1. 概述

太阳辐射是地球一大气系统的能量之源。太阳辐射能的波长范围主要集中在 0.29～3.0 μm，其中约 46％的能量集中在 0.40～0.76 μm 的可见光区，约 46％的能量集中在波长大于 0.77 μm 的红外区，其余约 8％的能量集中在波长小于 0.4 μm 的紫外区。通常称太阳辐射为短波辐射。太阳常数可以反映地球一大气系统接受太阳辐射能的多少，其定义是：在日地平均距离处，地球大气上界垂直于太阳光束方向上单位面积单位时间内接收的辐射能量的大小，常用符号 S_0 表示。精确测定太阳常数和太阳光谱不仅对于大气科学研究，而且对于天文、航天、太阳能利用和环境科学等都具有重要意义。由于 99.9％的太阳辐射能量都集中在波长 0.2～10.0 μm，因而测定太阳常数涉及的波段并不太宽。1981 年，世界气象组织（WMO）推荐的太阳常数最佳值是 $S_0 = 1367 \pm 7\ W/m^2$。

地球一大气系统接受太阳辐射能的同时，自身也向外发射辐射，其辐射能量的波长范围主要集中在 5.0 μm 以上。通常称地球一大气系统的辐射为长波辐射。

辐射仪器所能观测的物理量是辐射通量密度，指的是单位面积、单位时间内通过的辐射能量的大小，单位是 W/m^2。通常，对于物体向外发出的辐射通量密度，称为出射度；对于照射到物体表面的辐射通量密度，称为辐照度。

气象上观测的太阳短波辐射量包括：

（1）太阳直接辐射：指的是垂直于太阳入射光的直接辐射，包括来自太阳面的直接辐射和太阳周围一个非常狭窄的环形天空辐射（环日辐射），可以用太阳直接辐射表（简称直接辐射表或直射表）测量。

（2）散射辐射：指的是太阳辐射经过大气和云的散射与反射，从天空 2π 立体角内以短波形式向下到达地面的那部分辐射，可以利用总辐射表采用遮住太阳直接辐射的方法来测量。

（3）总辐射：指的是水平面上接收到的太阳直接辐射与散射辐射之和。显然，如果白天太阳被云遮蔽时，总辐射等于散射辐射；夜间则总辐射为 0。通常采用总辐射表（亦称天空辐射表）进行观测。

（4）短波反射辐射：指的是总辐射到达地面后，被下垫面向上反射的那部分短波辐射，可以将总辐射表的感应面朝下来测量。短波反射辐射与总辐射之比反映了下垫面的反射能力，称为反射率（r）。

气象上观测的地球长波辐射量包括：

（1）大气长波辐射：指的是大气以长波形式向下发射的那部分辐射，也称之为大气逆辐射。

（2）地面长波辐射：指的是地球表面以长波形式向上发射的辐射，包括地面长波反射辐射。它与地表温度有着密切联系。

根据上述辐射量，可以得到如下几个辐射量：

（1）全辐射：指的是短波辐射与长波辐射之和，波长范围为 0.29～100 μm。

（2）净全辐射：指的是太阳和大气向下的全辐射与地表向上发射的全辐射之差，也称为净辐射或辐射差额。净全辐射反映地表能量收支的大小。

类似地，净短波辐射为总辐射与短波辐射之差，净长波辐射为大气长波辐射与地面长波辐射之差。

2. 辐射的观测

（1）太阳直接辐射的观测

太阳直接辐射采用太阳直接辐射表（简称直接辐射表或直射表）测量。太阳直接辐射表分绝对日射表和相对日射表两种。绝对日射表可以直接获得以 W/m^2 为单位的日射强度值，而相对日射表则需要将测得的电参量于绝对日射表进行比对，才能得到实际的日射强度。

太阳直接辐射表采用遮光筒保证进入辐射感应面的辐射来自太阳及其周围一个非常狭窄的环日辐射。太阳的视张角为 0.5°，观测时如果太阳直接辐射表遮光筒的张角只有 0.5°，将很难保证感应面正对太阳面。遮光筒的实际张角在 5°～11°，因而太阳直接辐射观测包括了环日辐射。测量时，安装太阳直接辐射表的支架结构必须能迅速、平稳地调整方位角和高度角，使其感应面垂直于太阳入射方向(图 6.34)。

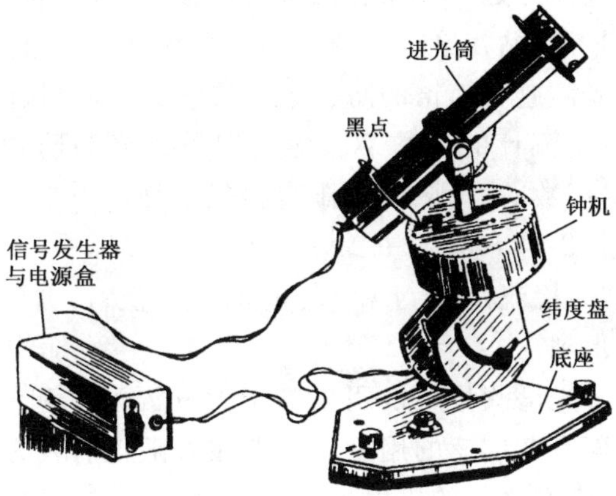

图 6.34　太阳直接辐射表

埃斯屈朗(Ångstrom)补偿式绝对日射表的感应部分为并排放置的两块完全相同的锰铜片构成(图 6.35)，分别记为 A 片和 B 片，朝向太阳辐射的一面均匀覆盖着一层铂黑(或烟黑)，背后焊有接电偶的接点。观测时，将 A 片暴露在太阳辐射下，B 片则用遮光屏遮蔽起来。同时，接通 B 片的电加热补偿电路。调整可变电阻器 R 的电阻值，可改变线路中电流 i 的大小。由于 A、B 两片完全相同，并置于相同的散热条件，当两者温度相同时，连接二者的热电偶检流计输出为零，加热 B 片的电能与 A 片接受的太阳直接辐射能相等。经过理论分析和推导，可得

$$S = \frac{R}{\delta l b} i^2 \tag{6.13}$$

式中 S 为太阳辐照度；δ 为铂黑的吸收率；l 和 b 则是锰铜片的长和宽。由于 R、δ、l 和 b 均可在实验室内确定，为仪器常数。因此，只需测定加热电流 i 即可测定太阳直接辐射的大小。

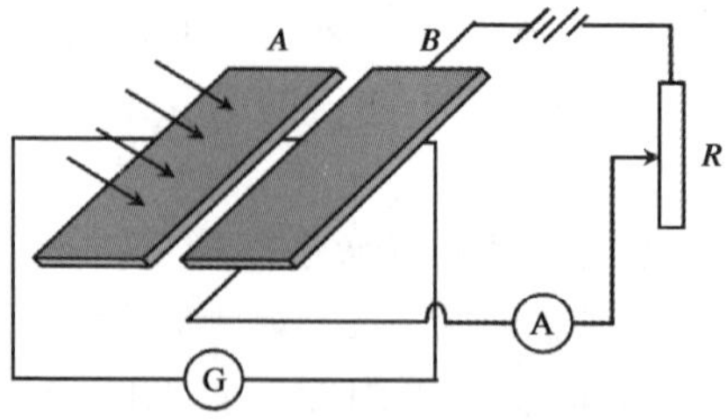

图 6.35　绝对日射表工作原理

相对日射表的感应部分是一片涂有铂黑的薄银片，背后有热电偶堆，热电偶的工作端贴在银片背后，参考端贴在厚金属圆筒的一个环上，以保持与仪器处于相同热状态。相对日射表的进光筒遮有镀铬的防护罩。观测时，接通检流计，将进光筒对准太阳，读出感应面遮蔽时检流计的读数 N_0，然后取下进光筒防护罩，使太阳直射感应面，读出此时检流计的读数 N。那么，太阳直接辐射强度

$$I = K[(N+\Delta N)-(N_0+\Delta N_0)] \tag{6.14}$$

式中 ΔN 和 ΔN_0 分别为检流计在 N 和 N_0 时的订正值；K 是仪器常数，可以通过与绝对日射表平行比对得到。

太阳直接辐射的分光谱测量可以用来确定大气混浊度和气溶胶光学厚度，在农业、生物、医疗卫生方面有着广泛的用途。通常在太阳直射表的入口处加装相应光谱带的滤光片，截止对应带宽之外的辐射进入感应面。不过，滤光片的截止波长有一定的温度系数，并且滤光片的透过率无法真正达到 1.0，因而需要对观测结果进行订正。

(2)总辐射和散射辐射观测

通常采用总辐射表来观测太阳和天空投射到水平面上的总辐射和散射辐射。总辐射表由感应件、玻璃罩和附件组成(图 6.36)。感应件由电热堆和感应面组成，电

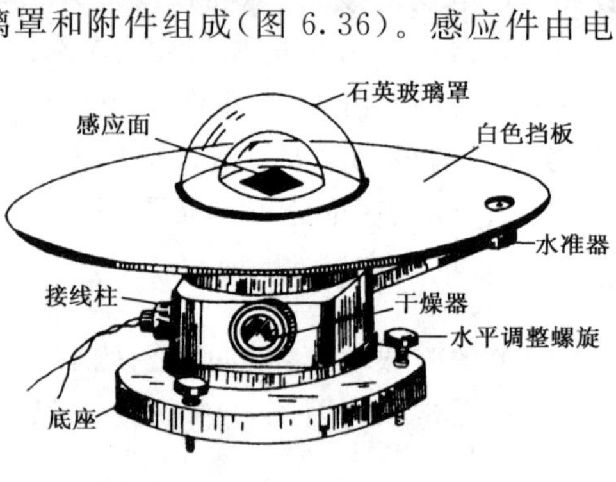

图 6.36　总辐射表

热堆由康铜、康铜镀铜构成。感应面由黑白相间的金属片构成，黑片和白片的面积相等。整个感应面密封在一个半球形双层石英玻璃罩中，并存有干燥剂，保持罩内空气干燥、洁净。双层石英玻璃罩既能防风，又能透过波长 0.30～3.0 μm 范围的短波辐射（透过率为常数且接近 0.9），还可以防止外层罩的红外辐射影响，减少测量误差。由于黑白片的吸收率不同，测定两者下端热电堆温差电动势，就可以转换成辐照度。

在稳定情况下，黑片和白片吸收的辐射能分别等于它本身发出的长波辐射、热对流及热传导所损耗的能量。经过理论分析和推导，可得

$$S' + D = KN \tag{6.15}$$

式中 S'为水平面太阳直接辐射；D 为散射辐射；K 为仪器常数，与黑片和白片的短波辐射吸收率、长波辐射吸收率、热对流交换系数和热传导系数有关；N 为电位计读数。这表明仪器观测的总辐射与电位计的读数成正比。

如果观测时用遮光板遮住太阳直接辐射，感应面测量的就是天空散射辐射。气象观测中采用的散射辐射表是由总辐射表和遮光环两部分组成（图 6.37）。遮光环由遮光环圈、标尺、丝杆调整螺旋、支架、底盘等组成。通过调整，可以保证遮光环从日出到日落能连续遮住太阳直接辐射。

与测量分光谱太阳直接辐射类似，也可以选择透过不同光谱波段的玻璃罩，实现测量分光谱波段总辐射和散射辐射的目的。

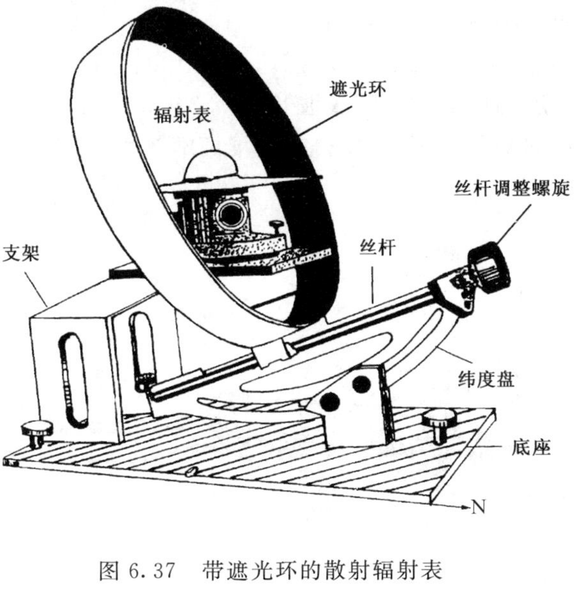

图 6.37　带遮光环的散射辐射表

（3）长波辐射的观测

长波辐射用长波辐射表测量。长波辐射表的构造、外观与总辐射表基本相合，由

感应件(黑体感应面与热电堆)、玻璃罩和附件等组成(图 6.38)。不同的是玻璃罩内镀上硅单晶,保证了 3 μm 以下的短波辐射不能到达感应面。经过理论分析和推导,仪器感应面接收到的长波辐射

$$E_i = Ke + \sigma T_b^4 \tag{6.16}$$

式中 K 为长波辐射表仪器常数;e 为热电偶堆输出的热电动势;σ 为玻耳兹曼常数;T_b 为玻璃罩内空气和仪器腔体的温度,可由热敏电阻测得。

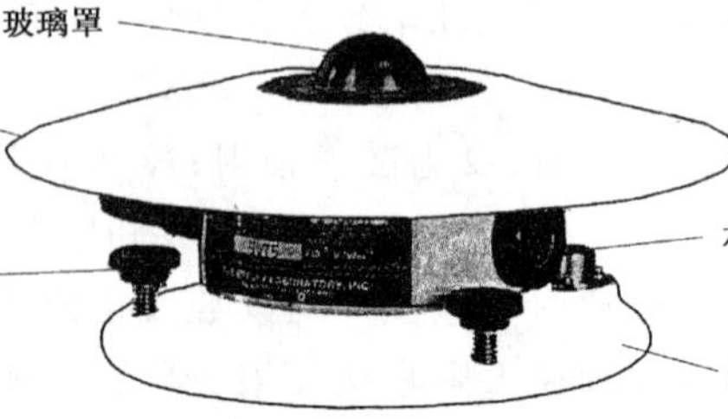

图 6.38 长波辐射表

(4)净全辐射的观测

净全辐射是研究地球热量收支状况的主要资料。净全辐射为正表示地表增热,即地表接收到的辐射大于发射的辐射,净全辐射为负表示地表损失热量。

净全辐射用净全辐射表测量,它由感应件、薄膜罩和附件等组成(图 6.39)。感应件也是由涂黑感应面与热电堆组成,感应面由上、下两块黑片组成,中间夹着一层隔热材料。上下两层感应面均能吸收波长为 0.3～100 μm 全波段辐射。观测时,由于上下感应面吸收的辐照度不同,使得热电堆两端产生温度差异,输出的热电动势与净辐射通量成正比。

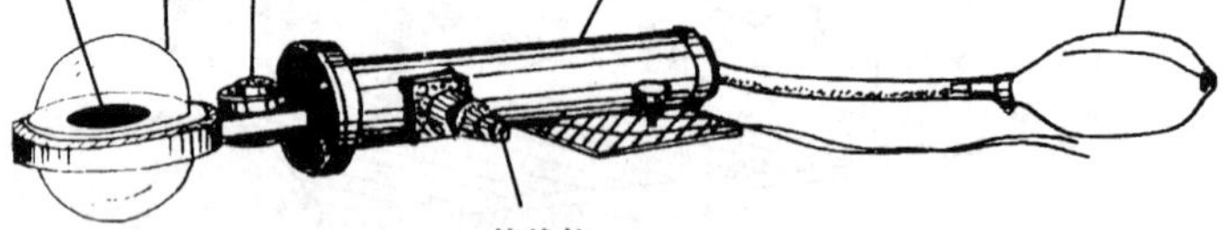

图 6.39 净全辐射表

净全辐射表上下感应面都装有既能透过短波(0.3～3 μm),又能透过长波辐射(3～100 μm)的半球形专用聚乙烯薄膜罩,既可以保护感应面,也可以防止风的影

响。薄膜罩上放置橡皮密封圈，然后用压圈旋紧，使得薄膜罩牢牢固定住。

净全辐射表的附件包括表杆、干燥器、底板、上下水准器与调节螺旋、接线柱和橡皮球等。干燥器（内装硅胶）装在表杆内与感应件相通，用橡皮球打气，通过干燥器即使上下薄膜罩充成半球形，并提供干燥气体，排除罩内潮气。此外还有上下两个金属盖和固定压圈用的金属环等。

(5)紫外辐射的观测

紫外辐射分三个亚区，分别是 UV-A：0.315～0.400，UV-B：0.280～0.315μm 和 UV-C：0.100～0.280 μm。UV-A 波段刚好处在可见光光谱外，对人类（生物）无明显影响，其强度在地球表面不随大气臭氧含量而变化；UV-B 波段则对人类健康和环境具有影响；UV-C 在大气层中完全被吸收，地面上观测不到此波段的辐射。

对紫外辐射的测量是困难的，因为到达地面的能量很小。

UV-B 的观测：许多型号的光电管和光电倍增管在这个波段的感应都很灵敏，铯化碲和铷化碲的光电阴极不但对中紫外辐射反应灵敏，而且对可见光是盲区，中紫外的窗口材料一般采用石英。如果采用某些荧光材料作为转换器件，使荧光物体受紫外辐射后的发光波长 0.443 μm，许多光电管在这个波长有强的感应能力。

UV-A 的观测：在这个波段里有相当数量的紫外辐射能够到达地面。这个波段观测比较方便，光电器件对这个波段有很高的感应灵敏度，而且不需要利用高真空技术。

6.1.10　日照的观测

日照时数指的是太阳在一地实际照射的时数，定义为太阳直接辐照度达到或超过 120 W/m^2 的那段时间总和，也称实照时数，以小时(h)为单位，取1位小数。可照时数是指在无任何遮蔽条件下，太阳中心从某地东方地平线到进入西方地平线，其光线照射到地面所经历的时间。某一地点的日照时数与可照时数的百分比称为日照百分率，以%为单位，取整数。

日照时数主要用于反映当地气候特点、描述过去天气状况。下面将简单介绍暗筒式日照计、聚焦式日照计这两种常用的日照时数观测仪器。

暗筒式日照计又称乔唐式日照计，由金属圆筒（底端密闭，筒口带盖，两侧各有一进光小孔，筒内附有压纸夹）、隔光板、纬度盘和支架底座等构成（图 6.40）。它是利用太阳光通过仪器上的小孔射入筒内，使涂有感光剂的日照纸上留下感光迹线，来计算日照时数。观测时，日照计应安装在开阔的，终年从日出到日没都能受到阳光照射的地方。

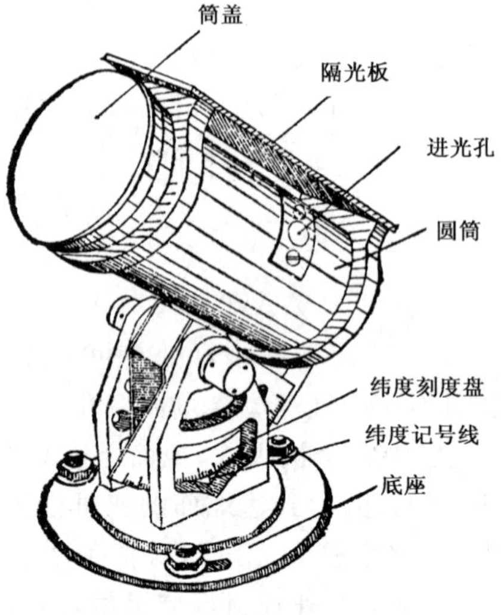

图 6.40　暗筒式日照计

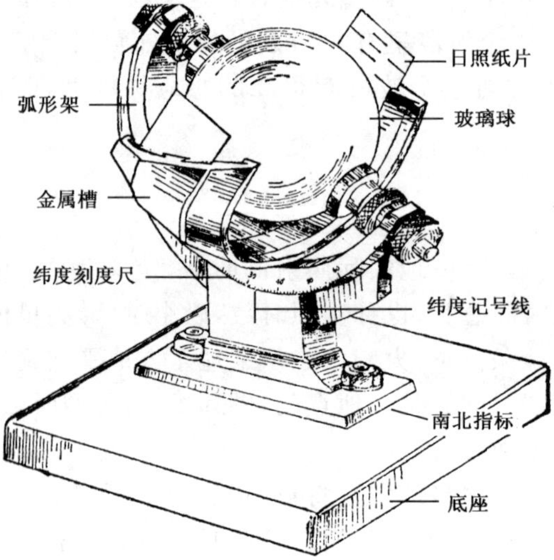

图 6.41　聚焦式日照计

聚焦式日照计又称康培司托克(Campbell-Stolces)式日照计，由固定在弧型支架两端的实心玻璃球、金属槽(安装自记纸用)、纬度刻度尺和底座等构成(图 6.41)。它利用太阳经玻璃球聚焦后烧灼日照纸(卡片)留下的焦痕来记录日照时数，我国高纬度地区使用这种仪器。金属槽内有上、中、下三道沟：下面一道，插夏季(4 月 16 日至 8 月 31 日)用的长弧形纸片；中间一道，插春、秋季(3 月 1 日至 4 月 15 日，9 月 1

日至于 10 月 15 日)用的直型纸片；上面一道，插冬季(10 月 16 日至翌年 2 月底)用的短弧型纸片。

此外，还可以利用太阳直接辐射表和双金属片日照传感器进行日照时数的观测。

6.1.11　积雪的观测

积雪的观测包括雪深和雪压。雪深是从积雪表面到地面的垂直深度，采用量雪尺或普通米尺测定，以厘米(cm)为单位，小数四舍五入取整数。雪压指单位面积上的积雪重量，采用体积量雪器或称雪器测定，以克/平方厘米(g/cm^2)为单位，取 1 位小数。

观测雪深、雪压的地段，应选择在观测场附近平坦、开阔的地方。入冬前，应将选定的地段平整好，清除杂草，并做上标志。当气象站四周视野地面被雪(包括米雪、霰、冰粒)覆盖超过一半时要观测雪深。每月 5、10、15、20、25 日和月末最后一天，若雪深已达到 5 cm 或以上时，在观测(或补测)雪深后，应在观测雪深的地点附近进行雪压观测。如在规定的观测日期，雪深不足 5 cm(或无积雪)，而在随后的其他日子里，雪深达 5 cm 或以上，以及前一天雪深观测后，因降雪使得雪深一日间又增加5 cm 或以上时，应在该日雪深观测后，补测雪压。

气象站一般用量雪尺(或普通米尺)来测量雪深。量雪尺是一木制的有厘米刻度且底部为楔型的直尺，一般不得使用非木制的直尺作为量雪尺。体积量雪器是雪压观测常用的一种仪器，由一内截面积为 100 cm^2 的金属筒、小铲、带盖的金属容器和量杯组成(图 6.42)。

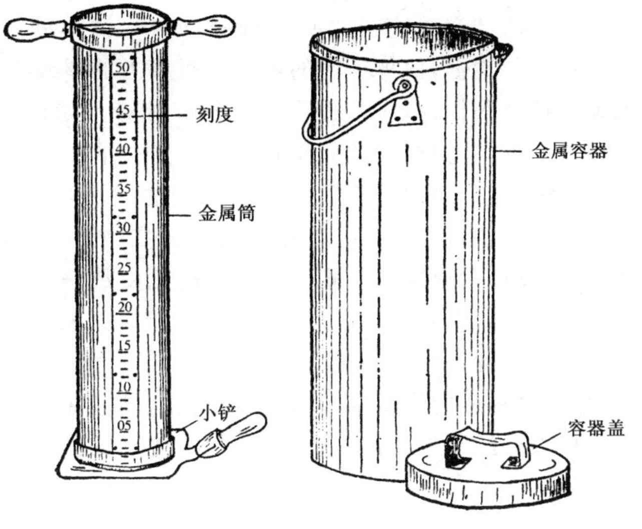

图 6.42　体积量雪器

每次观测应作三次测量，记入观测簿相应栏中，并求其平均值。三次测量的地点，彼此相距应在 10 m 以上（丘陵、山地气象站因地形所限，距离可适当缩短），并做出标记，以免下次在原地重复测量。若气象站四周积雪面积过半，但观测地段因某种原因而无积雪，则应在就近有积雪的地方、选择较有代表性的地点测量雪深（雪压）。如因吹雪或其他原因使观测地段的积雪高低不平时，应尽量选择比较平坦的雪面来测定。丘陵、山地的气象站四周积雪达到记录积雪标准，但由于地形影响，测站附近已无积雪存在时，雪深不测量（雪压），但应在观测簿备注栏注明。

观测雪压时，应在观测前半小时，把量雪器拿到室外。取样前，应把量雪器清理干净。取样时，拿住把手，将量雪器垂直插入雪中，直到地面。然后拨开量雪器一方的雪，把小铲沿量雪器口插入，连同量雪器一起拿到容器上，再抽出小铲，使雪样落入容器内，加盖拿回室内。等雪融化后，用量杯测定其容量。取样时，要注意清除样本中夹入的泥土、杂草。所取样本不应包括雪下地面上的水层和冰层，但应包括积雪上或积雪层中的冰层，此情况时应在观测簿备注栏中注明。当雪深超过取样的量雪器金属筒高度时，应分几次取样。在取上层雪样时，注意不要破坏下层雪样。每次观测后，必须将仪器擦净，并防止金属筒的刀刃口变形、变钝。

量雪器雪压计算公式为

$$P = \frac{M}{100} \tag{6.17}$$

式中 P 为雪压（g/cm^2）；M 为样本重量（g），分母 100 为量雪器内截面积（cm^2）。

称雪器由带盖的圆筒、秤和小铲等组成的一种测量雪压的仪器（图 6.43）。

观测前半小时，把称雪器拿到室外。每次取样前应先清洁称雪器，检查秤的零点，把带盖的空圆筒挂在秤钩上，使秤锤上的刻线与秤杆上的零线吻合。这时秤杆应当水平，平衡标志是秤杆上的指针，应与提手正中缺口相合。如果秤的零点不准时，需移动秤锤位置，使它平衡，并把秤锤的新位置作为零点。取样时，将圆筒（锯齿形的一端）向下垂直插入雪中，直到地面。然后拨开圆筒一边的雪，把小铲插到圆筒底沿下面，连同圆筒一起拿起，再将筒翻转，擦净粘在筒外的雪，把筒挂在秤钩上，移动秤锤，直到秤杆水平为止，读出秤锤准线对应于秤杆上的刻度数，取 1 位小数。

称雪器秤杆上每一刻度单位（即十个小格）等于 50 g，称雪器圆筒内截面积（50 cm^2），故称得的秤杆刻度数即为雪压值。

称雪器在取样操作过程中的注意事项与体积量雪器同。观测后必须将称雪器擦净，秤杆上的两个三棱刀要经常保持清洁，涂油防锈。注意维护锯齿圈，防止变形。

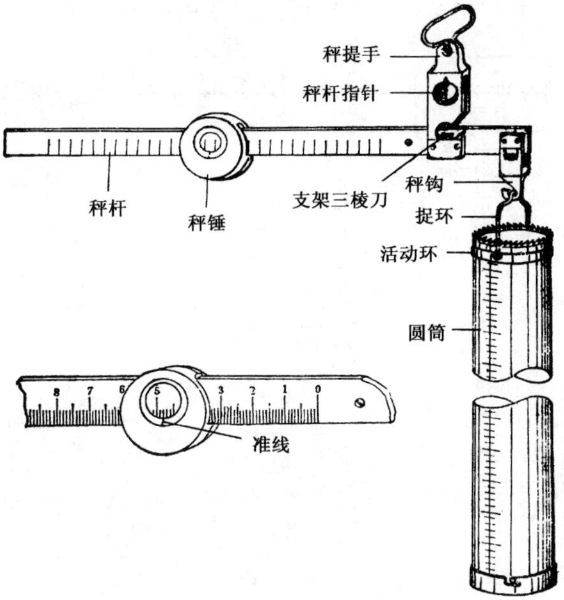

图 6.43　称雪器

6.1.12　蒸发的观测

蒸发是指温度低于水的沸点时，水汽从水面、冰面或其他含水物质表面逸出的过程。蒸发是地表热量平衡和水量平衡的组成部分，也是热能交换的重要因子。

与蒸发有关的物理量有主要有实际蒸发量、潜在蒸散量、蒸发率和蒸发量。实际蒸发量是指地表处于自然湿润状态时来自土壤和植物蒸发的水总量。潜在蒸散量是指在给定气候条件下，覆盖整个地面且供水充分的成片植被蒸发的最大水量的能力。蒸发率是指单位时间内从单位表面面积蒸发的水量，可以表示为在单位时间内单位面积所蒸发的液态水的质量或容积，通常表示为单位时间内从全部面积上所蒸发的液态水的相当深度。气象上测定水面的蒸发量，是指一定口径的蒸发器中一定时间间隔内因蒸发而失去的水层深度，以毫米(mm)为单位，取 1 位小数。它既不能反映自然水面的蒸发及实际的蒸散，也不能反映潜在的蒸发，必须加以修正才能得出湖面蒸发或自然表面实际的和可能的蒸散的可靠估计值。

1. E－601B 型蒸发器

E－601B 型蒸发器是气象站比较常见的一种测量蒸发量的仪器，由蒸发桶、水圈、溢流桶和测针等组成(图 6.44)。

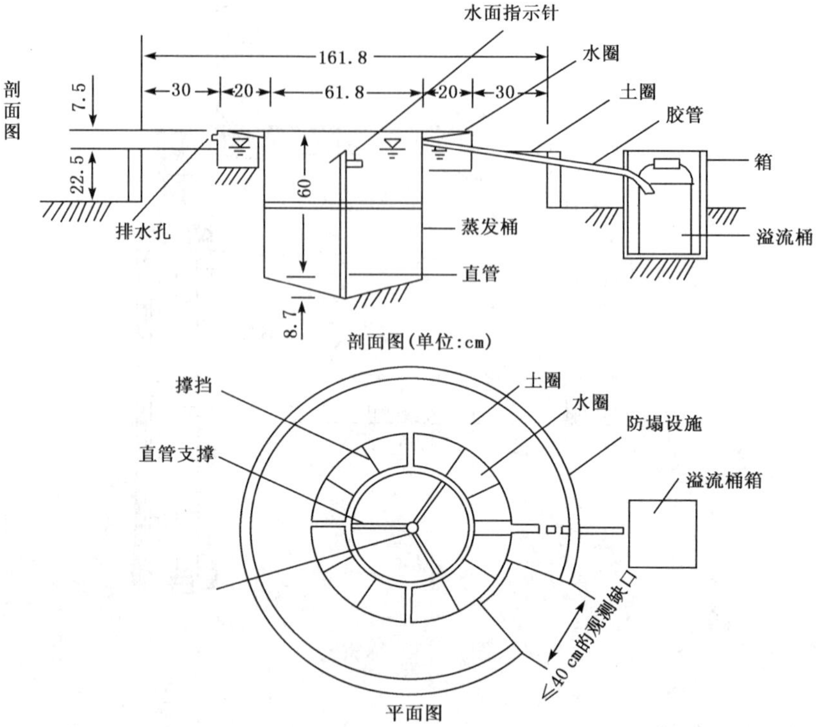

图 6.44 E-601B 型蒸发器

蒸发桶:由白色玻璃钢制作,是一个器口面积为 3000 cm^2,有圆锥底的圆柱形桶,器口正圆,口缘为内直外斜的刀刃形。器口向下 6.5 cm 器壁上设置测针座,座上装有水面指示针,用以指示蒸发桶中水面高度。在桶壁上开有溢流孔,孔的外侧装有溢流嘴,用胶管与溢流桶相连通,以承接因降水较大时从蒸发桶内溢出的水量。

水圈:是安装在蒸发桶外围的环套,材料也是玻璃钢。用以减少太阳辐射及溅水对蒸发的影响。它由四个相同的弧形水槽组成。内外壁高度分别为 13.7cm 和 15.0cm。每个水槽的壁上开有排水孔。为防止水槽变形,在内外壁之间的上缘设有撑挡。水圈内的水面应与蒸发桶内的水面接近。

溢流桶:是承接因降水较大时而由蒸发桶溢出的水量的圆柱形盛水器,可用镀锌铁皮或其他不吸水的材料组成。桶的横截面以 300 cm^2 为宜,溢流桶应放置在带盖的套箱内。

测针:是专用于测量蒸发器内水面高度的部件,应用螺旋测微器的原理制成(图 6.45)。读数精确到 0.1 mm。测针插杆的杆径与蒸发器上测针座插孔孔径相吻合。测量时使针尖上下移动,对准水面。测针针尖外围还设有静水器,上下调节静水器位置，使底部没入水中。

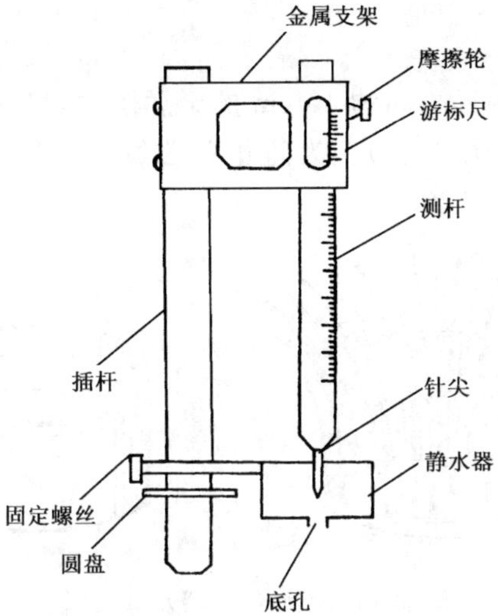

图 6.45　测针示意图

E-601B 型蒸发器安装在观测场内，具体埋设按图 6.44 所示尺寸进行。安装时，力求少挖动原土。蒸发桶放入坑内，必须使器口离地 30 cm，并保持水平。桶外壁与坑壁间的空隙，应用原土填回捣实。水圈与蒸发桶必须密合。水圈与地面之间，应取与坑中土壤相接近的土料填筑土圈，其高度应低于蒸发桶口缘约 7.5 cm。在土圈外围，还应有防塌设施，可用预制弧形混凝土块拼成，或水泥砌成外围。

每日 20 时进行蒸发量观测。观测时先调整测针针尖与水面恰好相接，然后从游标尺上读出水面高度。蒸发量可用如下公式计算

$$Z=A+B-C \tag{6.18}$$

式中 Z 为蒸发量；A 为前一日水面高度；B 为降水量(以雨量器观测值为准)；C 为测量时水面高度。

2. 蒸发传感器

蒸发传感器根据超声波测距原理，选用高精度超声波探头，对 E－601B 型蒸发器内水面高度变化进行检测，转换成电信号输出，并配置温度校正部分，以保证在使用温度范围内的测量精度。蒸发传感器的测量范围为 0～100 mm，分辨率 0.1 mm，测量准确度±1.5%(0～＋50℃)。

蒸发传感器由超声波传感器和不锈钢圆筒组成，安装在 E－601B 型蒸发桶内的专用三角支架上。用 3 个水平调整螺钉将不锈钢筒的底座调整水平，拧紧固定螺钉。应保持不锈钢圆筒最高水位刻度线稍高于蒸发桶溢孔。桶内注水，使水面接近不锈

钢筒的最高水位刻度线处。保持水面位于最高和最低刻度线之间。传感器用电缆与采集器相连。

3. 小型蒸发器

小型蒸发器为口径 20 cm，高约 10 cm 的金属圆盆，口缘镶有内直外斜的刀刃形铜圈，器旁有一倒水小嘴(图 6.46)。为防止鸟兽饮水，器口附有一个上端向外张开成喇叭状的金属丝网圈。

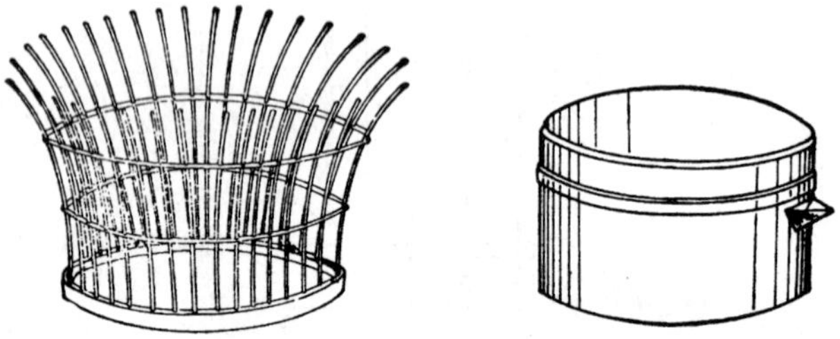

图 6.46 小型蒸发器及蒸发罩

在观测场内的安装地点竖一圆柱，柱顶安一圈架，将蒸发器安放其中。蒸发器口缘保持水平，距地面高度为 70 cm。冬季积雪较深地区的安装与雨量器相同。

6.2 自动气象站

6.2.1 概述

自动气象站是一种能自动地观测和存储气象观测数据的设备。如果需要，可直接或在中心站编发气象报告，也可以人工输入资料，对还不能全部自动化观测的目测或人工观测项目进行编辑，满足业务的需求。在人工气象站，它只是观测员简单的辅助工具；在全自动气象站，它完全代替了观测员的工作。

由一个中心站、若干个自动气象站通过有线或无线通信电路和组网软件就组成了自动气象站网。自动气象观测系统从狭义上说是指自动气象站，从广义上说是指自动气象站网。

实时自动气象站是指能按规定的时间实时提供气象观测数据的自动气象站。非实时自动气象站是指只能定时记录和存储观测数据，但不能实时提供气象观测数据的自动气象站。

6.2.2 体系结构

自动气象站由硬件和系统软件组成。硬件包括传感器、采集器、通讯接口、电源、计算机等,系统软件有采集软件和业务应用软件。为了实现组网和远程监控,还须配置远程监控软件,将自动气象站与中心站连接形成自动气象站网(图 6.47)。

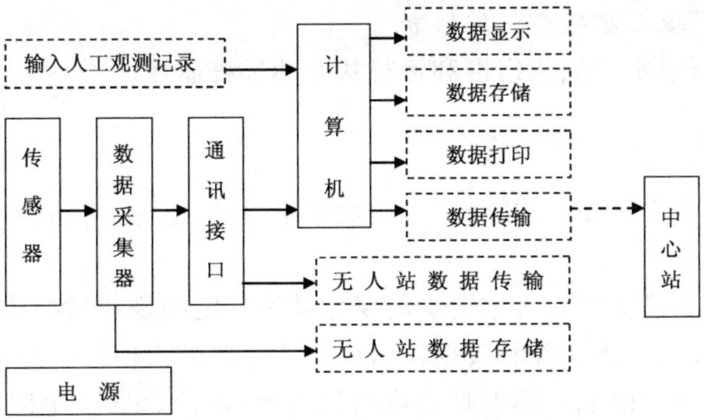

图 6.47　自动气象观测系统结构图

现用自动气象站主要采用集散式和总线式两种体系结构。集散式是通过以 CPU 为核心的采集器集中采集和处理分散配置的各个传感器信号;总线式则是通过总线挂接各种功能模块(板)来采集和处理分散配置的各个传感器信号。

6.2.3　工作原理

随着气象要素值的变化,自动气象站各传感器的感应元件输出的电量产生变化,这种变化量被 CPU 实时控制的数据采集器所采集,经过线性化和定量化处理,实现工程量到要素量的转换,再对数据进行筛选,得出各个气象要素值,并按一定的格式存储在采集器中。

在配有计算机的自动气象站,实时将气象要素值显示在计算机屏幕上,并按规定的格式存储在计算机的硬盘上。在定时观测时刻,还将气象要素值存入规定格式的定时数据文件中。根据业务需要实现各种气象报告的编发,形成各种气象记录报表和气象数据文件。

通过对自动站运行状态数据的分析,实现自动站的远程监控。

6.2.4　主要功能

(1)自动采集气压、温度、湿度、风向、风速、雨量、蒸发量、日照、辐射、地温等全部或部分气象要素。

(2)按业务需求通过计算机输入人工观测数据。

(3)按照海平面气压计算公式自动计算海平面气压;按照湿度参量的计算公式计算水汽压、相对湿度、露点温度以及所需的各种统计量。

(4)按业务需求编发各类气象报告。

(5)按《地面气象观测数据文件和记录簿表格式》形成观测数据文件。

(6)按业务需求编制各类气象报表。

(7)按业务需求实现通讯组网和运行状态的远程监控。

6.2.5 主要硬件

自动气象站的主要硬件包括传感器、数据采集器、电源、通信接口和外围设备。

1. 传感器

传感器是指能感受被测气象要素的变化并按一定的规律转换成可用输出信号的器件或装置，通常由敏感元件和转换器组成。传感器分为模拟传感器、数字传感器和智能传感器三大类。模拟传感器是指输出是电压、电流、电荷、电阻或电容等基本信号，通过信号整形后再把它们转换成电压信号。数字传感器是带有并行数字信号输出的传感器，输出由二进制位或由二进制位组成的信息，以及输出脉冲和频率信号的传感器。智能传感器是一种带有微处理的传感器，具有基本的数据采集和处理功能，可以输出并行或串行信号。

自动气象站常用的传感器包括：

气压——振筒式气压传感器、膜盒式电容气压传感器；

气温——铂电阻温度传感器；

湿度——湿敏电容湿度传感器；

风向——单翼风向传感器；

风速——风杯风速传感器；

雨量——翻斗式雨量传感器、容栅式雨量传感器；

蒸发——超声测距蒸发量传感器；

辐射——热电堆式辐射传感器；

地温——铂电阻地温传感器；

日照——直接辐射表、双金属片日照传感器。

2. 数据采集器

数据采集器是自动气象站的核心，其主要功能是数据采样、数据处理、数据存储及数据传输，其主要技术性能为：

(1)数据采样速率及算法符合本标准“采样和算法”的规定；

(2)采集器的电源能保证采集器至少 7 天正常工作，数据存储器至少能存储 3 天的每分钟气压、气温、相对湿度、1 分钟平均风向和风速、降水量和表 6.7 所列全部或部分项目的每小时正点观测数据，能在计算机中形成规定的数据文件。

表 6.7 每小时正点观测数据

2 min 平均风向	露点温度	最低草温
2 min 平均风速	本站气压	最低草温出现时间
10 min 平均风向	最高本站气压	蒸发量
10 min 平均风速	最高本站气压出现时间	日照时数
最大风向	最低本站气压	总辐射曝辐量
最大风速	最低本站气压出现时间	总辐射最大辐照度
最大风速出现时间	地面温度	总辐射最大辐照度出现时间
瞬时风向	地面最高温度	净全辐射曝辐量
瞬时风速	地面最高温度出现时间	净全辐射最大辐照度
极大风向	地面最低温度	净全辐射最大辐照度出现时间
极大风速	地面最低温度出现时间	净全辐射最小辐照度
极大风速出现时间	5 cm 地温	净全辐射最小辐照度出现时间
降水量	10 cm 地温	直接辐射曝辐量
气温	15 cm 地温	直接辐射最大辐照度
最高气温	20 cm 地温	直接辐射最大辐照度出现时间
最高气温出现时间	40 cm 地温	水平直接辐射曝辐量
最低气温	80 cm 地温	散射辐射曝辐量
最低气温出现时间	160 cm 地温	散射辐射最大辐照度
相对湿度	320 cm 地温	散射辐射最大辐照度出现时间
最小相对湿度	草温	反射辐射曝辐量
最小相对湿度出现时间	最高草温	反射辐射最大辐照度
水汽压	最高草温出现时间	反射辐射最大辐照度出现时间

(3)具有显示功能的采集器，能直接从显示器上读取以下瞬时数据的全部或部分：风向、风速、气温、相对湿度、本站气压、海平面气压、降水量、各层地温、各种辐射的辐照度等；能直接从显示器上读取以下定时数据的全部或部分：2 min 平均风向、2 min平均风速、气温、露点温度、本站气压、海平面气压、降水量等。

(4)时钟误差每月不超过 30 s。

(5)可以使用交流或直流供电。

3. 电源

自动气象站具备高稳定性、无干扰的系统电源。在有市电的地方,使用市电,并对备用电池浮充电,以备市电出现故障时使用。若使用计算机,则应配备不间断电源(UPS)和后备电池。在无市电的地区,自动气象站可用电池供电。这时,可用辅助电源对电池充电。可作为辅助电源的有:柴油或汽油发电机、风力发电机、太阳能电池板等。

4. 通信接口

连联接采集器与计算机、计算机与中心站、采集器与中心站等的通信连接设备。

5. 外围设备

根据业务的需要,可配置的外围设备有:计算机、打印机、显示器等。

6.2.6 软件系统

自动气象站的软件系统主要包括采集软件和业务软件。

采集软件由厂家提供,写在采集器中,主要功能包括:(1)接受和响应业务软件对参数的设置和系统时钟的调整(时钟也可在采集器上直接调整,但必须保证采集器和计算机时钟一致);(2)实时和定时采集各传感器的输出信号,经计算、处理形成各气象要素值;(3)存储、显示和传输各气象要素值;(4)大风报警;(5)运行状态监控。

业务软件根据地面气象观测业务的需要编制,由国务院气象主管机构颁发,主要功能包括:参数设置、实时数据显示、定时数据存储、编发气象报告、数据维护、数据审核、报表编制,按照《地面气象观测数据文件和记录簿表格式》形成统一的数据文件等。

6.2.7 采样和算法

自动站的数据采样在采集器中完成,采样顺序:气温、湿度、降水量、风向、风速、气压、地温、辐射、日照、蒸发。气温、湿度、气压、地温、辐射的采样速率为每分钟6次,去掉一个最大值和一个最小值,余下的4次采样值求算术平均;1 min平均值为瞬时值。风向、风速的采样速率为每秒钟1次,求3 s、2 min、10 min的滑动平均值;3 s的平均值为瞬时值。降水量、蒸发量和日照时数的采样速率为每分钟1次。平均值在等时间间隔内取得,时间间隔不能超过传感器的时间常数。各要素的时间常数、采样速率、平均时间要按《中国气象局地面气象观测规范》执行。

具体算法如下:

(1)平均值

(a)气温、湿度、气压、地温、辐射均为1 min内有效采样值的算术平均。

(b)风速以1 s为步长,求3 s的滑动平均值;以1 s为步长,求1 min和2 min滑动平均风速;以1分钟为步长,求10 min滑动平均风速。

(c)风向、风速采用滑动平均方法,计算公式为

$$\overline{Y_n} = K(y_n - \overline{Y_{n-1}}) + \overline{Y}_{n-1} \tag{6.19}$$

$$K=3t/T \tag{6.20}$$

式中$\overline{Y_n}$为 n 个样本值的平均值;$\overline{Y}_{n-1}$为 $n-1$ 个样本值的平均值;y_n 为第 n 个样本值;t 为采样间隔,单位:秒(s);T 为平均时间区间,单位:秒(s)。

风向过零处理算法:计算 $y_n-\overline{Y}_{n-1}=E$,若 $E>180°$,则从 E 中减去 360°;若 $E<-180°$,则在 E 上加 360°。再用此 E 值重新计算$\overline{Y_n}$。若新计算的$\overline{Y_n}>360°$,则减去 360°;若新计算的$\overline{Y_n}<0°$,则加上 360°。

(2)极值选取:最大风速从 10 min 平均风速值中选取;其他要素的极值(含极大风速)均从瞬时值中选取。

(3)降水量、日照时数、蒸发量、辐射均计算累计值。

6.3　高空气象探测

高空风、温度、气压、湿度是研究大气热力和动力过程,进行天气分析和预报的基础资料,获得这些资料的一条重要途径是高空探测,这就需要采用一些特殊的工具和设备将探测仪器带入空中。高空探测时,可以采用氢气球作为升空工具,也可以采用火箭、飞机等设备将探测仪器带入空中,然后通过降落伞投放探测仪器。目前,气象观测业务中常用的高空探测工具是气象气球。

6.3.1　高空风的探测

1. 气球升速

气象气球一般采用天然乳胶制成,有多种规格,可以根据不同的探测需要选择不同规格的气象气球。另外,需要根据不同的天气状况选择合适的气球颜色,便于区分天空背景和气球颜色。

充满氢气的气球在升空过程中受到向上的浮力、自身重量(包括氢气、球皮及附加物,如探空仪)的重力和大气阻力的作用。气球刚刚升空时,所受净举力大于大气阻力,会做加速运动,但随着升速的增加,大气阻力会急剧增大,在几分钟之内即可与净举力达到平衡,气球匀速上升。经过理论分析和推导,可以得到气球的升速公式

$$w = b_1 \left(\frac{\rho_0}{\rho}\right)^{\frac{1}{6}} \frac{\sqrt{A}}{\sqrt[3]{A+B}} \tag{6.21}$$

$$b_1 = b\rho_0^{-\frac{1}{6}}$$

$$b=\sqrt[3]{\frac{\left(1-\frac{\rho_{H_2}}{\rho}\right)}{6\pi^2}}\cdot\sqrt{\frac{4\pi g}{c}}$$

式中 w 是气球升速；b_1 为升速系数；ρ_{H2} 是氢气密度；ρ_0 是空气标准密度，指气温20℃、气压 760 mmHg 时的空气密度，$\rho_0=1.205\ \mathrm{kg/m^3}$；$c$ 是空气阻力系数，一般取 $c=0.4$。实际工作中，可以据此制作升速 w 与净举力 A 之间的查算表。

2. 气球定位

为了确定气球在空中的位置，需要采用光学测风经纬仪或者无线电经纬仪、测风雷达等设备。光学测风经纬仪是高空风测量中常用的一种精确测定角度的精密光学仪器，其光学系统有足够的放大倍数，视野广阔，视野中心有便于定位的十字线，望远镜光轴有 90°折角，而且具有夜间照明设备。光学测风经纬仪的上述特点，有助于人们无论白天还是夜间，都可以方便地跟踪出现在天空任何位置的气球，并从目镜的刻度盘上直接读出气球的方位角和仰角(图 6.48)。

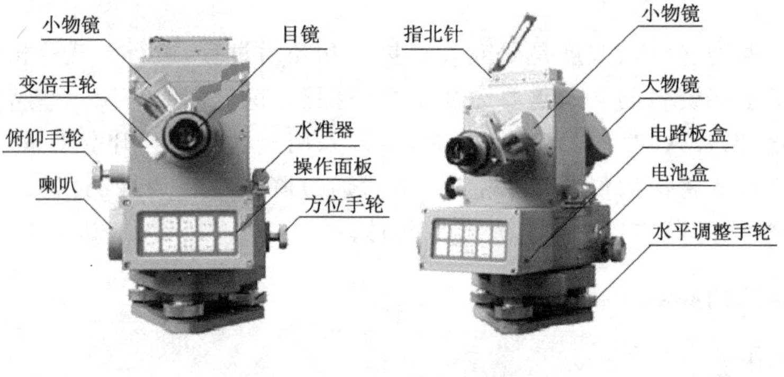

图 6.48 光学经纬仪测风

除光学经纬仪之外，还可以采用无线电经纬仪来确定气球在空中的位置。与光学经纬仪不同的是，无线电经纬仪通过测定气球携带的探空仪发出的信号来确定其方位角和仰角。

另外，可以通过测风雷达来确定气球的位置(图 6.49)。通过雷达天线系统来测定气球的方位角、仰角，以及气球与雷达之间的斜距，从而可以准确定位气球的位置。

3. 高空风计算

(1)单点测风法

单点测风法是指通过一台经纬仪在一个固定地点观测气球的移动轨迹来确定高空的风向和风速。如图 6.50 所示，O 点为观测点位置，ON 指向正北方向，P_i 为某一时刻气球在空中的位置，C_i 是其在地面的投影点，$i=1, 2, 3, \cdots$。观测时，在秒表的控制下每隔 Δt 时间(如 60s)记录一次气球空中的方位角和仰角。例如：气球位于

图 6.49　L 波段测风雷达

P_1 点时的仰角为$\angle P_1OC_1$，方位角为$\angle NOC_1$。通过三角关系，可以确定气球在 Δt 时间的水平位移 OC_1，C_1C_2，C_2C_3，C_3C_4 等。这样，也就可以确定气球经过每个气层 $P_iP_{i+1}(i>1)$时的平均风向为矢量 $\overrightarrow{C_iC_{i+1}}$ 与正北方向的夹角；平均风速 $v_i=\dfrac{C_iC_{i+1}}{\Delta t}$ 。值得注意的是，在计算风速时，忽略了大气的垂直运动，与实际大气状况并不完全吻合。因此，单点测风法虽然简单易行，但测量误差较大。

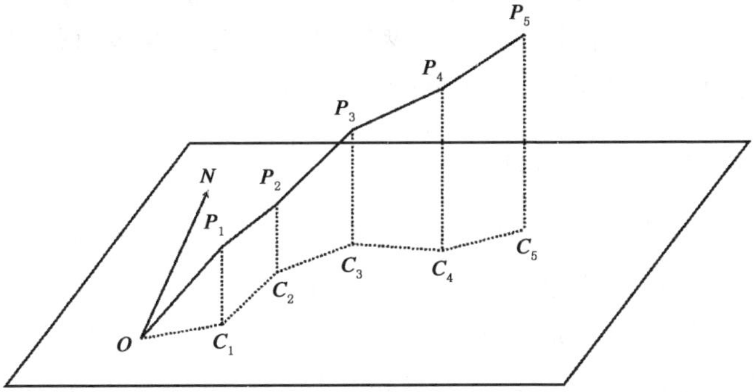

图 6.50　单点测风示意图

(2)基线法测风

为了更加准确地测量高空风，常采用两台经纬仪假设在已知距离的两个测点上同时观测气球的运动轨迹，并记录气球的方位角和仰角，然后通过计算测定高空风向和风速,称之为基线测风法(图 6.51)。采用基线测风法测量高空风时,通常选择与当地盛行风垂直的方向作为基线方向,为了保证基线法测风的精度,一般要求基线长度达到气球飞升最大高度的 1/5～2/5。与单点测风法一样,基线测风的关键也是如何获得气球离地面的高度。

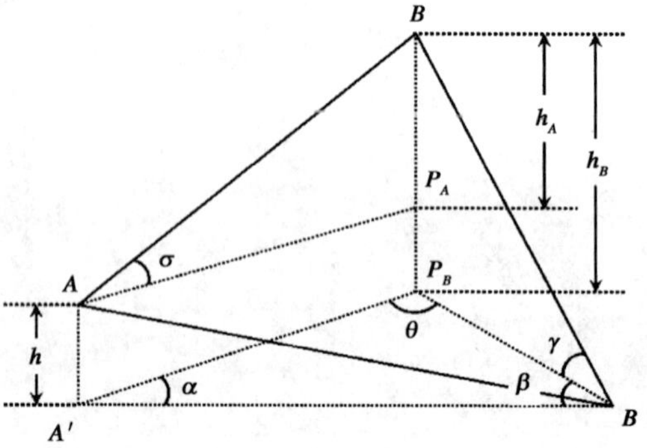

图 6.51 水平面投影法计算气球高度

(3)GPS 导航测风

GPS 是全球定位系统(Global Positioning System)的英文首字母缩写。GPS 主要包括 GPS 卫星、地面监控系统和 GPS 接收机等三大部分。GPS 卫星上携带有铯原子钟,其频率稳定度相当高,可以保证卫星定位的误差小于 3 m。GPS 导航测风正是通过 GPS 卫星的高精度定位来测定气球的空间位置,方法是在气球携带的探空仪上安装超小型的简易 GPS 信号接收机(图 6.52)。不过,GPS 导航测风的成本比较高。另外,虽然 GPS 的水平定位精度比较高,但垂直定位精度有待提高。因此,目前 GPS 导航测风尚未在气象探空业务中得到广泛应用。

6.3.2 高空温度、气压、湿度探测

目前,在高空气象探测业务中,高空温度、气压和湿度的探测主要采用 L 波段无线电探空系统。L 波段无线电探空系统的工作频率为 1660～1690 MHz,主要由探空仪和地面接收设备这两大部分组成,其中探空仪主要由感应器、编码机构和发射装置组成。通过气球的携带,无线电探空仪的感应器可以探测到周围大气的温度、气压和湿度等气象要素值,经过编码机构的信号转换,可以将它们转换成无线电信号向地面接收设备发送。经过地面接收设备的接收和处理,可以获得气球升空路径的大气温度、气压和湿度。

目前,常用的探空仪是 GZZ2-1 型电码式探空仪,其温度感应器采用双金属片,湿度感应器采用肠膜,气压感应器采用金属空盒。当环境温度改变时,通过双金属片

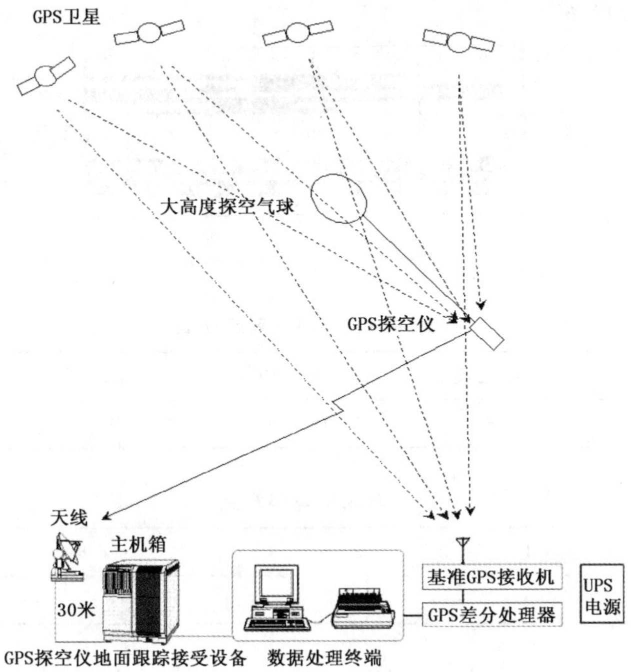

图 6.52 GPS 测风示意图

的形变带动指针发生扭转，指针在电码筒上位置的变化，发出不同的温度信号。类似地，当湿度(气压)发生变化时，肠膜的伸缩(空盒的形变)带动指针在电码筒上位置的变化，发出不同的湿度(气压)信号。

GZZ2-1 型电码式探空仪的编码机构采用微型电机驱动的电码筒构成。电码筒是卷成半圆形的电码片，上面刻有槽纹，槽纹上印有电码图案(图 6.53)。电码片有两排导电花纹(图中深色)，上面一排代表电码的十位数，共 35 个电码，下面一排代表电码的个位数，共 350 个电码。每 1 个十位数电码对应 10 个个位数电码，即每个十位数占有十个槽纹的宽度，每个个位数只占一个槽纹的宽度。350 个电码共分五段，排列顺序见表 6.8，电码的意义见表 6.9。探测仪工作时，感应器的指针首先与十位数电码部分接触，然后与个位数电码部分接触，因而气象要素电码都由两个电码组成。例如：电码顺序依次为“— ••”和“• —”时表示 49。电码片在电机的驱动下，依次发出参考信号、温度信号、气压信号和温度信号，依此循环往复。

发射装置是一个电感三点式振荡器发射机，产生 24.5 MHz 的高频电磁波，其作用是将探空仪各感应器测得的大气温度、湿度和气压信号通过单端半波天线以无线电波的形式传送给地面接收设备。

地面接收设备用来接收和记录探空仪的信号，主要包括信号接收机、天线、轻便记录器和秒表等设备。

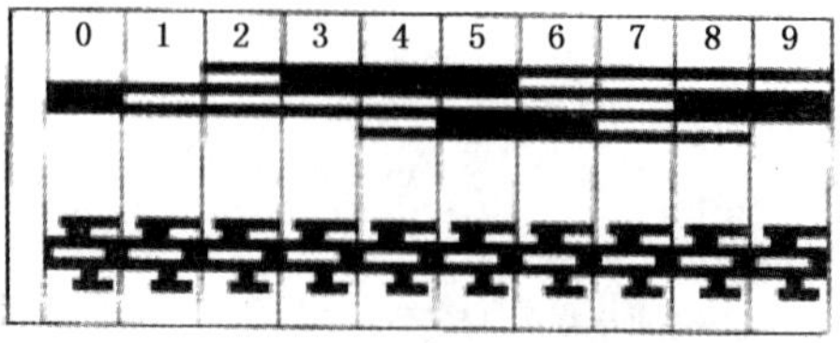

图 6.53 电码片示意图

表 6.8 电码排列顺序表

第一段	第二段	第三段	第四段	第五段
75～99	00～99	00～99	00～99	00～24

表 6.9 电码意义

电码	0	1	2	3	4	5	6	7	8	9
意义	—	••	•••	—•	—••	——	••—	••••	•—•	•—

GTS1 型数字式探空仪是用于高空大气温度、湿度和气压测量的另一种探空仪，但是需要与二次测风雷达配合使用。GTS1 型数字式探空仪主要由传感器系统、数据转换系统和发射机等三部分组成(图 6.54)。在探空仪随气球升空过程中，探空仪的热敏电阻、湿敏电阻、压力传感器等感应器件随大气的温度、湿度和气压的变化而改变阻值大小或输出电压大小，这些变化通过模/数转换器转换成不同的二进制数据，并被调制到载波中心频率为 1675±3 MHz 的发射机上，向地面二次测风雷达发射温度、湿度、气压的无线电二进制代码和测距应答脉冲，实现 0～30 km 垂直高度的温、湿、压、风向和风速的综合探测。探空仪的采样周期≤1.5 s，数据内容包括时间、探空仪编号和测量要素代码。

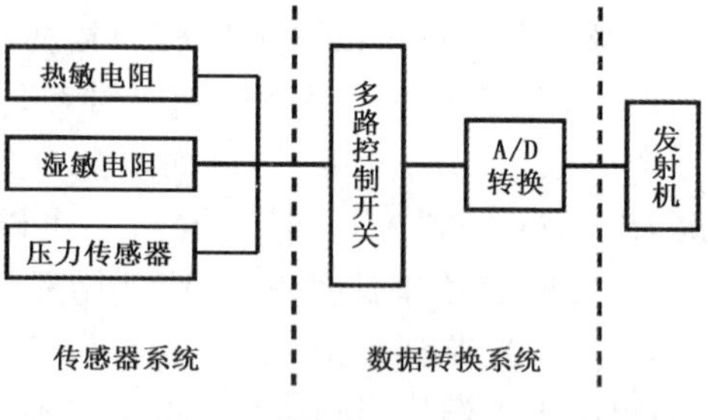

图 6.54 GTS1 型数字探空仪工作原理简图

参考文献

孙学金,王晓蕾,李浩,等.2009.大气探测学.北京:气象出版社.

张霭琛.2000.现代气象观测.北京:北京大学出版社.

张文煜,袁九毅.2007.大气探测原理与方法.北京:气象出版社.

中国气象局监测网络司.2005.L 波段(1 型)高空气象探测系统业务操作手册.北京:气象出版社.

思考题

1. 为什么要开展气象观测? 气象观测的基本要求是什么?
2. 常规气象观测的内容有哪些?
3. 列举常见的温度、气压、湿度的仪器,并简要说明它们的观测原理。
4. 什么是自动气象站? 由哪几部分组成?
5. 为什么要进行高空探测? 可以获得哪些气象要素?

第 7 章 天气雷达

雷达是英文 Radar(radio detection and ranging 的缩写)的音译,原意是“无线电探测和测距”,是利用微波波段电磁波探测目标物的电子设备。现代雷达利用物体对电磁波的散射来发现目标、鉴别目标属性、测定目标参数及提取丰富的信息,在军事、气象、交通、航空、遥感、勘探等领域发挥了重要作用。自 20 世纪 60 年代以来.半导体集成电路和计算机的飞速发展,提供了自动控制、信号与数据处理及终端显示的核心技术,使雷达成为高度智能化的系统。

气象雷达是用于探测气象要素和各种天气现象的雷达,属于主动式微波大气遥感设备。20 世纪第二次世界大战前雷达主要用于军事目的,当时云、雨等气象目标的回波被视为干扰信息。利用各种波段各种类型的雷达对大气进行探测和研究,为中小尺度天气预报提供了丰富的三维结构演变信息,成为大气科学研究的一个重要手段。气象雷达使用的无线电波长范围从 1cm 到 1000cm,雷达常用波段如表 7.1。

表 7.1 雷达常用波段表

波段代号	标称波长(cm)	波长范围(cm)
W	0.3	0.375～0.3
V	0.4	0.5～0.375
U	0.6	0.75～0.5
Ka	0.8	0.75～1.11
K	1.25	1.11～1.67
Ku	2	1.67～2.5
X	3	2.5～3.75
C	5	3.75～7.5
S	10	7.5～15
L	22	15～30
UHF(ultra high frequency)	特高频	10～100
VHF(very high frequency)	甚高频	100～1000

雷达探测大气目标的性能与其工作波长有关。广义地，气象雷达按探测目标可分为测雨雷达、测云雷达、测风雷达或称探空雷达（L波段，与无线电探空仪配套使用的高空风测风雷达，对位移气球定位的专门设备）、风廓线雷达（测大气垂直风廓线）、声雷达（测温）、激光雷达（测大气分子或悬浮物质）；按探测的平台可分为地基雷达（又分为固定站点雷达和车载移动雷达）、机载雷达、星载雷达；按探测方式还有双偏振雷达、相控阵雷达及双基地雷达等；根据电磁波的相位提取技术，还可分为天气雷达（非相干的）和多普勒天气雷达（相干的），多普勒天气雷达不仅可以获得回波强度，还可以获得径向速度和速度谱宽，有利于探测云体的气流结构。

根据云雨粒子对无线电波的散射和吸收特性，各波段有一定的探测目标适用范围。常用K波段雷达探测不产生降水的云，用X、C和S波段雷达探测降水，其中S波段最适用于探测暴雨和冰雹，用高灵敏度的UHF和VHF可以探测对流层—平流层—中间层的晴空流场。本章介绍的天气雷达主要指测雨雷达（X、C、S波段）。

雷达气象学研究气象回波的形成理论、探测方法以及资料的分析应用，它是综合了电磁波理论、电子信息工程、大气探测、天气学等学科的交叉科学。雷达气象学主要包含两方面的内容：(1)充分利用雷达回波携有的信息，包括对信息原理的研究、雷达技术的提高和对回波信息的有效处理；(2)对探测结果从天气学和云物理学方面做出科学的解释。测雨雷达广泛应用于气象、航空、水文等领域，在灾害性天气监测、临近预报、定量测量降水、中尺度模式同化等方面，可以提供高时空分辨率（空间分辨率为10～1000 m，时间分辨率以分钟计）的降水及风场的三维结构，是监测台风、暴雨、龙卷、冰雹、飑线等灾害性天气的重要手段。

我国自2000年至今建设了新一代多普勒天气雷达网，已有164部雷达进入业务预报，今后还将有更多的雷达投入使用。

7.1　天气雷达的组成和工作原理

天气雷达由触发信号产生器、发射机、天线转换开关、天线、接收机、天线传动装置和显示器等部分组成，工作原理如图7.1所示。

7.1.1　触发信号产生器

它是整个雷达的指挥中心，能使各部分协调地工作。它的任务是周期性地产生一个触发脉冲，输送到发射机和显示器，使发射机开始工作，产生强大的高频振荡，信号同时传给显示器。

每秒钟产生的触发脉冲的数目，称为脉冲重复频率，用 F 表示。两个相邻脉冲之间的间隔时间，称为脉冲重复周期，用 T 表示，它等于脉冲重复频率的倒数。脉冲

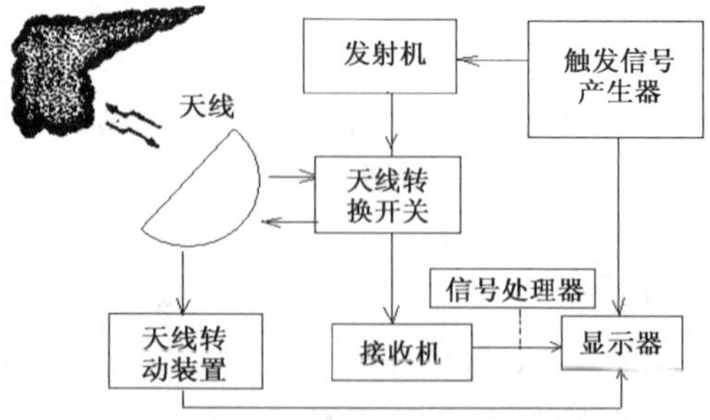

图 7.1 天气雷达工作原理示意图

重复频率要根据雷达的最大探测距离来选定，以保证位于最大探测距离上目标的回波信号能在下一个探测脉冲发生之前回到雷达天线。

7.1.2 发射机

在触发脉冲的作用下，发射机产生短促而强大的高频振荡，经过天线发射出去，这就是探测脉冲。发射机的主要技术参数有波长 λ(或振荡频率 f)，脉冲宽度 τ 和脉冲发射功率 P_t。

(1)波长 λ——电磁波在一个振动周期内传播的距离，它可以用相邻两个波峰或波谷之间的距离来表达。波长是决定气象雷达性能的重要参数，因为同一目标对不同波长的电磁波的散射和衰减特性有很大差别，所以不同用途的气象雷达具有不同的波长。

(2)脉冲宽度 τ——探测脉冲的振荡持续时间。由于探测脉冲具有一定的持续时间，因而它在空间也有一定的长度 h，$h=\tau c$，(c 是光速)，若脉冲宽度以 μs 为单位，则上式可以写成：$h=300\tau$(m)。为精确地测定降水区的大小和内部结构，天气雷达通常采用较窄的脉冲宽度。有的雷达为适应探测不同距离目标的需要，可有几种脉冲宽度：探测近目标时采用较窄的脉冲宽度，探测远目标时为了增大回波信号的强度，采用较宽的脉冲宽度。

(3)脉冲功率 P_t——发射机发出脉冲的峰值功率。为了增加天气雷达的探测能力，其脉冲发射功率很大，但发射机的平均发射功率并不大，因为在脉冲间歇期间并不发射能量。

7.1.3 天线转换开关

将天线、发射机和接收机连接起来的装置。脉冲雷达的发射和接收可以共用一个天线，它的作用是在发射时接通天线和发射机，使强大的高频振荡脉冲顺利地到达天线，不进入接收机；而在脉冲间歇期间天线和接收机接通，使回波信号全部进入接收机。

7.1.4　天线

由辐射体和反射体两部分所组成。反射体通常采用抛物面型，辐射体是用波导管扩展而成的喇叭口，位于抛物面反射体的焦点上。从发射机来的电磁波能量，由喇叭口辐射出来，经过抛物面反射体的反射，聚集成一束狭窄的强电磁波，向空间定向地辐射出去，图 7.2 是天线辐射示意图。

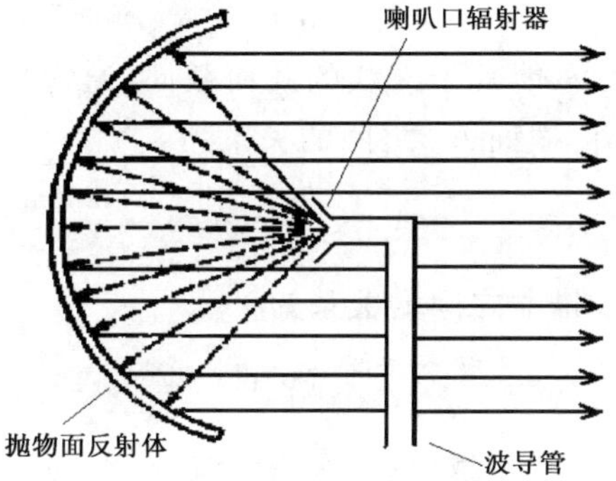

图 7.2　天线辐射示意图

下面介绍天线的几个主要参数：

(1)天线方向图及波束宽度——雷达波束虽然肉眼看不见，但可用仪器测出其电磁场强度及能流密度的空间分布。在极坐标上绘出通过天线的水平和垂直面上的辐射能流密度的相对分布曲线图，称为天线方向图(见图 7.3)。曲线上各点与坐标原点的连线长度，代表该方向相对辐射能流密度的大小。图中在最大发射方向上的称为主波瓣，侧面的称为旁瓣，相反方向的称为尾瓣。

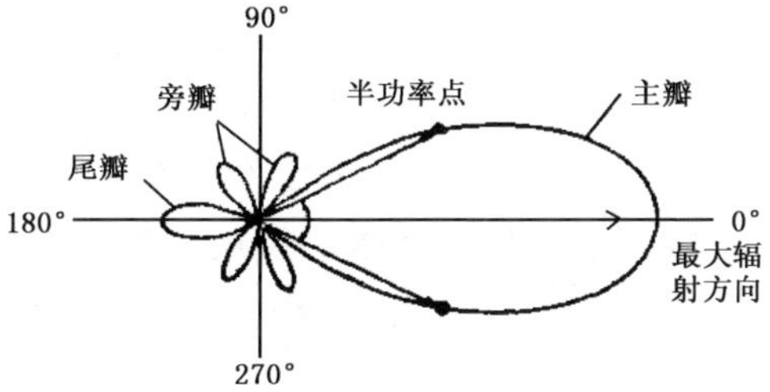

图 7.3　天线方向图

在天线方向图上，两个半功率点方向的夹角，称为波束宽度，用来衡量波瓣的宽度。波束宽度是指天线主瓣的宽度，它是天线的一个重要参数。在垂直面上的波束宽度，用 θ 表示；在水平面上的波束宽度，用 φ 表示。波束宽度越小，角度的分辨率越高，探测精度也越高。气象雷达天线的波束宽度，通常不超过 2°(如 0.5°，1°)。

(2)天线增益——辐射总功率相同时，定向天线在最大辐射方向的能流密度与各向均匀辐射的天线的能流密度之比用 G 表示。增益 G 与波束宽度 θ、φ 的关系为

$$G=\pi^2/\theta\varphi$$

(3)天线有效面积 A_s——天线反射体能有效地接收回波信号的口径面积。回波的能流密度 S_s，乘上天线的有效面积 A_s，即为天线所接收的总回波功率 P_r，即

$$P_r=S_s\cdot A_s$$

天线的有效面积最大只能等于天线的几何截面，通常小于几何截面。圆抛物面天线的有效面积 A_s 和几何截面 A_p 之间的关系为

$$A_s=\frac{2}{3}\cdot A_p$$

天线有效面积和天线增益之间的关系为

$$A_s=\frac{G}{4\pi}\cdot\lambda^2 \quad 或 \quad G=\frac{8\pi}{3\lambda^2}\cdot A_p$$

可见天线的尺寸越大，波长越短，天线增益就越高。大的天线增益有利于提高雷达探测能力和精度，所以天气雷达通常具有较大的天线。为了增强天线的抗风性能和减轻重量，天线反射体有时做成棚状或外加防风罩。

(4)雷达波的偏振(极化)——雷达发射的电磁波通常是平面偏振波或线偏振波，即在垂直于电磁波传播方向的平面内电矢量的振动只限于某一个固定的方向。电矢量所在的平面称为电磁波的偏振平面。为了探测非球形降水粒子，目前双偏振(发射和接收水平偏振波和垂直偏振波)雷达探测正在迅速发展。

7.1.5 接收机

放大来自目标的回波信号，并进行信号处理。天线接收的回波信号非常微弱，接收机应具有接收微弱信号的能力，这种能力称为灵敏度，用接收机的最小可测功率 $P_{\min}$ 表示，即回波信号刚能从噪声信号中分辨出来时的回波功率。接收机的放大倍数用增益(dB)表示。随着数字信号处理技术的发展，接收机的信号处理步骤已由数字信号处理器实现，它成为了雷达的重要组成部分。

7.1.6 天线传动装置

天线传动装置的作用是：(1)通过天线传动系统操纵雷达天线进行各种方式的扫描；(2)通过同步系统将天线的方位角和仰角数据传送到雷达显示器，使显示器上的

扫描线按照天线的方位角和仰角同步转动。由于天气雷达探测的是三维空间中的气象目标，所以其天线应该能指向任何方向。它的基本扫描方式有两种：一种是方位扫描，天线以选定的仰角环绕垂直轴作圆周扫描；一种是垂直扫描，在选定的方位上天线作俯仰扫描。

7.1.7 显示器

显示目标的回波信号，以便直接测定目标的大小、位置、强度和性质等。天气雷达中常用的显示方式有：

(1)平面位置显示(PPI——plan position indication，简称平显)——天线固定某仰角，以正北方向为起始方位顺时针作全方位360°圆锥扫描，显示目标的距离与方位(图7.4)。

(2)距离高度显示(RHI——range height indication，简称高显)——天线固定某方位，做俯仰扫描，显示目标的垂直剖面(图7.5)。等距离线为垂直的竖线，等高度线是水平横线。注意距离高度显示器所显示的回波在垂直方向上被拉长(因充分利用显示屏，横、纵坐标比例不同)。

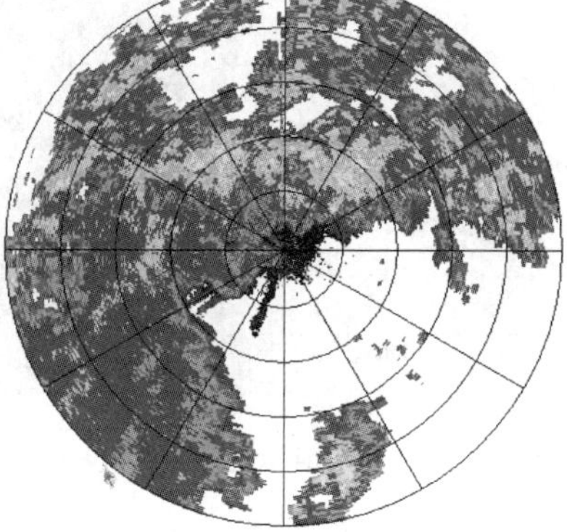

图7.4 PPI图

(3)等高平面位置显示(CAPPI——constant altitude plan position indication)

PPI所显示的是锥面回波，当天线的仰角不是0°时，并受地球曲率的影响，雷达天线的波束在不同距离上的高度不同。实际工作中需要等高面的回波显示——等高位置平面显示器(CAPPI)，用体积扫描(不同仰角的一系列PPI扫描)资料经计算机插值处理而合成，CAPPI的资料插值示意图和回波显示图见图7.6。

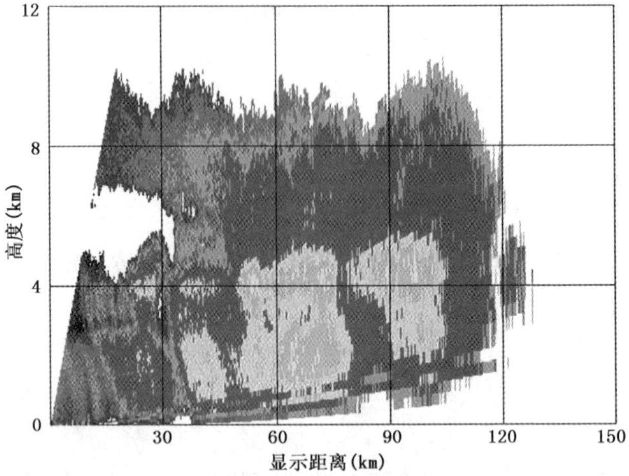

图 7.5 RHI 图

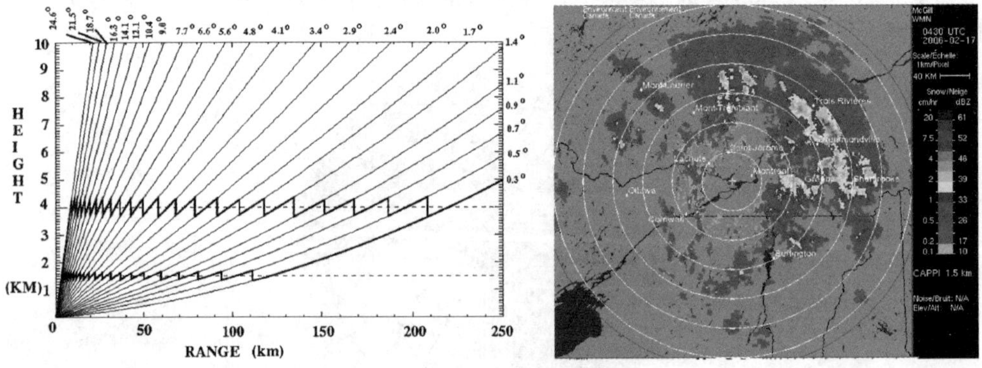

图 7.6 CAPPI 的资料插值示意图(左)及回波显示(右)。

7.2 天气雷达探测原理

7.2.1 气象目标对雷达电磁波的散射

气象目标物对电磁波的散射是雷达探测大气的基础,引起电磁波散射的主要物质:大气介质、云雾、降水粒子等。

1. 散射现象及散射特性

当电磁波束在大气中传播,遇到空气介质或云滴、雨滴等悬浮粒子时,入射电磁波会从这些介质或粒子上向四面八方传播开,这种现象称为散射现象,散射的电磁波称为散射波(图 7.7)。日常生活中遇到的散射现象很多,夜间从侧旁能看到探照灯的光束,云层密布的白天仍有一定亮光等现象都是光散射的结果。

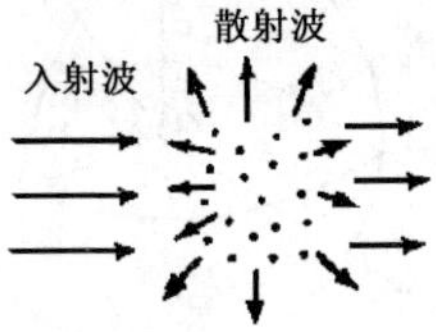

图 7.7 入射波与散射波的示意图

雷达波束通过云、降水粒子时,被云雨目标散射,其中有一部分散射波返回雷达方向,被天线接收,经过接收机信号处理后显示出回波。粒子产生散射的原因是:粒子在入射电磁波极化下作强迫的多极振荡,从而发出次波,这就是散射波。粒子对入射电磁波的散射,只改变电磁波的传播方向,不改变其能量形式。但当入射电磁波在粒子介质内部传播时,有一部分电磁能被吸收并转化为热能,使电磁波能量受到衰减。

粒子散射电磁波的能力,与粒子的大小、形状以及它的电学特性有关。目前只能对圆球形、圆柱形、小椭球形等少数几种几何形状比较简单的粒子的散射求出精确的解析解。气象上云滴、雨滴等粒子一般可以近似地看做是圆球形或椭球形。当雷达波长 λ 确定后,球形粒子的散射情况主要取决于粒子直径 d 和波长 λ 之比。对于 $d \ll \lambda$ 的小球形粒子的散射,称为瑞利(Rayleigh)散射;$d \approx \lambda$ 的大球形质点的散射,称为米(Mie)散射。下面分别讨论这两种散射的情况。

2. 球形粒子的瑞利散射

根据以下 5 点假设:(1)粒子半径远小于入射波长,即 $r \ll \lambda$;(2)散射粒子的电学特性各向同性;(3)散射粒子不带自由电荷;(4)入射波是周期性变化的平面偏振波;(5)散射粒子不是导体,复折射率(complex refractive in dex)m 不大。

一般云滴、雨滴对于厘米波雷达的散射满足上述条件。当雷达波是平面偏振波时,瑞利散射在球坐标中的方向函数为

$$\beta(\theta,\varphi) = \frac{16\pi^4 r^6}{\lambda^4}\left|\frac{m^2-1}{m^2+2}\right|^2(\cos^2\theta\cos^2\varphi + \sin^2\varphi) \tag{7.1}$$

式中 φ 是任意散射方向与 $x-y$ 平面之间的夹角;θ 是任意散射方向在 $x-y$ 平面上的投影与入射波能流密度方向之间的夹角(电磁矢量与坐标的示意图见图 7.8);$m = n - ik$ 是复折射率,n 是普通的折射率,k 是吸收系数;$\left|\frac{m^2-1}{m^2+2}\right|^2$ 表示复数模的平方。瑞利散射方向性分布见图 7.9。

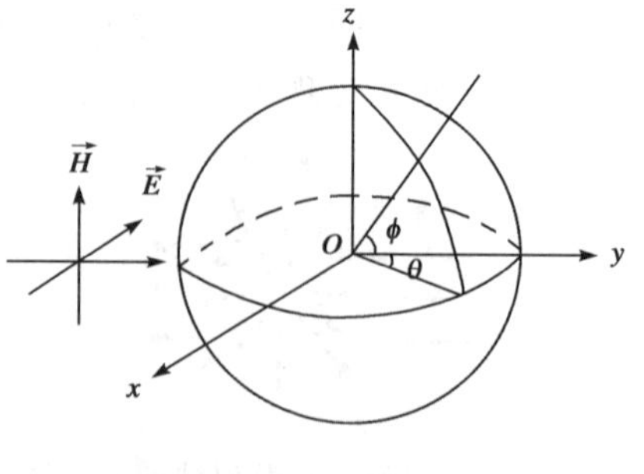

图 7.8 电磁矢量与坐标

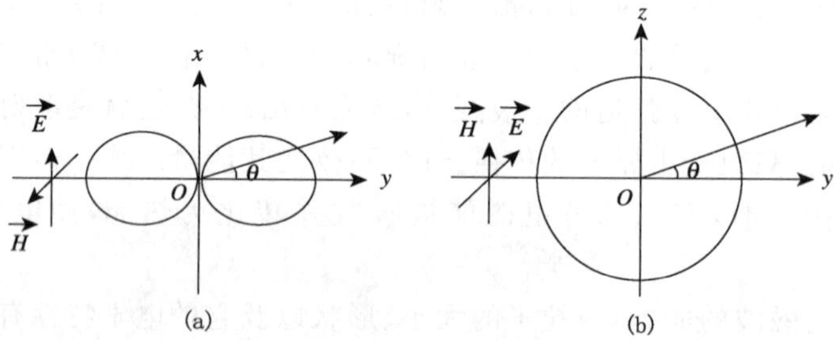

图 7.9 瑞利散射方向性图

当雷达波长及粒子大小和相态一定时，λ, r, m 都是常数，在 $x-y$ 平面上，即 $\varphi=0°$，则 $\beta(\theta)=C\cos^2\theta$，式中 C 为常数。因此，在 $\theta=0°$、$180°$ 时 $\beta(\theta)$ 有最大值，即质点的前向散射和后向散射为最大；在 $\theta=90°$、$270°$ 时 $\beta(\theta)$ 有最小值，并且等于零，即质点无侧向散射。瑞利散射时的散射能流密度公式为

$$S_s=\frac{S_i}{R^2}\frac{16\pi^4r^6}{\lambda^4}\left|\frac{m^2-1}{m^2+2}\right|^2(\cos\theta^2\cos\varphi^2+\sin\varphi^2) \tag{7.2}$$

式中 S_i 为入射的平面电磁波能流密度。由(7.2)式可知，对于半径 r 一定的小球形粒子，当 r、m、θ、φ、S_i 也一定时，散射的能流密度 S_s 正比于 $1/\lambda^4$，即雷达波长越短，散射越强。若雷达波长一定时，在满足瑞利假设 $r\ll\lambda$ 的前提下，粒子半径越大，散射越强。

3. 球形粒子的米散射

当球形粒子的 $\alpha=2\pi r/\lambda>0.13$ 时，用瑞利公式计算会产生误差，随着 α 增大，瑞利散射公式就不再适用。Mie 建立了包括“大”、“小”球形粒子在内的普遍的球形粒子散射理论，并导出了散射函数的表示式，下面简述米散射理论的假设和结果。

米散射理论所作的几点假设：

(1)粒子是球形的，粒子内外部不含自由电荷，散射粒子不是导电体；

(2)粒子内、外介质是均匀各向同性的，粒子外介质一般是空气或真空；

(3)入射电磁波随时间作简谐变化。

米散射理论的结果：从普遍的电磁理论出发，根据以上假设条件，分析因散射粒子的存在而造成的电磁场扰动，最后得到球形粒子散射的解。如果入射波是平面偏振波，则散射波有以下几点性质：

(1)散射波是以粒子为中心的球面发散波；

(2)散射波是横波，且是椭圆偏振波；

(3)散射波和入射波同频率。

(4)散射波能流密度是各向异性的。大部分能量集中在 $\theta=0°$ 附近的向前方向上，一般说来 $\alpha=2\pi r/\lambda$ 愈大，向前散射的能量占全部散射能量的比重愈大，见图 7.10。

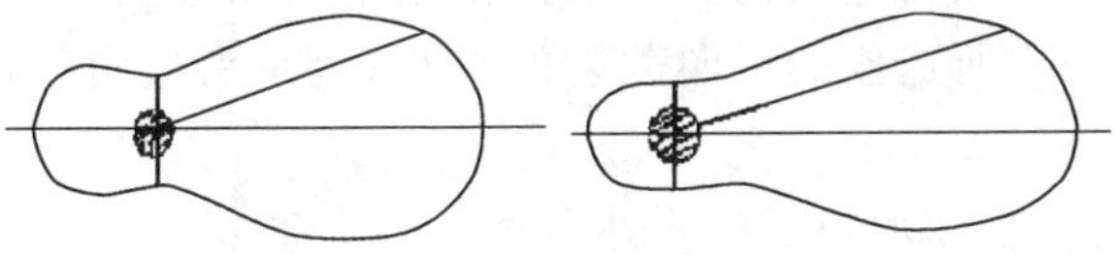

(a) $\alpha=1$　　(b) $\alpha=3$

图 7.10　球形粒子的散射方向性图

(5)散射波性质与入射波波长 λ、散射粒子半径 r，粒子及环境的物理特性等有关。

球形粒子对电磁波散射的物理实质是：当交变的入射电磁波遇到直径与波长可比拟的介质球时，在介质球上因极化而产生交变的、复杂的电荷分布，并存在复杂的电荷梯度及电流分布，介质球就产生磁效应。交变的、复杂的电磁变化可以用电和磁的多极子表示，多极子的振荡过程，就是介质球产生散射波的过程。

4. 粒子群的散射

雷达探测实际大气中的云、雨时，接收到的散射是由一群粒子共同构成的。由于降水粒子大小不同，降落速度也不同，大小水滴之间的相对位置会不断发生变化。粒子群内各粒子之间的无规则运动，使粒子群造成的瞬时回波功率表现出脉动性。对于处在某一固定距离上具有一定滴谱分布的云、雨，就不能测得确定的回波功率瞬时值与它相对应。粒子群造成的回波功率是对时间的平均值，而且在数值上等于每个粒子各自产生的回波功率总和。若云滴或降水粒子彼此之间没有相互作用，即相互独立，它们在空间的分布也是无规则的，则所散射的回波具有完全不规则的相位。

5. 球形水滴和冰粒的散射

单个球形粒子的雷达截面或后向散射截面

雷达天线接收到的只是粒子散射中返回雷达方向(即 $\theta=180°$ 方向)的那一部分

能量，这部分能量称为后向散射能量。因此对探测云、雨等有意义的是粒子的后向散射。

假设散射粒子以 $S_s(\pi)$ 向四周做球面波形式的各向同性散射，则通过以 R 为半径的球面的总散射功率为 $S_s(\pi)4\pi R^2$，以符号 σ 表示总散射功率与入射波能流密度之比，即

$$\sigma = \frac{S_s(\pi)4\pi R^2}{S_i} \tag{7.3}$$

σ 的量纲是面积，故称 σ 为雷达截面或后向散射截面。

雷达截面 σ 的意义是：以入射波能流密度 S_i 乘上雷达截面 σ，得到一个散射粒子的总散射功率；当散射粒子以这个总功率作各向同性散射时，散射到天线处的功率密度正好等于该粒子在天线处造成的实际后向散射能流密度。因此，可以从粒子的雷达截面的大小去了解它所造成的后向散射的大小，也是引进雷达截面这个物理量的原因。

瑞利散射条件下，小球形粒子的雷达截面 σ 的函数形式为

$$\sigma = \frac{64\pi^5 r^6}{\lambda^4}\left|\frac{m^2-1}{m^2+2}\right|^2 = \frac{\pi^5 D^6}{\lambda^4}\left|\frac{m^2-1}{m^2+2}\right|^2 \tag{7.4}$$

式中 $D=2r$ 是粒子的直径。

(1)雷达反射率与反射率因子

雷达天线接收到的是一群大小不同的云、雨滴的后向散射功率的总和。假定组成这群云、雨滴的粒子是互相独立、无规则分布的，则这群粒子同时在天线处造成的总散射功率平均值，等于每个粒子散射功率的总和。为此，定义雷达反射率为单位体积内全部降水粒子的雷达截面之和，并以 η 表示，即

$$\eta = \sum_{i=1}^{N}\sigma_i \tag{7.5}$$

由于雷达截面 σ_i 可以反映一个粒子后向散射在天线处造成的回波功率的大小，故 η 值可以反映单位体积内一群云、雨滴在天线处造成的回波功率的大小。引进雷达反射率 η 的目的，不仅是为了考虑单位体积内云、雨滴的数目，而且还考虑到云、雨滴谱的分布情况，以 n 表示粒子的数密度，如 $n(D)\mathrm{d}D$ 表示单位体积内云、雨滴直径处于 $D\sim D+\mathrm{d}D$ 之间的粒子数，那么雷达反射率 η 可以表示为

$$\eta = \int_0^{\infty} n(D)\sigma(D)\mathrm{d}D \tag{7.6}$$

雷达观测到的回波功率 P_r 不仅与云雨粒子的大小多少有关，还与雷达本身的参数、粒子群离雷达的距离等因子有关。因此，对于同一群云滴或雨滴，使用不同波长的雷达，或在不同的距离上进行观测，回波功率也不同，不能简单地通过回波功率的比较来了解云、雨的不同情况。用不同波长的雷达所取得的 η 值不能通过直接比

较来了解云、雨情况是否存在差异。为使不同波长雷达观测的云、雨等情况可直接比较，引进雷达反射率因子

$$\eta = \frac{\pi^5}{\lambda^4}\left|\frac{m^2-1}{m^2+2}\right|^2\int_0^\infty n(D)D^6\,\mathrm{d}D \tag{7.7}$$

令

$$Z = \int_0^\infty n(D)D^6\,\mathrm{d}D \tag{7.8}$$

Z 值就是雷达反射率因子。于是

$$\eta = \frac{\pi^5}{\lambda^4}\left|\frac{m^2-1}{m^2+2}\right|^2 Z \tag{7.9}$$

可见，Z 值的大小只取决于云、雨滴谱的情况。雷达反射率因子 Z 和粒子直径的 6 次方成正比，这是一个重要的结论，说明少数大水滴将提供绝大部分的散射回波功率。

(2)等效反射率因子

反射率因子 Z 是用瑞利散射表示的反射率公式引出的。当用 3.2 cm 或 5.7 cm 波长雷达探测强降水或冰雹以及用 10 cm 波长雷达探测大冰雹时，瑞利散射条件不成立，这时用此雷达气象方程求得的 Z 值就不能与代表降水的实际滴谱分布情况相对应，故只能是等效的 Z 值，以 Z_e 表示。因此，等效反射率因子 Z_e 的意义是：能够产生同样回波功率 $\bar{P}_r$ 并与小球粒子的 $\sum D_i^6$ 等效的 Z 数值。引进 Z_e 值后，即使在米散射情况下，只要以 Z_e 值代替 Z 值，雷达气象方程仍可保持瑞利散射时的简单形式。

关于非球形粒子的散射以及正在融化的球形粒子的散射等问题，此处不详述，应用时请参考相关文献。

6. 晴空回波的散射

雷达在大气中的无云区或在由不可能被探测到的很小粒子所组成的云区内探测到的回波称为晴空回波。雷达的灵敏度愈高，观察到这种回波的次数也愈多。当雷达探测到晴空回波时，回波形状大致可以分成两大类：第一类称为圆点状回波，表现为离散的小亮点，它多半是出于鸟或昆虫所造成的；第二类称为层状回波，它在 RHI 上大多是水平伸展及不接地的薄而弱的回波层，这种回波主要是气象条件造成的。产生这种回波的气象条件可归为两种：一是大气中存在折射指数不均匀的区域，即湍流大气造成了对雷达波的散射；二是分层大气中存在折射指数垂直梯度很大的区域，即大气对雷达波造成了镜式反射。下面讨论湍流大气对雷达波的散射。

湍流大气对雷达波散射的理论，从电磁场的麦克斯韦方程组出发，对大气介质及电磁波作了与球形粒子散射相同的假设，并进一步假设大气中折射率场是随机场，大气中的湍流是局地均匀各向同性的。经过一系列数学处理后得到湍流大气对雷达波的反射率为

$$\eta = 0.39 C_n^2 \lambda^{1/3} \tag{7.10}$$

式中 λ 是雷达波长，C_n 是大气折射率的结构常数。用量纲分析以及从大气中的流体运动方程出发，可以得到结构常数的关系式为

$$C_n = \alpha^2 L_0^{2/3} M^2 \tag{7.11}$$

式中 L_0 是湍流外尺度，M 是水平折射率的垂直梯度，α 为一无量纲常数。

湍流大气对雷达波散射的物理实质是：不同尺度的湍流团块相当于具有不同间距的空间衍射光栅，而不同间距的衍射光栅对于不向散射角上的散射能量有明显的贡献，也即恰巧可以在该方向上形成衍射的"亮点"。

7.2.2 气象目标对雷达波的衰减

雷达接收到的回波强度不仅与被测目标物的物理特性有关，还与雷达与目标物之间的大气状况有关。衰减是电磁波在传播过程中的能量损失，包括气体分子或液态、固态粒子造成的散射和吸收，所以，衰减是吸收和散射两种作用的总和。

1. 衰减因子 K

$$K \equiv \frac{\overline{P}_r}{\overline{P}_{r0}} \tag{7.12}$$

式中 $\overline{P}_r$ 为没有考虑衰减时的平均回波功率，$\overline{P}_{r0}$ 为考虑衰减时的平均回波功率，$K<1$，且与距离有关，使用不方便。

2. 衰减系数 k_L

为了表征气体或粒子的衰减特性，引入衰减系数 k_L。实验表明，接收功率随距离的衰减与接收功率本身的大小以及距离成正比，比例系数 k_L 即称为衰减系数。

$$d\,\overline{P}_r = -2k_L\,\overline{P_r}\mathrm{d}R \tag{7.13}$$

显然，$k_L>0$，单位为1/距离。k_L 的物理意义是：由于衰减作用，单位接收功率在大气中往返单位距离时所衰减掉的能量。

对(7.13)式积分得

$$\overline{P_r} = \overline{P_{r0}}\exp(-2\int_0^R k_L \mathrm{d}R) = K\,\overline{P_{r0}} \tag{7.14}$$

比较式(7.12)和式(7.14)，得

$$K = \exp(-2\int_0^R k_L \mathrm{d}R) \tag{7.15}$$

3. 用分贝/距离表示的衰减系数 k

$$k = 10\lg\frac{\overline{P_r}}{\overline{P_{r0}}} = 10\lg\exp(-2\int_0^R k_L \mathrm{d}R) = -2\int_0^R 4.343k_L \mathrm{d}R \tag{7.16}$$

在大气中，k 由气体(k_g)、液态水(云、雨)(k_c、k_p)两部分的衰减构成

$$k = k_g + k_c + k_p \tag{7.17}$$

气体对电磁波的衰减以吸收为主，波长大于 2 cm 的雷达，气体吸收可以忽略。水汽吸收与水汽含量成正比，除了 1.35 cm 波长附近，其他波长处水汽吸收和气压成正比。当水汽含量保持不变时，衰减随温度降低是缓慢增加的。

4. 云对电磁波的衰减 k_{tc}

$$k_{tc} = \frac{8\pi^2}{\lambda} Im\left(-\frac{m^2-1}{m^2+2}\right)\sum_{\text{单位体积}} r^3 \tag{7.18}$$

5. 雨对电磁波的衰减

一般不能用瑞利近似，雨的衰减系数和雨强有关，统计关系为

$$k_{tr} = K_2 I^{\gamma} = K'I \tag{7.19}$$

雨的衰减系数见表 7.2。

表 7.2　雨的衰减系数 $K'\left(\frac{\text{dB/ km}}{\text{mm/h}}\right)$

波长 (cm)	M—P 分布 0℃	修正的 M—P 分布 0℃	M—J 分布 0℃	Gunn 和 East 18℃
0.62	0.50～0.37*	0.52	0.66	—
0.86	0.27	0.31	0.39	—
1.24	$0.117I^{0.07}$	$0.13I^{0.07}$	0.18	$0.12I^{0.07}$
1.8	—	—	—	$0.45I^{0.07}$
1.87	$0.0045I^{0.07}$	$0.05I^{0.07}$	0.065	—
3.21	$0.011I^{0.07}$	$0.013I^{0.07}$	0.018	$0.0074I^{0.07}$
4.67	0.005～0.007 *	0.0053	0.0058	—
5.5	0.003～0.004 *	0.0031	0.0033	—
5.7	—	—	—	$0.0022I^{0.07}$
10.0	0.0009～0.0007 *	0.00082	0.00092	0.0003

*：第一个数值 I 值取 2 mm/h，第二个数值 I 取 50 mm/h。

6. 雪对电磁波的衰减

湿雪的衰减不能用瑞利近似：湿雪外包有一层水膜，其雷达截面近似与同体积小球相等；形状因子必须考虑，可视为扁椭球，湿雪的衰减比干雪大得多：外包水膜的小冰球粒子，雷达截面比干冰球大；扁椭球衰减截面大于同体积球。

7. 冰雹对电磁波的衰减

冰雹的衰减属于大粒子衰减，冰雹粒子直径越大，衰减越大；波长越大，衰减越小。

V 形缺口是由冰雹对电磁波的强衰减造成的，V 的尖角总是对准雷达中心。

8. 衰减的观测

衰减造成雨区面积变小、雨区形状畸变、回波强度减弱，强回波距离减小以及 V 形缺口等回波特征。

7.2.3 雷达气象方程

气象雷达不仅需要确定回波的位置，还要确定回波的强弱。影响回波强弱的因素主要是雷达参数和大气状况。雷达参数包括：发射功率、天线增益、波长、接收机灵敏度等，大气状况包括：粒子的滴谱、相态、距离、速度等。因此，用雷达气象方程可以定量描述雷达参数和大气状况间的关系。

1. 单目标的雷达方程

若天线辐射强度在波束内均匀分布，则天线增益

$$G = \frac{S_{\max}}{S_{av}} \tag{7.20}$$

式中 $S_{\max}$ 表示定向天线最大辐射方向的能流密度，在距离 R 处各项同性辐射的能流密度为

$$S_{av} = \frac{P_t}{4\pi R^2} \tag{7.21}$$

若 R 处目标的雷达截面为 σ，则

$$\sigma = \frac{S_s(\pi) \cdot 4\pi R^2}{S_{max}} \tag{7.22}$$

雷达接收到的后向散射(反射)功率为

$$P_r = S_s(\pi) A_e \tag{7.23}$$

根据天线理论，天线的有效截面为

$$A_e = \frac{\lambda^2 G}{4\pi} \tag{7.24}$$

代入前面公式得

$$P_r = \frac{P_t G^2 \lambda^2 \sigma}{(4\pi)^3 R^4} \tag{7.25}$$

(7.25)式是一个单目标的雷达方程，适用于飞机、船舶、单个雨滴等单目标。若天线辐射强度在波束内不均匀分布，则雷达方程为

$$P_r = \frac{P_t G^2 \lambda^2 \sigma}{(4\pi)^3 R^4} \left| f_n(\theta, \varphi) \right|^4 \tag{7.26}$$

2. 云与降水的雷达气象方程

假定：(1)雷达波的能量完全集中在以两个半功率点为界的照射体内，且均匀分布；(2)云及降水粒子的散射波是非相干波，即波束照射体内回波是所有云和降水粒子的总能量的时间平均值，等于各个云、降水粒子的回波功率之和；(3)在波束照射体

内，粒子的尺度谱处处相同，即滴谱相同。

则云与降水的雷达气象方程为

$$P_r = \frac{P_t G^2 \lambda^2}{(4\pi)^3 R^4} \sum_i^N \sigma_i \tag{7.27}$$

其中，求和项的体积随距离增加而增加，此体积即为有效照射体积，其在径向对应的长度称为有效照射深度($\tau c/2$)，数值大小取决于雷达发射脉冲的持续时间即脉冲宽度 τ。综合考虑衰减和波束充塞 ψ 后的雷达气象方程为

$$P_r = \frac{\pi^3}{1024\ln 2} \frac{P_t h G^2 \theta_1 \varphi_1}{\lambda^2} \frac{1}{R^2} \psi \left| \frac{m^2-1}{m^2+2} \right|^2 Z 10^{-0.2\int_0^R k dR} \tag{7.28}$$

这是测雨雷达常用的雷达气象方程，在瑞利散射条件下成立。若是米散射，则把 Z 换成 Z_e 即可。雷达的接收功率与雷达参数、探测距离及气象因子有关。

7.2.4　超短波在大气中的折射

大气折射——光波或电磁波在密度分布不均匀大气中传播时路径发生曲折的现象。这里讨论电磁波在大气中传播时折射造成的各种可能现象以及对雷达探测的可能影响。

1. 决定大气折射率的气象因子

超短波在大气中传播时，其折射率 n 和温、压、湿之间的关系为

$$N = (n-1) \times 10^6 = \frac{77.6}{T}\left(p + \frac{4810e}{T}\right) \tag{7.29}$$

式中 T 是气温，p 是气压，e 是水汽压。N 为大气折射率 n 的实用单位，简称为折射模数(refractive modulas)，它能反映百万分之一的折射率变化。

2. 射线曲率、等效地球半径、订正折射指数

大气折射率 n 的垂直梯度和射线曲率的关系见图 7.11。

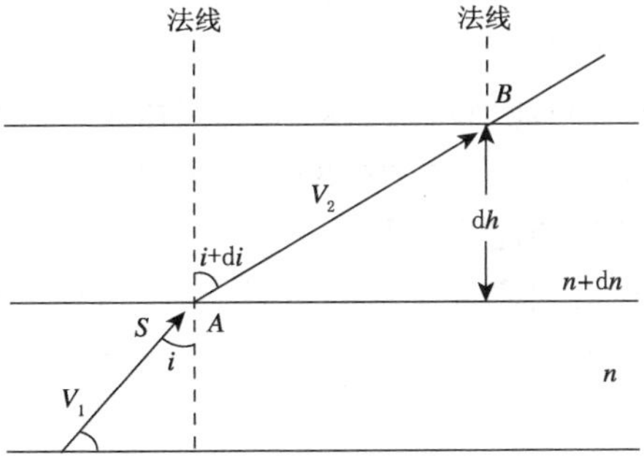

图 7.11　大气折射率 n 的垂直梯度和射线曲率的关系

射线曲率为

$$K=-\frac{\sin i}{n}\frac{\mathrm{d}n}{\mathrm{d}h} \tag{7.30}$$

对于水平探测雷达，入射角 i 接近于 90°，同时 n 也接近于 1，故(7.30)式可近似为

$$K=-\frac{\mathrm{d}n}{\mathrm{d}h} \tag{7.31}$$

显然，$K>0$，传播路径向下弯曲；$K<0$，传播路径向上弯曲。

3. 等效地球半径 R'_m

等效地球半径是在保持射线和地面相对曲率不变的前提下，通过调整地球曲率，使射线沿直线传播时对应的地球半径。设：地球曲率半径为 R_m，射线曲率半径为 R_n，相对曲率为

$$\frac{1}{R_m}-\frac{1}{R_n}=\frac{1}{R_m}+\frac{\mathrm{d}n}{\mathrm{d}h} \tag{7.32}$$

等效条件下地球和射线的曲率半径分别为 R'_m 和 R'_n，$R'_n\sim\infty$。则等效地球半径为

$$R'_m=\frac{R_m}{1+R_m\dfrac{\mathrm{d}n}{\mathrm{d}h}} \tag{7.33}$$

4. 折射率随高度变化的形式

(1)标准大气折射：标准大气状态下电磁波射线的折射。

(2)临界折射：射线相对于地表的曲率为 0 的折射。

(3)超折射：射线曲率大于地球表面的绝对曲率时的折射。

超折射使电磁波产生超折射的大气层称为大气波导层，超折射传播类似波导传播。光折射超过临界折射时，会发生全反射，超折射也是一种反射现象。超折射会探测到远处的地物，对气象观测有影响，抬高仰角一般可以避开超折射，易形成超折射的气象条件：逆温和上干下湿。

以上 3 种折射，射线均向地面弯曲，称为正折射，$K>0$，$\mathrm{d}n/\mathrm{d}h<0$。

(4)负折射：射线曲率小于 0 的折射，$K<0$，$\mathrm{d}n/\mathrm{d}h>0$。

形成负折射的气象条件与超折射相反。

(5)零折射：射线的绝对曲率等于 0 的折射。此时，$K=0$

5 种折射的射线传播路径见图 7.12。

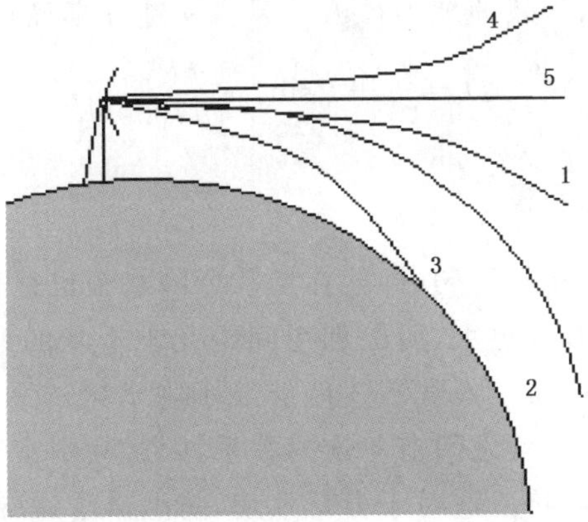

图 7.12　五种折射的射线传播路径

1:标准大气折射,2:临界折射,3:超折射,4:负折射,5:零折射

5. 折射对雷达探测距离、高度的影响

雷达最大探测距离与目标高度及大气折射的关系图见图 7.13。由图中可知

$$R^2+R_m^2=(R_m+H)^2 \tag{7.34}$$

$$R=\sqrt{2R_mH} \qquad R=3.57\sqrt{H} \tag{7.35}$$

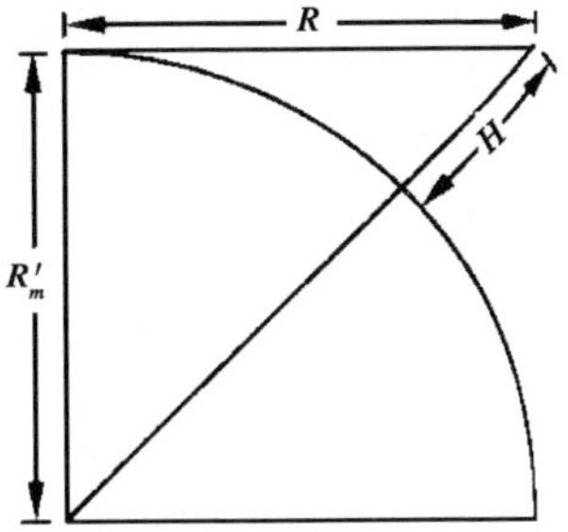

图 7.13　雷达最大探测距离与目标高度及大气折射的关系图(平地雷达)

标准大气折射时

$$R=\sqrt{2R'_mH} \qquad R=4.15\sqrt{H} \tag{7.36}$$

分析可知,折射使探测距离增加。

6. 测高公式

考虑大气折射的影响,用等效地球半径 R'_m 代替真实的地球半径 R_m,则雷达的测高公式为

$$H=h+R\sin\theta+\frac{R^2}{2R'_m} \tag{7.37}$$

在标准大气状态下，等效地球半径 R'_m 是真实地球半径 R_m 的 4/3 倍，则

$$H = h + R\sin\theta + \frac{R^2}{17000} \tag{7.38}$$

7.2.5 雷达定量测量降水量

通常，降水强度的分布不均匀，即使在层状云降水中也存在强降水中心。对流云降水中不同地点的雨强差别更大，所以利用间距几十千米的地面雨量站网的资料难以反映降水强度的水平分布。天气雷达能够显示降水区的平面分布，并测定其回波强度，而回波强度与降水强度之间有一定的关系，因此利用雷达可以测定在一个大的区域中降水强度的详细分布。这对于分析水情、防洪排涝、控制水库蓄水量等都非常有用。

利用 $Z-R$ 关系定量测量降水的原理，是因为降水率 R 和反射因子 Z 都和雨滴谱有关，所以可建立二者之间的关系。根据实测雨强和雨滴谱资料统计的结果，得到如下的经验公式

$$Z=AR^b \tag{7.39}$$

式中 Z 以 $\mathrm{mm^6/m^3}$ 为单位，R 以 mm/h 为单位。参数 A、b 与地区及降水的类型有关，在较大的范围内变动。这是因为在不同的地区和不同类型的阵雨中，滴谱是不同的。因而同样的降水强度，由于滴谱不同，其 Z 值也不同。

例如：层状云降雨　$Z=200R^{1.6}$

地形雨　$Z=31R^{1.71}$

雷阵雨　$Z=486R^{1.37}$

7.3 多普勒雷达探测

由于多普勒雷达具有测量目标运动速度的能力，时空分辨率高，能够在短时间内，以较高的取样密度来测量大空间范围内的风场结构。多普勒雷达能同时测量降水量的分布和流场结构，促进了在降水物理和风暴动力学方面的认识，特别是比非相干的天气雷达更有效地识别龙卷气旋的特性，增加龙卷的预警时间；它还可以监测低空风切变等航空危险天气，为机场和航线提供气象保障。我国新一代天气雷达网布设了 S 波段(10cm)和 C 波段(5 cm)两种雷达，一般在沿海地区和多雨地区安装 S 波段雷达，可以减少衰减；在少雨地区安装 C 波段雷达，可以提高对弱降水的探测能力。多普勒天气雷达提供的丰富信息，大大改善了对强对流天气和强降水天气的预警和短时预报能力。

7.3.1 多普勒频率和目标径向速度的关系

多普勒天气雷达的理论基础是电磁波的多普勒效应。多普勒效应定义为“波源和观察者有相对运动时，观察者接收到液的频率与波源发出频率不相同的现象”。

多普勒雷达使用相干技术提取发射载频与回波载频的相位差，这个相位差又称为多普勒频移 f_d，它与目标相对于雷达的径向运动速度 V_r 成正比，与波长 λ 成反比

$$f_d = \frac{2V_r}{\lambda} \tag{7.40}$$

多普勒频移也称为多普勒频率，是由于降水粒子等目标的径向运动引起的雷达回波信号的频率变化。λ 是雷达波长，V_r 是目标的径向速度，也称多普勒速度，径向速度可简单地定义为目标运动平行于雷达径向的分量，既可朝向雷达(负值)，也可离开雷达(正值)。

假设多普勒雷达发射脉冲的工作频率为 f_0，目标与雷达的距离为 r，则雷达波发往目标到返回天线所经过的距离为 $2r$。这个距离用波长来度量，相当 $\frac{2r}{\lambda}$ 个波长；用弧度来衡量相当于 $\frac{4\pi r}{\lambda}$ 个弧度。若所发射的电磁波在天线处的位相为 φ_0，那么电磁波被散射回到天线时的相位应是 $\varphi = \varphi_0 + \frac{4\pi r}{\lambda}$。假如气象目标物没有径向运动，或者固定不动，则雷达与目标物之间径向距离 r 是固定的，相继脉冲的回波信号的位相不变。若在相继脉冲的时间间隔 T_s 内，目标物沿径向(朝向雷达或远离雷达方向)变化了 Δr 距离，则相应的位相变化应为

$$\Delta\varphi = \frac{4\pi\Delta r}{\lambda}$$

所以位相的时间变化率，即角频率，为

$$\omega = \frac{4\pi V_r}{\lambda}$$

式中 $$\omega = \Delta\varphi/T_s, \quad V_r = \Delta r/T_s$$

ω 和频率 f_d 之间的关系为

$$\omega = 2\pi f_d$$

此关系式代入上式可以得到

$$f_d = \frac{2V_r}{\lambda}$$

7.3.2 最大不模糊速度与最大不模糊距离

1. 最大不模糊速度

最大不模糊速度 V_{max} 是雷达能够不模糊地测量的最大径向速度。当 $f_d=F$，即多普勒频移与脉冲重复频率相等时，多普勒雷达就会因为收发谱线相重叠而产生测速模糊问题。考虑到速度有正负值，所以最大不模糊速度为

$$V_{max}=\pm\frac{\lambda F}{4} \tag{7.41}$$

则不模糊速度区间为

$$-\frac{\lambda F}{4}<v<\frac{\lambda F}{4} \tag{7.42}$$

退除速度模糊的方法，分别有硬件和软件方法，详见相关文献。

2. 最大不模糊距离

采用脉冲方式测量回波信号距雷达的距离，公式为

$$R=\frac{1}{2}tc \tag{7.43}$$

式中 c 是光速，t 为回波信号到达时间。脉冲重复周期为 T，脉冲重复频率是 $F=\frac{1}{T}$，最大不模糊距离，是在下一个发射脉冲发出前，上一个发射脉冲返回雷达的最长距离。所以雷达测距的最大不模糊距离为

$$R_{max}=\frac{c}{2F} \tag{7.44}$$

3. V_{max} 与 R_{max} 的关系

根据(7.41)与(7.43)两式，可以推出最大不模糊速度与最大不模糊距离的关系

$$V_{max}R_{max}=\pm\frac{\lambda C}{8} \tag{7.45}$$

由上式可知，若要求测速范围大，则测距范围必然变小，所以设计雷达参数 F 时，只能折衷地选择 V_{max} 与 R_{max} 的值。

7.3.3 多普勒径向速度分析

鉴于多普勒天气雷达只能获得运动目标的径向速度，所以如何由此得到降水区内真实风场的分布是多普勒天气雷达资料应用的关键问题。通常对真实风场的判识有两种方法：(1)速度图像分析；(2)风场反演。

1. 实际风与径向速度的关系

当实际风为一致西风时，在雷达的不同径向上，风的分量如图 7.14 所示。

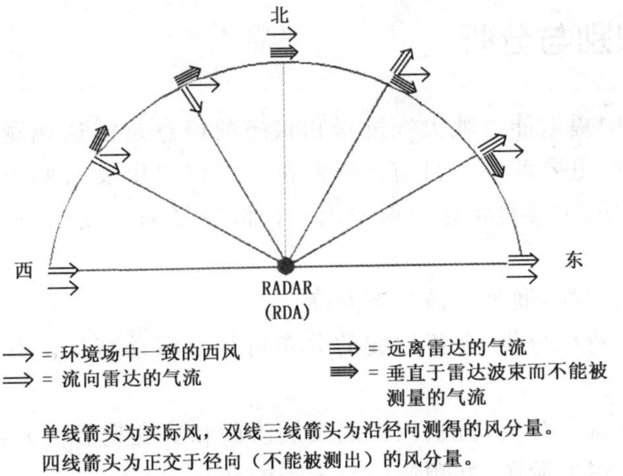

图 7.14　实际风与径向速度关系示意图

2. 大尺度连续风场的识别

当雷达以一定仰角扫描时，不同风向风速分布的连续风场径向速度如图 7.15。

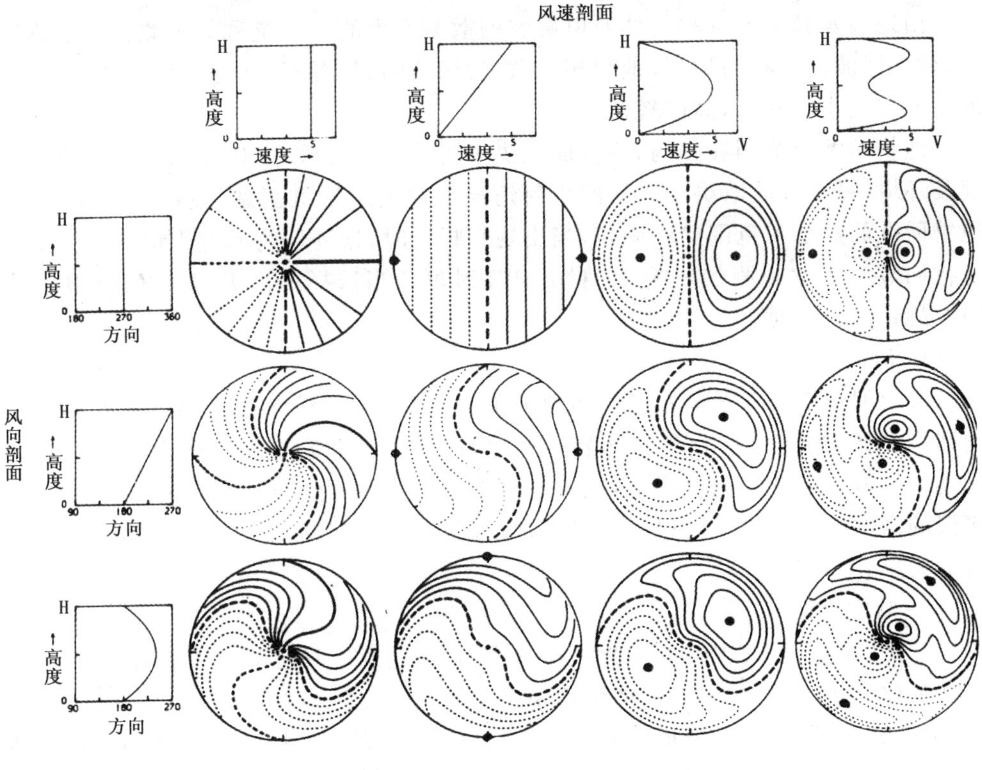

图 7.15　不同风向风速分布的连续风场径向速度

7.4 回波识别与分析

从雷达回波中提取能反映大气过程和状态的信息是雷达观测的基本任务，也是雷达气象学研究的重要课题。目前多普勒雷达可以提供反射率因子、径向速度和速度谱宽回波，常用的主要是雷达反射率因子回波及径向速度回波。回波识别与分析的目的如下：

(1)降水性质判断，通过回波形态判断；

(2)回波分布特征分析，分析回波的分布特征及移动特征。其中包括移向、移速及回波的相对变化；

(3)回波演变特征分析，分析回波的发展阶段和演变趋势。分析回波是处于初生阶段、发展阶段或消散阶段，并预测回波未来的变化。

7.4.1 非降水回波识别

1. 地物回波

由地表及其上的各种物体对电磁波的散射产生的回波统称为地物回波。在 PPI 上，地物回波的形状与地形、地物相一致，边缘清晰，位置不随时间改变。在 RHI 上，地物回波呈小的柱状，高度较低。

地物回波的范围和强弱，一方面取决于雷达技术参数、工作状态和观测地点的高度及环境，另一方面取决于大气的折射情况。对固定的雷达站，在正常大气情况下，地物回波的数量和范围比较固定，当出现超折射时，远处地物回波则增多。为了减少地物回波对雷达观测的影响，在使用 PPI 时可适当选择抬高天线仰角，尤其当降水回波的距离较近时。

1. 海浪回波

海浪回波由海水及其浪花对电磁波的散射引起，是沿海雷达站观测到的一种地物回波。在 PPI 上，它由许多分散的针状回波组成，呈扇形向外辐散。强度较弱而且均匀。海浪回波的高度很低，通常只有在天线仰角为 0°或 0°以下时才能观测到。海浪的高度取决于海上的风力，所以海浪回波的范围可以反映海浪的高低或海上风力的大小。

2. 晴空回波

它是由晴空大气中折射指数不连续或鸟群、昆虫群等对电磁波的散射引起的，其形状多种多样，有线状、点状、细胞状和层状等。有时脱离雷暴母体的冷出流边界(阵风锋，飑锋)导致地面出现瞬间大风和气温急降，但没有降水，在雷达上也会出现线状的晴空回波，这是湍流散射引起的。

7.4.2　降水回波强度分析

1. 云的回波

由于云滴的尺度很小，对电磁波的散射能力很弱，所以需要用波长较短的雷达(0.3 cm、0.8 或 1.25 cm)才能探测到云的回波。然而，当云中含有较大的降水粒子时(直径>200 μm)，3 cm 和 5 cm 波长的天气雷达在较近的距离上，有时也能观测到云的回波。

云的回波特征是强度弱、底部不及地。但不同类型的云，其回波又有差别。层状云在 PPI 上的回波呈薄膜状或小片状，强度很弱，边缘不整齐。回波的位置与天线的仰角有关，仰角改变时，雷达波束所照射到的云区部位不同，因而所显示的回波位置也不同。在 RHI 上层状云回波的顶部和底部都较平坦，其厚度和强度随距离增大而减小。有时还可以观测到从云底下挂的雨幡回波，底部不及地。

雷达经常观测到的层状云回波，是高层云和高积云的回波，层积云和层云有时也可以探测到。一般的卷云，天气雷达探测不到。对流云的回波在 PPI 上呈分散、孤立的小块状，尺度很小，只有几百米至 1000 m 左右；在 RHI 上初始回波常位于中空，呈两头尖的米粒状或上大下小，强回波区位于回波顶部附近，这与浓积云中含水量和滴谱分布的观测结果相一致。当对流云发展到浓积云阶段后 10 min 左右即可出现回波。对流云回波的发展很快，在条件适合时，很短的时间内即可发展成阵雨或雷雨。它的演变过程，从最初出现回波到降水接地，只有 10 min。对流云中初始回波形成的高度(或温度)，反映了云中降水粒子增长的机制。热带地区降水几乎总是在云的暖区(温度高于 0℃)开始，而不是在冷区，表明在降水的形成中凝结—碰并作用是主要的，而在一些比较干旱的地区，只有当云顶温度低于－12℃时才有降水回波。雷达所显示的是近距离云中的降水粒子区，而不是整个云区。因此，回波顶和回波底的高度可能与目测的云顶和云底高度不同，回波形状也与目测的云状有较大差别。

2. 层状云降水回波

层状云降水又称为稳定性降水或连续性降水，它通常是由于大范围的空气缓慢上升而成云致雨的。这种降水的特点是，降水区的水平尺度较大、持续时间较长、强度比较均匀和随时间变化比较缓慢。

在平显上层状云降水回波的范围较大，呈比较均匀的片状，回波的边缘模糊不清晰。有时，在大范围较弱的降水中含有强回波中心。在这种情况下，较均匀的片状回波内部存在比较密实的区域，但没有明显的块状结构，形成絮状回波。在高显上，层状云降水回波高度不高，顶高一般约 5～6 km，随地区和季节有所不同。回波顶比较平坦，没有明显的对流单体突起。整个回波随时间变化缓慢，过程维持时间较长。在高显上经常可以看到在层状云降水回波内部有一条与地面大致平行的强回波带，它位于 0℃层下附近，因此又称为零度层亮带。在平显上抬高天线仰角进行方位扫描，可以观测到一个以测站为中心的零度层亮环，其半径随天线仰角而改变。零度层亮带回波的 PPI 和 RHI 显示见[彩]图 7.16。

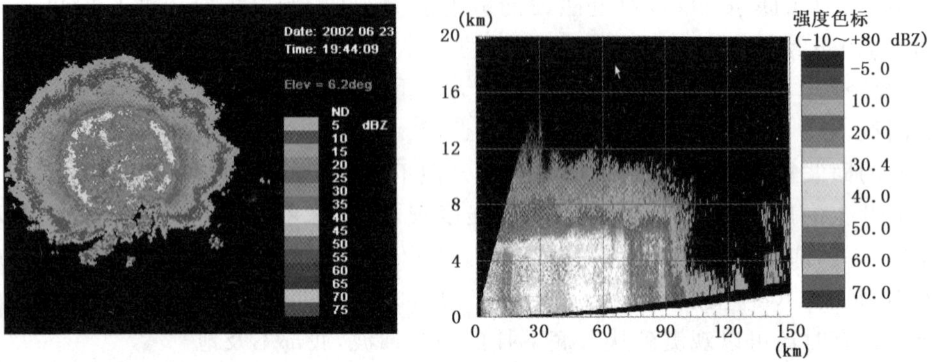

图 7.16　零度层亮带的 PPI(左)和 RHI(右)(40 dBZ 的色调为亮带回波)

观测表明，亮带中心多位于 0℃层以下 100～400 m。亮带的回波强度较其上面雪的回波强 12～15 dBZ，较其下面的雨回波强 6～10 dBZ。零度层亮带是层状云降水回波的主要特征，它反映了在层状云降水中存在明显的冰水转换过程。亮带以上降水以冰晶、雪片为主，亮带以下以雨滴为主。同时也表明，在层状云降水中气流平稳，无明显的对流运动。根据 0℃层亮带的高度，可以推断大气中 0℃等温线的高度。在雷暴的消散阶段，云内上升气流减弱并转为下沉气流，这时位于云顶部的冰晶、雪花在重力作用下缓慢下降，并通过 0℃层融化，也可显出 0℃层亮带。

3. 对流云降水回波

对流云降水是当对流云发展到一定程度时，云中的降水粒子已不能被上升气流所托住而降落形成的。这种降水的特点是：范围小、强度大、分布不均匀、持续时间短、随时间变化迅速。

在平显上，对流云降水回波呈块状，尺度较小，从几千米到几十千米，内部结构密实，边缘清晰。在高显上，对流云降水回波呈柱状，底部及地，高度较高。回波高度一般都在 6～7 km 以上，随地区和季节等差异很大，最高的可达 20 km 左右，有时可以观测到在回波柱顶部有向下风方伸展的砧状回波。

对流云降水回波由对流云降水回波单体组成。它是对流云降水或较强的对流运动的集中区。在 PPI 上对流云降水回波单体呈圆形或椭圆形，回波强度和强度梯度都较大，内部有强中心。对流云降水回波单体的尺度随着对流强弱不同有很大差别，小的直径只有几千米，高度也只有几千米，属小尺度系统；最大的超级单体，直径可达 30～40 km，顶高可以穿过对流层顶，属中尺度系统。对流云回波的 PPI 和 RHI 显示见[彩]图 7.17。

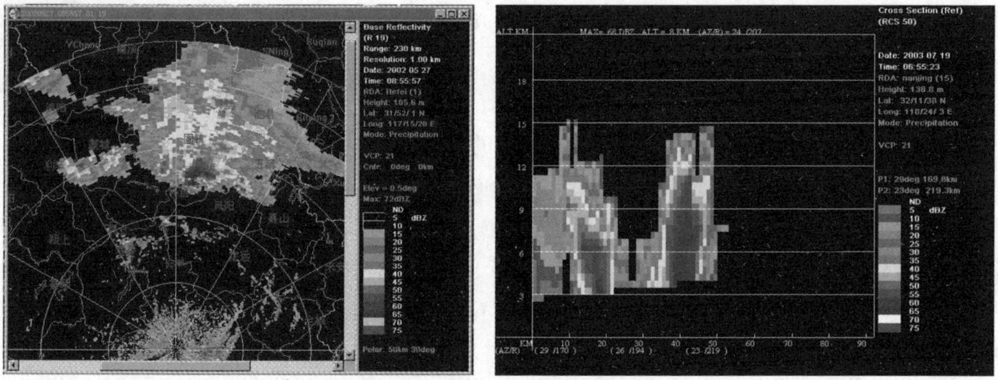

图 7.17　对流云回波的 PPI(左)和 RHI(右)

对流云降水回波的演变非常迅速,几分钟的时间,回波的外形可以有很大的变化。回波的增长有两种过程:(1)回波本身增强向外扩张;(2)新单体在原有的回波单体旁边生长并与之合并。第二种过程进行得很快,以致短时间内已经不能认清原回波单体是否还存在。

对流云降水的生命史,可以分为 4 个阶段:积云阶段、发展阶段、成熟阶段和消散阶段,见图 7.18。在不同阶段的对流云降水中,飞机飞行的条件是显然不同的。因此根据回波特征正确判断对流云降水所处的阶段,对于飞行气象保障很重要。

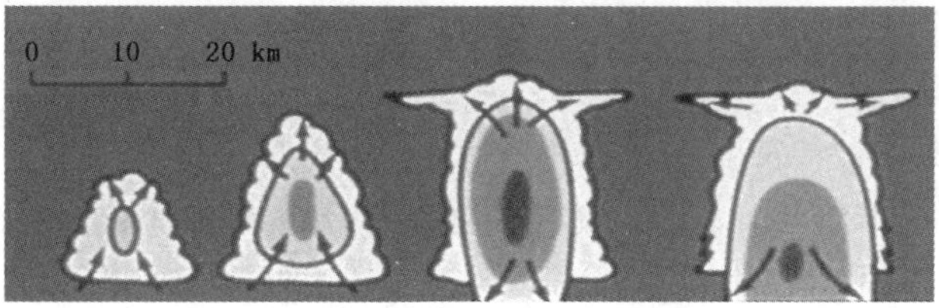

图 7.18 对流云降水的四个阶段,从左至右:积云、发展、成熟、消散

根据雷达观测实践,不同阶段对流云降水的回波特征是:

(1)积云阶段——在 PPI 上,抬高天线仰角才能观测到对流云回波,尺度很小,但边缘较清晰;在 RHI 上,回波位于中空,底部不及地,呈米粒状或倒梨状。

(2)发展阶段——在 PPI 上,回波呈块状,内部结构较密实,边缘较清晰,回波的尺度和强度虽然还不大,但在迅速增大中;在 RHI 上,回波呈柱状,底部及地,高度虽然还不很高,但在不断升高之中。

(3)成熟阶段——在 PPI 上,回波块体大,内部结构密实,边缘清晰,局部有些发毛(类似羽毛状结构),回波强度很大;在 RHI 上,回波高耸,强回波区的高度也很高。

(4)消散阶段——在 PPI 上,初期回波的尺度仍较大,但内部结构松散,边缘发毛,以后尺度和强度都不断减小;在 RHI 上,强回波区位于回波的中下部。以后高度不断下降,后期显出 0℃层亮带。

4. 混合型降水回波

层状云降水和对流云降水混合在一起的降水,称为混合型降水。它往往和高空的低槽、切变线或地面静止锋相联系,其回波具有层状云降水和对流云降水两者的特征。在 PPI 上,混合型降水的回波特征是在大范围边缘破碎的片状回波中有一团团棉花似的较强对流回波块,所以又称为絮状回波。在 RHI 上表现为在较为平坦的回波顶上,有一个个对流单体突起,高度通常不超过 10 km。回波中存在对流云降水的柱状回波单体和清晰的 0℃层亮带。

混合型降水的絮状回波在连阴雨天气中常见。这种降水由于时间长,积累雨量大,有时可造成大暴雨,江淮一带的梅雨期降水和北方地区出现的暴雨中常出现此类回波。

7.4.3 多普勒速度图像分析

尽管多普勒雷达只能测径向风分量,但是径向分量的空间分布也可显示重要气象过程的特点,所以速度图像分析的优点是直接与客观。由于速度图像仅是真实风场的一维径向风分量 V_r,为了获取三维的真实风场,需要利用风场的几何投影关系、雷达气象学以及天气学的相关知识,推测和识别出速度图像对应的实际大气风场分布,即用一维径向速度反推到三维实际风速,这需要空间想象力。

1. 图像分析依据

(1)零速度线分布特征

判断风场的基本趋势与大致分布,零速线的分布特征就是一个很好的判识依据。分析原则是:

1)根据投影关系,风向与零速线走向垂直,零速线经过雷达中心点(原点);

2)由零速线向两侧推断速度模糊;

3)零速度线走向与径向平行—纯旋转;气旋:右正左负,反气旋:左正右负;

4)零速度线走向与距圈平行—纯辐合、辐散;辐合:内正外负,辐散:内负外正;

5)零速度线走向有明显折角—风向切变,锋面过境:雷达中心在锋前、锋线上、锋后;

(2)远离分量(+)和趋近分量(-)的分布特征

分析原则:分析它们与距离圈、向径、原点的对称关系。

(3)风向随高度分布特征

根据热成风原理,风随高度顺时针旋转—暖平流,反之,风随高度逆转—冷平流。

(4)高低层的风切变特征

由风向差异，推断每层风的高度(根据测高公式)及厚度；

(5)散度特征

根据零速线向正速度区(或负速度区)的弯曲，判断风场的辐合(或辐散)。

(6)涡度特征

根据正负速度区面积的分布、大小及不对称性等特征，判断涡度的方向及强弱。

通过上述特征的综合分析，可以推测多普勒风场的三维结构。

2. 径向速度图例

(1)龙卷涡旋[彩]图7.19。

图7.19　龙卷涡旋的反射率因子(左)和径向速度(右)径向速度

(2)台风[彩]图7.20。

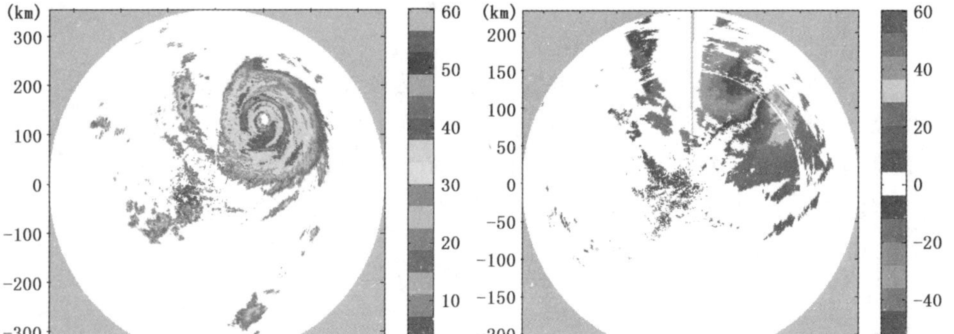

图7.20　台风的反射率因子(左)和径向速度(右)

3)多单体风暴的 RHI[彩]图 7.21。

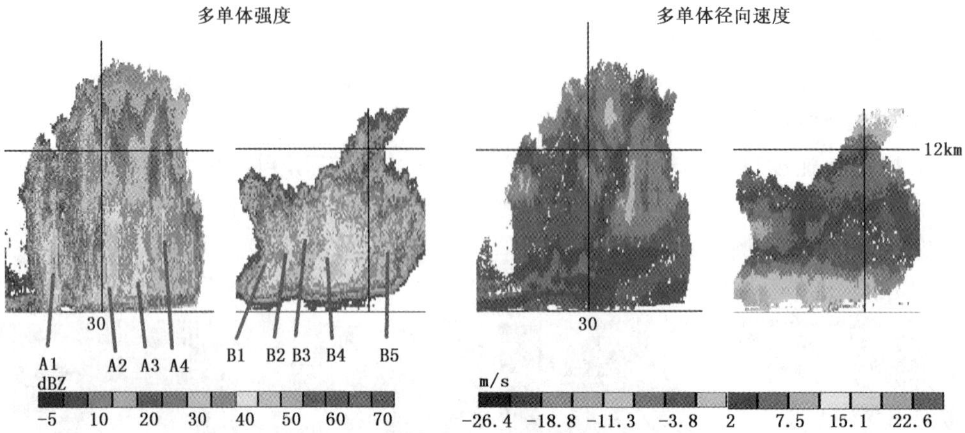

图 7.21 多单体风暴 RHI 的反射率因子(左)和径向速度(右)

参考文献

陈良栋. 1991. 天气雷达资料的分析与应用. 北京:气象出版社.

江潮. 1985. 常用雷达波段名称及其频率、波长范围对照与划分. 航天电子对抗,(2).

焦中生,等. 2005. 气象雷达原理. 北京:气象出版社.

俞小鼎,姚秀萍,等. 2007. 多普勒天气雷达原理与业务应用. 北京:气象出版社.

张培昌,杜秉玉,戴铁丕. 2001. 雷达气象学. 北京:气象出版社.

Doviak R J, Zrnic D S. 1984. Doppler Radar and Weather Observations. Academic Press.

思考题

1. 天气雷达的基本组成及各部分功能,雷达各参数的定义及物理意义。
2. 后向散射截面、雷达反射率因子的定义式、物理意义及量纲。
3. 折射率与温、压、湿的关系,五种折射的定义、路径,产生超折射的条件。
4. 熟悉层云、对流云、混合云三者的 PPI 和 RHI 反射率回波特征。
5. 熟悉多普勒速度图像的分析依据。

第 8 章　气象卫星原理及其应用

卫星是一个在空间飞行的平台，可携带多种气象观测仪器，测量诸如大气温度、湿度、风、云等气象要素以及各种天气现象，依靠仪器、卫星和地球的相对运动实现全球气象观测。这种专门用于气象目的的卫星叫做气象卫星。气象卫星的出现极大地促进了大气科学的发展，在探测理论和技术、灾害性天气监测、天气分析预报等方面发挥了重要作用。从而促进了一门新的学科——卫星气象学的形成。

卫星气象学是指如何利用气象卫星探测各种气象要素，并将卫星探测到的资料如何应用于大气科学的一门学科。它与气象卫星是完全不同的概念。

气象卫星从空间观测地球大气系统，作为新型的气象探测平台，经多年来的实践发现它与地面观测和其他观测相比较，有许多优点和实现常规探测无法进行的观测。

1. 气象卫星在固定轨道上对地球大气进行观测

气象卫星一旦进入轨道，便只能在固定的轨道上观测地球大气，而不是像飞机那样可以自由选择观测路线。当卫星选用一定的轨道，则观测范围和区域就一定，所以对于一定的观测目的，轨道的选择是重要的。卫星在轨道飞行的另一个优点是不再需要像飞机那样提供飞行动力，工作时间可长达几年以上。

2. 气象卫星实现全球和大范围观测

气象卫星在离地面的几百千米到几万千米的宇宙空间，不受国界和地理条件的限制，对地球大气进行大范围观测。由于卫星在固定轨道上运行，地球不停地自西向东旋转，所以卫星绕地球转一圈的同时，地球也相应地自西向东转过一定角度，从而使卫星能周期地观测到地球上的每一点，实现卫星的全球观测。而地面观测只能对单个点的观测，飞机只能对飞行路线经过的地区进行观测，雷达只能对局部地区（几百千米范围内）观测，时常只能观测到天气系统的某一部分。气象卫星的大范围观测，使得占地球的 4/5 海洋、荒无人烟的沙漠和高原等地区都可以从卫星探测获取气象资料，从而深入了解全球大气活动。

3. 在空间自上向下观测

气象卫星在空间自上而下观测地球大气，这与地面观测是不同的。如对云的观测，卫星观测到的是云顶特征。在有几层云时，卫星首先观测到的是高云；若高云很薄，则可透过高云看到中低云；如果高云很厚，就无法看到中低云。如果卫星看到的云很白，说明这云很厚，在地面观测这块云时就很暗。

气象卫星不但能作大范围的水平观测，而且可以对大气作垂直探测，为研究天气系统的结构提供资料。

4. 气象卫星采用遥感探测方式

气象卫星不能直接接触地球大气，只能采用遥感的方法获取大气和地面目标物的特性。遥感探测具有观测速度快、项目多、信息量大和测量系统不干扰被测目标物，以及资料代表性好等优点。例如卫星采用多个光谱段，以短的时间间隔测量，能及时掌握云系演变和各种气象要素，为天气预报提供依据。卫星测量比地面观测更具有内在的均匀性，在全球表面是连续的，不像现有的地面常规观测的不均匀的和间断的。此外对一颗气象卫星用一台仪器对世界各地观测，资料统一，不像地面观测采用型号不同、性能不完全一致的仪器工作，对大量仪器进行定标。

5. 有利于新技术的发展的推广应用

气象卫星作为新型的观测平台，在上面可以安放用于各种目的的观测仪器，进行试验和工作，并不断更新仪器设备，十分有利于新技术的推广应用。由于气象卫星可以飞过世界上任一地区，所获取的各种资料可以实时地发送给世界各国，卫星资料不仅可以为本国使用，也可以为其他国家利用，受益面积大。

8.1 气象卫星原理

8.1.1 卫星遥感的基本概念

卫星图像是通过辐射计测量太阳、地球和大气所发射的散布在空间的电磁辐射而得到的。所有的固体、液体和气体都发射电磁辐射。辐射源越热，其发射辐射的强度就越大。按照普朗克函数，辐射源的温度可以根据其发射辐射的强度来计算。这一点是卫星遥感的基本原理。

太阳辐射的波长主要在 0.2～4.0 μm，辐射强度的峰值位于 0.5 μm 附近的可见光谱区。但在紫外和近红外光谱区域也有虽然强度比可见光谱区低，但仍然相当可观的太阳辐射。地气系统发射辐射的波长集中在 3～100 μm，完全位于红外谱区，辐射强度最大值在 11 μm 附近。它们反映了太阳（温度约为 6000 K）、地球和大气（温度为 200～300 K）发射辐射光谱的波长范围。在气象学中经常把它们称为太阳辐射和地物辐射。

8.1.2 卫星图像

业务上最常使用的图像有如下几种：

可见光图像(VIS)——可见光和近红外波段太阳光反射辐射的图像(波长 0.4～1.1 μm);

红外图像(IR)——地气系统在热红外波段发射辐射的图像(波长 10～12 μm);

水汽图像(WV)——水汽发射辐射的图像(波长 6～7 μm);

近红外图像(NIR)——太阳和地气系统重叠区辐射的图像(波长 3.7 μm)。

可见光(VIS)图像是太阳辐射经地气系统散射或反射后到达卫星所得到的图像。图像中的灰度取决于地表或云的散射或反射系数。可见光图像的表现形式与人眼所看到的相似,使用明暗不同的黑白灰度色调反映不同等级的反射系数。最亮的、反射系数最大的表面为白色,而反射系数最低的表面为黑色。因此,在比较黑的地表背景衬托下,所看到的白色物体为云。亮度也取决于太阳光的强度以及太阳和卫星相对于地球的位置。在夜间,从标准的气象卫星上得不到可见光图像。可见光图像可用于区分海洋、陆地和云。海洋和湖泊具有低的反照率,在可见光图像上显得暗。一般来说,陆地比海洋亮,但比云暗。但是,陆地的反照率随地表类型有很大的差异。与深色的森林和植被区域相比,沙漠非常亮。除雪盖以外,云的反照率比陆地高,因此云表现为白或亮灰色。

一般来说,红外(IR)图像是通过接收 10～12 μm 波段地气系统的辐射得到的。因此它为我们提供了有关下垫面或云温度的信息。但是所发射的辐射在到达卫星之前必须穿过地球大气。在此输出过程中,由于大气的吸收和在发射,辐射量改变了。在窗区,这种改变很小,到达卫星的辐射大部分来自地表和云,大气对它没有太大的影响。正因为如此,天气预报人员才能在预报业务工作中很容易地使用卫星图像。

以灰度方式显示红外图像的常规方法是在黑色的地球背景之上将云显示为明暗不等的白色,以便它们与可见光图像的表现形式一致。暗色调代表暖区,亮色调代表冷区。由于温度随高度降低,最高最冷的云所发射的红外辐射强度也最低,因此在云图上它们显示最白。这样处理所得的图像使用方便,但其处理过程与可见光图像正好相反。在可见光图像上,最低的反射率表现为黑色。定性描述红外图像中的云型时,在窗区一般可以把大气考虑成是透明的。

图 8.1 给出了同时刻的可见光与红外云图,图中可见光云图的西北侧 E 处色调很暗,这是因在该处太阳高度角太低,光照不足之故;相应在红外云图上 E 处,由于该时已是深秋时刻,地表的温度较低,显现较浅的色调。IR 图中 A—B 为白色卷云带,之下为中低云区,之南 M 处为较厚的中低云区。在 IR 上,越往南,温度越高,色调越暗;而在 VIS 上,越往东南,太阳高度角越大,云色调越白。

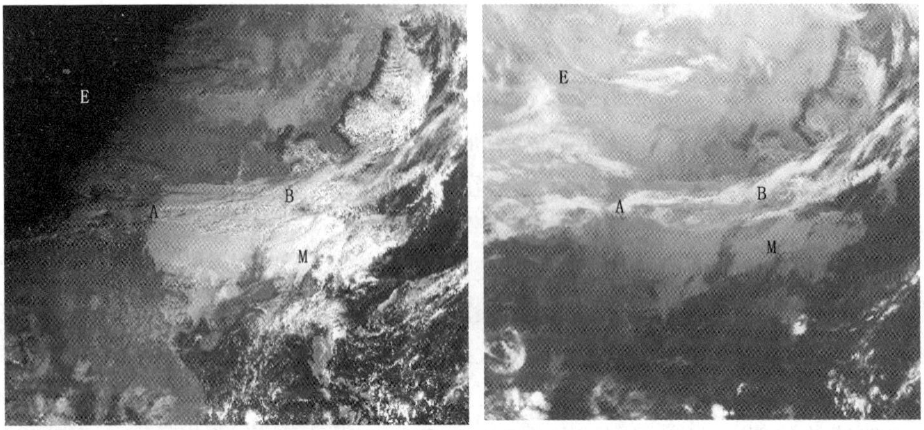

图 8.1 可见光云图(左)与红外云图(右)的比较

水汽(WV)图像是根据在非大气窗区的水汽波段上所发射的辐射得到的。大气低层水汽的辐射一般达不到外空。如果对流层上部是湿的,那么到达卫星的辐射主要来自这一(冷的)区域,并且表现为白色,这与红外图像的表示方式一致。仅当对流层上部是干燥的时候,较暖的对流层中部的水汽产生的辐射才能到达卫星,在图像上表现为稍暗的色调。在水汽图像中大尺度流场特别引人注目,这是因为水汽起了大气运动失踪物的作用,图像能有效地显示出对流层中部的气流。

3.7 μm 通道的辐射由散射的太阳辐射和地气系统发射的辐射组成。夜间,没有太阳辐射的贡献,这一通道的辐射同标准红外波段的辐射一样,来源于地球,高温区为黑色,低温区为白色。白天,来自太阳和地球的辐射混合在一起,以太阳辐射所占的份额为主。

图 8.2 为同时刻的可见光、红外云图和水汽图。首先从水汽图(c)上看到,A—B—C 为一条宽的水汽带,D 处为一涡旋,从 G—D—E—F 是另一条水汽带;两水汽带间为一窄的暗带,在 G—D—E—F 的西侧为一大片暗区;在 A—B—C 水汽带的 I 处镶嵌一雷暴云团,在水汽图上的色调最明亮。与红外图比较,红外图上的 A—B—C 和 G—D—E—F 呈现断裂云系,D 处涡旋较为清楚,但不如水汽图清晰明显,I 处的雷暴仍很清楚。与可见光云图比较,云系更为断裂,D 涡旋没有任何表现。但可见光图上的有些目标物,特别是低云在水汽图上没有表现。

8.1.3 气象卫星的种类

1. 太阳同步卫星轨道

所谓太阳同步卫星轨道是指卫星的轨道平面与太阳始终保持固定的取向。由于这一种卫星轨道的倾角接近 90°,卫星近乎通过极地,所以又称它为近极地太阳同步

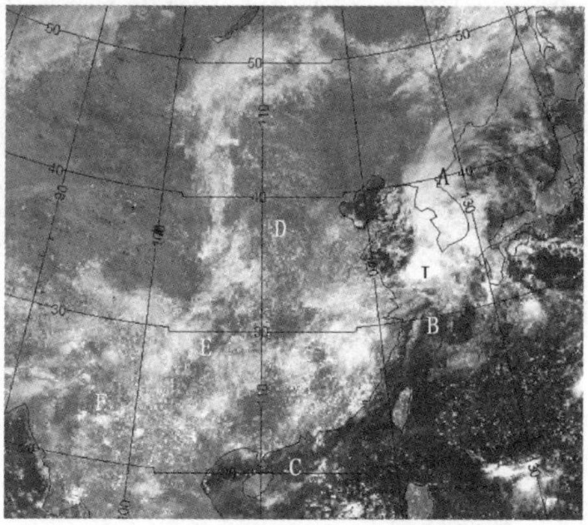

(a)1999年9月5日10时GMS-5可见光

(b)1999年9月5日10时GMS-5红外

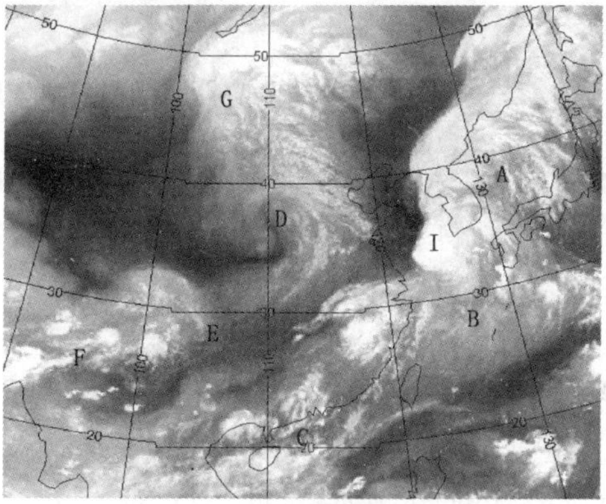

(c)1999年9月5日10时GMS-5水汽

图 8.2　可见光、红外和水汽图比较

卫星轨道,有时简称极地轨道。图 8.3 表示了近极地太阳同步卫星轨道的示意图,从图上可以看出,卫星几乎以同一地方时(只对轨道的升段或降段)经过世界各地。

太阳同步卫星轨道的优点是:(1)由于太阳同步卫星轨道近于圆形,轨道的预告、资料的接收定位处理都有十分方便;(2)太阳同步轨道卫星可以观测全球,尤其是可以观测到极地区域;(3)在观测时有合适的照明,可以到稳定的太阳能,保障卫星正常工作。

太阳同步卫星轨道的缺点是:(1)虽然太阳同步卫星可以获取全球资料,但是时间分辨率低,对某一地区的观测时间间隔长,一颗极地太阳同步轨道卫星每天只能对同一地区观测两次,不能满足气象观测要求,不能监视生命短、变化快的中小尺度天气系统;(2)相邻两条轨道的观测资料不是同一时刻的,需要进行同化。

2. 地球同步静止卫星轨道

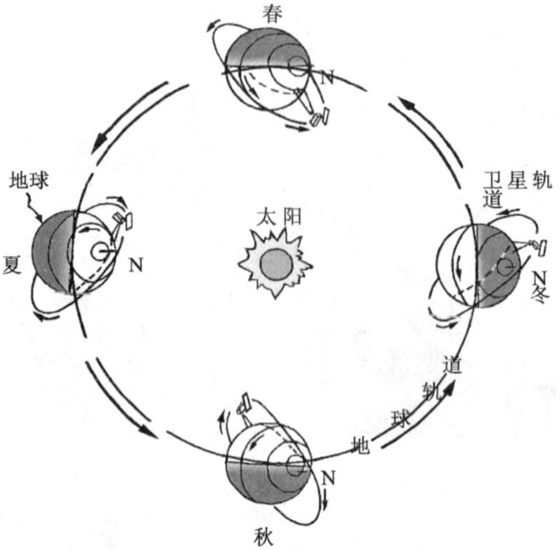

图 8.3 太阳同步卫星轨道

如果卫星的倾角等于 0°，赤道平面与轨道平面重合，则卫星在赤道上空运行；又若卫星的周期正好等于地球自转周期(23 小时 56 分 04 秒)，卫星公转方向与地球自转达方向相同，这样的卫星轨道称地球同步轨道。若在地面看，这种轨道上的卫星好像静止在天空某一地方，不动似的，所以又把它称作地球静止卫星轨道。这样轨道上的卫星称作静止卫星。

静止卫星作为一个气象观测平台有许多优点：

(1)由于静止卫星的高度高，视野广阔，一个静止卫星可以对南北 70°S～70°N，东西 140 个经度，约占地球表面积 1.7 亿 km^2 进行观测；

(2)静止卫星可以对某一固定区域进行连续观测，可以每 0.5 h 或 1 h 提供一张全景圆面图。在特殊需要时，可每隔 3～5 min 对某个小区域进行一次观测；

(3)静止卫星可以监视天气云系的连续变化，特别是生命短、变化快的中小尺度灾害性天气了系统。

静止卫星的不足之处是不能观测南北极区，同时对卫星观测仪器的要求高。

8.1.4 全球卫星观测体系

自从 1960 年美国发射第一颗泰罗斯 1 号试验卫星以来，世界各国已发射了上百颗气象卫星。除美国外，中、日、俄、法、印、欧共体等许多国都已发射了气象卫星。

静止卫星能对中低纬度广大固定地区实行连续观测，但是观测不到极区和固定地区的以外的地区；极地太阳同步轨道卫星能实现全球观测，但一颗极地太阳同步卫星对中低纬度地区每天只能对白天和夜间各观测一次，不能对中低纬度地区的天气连续监视观测，但其能以高的时间分辨率观测极区。为了对全球范围内天气作连续观测，单凭一颗静止卫星和极轨卫星是无法实现的，这时只有将多颗静止气象卫星与几颗极地太阳同步气象卫星组合在一起，发挥各自的优势，克服其短处，形成一个全球卫星观测体系，实行对全球天气的监视。目前全球在轨运行的极地太阳同步卫星有美国 TIRORS/NOAA 系列，俄罗斯的 METEOR 系列，中国 FY-1D 和第二代 FY-3A，欧共体 METOP。静止卫星的具体位置分别为：0°，63°E（METEOSAT－欧洲空间局，第二代 MSG 系列）、140° E（MTSAT-日）、135° W（GOES-美）、70° W（GOES-美），105°E，86.5°E（中国 FY-2C、FY-2D），83°E（印度 INSAT），76°E（俄罗斯 GOMS），这样可以每间隔 0.5 h 获取一次全球资料。为有效覆盖全球，各卫星观测区彼此有一定重叠，从而实现卫星对全球大气的监视和观测，为全球气候和天气预报提供气象资料。全球气象卫星观测体系的建立，标志着大气探测进入了一个以卫星观测为主体的全球观测体系新时代，大气科学的发展必将有一个新的飞跃。

8.2　卫星资料的应用

从 1960 年代初第一颗气象卫星成功发射以来，卫星探测在天气分析和大气科学研究中发挥了重大作用，取得了明显的效果，同时气象卫星资料广泛应用于农业、海洋、林业、地质、地理、水文、航空航天等各领域。

8.2.1　增加和丰富了气象观测及其他领域资料的内容和范围

气象卫星观测体系的建立，大大地丰富了气象观测的内容和范围，使大气探测技术和气象观测进入了一个新阶段，突破了人类只能在大气底层观测大气的局限性。一些难以观测的资料和地区，现在都可以从气象卫星上得到实现。当前气象卫星可以提供以下有价值的资料：

(1)每日的可见光、红外和水汽等多谱段图像资料；

(2)大气垂直探测资料；

(3)微波探测资料；

(4)太阳质子、粒子资料等。

以上这些资料包含有大量地球、大气信息，由这些信息可以导得以下气象和其他领域的各种参数和现象：

(1)云系的大范围分布和各类天气系统的位置、形成、发生发展等；灾害性天气的发生发展；

(2)云类、云量、云顶温度(云顶高度)、云的相态等；

(3)气溶胶、沙尘暴、扬沙、浮尘、冰雪覆盖等；

(4)陆面温度、植被分布、蒸散、土壤湿度、地面反照率等陆面参数；

(5)大气温度、湿度垂直分布，大气中水汽总量、臭氧总量；

(6)降水量和降水区、地面水资源、洪水等；

(7)给定区域的云风矢量；

(8)入射地球大气系统的太阳辐射和地球大气系统反射总辐射，长波辐射总量、地气系统辐射收支等；

(9)海洋表面温度、洋流、悬浮物质浓度、叶绿素浓度和海冰等海洋表面状态；

(10)监视森林火灾、森林生长状况；

(11)由可见光和近红外云图提取植被指数，监视农作物生长、估计作物产量；

(12)监视太阳质子、α 粒子、电子通量密度和能量谱以及卫星高度上的粒子总能量。

8.2.2 卫星资料是天气分析预报的重要依据

由于卫星观测范围大，能得到海洋、高原、沙漠等人烟稀疏地区的气象资料，大大地改进了这些地区的天气分析的准确性，加深了对各天气系统的理解，揭露了一些新的天气事实，解释了以前无法解释的天气现象。由于卫星云图有高的时、空分辨率，能连续追踪云系的形成、天气系统发展加强与降水等的相互关系，如对锋面、高空槽和气旋云系的发生发展和演变都有了新的认识和理解。发现了大尺度云系分布的各种云型特征，提出了天气尺度云系演变的概念模式，为预报员准确预报天气提供了依据。在使用了卫星资料后，能及早发现天气系统，从而提高预报的准确性，延长预报时效。如在卫星观测之前，青藏高原资料稀少，许多天气系统常常被遗漏，造成天气预报的失败，有了卫星资料后，发现和掌握了青藏高原上冷、暖锋和急流及其他系统的活动规律，为预报我国东部地区的降水发挥了重要作用。

8.2.3 监视暴雨、强雷暴等灾害性天气系统

暴雨和强雷暴(大风和雷电)是灾害性危险天气系统，对人们的生命财产常造成严重损失。这类系统空间尺度小、变化快、生命短、强度大，用常规的观测资料难以抓住它，因此对这类系统的分析和预报一直是大气科学研究的一个重要问题。静止卫星云图能对某一固定区域连续观测，具有高的时、空分辨率，对发现和连续监视暴雨和强雷暴天气系统是很有效的工具，利用静止卫星云图监视暴雨强对流的发生发展，减少了人民生命和财产损失。

8.2.4 监视热带洋面上的低压、台风等天气系统

在热带海洋地区，气象测站稀少，资料十分短缺，用常规气象资料很难发现和追

踪洋面天气系统的发生发展和移动。卫星云图是监视热带洋面上的低压、台风等天气系统的重要工具。在使用卫星云图以来没有一个台风被遗漏，并总结出一套用卫星云图预报台强度和路径的有效方法，提高了台风预报的准确率，延长了预报时效，保障了人民生命和财产的安全，减少了经济损失。

8.2.5 改进短期天气预报

卫星资料能提供南北半球环流和中低纬度环流间的相互作用的有关资料，又因这些作用在几天或几星期后影响中纬度地区，所以应用这些资料可以帮助制作中长期天气预报。另外由卫星观测资料计算出的洋面温度、地球表面和洋面的冰雪覆盖资料，以及地球—大气和宇宙之间辐射能的交换资料，可以研究海气交换、气候变迁。

8.2.6 为数值天气预报提供资料

由NOAA气象卫星的高分辨率红外探测器观测资料反演得到的大气温度、湿度分布和各高度上的云迹风，输入到数值模式中，用于提供数值预报的初始场，进一步提高数值天气预报的准确率。

8.2.7 在气候研究方面的应用

1. 云量、云类

云控制着入射到地球表面的太阳辐射和地球自身发射的红外辐射，所以云对地球的辐射收支有重要影响，从而对地球的增暖和冷却起着直接重要的作用。用卫星资料估算云的时空分布，能用于研究：(1)气候模式和有效性检验；(2)云对气候的影响；(3)云和地球辐射收支；(4)云的气候学变化等。

2. 辐射

地球大气顶的辐射收支决定了地气系统的能量输入，辐射能的源和汇导致了大气环流，影响全球的能量和水循环。由卫星观测能确定大气顶的辐射收支，入射地面的太阳辐射，射出长波辐射、总辐射等。

3. 降水

用卫星资料估计降水是测量降水的又一新的途径，特别是对于估算大尺度降水是最有效的方法。在热带地区的对流降水及其释放的潜热是大气环流的重要强迫机制之一。

卫星估算降水已经是一项重要的业务产品，对于研究降水与气候间的关系，水循环、作物生长等都是十分有用的。

4. 气溶胶、微量气体

CO_2、CH_4 和 N_2O，这些气体起着温室效应作用，影响气候变化；臭氧变化影响人类的健康；SO_2 等有害气体则造成大气污染。

5. 冰雪覆盖

中国是世界上中低纬度地区山岳冰川最多的国家之一，冰川面积虽不足全国面积的 6%，但其融水量却占全国地表年总径流量的 20%，相当于黄河每年入海年总径流量。利用卫星资料能计算冰川面积、冰川变化等。

冰雪覆盖的改变是气候变化的最重要的信号之一，全球气候模拟表明，温室效应在高纬度最大，极地冰雪一旦融化，地面反照率将发生很大变化，结果更有利于增温。地球上的冰雪覆盖有海冰、雪盖和冰川三部分。用卫星资料可以对冰雪覆盖的水平分布进行详细的观测，对冰川的分析更加系统化和全球化。利用 NOAA 卫星资料可以分析雪盖的范围、月、季雪盖频次及其距平；由 NOAA 卫星 1.6 μm 资料更加容易区分积雪和云，积雪的深度。

8.2.8 为农业提供气象资料

气象卫星可以为农业提供诸如日照、降水、气温、陆面温度、植被分布、蒸散、土壤湿度、地面反照率等气象参数和陆面参数，利用这些资料可以进行农业区划，监视作物长势，监测干旱、虫灾和估算作物产量等。

8.2.9 监视森林火灾、地表热异常

森林火灾通常用地面建立瞭望塔和飞机进行观测，其瞭望塔的观测范围十分有限，而飞机观测费用十分昂贵。卫星观测有高的时空分辨率，可以对大范围森林火灾进行监视观测，经济费用少，是一个十分有效的工具。

8.2.10 卫星资料在水文方面的应用

卫星资料在水文方面的应用主要有以下几方面：

(1)估计降水量。

(2)监测洪涝灾害：洪水泛滥可造成重大损失，利用近红外卫星资料，可以制作洪水泛滥图。

(3)地面水资源：水是地面上无处不有，然而又是最多变的矿产资源，对环境水的监测是一件困难而又迫切的问题之一。水是一切有机物体的组成成分之一，没有水就没有生命。利用卫星遥感资料可以帮助寻找地下水，对于人烟稀少的高原等地区，由卫星观测水资源的分布是十分理想的工具。

8.2.11 为海洋活动提供气象资料

(1)海洋气象预报和海洋航行保障：全球广阔海洋上大范围海冰、水状态对全球

天气有重要影响。卫星观测到的海面温度、海冰、海面风浪状态对制作海洋天气预报有很大帮助。由卫星云图提供的天气实况和天气预报，可以避开不利的天气和海洋上的巨浪，改进海上航行业务。又如根据卫星资料制作的海冰分布图，可以寻找可通行水路的最佳航线，不仅能绕过海上危险的巨大冰山，还能节省时间和花费。例如在每年冬季，我国渤海湾地区经常出现冰冻，用飞机或船舶侦察海冰分布，不仅费用大，而且不能满足要求。用卫星资料能准确及时作出海冰分布图，为我国航行事业提供有用资料。

(2)海洋环境监视：利用卫星资料能实现环境监视，发现海洋上大范围的污染、赤潮，能获取海洋表面温度、洋流、悬浮物质浓度、叶绿素浓度等海洋表面状态；如石油污染、热污染和固体垃圾污染等海洋污染对生态破坏极大，这些都有可以由卫星监视检测。

(3)河口、海岸的研究：使用卫星资料可以研究海岸、河口的形态及沿岸泥沙的搬运。为海港建设、保护海岸和浅海区域施工提供资料。

(4)海洋捕捞：卫星资料可以帮助海洋捕捞提供海洋信息，直接或间接反映鱼类生态情况。例如根据卫星提供的海面温度定出冷暖洋流的边界位置，是鱼类活动的区域，由此可以预报鱼群，提高捕鱼产量。

8.2.12　为航空提供飞行保障

在卫星观测之前，由于缺乏资料，航空天气预报难以作准。在一张航线图上，标出哪些地方有强烈颠簸、哪里有积雨云、哪里能见度差、哪里有危险天气等是很困难的，即使能标出，误差也很大，应用卫星资料后，便改善了这种情况，以上问题很容易解决，为飞机安全飞行提供保障。利用卫星资料可以选取最佳航线，如沿高空急流顺风飞行，可以缩短飞行时间，节省燃料。

8.2.13　为军事提供气象服务

气象卫星资料广泛应用于军事保障工作，如空军靶场，着陆预报、远程轰炸机航线天气预报、危险天气警报、特种军事勤务保障、弹道导弹系统的计算、气象参数对通信和雷达系统的影响计算等，卫星资料起有重要作用。

美国还专门发射国防气象卫星(DMPS)，建立军事气象卫星体系，得到比民用气象卫星分辨率还高的气象资料，在越战和中东战争中广泛使用军事气象卫星资料，发挥了作用。

随着我国国防现代化、空间科学和尖端武器的发展，对气象保障工作提出越来越高的要求。例如，卫星发射和着陆回收的地区人烟稀少，气象资料缺乏，卫星可以提供及时而有效的资料。在战时，气象卫星可以获取敌区的气象资料，为战争服务。同时，若敌方对我方实行封锁，气象情报来源中断，此时气象卫星可以发挥更大的作用。

8.2.14 收集和转发各种气象资料

气象卫星不仅是一个空间观测平台，而且可以是资料收集和转发平台，它可以收集船舶、气球、漂浮站及自动气象站的资料，并传送给资料处理中心，经处理后再发送给世界各地。

8.2.15 空间环境监视

气象卫星上装有空间环境监测器(SEM)，测量太阳质子、电子流密度、α 粒子、能量谱和总粒子能量等，确定卫星周围的磁场强度和方向、估计太阳 X 射线流量，探测太阳风和环绕地球辐射带中的能量粒子，为高层大气物理和空间科学研究提供资料。

8.3 星载仪器介绍

8.3.1 星载辐射计及其观测

如果按卫星获得的资料产品来分，辐射计还可以分成：(1)成像型辐射计，这类辐射计主要是将辐射计测量到的值转换成图像，通常具有较高的地面分辨率和大的观测范围，所以成像型辐射计大多是扫描型的，并使用较宽的波长间隔，以得到更多的辐射能，现在的卫星云图都是由这种辐射计取得的；(2)非成像型辐射计，这种辐射计主要是获取探测数据，如测量大气温度、成分等，这种辐射计的地面分辨率较低，可以是扫描型，也可以是非扫描型，所用的光谱通道较多，每个通道的波长间隔很窄，具有高的光谱分辨率；(3)成像和非成像混合型辐射计，这是美国静止卫星上曾用过的辐射计，其采用的光谱通道较多，其中一些用于成像，另一些用于如像获取大气温度等目的。

1. 改进的甚高分辨率辐射计(AVHRR)

改进的甚高分辨率辐射计(AVHRR)是对美国第二代业务卫星携带的甚高分辨率辐射计(VHRR)作较大的改进，装载在美国第三代业务气象卫星 TIROS-N/NOAA 系列卫星上的图像观测仪器。随卫星探测技术的提高和大气观测及其他领域的需要，AVHRR 的发展由最初的四通道辐射计(AVHRR-1)发展为五通道和六通道(AVHRR-2、AVHRR-3、AVHRR-4)辐射计，其目的是通过增加卫星观测通道获取更多的陆地表、海洋、云和气溶胶等信息，扩大卫星资料的应用范围。

2. 改进的 TIROS 业务垂直探测器(ATOVS)

ATOVS 由三个独立探测器组成：高分辨率红外探测器 HIRS/3，先进的微波探测器 A 型 AMSU-A，先进的微波探测器 B 型 AMSU-B。HIRS/3 是 NOAA 系列卫星上的 ATOVS 系统的一个部分，其瞬时视场为 0.68°（圆形），星下点处的空间分辨率为 10 km。HIRS/2 它与 AVHRR 很多方面是相类似的。但是也有许多不同之处，主要有：（1）HIRS/2 有 20 个观测通道，比 AVHRR 有更加多的观测通道；（2）HIRS/2的空间分辨率很低，为 42 km（星下点），比 AVHRR 的 1.1 km 要低；（3）AVHRR用于获得图像，大气的水平结构是重要的，而 HIRS/2 用于大气垂直探测，大气的垂直结构是最重要的；（4）AVHRR 光谱分辨率低，HIRS/2 光谱分辨率很高。HIRS/3 的光谱通道特性和主要探测目的见表 8.1。

先进的微波探测装置 AMSU 有 AMSU-A 和 AMSU-B 两个探测单元：

AMSU-A 的 3～14 通道，是氧分子 50～60 GHz 微波吸收带，加上 89 GHz 大气窗通道，用于反演从地表到约 40 km（1000～2 hPa）的大气垂直温度廓线；第 1、2 通道，是大气窗 23.8 GHz 和 31.4 GHz，用作反演云中液态水、大气可降水含量，结合 89 GHz 通道可以获取降水率、冰雪覆盖、海冰浓度等。详见表 8.2。

表 8.1　高分辨率红外探测器（HIRS/3）的通道特性及探测目的

通道序号	吸收气体和窗区	中心波数 (cm^{-1})	中心波长 (μm)	峰值能量贡献层	主要探测目的
1	15 μm CO_2	669	14.95	30 hPa	大气温度。15 μm 带对相对冷区大气敏感，5、6 和 7 通道用来计算云参数；6、7 通道对水汽很敏感，用于反演低层水汽。
2	15 μm CO_2	680	14.71	60 hPa	
3	15 μm CO_2	690	14.49	100 hPa	
4	15 μm CO_2	703	14.22	400 hPa	
5	15 μm CO_2	716	13.97	600 hPa	
6	15 μm CO_2	733	13.64	800 hPa	
7	15 μm CO_2	749	13.35	900 hPa	
8	红外大气窗	900	11.11	地表	表面温度和云检测
9	O_3	1030	9.71	25 hPa	臭氧总含量
10	窗区	802	12.47	地表	水汽廓线。对 CO_2 和窗区通道提供水汽订正；通道 12 可用于卷云探测。
11	H_2O	1365	7.33	700 hPa	
12	H_2O	1533	6.52	500 hPa	

续本

通道序号	吸收气体和窗区	中心波数（cm^{-1}）	中心波长（μm）	峰值能量贡献层	主要探测目的
13	4.3 μm CO_2	2190	4.57	1000 hPa	大气温度。4.3 μm 带对相对暖区大气敏感；而且短波辐射值对云的敏感性比 15 m 带差。
14	4.3 μm CO_2	2210	4.52	950 hPa	
15	4.3 μm CO_2	2235	4.47	700 hPa	
16	4.3 μm CO_2	2245	4.45	400 hPa	
17	窗区	2420	4.13	地表	
18	短波红外窗	2515	4.00	地表	表面温度。对云和水汽不敏感；对于部分有云视场，与 11 μm 通道一起用于检测云并由此推算表面温度。两个通道联用可从测值中消除反射太阳光的影响。
19	短波红外窗	2660	3.76	地表	
20	可见光窗	14500	0.69	云	云检测。与 4.0 μm 和 11 μm 通道联用确定晴空视场。

表 8.2 AMSU-A 光谱通道特征及其主要探测目的

通道	主要吸收成分	中心频率(GHz)	峰值能量贡献层	主要探测目的
1	大气窗	23.8	地表	地表特征、可降水等
2	大气窗	31.4	地表	地表特征、可降水等
3	大气窗	50.3	地表	表面发射率
4	O_2	52.8	1000 hPa	大气温度
5	O_2	53.596±0.115	700 hPa	大气温度
6	O_2	54.4	400 hPa	大气温度
7	O_2	54.94	270 hPa	大气温度
8	O_2	55.5	180 hPa	大气温度
9	O_2	$F_{L0}=57.290344$	90 hPa	大气温度
10	O_2	$F_{L0}\pm0.217$	50 hPa	大气温度
11	O_2	$F_{L0}\pm0.3222\pm0.048$	25 hPa	大气温度
12	O_2	$F_{L0}\pm0.3222\pm0.022$	12 hPa	大气温度
13	O_2	$F_{L0}\pm0.3222\pm0.011$	5 hPa	大气温度
14	O_2	$F_{L0}\pm0.3222\pm0.0045$	2 hPa	大气温度
15	大气窗	89.0	地表	地表特征、可降水等

AMSU-B 是 5 通道全通道功率微波辐射计，其中有两个标称中心频率为 89 GHz、150 GHz 的微波窗区，及三个中心频率为 183.311 GHz 的水汽吸收谱线（表 8.3）。

表 8.3　AMSU-B 光谱通道特征及其主要探测目的

通道	主要吸收成分	中心频率(GHz)	峰值能量贡献层	主要探测目的
16	大气窗	89.0±0.9	地表	地表特征、可降水等
17	H_2O	150±0.9	1000 hPa	可降水等
18	H_2O	183.311±1.00	400 hPa	大气湿度
19	H_2O	183.311±3.00	600 hPa	大气湿度
20	H_2O	183.311±7.00	800 hPa	大气湿度

3. 静止卫星观测仪器

美国 GOES、日本 MTSAT 和中国的 FY-2C/D 静止气象卫星上装载有类似的可见光红外自旋扫描辐射仪 VISSR，测量地面和云面反射的太阳辐射和地面、云面发射的红外辐射，主要用于测量地球系统云分布状况及其他气象参数和大气物理现象。表 8.4 以中国 FY-2C/D 为例，给出了具体的参数。

表 8.4　FY-2C/D 可见光红外扫描辐射计

通道	波段	星下点空间分辨率	应用目标
CH1	0.5～0.9 μm 可见光	1 km	白天云图
CH2	3.5～3.95 μm 短波红外	2.49 km	高温热源、云结构
CH3	6.3～7.6 μm 水汽	4 km	对流层中高层水汽信息、云导风
CH4	10.3～11.3 μm 长波红外分裂窗	4 km	昼夜云图、SST
CH5	11.5～12.5 μm 长波红外分裂窗	4 km	昼夜云图、SST

8.3.2　星载雷达及其观测

可见光和红外波对云和降水的穿透性较差，星载探测器所获得的可见光和红外云图信息主要来自降水云顶部，降低了遥感信息与地面观测资料的可比性。星载微波探测器遥感降水，既可以保持卫星观测的优势，又具有较强的穿透力，因此是能够提供一致性好、可靠性强的全球降水资料的唯一手段。星载微波探测器可以是星载测雨雷达，也可以是星载微波辐射计。星载微波辐射计属于被动式遥感仪器，在经过多年实验研究之后，已在极轨气象卫星上搭载使用，即 NOAA 卫星上的高级微波探测器 AMSU。测雨雷达属于主动式遥感仪器，具有较高的径向分辨率，可以获得降水云内部的三维信息。热带降水测量卫星测雨雷达（TRMM-PR）是第一部星载测雨雷达。卫星于 1997 年 11 月 28 日成功发射，TRMM 卫星由美日两国联合研制。自成功发射以来，它为气象工作者提供了大量热带海洋降水、云中液态水的含量、潜热释放等气象数据。卫星轨道为圆形，倾角 35°，高度 350 km。卫星采用三轴定向稳定。卫星携带的遥感探测仪器有：测雨雷达（PR），微波成像仪（TMI），可见光、红外扫描仪（VIRS），云和地球辐射能量测量系统（CERES），和闪电成像感应器（LIS）。表 8.5 给出了 TRMM 卫星携带的仪器及其参数。

表 8.5 TRMM 卫星携带仪器参数

仪器	频率/波长	空间地面分辨率	地表扫描带宽度
测雨雷达（PR）	14 GHz（2 cm）	250 m（高度距离分辨率） 4 km（地面水平分辨率）	220 km
TRMM 微波图像仪（TMI）	10，19，21，37，85.5 GHz （除 21 GHz 外均为双极化）	45，21，17，11，5，5 km	760 km
可见光/红外感应器（VIRS）	0.63，1.61，3.75，10.8，12.0 μm	2.2 km	720 km
闪电图像感应器（LIS）	0.7774 μm	5 km	537 km

8.3.3 EOS 主要观测仪器

国际新一代对地观测系统（EOS）包括一系列卫星、自然科学知识组成和一个数据系统，支持一系列极地轨道和低倾角卫星对地球的陆地表面、生物圈、大气和海洋进行长期观测，监测地球状况及人类活动对地球和大气的影响，预测短期气候异常、季节性乃至年际气候变化，改进灾害预测、长期监测气候与全球变化。

1999 年 12 月 18 日，国际新一代对地观测卫星系统的第一颗星——TERRA 卫星发射成功，标志着人类对地观测新里程的开始。星上共载有五个传感器：云与地球辐射能量系统测量仪 CERES（Clouds and the Earth's Radiant Energy System）、中分辨率成像光谱仪 MODIS（MODerate-resolution Imaging Spectroradiometer）、多角度成像光谱仪 MISR（Multi-angle Imaging Spectrora Radiometer）、先进星载热辐射与反射测量仪 ASTER（Advanced Spaceborne Thermal Emission and reflection Radiometer）和对流层污染测量仪 MOPITT（Measurements Of Pollution In The Troposphere）。各传感器的观测内容见表 8.6。

表 8.6　TERRA 搭载遥感仪器的主要观测内容

科学	探测物理量内容	EOS-AM1 仪器
大气	云性质	MODIS，MISR，ASTER
	辐射能	CERES，MODIS，MISR
	降水	
	平流层化学	MOPITT
	对流层化学	
	气溶胶性质	MISR，MODIS
	大气温度	MODIS
	大气湿度	MODIS
陆地	陆地覆盖和土地应用变化	MODIS，MISR，ASTER
	植被	MODIS，MISR，ASTER
	地表温度	MODIS，ASTER
	火灾发生率	MODIS，ASTER
	火山效应	MODIS，ASTER
	地表湿度	
海洋	表面温度	
	浮游植物和可溶性有机物	MODIS
	表面风场	MODIS，MISR
	表面地形	
冰雪圈	陆地冰的变化	ASTER
	海冰	MODIS，ASTER
	雪覆盖	MODIS，ASTER
太阳辐射	太阳总辐射率	CERES，MODIS，MISR

MODIS 工作波长范围 0.4～14.4 μm，分 36 个波段，空间分辨率为 0.25～1 km。由于成像幅度宽(2330 km)，每 1～2 d 可以获取全球地表数据，对陆地、海洋温度场测量、海洋洋流、全球土壤湿度测量、全球植被填图及其变化监测有重大意义。波段分布特征见表 8.7。

表 8.7　MODIS 仪器特性和主要用途

频道	波长(μm)	光谱范围	主要用途	分辨率(m)
1	0.620～0.670	可见光	陆地、云边界	250
2	0.841～0.876	近红外		250

续表

频道	波长(μm)	光谱范围	主要用途	分辨率(m)
3	0.459～0.479	可见光	陆地、云特性	500
4	0.545～0.565	可见光		500
5	1.230～1.250	近红外		500
6	1.628～1.652	近红外		500
7	2.105～2.155	可见光		500
8	0.405～0.420	可见光	海洋水色、浮游生物、生物地理、化学	1000
9	0.438～0.448	可见光		1000
10	0.483～0.493	可见光		1000
11	0.526～0.536	可见光		1000
12	0.546～0.556	可见光		1000
13	0.662～0.672	可见光		1000
14	0.673～0.683	可见光		1000
15	0.743～0.753	可见光		1000
16	0.862～0.877	近红外		1000
17	0.890～0.920	近红外	大气水汽	1000
18	0.931～0.941	近红外		1000
19	0.915～0.965	近红外		1000
20	3.660～3.840	热红外	地球表面和云顶温度	1000
21	3.929～3.989	热红外		1000
22	3.929～3.989	热红外		1000
23	4.020～4.080	热红外		1000
24	4.433～4.498	热红外	大气温度	1000
25	4.482～4.549	热红外		1000
26	1.360～1.390	近红外	卷云、水汽	1000
27	6.535～6.895	短波红外		1000
28	7.175～7.475	短波红外		1000
29	8.400～8.700	短波红外		1000

续表

频道	波长(μm)	光谱范围	主要用途	分辨率(m)
30	9.580～9.880	短波红外	臭氧	1000
31	10.780～11.280	长波红外	地球表面和云顶温度	1000
32	11.770～12.270	长波红外		1000
33	13.185～13.485	长波红外	云顶高度大气温度	1000
34	13.485～13.785	长波红外		1000
35	13.785～14.085	长波红外		1000
36	14.085～14.385	长波红外		1000

AIRS(高光谱大气红外探测器)是 AQUA 搭载的主要观测仪器，噪声在 0.2 K 的量级(70%的通道噪声小于 0.2 K，20%的小于 0.1 K)，光谱覆盖范围 3.7～15.4 μm(650～2700 cm^{-1})。AIRS 共有 2382 个通道，有效通道 2047 个，其中 2378 个红外光谱通道，包括了重要的温度探测波段 4.2 μm、15 μm 的 CO_2 带，6.3 μm 水汽带和臭氧带 9.6 μm，并补充了 4 个可见光/近红外成像通道，主要进行从地表到 40 km高度的大气水分、温度等方面的垂直探测。

CALIPSO(Cloud-Aerosol Lidar and Infrared Pathfinder Satellite Observation)卫星利用激光雷达在研究气溶胶和云方面的优势，来研究云与气溶胶。该卫星载有敏感偏振双波长激光雷达(532 nm 和 1064 nm)、A 波段氧化光谱仪 ABS、红外成像辐射计 IIR(Imaging Infrared Radiometer)和宽视场摄像机 WFC(Wide Field Camera)。这些仪器所得到的数据主要用于测量影响地球辐射收支的云和气溶胶在大气中的垂直分布，以及气溶胶和云的光学性质和物理性质。CALIPSO 与 AQUA 的轨道具有相同的高度，并且与 AQUA 在 6 min 内能观测到地面上的同一个点，这样能保证两个卫星观测到的云顶辐射通量差小于 10 W/m^2。

CloudSat 主要用于得到云的垂直结构，测量云中水和冰的含量分布、云的光学特性，及检验关键的云参数。搭载有云分布测量雷达 GPR 和可见光成像仪 PABSI 等。从而实现：(1)对全球大气循环模式中的云和云的表示法进行定量评价，提高天气预报和气候预测的准确性；(2)定量分析云体中水和冰的垂直分布与云辐射之间的关系；(3)明确气溶胶对云形成的直接和间接的影响。

CALIPSO、Cloudsat、AQUA 和 ARUA 编队运行，对大气、气溶胶和云的特性及辐射通量进行全球测量。

主要参考文献

巴德，等. 1998. 卫星与雷达图像在天气预报中的应用. 卢乃锰，等，译. 北京：科学出版社.

陈渭民. 2002. 卫星气象学(2 版). 北京:气象出版社.
官莉. 2007. 星载红外高光谱资料的应用. 北京:气象出版社.
王毅. 2006. 国际新一代对地观测系统的发展及其主要应用. 北京:气象出版社.
王振会. 2001. TRMM 卫星测雨雷达及其应用研究综述. 气象科学,**21**(4):491-500.

思考题

1. 简述气象卫星的观测特点。

2. 气象卫星常用哪两种轨道?各有什么优缺点?

3. 填空题:

目前常用的卫星图像分为可见光、红外和水汽等通道。在可见光通道,卫星观测到的辐射强度主要与________和________有关。把云的辐射强度转换为可见光云图时,辐射强度大,则图像色调为________;反之,图像色调________表示辐射强度小。把云的辐射强度转换为红外云图时,辐射强度大,则图像色调为________;反之,图像色调________表示辐射强度小。

第 9 章　大气探测新技术

9.1　风廓线仪

9.1.1　风廓线仪概述

风廓线仪(Wind Profiler)又称风廓线雷达，是利用大气湍流对电磁波的散射作用进行大气风场等物理量探测的遥感设备，主要用于探测晴空或有云天气条件下的三维风场。与二次雷达测风相比，风廓线仪可以获得当地的三维风场，远比二次雷达获得的不同地区风场更具代表性。欧美许多国家都建立了风廓线雷达探测网，日本气象局建立了由 31 部 L 波段风廓线仪组成的 WINDAS 系统，其目的不仅在于进行灾害性天气监测预报，也可以为日本气象局的数值预报模式提供初始化数据，还可以结合其他数据得到高层风的分析资料。我国于 20 世纪 80 年代开展风廓线仪的研究，目前，已有一批我国自行设计和生产的 L 波段风廓线仪应用于气象探测业务(图 9.1)，在边界层和低对流层的探测中起到了重要的作用。中国气象局计划在不久的将来，建成由近 160 部风廓线仪构成的低空风探测网。

图 9.1　安装在南京信息工程大学校园内的边界层风廓线雷达(天线部分，外墙是屏蔽板)

风廓线仪的常用工作频段为915～924 MHz和1280～1357.5 MHz附近，也有工作在VHF(45～65 MHz)和UHF(404～482 MHz)频段的大型风廓线仪，VHF和UHF频段用于中高层大气探测，L频段用于边界层和低对流层探测，图9.2反映了不同频段风廓线仪的探测高度。

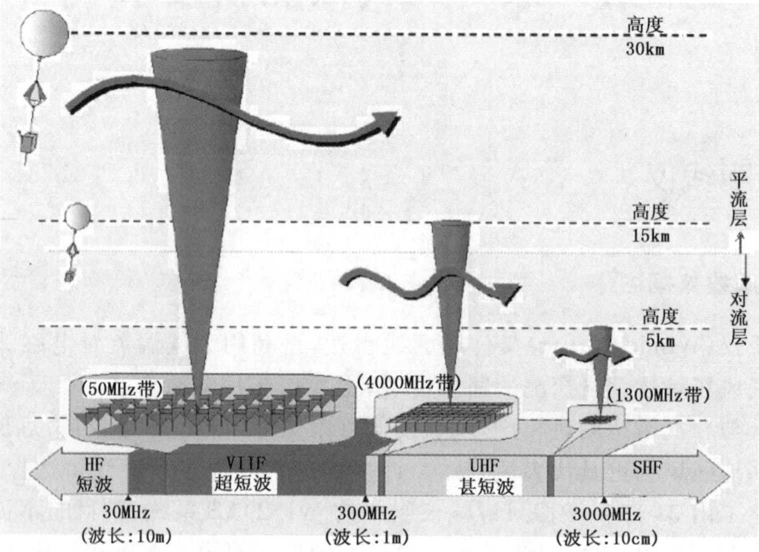

图9.2 风廓线仪的频率与探测高度示意图

一部VHF(50 MHz)风廓线仪的天线系统占地面积约1万 m^2，发射机的峰值功率约250 kW，脉冲宽度约1 μs，平均功耗达10 kW以上，可以探测到平流层。UHF(400～500 MHz)风廓线仪可以探测到16 km的对流层上层甚至平流层底层。在低高度探测模式下，平均功率约500 W，垂直分辨率约250 m；在高高度探测模式下，平均功率约2000 W，垂直分辨率约1000 m。频率在915 MHz和1270～1375 MHz的风廓线仪，主要用于边界层探测，探测高度可以达到5 km，平均功率约50 W，垂直分辨率约100 m。表9.1是日本WINDAS系统L波段风廓线仪的工作参数。

表9.1 日本WINDAS系统的L波段风廓线仪工作参数

参数	特性数据
天线类型	相控阵
天线大小	4 m×4 m
天线增益	33 dB
天线波束宽度	4°(在方位和俯仰方向上都是4°)

续表

参数	特性数据
天线扫描方式	5 波束(1 个垂直波束、4 个位于东、南、西、北的倾斜波束,倾斜角 10°～15°)
工作频率	1357.5 MHz
峰值功率	1.8 kW
脉冲宽度	0.67,1.33,2.00,4.00 μs(可选)
脉冲重复频率	5,10,15,20 kHz(可选)
探测距离(高度)	300 m～5 km
探测周期	10 min

9.1.2　风廓线仪硬件组成及工作流程

风廓线仪一般由微带平面相控阵天线、固态发射机、接收机、监控系统、数字信号处理器和数据处理终端等子系统组成。天线由微带平面相控阵阵列组成,通过控制天线各单元的信号相位,可形成 3 或 5 个(普遍使用 5 个)固定波束指向。由于采用控制天线单元信号相位的电扫描方式,因而天线波束指向的转换很快,可在 1 毫秒内完成。发射机为全固态发射机,可工作于极窄脉冲宽度,达到高分辨率探测的目的。接收机为一次混频超外差式全相参接收机,有利于实现相参接收,提高回波信号的质量。信号处理器由专用和通用超大规模集成电路完成,可以快速处理回波信号。用户界面友好,多数雷达工作参数均可通过终端界面进行设置、输入和修改,处理方式可变且能够以多种方式显示探测的风场信息。故障和监控信息不仅可以在相应的分系统面板上显示,还可以在终端画面显示,便于操作人员及时掌握系统的工作状态,为系统的维护提供方便。

系统的工作流程如图 9.3 所示。发射机发出的电磁波经过收发开关(双工器)送至天线,经天线向外发射,发出的电磁波遇到包括湍流在内的散射介质后,被散射开来,部分能量返回到天线,通过收发开关至接收机,经放大后送至采样转换系统,形成不同距离库上的回波数字化信息,相干积分器的作用相当于信号放大器,将微弱的散射回波信号进行累积,提高信噪比,得到有效的回波资料。通过频谱分析,可以获得回波的强度(信噪比)、径向速度和径向速度谱宽。对一般用户而言,更关心的是径向速度,即公式(9.3)、(9.4)和(9.5)中的 $V_{r\mathrm{East}}$、$V_{r\mathrm{North}}$ 和 $V_{r\mathrm{Zenith}}$。

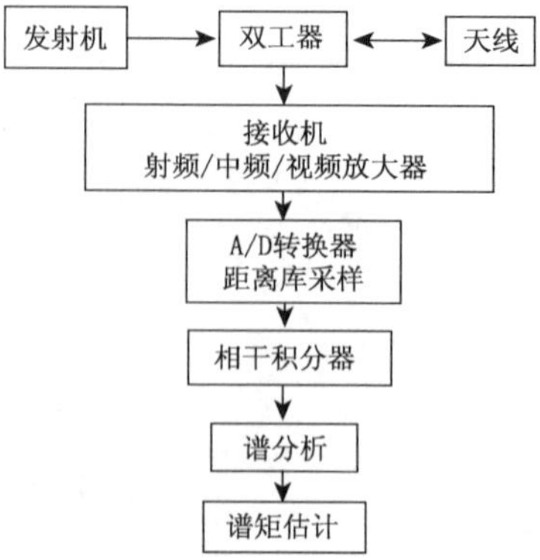

图 9.3 风廓线仪的系统结构及工作流程图

9.1.3 风廓线仪测量水平风的原理

风廓线仪(图 9.4)通过发射不同方向(一般是 3 个方向或 5 个方向)的电磁波

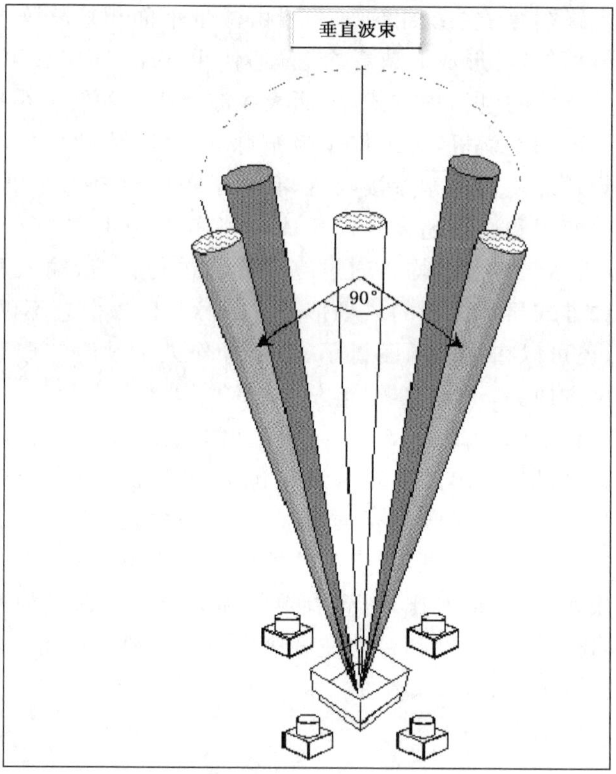

图 9.4 风廓线仪的波束图(天线周围是四个电声探测系统,用于测量虚温)

束，进行三维风场的探测。从理论上讲，三波束就可以实现三维风的探测，波束分别指向天顶、正东和正北方向，倾斜 15°，三个波束依次工作(抛物面天线、单波束体制)。现在的相控阵风廓线仪采用五波束体制，波束分别指向天顶、东、南、西、北，倾斜 15°，为了减少系统复杂性，各波束采用逐次分时工作的方式。

因大气是由不同尺度的湍流块组成，在水平和垂直方向是不均匀的，各种尺度的湍流块引起折射指数变化而对电磁波产生散射作用。如果有风的存在，则接收机接收到的湍流散射回波中还包含有多普勒频移信息，由此实现对大气风场的探测，反演出大气风场垂直结构和辐散、辐合等信息。风廓线仪如果配备声电探测系统(Radio Acoustic Sounding System, RASS)，则还可以探测温度，再辅以微波辐射计，则可联合得到风、温度和湿度的垂直分布情况，实现对大气风、温、湿等要素的连续遥感探测。这些设备具有探测时空分辨率高、自动化程度高等优点，是新一代高空大气探测系统。

我国的低对流层风廓线仪基本上都工作在 1290 MHz 附近的 L 波段，这个波段不仅可以实现系统的小型化、也可以得到较强的回波信号。晴空湍流或涡动的大气反射率 η 可以表示为

$$\eta = 0.39C_n^2\lambda^{\frac{1}{3}} \tag{9.1}$$

式中 η 是雷达反射率(m^2/m^3)；C_n^2 是湍流折射率结构常数($m^{-\frac{2}{3}}$)；λ 是雷达工作波长(m)。

当散射介质充满风廓线仪的脉冲体积时，接收机接收到的回波功率 P_r 为

$$P_r = 7.3\times10^{-4}C_n^2\lambda^{\frac{5}{3}}\times\frac{P_tGhL^2}{R^2} \tag{9.2}$$

式中 P_r 是接收到的回波功率；P_t 是发射的峰值功率；G 是天线增益(信号放大倍数)；h 是取样脉冲长度，如果脉冲时间为 τ，则 $h=\frac{c\tau}{2}$ ；c 是电磁波在大气中的传播速度；L 是天线反馈系统损耗；R 是目标的距离。

获取不同高度的风场数据是风廓线仪的主要任务，从风场反演的角度来看，风廓线仪采用三波束工作就可以了，波束指向天顶、正东和正北方向，倾斜约 15°。利用 3 个不共面波束方向的径向速度，可解出风场数据 U、V 和 W，它们分别表示西风、南风和垂直向上的气流

$$V_{r\mathrm{East}} = U\sin\theta + W\cos\theta \tag{9.3}$$

$$V_{r\mathrm{North}} = V\sin\theta + W\cos\theta \tag{9.4}$$

$$V_{r\mathrm{Zenith}} = W \tag{9.5}$$

对上述 3 个方程求解，可以得到水平风的西风分量 U、水平风的南风分量 V 和向上的垂直气流 W 为：

$$U = \frac{V_{r\mathrm{East}} - V_{r\mathrm{Zenith}}\times\cos\theta}{\sin\theta} \tag{9.6}$$

$$V=\frac{V_{r\text{North}}-V_{r\text{Zenith}}\times\cos\theta}{\sin\theta} \tag{9.7}$$

$$W=V_{r\text{Zenith}} \tag{9.8}$$

$$\text{水平风速 } V_{\text{风速}} = \sqrt{U^2+V^2} \tag{9.9}$$

$$\text{水平风的风向(方位角)}\beta=\arctan(U/V) \tag{9.10}$$

式中 $V_{r\text{East}}$、$V_{r\text{North}}$ 和 $V_{r\text{Zenith}}$ 为风速在某高度处、3 个波束指向上的径向多普勒速度分量，是通过测量多普勒频移得到的已知量；θ 为波束倾斜角度（通常是 15°）。故三维风矢量（U、V 和 W）以及水平风的风速、风向均可根据公式(9.6)—(9.10)解出。

9.1.4 风廓线仪基本产品及初步应用

风廓线仪可以测得各个高度上的风场资料，根据不同高度的水平风矢量可以绘出水平风廓线 VWP(Vertical Wind Profile)，如图 9.5 所示，据此可进一步分析天气情况。从图 9.5 中可以看出，近地面的水平风由正午的东南风逐渐转变为 18:00 的西北风，反映了一次台风的移动情况，图 9.5 中的背景值表示回波的强弱，如果较强，则为降雨，回波越强，则雨越大。图中无风矢量的空洞区，表示风廓线仪测得的数据不可靠，所以没有画出。

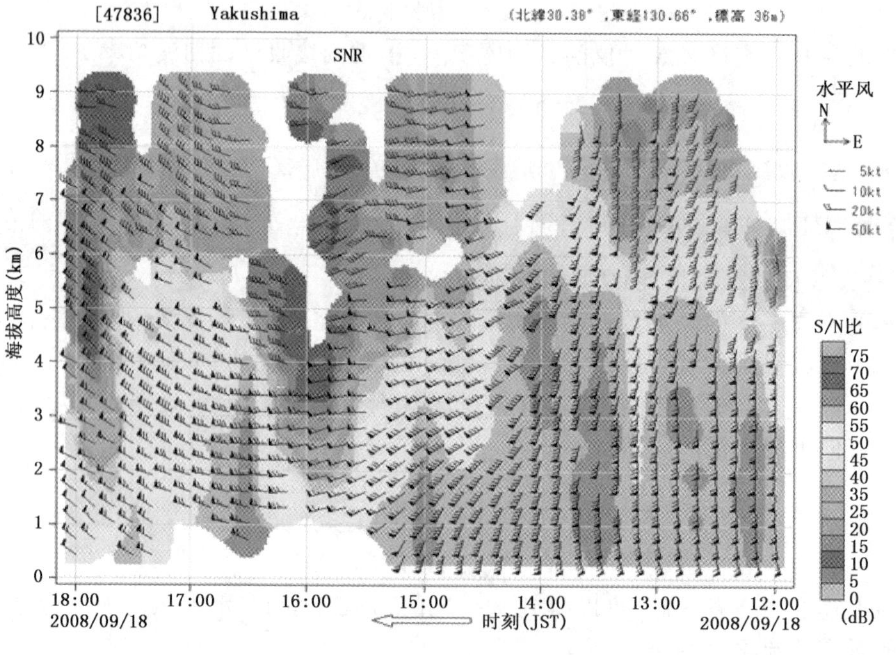

图 9.5 2009 年 9 月 18 日台风天气，日本 Yakushima 的水平风廓线随时间的变化情况

图 9.6 是位于安徽省肥西县气象局(31°41’N,117°08’E)的风廓线仪资料,反映了 2002 年 6 月 22—24 日的梅雨锋过程。从图 9.6 中可看到:22 日 14:00,从底层开始连续出现较强的偏南气流;22 日 16:00,以西南风向为主的风速不断增大,平均风速达到 16 m/s,最大风速接近 20 m/s,这支西南低空急流逐渐向高空延伸,并持续到 24 日;23 日 16:00 开始降水,并形成了特大暴雨。由于暴雨的发生通常与西南向的低空急流有关,风廓线仪可以清晰地捕捉到这种风向信号。因此通过分析风廓线仪观测的风速廓线可以显著提高短期和短时天气预报的能力,对预报降水有重要的作用。

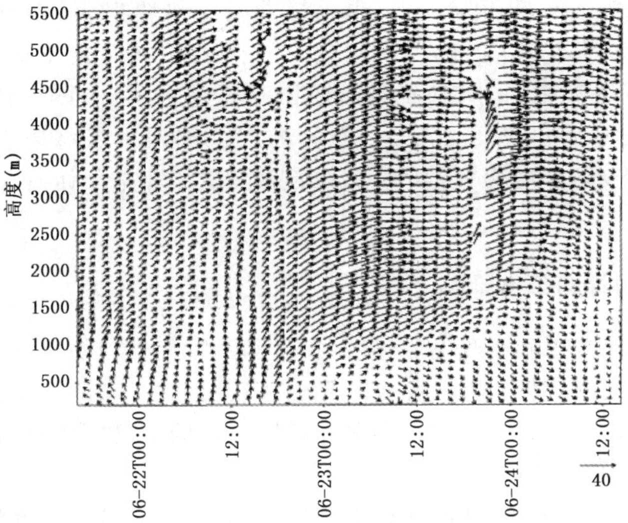

图 9.6　2002 年 6 月 22—24 日安徽省肥西县气象站的水平风速高度—时间剖面图

风廓线仪的灵敏度非常高,这样有利于探测微弱的湍流散射信号,但降水、飞鸟、昆虫、烟流、沙尘等会产生很强的干扰信号,在处理和应用风廓线仪资料时,一定要注意这一点。

9.2　微波辐射计

9.2.1　微波辐射计概述

微波是指频率介于 300 MHz～300 GHz(波长为 1 m～1 mm)的电磁波。任何绝对温度在 0 K(－273.15℃)以上的物体,都会向外发射各种频率的电磁波,包括微波和红外以及其他频段。气象卫星能够接收地表和云表层发射的红外电磁波

(波长为 10 μm 左右),可提供红外云图,成为天气预报的一种参考信息;灵敏度很高的微波辐射计能够接收和分辨物体发出的介于微波频段(一般为几十吉赫兹)的微弱能量,输出被测物体的特性参数,可以说微波辐射计是一种用途广泛的被动遥感设备。气象卫星是一个携带有“红外”辐射计的卫星遥感系统,能提供红外云图。收音机也可看成是灵敏度较差的“米波”辐射计。微波辐射计本身不包含发射系统(自身向外辐射不算),因此很容易实现小型化、轻量化,方便移动和携带,可以安置在地面或卫星上,还有更小型的手持微波辐射计系统,如手持式红外测温仪。

虽然早在 1874 年,William Crookes 就发明了热辐射仪,但微波遥感深入的研究则是始于 20 世纪 60 年代。我国北京大学赵柏林院士于 70 年代研制了我国第一台 5 mm 微波辐射计,处于当时的国际先进水平。目前,使用微波辐射计进行大气和环境遥感已经相当普遍,我国的气象部门不仅将微波辐射计用于人工影响天气研究,还开展大气温、湿廓线反演等工作,充分体现了微波辐射计的应用潜力。

9.2.2 微波辐射计的工作原理

任何物体都会发射和吸收电磁辐射,发射和吸收能力与物体的特性以及周围的环境温度有关。有些物体会将大部分外界辐射反射回去,有些物体能够吸收外界辐射而使自身的温度升高。高温物体会向外辐射更多的能量以致降温,直至与周围环境温度一致,才会达到辐射平衡。

理想黑体是指百分之百地吸收外来辐射、同时又以自身的温度最大限度地向外发射热辐射的物体,因此,它的温度可以通过测量其辐射能量而推算出来。黑体的辐射电磁波谱仅与其温度有关,可以用普朗克(Planck)函数表示

$$B_f = \frac{2hf^3}{C^2} \times \left[\exp\left(\frac{hf}{kT}\right) - 1\right]^{-1} \tag{9.11}$$

式中 f 是黑体发射的电磁波频率,c 是光速(2.998×10^8 m/s),h 是普朗克常数(6.634×10^{-34} J),k 是玻尔兹曼常数(1.38×10^{-23} J/K),T 是绝对温度。

如果频率不是太高(110 GHz 以下),则(9.11)式还可以用更为简洁的 Rayleigh-Jeans 公式来近似表示,误差不超过 1%。

$$B_f = \frac{2kT}{\lambda^2} \tag{9.12}$$

当然,(9.11)式和(9.12)式适用于描述黑体的辐射能谱,如果应用于一般物体,则会带来误差。

现在引入“亮温”这个概念,如果某物体在温度 T 下的谱辐射能量与在温度 T_B

下的黑体辐射谱能量相等，那么温度 T_B 就称为该物体的亮温。例如，在红外波段，新降的干雪就可视为黑体。显然，黑体的温度与其亮温是相同的，一般物体的亮温要低于其自身温度，即 $T>T_B$。

可以说，一个高灵敏的接收机就是一个最简形式的微波辐射计，它通过测量物体的辐射能而估测物体的亮温。任何物体的辐射都可能成为微波辐射计的输入信号，微波辐射计不需要为被测物体提供激励信号，只是被动地接收被测物体的辐射，故微波辐射计是一种被动遥感设备。实际上，微波辐射计接收到的不仅是物体的辐射能，还有其他干扰信号，此外，接收机内部的噪声信号也会带来干扰（图 9.7），而且内部噪声往往要强于其他信号。实际上，只有被测物体的辐射才是我们关心的信号，并由此导出亮温。其他都是噪声，应该尽可能消除噪声的影响。

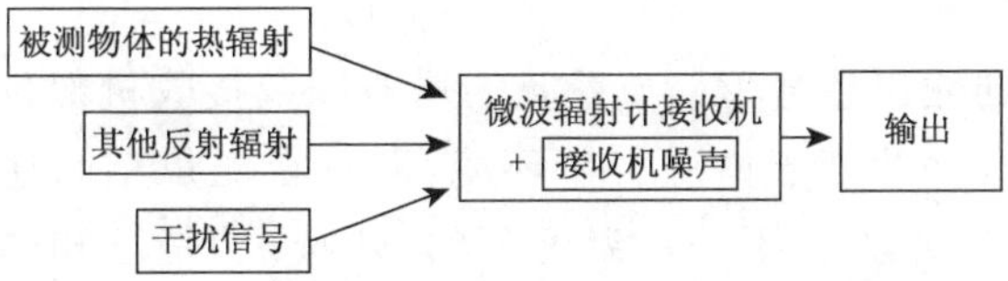

图 9.7　微波辐射计的信号与噪声情况

其他物体（包括被测物体本身）反射进入微波辐射计的噪声很难确知其大小，也很难消除其影响。被测物体与辐射计之间的介质主要是大气和水汽。大气中的水汽在各个频段都有较强的吸收作用，影响微波辐射计的测量结果，而大气水汽含量是与天气有关，所以天气状况会影响微波辐射计的测量。

微波辐射计的最强信号源往往是微波辐射计系统本身的噪声，因为系统中的每个部件都会产生噪声。如果已知接收机的温度，那么对接收机模块的噪声可以进行补偿消除，为了达到这一目标，通常需要测量一个或多个温度确知的参考目标，以便在接收机的输出端进行订正。

9.2.3　微波辐射计的组成

微波辐射计接收被测物体的微波辐射能量，同时也接收其他干扰信号（噪声）。根据对输入噪声的处理方式，将微波辐射计分为两类：总能量辐射计（Total Power Radiometer）和迪克辐射计（Dicke Radiometer）。

1. 总能量辐射计

这是原理上最简单的辐射计（图 9.8），由带通滤波器、增益电路、检波器、低噪声放大器以及积分电路构成。带通（窄带）滤波器的作用是实现选频，将不在辐射计工作频段的噪声滤除，减少输入噪声。来自天线端的噪声被滤波、放大并积分处理后，

通过 V_{out} 端口以电压的形式输出，这个输出电压与被测物体的亮温成正比。由于输入的噪声是与辐射计内部的噪声叠加在一起的，故输出电压 V_{out} 不仅与被测物体的亮温有关，也与接收机的噪声温度有关。输出电压可写成

$$V_{out}=C\times(T_A\times T_N)\times G \tag{9.13}$$

式中的 C 是与系统有关的常数，T_A 是被测物体的信号，T_N 是各种噪声，G 是系统增益（放大倍数）。

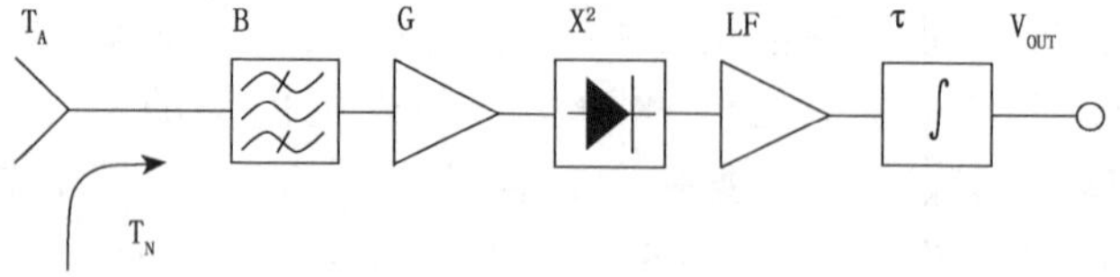

图 9.8 总能量辐射计系统结构图

总能量辐射计的输出信号 V_{out} 与系统的增益以及接收机部件的噪声电平密切相关，因此，接收机系统必须处于恒温工作环境，而且在测量期间还要周期性地进行标定，确保系统的精度。因为处于一定温度下的“热噪声”是已知的，所以，让接收机工作在恒温环境下，容易订正其噪声，以便解出有用信号 T_A。

此外，为了保证检波器的良好工作状态，需要直流驱动的低噪声放大器配合，通常检波器输出信号非常微弱，仅有几毫伏，因此还需要解决直流低噪声放大器的稳定性问题。可见，为了减少噪声干扰，总能量辐射计需要恒温工作环境和性能严格的器件。实际上，在业务测量中，这样的温度条件不容易满足，所以一般不使用这类辐射计。

2. 迪克辐射计

总能量辐射计的难题之一是系统的稳定性问题，这在迪克辐射计系统上就不是大难题了，因为迪克辐射计的输入端增加了温度确知（例如，采用温度传感器测温）的负载，为系统提供了参考信号。迪克辐射计的系统结构见图 9.9，T_R 为供参考的负载信号。由控制开关实现在天线输入信号 T_A 和参考信号 T_R 之间切换，这样输入信号为 (T_A+T_N) 或 (T_R+T_N)。

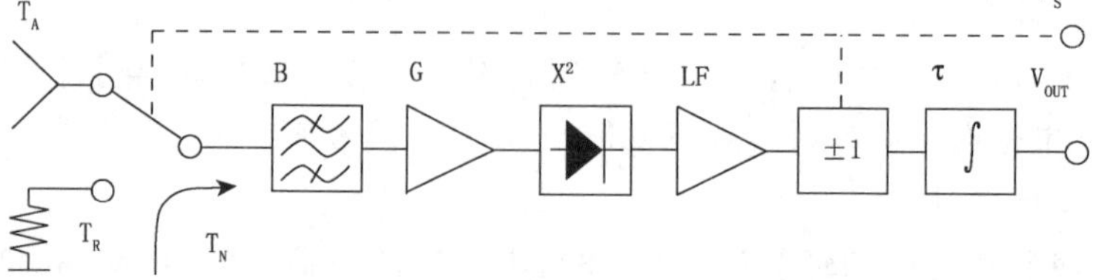

图 9.9 迪克辐射计系统结构图

输入到系统的负载参考信号和自天线输入的信号被进行同样的滤波、放大和检波过程，积分时间也完全一样，但参考信号被作为负极性的“减”信号，这样可有效地消除接收机内自输入控制开关至低噪声放大器的噪声，以致输出电压与接收机噪声温度的关系不那么相关，但增益的不稳定仍然会影响输出电压。

$$V_{out}=C\times(T_A+T_N)\times G-C\times(T_A+T_N)\times G$$

$$V_{out}=C\times(T_A-T_R)\times G \tag{9.14}$$

因为是“相减”操作，故低噪声放大器不再需要稳定的直流驱动，可以采用交流驱动，这样就使得辐射计可以长期稳定地工作。

与总能量辐射计相比，迪克辐射计的灵敏度下降了一半，因为接收机与天线相连接的时间只有总能量辐射计的一半。同时，迪克辐射计的最小可测亮温差也增大了约一倍，但这个小小的牺牲极大地提高了系统的稳定性。这里所说的亮温差或灵敏度，也就是系统的亮温分辨率，这个数据显然是越小越好。总能量辐射计和迪克辐射计的亮温分辨率分别由(9.15)和(9.16)式给出

$$\Delta T=\frac{T_A+T_N}{\sqrt{B\times\tau}} \tag{9.15}$$

$$\Delta T=\frac{2\times T_A+T_R}{\sqrt{B\times\tau}} \tag{9.16}$$

式中 B 是接收机带宽，τ 是积分时间。

对于机载辐射计，系统的积分时间 τ 一般在 1 s 以内，地面辐射计的积分时间可以更长，从几秒到几分钟，积分时间 τ 越长，测温的准确度越高。

系统的测量误差主要来源于系统的增益变化，如果在测量时间(积分时间)内，系统增益变化的均方根为 ΔG，则总能量辐射计和迪克辐射计的测量误差分别由(9.17)式和(9.18)式给出

$$\Delta T_{measurement}=(T_A+T_N)\frac{\Delta G}{G} \tag{9.17}$$

$$\Delta T_{measurement}=(T_A-T_R)\frac{\Delta G}{G} \tag{9.18}$$

值得一提的是，(9.18)式未必能准确描述迪克辐射计的测量误差。

除了硬件系统外，还需要软件系统配合才能使微波辐射计更好地发挥作用，特别是在联网观测、数据处理、存储和显示方面，软件是必须的。图 9.10 是美国 Radiometrics 公司的地基微波辐射计 WP-3000 外观。

图 9.10 美国 WP-3000 微波辐射计外观

9.2.4 微波辐射计的应用

微波辐射计的应用非常广泛，包括在天文、地理遥感、农业、林业、海洋、医学等多个领域。利用微波辐射计开展人工影响天气研究，我国人工影响天气界做了不少工作，这里仅以反演温度和水汽含量为例，说明微波辐射及其在气象探测方面的应用。

1. 大气温度廓线的测量

微波辐射计首先是用于测量亮温，采用多通道微波辐射计，可以更好地感应不同的温度，实际上，对流层大气的温度随高度逐渐降低，因此，可以利用辐射传输方程，通过迭代求解或神经网络法求解，获得大气的亮温廓线，再根据亮温与温度的统计关系，就可以得到大气的温度廓线。为了进行温度廓线的反演计算，需要一定的辐射传输知识、数值计算技巧和计算机编程能力，所以这里不予详细讨论，读者可以参阅大气辐射方面的有关书籍。图 9.11(a)是一次反演结果，与探空资料比较接近。

2. 大气水汽含量廓线的测量

虽然采用 22.235 GHz 频率进行水汽含量反演时，可能会因谱线的压力加宽带来误差，但 S. K. Datta 和 A. K. Sen 的试验表明，采用频率为 22.235 GHz 的迪克微波辐射计依然可以获得较好的结果。他们采用的微波辐射计参数如下：

工作频率：	22.235 GHz
射频带宽：	200 MHz
锥形天线波束宽度：	22°
灵敏度：	1 K

积分时间：　　　　1 s

利用此微波辐射计，他们得到温度 T_a（已将亮温转化为温度）与水汽含量 W 的关系为

$$T_a = 1.47 \times 10^{-4} \times W + 3.05 \tag{9.19}$$

式中温度的单位是 K。

由(9.19)式，就能够根据大气温度廓线得到湿度廓线。

图 9.11(b)是德国科学家的一次研究结果(虚线)，与探空资料(点线)比较接近。

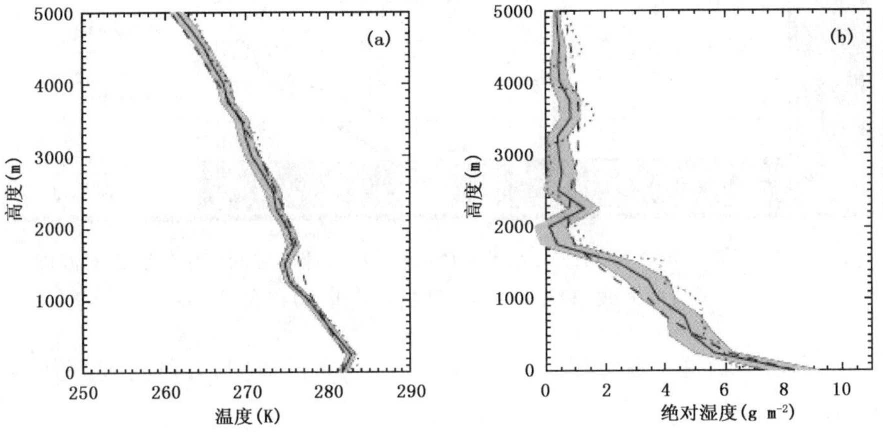

图 9.11　利用微波辐射计获得的温度、湿度廓线(虚线是反演结果，点线是探空数据)

应当指出，虽然不少文献中都给出了较好的反演结果，但利用微波辐射计进行要素反演时受到很多因素的影响，且很多因素都具有随机性，所以，目前，完全依靠微波辐射计进行大气要素的探测还不成熟，需要进一步提高辐射计的稳定性、改进反演方法，增进微波辐射计遥感的可靠性。图 9.12 就反映了湿度廓线的反演与实测值有较大的出入。

9.3　激光雷达

激光雷达是于 20 世纪 60 年代研制成功的遥感探测设备，已经获得了广泛的应用。在大气科学领域中，激光雷达可以用来探测气溶胶的垂直分布情况、探测风场、探测特定的气体浓度、探测高层大气的温度、湿度、探测云和霾等，激光雷达成为现代大气探测的重要工具。2006 年 4 月 28 日发射的“CALIPSO(The Cloud-Aerosol Lidar and Infrared Pathfinder Satellite Observation)”卫星搭载了毫米波云探测雷达和激光雷达，用于深入探索云、气溶胶在天气变化、气候变迁以及大气环境质量方面的

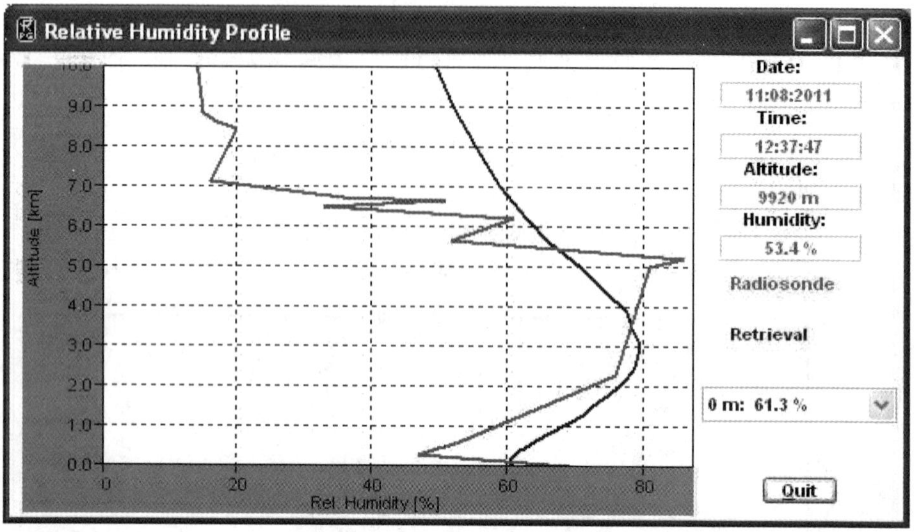

图 9.12　2011 年 8 月 11 日 12 时，RPG 微波辐射计反演的太原地区相对湿度（较平滑的曲线）和测量结果（靠左边的折线）存在明显的差异

作用，美国和法国的这个联合项目已经运行了 5 年多的时间，为研究人员提供了丰富的激光雷达探测资料。

9.3.1 激光雷达分类

激光雷达英文名 lidar 的全称为 Light Detection And Ranging，是利用光信号进行探测和测距的主动式现代光学遥感设备，与微波雷达特性相似。激光具有高亮度、高准直性、单色性以及短脉冲特性，因此，激光雷达具备很高的探测灵敏度与时空分辨率；其高单色性和小范围的频率可调谐性，使其具备用于探测大气成分的潜力。在 20 世纪 60 年代，激光出现仅仅几年后，就研制成功激光雷达，并用于大气监测试验，监测大气中气溶胶的光学特性、臭氧密度廓线、钠原子密度廓线、温度廓线、风廓线、水汽含量、沙尘与能见度等。根据激光雷达工作原理的不同，可以把当前探测大气的激光雷达分为米散射激光雷达、瑞利散射激光雷达、拉曼散射激光雷达、差分吸收激光雷达和共振荧光激光雷达等种类。

1. 米散射激光雷达

米散射的特点是散射粒子的尺寸（等效小球的周长）与入射激光波长相近或比入射激光波长更大，其散射光的波长和入射光的波长相同，散射过程中没有光能量的交换，是弹性散射，所以米散射激光雷达有时也被称为弹性激光雷达。相对其他的光散射机制而言，米散射的散射截面大，回波信号通常较强。因此，米散射激光雷达在回波信号的检测上相对简单一些，不需要特别的弱信号检测电路或模块，也不需要很长的积分时间。米散射激光雷达一般用于探测 30 km 以下低空大气中的气溶胶和云雾的分布状况。

2. 瑞利散射激光雷达

相对激光波长来说，如果粒子的尺度很小，则粒子对入射激光的散射符合瑞利散射的特性。大气中的各种原子与分子对激光的散射就属于瑞利散射。瑞利散射也是一种弹性散射过程，散射光的波长等于入射光的波长。由于 20 世纪 80 年代法国 Chanin 等出色的开创性工作，瑞利散射激光雷达已成为实用的中层大气探测工具，主要用于探测 30～70 km 高度的大气密度和温度分布。在这个高度，大气稀薄，空气非常洁净，大气成分主要是原子、分子和离子，几乎没有气溶胶等大粒子的存在。对入射激光的散射是瑞利散射，散射能量的大小几乎由散射体的个数决定，亦即气体粒子的数浓度决定。所以，瑞利散射激光雷达可用来测量中高层大气数浓度的垂直分布。结合理想气体状态方程和大气静力学方程，还可求得大气温度的垂直分布。

3. 拉曼散射激光雷达

拉曼散射是激光与大气中各种分子之间的一种非弹性相互作用过程，其最大特点是散射光的波长和入射光不同，如果散射光波长比入射光波长更长，称为 stokes 移动；反之，称为反 stokes 移动。散射光波长的偏移量反映了散射分子的特性，所以拉曼光谱可以用来识别散射体，并测量其数密度。当前拉曼散射激光雷达一般用于对大气温度、湿度以及一些污染物的测量。拉曼散射的缺点是其散射截面太小，约为瑞利散射截面的 1/1000，因此拉曼散射激光雷达必须具备很强的弱信号检测能力，一般只适用于探测浓度较高和距离较近的气体目标。为了避开太阳光的干扰，拉曼散射激光雷达一般在夜间运行。

4. 差分吸收激光雷达

差分吸收是指当入射激光的光子能量对应于原子、分子的基态与某个激发态之间的能量差时，该原子、分子对入射激光产生明显吸收的现象。所以，分子和原子存在一系列的强吸收谱线，在谱线的频率中心，原子、分子吸收很强，在离开中心频率后，吸收很少或不吸收。如果用两个频率的激光照射待测气体分子或原子，一束激光的频率正好位于强吸收线的中心频率，另一束激光的频率偏离强吸收线的中心频率，那么待测气体对第一束激光具有强的吸收，而对另一束激光则几乎没有吸收，两束激光的回波信号有很大的差别，据此差别，就可以估测出待测气体的浓度，这就是差分激光雷达的工作原理。差分吸收激光雷达一般用于测量大气中臭氧以及其他微量气体浓度，其测量精度比拉曼散射激光雷达高出约三个量级。

5. 共振荧光激光雷达

原子、分子在吸收入射光后再发射的光称为荧光。在共振荧光过程中，荧光波长和入射光波长相等。当入射激光的光子能量与被探测原子或分子能级之间的能量差不相对应时，激光与原子或分子的相互作用表现为普通的瑞利散射过程，相应的散射截面很小；当入射激光的光子能量与原子或分子能级之间的能量差相对应时，激光与原子或分子的相互作用过程就产生共振荧光。共振荧光截面比瑞利散射截面大得多（大十几个量级），所以可以利用在某些特定的激光波长下原子或分子发生共振荧光增强的现象来实现大气成分的探测。荧光在低空很容易被碰撞过程所衰减，所以共振荧光激光雷达不适合低空探测，但高空大气稀薄，碰撞效应弱，故可用于高空探测。

共振荧光激光雷达的探测高度一般在 80～110 km，这一层多为各种金属原子（现在人们普遍认为它们来自流星在中层大气顶附近的燃烧和汽化而形成的气态金属，已观测到的中层大气离子的丰度与陨石中金属成分的丰度之间有很好的相关性），其中钠原子具有较大的共振荧光截面、较大的粒子数密度以及最合适的共振荧光波长，所以，共振荧光激光雷达最先用于对高空钠层的探测。相比于该层其他金属原子，钠层的研究也是最为透彻。例如，利用共振荧光激光雷达的观测，可以获得高空钠层的季节变化特征以及夜间变化特征。

6. 多普勒激光雷达

除了以上 5 种激光雷达以外，还有多普勒测风激光雷达。多普勒效应表明，如果目标与接收器之间具有相对运动，那么回波信号与发射信号之间就存在频率差异。多普勒测风激光雷达正是利用激光的多普勒效应而测量“径向”运动速度。与传统的测风手段相比，多普勒测风激光雷达不仅具有较高的时空分辨率，还可以获得雷达上空的三维风信息。根据探测方式的不同又可将多普勒测风激光雷达分为两类：相干（外差）探测和非相干（直接）探测雷达。相干探测雷达测量的是回波信号和发射信号之间的差频信号，而非相干探测雷达测量的是回波信号和发射信号的相对能量变化。采用相干探测技术可以得到较高精度的对流层风场资料，非相干探测技术的优点是具有更高的探测高度（对流层至平流层），但精度稍低，二者各有所长。

9.3.2 气溶胶光学特性参数的测量

激光雷达的品种丰富，应用广泛，这里仅以气溶胶的探测为例，阐述激光雷达的探测原理和探测结果。

大气气溶胶是指悬浮在大气中的固体和液体微粒，它不仅是影响大气清洁度的重要因素，也是导致气候变化的因子。虽然可以采用地面的取样分析实现对地面气溶胶进行较全面的测量，但目前主要采用地基、天基遥感的办法实现对大气气溶胶的测量。例如，利用卫星平台的天基遥感可以获取大范围的气溶胶分布特性，利用地基太阳光度计可以获得比较准确的气溶胶光学厚度。但这些方法似乎都不如激光雷达测量更有效、更便捷，特别是，激光雷达还能测出气溶胶的垂直分布。

米散射激光雷达向探测路径上发射强激光，大气气溶胶对入射激光产生散射和消光(吸收)、一部分米散射激光信号向后传播，到达激光雷达接收系统，被激光雷达接收，形成激光雷达的回波，回波能量 $P(R)$ 为

$$P(R) = R^{-2} \times C \times [\beta_a(R) + \beta_m(R)] \times \exp(-2\int_0^R [\alpha_a(R) + \alpha_m(R)]\mathrm{d}R) \tag{9.20}$$

式中 R 表示离开激光雷达的距离(如果探测气溶胶的激光雷达都朝向天顶，则 R 表示高度)，C 是与激光雷达系统相关的常数，β_a、α_a 是气溶胶的后向散射系数和消光系数，β_m、α_m 是空气分子的后向散射系数和消光系数。

在一系列假定和近似的条件下，可以利用 Fernald 方法，可以求出气溶胶在不同距离 R 处的消光系数 $\alpha_a(R)$，将其对高度积分，就得到不同高度的气溶胶光学厚度 $\tau(z)$。如从地面高度开始积分，直至不含气溶胶的大气高层，则可得到气溶胶的总光学厚度 τ，这与利用太阳光度计所测的气溶胶光学厚度应该是接近的，但可能有差别，出现差别的原因在于：(1)气溶胶的消光能力与波长有关，在反演气溶胶光学厚度时，太阳光度计和激光雷达所采用的波长不同，所以它们得到的气溶胶光学厚度也不同；(2)两种仪器本身的稳定性、精度有所不同导致测量结果的差别；(3)在进行光学厚度反演时，所假设的条件与实际情况不是很吻合，导致不同的反演误差。[彩]图 9.13(a)反映了激光雷达探测的上海地区气溶胶消光系数的月平均情况。图 9.13(b)

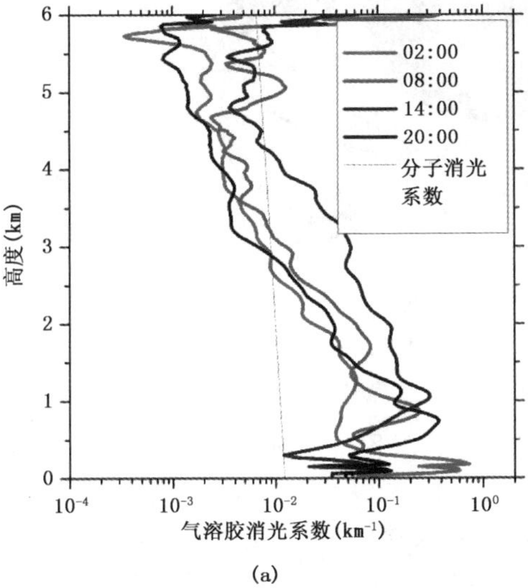

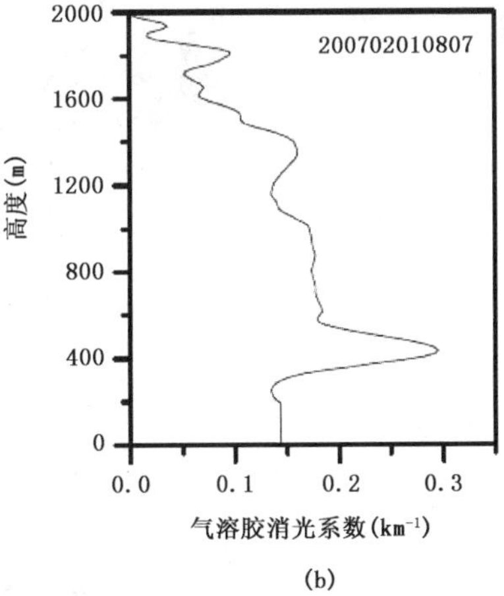

图 9.13　激光雷达测量的气溶胶消光系数随高度的变化

(a)2008 年 7 月上海地区不同时次的气溶胶平均消光系数随高度的变化

(b)2007 年 2 月 1 日中午北京地区气溶胶消光系数随高度的变化

给出了2007年2月1日中午北京地区不同高度上的气溶胶消光系数。从图中可以看出，气溶胶主要集中在低空，在白天上海地区气溶胶最大含量在1 km左右的高度，而北京的高度在400 m左右。

9.4 GPS气象探测技术

9.4.1 概述

目前，美国的GPS(Global Positioning System)系统由24颗卫星构成(图9.14)，这些卫星在6个轨道面上运行，卫星距地面高度约20200 km，卫星的运行周期为11 h 58 min。对地面接收站来说，只要能接收到3颗卫星的信号，就能确定接收站的精确位置。

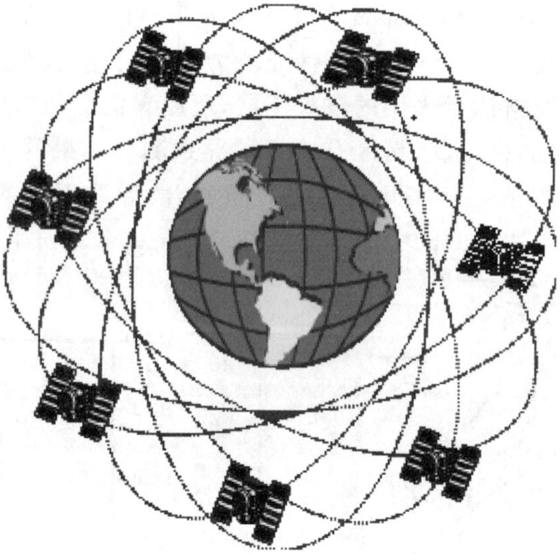

图9.14 GPS系统示意图

GPS气象学(GPS Meteorology，简写为GPS/MET)是指利用全球卫星导航技术(GPS)遥感地球大气的学科。GPS气象学的主要任务是探测对流层大气的特性参数，包括大气折射率、湿度(水汽含量)、温度、密度、气压和风。利用低轨卫星上GPS接收机、采用掩星技术实现对地球大气参数探测的方法称为天基GPS气象学；利用地基GPS接收机进行大气水汽探测的研究，称为地基GPS气象学。这两种技术合称为GPS气象学。

1. 天基GPS气象学

天基GPS气象学(Space-borne GPS/MET)是利用放置在低轨卫星上的GPS接

收机来测量GPS卫星信号横向穿过大气层时所引起的多普勒频移，从而反演得到信号路径上近地点高度处的大气折射率，进而导出大气的温度、密度和湿度等大气参数的垂直分布。天基GPS探测技术具有覆盖面广，垂直分辨率高、数据获取速度快等优点，特别是对于地基GPS/MET不易取得的海洋上的资料，具有重要的价值。

2. 地基GPS气象学

地基GPS气象学(Ground-based GPS/MET)是利用地面固定位置安放的GPS接收机来接收GPS信号，进行气象探测，从而获得固定点上准确连续的大气信息。GPS信号从GPS卫星传播到地基接收机的过程中，被大气中各种成分折射并产生时延，特别是水汽导致的时延。利用大气折射率对水汽的敏感性，地基GPS接收机就可以提供测站上空水汽含量信息。连续工作的地基GPS接收机可用来估算测站上空的可降水量，其时间分辨率高，且不受天气影响，具有高效、连续、全天候等特点。另外，利用地基GPS还可以测定大气延迟梯度，进而分析水汽梯度，在数值天气预报中具有潜在的应用价值。在监测电离层电子含量及其变化信息和测定大气对流层中水汽含量方面，地基GPS气象学都取得了很大的进展。

目前地基GPS遥感大气水汽技术已发展得较为成熟，且容易在业务应用中推广。在我国的气象部门，绝大多数GPS气象学研究是基于地基GPS进行的。许多国家都建立起了连续运行的地基GPS区域监测网，用于水汽的监测分析和研究。

本节以地基GPS接收站的探测水汽为例，讲述GPS探测技术的基本原理和应用。

9.4.2　地基GPS探测水汽原理

GPS信号穿过大气层时主要受两方面的影响，一是与真空中相比，电磁波信号的传播速度减慢；二是传播路径由直线变成弯曲(图9.15)。这两种影响都是沿射线传播路径上大气折射率的变化造成的。从地面接收机来看，信号的时间延迟表现为接收到信号的时间比信号在“真空”中传播的时间略延迟一些。

进一步研究可以发现，时间的延迟由路径弯曲和路径上速度的减慢造成的。在地面基站相对于卫星的仰角超过15°时，路径弯曲带来的路径延长小于1 cm，其引起的延时可忽略不计。因此，时间的延迟主要是由路径上速度减慢造成的，路径上大气折射率的增大导致了信号传播速度的减慢。统计表明，折射率由温度、气压、水汽压决定。在实际大气中，水汽压的变化是导致大气折射率变化的最主要参数，所以，通过信号延时，可以反算路径上大气折射率或水汽的情况。

水汽在大气中的含量虽然很少，但变化很大，在大气能量输送和天气系统演变中起着十分重要的作用，天气变化的重要因素之一是水汽的变化，因此进行水汽探测，无论是研究气候变化还是天气预报，都是一项必须进行的工作。

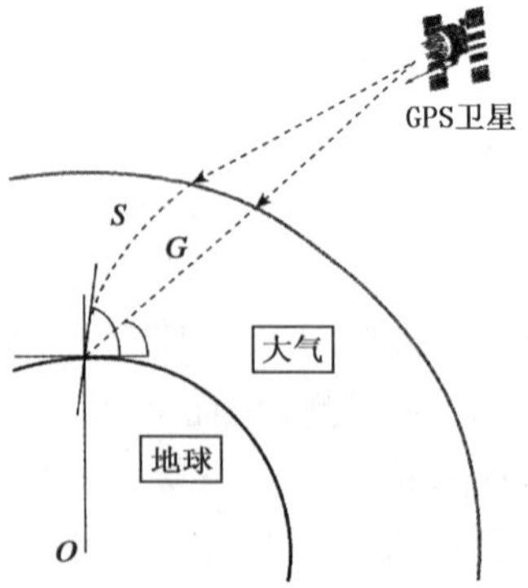

图 9.15 GPS 信号通过地球大气的传播路径和几何直线路径

大气中的水汽柱含量 P_{WV}(等效液水高度)与 GPS 信号的天顶湿延迟 Z_{WD} 的近似关系为

$$P_{WV}=Y\times Z_{WD} \tag{9.21}$$

其中 Y 是转换系数,并有

$$Y=10^6\times[R_V\times(K_3/T_m+K_2)]^{-1} \tag{9.22}$$

式中 $R_V=461.495\ \mathrm{J\cdot kg^{-1}\cdot K^{-1}}$,是水汽的比气体常数;$K_2$ 和 K_3 是物理常数,$K_2=22\ \mathrm{K\cdot hPa^{-1}}$,$K_3=3.739\times10^5\ \mathrm{K^2\cdot hPa^{-1}}$,$T_m$ 是大气的权重平均温度,可定义为

$$T_m=\frac{\int(e/T)\mathrm{d}z}{\int(e/T^2)\mathrm{d}z} \tag{9.23}$$

式中 e 为水汽压;T 为温度(K);积分区间是自地面至高空的整个气柱。在实际应用中,T_m 一般可通过地面温度 T_s 近似计算,常使用 Bevis 提出的 T_m 近似公式进行计算

$$T_m=70.2+0.72T_s \tag{9.24}$$

北京大学的研究表明,不同地区的 T_m 和 T_s 的关系是不同的,例如,当 T_m 和 T_s 用"℃"表示时,以下 5 个地区的 T_m-T_s 年回归关系见表 9.2。

通过 GPS 系统的时钟信息可以得到天顶方向 GPS 信号的总延时 Z_{TD},根据 GPS 接收站的地理纬度、海拔高度和气压可以算出天顶静力学延迟 Z_{HD},则天顶方向的湿延时 Z_{WD} 由总延时减去静力学延迟而得到

表 9.2　5 个地区的 $T_m - T_s$ 年回归关系

长春	$T_m = -10.4601 + 0.840T_s$	标准差 2.89
乌鲁木齐	$T_m = -8.0877 + 0.589T_s$	标准差 3.30
西安	$T_m = -7.8185 + 0.750T_s$	标准差 3.11
上海	$T_m = -8.4623 + 0.829T_s$	标准差 2.39
昆明	$T_m = -5.63514 + 0.555T_s$	标准差 2.02

$$Z_{WD} = Z_{TD} - Z_{HD} \tag{9.25}$$

已知地面温度 T_S，根据式(9.24)算出 T_m，代入式(9.22)算出 Y，结合式(9.25)算出的 Z_{WD} 后，利用式(9.21)就可获得所需的水汽柱含量 P_{WV}，这就是利用 GPS 的水汽延时计算水汽柱含量的基本原理和过程。图 9.16 给出了北京地区 2004 年、2005 年的水汽柱含量情况，分别由 GPS 接收基站和无线电探空测得。从图中可以看出，两者有很好的一致性。

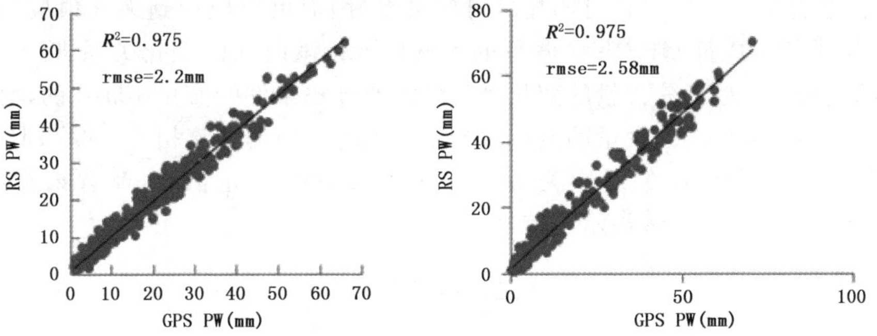

图 9.16　北京地区 2004 年、2005 年 GPS 基站和探空测得的水汽柱含量对比图

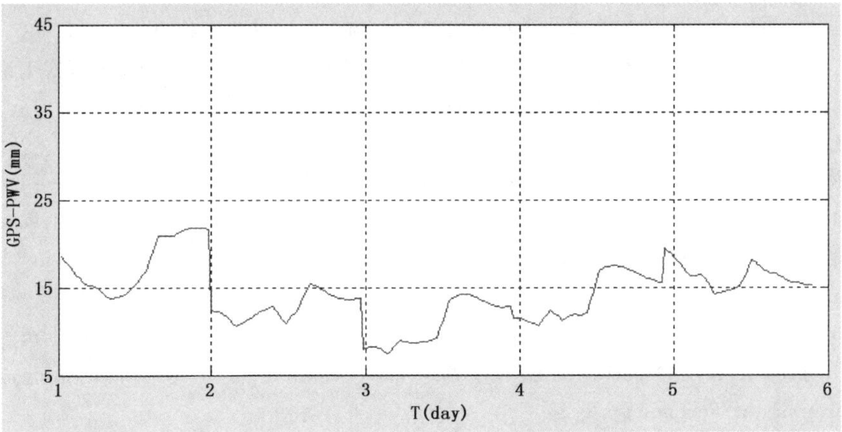

图 9.17　成都地区某 GPS 基站测得的水汽柱含量随时间的变化曲线(2000 年 1 月 1—5 日)

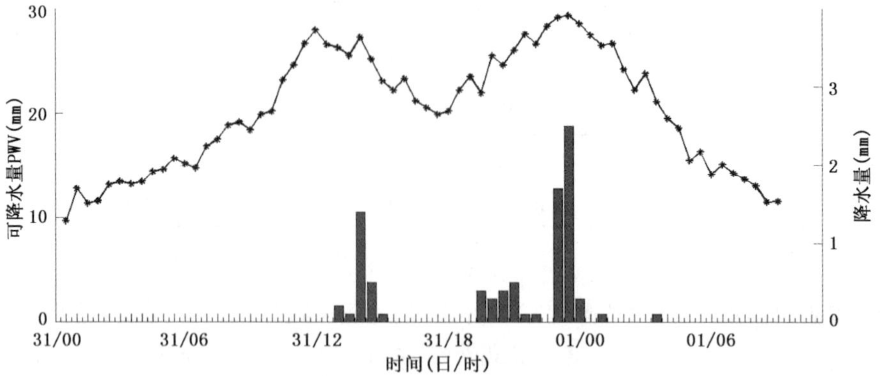

图 9.18 2010 年 3 月 31 至 4 月 1 日成都地区水汽柱含量与降雨量关系
（上方的曲线是 GPS 基站测得的水汽柱含量，下方的柱状图是地面实际降水量）

水汽柱含量与天气过程有明显的对应关系，因而可以应用到天气预报之中。图 9.17 给出了位于成都 GPS 基站测得的水汽柱含量随时间的变化关系，时间为 2000 年 1 月 1—5 日。水汽柱含量的变化是与降水或气象条件的变化相联系的，比如 2 日凌晨和 2 日深夜，水汽柱含量的迅速减少很可能与当地的平流相关。图 9.18 显示了 GPS 测值与地面降雨量的对应关系，水汽柱含量达到一定值后，就意味着降水，随后，水汽柱含量明显降低，显示了较好的相关性。

主要参考文献

何平. 2006. 相控阵风廓线雷达. 北京：气象出版社.

王皓. 2010. 地基 GPS 探测水汽的业务化运行系统. 成都信息工程学院硕士论文.

王欣，卞林根，彭浩. 2005. 大气风廓线仪探测试验与应用. 应用气象学报，**16**(5)：693-697.

夏俊荣. 2010. 华北地区气溶胶垂直分布的观测与分析. 中国科学院大气物理研究所博士论文.

杨晓武. 2009. 气溶胶的激光雷达探测和特性分析. 南京信息工程大学硕士论文.

CALIPSO 官方网址：http://www-calipso.larc.nasa.gov/

Datta S K，Sen A K. 1995. Tropospheric Water Vapour Measurement by Microwave Radiometer and to Configure Millimeter Wave Communication System for Antarctica. Eleventh Indian Expedition to Antarctica，Scientific Report，Department of Ocean Development，Technical Publication No. 9，pp21-30.

Pihlflyckt J. 2007. Control and measurement system for multi-channel microwave radiometer. Master degree thesis，Department of Electrical and Telecommunications Engineering，Helsinki University of Technology.

思考题

1. 风廓线雷达测风的原理是什么？
2. 比较总能量辐射计和迪克辐射计的差异。
3. 阐述微波辐射计测量湿度廓线的原理。
4. 阐述激光雷达测量气溶胶消光系数的基本原理。
5. 说明GPS基站测量水汽的基本原理。

第10章 气旋和反气旋

各种尺度的气旋与反气旋是造成大气中千变万化的天气现象的重要天气系统。因此，研究气旋和反气旋的发生和发展规律是天气分析预报的一项重要任务。

本章主要介绍气旋、反气旋的基本概念、天气学特征和分类，讨论涡度的概念，并重点介绍台风的结构和特征。

10.1 气旋和反气旋的基本概念

气旋是同一高度中心气压低于四周的、占有三度空间的大尺度涡旋。在北半球，气旋范围内的空气作逆时针旋转，在南半球其旋转方向为顺时针。从气压场的角度看，气旋是低气压，因而又称为“低压”。反之，同一高度上中心气压高于四周的大尺度涡旋叫反气旋(图10.1)。

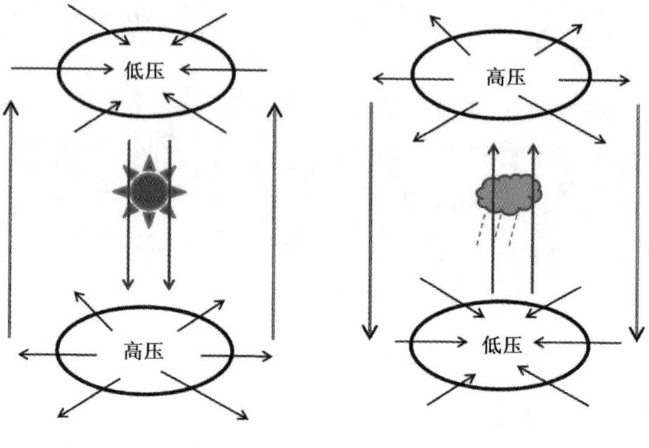

图10.1 北半球气旋和反气旋结构示意图

气旋、反气旋的强度一般用其中心气压值来表示。气旋中心气压越低，气旋越强，反之越弱；反气旋中心气压越高，反气旋越强。

地面气旋的中心气压值一般在970～1010 hPa。地面反气旋气压一般在1020～

1030 hPa。就平均情况而言,温带气旋与反气旋的强度随季节有所变化,一般冬季比夏季强。海上温带气旋比陆地强,反气旋则陆地比海上强,这与海陆的热力作用不同有关。

10.2 气旋和反气旋的天气学特征及其分类

10.2.1 气旋

在天气预报中,“低气压”这一气象用语出现的机会较多,而对“气旋”这一名词大家可能相对陌生些。其实,低气压和气旋是一种天气系统的两种不同称谓;前者是指在气象场上中心气压低于周围的准圆形气压系统,后者是指在流场上气流(即风向)旋转的涡旋系统。在北半球,低气压内的空气必然呈逆时针旋转;在南半球则呈顺时针旋转。因此,在气象上把在同一高度上中心气压低于四周而其周围是逆时针旋转气流的大尺度涡旋称为气旋。

1.气旋的水平尺度

气旋的水平范围很大,一般有 1000 km,大的可达 3000 km,小的也有数百千米。1995 年 2 月在欧洲大陆维持了较长时间的大气旋,最强时不但覆盖了整个欧洲大陆和北冰洋的一部分,而且连西西伯利亚的不少地区也被它控制。不过,东亚地区上空气旋的个头就小多了,尽管如此,1000 km 以上的气旋也不鲜见。

2.气旋的强度

气旋的强度一般用它的中心气压表示。中心气压越低,强度越强。地面气旋的中心气压值一般在 970～1010 hPa,在海洋上发展强烈的热带气旋(台风)的中心气压常低于 930 hPa。温带气旋的强度冬季比夏季强,海洋上比陆地上强。

3.气旋的种类

气旋的种类繁多,根据其形成和活动的地理区域,可分成温带气旋(一般活动于中高纬度地区)和热带气旋(一般活动于低、中纬度地区,当其中心风力达到 12 级时,称为台风)两大类。按照气旋的热力结构,则可分成无锋气旋和锋面气旋两大类。

(1)无锋气旋

无锋气旋有:

①热带气旋(详见后面台风一节)。

②地方性气旋(这是由于地形作用或地表加热作用而形成的地形低压或热低压)。这种低压一般只出现在地面和低空,且稳定少动。我国的西南地区和西北地区是地方性气旋的多发区域。热低压最易出现于盆地和沙漠地区。例如,新疆的塔里木盆地夏季温度极高的沙漠地表加热低层大气,使沙漠上空的气温高于四周,空气体

积膨胀，气压降低，形成了稳定少动的热低压。在一年的其他季节，热低压也可出现，但随气温的降低其出现的频率减少。热低压控制区内的天气晴热干燥，很少有云雨产生。热低压发展强烈时，也会引发大风和沙尘暴。例如，云贵高原夏季出现的偏南大风，许多都与发展强烈的热低压有关。还有一种出现在冷锋前暖区里的热低压称为锋前热低压，它一般在锋前缓慢移动，当冷锋侵入后便会演变为锋面气旋，产生云雨天气。锋前热低压在夏季的华北平原地区常会出现。

③冷涡(这是形成于中高纬度地区的高空冷性气旋式涡旋)。因涡旋内的气温比四周低，故有冷涡即冷性涡旋之称。出现于北极上空的极地涡旋(极涡)和出现于中纬度地区的切断低压都属于冷涡。极涡常年稳定在北极圈内，温度极低，是北半球高空最冷的地方。当它的主体偏向北极地区的某一部位时，会导致这一部位及受这一部位连带影响的地区天气偏冷。因此在进行短期气候预测和进行气候分析时，极涡是一个不容忽视的天气系统。例如，1993 年夏季，极涡偏向北半球的亚洲一侧，东亚冷空气活动频繁，出现了少有的凉夏。反之，1994 年冬季，极涡长期偏弱且偏向北美洲一侧，西伯利亚及东亚地区冷空气活动少，气温明显偏高，出现罕见的暖冬。当高空西风带的低槽猛烈向南伸展到一定程度后，槽的底部便会演化为气旋式涡旋并和北侧的低槽母体脱离而遗留在四周空气比它暖的环境中，这堆冷性涡旋就是切断低压。切断低压多是高空现象，它常和阻塞高压同时出现。切断低压在地面一般不伴有锋面气旋，但当它发展到一定阶段后，在地面也可出现低压甚至锋面气旋。切断低压一旦形成后便会维持几天且一般在原地稳定少动。在某些情况下，它也会向东或向南缓慢移动。切断低压的东侧和南侧对应着地面的坏天气区，常有阵雨甚至雷雨、冰雹等天气。春夏季节经常出现于我国华北和东北上空的东北冷涡多是移入这一带上空的切断低压。在冷涡的西侧，偏北气流携带小股冷空气向东南方向移动，对应在地面常会出现阵雨或雷阵雨。由于冷涡移速极为缓慢，冷空气会一股又一股地从冷涡中分裂南下，从而造成同一地区连续几天有阵雨产生。在秋冬季节，我国也会受切断低压影响，不过低压产生的天气相对来说就不如春、夏那么变动剧烈了。

(2)锋面气旋

除了少量无锋气旋外，在中高纬度地区活动的气旋大多都是锋面气旋。锋面气旋就是与锋面结合的低气压(气旋)。在中央气象台的电视天气预报中，有时会出现卫星云图和地面气压场形势叠置在一起的画面：在一片庞大的逗号状白色云系的头部有几圈闭合的等压线，中心有一个“低”字表示低压中心，在低压东侧的云区内有一条红色的暖锋，在逗号的尾部和腰部有一条蓝色的冷锋贯穿并和低压相连。这就是介于成熟阶段(或称青年阶段)和消亡阶段之间的温带锋面气旋在地面气压场和云图上的典型特征。冷锋向东南方向挺进，暖锋向东北方向移动。当然，该画面中锋面气旋后部那一大片也被闭合等压线包围的晴空区就是以后将要介绍的冷高压或反气旋了。

与其他天气系统一样，锋面气旋也有初生、成熟和消亡三个阶段。在东亚地区，锋面气旋的生命史一般不超过 5 d，但在欧洲常超过 10 d。锋面气旋因生于西风带中，一般向偏东方向移动，平均每天移动 10 个经度左右。

在锋面气旋内，由于空气逆时针向内旋入，在低层甚至在对流层中层会产生辐合上升运动，因而天气状况较坏，尤其气旋锋面附近的部位常会产生较强的降雨。不过在气旋发展的不同阶段，产生的天气也不尽相同。雷电交加、狂风骤起、大雨如注的温带气旋天气多是那些处于成年阶段且移动速度很快的锋面气旋造成的。在欧洲，强大的低气压稳定少动时，常会在低压内多次出现锋面的生长和消亡，致使风雨天气反复出现。例如，1995 年 1—2 月，长时间的强大锋面气旋活动使欧洲的许多地区发生洪水灾害，我国的新闻媒介曾给予了充分的报道。在东亚大陆，长期稳定少动的气旋相对少见。

东亚地区的锋面气旋有南北两个较集中的发生区域。南面的一个位于我国淮河流域到江南北部一带以及黄海南部、东海和日本以南洋面。这些地方发生的锋面气旋，统称为南方气旋，其中以东海气旋和江淮气旋最为出名。北面的一个位于蒙古人民共和国中东部、我国内蒙古中东部以及大兴安岭东侧的黑龙江、吉林两省的西部。太行山东部的华北平原也是锋面气旋的多发地区。在这些地方发生的锋面气旋统称为北方气旋，其中以蒙古气旋和黄河气旋最为多见。发生于这些地方的锋面气旋的移动路径千差万别，但从总体上看，它们大多取偏东或东偏北路径，或逐渐消亡，或汇聚于日本以东的阿留申群岛洋面。

(3)温带气旋

①温带气旋的源地

气旋源地并不是均匀地分布在温带地区。如果以在一定面积中气旋生成的频数来统计，可以发现气旋发生频数在水平空间上有明显的极大值与极小值分布，如图 10.2 给出了 1 月和 7 月北半球地面气旋频率及主要路径的统计图。

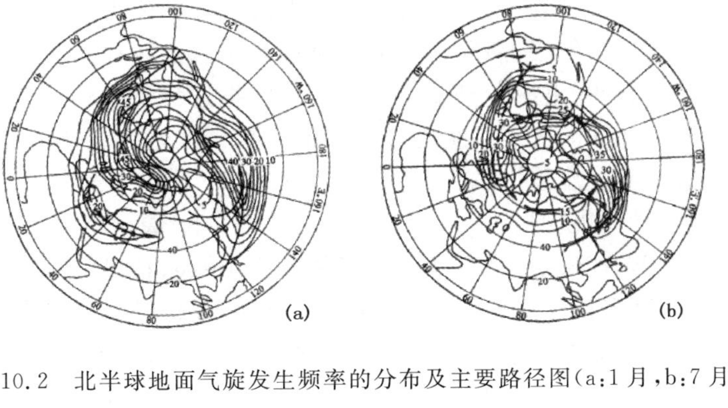

图 10.2　北半球地面气旋发生频率的分布及主要路径图(a:1 月，b:7 月)

从图 10.2 中可以看到在北半球气旋源地大致有如下几个特点：

1)1 月和 7 月北太平洋和北大西洋有两个气旋最大频率中心，这就是半永久的阿留申低压和冰岛低压所在地。亚洲、北美大陆北部及沿海的气旋分别向这两个频率中心移动。比较图中 1 月与 7 月的情况可以看到冬季气旋发生频率明显高于夏季，同时东亚气旋路径夏季比冬季偏北。

2)气旋的源地分布基本上与纬圈平行，呈东西向，在洋面上，特别在太平洋上，纬圈向的气旋源地尤其明显。

3)巨大山地的背风坡一侧及其以东地区是气旋的多发区。北美的落基山、阿巴拉契亚山，北欧的斯堪的纳维亚山脉，亚洲青藏高原的东面，都是气旋主要的发生地。

4)海湾以及内陆湖泊，在冬季温度较高，很容易有气旋生成。地中海中的意大利半岛的两侧，黑海、里海、北美的五大湖区等都是著名的气旋源地。

对东亚气旋发生情况的统计表明，无论冬夏东亚气旋在 30°～35°N 和 45°～50°N 两个地带中生成的频数最高，而这两个地带中前者与长江淮河流域的纬度相当，称南方气旋。后者则相当于我国的北部边疆，称为北方气旋。夏半年北方气旋发生的频数比冬半年多；而南方气旋则是冬半年发生的频数大于夏半年；冬半年这两个地带中气旋发生的百分比接近，而夏半年北方气旋发生的百分比明显比南方气旋大得多。这种南北、冬夏气旋发生频数的不同与行星锋区由冬季到夏季，从南到北的移动有着密切的关系。

另外，在太行山背风侧的华北平原，日本海和巴尔喀什湖附近是气旋发生频数较多的地区。而 110°E 以西、40°N 以南，由于青藏高原的存在，大部分地区并无气旋发生。这是因为当对流层中下层西风经过青藏高原时，分为两支，北支在 40°N 以北甘肃一带形成高压或贝加尔湖高压脊。南支西风经高原南侧形成孟加拉湾低槽，槽前西南气流向北侵袭我国。两支气流在 110°E 以东汇合，四川盆地成为高原东侧的"死水区"，故这一带没有地面气旋生成。但在南支气流的北侧，我国的西南地区，低层常形成一个个低涡，即西南涡，西南涡东移到 110°E 以东时，成为诱导地面气旋生成的一个重要原因。对流层低层、高原北边缘有时接连出现由西往东偏南方向移动的闭合小高压，其直径约为几百千米到 1000 km。通常把这种高压称为兰州高压。这些高压是形成江淮切变线的天气系统之一。江淮切变线经常伴有地面静止锋，在条件合适时亦可能有地面气旋波生成。

②温带气旋的经典模型

图 10.3 是 J. Bjerknes(1919)提出并经他和 Solberg(1921，1926)稍加修改过的气旋基本模式：其突出特点是温带气旋形成于一条锋面上，在这里相邻两气团之间绝大部分温度对比集中形成一条狭窄的过渡层，按天气图尺度来看，实际上相当于一条温度或密度的不连续线。

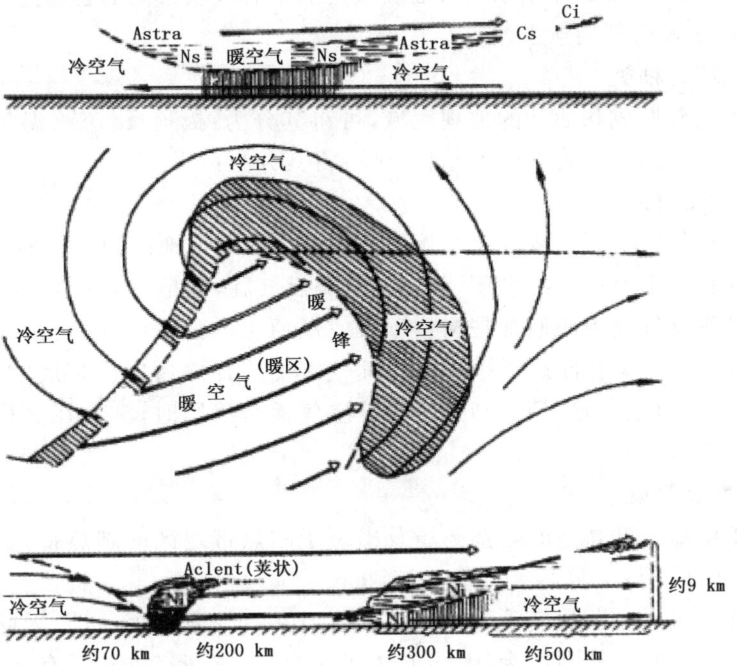

图 10.3　气旋理想模式(取自 Palmen E, Newton C W. Atmospheric Circulation Systems. 程纯枢,等,译. 1978. 北京:科学出版社.)

如图 10.3 所示的气旋模式中,气旋表现为波状,"暖区"介于暖锋和冷锋之间,根据云和降水的观测,J. Bjerknes 和 Solberg 发现,暖锋云系与倾斜的锋面有密切的关系,两者相结合的方式如图 10.3 中的垂直剖面图。在暖锋上面,暖湿空气沿着倾斜的锋面爬升,并形成大片云层。在冷锋上空,高层冷空气运动比低层锋面移动快,从剖面图上看,空气有沿锋面向下运动的分量,结果锋面过境后不久,天空转晴。但地面冷锋处或地面冷锋前不远处,由于锋面对低层湿空气的抬升,而形成一条狭窄的降水带。

10.2.2　反气旋

反气旋又名高气压,它是中心气压高于四周的大气涡旋。在北半球,反气旋内空气的水平流动呈顺时针旋转,在南半球做逆时针旋转。

1. 反气旋的水平尺度和强度

反气旋的水平尺度一般比气旋大。例如,冬季亚洲大陆的反气旋,常占据整个亚洲大陆的 3/4。当然,也有直径仅数百千米的小个头反气旋。地面反气旋的中心气压值一般在 1020～1040 hPa，冬季东亚大陆反气旋的中心气压最高的曾超过 1080 hPa。中心气压愈高，表示反气旋愈强。

2. 反气旋的种类

根据反气旋形成和活动的地理区域，可将其分为：极地反气旋、温带反气旋和副热带反气旋。按照反气旋的热力结构，则可将其分为：

(1)冷性反气旋

指由冷空气堆积所形成的反气旋。活动于中高纬度地面和低空的反气旋多属此类。在天气预报中所说的冷高压，就是指这类反气旋，也是在前面讲到的冷气团的主体部分。冬季反气旋中心通常是指位于蒙古高原上的强大冷高压，是北半球最强大的冷性反气旋。当蒙古冷高压跟随在锋面气旋的冷锋之后向南扩展时，会造成大风降温的冷空气过程。当达到寒潮强度的冷空气侵袭我国时，常会在一夜之间导致气温下降 10℃以上。

(2)暖性反气旋

形成于中高纬度高空的阻塞高压及出现于副热带地区的副热带高压(副热带反气旋)均属此类。

反气旋区域内由于空气顺时针向四周流出具有辐散下沉运动，因此常是晴朗天气。但是在反气旋的外围边缘，因接近锋面气旋和(或)暖气团，常有云雨天气出现。冬半年，伴有冷锋过境的雨雪天气过后，气温降低，天气转晴，我们便进入了冷性反气旋(冷高压)的控制区，晴朗天气持续 3～4 天以后，又有伴有雨雪天气的冷锋逼近，这就意味着新的冷空气将要移入而原先的冷高压要移出本地区了。规模强大的冷高压南下时，在其前部会出现 6 级以上的偏北大风。

东亚反气旋的主体主要活动于西西伯利亚、蒙古高原到我国黄河河套一带，呈西北—东南向带状，且以蒙古高原出现频率最高。冬季，冷性反气旋的南缘可伸展到华南沿海，夏季则主要活动于 40°N 以北地区。进入我国的温带反气旋(冷空气)大都是从亚洲北部、西北部或西部移来的，只有少数在蒙古人民共和国西部形成。它们进入我国的路径可归纳为以下四条：①从亚洲大陆西北部移来，经西西伯利亚、蒙古人民共和国进入我国(通常称之为西北路冷空气)；②从中西伯利亚北部移来，经蒙古人民共和国进入我国(东路冷空气)；③自亚洲大陆西方的欧洲地区移来，经巴尔喀什湖一带进入我国新疆(西路冷空气)；④起源于蒙古人民共和国，直接南下进入我国。反气旋的移动速度，因地区、季节及系统强度的不同而相差悬殊，其平均情况无实用价值。

上面已根据气旋和反气旋的基本特征，划分了几种类型。其实各类气旋或反气旋间，并不存在不可逾越的界限。不同类型的气旋或反气旋，在一定的条件下会互相转化。如锋面气旋可在一定的条件下(当其处在消亡阶段时)，转化为无锋气旋(冷性低压);无锋气旋(如热低压)可因一定条件(如有冷空气进入)转变为锋面气旋;又如冷性反气旋,当其南下变性到一定程度就转化为暖性反气旋。

3.副热带高压

副热带高压简称副高,是位于副热带地区的暖性高压系统。它对中、高纬度地区和低纬度地区之间的水汽、热量、能量的输送和平衡起着重要的作用,是大气环流的一个重要系统。副热带高压的东部是强烈的下沉运动区,下沉气流因绝热压缩而变暖,所控制地区会出现持续性的晴热天气。而副热带高压的西部是低层暖湿空气辐合上升运动区,容易出现雷阵雨天气。随着季节的更迭,副热带高压带的强度、位置也会发生明显的季节变化。从1月到7月,副热带高压主体呈现出向北、向西移动和强度增强的趋势;从7月到1月,副热带高压主体则有向南、向东移动和强度减弱的动向。这种季节性的变化,还具有明显的缓慢式变化和跳跃式变化的不同阶段。

位于副热带地区的暖性高压。约位于30°N和30°S附近。此高压带是盛行西风带和东风带的分界,其高纬一侧是西风带。在副热带高压控制下,天气晴朗,在其西北一侧是西南气流活跃区(通带雨区)。介于热带和温带之间的高气压称为副热带高压,通常把控制太平洋地区的暖性高压称为太平洋副热带高气压。随季节而变化,一般在10°~40°N之间活动。

对我国天气、气候有重要影响的是西太平洋副热带高压,特别是它西部的高压脊。它的范围在500 hPa图上用588(dagpm)线表示。它的位置和强度随季节而变化。其位置的变化:南北方向,用副高脊线所在纬度的平均值代表。6—8月脊线平均位于24°N。东西方向用588线西伸端点所在经度代表,平均位于122°E。西太平洋副热带高压的强度和位置有明显的季节变化。每年6月以前,副高脊线位于20°N以南,高压北缘是沿副高西北侧北上的暖湿气流与中纬度南下的冷空气相交绥地区,锋面、气旋活动频繁,形成大范围阴雨天气,受其影响华南进入雨季;到6月中、下旬,副高脊线北跳,并稳定在20°~25°N之间,雨带随之北移,长江中下游地区进入雨季,即梅雨;7月上、中旬,副高脊线再次北跳,摆动在25°~30°N,这时黄河下游地区进入雨季。长江中下游地区的梅雨结束,进入盛夏。由于处于高压脊控制,出现伏旱;7月末至8月初,副高脊线跨越30°N,到达一年中最北位置,雨带随之北移,华北北部、东北地区进入雨季;8月底或9月初,高压脊开始南退,雨带随之南移。10月以后,高压脊退至20°N以南,大部分地区雨季结束。从上述可知,西太平洋副热带高压的季节性活动特点:夏季北进时,持续时间较长,移动速度较慢,而秋季南退时,却时间短,速度快。西太平洋副热带高压活动的年际变化较大。当其活动出现异常时,常常造成我国较大范围的旱涝灾害。

副高会对它所控制的地区的气温造成影响。首先,赤道低压属热力低压,副热带高压属动力高压,副极地低压属动力低压,极地高压属热力高压。

由“热低压”产生的赤道低压使气流从赤道上升到高空，并向极地高压流动。高空气流不考虑与地面的摩擦，在地转偏向力（北半球垂直气流方向向右，南半球相反）的影响下，最终，在纬度30°附近气流方向与纬线平行，导致空气发生聚集并下沉，由此形成一个动力高压——副高。副高内空气下沉导致降雨稀少，温度相对较高。

10.3 涡度

从天气分析实践与理论中发现，在大尺度天气系统的演变过程中，大气基本上是作涡旋运动，这种涡旋的变化直接关系着天气系统的发生、发展和移动。因此，我们可以利用涡度变化来做大尺度的天气形势预报，涡度方程就是预报涡度变化的基本方程。

涡旋运动是流体的一种基本运动形式，它表示了流体的转动性质。如有树叶落在河中时，由于河流中心的流速快，靠近河岸的流速慢，于是树叶除向下游移动外，自身还在发生旋转（图10.4），在靠近左岸的树叶作逆时针旋转，而靠近右岸的树叶作顺时针旋转。这就表示河面上到处都有涡旋运动，它推动树叶旋转。大气中的空气运动也是这样。

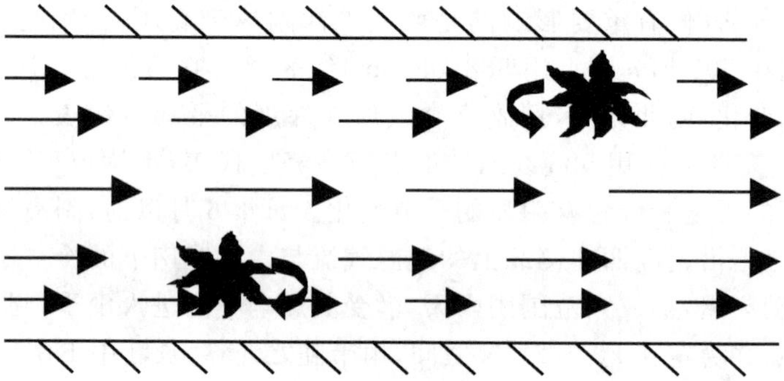

图10.4 涡旋云图示意图

大气是一种流体，它由无数空气质块所组成，它们总是在不断地运动、变化着。由于大气空间的速度分布不均匀，使大气空间各点都有涡旋存在。为了认识涡旋的特征，我们首先考察一下水平速度场的几种特殊情况。如图10.5所示，在某一平面上，空气质块沿 x 方向运动，如果流场中各点速度是一样的（如图10.5a），则质块只沿 x 方向作平移运动。若速度分布不匀，例如当 u 随 y 轴方向增加时，即 $\frac{\partial u}{\partial y}>0$（如图10.5b所示），则空气质块在运动过程中作顺时针旋转；当 u 随 y 轴方向减少时，即

$\frac{\partial u}{\partial y}<0$ 时，空气质块在运动过程中作逆时针旋转。$\frac{\partial u}{\partial y}$ 的数值越大，则在同样时间内旋转的角度越大，也就是说它的旋转速度越大。与此相仿，当空气质块沿 y 轴运动，如果 v 随 x 轴方向增加，即 $\frac{\partial v}{\partial x}>0$（如图 10.5c 所示），空气质块则作逆时针旋转；如果 v 随 x 轴方向减小，即 $\frac{\partial v}{\partial x}<0$，则空气质块作顺时针旋转运动。$\frac{\partial v}{\partial x}$ 的数值越大，旋转速度也越快。由此可见，当水平速度分布不均匀时，就有水平涡旋运动存在，也就是说空气质块在运动过程中存在着绕垂直轴的旋转运动。因此，旋转速度可以用水平速度的切变来加以描述。

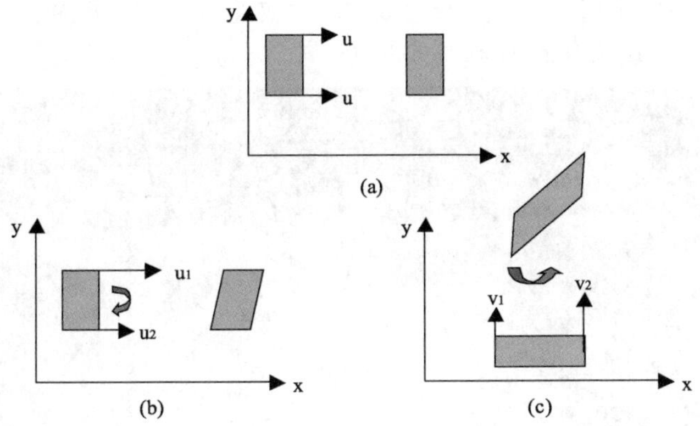

图 10.5　水平速度分布不均时，空气质块绕 z 轴旋转的情况

在一般情况下，由于沿 x 轴、y 轴的速度切变是同时存在的，所以我们用 $\frac{\partial v}{\partial x}-\frac{\partial u}{\partial y}$ 来量度该点涡旋的旋转特性。$\frac{\partial v}{\partial x}-\frac{\partial u}{\partial y}$ 称之为水平速度场的涡度，或者称之为垂直涡度，通常用符号 ξ_z 来表示，即 $\xi_z=\frac{\partial v}{\partial x}-\frac{\partial u}{\partial y}$。由于当 $\frac{\partial v}{\partial x}$ 与 $\frac{\partial u}{\partial y}$ 均为正值时，空气质块旋转的方向相反；即 $\frac{\partial v}{\partial x}>0$，空气质块作逆时针旋转；$\frac{\partial u}{\partial y}>0$，空气质块作顺时针旋转。在上述表达式中，$\frac{\partial u}{\partial y}$ 的前面加上负号后，如 $\xi_z>0$，空气质块作逆时针旋转，如果 $\xi_z<0$，则表示空气质块作顺时针旋转。如上所述，ξ_z 是描写水平速度场旋转特性的物理量。它表示了空气质块绕垂直轴的旋转速度。

10.4　台风

台风是发展强烈的热带气旋(图 10.6),它可生成于除南大西洋以外的所有热带洋面,只是因为发生的地域不同,在名称上有所差异。例如,在西北太平洋和南海叫台风,在北大西洋和加勒比海叫飓风,而在印度洋和孟加拉湾又叫热带风暴。我国在 1989 年以前,将中心风力达到 8 级(17.2 m/s)或以上的热带气旋称为台风,在风力达到 12 级(33 m/s 以上)后叫强台风。自 1989 年起开始使用国际标准名称,即热带气旋的中心最大风力为 8～9 级时称为热带风暴,中心风力为 10～11 级时称为强热带风暴,中心风力达到 12 级才称为台风。为了叙述方便,以下内容中所谓的“台风”不单指台风,还包括热带风暴和强热带风暴。

图 10.6　台风云图

10.4.1　台风活动的地区和季节

就全球范围而言,平均每年有近 80 个台风生成,其中北半球发生的台风数占全球总数的 72%,而西北太平洋又是全球台风发生频率最高的地区,占全球的 37%,平均每年有 28 个台风生成(表 10.1)。台风一年四季皆可发生,但以夏秋季节发生的频率最高。

影响我国的台风多发源于西北太平洋和南海地区,平均每年有 7 个台风在我国登陆，最多的年份可达到 12 个，最少的年份只有 3 个。登陆的时间在 5—11 月，其中 7—9 月是台风在我国登陆的盛期，占全年登陆总数的 80%。就登陆地段而言，南起海南北至辽东半岛均可有台风登陆，但以广东、台湾和海南等省受台风的影响最甚，在长江口以北沿海登陆的台风很少，只占登陆总数的 5%左右，且只出现在 7 月和 8 月。

台风的范围以其最外围近似圆形的闭合等压线为准，直径一般为 600～1000 km，最大的可达 2000 km，最小的只有 100 km 左右。这样小的台风只有借助卫星云图才能发现。

台风的强度是以台风地面最大平均风速和台风中心最低海平面气压值来确定的。近中心风速愈大，中心气压愈低，则强度愈强。最强的台风是 1958 年 27 号台风，其近中心最大平均风速曾达 110 m/s，中心气压为 877 hPa。

表 10.1　世界台风次数统计(1968—1989 年)

统计项目	海域					
	西北太平洋	澳大利亚—西南太平洋	东北太平洋	南印度洋	北大西洋	北印度洋
台风次数	565.0	199.0	364.0	380.0	214.0	120.0
平均次数	25.7	9.0	16.5	17.3	9.7	5.4
占全球百分比(%)	30.7	10.8	19.8	20.6	11.6	6.5
年极大次数	35.0	24.0	21.0	13.0	14.0	9.0
年极小次数	17.0	11.0	6.0	5.0	4.0	2.0

10.4.2　台风的命名

台风，古今中外，人们曾赋予它各种各样的名称。于系民(2002)对此做了很多研究。

我国古代，最早的文字记录是把台风写成“台风”；有些古书把台风称为“飓风”，最早出现于宋朝。在明成化十六年(1480 年)，江苏崇明(今属上海市)有“九月飓风大作，海潮为灾”的记载。在清康熙十四年(1675 年)，福建漳州府志和诏安县志中都有“八月十五夜飓风忽起，木尽拔，屋瓦飞”的记载；清康熙二十三年(1684 年)，对于“台风”，福建通志有明确记载；台湾县志也记有“所云台者，乃土人见飓风挟雨四面环至，空中旋舞如筛，谓飓风筛雨，未尝曰台风也”。

在现代，对于台风，世界上各个国家和地区，有着不同的叫法。1998 年在香港召开的世界气象组织台风委员会会议决定，为提高各国人民防台抗灾意识，加强国际区域合作，将给西北太平洋地区的台风及热带风暴，取用统一的名称。

西北太平洋地区是世界上台风(热带风暴)活动最频繁的地区，每年登陆我国可达6～7个。多年来，有关国家和地区对出没这里的台风叫法不一，同一台风往往有几个名称。我国按其发生的时间先后进行四码编号，前两位为年份，后两位为顺序号。美国关岛台风警报中心则用英美国家的人名命名，国际传媒在报道中也常用关岛的命名。还有一些国家和地区对影响本地的台风自行取名。根据有关国家的经验，给西北太平洋台风(热带风暴加选取统一的、具有亚洲特色的名称，要比以往数码编号更易被各国接受和识别，对防台抗灾、区域合作会有更好效果。

一百多年来，人们对台风取名不当回事，若一个飓风摧毁一条巨轮，于是这条船的名字就成了飓风名；泰坦尼克号若是遇上飓风而沉没，这个飓风也许就与那部风靡世界的电影同名。18世纪，澳大利亚气象学家突发奇想，开始用女性名给台风起名，或者作为荣誉或纪念，赠予自己的女友、爱妻或是受冷落的政治家。不料，这一做法迅速在欧美各国流行起来。1949年，大西洋第一个飓风被命名为“哈里”，因为飓风袭击佛罗里达州时，美国总统哈里斯·杜鲁门正在那里视察；不久，又一更疯狂的飓风扫荡了佛罗里达州，人们便把她尊称为总统夫人——“贝斯”。

某年台风季节，墨西哥湾同时跳出两个台风，分别取名为“艾丽丝”和“巴巴拉”。不料，这对小姐妹引起了一场前所未有的大洪水。结果，反对用女性名给十恶不赦的台风取名运动风起云涌，信件和呼声几乎淹没了报界和气象局，以至于每遇新台风取名，都要反复作出解释。尽管给台风起女性名遭到强烈反对，但是固执的气象学家们仍以压倒多数的优势，坚持这一做法，在许多国家一直沿用到20世纪70年代末。

这次给西北太平洋台风(热带风暴)选名，有关部门对取名范围作了明确规定：(1)不同类型的天气、天气神的名字；(2)自然物体的名字(如地理特征、树木、花卉、动物名等)；(3)通常的男孩或女孩名字等。还要坚持以下原则：(1)2～3个音节且易于在电台、电视中发音；(2)在任何成员(指有关国家或地区)的语言中没有坏的含义；(3)对任何成员不会造成政治难题；(4)不选择商标名称。

如果某个台风造成了重大灾害，经相关机构通过后，该名称将从现用名称中删除，并会补上一个新名称。已“退休”的热带气旋名称有：

2006年的1号强台风“珍珠”(Chanchu)，在菲律宾、中国东南部、台湾总共造成104人死亡以及12亿美元的损失。

2006年的4号强热带风暴“碧利斯”(Bilis)，在菲律宾、台湾、中国东南部总共造成672人死亡以及44亿美元的损失。

2006年的8号超强台风“桑美”(Saomai)，在马利安那群岛、菲律宾、台湾、中国东南部总共造成458人死亡以及25亿美元的损失。

2006年的16号强台风“象神”(Xangsane)，在菲律宾、海南、越南、柬埔寨、泰国总共造成279人死亡以及7.47亿美元的损失。

2006年的22号超强台风“榴莲”(Durian),在菲律宾、越南、泰国总共造成于819人死亡,经济损失之大无法估计。

2005年的9号强台风“麦莎”(Metsa),给我国华东地区造成大损失。

2005年的14号超强台风“彩蝶”(Nabi),在日本造成21人死亡。

2005年的19号超强台风“龙王”(Longwang),给我国台湾、福建、广东、江西等地造成大风大雨,并造成一定人员伤亡。

2004年的8号台风“婷婷”(Tingting),造成日本南鸟岛3人死亡,多人受伤,并造成一定自然灾害。

2004年的14号强台风“云娜”(Rainne),造成我国东部沿海大的人员伤亡。

2003年的7号超强台风“伊布都”(Imouto),造成菲律宾,我国华南地区大的人员伤亡。

2003年的13号强台风“杜鹃”(Dujuan),给我国华南地区造成重大灾害和财产损失。

2003年的14号超强台风“鸣蝉”(Mamei),造成韩国150多人丧生。

2002年的6号强台风“查特安”(Chataan),登陆日本关东平原造成多人丧生和严重的损失。

2002年的26号台风“凤仙”(Pongsona),造成关岛大量人员伤亡和财产损失。

2001年的26号热带风暴“画眉”(Vamei),虽然不是很强,但是它是最靠近赤道的台风,所以除名。

10.4.3 台风的结构和天气

台风是一个深厚的热带低气压(图10.7),中心气压很低,而且中心附近的温度高于四周,即具有暖心结构。台风的垂直结构一般可达到10 km左右,发展强烈的台风可一直伸展到对流层顶部。

台风内低空风场的结构可以分为三个不同的部分:即,台风大风区,亦称为台风外圈,从台风外圈向内到最大风速区外缘,其直径一般为400～600 km,外围风力一般不足8级,向内风速剧增;台风涡旋区,亦称为台风中圈,是围绕台风眼区内分布着的一条最大风速带,其平均宽度为10～20 km,台风中最强的降水和最大的风力都出现在这一区域(台风中圈)内,它是台风最具破坏性的部分;台风眼区,亦称为台风内圈,在此部分,风力急剧减少甚至出现静风,降水也迅速减弱甚至出现晴天,台风眼区的直径为10～60 km,呈圆形或椭圆形。因此,在卫星云图上,成熟台风的云系多表现为一大团圆形或椭圆形的云,云的中央有一个小晴空区,即台风眼。

台风是生成于热带洋面的强大低气压系统。它一般都伴有暴雨甚至大暴雨,一

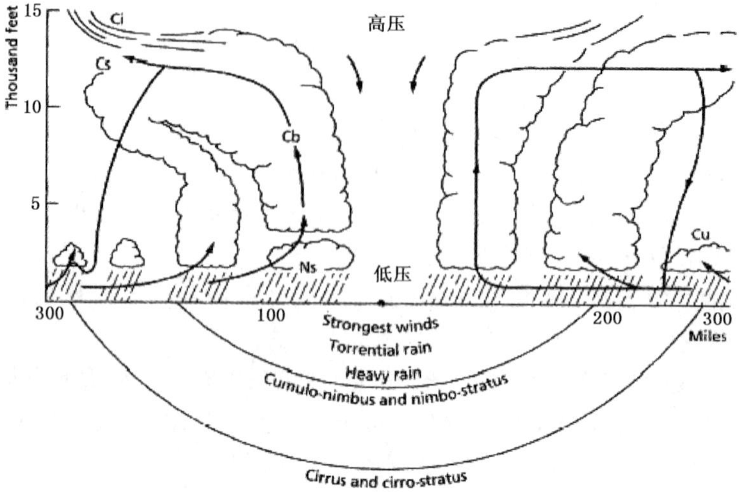

图 10.7 台风的结构

(→:气流;Ns:雨层云;Cu:积云;Ci:卷云;Cs:卷层云;Cb:积雨云)

个台风造成某一地区 300 mm 以上的强暴雨是很寻常的。1975 年 8 月著名的河南省驻马店地区的“75・8”特大台风暴雨,一些测站的总降水量超过 1000 mm,从而酿成了大型水库垮坝的惨重洪水灾害。

台风具有破坏力极大的风力,这是任何温带气旋都无法与之比拟的。在热带洋面,台风出现 50 m/s 以上的大风并不罕见。第二次世界大战期间,人们对台风的了解还很不够,美国的太平洋舰队屡遭其摧残,舰毁人亡。台风在我国登陆时,绝大多数都已明显减弱,但大风在 12 级(32.6 m/s 以上)以上的台风并不罕见。例如,1959 年 8 月 29 日在我国台湾省台东县登陆的台风,登陆时中心最大风速达 70～75 m/s。1994 年 8 月 21 日在浙江省瑞安县登陆的 9417 号台风,中心最大风速为 40 m/s。1966 年 9 月 25 日,日本富士山因台风登陆出现了 91 m/s 的特大风速,是目前台风陆上风速的最高纪录。通常台风登陆后,风力会迅速减弱,因此除沿海外,内陆地区很少遭到台风强风的袭击。

台风内部气压很低,可引起海面上升。当台风在海上前进时,会有巨浪与之相伴。当它靠近海岸线或登陆时,强大的风暴潮会冲毁堤防,使海水倒灌。如果此时恰遇天文大潮,则后果更为严重。9216 号台风在我国浙江登陆并向北移动时,恰遇天文大潮,南至福建北至渤海沿岸地区都受到了风暴潮的袭击,造成了巨大的经济损失。

10.4.4　台风的生命史

台风生成于热带洋面，而且都是由热带低压发展起来的，但热带低压并不都能发展成为台风。当热带低压遇到有利的外部条件时就会逐渐加强，当低压中心的最大风速达到 8 级（17.2 m/s）时，就称为热带风暴了。此时期称为形成期。

热带风暴继续发展，直到中心气压达到最低值，风速达到最大值时，这一时期称为发展期。有的热带风暴可以一直发展到中心风速超过 33 m/s 的台风阶段，有的甚至达不到强热带风暴阶段就不再发展了。一般说来，生成于西北太平洋东部和中部的热带风暴大部分都可发展到台风阶段，但那些生成时靠近西部海岸线和南海的热带风暴因其生长后很快登陆等原因，常常发展不到台风阶段。

发展期过后便是成熟期，这期间，台风的强度不再加强，气压不再降低，但台风的范围逐渐扩大。

当台风开始减弱时便进入了衰亡期。台风从形成到衰亡的生命史一般为 3～8 d，最长的可达 20 d，最短的仅 1～2 d。台风一旦登陆或进入温带洋面，因冷空气侵入便会很快衰减成低气压或演变成温带气旋。

10.4.5　台风生成的必要条件

台风经常在热带洋面上生成，且都是由热带扰动发展起来的，但热带扰动并不都能发展成台风。台风生成必须具备特有的条件。

（1）热力条件：台风发生、发展必须要有足够大的海面或洋面，同时海面水温必须在 26～27℃以上。这是扰动形成暖心结构的基础。

（2）初始扰动：要使条件不稳定大气的不稳定能量得以释放，使其转变为发展台风的动能，必须有一个启动机制，这就是低层的初始扰动。低空像这样的扰动有赤道辐合带涡旋、东风波等。

（3）垂直方向风速不能相差太大：上下层空气相对运动很小，才能使初始扰动中水汽凝结所释放的潜热能集中保存在台风眼区的空气柱中，形成并加强台风暖中心结构。

（4）一定的地转偏向力的作用：它能使辐合气流逐渐形成为强大的逆时针旋转的水平涡旋。地转偏向力在赤道附近接近于零，向南北两极增大，台风基本发生在大约离赤道 5 个纬度以上的洋面上。

10.4.6　台风的路径

西太平洋台风的移动路径主要可分为以下四类，如图 10.8 所示。

1. 西移路径

台风从菲律宾以东洋面一直向西移动，经南海在华南沿海、海南岛或越南一带登陆。沿这条路径移行的台风,对我国华南沿海地区影响最大。

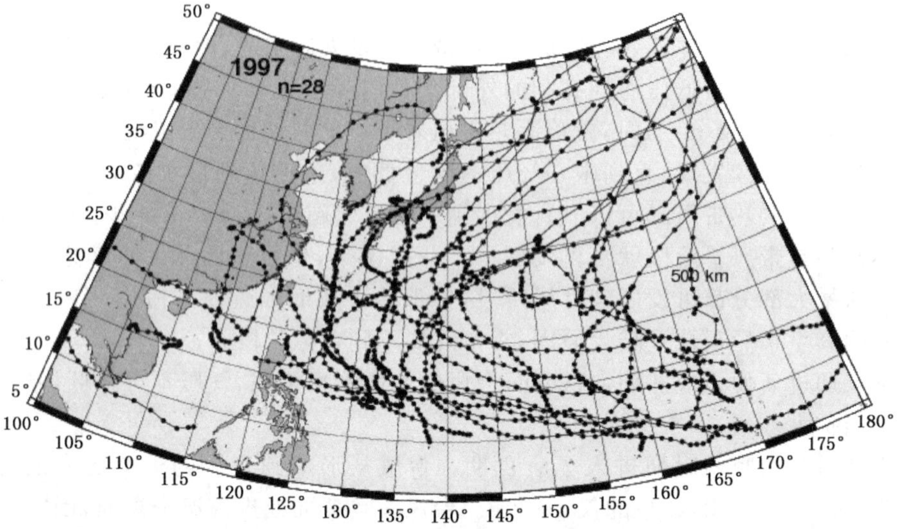

图 10.8　1997 年西北太平洋台风的路径

2. 西北移路径

台风从菲律宾以东向西北偏西方向移动,在我国台湾、福建一带登陆;或从菲律宾以东向西北方向移动,穿过琉球群岛,在江浙一带登陆,然后在我国消失。沿这条路径移行的台风对我国华东地区影响最大。

3. 转向路径

台风从菲律宾以东向西北方向移动到达我国东部海面或在我国沿海地区登陆,然后转向东北方向移去,路径呈抛物线状。这是最多见的路径。如果台风在远海转向,主要袭击日本或在海上消失,如果台风在近海转向,大多影响朝鲜、韩国。也有一小部分在北上的后期会折向西北行在辽鲁沿海登陆。

4. 异常路径

停滞或打转:台风距副高较远或副高很弱,致使引导气流很弱时出现。

双台风:会出现明显的互旋和互吸作用,形成不规则的路径。

10.4.7　台风灾害

世界上许多受台风影响的国家都很重视台风预报,我国也不例外。当有台风靠近我国并有可能登陆或严重影响沿海地区时,中央气象台及地方有关气象台就通过电台、电视台等新闻传媒,一天数次发布台风预报、警报。台风之所以能在传媒中频频曝光,是因为它是最具有破坏性的天气系统。据权威的世界气象组织统计,在世界上一切自然灾害中，台风灾害是最严重的灾害。单是我国，每年因台风而死亡的人数平均超过千人，直接经济损失超过百亿元。但随着气象预报水平的提高和防灾减灾措施的增强，近年来同台风而造成的死亡人数已减少到每年平均百人左右。

台风灾害主要来自三个方面：即强风、暴雨和风暴潮。有些台风在影响过程中，这三种灾害都会出现，尤其是那些强度很强的台风。有些台风仅会出现一种或两种灾害。例如，有的台风登陆后雨下得很大，风却不强；有的台风，风很强，但降雨却不很大。风、雨、潮只要有一种出现且较强的话，就足以构成灾害了。

8月份由于热带天气系统远离赤道向北推进，西北太平洋海域热带风暴(台风)常在东风气流引导下向西北运行，频繁靠近或登陆我国。因此8月份是我国防台抗台的关键时期。

翻开天气气候巨灾的记录长卷不难发现，新中国成立以来我国十大自然灾害竟有4次发生在8月，一些历史罕见、震惊中外的气候极端事件多由8月台风酿成。比如，1975年8月，3号台风穿过江西、湖北来到河南东部停滞少动，造成驻马店一带连降3天特大暴雨，总雨量达1600 mm，10多座大中水库同时溃坝，10余米高的洪峰直冲下来，10余万人死于一旦。这是新中国成立以来仅次于唐山大地震的第二大死亡灾难，直接经济损失100亿元。1985年8月，7号、8号、9号台风接二连三地袭击东北地区，引发辽河流域历史罕见的特大洪水，直接经济损失50亿以上，东北三省粮食减产50亿 kg。

1988年8月8日，这个被人称为百年一遇的“大喜大发”的日子，浙江杭州却遭受历史少有的大劫难。7号台风在东海向北移动时，突然扭头直袭杭州，10级以上强风持续5个半小时，全市顿时陷于瘫痪，“人间天堂”西子湖面目皆非，惨不忍睹。这次台风造成的损失使保险公司支出的“气候账”，远远超出大兴安岭的火灾赔付。1994年8月21日，是浙江人民又一次惊心动魄的日子，17号台风以排山倒海之势、雷霆万钧之力正面袭击温州，12级以上的狂风、日降雨200～600 mm的暴雨以及7 m以上的潮位“三超”历史记录，导致一场百年不遇的特大风暴潮。在狂风、暴雨和滔天恶浪的“轰击”下，浙江人民数十年营造的900 km沿海大堤，几乎全线崩溃，江河横溢，房倒屋塌，200多万人被水围困，2000多人死亡，直接经济损失177.6亿元，是新中国成立以来损失最严重的一次台风灾难。

研究证实，大约一万年前，地球结束漫长的第四纪大冰期，进入较温暖的间冰期，台风，这个发生于水温高达27℃以上洋面的庞然怪物，便随人类神秘般诞生了。千百年来虽对人类文明作出功不可没的贡献，但其劣迹斑斑的履历和十恶不赦的罪行几乎遍及全世界。据统计，目前全球每年都有上百个台风四处疯狂滚动，直接经济损失达60亿～70亿美元，成千上万的人为之付出生命。近年来全球气候变暖，沿海经济繁荣，财产密度大增，台风灾害损失几乎呈指数上升趋势。

不过,台风也有其有利的一面。譬如,我国江南、华南地区进入盛夏季节后,主要的降水系统是台风,如果长时间没有台风登陆,则会出现严重的伏旱,这时候,人们又会盼望那些不太强的台风“光顾”了。

主要参考文献

彭安仁,等.1981.天气学(上册).北京:气象出版社.
孙健,等.2002.谈天说地.北京:气象出版社.
于系民.2002.台风.北京:气象出版社.
章淹,等.2003.风云变幻的大气.南京:江苏科学技术出版社.

思考题

1.涡度的定义及表达式。
2.气旋与反气旋的定义及分类。
3.热带气旋的定义及等级划分。
4.台风生成的必要条件。
5.台风的水平结构和垂直结构及天气状况?

第 11 章　气团和锋

气团的概念非常有助于描述和理解各地不同的天气。20 世纪初，Jacob Bjerknes(皮叶克尼斯)、Halvor Solberg(索尔伯格)和 Bergeron(贝吉龙)等在挪威卑尔根(Bergen)市对所获得的大量地面观测资料进行分析，发现了大气中的不连续面，称之为锋面，创立了近代锋面一气旋模式，气团、锋、锋面气旋成为基本的天气学概念。这一发现是大气科学上的一大成就，是卑尔根(Bergen)学派标志性的成果。到了 20 世纪三四十年代，随着高空探测技术的发展，高空观测得以进行，对天气系统进行细致的三度空间分析也成为可能，行星波、高空急流等大尺度高空天气系统被发现，人们对天气系统的垂直结构也有了进一步认识和了解。

本章主要讲述气团和锋的相关知识。

11.1　气团

大气是由各种气团组成的，各种气团的更替引起天气的变化，天气现象不仅取决于单个气团，还取决于不同气团相互作用而产生的天气，因此天气现象可以按照其起源分为气团内的和锋面的两类。

11.1.1　气团的概念

气团(air mass)是范围广大的(通常有数千千米)，在水平方向上具有均匀的温度和湿度属性的巨大空气团。气团的温度、湿度和其他属性反映了其生成的源地的属性。

11.1.2　气团的形成和源地

气团在地球表面同一区域停留数天至数周，通过辐射、对流、蒸发凝结和大范围空气的垂直运动等获得和下垫面相似的物理属性(温度，湿度等)。因此性质较为均匀的广阔的地球表面是形成气团的首要条件，也被称为气团的源地([彩]图 11.1)，如加拿大北部、北极、热带太平洋等。其次稳定的大气环流可以使得空气较长时间停留在性质均匀的下垫面上，以获取下垫面的温湿属性，这是条件之二；此外还要有辐散下沉运动和各种尺度的湍流，蒸发凝结和垂直上升运动，以使得气团中温湿属性分布均匀。

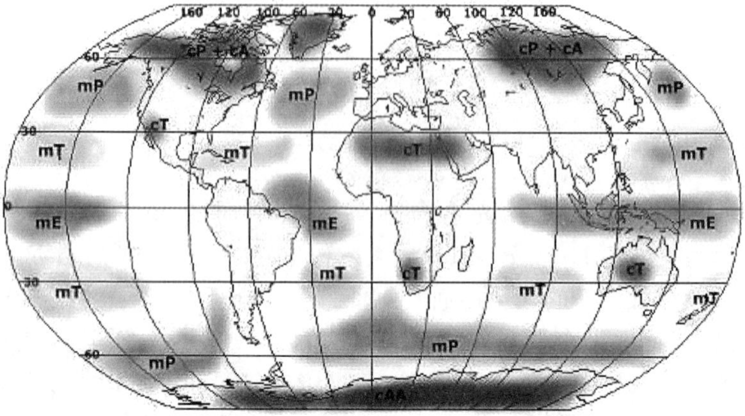

图 11.1　气团源地示意图

11.1.3　气团变性

一旦气团离开其生成的源地移出，会受到所经过的下垫面的影响，其下方的植被和水体会很快影响并改变其性质。这种气团形成之后，离开其源地到另一个新的地区时，由于下垫面性质以及物理过程的改变，使气团的性质发生改变的现象，称之为气团变性。经过变性后的气团称为变性气团。一般暖气团向极地方向移动而冷气团向赤道方向移动，使得热带冷却而极区变暖。

气团变性方式有多种，主要是下垫面的辐射，大气的湍流和对流，蒸发和凝结以及大范围的空气垂直运动等。比如炎热的沙漠气团移动到湖面，绿洲或者灌区上空时会变凉，寒冷的极地气团移动到温暖的水体上时会变暖。森林可以增加其上方的气团的湿度。巨大的水体，比如湖泊，可以有效地储存热量，可以导致水表面和气团之间显著的温度差异(可达 13℃或 23℉以上)。由于这样的温度差异，热量和水汽被向上输送，可以使 35～40 km(22～25 mile)远的气团变性。

11.1.4　气团的分类及其标记

气团的分类方法有多种。

按照热力分类法，可以将气团分为暖气团和冷气团，这是相对于下垫面的温度特征来说，当气团的温度比下垫面温度高时，称为暖气团，反之称为冷气团。

按照大气稳定性，可以将气团分为稳定气团和不稳定气团。暖气团通常是稳定气团,冷气团通常是不稳定气团。但这不是绝对的。此外稳定和不稳定气团还可以分成平流(不)稳定气团和日射(不)稳定气团。

依据其生成源地的纬度和海陆性质,可以将气团分为极地气团,北极气团,热带气团,赤道气团和季风气团。

Bergeron 分类法标记了气团的属性及其变性,是被广泛接受的一种气团分类标记法。该方法包括三个字母,第一个字母小写,描述气团的湿度特征。其中,c 表示干燥的大陆性气团,m 表示潮湿的海洋性气团。第二个字母大写,表示气团源地的热力属性:T 表示热带的,P 代表极地,A 表示北极或南极,M 表示季风性的,E 表示赤道,S 表示高空(由于大气中显著的下沉运动形成的干燥的气团)气团。第三个字母小写,通常用来表示大气的稳定性。如果气团比其下方的地面冷,则被标记为 k,如果气团比其下方的地面暖,则被标记为 w。

有时也会用撇号来表示一个特定的气团,它跟另一个被取代的气团有同样的标记,但是它比被取代的气团更冷(通常用于极地气团)。

这些记号的另一个习惯用法是表示气团由一种类型变性为另一种类型。例如一个北极气团移向阿拉斯加湾,就会被记为 cA-mPk。而另一种用法是用来指出某种特定情况下气团的层结。例如,位于美国中部的,一个来自墨西哥湾的气团叠加在一个极地气团之上,则被表示为 mT/cP。

11.1.5　气团的特征

气团水平范围可达到几千千米,垂直范围可以达到十几千米。在同一气团内,温度、湿度等要素水平分布较为均匀,垂直分布几乎相同,天气现象也差别不大。

北极、南极和极地气团都是冷性的([彩]图 11.2)。北极气团生成于冰雪覆盖的大陆上,是比极地气团冷的深厚的气团,在夏季比较浅薄,当它向赤道移动时会迅速变性。极地气团形成于高纬度地区的海洋或者大陆,非常稳定,通常比北极气团浅薄。极地大陆性气团(来自于很冷的陆地)比极地海洋性气团干且冷,后者来自于海洋,相对温暖而潮湿。

发展于低纬度地区的热带和赤道气团是暖热的。形成于大陆上的气团比形成于海洋上的气团干热。大陆和高空气团是比较干燥的,而海洋性和季风性的气团是潮湿的。热带海洋性气团非常温暖湿润,夏季热带大陆性气团常常占据我国西部地区。

热带海洋性气团有时是指信风气团。季风气团是潮湿而不稳定的,高空气团是干燥的,很少能够到达地面。它通常位于热带海洋性气团的上方,在下方较为稳定潮湿的气团上形成干燥温暖的层结,在热带海洋气团上形成所谓的信风逆温。

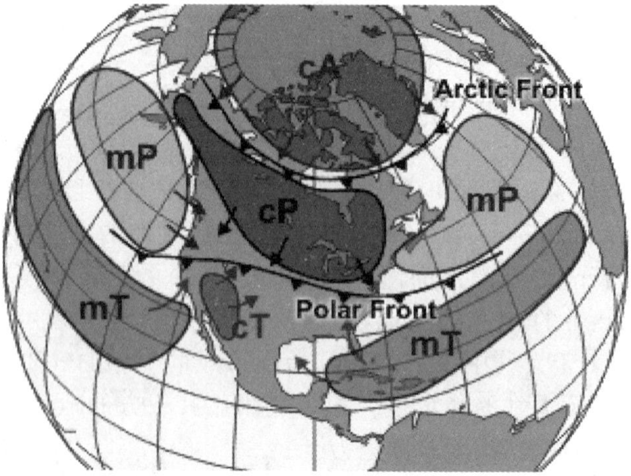

图 11.2 影响北美和其他大陆的气团和锋

11.2 锋面

影响各个大陆天气的不同的气团是由锋面隔开的。由于地球旋转,使得原本从一个气团朝着另一个气团运动的空气变为在两个气团之间运动,这有助于保持气团属性的均一性,同时锋面在两个气团之间出现。

11.2.1 锋的概念及其分类

锋面(front)在气象学中是指密度(温度)或者湿度不同的气团之间的界面,是密度不同的气团之间的狭窄的过渡层(面)。通常由锋面隔开的气团之间的差异表现在温度和湿度上。

锋区在大气中是一个等温线密集的狭窄过渡带,随高度向冷区倾斜,也就是说锋面是一个倾斜面,其水平坡度平均为 1/50～1/300,即角度约为 0.5°;其下方为冷气团,上方为暖气团。靠近冷气团的一侧界面称为锋区的下界或者冷界面,靠近暖气团的一侧界面称为锋区的上界或者暖界面。锋区有一定的宽度,且上宽下窄,这一宽度在近地面层约数十千米,高层可以达到 200～400 km,甚至更宽。卫星云图上显示锋区长度是宽度的 4 倍以上。当将锋区的宽度忽略,当成一个面来看时称为锋面,锋面与地面的交线称为锋(线)。

在大气底层,锋通常位于低压槽中,由于风场的辐合作用,锋的特征很明显,而在高层,位于高空低压槽的边缘,有一定的宽度,有很大的温度水平梯度,也就是等温线很密集。在陆地上,锋区内通常有 6℃(10℉)/500 km 温度梯度,在海洋上温度梯度小一些。

冬季锋面是最强的。

11.2.2　锋的分类及其表示

锋的分类主要遵循两个原则：或是根据结构：依照锋与急流，气团及其他大气结构的关系分为极锋和副热带锋；或是根据锋的运动：分为冷锋、暖锋、静止锋和锢囚锋。

极锋在极锋急流的边缘，分隔开极地气团和中纬度气团，一般出现在大气的低层，而副热带锋在副热带急流的边缘，一般出现在对流层中上层。此外还有一些与急流无关的其他一些锋：热带锋，中尺度锋如具有各种中尺度特征的海风锋（breeze front）和有雷暴发生的外流边界以及北极锋。

根据锋面移动过程中冷暖气团的移动方向及其所占据的主导地位，可以将锋分为冷锋，暖锋，锢囚锋和准静止锋。这是较为常见和常用的一种分类方法。在地面天气分析中，根据不同的类型，锋面是用各种颜色的线和符号来表示的（图 11.3）。

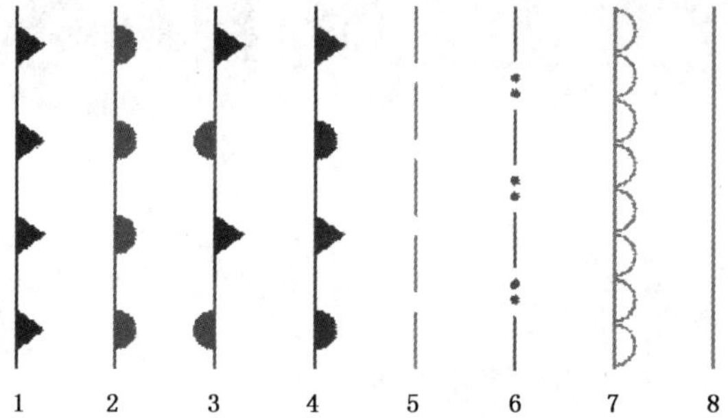

图 11.3　地面天气图（印刷图）上锋面的标记

1. 冷锋（蓝色）　2. 暖锋（红色）　3. 准静止锋（红蓝相间）　4. 锢囚锋（紫色）
5. 地面槽（表面接触带）（棕色）　6. 飑线 / 切变线（红色）　7. 干线（棕色）　8. 热带波动（棕色）

冷锋（cold front，[彩]图 11.4）：锋面在移动过程中，冷气团推动锋面向暖气团一侧移动，冷气团逐渐取代暖气团的位置。当冷气团向着暖气团运动，则被称为冷锋，在天气图上用带有三角的蓝色实线表示（三角指向冷气团的移动方向）。冷锋往往和低压系统紧紧联系在一起，通常在高压系统的前沿。

暖锋（warm front，[彩]图 11.5）：在锋面移动过程中，暖气团推动锋面向冷气团一侧移动，暖气团逐渐取代冷气团位置。当暖气团向着冷气团运动，被称为暖锋，在天气图上用带有半圆的红色的实线表示（半圆指向暖气团的移动方向）。通常冷锋都会和暖锋在低压中心联系在一起（[彩] 图 11.7）。

准静止锋(quisi-stationary front):如果冷暖气团势力相当,两个气团移动都不显著,锋面移动缓慢或呈准静止状态,则被称为准静止锋。静止锋实际不是绝对静止的,而是来回摆动。在我国,一般在业务中把 6 h 内,连续两张天气图上锋面位置变动不大的锋定为准静止锋。在天气图上用交替出现的带有三角的蓝色实线和半圆的红色实线表示(三角和半圆分别指向冷气团和暖气团的移动方向)。在我国,用红蓝双色实线表示,红色画在暖空气一侧而蓝色画在冷空气一侧。

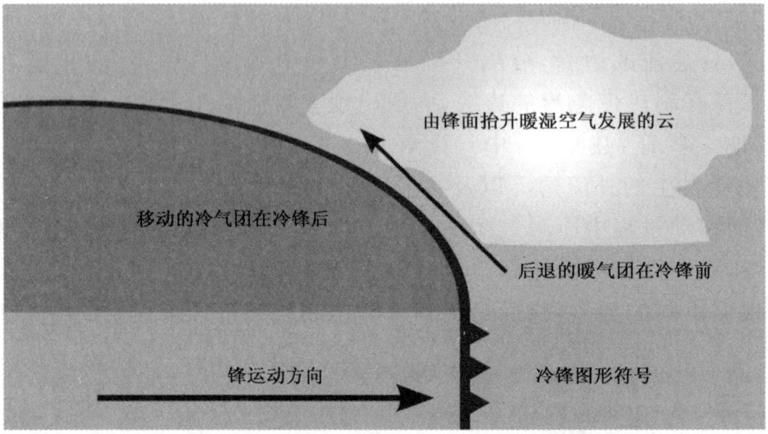

图 11.4　冷锋示意图

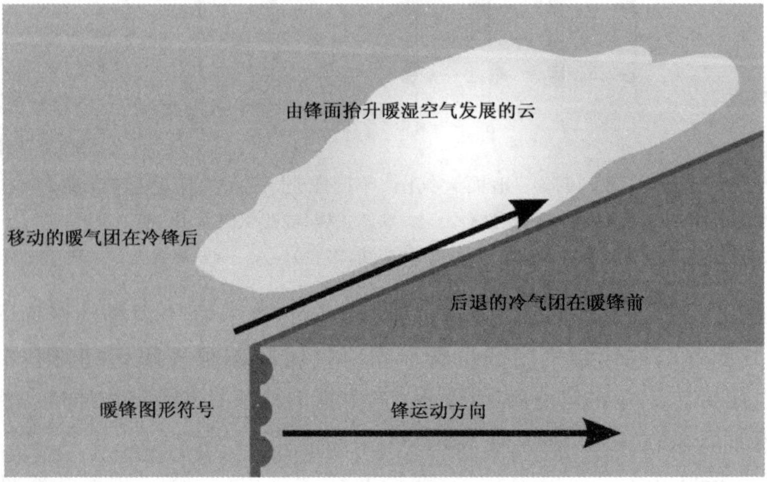

图 11.5　暖锋示意图

锢囚锋(occluded front,[彩]图 11.6):由于冷锋移速大于暖锋,冷锋赶上暖锋后,把暖空气抬升到高空,近地面层冷暖锋叠置,冷锋后部冷空气和暖锋前部冷空气之间形成界面，称之为锢囚锋。锢囚锋位于狭窄的槽内。

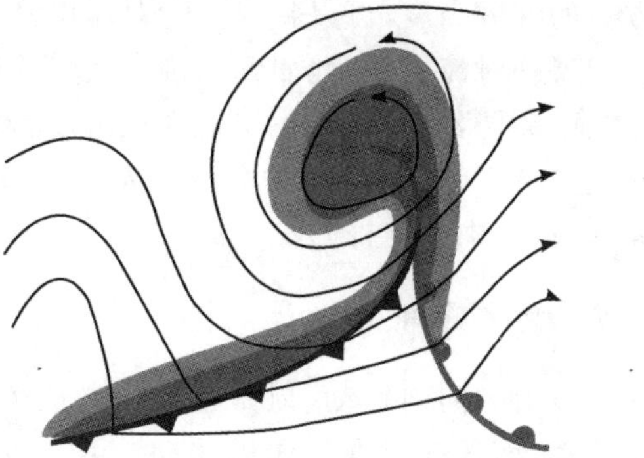

图 11.6　锢囚锋示意图

位于地面锋后的气团可以是相对冷的，也可以是相对较暖的。由此把锢囚锋分为三类：冷式锢囚锋，暖式锢囚锋和中性锢囚锋（[彩]图 11.7）。如果暖锋前的冷气团比冷锋后的冷气团更冷，锢囚锋具有暖锋性质，称为暖式锢囚，反之为冷式锢囚。若暖锋前的冷气团和冷锋后的冷气团温度差别不大，则为中性锢囚。在冷式锢囚锋中，赶上暖锋的气团比暖锋前的冷气团更冷，楔入其他气团的下方。在天气图上锢囚锋是用带有指向移动方向的半圆和三角相间的紫色实线表示。锢囚锋形成于气旋发展过程中，成熟的低压气旋环流中。当锢囚发生时暖空气在气旋中心被抬离地面。

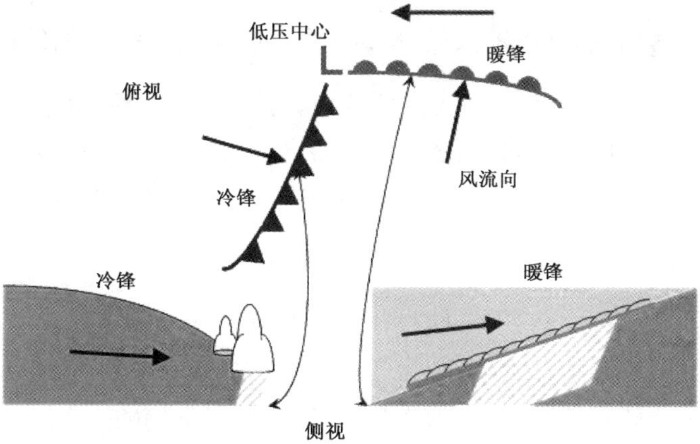

图 11.7　锋面模型图（上半部为平面俯视图，下半部为剖面侧视图）

我国常见因地形阻挡而形成的锢囚锋，或两条冷锋迎面相遇而形成的锢囚锋，如华北地形锢囚锋。

此外，也有一些其他的锋的分类方法。

根据锋在垂直方向的伸展高度，可以将锋分为对流层锋，地面锋和高空锋。对流层锋可以从地面一直伸展到对流层顶，地面锋出现在大气的最底层——摩擦层；而高空锋一般出现在对流层中高层，有时在摩擦层上部也可以看到。

按照锋区中温度水平梯度的大小，可以将锋分为主锋和副锋。主锋也可以根据地理位置分为冰洋锋和极锋(中纬度锋)。

11.2.3 锋的移动以及锋生和锋消

锋面通常是由高空风引导向前移动，但是速度一般低于高空风。其中冷锋和锢囚锋通常是自西向东移动，而暖锋通常是向极移动。由于冷锋后部的空气密度比较大，冷锋和冷式锢囚锋比暖锋和暖式锢囚锋移动得快。山脉地形和暖的水体可以使得锋面的移动减慢，也会使得锋面弯曲变形。

锋生是指密度不连续性形成的一种过程或者是已有的一条锋面其温度水平梯度加大的过程；锋消是指密度不连续性减弱消失或者已有的一条锋面其温度水平梯度减小的过程。

锋生和锋消与大气的水平运动，垂直运动，大气稳定度以及非绝热加热有关。大气中的变形场有利于锋生；稳定大气中，冷锋上山或者下山不利于锋生；而在不稳定大气中，冷锋上山或者下山有锋生作用；一般当冷空气南下或者暖空气北上，由于下垫面的热量输送，不利于锋生；而暖湿空气抬升凝结释放潜热，有利于锋生。

11.2.4 锋与天气的联系(暖锋天气、冷锋天气、准静止锋天气、锢囚锋天气)

锋面是密度不同的两个气团之间的界面，是大气中各种天气现象的主要原因。当有锋面过境时，温度，湿度，风速和风向，气压以及降水类型都会有显著的变化。温带地区大部分天气现象(云和降水)大多发生在或沿着锋面附近，是温带气旋的一部分。

1. 冷锋天气

当冷气团向着暖气团移动，冷暖气团在交界面处相互作用形成冷锋，通常会带来降水。这个分界线比暖锋锋区狭窄，由于冷空气的密度比暖空气的密度大，能迅速取代原先位于锋前的暖空气，其移动速度可以达到暖锋的2倍。

冷锋通常位于一个狭窄的地面槽内，一般是和低压相联系的。冷锋前气压较低，温度较高，湿度比较大，而锋后气压逐步升高，温度逐渐降低，空气也会变得干燥。风向在锋面过境时也会发生转变，由西风或者西南风转为冷锋后的偏北风；锋后较大密度的冷空气楔入较小密度的暖空气下方，暖空气被抬升而降温，当有充足的水汽时，会有云和降水形成，有时可以引致狭窄的阵雨和雷雨带的形成。有时，尽管冷锋对天气不会产生太大的影响，但是当冷锋过境，通常会有很快的强阵风，这表明有冷锋通过。冷锋天气可以持续几小时到数周，取决于下一次的冷锋何时通过。冷锋过境后，气温降低。在我国各地冷锋常见，冬季冷锋最强，可以直取我国华南及南海一带。夏季冷空气势力较弱，冷锋主要在北方活动。

通常在冷锋后会有沿着锋区的狭窄的降水区。这个降水区通常比较强烈，尤其是在春季和夏季，会带来严重的雷暴天气甚至龙卷。在春季，这些冷锋可能会非常强，当气压梯度比较大的时候，会带来很强的大风。

秋冬季节冷锋经常是和寒冷天气相联系的，可以带来数次冷空气过程甚至寒潮。在秋季，冷锋很少会带来强雷暴天气，但是会带来大范围的强暴风雨，有时候会造成洪涝。在冬季冷锋可能会带来强寒冷期和强雪暴。如果水汽条件不充足，冷锋过境时不会发生降水或者降水很少，天空云也比较少。

冷锋天气有两大类，一类锋面移动缓慢，锋面坡度不大(约1/100)，天气一般比较稳定。锋后的冷空气迫使暖空气沿锋面平稳地上升，当暖空气比较稳定，水汽比较充沛时，会形成范围比较广阔的层状云系，云系出现在锋线后面，在锋线附近降水区内还常有层积云、碎雨云形成。降水区一般也在锋后出现，大多是稳定性降水。如果锋前暖空气不稳定时，在地面锋线附近也常出现积雨云和雷阵雨天气。夏季，在我国西北、华北等地，以及冬季在我国南方地区出现的冷锋天气多属这一类型。

另一类冷锋，锋面移动速度快、坡度大(1/40～1/80)。锋后冷空气移动速度远较暖气团为快，它冲击暖气团并迫使暖气团中产生强烈上升运动。夏季，地面锋线附近，一般会产生强烈发展的积雨云，出现雷暴、甚至冰雹、飑线等对流性不稳定天气。高层锋面上，往往没有云形成。云系呈现出沿着锋线排列的狭长的积状云带，好似一道宽度约有十千米，高达十多千米的云堤。在地面锋线前方也常常出现高层云、高积云、积云。冷锋过境时，往往乌云翻滚，狂风大作，电闪雷鸣，大雨倾盆，气象要素发生剧变。这种天气历时短暂，锋线过后，天空豁然晴朗。

在冬季，由于暖气团湿度较小，气温低，不可能发展成强烈不稳定天气，只在锋线前方出现卷云、卷层云、高层云、雨层云等云系。当水汽充足时，地面锋线附近可能有很厚、很低的云层，和宽度不大的连续性降水。地面锋过境后，云层很快消失，风速增大，并常出现大风。在干旱的季节，空气湿度小，地面干燥、裸露，还会有沙暴天气。这种冷锋天气多出现在我国北方的冬、春季节。

2. 暖锋天气

暖锋是性质均匀的暖气团的前沿，有较为宽广的低压槽区。当暖气团与冷空气相遇，由于暖而轻，沿着界面上滑。减弱的冷空气被暖空气取代，暖锋锋区一般比冷锋的宽，坡度小于冷锋的坡度，由于冷空气的密度大，比较难于将它抬离地面，因此暖锋的移动速度大约是冷锋移动速度的一半。

在暖锋中，暖空气是系统中更为活跃的部分。暖锋过境后温度会普遍升高。暖锋前的云系大多数是层云，当暖锋临近，首先形成并出现的云是高处的卷云，卷云加厚变为卷层云和高层云。当云层变厚，离地面 2500 m 高的时候，厚重的雨云中就会开始降水发生。暖锋降水主要发生在雨层云内，是连续性降水，降水宽度随锋面坡度大小而有变化，一般约 300～400 km。暖锋云系有时因为空气湿度和垂直速度分布不均匀而造成不连续，可能出现几十千米，甚至几百千米的无云空隙。

雾也是暖锋临近时的常见现象。当暖锋过境后，天气会迅速转晴并变暖。如果暖气团是不稳定的，锋前的层云中也会有雷暴云出现，暖锋过境后，也会有雷阵雨出现。暖锋前方通常有层云降水和雾。一般锋面过境后天气会迅速转晴，有些锋面尽管会有一定的风的转变，但不会产生降水，云也很少。

如果气团是相对稳定的，降水将会增加，直到锋面过境，此时云层会一直伸展到地面，成为雾。锋面过境后，会迅速转暖变晴。如果气团是不稳定的，锋前会出现雷暴。暖锋的坡度很小，约为 1/150。暖空气一般含有比较多的水汽，主动上升前进，在冷气团之上慢慢地向上滑升可以达到很高的高度，暖空气在上升过程中绝热冷却，达到凝结高度后，在锋面上便产生云系。当暖空气滑升的高度足够高，水汽又比较充沛时，暖锋上常常出现广阔的、系统的层状云系。云系序列为：卷云，卷层云，高层云，雨层云。云层的厚度视暖空气上升的高度而异，一般情况下可达几千米，厚者可达对流层顶，而且愈接近地面锋线云层愈厚。

暖锋下的冷气团中，空气比较潮湿，在气流辐合作用和湍流作用下，常产生层积云和积云。如果从锋上暖空气中降下的雨滴在冷气团内发生蒸发，使冷气团中水汽含量增多，达到饱和时，会产生碎积云和碎层云。如果这种饱和凝结现象出现在锋线附近的地面层时，将形成锋面雾。以上是暖锋天气的一般情况，但是在夏季暖空气不稳定时，也可能出现积雨云、雷雨等阵性降水。在春季暖气团中水汽含量很少时，则仅仅出现一些高云，很少有降水。

明显的暖锋在我国出现得较少，大多伴随着气旋出现。春秋季一般出现在江淮流域和东北地区，夏季多出现在黄河流域。暖锋在我国很少单独出现，往往和冷锋连接在一起相伴出现。常活动在我国东北和长江中下游一带。

3. 准静止锋天气

准静止锋是很少移动或者移动缓慢的两个气团之间的交界面，它两侧的冷暖气团往往形成"对峙"状态，暖气团前进，为冷气团所阻，暖气团被迫沿锋面上滑，情况与暖锋类似，出现的云系与暖锋云系大致相同。他们趋向于在原地维持一段时间，通常在重新发展为波动后移动。通常在交界面后部具有宽阔的温度梯度带。

在静止锋附近天气多变，通常会有云和持续的降水。在我国，静止锋大多是由冷锋变化而来。有的是由于地形阻挡形成(天山，昆明静止锋)，有的是由于冷空气势力减弱，暖气团增强而形成的(华南静止锋)，还有当低压槽内有锋生时，由于冷暖气团势力相当而形成，如江淮地区准静止锋。

由于准静止锋的坡度比暖锋还小，沿锋面上滑的暖空气可以伸展到距离锋线很远的地方，所以云区和降水区比暖锋更为宽广。但是降水强度小，持续时间长，可能造成“霞雨霏霏、连日不开”的连阴雨天气。准静止锋天气一般分为两类：

一类是云系发展在锋上，有明显的降水。例如，我国华南准静止锋，大多是由于冷锋减弱演变而成，天气和第一型冷锋相似，锋面坡度更小，云区、降水区更为宽广，其降水区并不限于锋线地区，可延伸到锋面后很大的范围内，降水强度比较小，为连续性降水

由于准静止锋移动缓慢，并常常来回摆动，使阴雨天气持续时间长达 10 天至半个月，甚至一个月以上，“清明时节雨纷纷”就是江南地区这种天气的写照。直至该准静止锋转为冷锋或暖锋移出该地区或锋消失以后，天气才能转晴。初夏时，如果暖气团湿度增大，低层升温，气层可能呈现不稳定状态，锋上也可能形成积雨云和雷阵雨天气。

另一类是主要云系发展在锋下，并无明显降水的准静止锋，例如昆明准静止锋，它是南下冷空气为山所阻而呈静止状态，锋上暖空气干燥而且滑升缓慢，产生不了大规模云系和降水，而锋下的冷空气沿山坡滑升和湍流混合作用，在锋下可形成不太厚的雨层云，并常伴有连续性降水。

静止锋一般在几天后消失或者转为切变线，也有可能在高空条件变化后转化为冷锋或暖锋。

4. 锢囚锋天气

沿着锢囚锋可以看到多变的天气，可能会有雷暴。其云系往往是两条锋面的云系合并而成，天气最恶劣的地区和降水一般是位于锢囚点附近。

锋面是显著的天气产生的原因。锋面分析在中纬度天气分析和预报中是一项重要的内容。

主要参考文献

阿·谢·兹维列夫. 1980. 天气学(上册). 张杏珍，刘从正，宋日晨，张风亭，译. 北京：高等教育出版社.

库尼兹. 1957. 天气学. 唐胜耕，李琼芝，张杏珍，译. 北京：科学出版社.

伍荣生. 1999. 现代天气学原理. 北京：高等教育出版社.

张元箴. 1992. 天气学教程. 北京：气象出版社.

朱乾根，林锦瑞，寿绍文，唐东昇. 2007. 天气学原理和方法(4 版). 北京：气象出版社.

David Roth. Unified Surface Analysis Manual. Hydrometeorological Prediction Center.

Dusan D. 1994. Weather Analysis. Ptentice-Hall. Inc.

David M. Schultz. Perspectives on Fred Sanders's Research on Cold Fronts. 2003. revised. 2004. 2006. p. 5.

ESSA. Prospectus for an NMC Digital Facsimile Incoder Mapping Program.

Glossary of Meteorology. American Meteorological Society. http://amsglossary. allenpress. com/glossary/search? p=1&query=shear+line.

http://en. wikipedia. org/wiki/Weather_front.

http://www. hpc. ncep. noaa. gov/sfc/UASfcManualVersion1. pdf.

http://www. ofcm. gov/slso/pdf/slsochp2. pdf.

Office of the Federal Coordinator for Meteorology. "Chapter 2: Definitions".

University of Illinois Department of Atmospheric Sciences. http://ww2010. atmos. uiuc. edu/(Gl)/guides/mtr/af/frnts/ofdef. rxml.

思考题

1. 什么是气团？什么是气团变性？气团形成的条件是什么？
2. 按照热力学分类，气团分为哪几类？按照稳定性又可如何分类？
3. 什么是锋面？根据锋的结构如何分类？根据锋的移动如何分类？
4. 什么是冷锋，暖锋，准静止锋和锢囚锋？
5. 锋生和锋消的概念是什么？与哪些因素有关？

第 12 章　天气预报的基本方法和技术

我们在观看电视台天气预报节目的时候，看着节目主持人三言两语就把未来两天的天气娓娓道出，显得轻松自如。其实，这短短几分钟的节目，凝聚了我国数万气象工作者、甚至包括全球气象工作者的劳动和心血。天气预报是根据大气科学的基本理论和技术对某一地区未来的天气作出分析和预测。这是大气科学为国民经济建设和人民生活服务的重要手段，准确及时的天气预报对于经济建设、国防建设，保障人民生命财产安全等方面有极大的社会和经济效益。

1. 天气预报技术的发展

天气预报的发展与进步始终以人类社会的需求为动力。

自古以来，人类就对天气现象和物候进行观测，并在此基础上总结出诸如“朝霞不出门，晚霞行千里”等之类的大量天气谚语，人们据此开始制作纯经验性的天气预报。

随着科学技术的进步，从 16 世纪末到 20 世纪初逐渐出现了利用气象仪器进行地面观测。如 1597 年伽利略(Galileo)发明了空气温度表，1643 年托里拆利(E. Torricelli)发明气压表，1667 年胡克(R. Hooker)制成压板式风速器等。1820 年，德国气象学家布兰德斯(H. W. Brandes)以通信方式收集了 1783 年 3 月 6 日欧洲 39 个地面观测站资料(包括天气、气压、温度、风等)，在莱比锡把它们一一填在地图上，用德国洪堡(A. Humbold)画等温线的方法(1817)绘制等压线，成为现代天气图的雏形，即世界上第一张天气图诞生。

1885 年，法国巴黎天文台台长，发现海王星的著名天文学家勒费里埃利用天气图追索克里米亚战争时出现的风暴(1854 年 11 月 12—16 日)，并在学术会议上宣布“若组织观测网，迅速将观测资料集中一地，分析绘制天气图，便可推知未来风暴的行径”。此后，气象台站和气象观测网开始建立，初步形成了地面气象观测体系，即天气学萌生。荷兰于 1860 年开始正式发布天气预报，成为近代天气预报发展的标志。

20 世纪 20 年代至 60 年代初，大气探测由地面观测发展到高空探测阶段，实现了对大气的三维探测，出现了高空天气图。罗斯贝(C.-G. Rossby)揭示出行星波并提出著名的大气长波理论，不但为后来出现的大气环流数值模拟和数值天气预报开辟了道路，而且使地面图与高空图成为当时的重要预报工具，天气预报的水平达到了新的高度。

以 1960 年 4 月 1 日第一颗气象卫星(美国泰罗斯 1 号)发射成功为主要标志,大气探测进入了遥感、遥测阶段。这不但促进了中尺度气象学、卫星气象学、雷达气象学等学科的发展,也为数值预报的发展提供了条件。

天气预报虽不能阻止某种天气现象的发生,但正确的天气预报却可使人们避害趋利,减少灾害性天气造成的损失。由于人们的生活与生产活动的需要,天气预报就成为一项重要的科学活动。早在 19 世纪初期,就已有天气观测和预报的组织和活动。到目前为止,它已经历了百余年的发展历程。按其发展的不同时期的不同特点,天气预报可分为以下几个主要阶段:

(1)单站预报方法阶段

在电报发明之前,各处的观测资料不能及时传送,因而不能及时了解天气现象和天气系统在空间上的分布特点,只能利用当地单站的天气资料及其变化进行预报。单站的资料不能全面地反映出平面或空间的天气状况的分布及其变化,预报的准确率不高,这就促使人们希望进一步了解天气在空间上的变化规律,并设法利用其规律来改进预报的准确率。但是,即便在当今天气预报技术非常先进的时代,由于天气现象与局地的环境具有非常密切的关系,单站天气预报方法(预报经验)仍是不可忽视的,是现代天气预报的组成部分。

(2)地面天气图阶段

自从电报发明之后,各地的资料可以进行及时的传输,这就为进行二维天气图分析与预报提供了条件。事实上,早在电报发明之前,在 1854 年 11 月时任法国巴黎天文台台长勒费里埃,就曾利用西欧与中欧稀少的同期多天的气压和风的资料,第一次绘制了供事后研究用的天气图,他利用这些图讨论了克里米亚战争的天气形势。1857 年,白贝罗(Buys-Ballot)就利用这些天气图给出了风与气压场的关系,这就是具有重要科学意义的白贝罗定理。

这一阶段工作,主要是根据地面天气图上天气系统的变化来外推法来预报天气。一般认为低压系统往往带来坏天气。1887 年,Abercromby 总结自 1860—1880 年的天气图预报的经验,提出了气旋的天气图模式。他指出,当气旋来临之前,天气良好,随着气旋的接近,天空逐渐变得灰濛濛,而且很闷热,天空从卷层云逐渐变为层积云,云量增多,最后变为阴天与混乱天空,然后出现零星阵雨,毛毛雨,再后来,出现飑线与阵雨。当气旋过后天气转凉爽,云层变高变薄最后出现蓝天。但这种模型与实际情况有较大的出入,利用它所作的预报并不是经常有效的,这又促进了以后进一步完善天气学的模型与预报方法。

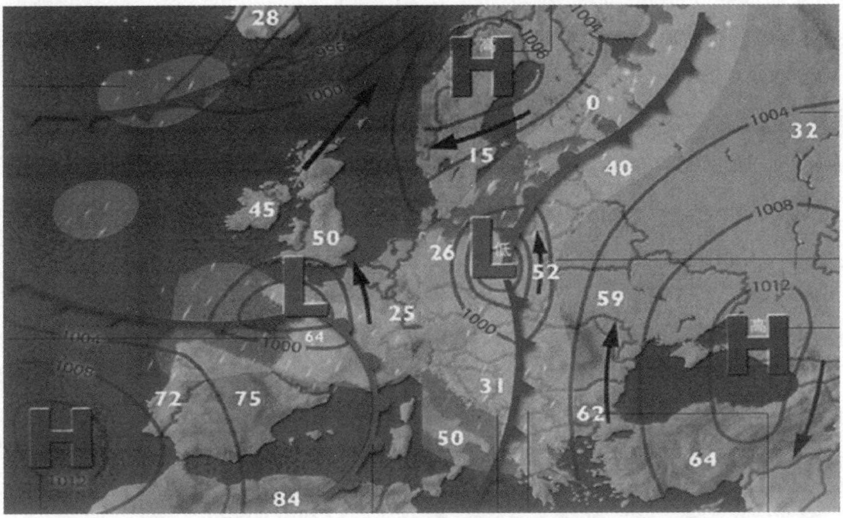

[彩]图 12.1　早期绘制的天气图(ECMWF 资料)

(3)单站与天气图预报方法结合阶段——挪威学派的建立

大约在 1906 年以后，V. Bjerknes 会同其他科学家，开始系统地研究了分析大气状态与运动的理论和方法。研究结果反映在他们的《动力气象学和水文学》、《静力学与运动学》两部巨著之中。在 1918—1928 年这一段时期内，V. Bjerknes 与 J. Bjerknes，Solberg，Bergeron 等，在挪威卑尔根(Bergen)市开始利用这些理论与方法，对实际天气资料与天气图进行了分析，首先发现了大气中的不连续面，称之为锋面。随后，他们又将低压中的冷锋和暖锋结合起来，创立了近代锋面—气旋模式。在这一模式中，冷暖锋交汇于气旋中心，冷锋后面与暖锋前面各有大片雨区，这一锋面气旋与降水的模型一直被沿用至今。利用气团与锋面的概念，并把它作为天气分析和预报的主要着眼点，是卑尔根(Bergen)学派(也称挪威学派)标志性的成果，它对近代天气学的发展起到了重要的作用。

人们在实践中也逐渐认识到只根据地面的天气状况来作预报是远远不够的，必须设法进一步了解高空的大气状况，来提高预报的准确度，这就使天气学从二维的平面向三维发展。

(4)高空天气图的引入与波动理论的建立阶段

由于无线电探空技术的发展，使得人们对高空气象的状况有了进一步的了解。在 1933 年前后，已有足够多的高空观测资料，可以用来分析高空天气图。英、美等国先后开始分析高空等高面天气图，到了 1945 年，由联合气象委员会决定统一采用高空等压面来绘制与分析高空形势图(图 12.2)。从此以后，天气学进入了一个新的发展阶段。

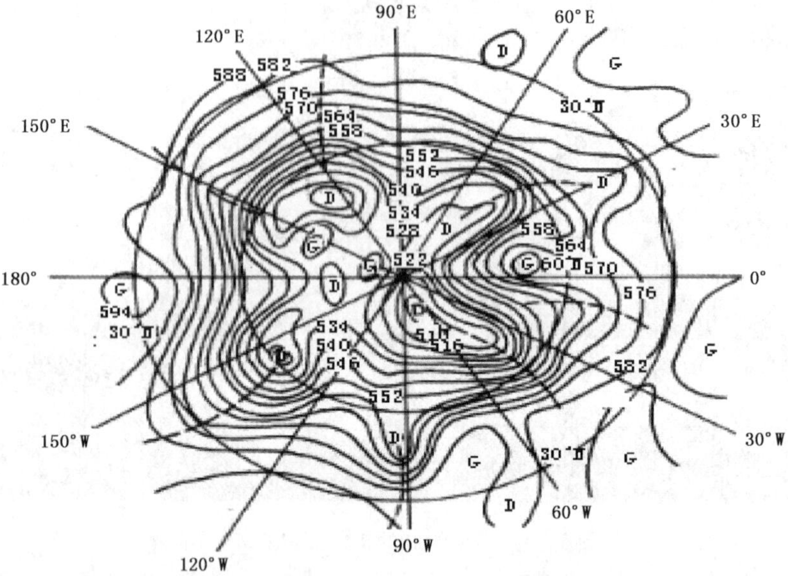

图 12.2　北半球 500 hPa 高度场(朱乾根等,2000)
(实线,单位:10 gpm;断线为槽线,整个半球有 7 个槽)

1939 年,罗斯贝根据大量的天气图的资料,分析了大气中的半永久活动中心与高空波动的关系,指出气旋或反气旋是在高空波动的特定位置下发展起来的,并对高空波动的移动作了理论分析,指出,由于旋转大气中的 Beta 作用,使大气波动具有特殊的性质,这种波动的移动、静止与天气过程有密切关系,这种波动后来称之为罗斯贝波,由此天气学就与动力学紧密结合起来。在此后一段较长时期内,除了应用长波理论来指导天气预报外,还用它来预测地面气旋的发生与发展。这是近代天气学发展的一个重要阶段。这一阶段的主要特点,是把天气学与大气动力学密切地结合起来,为近代天气学的发展奠定了基础。而近年来提出的位势涡度的气旋发展理论,是这些理论的进一步延深,它已成为当前诊断天气系统发展的一种前沿理论。

(5)开展数值天气预报的研究与应用阶段

随着计算机的发展,使得利用表征大气动量守恒、质量守恒和热量守恒的偏微分方程组(控制大气运动的 6 个方程)来定量预报大气要素(6 个要素)与状况成为可能,同时也使天气学与动力气象学更加紧密地结合起来成为可能。自从 1950 年,利用计算机制作第一张天气预报图后,经过数十年的努力,数值天气预报的方法已成为日常天气预报的一种不可缺少的重要工具。随着大气科学和计算机技术的迅猛发展,目前,不仅能制作大尺度业务数值天气预报,而且还可以制作中小尺度的业务数值天气预报。

$$\frac{\mathrm{d}u}{\mathrm{d}t} - fv = -\frac{\partial \varphi}{\partial x} \tag{12.1}$$

$$\frac{\mathrm{d}v}{\mathrm{d}t} + fu = -\frac{\partial \varphi}{\partial y} \tag{12.2}$$

$$\frac{\partial \varphi}{\partial p} = -\frac{1}{\rho} \tag{12.3}$$

$$\frac{\partial u}{\partial x} + \frac{\partial v}{\partial y} + \frac{\partial \omega}{\partial p} = 0 \tag{12.4}$$

$$p = \rho RT \tag{12.5}$$

$$\frac{\partial T}{\partial x} + \vec{V} \cdot \nabla_p T - (\Gamma_d - \Gamma)\omega = \frac{\dot{Q}}{c_p} \tag{12.6}$$

另外，可以利用数值预报输出大量的物理量场，来进行诊断分析(图 12.3)。有关数值天气预报的具体内容，将在数值预报一书中加以详细的讨论，此处不予介绍。但要指出，利用数值预报的产品，结合单站的天气资料，进行统计分析，并做出单站的天气预报，是天气预报方法中的最普遍的一种方法，通常称之为模式输出统计方法(MOS)，这些方法对于提高天气预报准确率是有很好的作用的。数值预报产品的释用是当前天气预报中的一种重要而有效的方法。

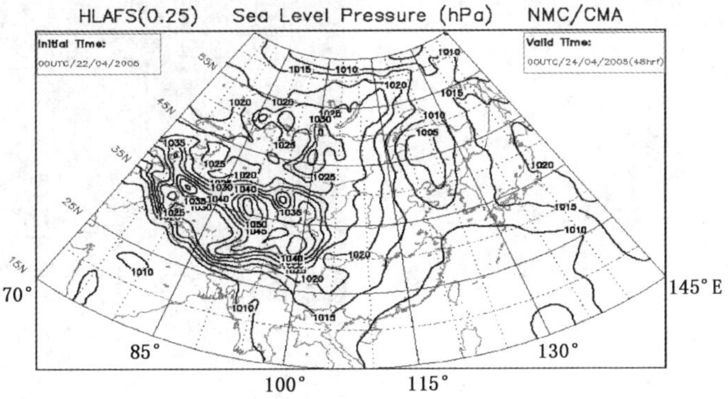

图 12.3　数值预报产品(国家气象中心)

(6)数值预报与卫星、雷达等先进探测技术综合应用阶段

1960 年美国首先发射了第一颗气象卫星，至今已近 50 年，在此期间，除美国外中国(FY 系列)、欧盟、俄罗斯、日本等国家先后发射了 40 余颗业务气象卫星，目前，已进入第五代的气象卫星时代。卫星的探测技术在各个领域都有非常广泛的应用，例如，在全球变化的研究中，可以监测植被的覆盖情况、地壳构造的变化、地形下沉、火山喷发、海洋环流异常与厄尔尼诺事件等，也可以监测大气中的臭氧，以及大气环境的变化。对天气预报来说，卫星资料更有广泛而直接的应用。由于全球表面差不

多70%以上为海洋,而在海洋上几乎没有日常观测资料,在这些地区只有通过卫星的监测,才能得到海洋以及资料稀少地区的气象信息。由于近年来卫星反演技术的发展,从卫星资料中可以发掘许多对天气预报有用的信息。卫星资料的反演与同化,同时也大大地改进了数值预报的初始场,使数值预报的准确率有了显著的提高。而卫星资料对于海洋上台风中心的定位,台风的移动,对流云团与暴雨的监测,已起到了不可缺少的作用。

二次大战之后,用于军事的雷达经改造后开始用于气象探测,1960年,第一次使用了脉冲多普勒雷达。利用它可以很好地监测雷暴、降水等系统的结构,并结合卫星,可很好了解这些系统的移动、发生、发展及其演变,因而可在较短时间内作出灾害性天气的预报。由于高科技的进步,卫星、雷达和自动监测站的进一步的应用([彩]图12.4),天气预报的方法已有了很大的变化,甚至于在概念上也发生了改变。例如,近年来提出的临近预报(nowcasting)和短时预报,就是利用新一代多普勒气象雷达这种先进的观测手段和通讯工具,以及各种统计方法,做出及时的短期内(例如0～6 h内)发生灾害性天气的预报。这种临近预报同常规的天气预报方法即主要依靠常规天气资料与天气图作出未来24小时以上的预报是有很大的不同的。

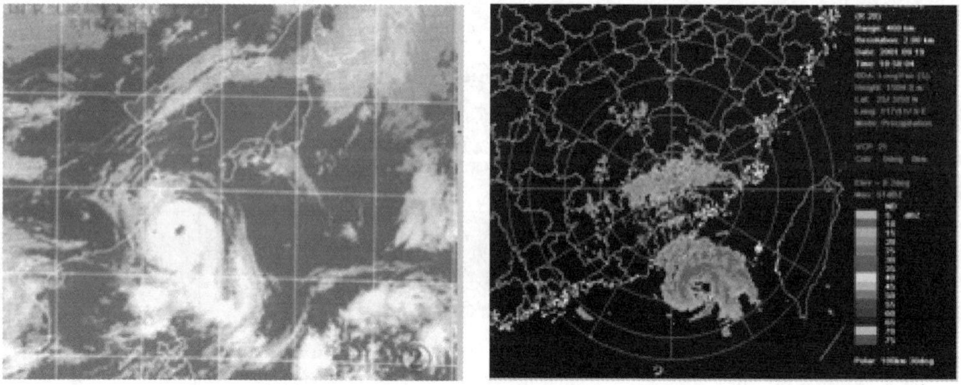

图12.4 卫星云图与雷达回波图(国家气象中心)

从以上的天气预报发展简史,可以看出由于探测手段的发展,对天气现象、天气系统和天气过程的认识逐步深入,特别是近年来卫星、雷达与其他新的探测技术的发展,发现了许多新的观测事实,这不仅为天气预报而且为大气科学提出了许多新问题。所以,对于观测资料的收集与分析,是大气科学的最重要的基础工作。大型超级并行计算机在气象领域的使用,使得海量大气数据及时处理和开展各类复杂的数值天气预报变成了可能。现代探测技术、信息技术和大气科学理论相结合是现代天气预报的发展方向,目前我国已初步建立以数值预报为基础、人机交互信息加工处理系统为平台、综合应用多种预报技术方法的天气预报业务技术体系和以天气业务为基础的专业气象业务。

2. 现代天气预报的重要理论

深入进行大气科学理论研究是揭示大气运动物理机制和天气变化规律，发展现代天气预报技术方法的基础。随着大气探测技术的发展，采集到的大气信息日益丰富，直接促进了大气科学理论研究的进展，而理论研究的成果则又是天气预报技术发展的基础。对现代天气预报产生过重要影响的经典大气科学理论：温带气旋发生发展理论、大气长波理论和准地转运动理论。

(1)温带气旋发生发展理论

1920 年前后，V. 皮叶克尼斯(V. Bjerknes)等在研究了大量地面天气图基础上，把风场、温度场结合起来，提出了气团、锋面、气旋概念和学说以及斜压概念和环流理论(图 12.5)，形成了气象界第一个学派——挪威学派(也称卑尔根学派)，为近代天气预报奠定了理论基础。根据这一理论，明确提出了天气预报的两个主要步骤：利用天气图预报气团、锋面和气旋的未来位置；根据预报的天气形势，预报未来的天气。这种传统的预报思路和方法一直沿用至今。

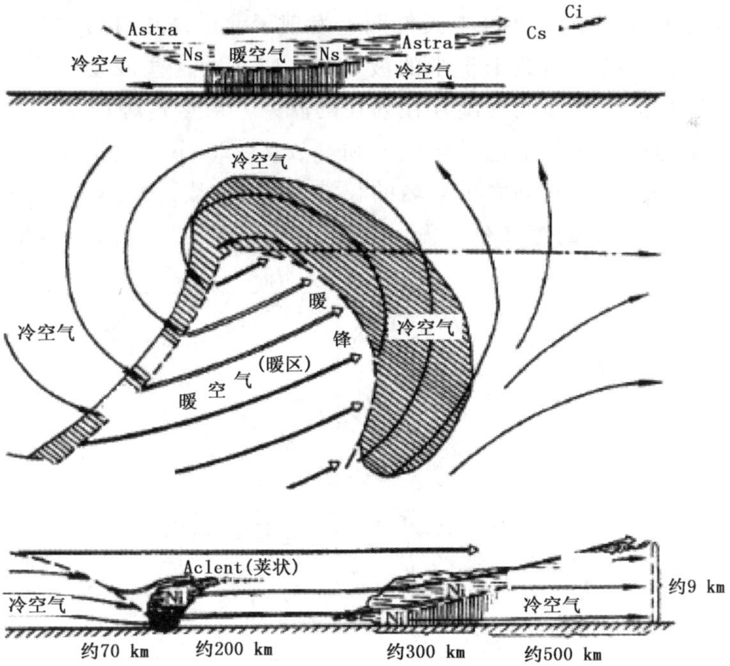

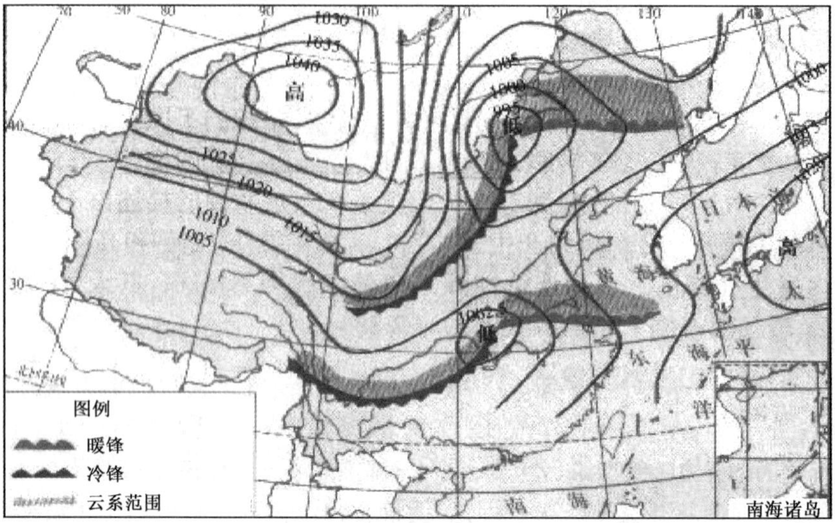

图 12.5 锋面气旋天气模型

(2)大气长波理论

1936 年，罗斯贝等首先在高空天气图上发现了北半球中纬度高空在自西向东的绕极环流之上，叠加有长达数千千米的波动(图 12.6)，这些波动除有自身的结构和运动规律外，还与低空的锋面气旋存在内在的联系。对于这种现象，罗斯贝提出了位势涡度概念，从理论上证明了这是科里奥利参数 $f=2\Omega\sin\varphi$ 随纬度变化，即 β 效应引起的一种涡旋性波动，从而创立了著名的长波(即行星波)理论，并于 40 年代初形成以长波理论为主要特征的芝加哥学派。这是大气科学历史上的一个重大发现，由此

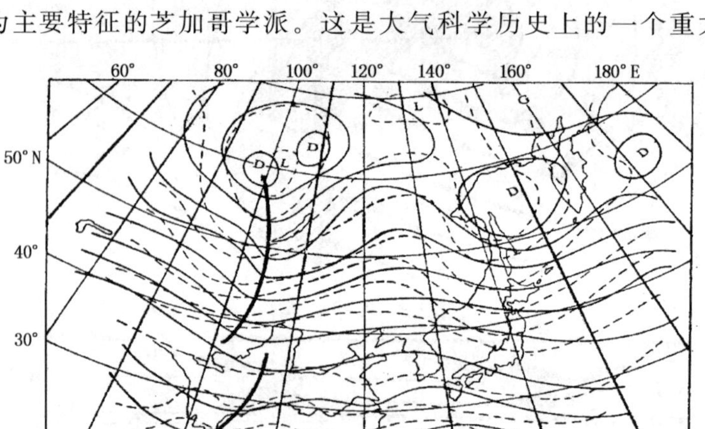

图 12.6 中高纬度西风带上的大气波动

引起一系列的理论研究，相继提出了大气运动的地转适应理论（Rossby，1938）；行星波的斜压不稳定理论（Charney，1947）、能量频散理论（Rossby，叶笃正，1949）和正压不稳定理论（郭晓岚，1949），以及大气运动的尺度分析理论（Charney，1949）等。

这些研究，使理论气象学，即动力气象学逐渐形成并迅速发展。其主要特点是应用了热力学和流体力学的概念和原理，用数学的语言系统地说明关于大气热力和动力过程的基本规律。动力气象学的建立和发展，虽远未使大气科学达到"完善"的地步，但为定量研究大气运动，为数值模拟和数值天气预报的发展奠定了可靠的理论基础。采用从动力气象学推论出的预报方程，进行定性应用，则使天气预报从纯经验外推走向理论指导下的物理分析。

（3）准地转运动理论

准地转理论（quasi-geostrophic theory）是近代动力气象学和天气预报的基础。中纬度大气的许多基本结构都可以使用准地转理论加以描述，因此它是中纬度天气学，或者说是中纬度地区天气预报的主要理论依据。从某种角度讲，常规方法的天气预报就是这一理论的定性应用。1948年，查尼（Charney）首先从尺度分析法出发，将准地转假定引入动力学方程组，初步建立了中纬度大尺度运动的准地转理论，为1950年利用相当正压模式成功地做出第一次数值预报奠定了理论基础。要理解中纬度大尺度准地转运动理论的概念和意义，首先必须了解准地转运动理论是通过什么方式得到的，为什么大气大尺度运动会有准地转的性质，它的物理原因是什么，当地转平衡被破坏后，什么样的物理机制使其重新恢复到地转平衡等。准地转运动理论涉及地转近似形成的物理原因，准地转运动与次级环流的关系，地转适应理论，准地转运动的定义等。以准地转理论为基础推导出的涡度方程（1.27）、ω方程、位势倾向方程，以及高空、地面预报方程是近代天气分析预报的理论基础。

$$\frac{\partial \zeta}{\partial t}=-\left(u\frac{\partial \zeta}{\partial x}+v\frac{\partial \zeta}{\partial y}\right)-\left(u\frac{\partial f}{\partial x}+v\frac{\partial f}{\partial y}\right)-\omega\frac{\partial \zeta}{\partial p}+\left(\frac{\partial \omega}{\partial y}\frac{\partial u}{\partial p}-\frac{\partial \omega}{\partial x}\frac{\partial v}{\partial p}\right)-(f+\zeta)\left(\frac{\partial u}{\partial x}+\frac{\partial v}{\partial y}\right) \tag{12.7}$$

12.1　天气预报的基本概念

现代天气预报涉及大气动力学、大气热力学、气象统计学等专业基础课和天气学、数值天气预报、卫星气象学、雷达气象学等专业课。天气学（synoptic meteorology）是大气科学中的一个主要分支，是分析和研究天气现象，天气系统发生、演变规律及其预报原理和方法的学科。现代天气学应用数学、物理等基本理论和方法来研究大气运动的基本特征和规律。现代天气预报已广泛应用了天气图、卫星云图、雷达图像等，并广泛应用计算机进行数值计算、图像处理等现代技术手段进行综合天气分析和预报。

12.1.1 天气、天气系统、天气过程的含义

(1)天气，是指某一瞬间或一定时段内，某一地区各种天气要素(如压、温、湿、云、降水等)所综合体现的大气状态。例如，常规天气预报，今天白天到夜里南京地区，阴有时有小雨，东北风 3～4 级，今天最高温度 30℃，最低温度 26℃。有时也把对人类有影响的天气状态作为天气来描述，如阴、晴、冷、暖、干、湿等，但不够严密。

(2)天气系统，一般是指在气压、风、温度等主要气象要素的空间分布上具有一定结构特征的大气运动系统。它们往往是大气中天气变化和分布的独立系统。例如高压、低压、锋面、高空槽、台风等等。天气系统是在三度空间内发生和演变的，需要用多种合作因素、资料来披露和表达。

(3)天气过程，是指天气或天气系统的发生、发展、消失及其演变的全部历程。它包含时间和空间演变。如寒潮过程、梅雨过程、台风过程。

12.1.2 天气预报分类

按天气业务预报时效划分，可以分为天气及其引发的灾害的监测、临近预报(0～3 h)、短时天气预报(3～12 h)、短期天气预报(1～3 d)、中期天气预报(4～10 d)和延伸期天气预报(11～30 d)，长期天气预报(短期气候预测)(30 d 以上)其中延伸期预报尚未真正形成业务。

按天气业务发展的阶段划分，可以将天气业务划分为两个阶段：传统天气预报和现代天气预报，进入现代天气预报业务的标志是数值天气分析预报产品在天气预报中的广泛应用并成为天气预报的基础。传统天气预报开始于 19 世纪中叶，现代天气预报在发达国家大约开始于 20 世纪 70 年代末 80 年代初，我国则开始于 20 世纪 90 年代初。

按天气业务预报对象划分，可以分为天气形势预报、气象要素预报、天气引发的气象灾害预报。

12.1.3 天气预报步骤

1.气象资料收集

气象站观测的数据是天气预报的基础，气象站越多，预报越准确。为此，全世界建立了成千上万个气象站，配置了各种天气雷达，并在太空布设了多颗气象卫星，组成全球大气监测网。这个监测网每天在规定的时间里同时进行观测，从地面到高空，从陆地到海洋，全方位、多层次地观测大气变化，并将观测数据迅速汇集到各国国家

气象中心,然后转发世界各地。气象台的计算机将收集到的数据进行处理和运算,得到天气图、数值预报图等,为预报员提供预报依据(图 12.7)。

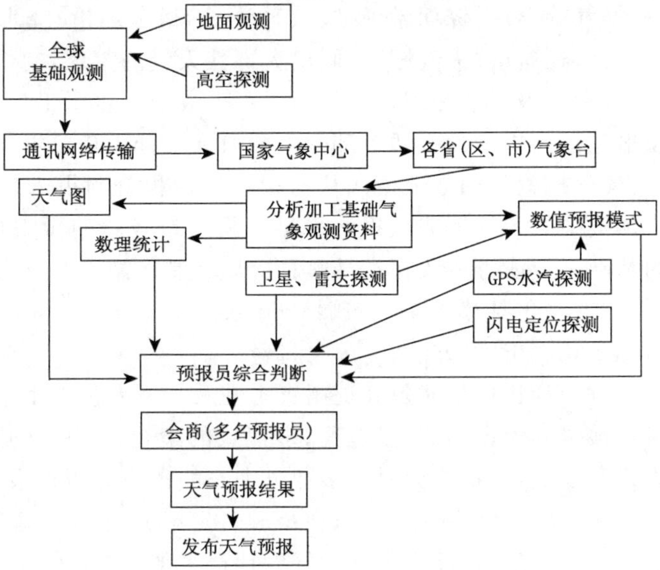

图 12.7　天气预报制作流程

2. 气象资料分析和预报

气象资料分析处理常用的有两种。一种是传统的填绘天气图,就是将同一时刻同一层次的气象数据填绘在一张特制的图上,该图称为天气图。经过对天气图上的各种气象要素进行分析,预报员就可以了解当前天气系统(台风、锋等)的分布和结构,按照大气动力学原理和天气预报的经验判断天气系统与具体天气(雨、风、雾等)的联系及其未来演变情况,从而做出各地的天气预报。另一种是为数值预报模式的初始场和物理量场提供科学可靠大气资料数据,模式运行后的产品即为特定区域和时段的天气形势预报和气象要素预报。

3. 通过各类媒体对社会发布天气预报,提供公益服务、专业服务和决策服务

12.2　短期天气预报方法与技术

目前短期和短、临天气预报业务所涉及天气预报方法主要有:天气图预报方法,数值预报方法,卫星、雷达资料应用以及数值预报产品释用等。天气分析涉及的面很广,主要有天气图分析、天气雷达资料分析、卫星资料分析、风廓线分析、GPS/MET 资料分析、闪电资料分析等。随着我国气象探测系统的发展,新资料不断涌现,分析

和应用多种资料是提高灾害性天气监测率和预报准确率的必由之路。

天气图及其辅助图表是天气分析和预报的重要工具，预报员应用天气图方法制作预报时，需要根据气旋学说、锋面学说、长波理论、不稳定理论、降水学说等天气学知识和各种分析工具，在这些“天气图”上画出灾害性天气的落区，制作灾害性天气预报，因此天气图分析和预报仍然是现代天气业务不可或缺的重要工具。

数值天气预报包括分析和预报两个部分。数值天气分析是要得到一个接近真实的初始场，数值天气预报就是用数值模式从初始场开始积分预报未来的天气形势和气象要素。数值预报中的天气形势预报水平早已超过有经验的预报员的水平，因而成为天气业务的基础。数值分析预报产品解释应用是制作站点和格点气象要素预报的重要方法，使用的方法包括模式输出统计（model output statistic, MOS）、完全预报法（perfect prognosis, PP）等方法。

集合预报业务对于延长预报时效和提高灾害性天气概率预报水平已经并将发挥重要的作用。集合预报分为多初值、多过程、多模式的集合，各国预报业务中心用得最多的是多初值集合预报，预报员面对许多业务中心的数值分析预报产品，根据多年使用的经验进行主观集成，制作预报产品；在检验各家模式优劣的基础上，发展客观定量的集合预报方法，一定会提高灾害性天气的预报水平。

数值预报对灾害性天气的预报准确率和时空分辨率不高，因此短时临近天气预报业务近年来得到发展。目前短时临近预报主要是利用天气雷达、气象卫星、自动气象站、闪电定位等实况资料对灾害性天气进行识别，然后根据过去位置的变化规律进行外推预报。由于短时临近预报的准确率和时空分辨率高，因此在气象防灾减灾中具有特殊的重要作用。

12.2.1 天气图预报方法

所谓天气图就是标有同一时间、不同地点天气现象和气象要素的地图（图12.8）。天气图分地面、高空两大类（[彩]图 12.9）。从天气图上可一目了然地看到天气系统和天气的分布，知道冷空气、暖空气在哪里，哪里刮风下雨、哪里天气晴好。连续分析不同时刻天气图，就知道天气系统的移向移速，从而判断本地未来受什么天气系统影响，会出现什么天气。

天气图预报方法已有 100 多年历史，自从有电报后，各地同时间观测的气象资料能及时集中到各国的气象中心，分析出天气图。从天气图上看到一个个高、低压系统在移动着，这类天气系统在移动过程中给各地带来了天气变化。从天气图上分析出天气系统，预报它们在未来的移动和强度变化（包括生成和消亡），就能推论各地区未来天气的变化，这就是天气图预报方法的主要依据。我们分析各种天气图或其他辅助图表，目的就在于及时分析出引起各地天气变化的天气系统。

地面图常用符号

名称	印刷符号（单色）	分析符号
冷锋		蓝色实线
暖锋		红色实线
静止锋		蓝，红色实线
锢囚锋		紫色实线
热带辐合带		棕色实线
低压中心	D（汉）L（英）	红色 D（汉）L（英）
高压中心	G（汉）H（英）	蓝色 G（汉）H（英）
台风中心	6	红色 6

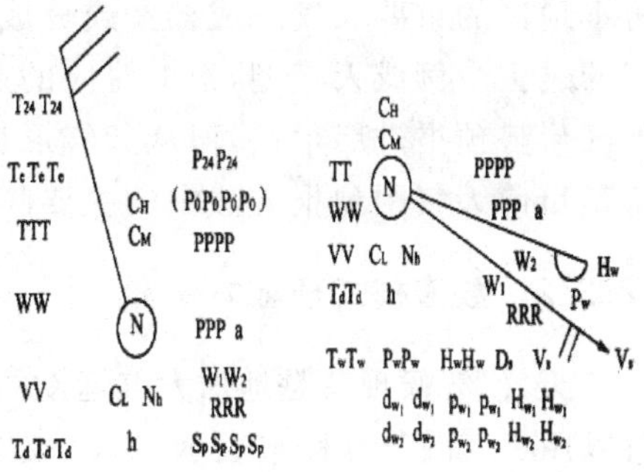

图 12.8　天气图上填写的天气符号和格式

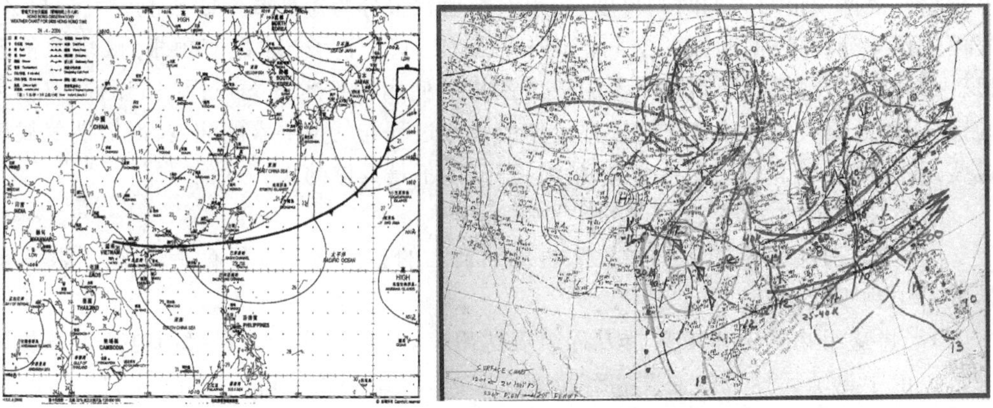

图 12.9　常用天气图(引自:毕宝贵现代预报业务介绍)

天气图预报方法首先要做出天气形势预报，即预报出天气图上已有的天气系统，它们未来的移动和强度变化，同时还要判断有无新生的天气系统产生。天气形势预报图作出后，根据天气形势再作出各地区的天气（阴、晴、雨、雪和灾害性天气等）预报。在天气形势预报中，最简单的方法是外推法，即假定未来天气系统的移动和变化与起始时刻的情况相同。其次是气象员在长期的天气预报实践中，总结出有关天气系统移动或强度变化的经验预报规则，这些经验规则在天气形势预报中也有很大作用。此外，从动力气象学的一些理论中，也可以推论出一些有关天气形势预报的规则。气象员根据这些就可以作出未来的天气形势预报。

天气形势预报作出后，根据天气形势再作出各地区的天气要素预报。天气要素预报难度较大，即使天气形势预报正确，天气要素预报不一定就报对，因为天气形势和天气要素并不是一一对应的。所以，从天气形势预报过渡到具体的天气预报，主要依靠气象员的分析判断，这样，气象员的经验就很重要。气象员在长期预报实践中，将本地区的重要天气编成档案或分成类型，天气形势预报确定后，从档案中找出最类似的过去个例或天气型，根据对应的历史天气要素作出天气预报。在过去40年中，天气形势预报进展很快，但从天气形势过渡到具体天气要素预报，却没有很大进展，这是目前天气图预报方法中的主要问题。

12.2.2 数值模式预报方法

天气、气候现象是地球大气运动的结果，它们受一定的物理定律的支配，这些定律可以用一组微分方程来表示。从一定的初始状态出发，在一定的环境条件(即边界条件)下求出这一微分方程组的解，就可以对未来的天气或气候状况做出预报。由于方程组的复杂性，这一过程必须借助于现代高性能计算机使用数值方法才能求解，这就是数值预报。根据预报对象的时间尺度，可以将数值预报分为短期或中期数值天气预报、气候模式预测等；而根据预报的空间范围与尺度又可以分为全球数值预报、区域数值预报、中尺度数值预报等。不同对象的数值预报所使用的技术方案与预报产品都有很大区别，例如数值天气模式关注并预报具体的天气过程与气象要素的演变，而短期气候模式关注、预测月与季节尺度的冷暖、旱涝趋势，而不是具体的天气过程。

1. 数值预报的步骤

(1)要求对所预报的天气系统从生成到消亡的主要物理过程有所认识，并将其概括成一组物理定律；

(2)将这组物理定律用数学方程组表达出来，并且对这个方程组用电子计算机来求解。由于电子计算机的速度和容量有限，对方程组必须作适当简化；

(3)将起始时刻的各层天气图资料输入机器；

(4)由机器对这组方程进行求解，便算出未来各个时刻、各个地点和各高度上的等压面高度、温度、湿度和风速矢量的三个分量 u,v,w 的预报值。

2. 数值预报的现状

近20年来，随着数值模式不断改进和完善，数值预报准确率也在不断提高。目前，3～4天的形势预报已相当准确，5～7天的形势预报也有相当的参考价值。但是，诸如降水、温度、风、云等天气要素的数值预报准确率还不高。因此，在制作天气要素预报时，如何应用国内外中短期数值天气预报的产品，采取现代统计学方法，建立要素预报数学模型和预报方程组，较好地发布短期天气要素预报，是一条实现预报客观、定量的重要途径。

一个数值预报业务系统一般由以下几部分组成：观测资料的获取和预处理、客观分析(数值同化)、预报模式(一般包括初始化，预报模式本身和部分后处理程序)、预报结果的显示(数据和图形)和发布。

3. 数值预报分类方法

(1)根据预报对象的时间尺度分为:①短期数值天气预报(1～3 d);②中期数值天气预报(4～10 d);(③气候模式预测等(10 d 以上)。

(2)根据预报的空间范围与尺度分为:①全球数值预报(T639L61);②区域数值预报(HLAFS);③中尺度数值预报(WRF、GRAPES－MESO、……)。

不同对象的数值预报所使用的技术方案与预报产品都有很大区别,例如一般的数值天气预报关注并预报具体的天气过程与气象要素的演变,而短期气候模式预测则关注、预报月与季节尺度的冷暖、旱涝趋势而不是具体的天气过程。

4. 我国主要数值模式

中国科学家依靠自己的力量建立了新一代多尺度通用数值预报体系(GRAPES)的中尺度数值预报系统(GRAPES-MESO)(图 12.10),作为一个短时临近天气预报系统,曾是唯一的中国发展的预报系统,加入世界气象组织北京 2008 年奥运会预报示范和研究示范计划,为奥运会提供了气象服务。

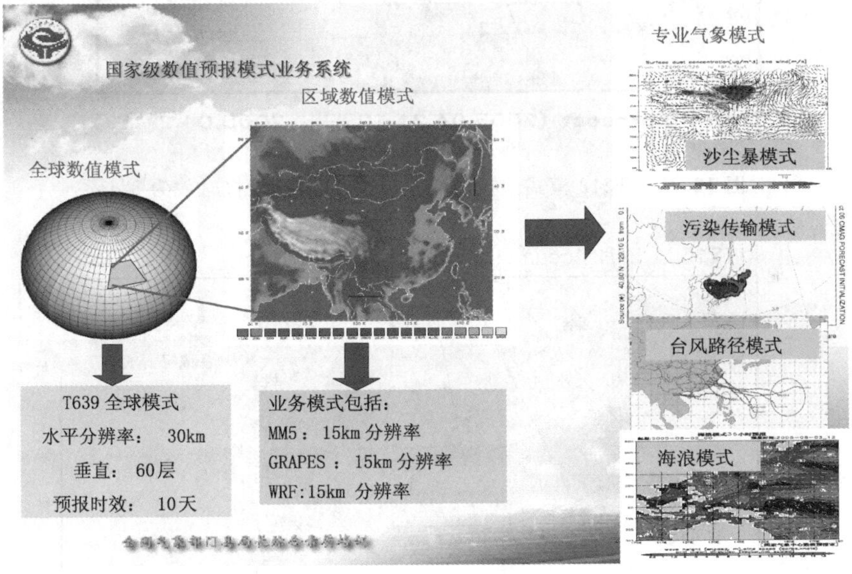

图 12.10 国家气象中心数值预报业务模式

中国全球中期数值预报业务模式进展显著。2007 年 12 月,T639L60 中期预报系统在国家气象中心实现准业务化运行,模式预报性能又有大幅度的提高,北半球可用预报实效可达 7 天。该模式的预报性能在 2008 年初中国南方低温雨雪冰冻天气预报过程得到了充分的体现。基于 T213 的全球集合预报系统(图 12.11,图 12.12)和为北京 2008 年奥运服务的区域中尺度集合预报系统,概率预报产品细化到北京、青岛比赛场馆,产品先后实时在 Internet 网页上展示,不少区域中心也开展了区域集合预报的研究。

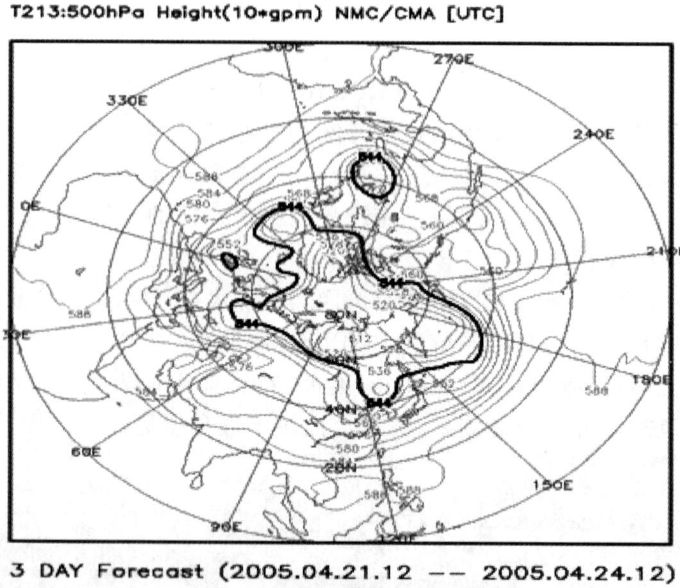

图 12.11　T213 模式预报的 500 hPa 高度场(预报时效为 3 d)

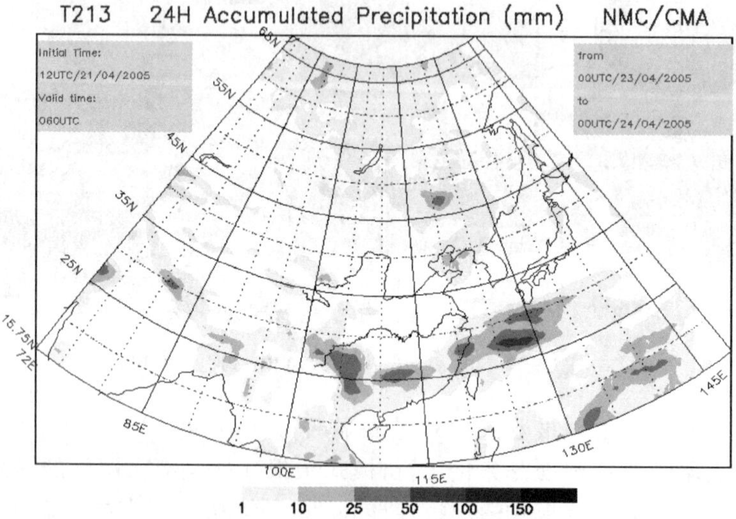

图 12.12　T213 模式预报的降水场

5. 我国数值预报发展历程

在数值天气预报模式方面，我国数值预报从 20 世纪 50 年代开始起步，已积累了许多经验和方法，培养和训练了一大批专业人才。自主研发和引进是我国数值预报模式发展的主要途径：

1956 年顾震潮等开始了国内数值天气预报研究

1958 年两张 24 小时、48 小时寒潮路径数值预报图问世

1959 年第一张正压模式的欧亚形势预报图

1961 年建立了求解原始方程的“半隐式差分方案”

1969—1978 年制作 3 层原始方程模式 72 小时短期业务预报

1980 年 7 月中央气象台在业务中开始使用 A 模式

1982 年 2 月 B 模式

1991 年 6 月中期数值预报模式 T42L19

1995 年 6 月改进为 T63L16

1997 年 6 月改进为 T106L19

2002 年 9 月改进为 T213L31

2006 年 7 月非静力中尺度预报模式 GRAPES

2007 年底 T639 全球模式进入准业务化运行

2009 年 5 月 GRAPES 全球模式进入准业务化运行

除此之外，其他一些针对不同业务需求的数值预报模式也先后在实际业务中使用，如台风预报模式，沙尘暴预报模式，环境预报模式，城市规划分析模式等。

6. 数值产品解释应用技术

数值预报产品解释应用（简称释用）顾名思义就是对数值预报产品的进一步解释和应用。具体是利用大量的历史资料，通过统计、动力、人工智能等方法，并综合预报经验，对数值预报的结果进行分析、订正，最终给出更为精确的客观要素预报结果或者特殊服务需求的预报产品。以下是常见的几种数值预报产品解释应用技术方法。

（1）模式直接输出法（DMO）

天气要素的预报是直接根据数值预报产品将其从格点值插值至站点的一种预报方法。其方法简便直接，只要有站点的经纬度，不管其在何处，有无实际观测资料，都可以使用这种方法。近年来，随着数值预报模式的预报水平的不断提高，这种预报方法正在被愈来愈多地使用。在使用中，还可以根据预报站点的实际观测资料、站点的地理情况（例如海拔高度）对预报做一些必要的订正。

（2）完全预报法（PPM）

早在 20 世纪 60 年代，美国气象学者克莱因提出了用历史资料、与预报对象同时

间的实际气象参量做预报因子，建立统计关系。假定数值预报的结果是“完全”正确的(perfect)，用数值预报产品代入到上述统计关系中，就可得到与预报相应时刻的预报值，这称为完全预报法(PP 法)。

这种方法的长处是可利用大量的历史资料进行统计，得出的统计规律一般比较稳定可靠，且预报正确率随着数值预报模式水平的提高而提高。但是该方法除含有统计关系造成的误差外，主要是无法考虑数值模式的预报误差，因而使预报精度受到一定影响。

(3)模式输出统计法(MOS)

Glathn 和 Lowry(1972)提出了模式输出统计(MOS)法。具体做法是先从数值预报模式的归档资料中选取预报因子向量，求出预报量与预报因子向量同时或近于同时的预报关系式，在实际应用时，就把数值预报输出的结果代入相应的预报关系中。目前，在我国各级台站以及国外很多台站均在使用 MOS 预报。

利用 MOS 预报可以对大中小各类城市作定点要素预报，对于小台站的预报可以根据附近大台站的 MOS 预报结果进行补充订正。MOS 预报的对象也可以是不同的天气系统或不同的天气类型。

MOS 预报的优点很多，但其短处也很明显。首先这是一种线性预报方法，在预报如降水量这类天气要素时，效果不是很理想；第二在建 MOS 方程时，对数值预报产品历史资料要求较高，要求有较长一段时期模式稳定的历史资料，这在数值预报模式飞速发展期间是很难做到的。

(4)卡尔曼滤波法

卡尔曼滤波方法是一种统计估算方法，通过处理一系列带有误差的实际测量数据而得到所需要的物理参数的最佳估算值(图 12.13)。根据这一基本思想，同样可以用以处理一系列带有误差的预报值从而得到预报值的最佳估算值，这对提高预报精度具有重要意义。简单地说，可以使用卡尔曼滤波方法根据最近的实际观测值，对预报方程作一定的订正，使得预报值更正确。卡尔曼滤波法不需要很长的数值预报资料，可以较好地解决由于数值模式变化导致产品不稳定的问题。

(5)相似预报法

基于范例进行推理是人工智能领域中发展较快的一种求解问题的技术，这是一种利用过去的范例或经验来解决当前问题的类比推理方法。在天气预报中也常叫相似方法。用这种方法作预报，不需要建立预报方程，因而可以克服上述方法中的一些缺点。

目前较新的相似预报技术包括 K 近邻非参数回归方法和窗非参数回归方法。前者的最优近邻子集由子集中近邻的个数定义，而后者的最优近邻子集由包括近邻的窗口(或邻域)尺寸来定义。即 K 近邻非参数回归方法用固定个数的近邻生成预

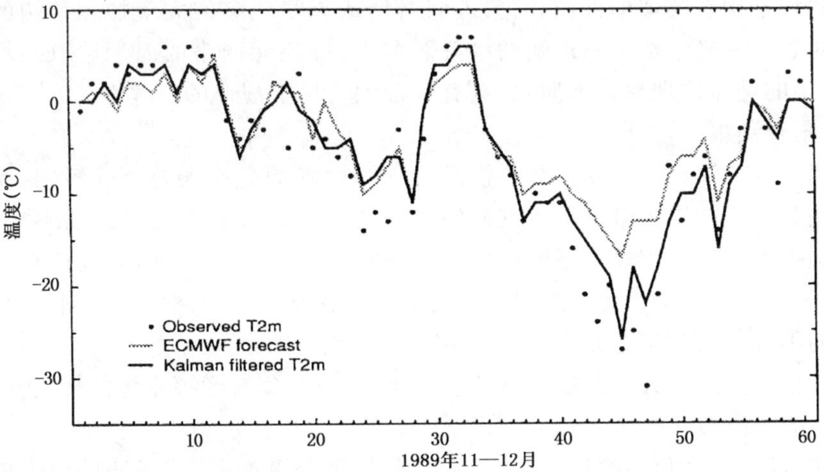

图 12.13　2 m 高温度的常规观测资料、欧洲中心预报场以及通过卡尔曼滤波法得到的资料随时间变化图(ECMWF)

报量估计,而窗非参数回归方法用固定宽度窗口中的近邻生成预报量估计。

相似预报法也有一些本身的缺点,例如为了包括较多的历史样本,需要建立较长时期的历史资料库,这会造成计算量较大问题。而且,再长的历史资料库,总有不在其内的新天气类型出现,这在一定程度上影响了其预报准确率。

(6)人工神经元网络释用

神经元网络是非线性分析,逐步求解(图 12.14)。给神经元网络提供预报因子,归根结底是利用气象学变量来表现和描述将出现的天气现象,这和数值预报中的参

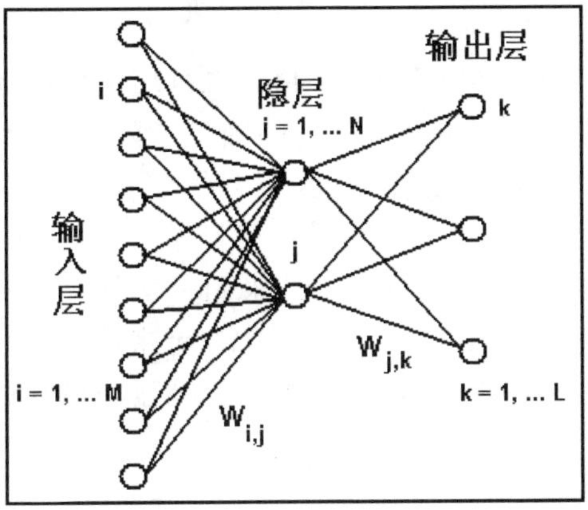

4 网络学习、拟合结果

•两组预报因子分别输入网络学习,得出两组因子对降水级别拟合的不同结果(见表 5)。

表 5　两组因子对降水级别拟合的不同结果

因子	预报正确的天数和比例					漏报	错报
	总天数和正确率	预报降水天数和比例			晴天天数和正确率		
		所有降水	小到中雨	大到暴雨			
A	48(48/55) 87.3%	13(13/17) 76.5%	8(8/13) 61.5%	4(4/4) 100%	36(36/38) 94.7%	4 次;全部中雨	3 次 其中一次雨型错误
B	49(49/55) 89.1%	15(15/17) 88.2%	9(9/13) 69.2%	4(4/4) 100%	36(36/38) 94.7%	2 次;全部中雨	4 次 其中两次雨型错误
A*	49(49/55) 89.1%	12(12/16) 75%	9(9/13) 69.2%	3(3/3) 100%	37(37/39) 94.9%	4 次;全部中雨	2 次
B*	51(51/55) 92.7%	12(12/16) 75%	9(9/13) 69.2%	3(3/3) 100%	39(39/39) 100%	4 次;全部中雨	无
HLAFS 降水预报	44(44/60) 73.3%	12(12/18) 66.7%	8(8/14) 57.1%	2(2/4) 50%	34(34/42) 81%	6 次降水 5 次中雨 1 次大雨	10 次 其中两次雨型错误
逐步回归降水预报	27(27/60) 45%	18(18/18) 100%	14(14/14) 100%	0(0/4) 0%	13(13/42) 31%	无	33 次 4 次雨型错误

注:A、B 表示利用方法一进行学习和抽样;A*、B*表示利用方法二进行学习和抽样;

• 同时为了比较神经网络预报效果,利用初选预报因子以及实际降水量(y)进行逐步回归运算,得到了 F=2.5 的回归预报方程如下:

$y=-9.987+0.266X_1+0.191X_8+1.62X_{13}$　复相关系数 0.637。

图 12.14　神经网络降水预报方法图

数化或物理过程有类似的性质，需要人们对形成天气现象的大气物理结构的深刻理解以及对表征大气结构的物理量的敏锐洞察力；神经元网络的因子选取并不是多多益善，重要的是抓住现象的本质，要具有符合大气科学规律的合理性。

(7)集合预报

大气本身的混沌特性使得数值模式对于初始场的微小误差十分敏感，而初始资料的误差和模式的误差带来了大气初始状态的不确定性和大气模式的不确定性，利用数值预报模式在确定性预报的初始场上叠加适当小扰动，从而形成稍有差别的多个初始场，作出多个动力延伸预报。用带有这种扰动的初值制作一系列预报，并将这些预报的集合称之为集合预报。

集合预报是近年天气预报领域的一个重大发展，集合预报系统的使用和发展，大约经历了3个阶段：

第一阶段，集合预报的产品主要是邮票图、集合平均图，使用结果表明集合平均的技巧评分好于单个确定性预报，为集合预报奠定了基础。

第二阶段，进一步发展了面条图、分类图、概率图等。

第三阶段，各种预报图的信息进一步的延伸到了要素预报，对集合预报产品的可信度也有了一定的认识。

集合预报优于确定性预报，集合预报已成为未来数值预报发展的方向之一，最终可能会取代目前单一的确定性预报，成为业务预报的主要使用产品(图12.15)。

(8)综合集成方法

数值预报产品解释应用的综合集成针对不同的数值预报产品和不同的解释应用方法，可分为预报方法集成、预报模式集成、预报时效集成、集合预报集成以及综合预报集成。下面分别介绍预报方法集成和预报模式集成的基本思路。

①预报方法集成

数值预报产品的解释应用方法很多，就PP，MOS等方法而言，也可用不同的统计方法来实现。预报人员对各种解释方法给出的可能是不一致的结果，哪种更好更可靠，常难作出判决。除了通过长期实践和积累使用经验外，这一问题用预报方法集成的办法可得到较好的解决。

预报方法集成就是将多种解释方法得到的结论集中在一起，采用一定的集成技术，得出综合结论。原先各种解释方法预报效果的优劣，通过适当的权重来体现。它可以使原先的各种解释方法的不足得到互相弥补，因而其预报能力一般强于单独的一种解释方法。

②预报模式集成

目前，世界上投入业务运行的数值预报模式非常多。日常工作中使用的数值产品来自国内外不同的数值预报模式，有差分模式、谱模式；全球模式、区域模式、中尺

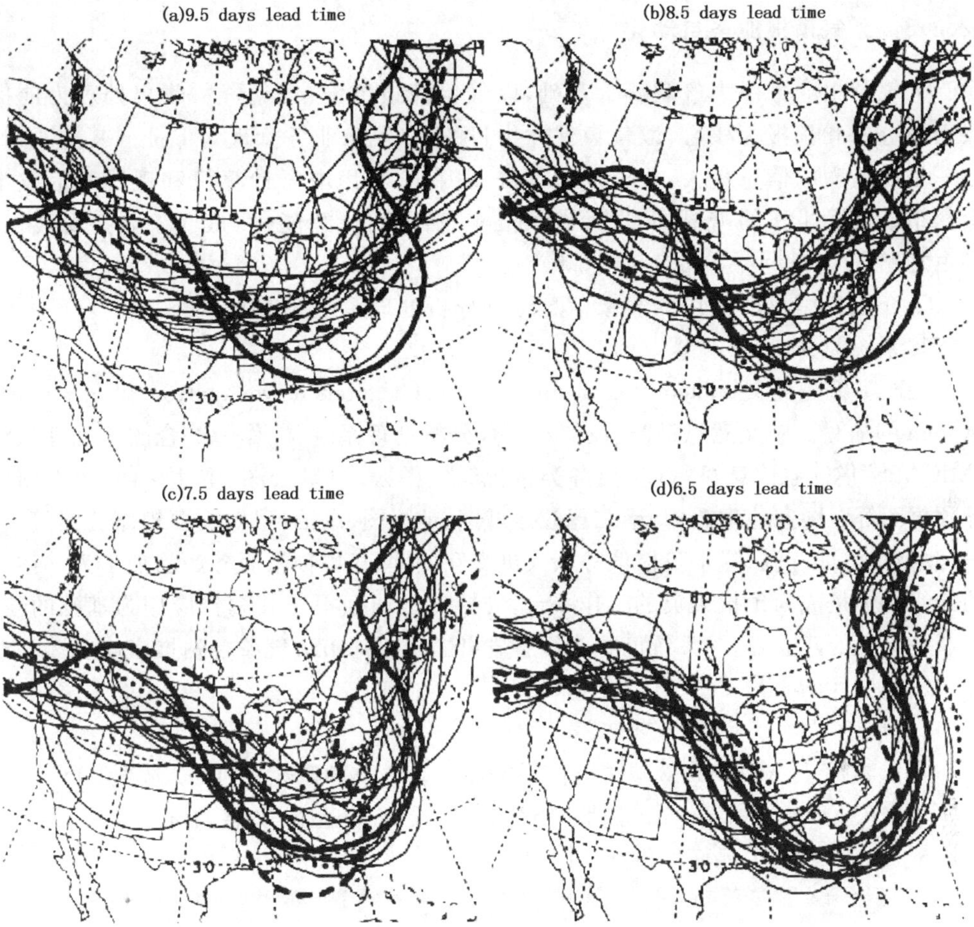

图 12.15　集合预报产品:"面条图"等高线(5640 gpm)(引自:毕宝贵现代预报业务介绍)

度模式;中期模式、短期模式;等等。各种模式描述的物理过程、采用的前后处理和参数化方案以及时空分辨率等都可能不同,因而预报性能各有差异。甲模式对某类天气系统报得好,乙模式却对某些天气过程有独特的预报能力,这就给预报人员使用带来了困难。

预报模式集成也叫异模式综合集成,就是把不同的数值预报模式所作出的产品,用同一种方法得出解释结论,然后采用一定的集成技术,得出综合结论。它对不同的数值预报模式的性能起到取长补短的作用,因而其预报能力一般强于单独的一种模式预报。

12.2.3 天气预报业务自动化

天气预报业务以大气观测为基础，以气象情报传输、气象资料收集处理为前提，以天气分析和预报为核心，以气象保障为目的，以气象业务管理为保证。其主要特点之一是需处理的信息量大，要求及时准确。因此，利用电子计算机和现代通信技术，紧密结合实际工作的需要，实现天气预报业务自动化、智能化，是气象业务现代化的必由之路。

下介绍我国目前应用的气象信息综合分析处理系统3(MICAPS 3)。

1. 系统简介

MICAPS是英文 Meteorological Information Comprehensive Analysis and Processing System 的缩写。中文意思是“气象信息综合分析处理系统”。作为综合图像处理系统，“MICAPS”集气象信息显示(包括各类常规天气图表、卫星云图、雷达拼图、传真图、指导预报图等)、国家地理数据(诸如行政区域图、地形图、湖泊河流、主要铁路公路等)、历史气象数据(如气温、降水量极值等)、人机交互处理、气象预报服务产品加工为一体，它的最终目标是成为预报人员的工作平台，支持以数值预报及其解释应用为基础的新预报业务流程的建立，这一系统已在全国各省(区、市)、地市级气象台站推广使用。

2. 系统主界面

(1)启动界面

双击桌面上 MICAPS3 快捷启动图标启动 MICAPS3，也可以从“开始”—“程序”—“MICAPS3”快捷方式启动 MICAPS3，或直接运行安装目录下的执行程序 micaps. exe。系统主界面如图 12.16 所示。

图 12.16 按照缺省配置启动的 MICPAS3 系统主窗口

(2)图形显示的布局

MICAPS3 界面是一个窗口，和其他系统窗口一样，它可以被移动、最大化、最小化(图标化)、恢复等。

图 12.17 显示了 MICAPS 图形屏幕的基本布局。最上面是标题栏，其次是菜单条，包括主要功能的选择；再下面为工具条，包含菜单条中的一些相同功能和状态显示等；中间主要区域为显示区域；最下面为状态条，显示鼠标当前所在位置等基本信息。

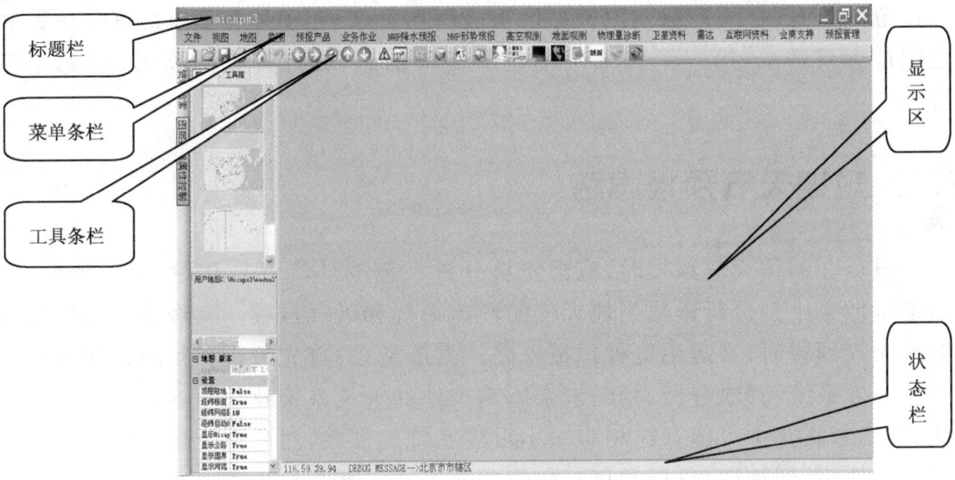

图 12.17　MICPAS3 系统窗口

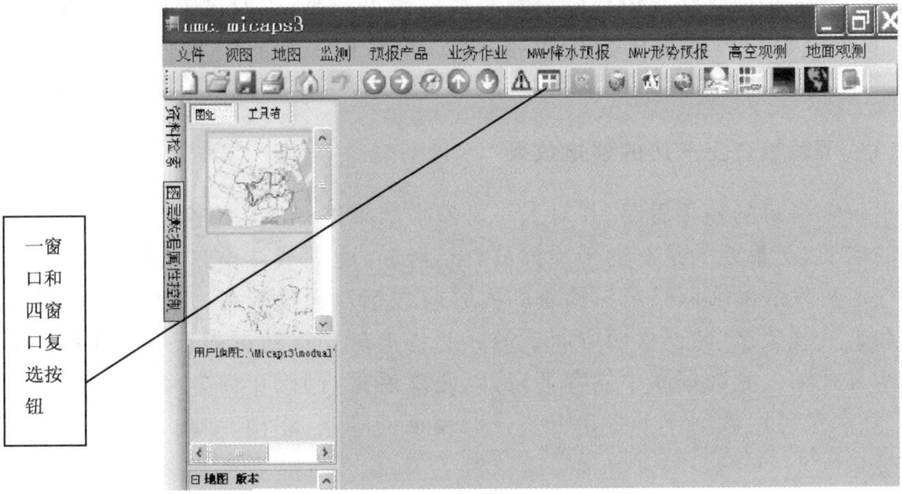

图 12.18　MICPAS3 系统四窗口显示

最大显示区域可以在单窗口和四窗口(图 12.18)显示之间切换,当主显示区域为四窗口时,可以通过在左侧选择当前激活窗口,以后打开的文件将显示在该窗口中。如果系统设置的总显示地图个数小于 4,则显示的窗口个数和系统设置相同。

左侧窗口用于资料检索和监视数据,在右侧窗格中打开数据后,可以通过在左侧窗格上按下鼠标左键,则该窗格的显示内容将显示在主显示区域。

工具条中有一个图标,可以使右侧显示区域在一窗口和四窗口之间转换。

状态条分为 3 个区域,第一个区域显示当前鼠标位置(经纬度),第二个显示当前鼠标位置的信息(在国内移动鼠标显示当前所在县名,在国外显示鼠标屏幕位置和当前地图放大系数)。第三个区域用于显示资料信息,如红外云图亮温、可见光反照率等。

12.3 短期天气预报思路

预报员在制作天气预报时,应当先从分析大范围环流背景开始,由远到近,由粗到细逐步地集中到分析影响当地天气的环流系统和天气过程。有经验的预报员在制作短期天气预报时,常运用这种预报思路。大框架是:首先分析和判断近期大气环流背景及主导系统,其次分析、判断未来影响本地的天气系统及其影响部位的主要结构特征,尔后考察其中可能存在相应中小尺度系统的征兆,然后再分析局地的天气实况和气象条件,做到理解、分析和订正数值预报及上一级的指导预报意见,同时综合考虑动力统计释用方法和统计学综合预报的结果,最终作出自己的预报。根据我国国家气象中心向全国各级气象台站分发的数值预报产品,以及国外欧洲中期天气预报中心、日本气象厅等提供的数值预报产品内容,值班预报员预报思路和工作流程框图。

12.3.1 了解检查上一班的预报效果

了解上一班的预报思路,并对上一班预报结果进行认真的检查,不仅是一般工作程序的需要,更重要的是有助于预报员总结经验,建立或调整自己的预报思路,以适应天气形势发展的实际情况。检查的内容应包括对天气形势,重点是对影响系统的预报和天气现象、气象要素两方面。最好能将上班预报结论和天气实况都按数量化的表达方式输入到数据库中储存下来,以便事后进行月、年评分和技术总结时使用。例如,降水量可用数字 0,1,2,3,4,5 分别表示无降水、小雨、中雨、大雨、暴雨及特大暴雨等。

12.3.2　熟悉上级指导预报意见

上一级的指导预报，一般有两方面的内容，一是以数值天气预报为主的环流形势预报。二是各种物理量预报图和要素预报图。熟悉了这些有用的预报才能在这些预报的基础之上，加以订正和进行深入细致的针对本地区的天气分析的预报。（T639预报产品图）

12.3.3　分析大型环流背景，判别主导系统

在进行天气图形势分析之前（图 12.19），要对目前 MICAPS 系统显示的天气图作必要的人工修补，包括修改不合理的等值线、补绘地面锋面、高低压中心、雨区、雾区和大风区；高空槽线、切变线和高低压中心等。

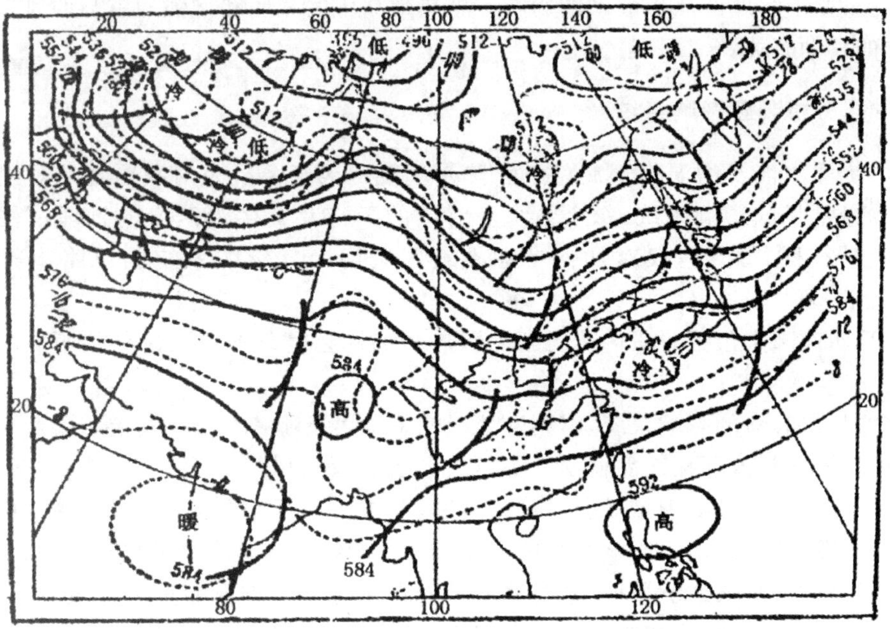

图 12.19　天气形势图示例（朱乾根等，2000）

就时空尺度的匹配关系来说，大型环流演变主要与中长期天气变化及其预报相联系。但是在短期预报中，了解大型环流的演变，将会给预报员提供重要的背景知识，仍是短期预报流程中不可缺少的基本环节之一。

对大型环流的分析，着重回答以下三个问题：

（1）目前亚、欧范围内大型环流的基本特征。

(2)目前和未来预报时段内,本地区是受长波或超长波槽控制还是受脊的控制。

(3)这种长波槽、脊是基本稳定还是会有大的调整变化。

按一般经验,在中纬度西风带环流,若本地处于中纬度西风带基本稳定的长波脊控制下,通常以晴天为主或者可能有弱的天气过程出现。若是受基本稳定的长波槽或槽前锋区的控制,通常是以短波替换、间歇性中等强度天气过程为主。但要注意,若遇"北槽南涡",或在梅雨锋区(副热带锋区)短波替换却可能导致大暴雨天气,不同于一般中纬度极锋锋区波动。而若遇有大的长波调整过程,则很可能出现转折性的天气过程,需要特别认真地对待。当然,对于具体地区的天气预报,还要进一步地分析影响系统。

副热带系统也有类似的背景变化,但对它们的分析、判断一般要比中纬度西风带困难。夏季西太平洋副高与大陆上的副热带高压东西方向震荡和南北方向摆动,也常常受东亚中纬度西风带波动的影响。副热带高压的减弱和增强通常与西风带长波槽、脊的移动有关。

12.3.4 分析判断影响系统

本步骤中涉及的温带气旋、锋面、热带气旋等天气系统是对我国各地短期天气过程的最常见的影响系统,每个系统所对应的天气及其生消演变的物理过程请参阅天气学教程。此处,仅对如何考虑本地区短期天气影响系统的思路步骤提出建议。

(1)明确未来预报时段内有无新的影响系统将会侵袭本地区并导致明显的天气变化。

(2)如果有新的影响系统,需判断该影响系统属于哪种类型。需要查看影响系统邻近区域短期数值预报产品输出的等压面图上温、压、风场以及涡度、散度、湿度、垂直速度、高空急流等物理量场分析和预报图,并进行高低空配合分析,需要时可调用垂直剖面图分析,以揭示影响系统的三度空间结构特征。其中高低层涡度、散度的配置及低层比湿、水汽通量散度、垂直速度等物理量有直接重要的参考价值,还可参考卫星云图分析进行类比和判断。如果归类有困难,可以试用逐次剔除的方法。若仍难以判断,则建议细心收集保存各方面有关资料,进行事后总结分析,写出技术报告或分析论文。

(3)通过比较,了解当前系统与同类影响系统典型模式的主要差别。

(4)比较各家数值预报产品的预报图和上级指导预报意见,判断或者订正上级指导产品对该影响系统演变的预报。

(5)判断、预计未来本地区将受到哪些影响系统控制,本地处于该系统的哪个部位,相应的天气类型。进行初步判断或订正上级台站对本地区天气和气象要素的预报意见。

12.3.5　分析中小尺度系统

中小尺度天气系统是直接产生局地灾害性天气的实体，因此，研究中小尺度天气系统的生成与发展是天气预报员的重要课题。中小尺度天气系统主要指中尺度雨带、雨团、中尺度对流复合体(MCC)、雷暴、飑线和龙卷风等中尺度对流系统(MCS)。目前由于常规观测站网密度的限制，中小天气系统及与之有关的局地灾害性天气分析预报主要依靠中尺度数值预报模式(例如 MM5、WRF)的产品输出以及分析卫星云图和雷达回波图像和加密观测资料。

12.3.6　分析局地气象条件

大的环流形势背景和影响天气系统分析确定之后，局地天气条件将是影响局地天气变化的重要因素。目前分析局地天气条件，特别是局地灾害性天气，例如暴雨发生的条件主要的方法是分析相关的辅助图表和有关大气状况的物理参数。

1. K 指数

$$K=[T_{850}-T_{500}]+[T_{d}]_{850}-[T-T_{d}]_{700}$$

式中 T 为空气温度；T_d 为露点温度；各下标表示等压面层次。一般 K 值愈大表示大气层结愈不稳定。现在 MICAPS 系统已有此计算结果。北美地区统计表明，在风力微弱无明显锋面及气旋活动的地区，K 值大小与雷雨天气有如下关系：

$K<20$℃	无雷雨
20℃$<K<$25℃	可能有孤立雷雨
25℃$<K<$30℃	可能有零星雷雨
30℃$<K<$35℃	可能有分散雷雨
$K>35$℃	可能有成片雷雨

2. SI 沙氏指数

$$SI=T_{500}-T_{s}$$

式中 T_{500} 是 500 hPa 等压面图上的实际温度，T_s 是 850 hPa 气块先按干绝热递减率上升到凝结高度后再按湿绝热递减率上升到 500 hPa 等压面高度时的温度。$SI>0$ 表示气层稳定，$SI<0$ 表示不稳定，可用于预报局地对流性天气。北美地区统计表明：SI 值大小与对流天气有如下关系：

$SI>+3$℃	雷暴发生的可能性很小
0℃$<SI<$3℃	有可能发生阵雨
−3℃$<SI<$0℃	有可能发生雷暴
−6℃$<SI<$−3℃	有可能发生强雷暴

$SI<-6$℃　　　　有可能发生龙卷

若与辐合区相配合将增强雷雨天气。各地可进行验证和修订，进行二次开发，总结适用于本地的预报指标。

3. 温度—对数压力图($T-\ln p$)

从一幅单站的 $T-\ln p$ 图上([彩]图 12.20)，可以计算出很多物理量或大气参数，如该地大气温湿特征量比湿(q)、饱和比湿(q_s)、相对湿度(f)、位温(θ)、假相当位温(θ_{se})、假湿球位温(θ_{sw})、假湿球温度(T_{sw})、虚温(T_v)及对流温度等，某些特征高度值诸如标准等压面位势高度(H_p)、抬升凝结高度(LCL)、自由对流高度(LFC)、经验云顶高度(对流上限)、对流凝结高度(CCL)、0℃层高度(H_0)和－20℃层高度(H_{-20})等。也可以估算各种不稳定能量或稳定度指标。

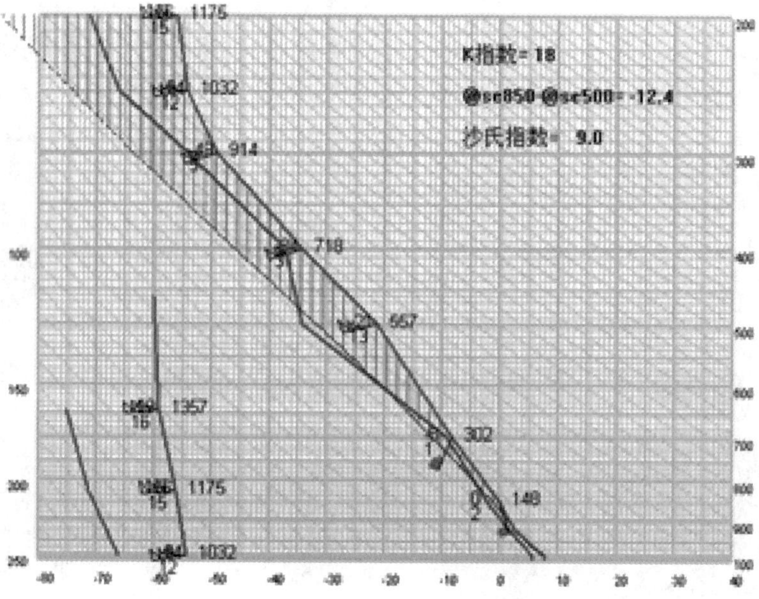

图 12.20　温度对数压力图

(1)不稳定能量(E)：即不稳定大气中可供气块作垂直运动的潜在能量

$$E=-\int_{p_0}^{p}\Delta T\cdot R_{\mathrm{d}}\mathrm{d}(\ln p)$$

依据层结曲线与状态曲线之间所包围面积的代数和来估算。现代软件系统已经可以显示不稳定能量的图形和数值。一般 $E>0$ 称作真潜不稳定。正值愈大不稳定性愈强，有利于对流天气发展。反之则抑制对流发展。

(2)静力不稳定：记层结曲线的垂直递减率为 γ，干绝热递减率为 γ_d，湿绝热递减率为 γ_s，根据“气块浮升”理论，有：

$$\begin{cases}\gamma > \gamma_d (> \gamma_s), & \text{称作绝对不稳定。稍有扰动垂直对流就发展；} \\ \gamma_d > \gamma > \gamma_s, & \text{称作条件不稳定。空气未饱和时，是稳定的，饱和后成为不稳定。即要求先有外力作用将气块抬升到凝结高度，气块饱和后垂直对流才能发展。} \\ \gamma_d > \gamma_s > \gamma, & \text{称作绝对稳定，抑制垂直对流。}\end{cases}$$

实际上，层结达到绝对不稳定的情况并不多见，绝对稳定层结是晴好天气的特征。对流性天气的发展，最常见的是在条件不稳定层结中出现的。

(3)对流性不稳定：它是对整层空气被抬升的情况而言的。与上述气块法的区别整层空气被抬升后，它本身的递减率 γ' 会发生变化。当此气层下湿上干时，即使原来是绝对稳定的层结

$$\frac{\partial \theta_{se}}{\partial z} \text{ 或 } \frac{\partial \theta_{sw}}{\partial z} \begin{cases} < 0, \text{对流性不稳定层结；} \\ = 0, \text{对流性中性层结；} \\ < 0, \text{对流性稳定层结。} \end{cases}$$

经抬升后也可能(变)改变。(定义为 500 hPa 面上的层结曲线温度(T_{500})与气块从 850 hPa 层上沿干绝热线抬升到凝结高度后，再沿湿绝热线抬升到 500 hPa 的温度(T_s)之差。应是 SI 的定义)。但要注意当 850 hPa 与 500 hPa 之间有锋面或逆温时不能使用这一指数。

4.单站高空风图

利用单站高空风图(图 12.21)可以分析判断测站上空自由大气中下列天气学特性：

(1)冷暖平流。风随高度作逆时针偏转表示该层有冷平流，反之为暖平流。

(2)垂直稳定度及其变化趋势。若低层为暖平流而高层有冷平流，则层结趋向不稳定，反之亦然，应结合 $T-\ln p$ 图中的稳定度分析进行判断。

(3)锋面性质。某低层特大热成风作逆时针偏转表示冷锋；若特大热成风作顺时针偏转表示暖锋；若特大热成风线穿过或邻近原点则表示准静止锋。

(4)锋面移向和移速。从原点引向特大热成风的垂直线的矢量方向就是锋面的移动方向，垂直线的长度与锋面移速成正比。

(5)高空锋区走向。若特大热成风位于高空，可以视作高空锋区的反映。

以上特性分析可以配合当天的天气图进行判断，也可在缺少天气图资料时用来推断邻近上空的天气形势。

12.3.7　考虑地形影响

地形影响如迎风坡增大降水，背风坡减弱降水，下游背风坡的上升运动使对流云

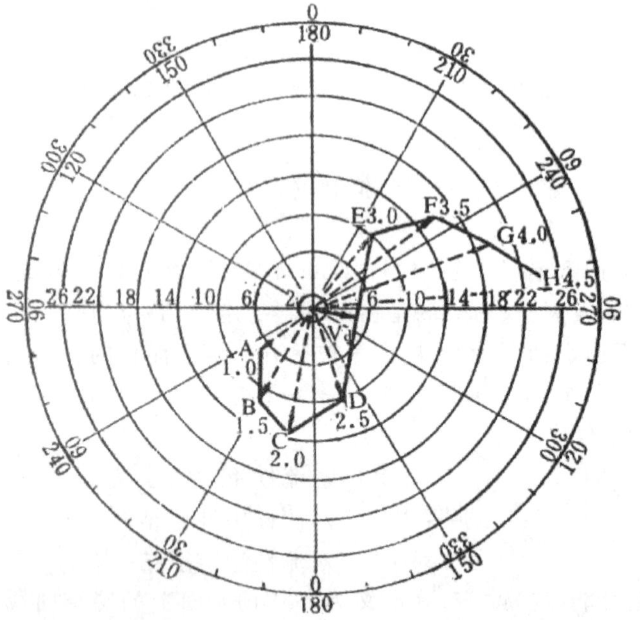

图 12.21　单站高空风图

发展，降水量、气温因地形高度而变化的规律，风口出现的大风，峡谷大风，背风坡的焚风效应，海陆风和地形风，盆地逆温与多雾等均与地形有关。在进行分析预报时，都应给予考虑。

12.3.8　应用客观定量预报方法

除了数值模式具有气象要素场预报能力外，动力学释用方法和统计学释用方法均是在数值预报产品基础上进一步开发的客观定量预报方法，预报的对象都是具体时段内，定量化的气象要素，大多是重要的灾害性天气，例如暴雨，高温，大风降温等。

12.4　气象要素预报

12.4.1　降水预报

降水预报是公众最关心而目前数值天气预报尚未很好解决的预报对象之一，尤其需要值班预报员投入更多的思考和努力。目前制作降水预报的一般流程是：

根据对影响系统的类型和具体影响部位的分析判断，数值预报产品对降水的预报及上级指导预报意见，作出本地区降水量和降水形式的预报。

考虑本地区地形对影响系统及其影响部位垂直运动的影响，进行降水预报的订正。

考虑本预报季节是否处于反常干旱或者洪涝的季节而需进行修正。一般在干旱季节中降水常常偏小，在洪涝季节中降水量往往偏大。

分析邻近地区高低空散度场的配置关系和低空辐合场中水汽含量大的面积。若低空辐合高空辐散，而且低空辐合场潮湿空气面积大，有利于增大降水量。

考虑局地气象条件，分析 $T-\ln p$ 图和高空风图，判断稳定度及其变化趋势。不稳定发展有利于降水量增大。

1.暴雨预报

卫星云图上有色调很白的密蔽云区中掺杂着对流云亮点，外围卷云区有向外辐散的卷云羽。它表明低空辐合、高空辐散，上升运动强，并形成暴雨中尺度系统，有利于暴雨产生。

低空水汽通量辐合区大，约比暴雨区大10倍。

相应的天气尺度系统中高空冷平流和低层暖平流有利于不稳定层结发展和维持。

天气系统中风的垂直切变较弱。切变过大时有利于强风暴发展。

2.冰雹预报

雷达回波云顶高度在5月份和6月份可高达13 km以上，明显高于同期普通雷雨的云顶高度。

0℃层在4 km左右，−20℃层约在400 hPa，其间厚度不大。

据国外统计结果看，有如下关系：

$$\frac{\Delta\theta_{se}}{\Delta z}=\begin{cases}-7℃/\text{km}，\text{冰雹直径约 3 cm；}\\-12℃/\text{km}，\text{冰雹直径约 12 cm；}\\-18℃/\text{km}，\text{可能产生龙卷风。}\end{cases}$$

3.降雪或冻雨预报

若云中温度和云底以下温度低于0℃，将降雪。

若云体内下半部温度高于0℃，而云底以下温度低于0℃，可能降冻雨。

4.雨凇预报

严重的雨凇天气危害很大，例如1969年1月底至2月初，一次强寒潮中的雨凇天气过程使中国南半部通信停顿，黄河以南的铁路交通中断。

造成雨凇大范围环流形势的主要特征是：东季亚洲西部中纬度500 hPa为横槽，槽南西风较强，西风带多小波动，小槽东移使冷空气分股南下。同时，南支西风带孟加拉湾低槽较深，槽前西南气流强盛。北方冷空气与南方暖空气的交绥区自华北向南推移，并形成中空暖湿空气在低空冷空气垫上滑行的有利条件。雨凇形成的基本条件是：降水云体中在 850 hPa 及其以下有过冷却雨层（温度略低于 0℃），700 hPa 附近有暖的融化层（温度稍高于 0℃），而 500 hPa 附近为冰晶层（温度约为－10～－14℃）。其中高空冰晶层在冬季常可出现。较难发现的是低空冷层与中空融化层的配置。

我国易形成雨凇的地形背景是西高东低，特别是北、西、南三面环山，而向东敞口的盆地。因这种地形有利于冷空气从东侧低层进入盆地，构成冷气垫而暖空气从西南部上空移过。

12.4.2 云雾的预报

云的预报，包括云量、云状、云底高度、云厚及其生消时间的预报，一般都在天气形势预报的基础上，根据影响系统及其影响部位来推断。较常见的雾是辐射雾和平流雾两种。当地各种雾的具体预报指标需要自行统计归纳，作为二次开发产品应用于日常预报业务中。

辐射雾：一般要求冬季夜间天空晴朗，平均总云量少，风速小（如＜3m/s），傍晚相对湿度大（如＞75％），由夜间辐射降温导致近地面气层水汽凝结成雾。

平流雾：形成在暖湿空气平流到较冷的下垫面上的情况下。可根据本地气温与移来的影响系统内的气温之差值、影响系统内空气的温度露点差以及移动气团内风速等因子来进行统计归纳获得具体预报指标。

12.4.3 温度及相关气象预报

1. 最低气温预报

平流变化：先把即将移来的气团最低气温作为初步的预报值，再进行修正。

辐射影响：它取决于云量和风。若少云、静风，冬季辐射降温明显。

气团变性：可依据地表温度与气温之差来推算。例如冷空气向南移 1°纬度，通常可升温 1℃。

2. 最高气温预报

一般在当天最高温度的基础上可考虑两项订正：

未来预报日（一般为次日）的云、天气和风的影响。晴天无风温度升高，反之下降。

平流变化：根据上游测站最高气温与本站的差值来估计。

3. 霜冻预报

我国一般把地表最低温度≤0℃作为霜冻标准。通常以最低气温的预报加上夜间不同天气条件下地表最低温度与最低气温的差值来预报。以上预报修正的具体数值均需根据当地资料进行统计归纳，作为二次开发产品加以使用。

4. 寒露风预报

寒露风是我国南方晚稻作物抽穗杨花期间的一种低温冷风灾害性天气。各地对寒露风成灾的标准划分也因自然背景不同而有差异。一般指日平均气温≤23℃或20℃天气持续 3 d 以上，或者虽持续不足 3 d，但最低气温≤15℃，相对湿度≤30%，最大风力≥5 级的天气。对寒露风的预报也是秋季对强冷空气爆发南下的一种预报。

5. 干热风预报

干热风是我国北方小麦、棉花成熟前期的一种灾害性天气。各地对干热风的划分标准因作物、自然背景不同而大同小异。一般最高气温≥25℃或 30℃，相对湿度≤30%或 40%，风速≥3 m/s 或 10 m/s。大多出现在 5 月下旬。

对干热风的预报，首先要注意天气过程的形势演变。它一般是在冷空气南下而北方无明显降水过程之后，北方处在高空槽后高压脊的控制下，并有明显的暖平流，地面或 850 hPa 温度场出现北方暖、南方冷的局面。气压场转为南高北低或东高西低的形势。在这种环流背景下，预报的关键在于高空暖平流达到一定的强度。这时高空干暖空气下沉增温加上晴空辐射增温的影响，方可形成干热风天气并维持，直到有新的冷空气入侵时才告结束。

12.4.4 风的预报

在预报实践中，对于风力甚至大风风力的预报，通常是在考虑了地转风和梯度风原理，估算出预报的近似值，而后再考虑具体的气压场，即本地处于气压系统的什么部位、等压线密集程度如何(气压梯度)，同时，应注意考虑下垫面摩擦作用。一般风向偏向等压线的低压一侧 30°～45°，实际风速约为地转风速的一半。

12.5 其他天气预报简介

12.5.1 短时临近天气预报简介

短时预报是 0～12 h 以内的天气预报，临近预报指当时的天气监测和 0～2 h 的外推预报。由于预报时限的增加，需要考虑系统的发展变化，预报不能仅靠线性外推，还需依赖于其他预报技术。短时预报的内容，既有中小尺度天气的时空分布预报，也包括详细提供降水、温度、湿度、风、云和能见度等的具体预报，以便尽可能满足军事气象保障和各类经济部门的特殊气象服务要求。但它的预报对象，重点还是中小尺度灾害天气，因而它与制作一般的短期天气预报相比，对观测、处理和传递天气情报等有完全不同的新要求。

短时临近预报涉及强对流天气预报，包括冰雹、龙卷、雷暴大风、短时强降水和强雷电等灾害性天气。由于强对流天气主要由中尺度天气系统直接产生，其预报思路和方法与传统短期预报有很大的不同，需要更多地依赖于多普勒天气雷达、气象卫星、风廓线雷达、GPS 水汽、加密观测等现代大气探测资料的分析预报方法与技术。

根据国外一些部门的客观验证，临近预报和短时预报已取得了初步效果。美国对强天气(包括龙卷和对流风暴)的监测验证结果显示，临界成功指数(critical success index,CSI)已从 0.25(1975 年)上升至 0.50(1991 年)。但总起来说，中尺度天气的预报水平还相当低，更不用说小尺度天气的预报了，对于不少突发性的局地强烈的天气几乎完全报不出来。21 世纪以来，我国不少地区和城市也开展了临近和短时预报试验和业务工作，其中除资料不足以外，主要是没有适当的预报方法，大多数是沿用短期预报的概念和方法，因而预报水平不高，是我们必须解决的一个重要问题。

我国已建设的新一代天气雷达网，为预报员作好临近预报提供了一个很好的平台([彩]图 12.22)。对于突发气象灾害，如果能提前半小时预报出它的位置和强度，同时又能将警报发送到受影响的地区，就可以大大减少生命财产的损失，临近预报的效益是很明显的。在作好灾害性天气临近预报业务的同时，还需要研发客观定量的临近预报系统，接合天气雷达、气象卫星、自动气象站等观测资料和数值预报产品，开发基于边界层、风暴和云特性的预报算法，预报风暴产生、发展和消亡，区分龙卷、冰雹、大风、强降水等，作好临近预报，延长预警的时效，可极大地提高灾害性天气预报与服务的水平。

短时临近预报业务流程见图 12.23，图 12.24。

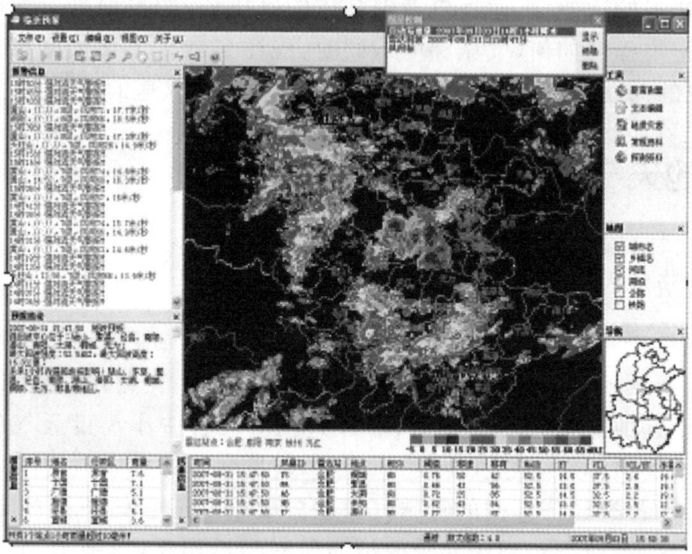

图 12.22　雷达回波(安徽省气象台)

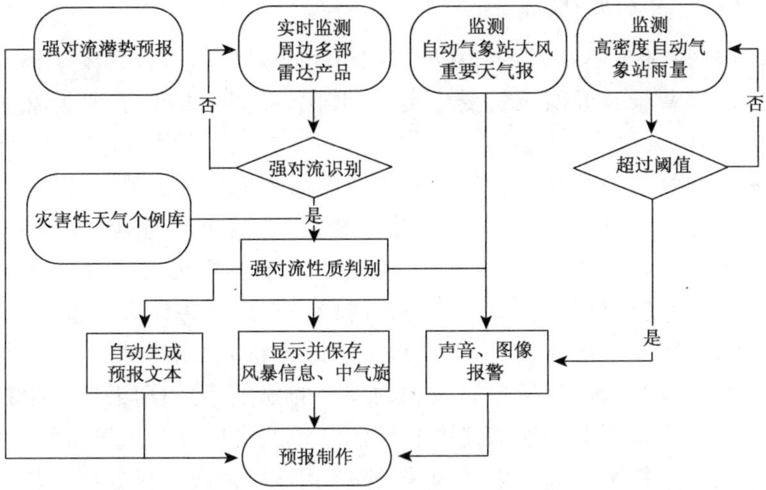

图12.23 临近预报流程

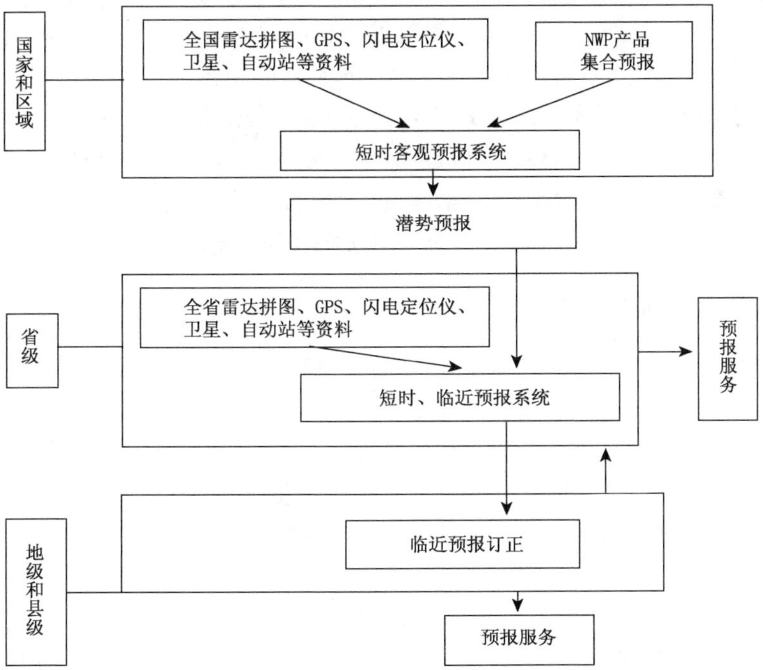

图12.24 全国短临预报服务流程图(中央气象台)

12.5.2 中期天气预报简介

中期天气预报时效一般为4～10 d。制作中期天气预报，首先要掌握天气气候特点，分析天气气候背景和近期天气变化实况；其次，需要分析和了解各家数值模式预报的北半球范围内大尺度环流形势的演变和经纬向环流的发展趋势、环流有无明显转折、南北两支系统的相互影响、锋区、急流和副高等大型环流的演变特点等，同时还要分析850 hPa温度场和地面气压场的分布特点；然后再参考其他图表和客观要素预报，结合预报经验，最后综合分析判断，确定出未来主要天气过程的开始、持续、结束及天气特点等天气趋势预报，重点是中期时段内有无灾害性天气过程。

近年来，随着数值预报的发展，中期预报进入了新的发展时期。中期数值预报提供的大量实时格点场资料，包括形势场和物理量的预报，为中期天气预报提供了丰富的信息，这些信息可以更准确地描述大气环流背景的转换以及天气系统的演变过程。目前，数值预报产品释用已成为中期预报的重要手段，客观预报方法也越来越多。预报员在人机交互处理系统工作站和微机上，调阅分析加工各种数值预报产品、客观预报产品、基本图表、历史资料等，并结合预报经验，综合决策，制作出未来4～15 d中期天气趋势预报和要素预报。

但是由于数值预报的局限性，数值预报产品的误差随预报时效不断增大，因此中期天气预报虽然以数值预报产品为基础，但不能是简单地发布数值预报结果。预报员制作中期预报时，要充分考虑模式的性能，特别是模式最近的预报性能和预报变化的趋势，首先要对产品进行订正。从这个角度来说，中期天气预报应是多结果的集合，不仅是多模式、多方法的客观集合，也包括预报员的主观经验集合。欧洲中期天气预报中心(ECMWF)的各类中期预报目前居于国际领先。

12.5.3 长期天气预报简介

一般把时效在一个月、一季甚至一年的天气预报，称为长期天气预报或短期气候预测。长期天气预报的准确率比短期天气预报要差一些。但由于长期天气预报对人类的生活和生产(特别是农业生产)关系极为密切，故已引起广泛关注。长期天气预报是以大气过程在较长时间内发展的客观规律为依据的，目前多为应用大气韵律活动规律，采用气象要素历史演变相关统计、环流指数变化等方法来制作长期天气预报。

我国现代长期天气预报工作始于涂长望先生。他根据沃克的理论和方法研究了我国冷暖旱涝同世界各地天气，特别是同三大涛动的关系，并建立了回归预报方程。20世纪50年代以来，杨鉴初针对我国台站的实际情况研究出一种运用气象要素历史演变的规律制作一年以上长期预报的方法，对我国广大气象台站开展长期天气预报的业务，起了一定的推动作用。50年代中期以来，我国长期预报工作者对国际四大学派的理论和方法给以较多的注意，并开始探索结合东亚天气气候特点和我国实际情况的长期预报方法。近30年来，在分析我国大范围旱涝同期和前期环流特征，研究东亚自然天气周期、自然天气季节、造成我国剧烈降温的超极地过程的韵律和对我国夏季降水有重大关联的太平洋副热带高压的位相序列等方面做了不少工作，取得了一定成果。60年代初兴起了现代概率统计学长期天气预报方法的研究。时间序列分析、马尔可夫链、逐步回归技术、判别分析、聚类分析、各种相关相似法、多种正交函数分解气象要素场的方法等相继引进中长期预报领域，形成了天气统计学的预报技术。此外，对影响长期天气过程的外部物理因素，如下垫面(海陆和青藏高原)的热力状况，太阳活动和其他天文地球物理因素等都做了不少研究。我国的天气谚语历史悠久，内容丰富，广大台站常以此为线索，在当地的长期天气趋势预报中应用并加以验证。

20世纪70年代以来世界气候异常引起广泛关注，我国不少气象工作者也积极地开展了气候变化的研究，超长期气象预报已成为我国天气气候领域一个活跃的分支。目前，我国已经提出了两种长期天气预报的数值方案，一种是在考虑地球—大气相互作用的基础上先制作地表温度场的预报，而后根据预报的地表温度场计算适应了的高空环流形势场；另一种是以大气温压场的连续演变与下垫面热状况的等价性为基础，使用更多的历史观测资料，实现用环流报环流的数值预报，这两种方案尚处在试验研究阶段。

总之，近几十年来，我国长期天气预报技术发展较快，在分析研究影响长期天气过程的各种物理因子的同时，进行了天气气候学、概率统计学和流体动力—热力学等方面的预报方法的研究和应用，学术水平已有显著提高，对发展我国长期天气预报的业务和为国民经济建设各部门的服务起了积极的作用。

长期天气预报方法(统计方法和动力学方法)是制作长期天气预报的工具。最近几年长期天气预报方法的研究有明显进展，在用做月季预报方面，进展尤为显著。

1.统计方法

统计方法包括：单变量时间序列方法、多变量统计方法等。单变量时间序列方法主要是通过统计模型考虑时间序列的持续性、周期性、准周期性以及随机性等特点来制作预报。这方面国内、国外已有比较详细的总结。最近几年在这方面进展不大，这可能与气象要素变化受外界多种因素影响，自身演变规律不断受到破坏，用时间序列方法有较大局限性有关。

虽然近年来国际上对统计方法做长期天气预报逐渐给予了承认，但统计方法做长期天气预报仍存在不少问题：①有些统计预报方程还缺乏动力学和天气学基础。这就需要在选择预报模型和因子时，注意预报因子和预报量间的物理联系，使预报方程建立在有天气动力学意义的背景下。②统计预报效果不稳定，这一方面与预报模型有关，另一方面也可能与预报方程中因子的选择缺乏物理背景和必要的统计检验有关。最近强调了在做因子选择时，相关场和单要素相关检验中存在的问题，指出了进行显著性检验的重要性。③对极端异常和突变等有重大意义的长期天气现象的预报存在着局限性。此外在统计模型中无法反映预报量与预报因子关系的前后不一致性，这些主要是由统计模型本身特点所决定的。使用滑动平均量对独立样本以及位相的歪曲，也都是在今后应用统计方法时值得注意的问题。

2. 动力学方法

20 世纪 70 年代初至今，随着众多的气候模型不断建立和完善，人们对影响气候的各种物理因子，如不同海域的 SST、CO_2、气溶胶、地形、冰雪、地球轨道参数、O_3、植被和土壤湿度等进行了一系列成功的敏感性试验，加深了对各种物理因子在气候变化中作用的认识。在此背景下，人们更迫切希望出现一种有充分物理依据，并能克服统计预报方法中一些主要缺点且有较高预报水平的长期预报方法。80 年代欧洲中期天气预报中心(ECMWF)中期天气预报业务的不断发展，也给长期数值天气预报研究带来了希望。所以目前人们把注意力越来越多地集中到了第一类气候预报即长期数值预报上。这与洛伦兹当初的预言先做第二类气候预报研究即气候敏感性试验，后做第一类气候预报研究，是一致的。这可从美国第十四届气候诊断年会的报告，WMO 月、季大气变化预报和诊断研讨会文集，以及近十几年发表的一系列文章中看到。最早进行月平均环流预报数值试验的是 Spar 等，距今已有 30 多年了。最近十几年，月平均环流数值预报试验研究在不断增多，在这些月平均环流的 GCM 预报试验中有 5 个特点：①绝大部分 GCM 做的是冬季预报试验；②绝大部分 GCM 预报采用集合方法(LAF、MCF)；③环流采用实际初始场，而海温多用气候平均值，或使异常在积分中持续；④预报个例数较多，结果有较高可信度，但预报对象主要是月平均环流距平，不同研究者使用不同模式做不同个例，得出的结果相差较多；⑤模式多采用中等复杂程度的，而不是最复杂的，这可能一方面与经费限制有关，另一方面与长期天气预报的特点有关。

近年来世界上长期天气预报和研究进入了一个新的发展时期，一方面继续发展和提高目前的天气—统计学和物理统计学方法，另一方面开始了大尺度长期天气过程的大气环流模式和海气耦合动力模式的模拟试验工作，积极进行长期数值预报的探索。

主要参考文献

毕宝贵. 现代天气预报业务介绍.

孔玉寿. 2005. 现代天气预报技术(2 版). 北京：气象出版社.

李建辉.1995.天气预报业务现代化概论.北京:气象出版社.

李泽椿.1996.我国中短期天气预报中待解决的基础性科学问题(现代大气科学前沿与展望).北京:气象出版社.

柳崇健.1998.天气预报技术的若干进展.北京:气象出版社.

卢敬华.1998.数值天气预报引论.北京:气象出版社.

苗春生.2007.人工神经网络方法在短期天气预报中的应用.江南大学学报(自然科学版),6(6).

章国才,矫梅燕,等.2007.现代天气预报技术和方法.北京:气象出版社.

中国气象局教科司.1998.省地气象台短期预报岗位培训教材.北京:气象出版社.

朱乾根,等.2000.天气学原理与方法(4版).北京:气象出版社.

Christophenson D. 1998. Artificial Intelligence in the weather forecast office, one forecaster's view, First Conference on Artificial Intelligence. *B Am Metoerol Soc*, 136-143.

Moltei F, Buizza R, Palmer T N, Petroliagis T. 1996. The ECMWF ensemble prediction system: Methodology and validation. *Q J Roy Meteoro Soc*. 122:73-119.

Persson A, Temperton C. 1997. The enhanced high resolution Ensemble Prediction System. ECMWF Newsletter.

思考题

1. 天气预报技术的发展分为哪几个阶段?
2. 什么是天气?什么是天气系统?什么是天气过程?
3. 短期天气预报方法有哪些?预报思路是什么?
4. 数值模式产品释用有哪些方法?
5. 气象要素预报包括哪些内容?

第13章 季风与中国雨带

季风(monsoon)源于阿拉伯语,意为季节,最初用于阿拉伯海上风的变化。中世纪时,当地商人在航海中发现,每年可观测到两种盛行气流交替出现:4—9月吹西南风,10月至翌年3月吹东北风。中国在宋代的时候,著名文学家苏轼已在其“舶风”一词中记述了季风现象。后来人们便把这种大范围地区盛行风随季节而改变的现象称为季风,这是最早的季风含义。

全球最典型、最强盛的季风区是亚洲季风区,季风活动对该地区社会和经济发展乃至全球气候变化具有重要影响。我国地处东亚季风区,季风对中国气候的作用突出表现在对我国夏季降水时间和空间分布的影响上。人们已经认识到,中国的夏季降水与夏季风之间存在密切关系。季节性大雨带随着夏季风的发展和北进而阶段性地从低纬地区向高纬地区推进,随后夏季风南撤,导致东亚和中国雨季结束。夏季风建立的早晚、北进的快慢和强度变化直接影响着东亚夏季雨带的时空分布及旱涝的发生,夏季风的异常活动将引起本地区和全球尺度的天气、气候变化。例如,著名的1998年夏季长江流域空前的持续性强降水和严重洪涝灾害,其影响范围之大、持续时间之长、为抗灾所动用的人力物力之巨大以及引起的生命财产损失之重大和严重,都与当年夏季风异常活动直接相关。

本章主要介绍季风的基本概念、亚洲季风环流系统、亚洲季风变率及东亚季风与中国雨带的关系等内容。

13.1 季风的概念

13.1.1 季风的定义

人们把由于海陆热力差异或行星风带随季节移动而引起的大范围地区的盛行风随季节而改变的现象称为季风。目前,对季风的认识至少有三点是公认的,即:(1)季风是大范围地区的盛行风向随季节改变的现象,这里强调“大范围”是因为小范围风向受地形影响很大;(2)随着风向变换,控制气团的性质也产生转变,例如,冬季风来时感到空气寒冷干燥,夏季风来时空气温暖潮湿;(3)随着盛行风向的变换,将带来明显的天气气候变化。

实际上，季风是一种与年循环相联系的现象，是大气环流季节变化的一种最典型的情况。

13.1.2　季风形成的基本因子

季风是下垫面附近的大气现象(不包括高空平流层季风)，影响季风形成的基本因子主要是下垫面附近的热力因子。

1. 太阳辐射的经向差异

太阳辐射的经向差异造成的行星风带位置季节性移动，能形成季风环流。由于地球的球形和太阳辐射直射纬度在 23.5°S～23.5°N 之间摆动，造成冬夏相反的位相均匀的经向太阳辐射加热差。当太阳直射在北半球时，地球上最热的地带移到赤道以北，地理上称为热赤道。此时，原来南半球的东南气流必然要越过赤道而吹向北半球，受地球自转影响而向右偏转，便改向为西南气流，这就是西南季风(图 13.1a)。冬季，正好相反，北半球的东北气流越过赤道形成南半球的西北夏季风(图 13.1b)。

2. 海陆热力差异及地形高度差异

地球表面结构不均，存在着辽阔海洋和广大陆地。海陆热力差异，影响地面气压场的形式改变，从而干扰行星风系。海陆面积愈大，干扰也愈显著。例如，亚欧大陆面积广大，亚洲东部紧邻辽阔的太平洋。夏季，大陆强烈受热，近地面空气受热上升形成热低压(亚洲低压)；海洋上气温低于大陆，空气密度大，气压也就高于大陆，气压梯度由海洋指向大陆，于是风由海洋吹向大陆(图 13.1a)。冬季，亚洲大陆北部地表迅速冷却，低空气温很低，形成近地面冷性高压；而海洋上气温相对高于大陆，形成低压，气压梯度与夏季相反，由大陆指向海洋，风由大陆吹向海洋(图 13.1b)。这种因海陆热力差异引起地面气压场转换，一年内盛行风向有规律地周期性改变，形成季风。

地球表面的不均匀还表现在地形高度差异上。青藏高原占我国陆地的 1/4，平均海拔在 4000 m 以上，与海陆热力差异相似，由于青藏高原与自由大气热力性质不同，造成高原与周围自由大气之间的热力差异，从而形成高原附近的冬夏季风，并且对整个亚洲季风有直接影响。

3. 湿过程

空气中水汽的相变及其输送过程能够储存和重新分配热带和副热带大部分地区接受到的太阳能，并有选择地释放这些能量，从而决定季风环流及季风降水的强度和地域。

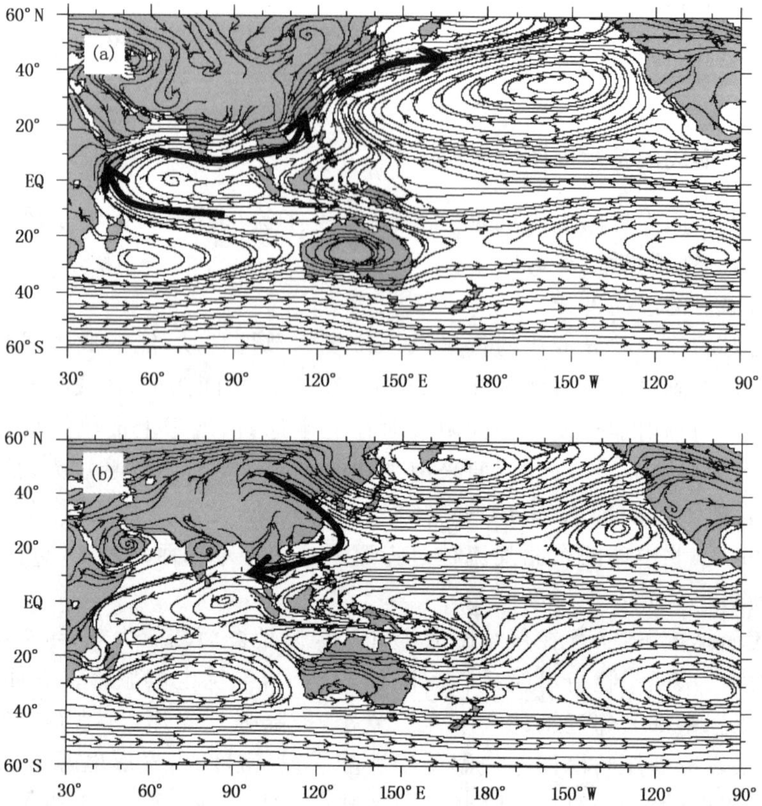

图 13.1 夏季(a.7 月)和冬季(b.1 月)850 hPa 水平流场平均状况

13.1.3 世界季风区

Ramage(1971)总结了中低纬季风环流区。赤道北非、南亚、东亚和澳大利亚北部地区连成一片,成为全世界最大的季风区。有的气象学家把北美大陆的西南部也作为季风气候。

近年来,李建平和曾庆存(2003)利用季风大规模风系逆转的定义重新划分了全球季风区(图 13.2),并根据季风区所在纬度划分为热带季风区、副热带季风区和温寒带季风区。总的说来,季风活动范围很广,一半的热带或者全球的 1/4 区域可以定义为季风气候,它影响着地球上 1/2 人口的生活。

在上述季风区中,最为著名和典型的是亚洲季风区(包括南亚和东亚)。欧亚大陆是世界最大的大陆,太平洋是世界最大的大洋,东亚和南亚(南临印度洋)居于两者之间,海陆的气温对比和季节变化都比其他任何地区显著,所以海陆热力差异形成的

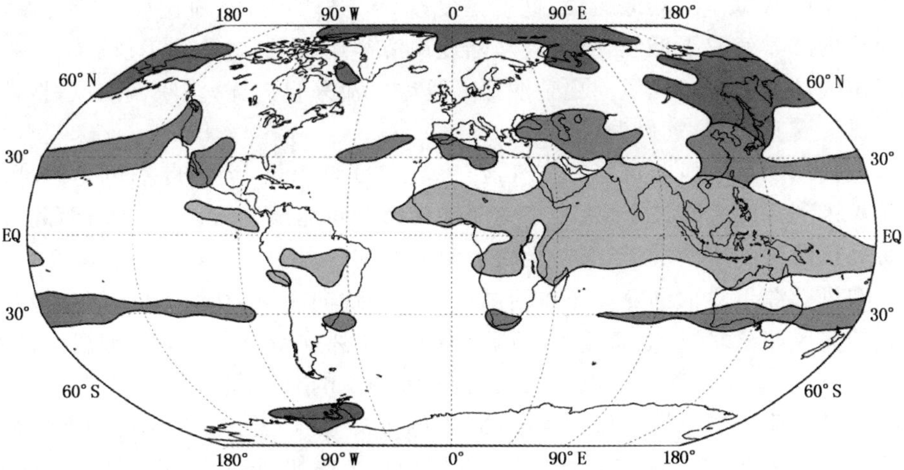

图 13.2　全球季风区域划分(Li,Zeng,2003)
(浅阴影区为热带季风区;稍浅阴影区为副热带季风区,深阴影区为温寒带季风区)

季风在亚洲最为典型。南亚为热带季风区,主要表现为冬季盛行东北季风,夏季盛行西南季风,冬夏季风期间干湿分明,夏季风期间为雨季,冬季风期间为干季。东亚季风区比较复杂,南海－西太平洋一带属于热带季风区,冬季盛行东北季风,夏季盛行西南季风。中国大陆—日本一带为副热带季风区,冬季 30°N 以北盛行西北季风,以南盛行东北季风;夏季盛行西南季风或东南季风。夏季雨量丰富,冬季雨雪较少,干湿季没有热带季风区明显。

中国作为世界上季风显著的国家之一,有冬、夏季风交替的季风区十分广阔。习惯上,人们把能够明显受到夏季风影响的地区称为季风区,而把不受或很少受到夏季风影响的地区称为非季风区。在中国境内,由于冬夏季风的源地、强度不同,其影响范围也不同。势力强的冬季风影响范围广阔,西界位于青藏高原东侧,南界可达南海中部,而夏季风的影响范围却要小得多。因此,人们把夏季风影响的最北界作为季风区与非季风区的分界线。具体划分是以大兴安岭—阴山—贺兰山—巴颜喀拉山—冈底斯山一线为界。该线以东、以南的广大地区为中国的季风区,该线以西、以北的地区为中国的非季风区。

13.1.4　我国夏季风和冬季风的特点

北半球的夏天,当太阳强烈的时候,低纬的海洋并没有北方的陆地热,较重的冷空气形成的高压产生在相对凉爽的海洋上,而温度高的大陆将形成热空气的低压中心,于是气流就从海洋向陆地运动,由于这个高压和低压的定位能持续半年,气流就会在这半年中从海洋向陆地运动，这就是夏季风。在冬天，陆地比海洋冷得多，于是相对温暖的海洋就成了低压，空气就从陆地向海洋运动，这就是冬季风。

我国大部分地区冬夏风向更替明显。夏季气流来自海洋，多吹偏南风，携带着充足的水汽。受其影响，气候湿热、多雨。

影响我国的夏季风起源于三支气流：一是印度夏季风，当印度季风北移时，西南季风可深入到我国大陆；二是流经东南亚和南海的越赤道气流；三是来自西北太平洋副热带高压西侧的东南气流，有时会转为南或西南气流。

冬季风起源于西伯利亚高压。当高压离开源地向南爆发时在其东侧和南侧可产生很强的北风和东北风，这就是冬季风。当东北季风向南流向南海及印尼一带时，可形成冷涌，最后流入到赤道区的赤道槽内，加强那里的对流和降水。

寒潮是东亚冬季风最直接的表现，强大的干冷空气往往移至西伯利亚中部（43°～65°N，70°～90°E）的寒潮关键区停留一段时间，聚集加强，然后在适当天气形势下，爆发南下。冷空气侵入我国的路径主要有三条：西路，冷空气由欧洲西部的北冰洋出发，穿越欧洲大陆，南下到地中海附近，后转向东，经新疆、河西走廊，在河套以西南下，侵入中国中部和南部。中路，冷空气从新地岛附近的北冰洋出发，经西伯利亚西部，进入蒙古和我国新疆，然后经河套和华北南下，到达长江中下游和华南。东路，冷空气向东经西伯利亚东部进入东北地区，然后转折南下，或冷空气由亚洲北部的北冰洋出发，经过西伯利亚和蒙古，径直南下。通常将到达华南、南海等较低纬度地区较强东北风称为冷涌。中国东部地区受东亚冬季风控制，在同纬度温度最低。

13.2 亚洲季风系统

研究表明，无论夏季风还是冬季风，其形成与变化均与环流系统的形成和变化有关。与冬、夏季风相联系的环流系统也有明显的季节变化。这些环流系统的成员包括了中高纬和低纬、北半球和南半球的许多系统，这些系统之间是相互影响的，我们称它们为季风环流系统。

亚洲季风是全球最典型、最强盛的季风系统。亚洲季风系统由东亚季风和南亚（印度）季风两个既相互独立又相互联系的子系统组成（Tao 和 Chen，1987）。而东亚季风又可划分为南海—西太平洋热带季风和中国大陆东部—日本的副热带季风（Zhu 等，1986）。东亚季风与南半球的印尼—北澳季风有着密切联系，称之为亚澳季风系统。这是近 20 年来季风研究的主要成果之一。

13.2.1 南亚（印度）季风环流系统

Krishnamurti 等（1976）最早对南亚（印度）季风环流系统进行了研究，发现印度夏季风及相连的季风槽、南半球低空马斯克林反气旋(马斯克林高压)以及索马里低空越赤道气流和南亚高空反气旋(南亚高压)、高空自北半球向南半球的越赤道气流(图 13.3)之间的变化是相互关联的,这些成员组成了南亚(印度)季风环流系统,系统中各成员的变化都会影响到其他成员的变化。

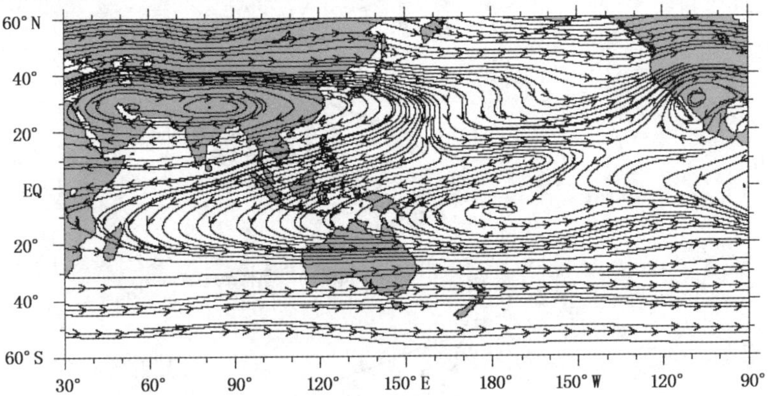

图 13.3　夏季(7 月)200 hPa 水平流场平均状况

13.2.2　东亚季风环流系统

东亚(中国大陆、南海和西太平洋地区)的季风起源及变化源地过去一直是归结到印度季风,许多学者也认为东亚夏季风是印度夏季风向东的延伸。陶诗言等(1987)、陈隆勋等(1991)提出在东亚地区存在一个东亚季风环流系统,它与印度季风环流系统既相互独立又存在相互作用,这种作用不是单向的,而是彼此相互影响。东亚季风和印度季风系统并没有严格的边界,但从许多天气系统变化和发生来看,其边界大致在 100°E。何金海、朱乾根等(1996)更进一步提出影响中国大陆的季风就其来源而言不单是热带季风,在中国的副热带纬度带内存在与副热带高压活动关系密切的副热带季风。亦即,中国大陆夏季既受热带季风影响也受副热带季风影响。有研究认为,南亚地区南面是海洋,北面是大陆,而东亚地区的东、南面都是海洋,海陆配置不同可能导致了两个地区的季风差异。

东亚季风环流系统是亚洲季风系统中一个子系统,它的提出对于研究东亚季风以及我国季风研究有很重要的意义,对我国夏季天气气候成因的研究也起很大作用。

陶诗言、陈隆勋等(1987)最早给出了东亚夏季风环流系统模型(图 13.4)。这个系统的成员在低空包括:澳大利亚低空冷性反气旋(澳洲高压)、东亚地区低空越赤道气流(105°E 或 120°~130°E)、热带西南季风、南海—西太平洋热带辐合带 ITCZ(南海部分常称为南海季风槽)、西太平洋副热带高压、副热带西南季风、梅雨锋(或称副热带季风槽),在高空则包括南亚高压在东亚的部分、南北两支东风急流、南支东风急流形成的自北向南越赤道气流。

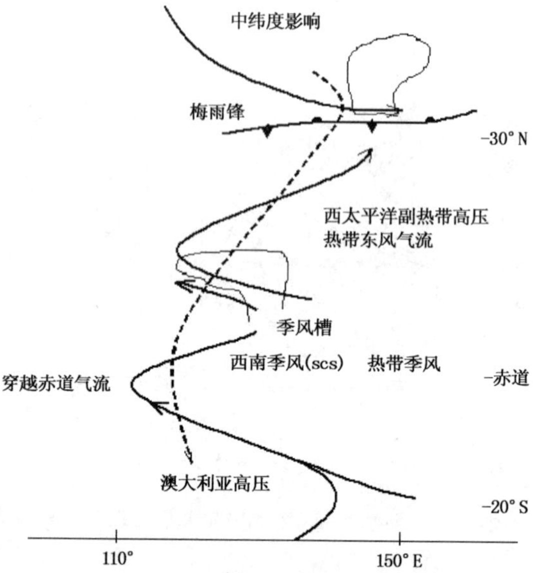

图 13.4 东亚夏季风环流系统模型(引自 Tao 和 Chen,1987)

在我国大陆上盛行由副热带高压的偏东风转向的西南季风。这种西南季风并不是直接从赤道转向的西南季风。习惯上,我们称由副热带高压转向的西南季风为“副热带西南季风”,而称由赤道转向并盛行于 ITCZ 之南的西南季风为“热带西南季风”。

研究表明(何金海等,2007),东亚热带季风与南海—西太平洋热带辐合带 ITCZ 从冬到夏由南向北移动密切相关。热带夏季风的建立主要表现为偏东风向偏西风的突然转变,建立时间主要取决于经向海陆热力差异转向的早晚。而东亚副热带夏季风与副热带锋面联系紧密,建立特征主要表现为偏北风向偏南风的转变,建立时间则更依赖于纬向海陆热力差异的逆转。比较而言,东亚副热带夏季风建立早于热带夏季风,两者是相互独立的两个过程,前者并非后者向北推进的结果;相反,前者建立后的南压促发了后者的爆发。副热带夏季风为渐进式建立,但撤退迅速;热带夏季风爆发突然,但撤退缓慢。

东亚季风环流与印度季风环流之间虽存在一定联系,然而系统却有其独立性。在印度季风系统中的西南季风,主要来自南半球的马斯克林高压。索马里急流穿过赤道并由南向北推进,由于青藏高原的屏障作用,印度季风区主要受热带环流和季风槽影响,这表明印度夏季风系统是单纯的热带环流系统。东亚季风系统的季风气流来源则不同,来自南半球的 105°～120°E 的越赤道偏南气流与来自印度洋的偏西气流及来自西太平洋副热带高压南侧的偏东气流汇合分别形成西南、东南气流，前者是热带性质的季风气流，后者是具有副热带性质的季风气流，这两支气流为东亚季风区提供了暖湿的偏南气流，东亚大陆 100°E 以东地区以及朝鲜、日本都受这些气流影响，这是中国东部夏季降水的水汽主要来源。当这支暖湿气流向北推进与中高纬度环流带来的冷空气相遇后，形成梅雨锋(副热带性质的季风)。这是东亚季风环流与印度季风环流在性质方面的一个主要差异，表明东亚夏季环流及降水也受到中高纬度环流系统的影响。

东亚冬季风系统在低空包括西伯利亚冷高压、东亚沿海东北冬季风、低纬度东北风冷涌、越赤道气流转换成澳大利亚夏季风、澳大利亚热低压等。高空源自澳大利亚夏季风的向北越赤道气流导致东亚副热带西风急流形成。

13.2.3　东亚夏季风的经圈环流

全球低纬地区各个季节的平均经圈环流都是哈得来环流，但是其强度和位置都随季节变化，尤其在北半球夏季，近赤道地区的对流在亚洲季风区可发生最大的经向位移，可达纬度 20°左右，这就是亚洲季风经圈环流。季风区经圈环流冬夏有明显区别，冬季上升支主要在南半球，夏季上升支北移到 20°N 附近，10°～20°N 之间的冬夏季风向几乎相反(图 13.5)。

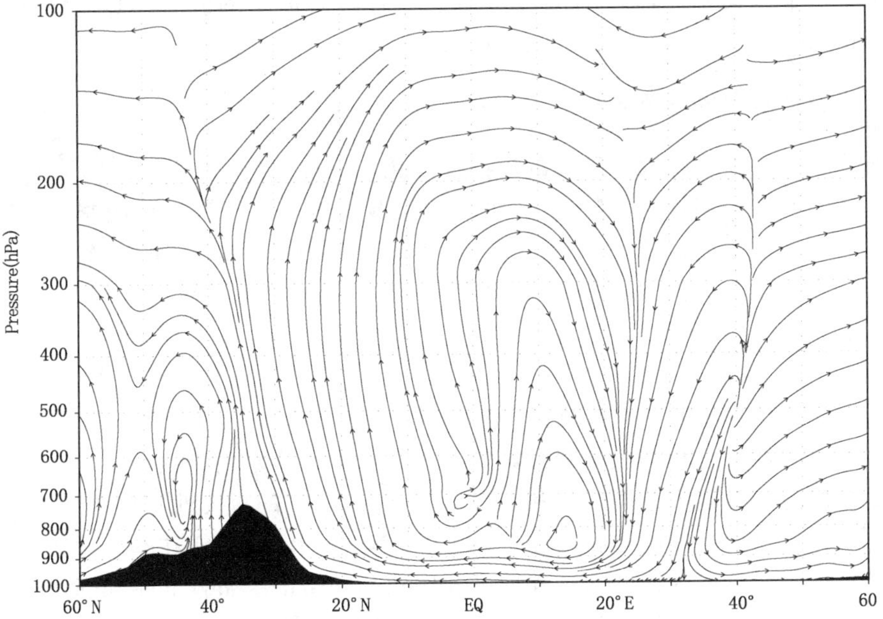

图 13.5　沿 70°～125°E 多年平均的夏季经圈环流

因为青藏高原位于印度季风区北部和东亚季风区的西部，所以从东亚季风区到澳大利亚的经向环流与印度季风区的经向环流不同。在东亚季风区的初夏，气流越过中纬度可到达华南，季风槽（ITCZ）位于15°N，那里对流活动剧烈，并且盛行强的上升运动；由于季风槽所导致的对流层上层强的辐散作用，在15°N上空产生了向北及向赤道的经向气流；由于科氏力效应，向赤道流的经向环流可形成东风急流（15°～10°N）；并且我国的梅雨锋区（日本的Baiu、朝鲜半岛的Changma区）同样有强的对流活动，并导致强上升运动；与前面所述相似，此区域的上升运动，在对流层上层形成向南和向北的经向环流；这样从ITCZ区域来的向北气流与从梅雨锋区来的向南气流相辐合，在25°N上空形成下沉运动，这个下沉运动对副热带高压的形成和维持有重要作用。

强弱夏季风其经向环流有明显不同，东亚夏季风强，其经向环流强；东亚夏季风弱，其经向环流弱。

13.3 亚洲季风的变率

季风最根本的特征就是盛行风向随季节转变。季风及季风区的天气、气候总是呈现出年循环变化规律。这无论从地面风向、降水或高空环流等都可以清楚地看出。

除了季节性变化外，亚洲季风还表现出多种时间尺度的变率，如天气尺度振荡、季节内振荡、年际变化和年代际变化等。

13.3.1 亚洲季风的季节内振荡

所谓大气振荡是指大气环流的周期性变化。一般把时间尺度大于7～10 d小于一个季度的大气振荡称为低频振荡，也称为季节内振荡。亚洲季风的季节内变率主要表现为两种时段的振荡，其一为30～60 d振荡，由于这一段周期是Madden和Julian（1971，1972）在赤道地区首次发现的，一般称其为MJO（Madden-Julian oscillation）。另一种为10～20 d振荡，也称准双周振荡，简称为QBWO（quasi-biweekly oscillation）。这两个周期变化是互相联系的，且在季风区最突出。在季风地区，它们的活动均与季风环流及季风降水的中期变化（季风的建立、中断、活跃和撤退）有关。这两种振荡的相对位相和振幅能够确定特定年份季风降水的特性。

低频振荡直接同大范围天气和气候异常有关，但它的重要性不仅在于它本身，还因为它与其他时间尺度的变化存在着显著的相互作用。首先它在季风地区的向北传播可以导致印度季风的活跃与中断以及我国东部雨带的季节性北跳和降水的低频变化；它和季节变化的结合可以影响季风建立与撤退的年际变化；它对短期振荡具有明显的调控作用。

在低频振荡的所有特征中，纬向传播和经向传播是其最重要的特征，尤其在南亚和东亚夏季风区。低频振荡在亚洲季风区的经向环流不仅构成了南北半球环流相互作用的重要方式，而且本身也与联结南北半球环流的季风经圈环流密切相关。

低频振荡与其他时间尺度的振荡之间存在相互作用。Lau 和 Chan(1986)最先提出 40～50 d 向东传播的低频振荡可能是 ENSO 事件的促发机制。另一方面，ENSO现象又会改变低频振荡的大尺度特征和传播特性。

低频振荡与季风建立和撤退之间有密切的关系(Murakami 等，1986)。无论是南半球的澳大利亚还是北半球的孟加拉湾，夏季风的建立和撤退是在季节变化具备之后(对夏季风建立而言是干位相转为湿位相，对夏季风撤退而言是湿位相转化为干位相)，由低频振荡触发(即低频振荡的第一个湿位相或干位相)而产生的。

低频振荡与我国夏季风及其降水密切相关。几乎低频振荡的每一次增强传播均对应着一次重要的大型天气过程。大量研究表明，低频振荡的北进期与季节变化的北进期相叠加时，就可以使副热带季风及相伴雨区产生北跃，当处于周期的其他阶段时，则北移缓慢或停滞。因此，我国大陆副热带季风的低频振荡主要表现在夏季风向北推进过程中的阶段性。

东亚冬季风是北半球极为活跃的环流系统，其低频振荡的特点也受到关注。研究发现，东亚大陆冬季风低频振荡具有明显的地区性，华北和长江流域(约 28°N 以北)比南部地区强；冬季风期间，东亚大陆的低频波经向传播主要是由北向南传播的，大多数年份可以传播至东亚大陆南端，历时约 3～6 d，但这种传播在长江流域以北地区表现更清楚，在长江以南地区一方面受到冬季风本身的影响，另一方面还受到来自热带地区及南半球夏季风低频振荡等因素的影响，使得经向传播往往变得复杂。

13.3.2　亚洲季风的年际变率

季风的一个主要特点是年际变化大。为了反映特定区域季风的年际变化，定义一个有代表性的表征季风强弱变化的指数是十分必要的。目前有关季风指数的研究大致有三方面：一种是直接从季风环流本身出发，选择一个区域平均的风场(经向、纬向)或散度场或涡度场或水汽输送场去描述季风的强度；第二种是选择一个区域平均的降水量或对流参数(如向外长波辐射 OLR 等)与环流相结合去描述季风的强度；第三种是用经向海陆温差或纬向海陆温差或者它们的结合作为描述东亚夏季风强度的指数。

Webster 和 Yang(1992)将(0°～20°N，40°～110°E)高低层风切变作为南亚季风指数。Wang 和 Fan(1999)将(10°～25°N，70°～100°E)和(10°～20°N，115°～140°E)面积平均的 OLR 距平分别表征印度夏季风区和东南亚夏季风区的对流指数。南海季风试验(SCSMEX)的相关研究小组曾将季风指数归纳在一本小册子中(何金海等,2001)。

但是由于东夏季风尤其是副热带季风的复杂性,客观和定量地描述大范围季风的变化仍然是一个难题,至今仍无一个得到广泛认可的东亚季风指数。

研究表明,东亚夏季风强度具有明显的准 2a 和 3～6a 周期振荡,但其振荡和周期具有显著的年代际异常,反映出东亚夏季风变化的复杂性。事实上,准 2a 振荡(QBO)是亚洲季风环流系统的一种主要年际变化,这一周期不仅出现在季风本身,也出现在季风环流系统包括我国的降水和气温场中。例如,东亚夏季降水也存在明显的准两年振荡,特别在江淮流域、黄河流域和华北地区更为明显。除此之外,亚洲季风还有明显的准 3.5a(QTO)和准 5～6a 等年际变化周期。

影响亚洲季风包括季风区降水年际变化的因子很多,最主要的是海洋的影响,如恩索(ENSO)和暖池的影响、印度洋海温的影响。陆面过程也对季风的年际变化起着至关重要的作用,如青藏高原热力作用、欧亚雪盖与南北极海冰等。

13.3.3 亚洲季风的年代际变率

亚洲季风区大气环流还表现出一定的年代际变化。由于表征季风的指标和资料长度有异,对这一尺度周期值的认识有较大差别。一般认为 11a 是一个主要周期。大量研究揭示,1976 年前后大气环流场和北太平洋海温场均发生突变。与之相对应,东亚夏季风也发生了显著突变并表现为强度明显减弱。1976 年以后,亚洲中高纬地区经向环流异常显著,来自高纬地区的东亚异常偏北气流可以抵达孟加拉湾、大洋洲西北部和中西太平洋,从而使 1976 年以后东亚夏季风明显减弱,热带太平洋出现西风异常,夏季西太平洋副高强度偏强,位置偏南。与此同时,中国夏季降水分布型也有显著变化,1976 年以前,从北到南降水异常呈"－＋－＋"型分布,华北降水偏多,长江中下游降水偏少。1976 年后,夏季降水呈"＋－＋－"型分布,华北旱,长江涝。

研究发现,赤道中、东太平洋海表温度异常有明显的年代际变化,即在 1970 年代热带中、东太平洋的海水是冷的,而在 1980—1990 年代海水变暖。从 1977 年到现在,热带中、东太平洋发生了年代际的厄尔尼诺现象,这个年代际的厄尔尼诺事件减弱了亚洲夏季风。

另外,东亚冬季风也存在明显的年代际变化,从 1970 年代后期到 1980 年代后期东亚冬季风趋于减弱。

13.3.4 亚洲夏季风变率与中国旱涝的关系

我国地处亚洲季风区,由于亚洲季风年际和年代际变化很大,因此我国旱涝灾害频繁发生,尤其 1980 年代以来,大范围旱涝等重大气候灾害已给我国工农业生产和国民经济带来严重损失。

根据 1951 年以来的中国夏季(6—8 月)降水距平百分率分布图，着眼于 105°E 以东的东部地区，把多雨区内降水距平百分率最大的区域作为主要雨带，划分出三类的主要雨型(赵振国，2000)：

1 类雨型(北方型)：主要多雨带位于黄河流域及其以北地区，江淮流域大范围少雨，梅雨偏弱并常有较明显的伏旱，江南南部至华南一般为一次要多雨区(图13.aa)。

2 类雨型(中间型)；主要多雨带位于黄河至长江之间，雨带中心一般在淮河流域一带，黄河以北及长江以南大部地区少雨(图 13.6b)。

3 类雨型(南方型)：主要多雨带位于长江流域或江南一带，淮河以北大部及东南沿海地区少雨(图 13.bc)。

很多研究表明，东亚夏季风的强弱变化与中国降水有着密切关系。强夏季风年，主要雨带偏北，江淮流域和长江中下游地区明显干旱，华南、华北降水偏多，该降水分布型类似 1 类雨型分布。弱夏季风年，主要雨带偏南，江淮流域和长江中下游降水明显偏多，华北降水偏少，该降水分布型类似 2 类雨型或者 3 类雨型分布。

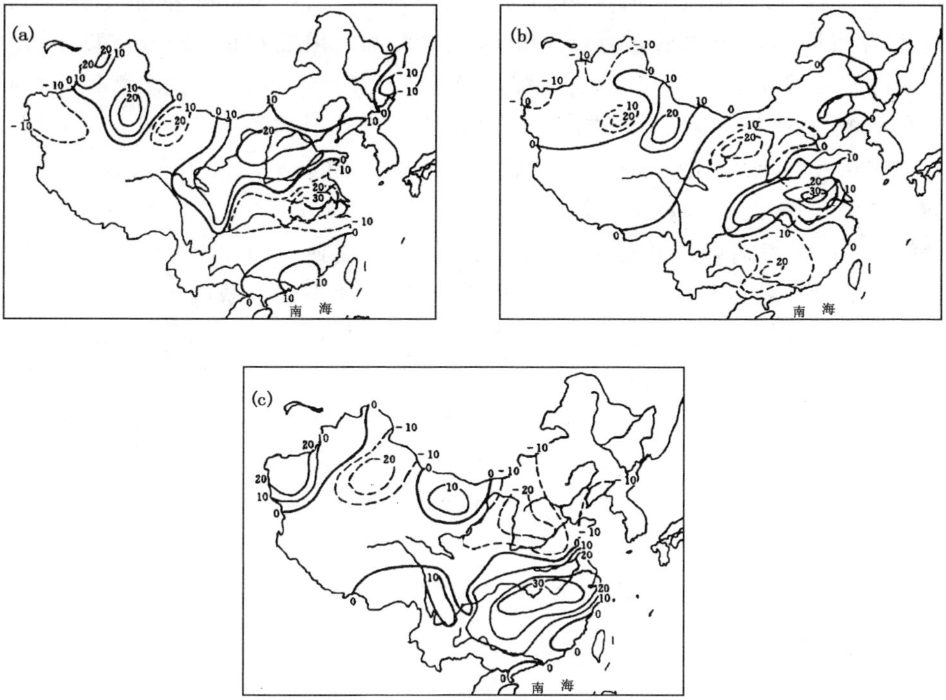

图 13.6　我国三类主要雨型(赵振国，2000)

(a：1 类雨型；b：2 类雨型 c：3 类雨型)

13.4 东亚季风与中国雨季的几个阶段

东亚夏季风活动与东亚主要雨带的季节进程及旱涝关系密切，中国的主要雨带以两次北跳、三次准静止的阶段性方式随季节向北推进，中国历史上持续性大暴雨形成的环流背景都与东亚季风环流的异常活动密切相关。从东亚夏季风的季节进退上来看，夏季风一般经历爆发、活跃、中断和撤退 4 个阶段。当夏季风在某一地区开始盛行时，当地雨期开始，而当夏季风达到鼎盛时期时，该地区则转入相对干旱期，而雨带继续北移推进。在我国东部，雨带从华南移到华北历时 3 个多月。在北移的过程中，雨带分别在华南、江淮和华北地区停留，形成当地的雨季。

13.4.1 中国降水的气候概况

我国幅员辽阔，地形复杂，各地年雨量分布得极不均匀，一般来讲，从东南沿海向西北内陆减少。台湾省、海南岛和东南沿海的广东、广西、福建、浙江南部大致在 2000 mm 左右，长江流域为 1200 mm 左右，云贵高原为 1000 mm 左右，黄河下游、陕甘南部，华北平原和东北平原为 600 mm 左右，而西北内陆则在 200 mm 以下；此外，青藏高原西北部还不足 50 mm，而南疆沙漠地区仅有 10 mm。绝大多数地区雨量都集中在夏季，有明显的雨季、干季之分。各地雨季起讫时间不一。西部高原地区雨季和干季的相互转化比东部地区更加清楚。云贵高原雨季平均是从 5 月下旬开始，10 月下旬结束，雨季的降水量比干季要大九倍之多。青藏高原北部雨季平均从 6 月中旬开始，10 月下旬结束。就整个高原而言，东北部比西南、西北部开始早、结束晚。新疆降水的特点是全年分布比较均匀，雨季、干季并不明显。我国东部地区雨季一般是南部比北部开始早、结束晚。华南沿海雨季在 5 月开始，10 月中旬结束，长江流域在 6 月上、中旬开始，9 月初结束，华北、东北雨季在 7 月中旬开始，8 月底结束。

雨季中，降水分布也不均匀，不少地区仍有相对的干期出现。如西北高原相对干期在 7 月中旬至 8 月中旬。长江流域东部相对干期在 7 月中旬至 8 月中旬。华南大约在 6 月下旬开始，7 月下旬结束。华北和东北相对干期不明显。相对干期严重的地区，容易造成伏旱。由上可见，西北高原、华南、长江流域雨季中的降水量有两个集中期，从而使得各地雨季分成两个阶段。

13.4.2 东亚夏季风的建立和推进与雨带活动

我国各地雨季起讫时间虽然有所不同，但却有其内部规律。如我国东部地区各地的雨期，就是由于主要的大范围雨带南北位移所造成，而大雨带的位移又与东亚季风的季节进退密切相关。

早期的研究把亚洲夏季风的建立和推进主要分为两个阶段。平均而言，第一个阶段开始于5月中旬，而第二阶段出现在6月上旬，首先孟加拉湾季风建立，继而6月中旬印度西岸季风建立。即整个建立过程是由南海向印度半岛推进，历时约一个月。对南海夏季风而言，5月第4候是目前比较公认的爆发日期。

"南海季风试验(SCSMEX)"的总结报告进一步把亚洲夏季风的爆发和推进分为四个阶段，第一阶段通常于4月末、5月初在苏门答腊、中南半岛西部的南端开始。但该地区4月末到5月初的降水会受到中纬度影响；第二阶段夏季风开始盛行于大范围地区，向北推进到孟加拉湾，向东到南海。扩展的过程一般很急剧或快速，最可能发生在5月中到下旬。南海夏季风的爆发正好发生在这一阶段；第三阶段以印度季风爆发和东亚雨季如长江流域和日本的梅雨(Baiu)到来为主要特征，这些重大事件一般在6月上、中旬；第四阶段是夏季风可在7月上中旬推进到我国华北、朝鲜半岛(Changma)甚至日本北部，7月后半月东北雨季开始，该区域内盛行夏季风(丁一汇等，2004)。

柳艳菊，丁一汇等(2007)进一步讨论了亚洲夏季风的建立。亚洲热带夏季风最早于4月底(第24候)在赤道东印度洋和苏门答腊地区建立。5月2候(第26候)热带夏季风在孟加拉湾东部及中南半岛地区建立，从而标志着该地热带夏季风的爆发。及至5月4候(第28候)热带夏季风向东北推进到南海中部，标志着南海夏季风的爆发。5月底6月初热带夏季风向西北推进的前沿已经抵达印度半岛南端，及至6月第1—2候(第31—32候)，来自印度西海岸和孟加拉湾的两支热带夏季风在印度半岛中部汇合，标志着印度季风的爆发。7月上旬，上述两支热带夏季风已经到达印度西北部，从而标志着热带夏季风在印度全境建立(图13.7)。而在东亚大陆地区(图13.8)，夏季风已于6月第1—2候推进到长江流域及其以南地区，7月中旬，夏季风再次推进到华北，下旬至8月初抵达东北地区，这是亚洲夏季风可以到达的最北端的位置(王安宇等，1999)。

表现在降水上，从5月中下旬开始中国华南地区出现前汛期夏季风降水。6月上旬降水带迅速北移，中旬推进到长江流域以后，雨带在江淮之间摆动1个月左右，在湖北宜昌以东28°～34°N之间形成阴雨连绵的天气，雨量很大，由于这一时期正是江南梅子成熟时，人们称其为"江淮梅雨"，同时日本Baiu雨带开始。梅雨锋在长江流域持续到7月上旬，其后雨带再次北移并于7月中旬到8月抵达华北、东北等地区，形成华北、东北雨季。同时，江淮地区的"梅雨"结束，进入相对干季。整个过程表现为三个阶段性静止和两次突然北跳，历时3个多月。该过程与西太平洋副热带高压的活动关系密切。

西太平洋副热带高压是东亚季风环流系统的重要成员之一，其活动对我国天气、气候有重要影响，特别是它西部的高压脊。副高的范围在500 hPa图上，用588

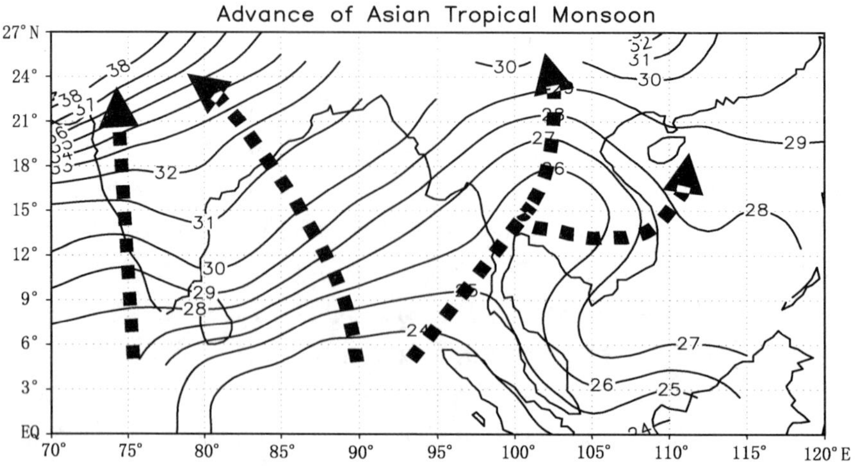

图 13.7 亚洲热带夏季风前沿推进图(柳艳菊等,2007)(单位:候)

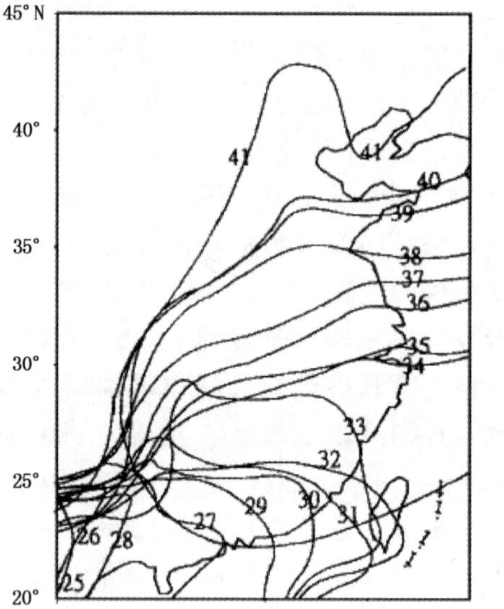

图 13.8 14 a(1983—1996)平均的我国东部夏季风的逐候推进(王安宇等,1999)
(图中数字单位:候)

dagpm线表示。它的位置和强度随季节而变化。其位置的变化:南北方向,用副高脊线所在纬度的平均值代表。6—8 月脊线平均位于 24°N。东西方向用 588 dagpm 线西伸端点所在经度代表,平均位于 122°E。我国大范围雨带一般位于 500 hPa 西太平洋副高脊线北侧 8～10 个纬度,从冬到夏,副高北进,雨带也北进;从夏到冬,副高南退，雨带也南撤，如果副高位置稳定少动，则雨带位置也相对稳定。每年 6 月以前，副高脊线位于 20°N 以南，高压北缘是沿副高脊线北上的暖湿气流与中纬度南下的冷空气相交绥地区，锋面、气旋活动频繁，形成大范围阴雨天气，受其影响华南进入雨季；到 6 月中、下旬，副高脊线北跳，并稳定在 20°～25°N，雨带随之北移，长江中下游地区进入雨季，即梅雨；7 月上、中旬，副高脊线再次北跳，摆动在 25°～30°N，这时黄河下游地区进入雨季。长江中下游地区的梅雨结束，进入盛夏。由于处于高压脊控制，出现伏旱；7 月末至 8 月初，副高脊线跨越 30°N，到达一年中最北位置，雨带随之北移，华北北部、东北地区进入雨季；8 月底或 9 月初，高压脊开始南退，雨带随之南移。10 月以后，高压脊退至 20°N 以南，大部分地区雨季结束。从上述可知，西太平洋副热带高压的季节性活动特点：夏季北进时，持续时间较长，移动速度较慢，而秋季南退时，却时间短，速度快。

13.4.3　江淮梅雨

梅雨，即每年初夏（6—7 月）时期从我国长江流域到日本南部常常出现的一段降水量较大、降水次数较为频繁的连阴雨天气。因时值梅子黄熟，故名。又因这时温高、湿重、雨多，器物容易受潮生霉、故又名“霉雨”。

梅雨是东亚夏季风推进过程中的产物，也是夏季风雨带推进的一个重要阶段。梅雨产生于西太平洋副热带高压边缘的锋区，俗称梅雨锋，它是极地气团和副热带气团相互作用的产物。梅雨雨带的位置和稳定性，与副热带高压的位置和强度密切相关，还与西风带有无利于冷空气南下到达长江流域的环流形势有关。每年 6 月上中旬，当大气环流形势产生比较大的调整，西太平洋副热带高压脊线跳到 20°N 时，开始进入梅雨期，俗称“入梅”，此后，主要雨带大体上呈东西向且维持在江淮流域。当西太平洋副热带高压脊线进一步北跳，越过 25°N 时，梅雨结束，俗称“出梅”，时间为 7 月上旬到中旬，梅雨期一般为 20～25 d。出梅后盛夏开始，长江流域进入伏旱期。有时在梅雨的前期，江淮流域 5 月下旬也出现一段阴雨天气，常称之为“迎梅雨”。

梅雨的年际变化很大，每年入、出梅时间和梅雨期长短、梅雨量多寡也很不一致。有的年份梅雨期可长达 1 个多月，有的年份只有几天，少数年份甚至不出现梅雨，称之为“空梅”。

梅雨期具有鲜明的气候特征。首先，梅雨期内雨区成片、范围广泛。宋绍熙年间赵师秀在《约客》诗中有“黄梅时节家家雨，青草池塘处处蛙，有约不来过夜半，闲敲棋子落灯光”的形象描述。诗中的“家家雨”，意指处处皆雨，雨区范围极广，形象地写明了梅雨时节的主要气候特征。雨带的长期停留，常会引发洪涝灾害。例如 1954 年、1991 年梅雨带稳定在江淮流域，造成上百万平方千米的区域出现特大洪涝。

其次，梅雨期内阴雨连绵、降雨量大。梅雨期的降水，不仅范围广，而且雨量大。

长江中下游平均梅雨期为 25 d，长的梅雨雨日可占全年总雨日的 15%左右。梅雨地区全年大雨、暴雨日的 1/3 左右，都出现在梅雨期。梅雨量一般占全年雨量的 20%～30%，有时甚至达 50%。如长江中下游的上海、南京、芜湖、九江和汉口 5 站，平均梅雨量为 250 mm 左右。因此，民间素有“一到梅子熟、萧萧雨不歇”的说法。

第三，梅雨期内天气高温、高湿、闷热。相对湿度大、云多、日照时间短、地面风力小是梅雨天气的重要特征。在梅雨期内，除降水量显著增多外，湿度也增大，常出现饱和乃至过饱和状态。因为气温较高风力又小，在墙壁和缸壁上会出现大量水珠凝聚的现象。高湿度易导致衣物发霉，明代谢在杭曾记述“江南每岁三四月，苦淫雨不止，百物霉腐，俗谓之梅雨，盖当梅子青黄时也。自徐淮而北则春夏常旱，至六七月之交，愁霖雨不止，物始霉焉”，就是对梅雨期高温高湿天气的形象描述。

第四，梅雨期内常发生暴雨。长江中下游地区 40%的大到暴雨集中在 6 月中旬到 7 月中旬的梅雨期内。尽管在一般情况下，梅雨期暴雨的强度较之台风等其他系统的暴雨强度要小，但由于梅雨期内冷暖空气交绥频繁，暴雨发生率高，历时长，故降水量依然相当可观，常常给人民生命财产造成损失。梅雨期内的暴雨，是构成总梅雨量的重要部分。例如 1954 年梅雨期上海出现大到暴雨的日数为 7 d，但其总雨量却占总梅雨量的 59%，达 304 mm；汉口大到暴雨 14 d，其雨量占总梅雨量的 80%，达到 827 mm。因此，梅雨期暴雨在整个梅雨期乃至全年的降水量中，占有举足轻重的地位。

梅雨期开始时，高层(100 hPa 或 200 hPa)的南亚高压从高原向东移动，位于长江流域上空，当高压消失或东移出海时，梅雨即告结束。根据多年统计的梅雨期间 6 月的月平均 500 hPa 环流图，在丰梅年，副高呈东西向带状分布，高压中心在台湾东部和 160°E 附近，副高的平均脊线位置在 20°～23°N，588 dagpm 线西伸至中印半岛，孟加拉湾附近明显维持一低压槽。另外，在朝鲜半岛至我国长江中下游地区为一东北—西南向低压槽所控制，它就是造成相应梅雨锋系维持的稳定槽。同时，在中高纬西风带，从西伯利亚东部至鄂霍次克海为高压脊(阻高)控制。副高区的上述环流形势保证了长江中下游大范围盛行西南气流，带来充沛的水汽；而鄂霍次克海阻高的存在，使中高纬度上游的冷空气从贝加尔湖一带不断向南分裂和补充到江淮地区，这有利于江淮流域暖、冷空气交绥并维持梅雨锋系。低层 850 hPa 或 700 hPa 上，则为江淮切变线，切变线之南有一与之几近平行的低空西南风急流，雨带主要位于低空急流和 700 hPa 切变线之间。地面则配合有梅雨锋存在(图 13.9)。

13.4.4 东亚夏季风的撤退与冬季风的建立

东亚季风另一次明显的季节变化发生在 9 月中旬至 10 月。在低层，变化主要表现在西南夏季风撤退和偏北冬季风的建立。研究表明，这种由夏转秋的变化非常迅速。9 月，受冬季风的逼迫，夏季风迅速撤回到长江以南，雨带也随着南移，秋高气爽

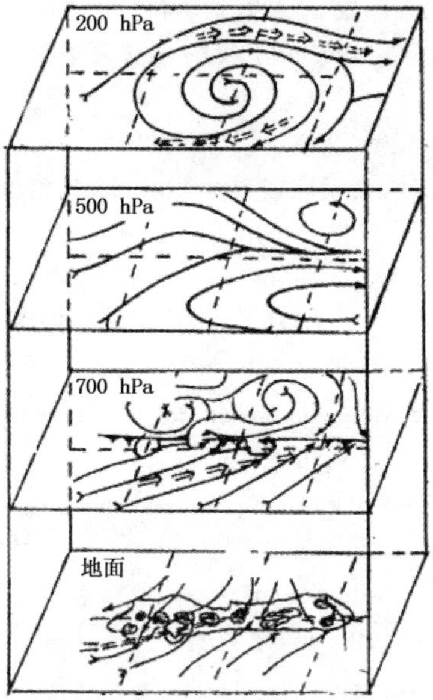

图 13.9　梅雨期各层环流概略图(朱乾根等,1992)

天气在华北、华中出现。10 月,夏季风撤离大陆,各地雨季先后结束。可见,夏季风用了 3 个多月的时间才占领了我国东部的大部分地区,但在入秋后迅速南下的冬季风的夹击下,夏季风节节败退,在不到 1 个月的时间之内就几乎完全撤出大陆,退回了南海。总而言之,我国南方雨季开始早而结束晚,雨季长、降水多;北方的雨季开始晚而结束早,雨季短,降水少。

夏季风在印度和中南半岛的撤退开始较晚,9 月底西南季风仍控制着除印度半岛西北角外的地区。季风基本上按原路从西北向东南方向收缩。印度季风撤退相当缓慢,持续 3 个多月,这种特征显然与北面青藏高原和伊朗高原对冷空气的阻挡作用有关。

主要参考文献

陈隆勋,朱乾根,罗会邦,等. 1991. 东亚季风. 北京:气象出版社.

丁一汇,李崇银,何金海,等. 2004. 南海季风试验与东亚夏季风. 气象学报,**62**(5):561-586.

何金海,丁一汇,高辉,等. 2001. 南海夏季风建立日期的确定与季风指数. 北京:气象出版社.

何金海,祁莉,韦晋,等. 2007. 关于东亚副热带季风和热带季风的再认识. 大气科学,**31**(6):1257-1265.

何金海,朱乾根,Murakami M. 1996. TBB 资料揭示的亚澳季风区季节转换及亚洲夏季风建立的特征. 热带气象学报,**12**(1):34-42.

陶诗言.1987.东亚和世界季风气候问题(摘要).地球科学进展,**6**:18-19.

王安宇,吴池胜,林文实,杨艳,等.1999.关于我国东部夏季风进退的定义.高原气象,**18**(3):400-408.

赵振国.2000.中国夏季旱涝及环境场.北京:气象出版社.

朱乾根,林锦瑞,寿绍文,等.1992.天气学原理和方法.北京:气象出版社.

Krishnamurti T N, Bhalme H N. 1976. Oscillations of a Monsoon System. Part I. Observational Aspects. *J Atmos Sci*, **33**(10):1937-1954.

Lau K M, Chan P H. 1986. The 40-50 Day Oscillation and the El Ni? o/Southern Oscillation: A New Perspective. *B Am Meteorol Soc*, **67**(5):533-534.

Li J P, Zeng Q C. 2003. A New Monsoon Index and the Geographical Distribution of the Global Monsoons. *Adv Atmos Sci*, **20**(2):299-302.

Liu Y J, Ding Y H. 2007. Analysis of Basic Features of the Onset of the Asian Summer Monsoon. *Acta Meteorologica Sinica*, **21**(3):257-276.

Madden R A, Julian P R. 1971. Detection of a 40-50 Day Oscillation in the Zonal Wind in the Tropical Pacific. *J Atmos Sci*, **28**(5):702-708.

Madden R A, Julian P R. 1972. Description of Global Scale Circulation Cells in the Tropics with 40—50 Day Period. *J Atmos Sci*, **29**(6):1109-1123.

Murakami T, Chen L X, Xie A. 1986. Relationship among Seasonal Cycles, Low-Frequency Oscillations, and Transient Disturbances as Revealed from Outgoing Longwave Radiation Data. *Mon Wea Rev*, **114**(8):1456-1465.

Ramage C S. 1971. Monsoon meteorology. International geophysics series.

Tao S Y, Chen L X. 1987. A review of recent research on East Asian summer monsoon in China, monsoon meteorology. Oxford University Press:60-92.

Wang B, Fan Z. 1999. Choice of South Asian Summer Monsoon Indices. *B Am Meteorol Soc*, **80**(4):629-638.

Webster P J, Yang S. 1992. Monsoon and ENSO: Selectively Interactive Systems. *Q J Roy Meteoro Soc*, **118**:877-926.

Zhu Q G, He J H, Wang P X. 1986. A Study of Circulation Differences Between East-Asian and Indian Summer Monsoons with Their Interaction. *Adv Atmos Sci*, **3**(4):466-477.

思考题

1.什么是季风？维持季风的主要机制是什么？

2.简述东亚夏季风系统的主要成员

3.中国夏季雨带推进的主要特点是什么？

4.什么是梅雨？其有哪些主要特征？

5.中国夏季有哪三个主要的异常雨型？

第 14 章　厄尔尼诺与南方涛动

近年来，各类媒体越来越关注这样一个名词——厄尔尼诺(El Niño)。众多气候现象与灾难都被归结到厄尔尼诺的肆虐上，例如印尼的森林大火、巴西的暴雨、北美的洪水及暴雨、非洲的干旱等等。现在气象学家所说的“厄尔尼诺”现象是指在赤道中、东太平洋海区出现持续半年以上的大范围的海表面温度异常增暖的现象。因此，可以说厄尔尼诺是一个海洋现象，要认识厄尔尼诺首先要了解太平洋，特别是热带太平洋海温的分布情况。

14.1　海水温度分布及洋流

14.1.1　海表面温度水平分布特征

图 14.1 是多年平均的全球海表面温度(sea surface temperature，SST)分布图。从图可知，海表面温度成条带状，沿纬度增加而逐渐减小，一般来说，低纬度海区的水温高于高纬度海区的水温。同一海区的水温，夏季高些，冬季低些。同纬度海区，有

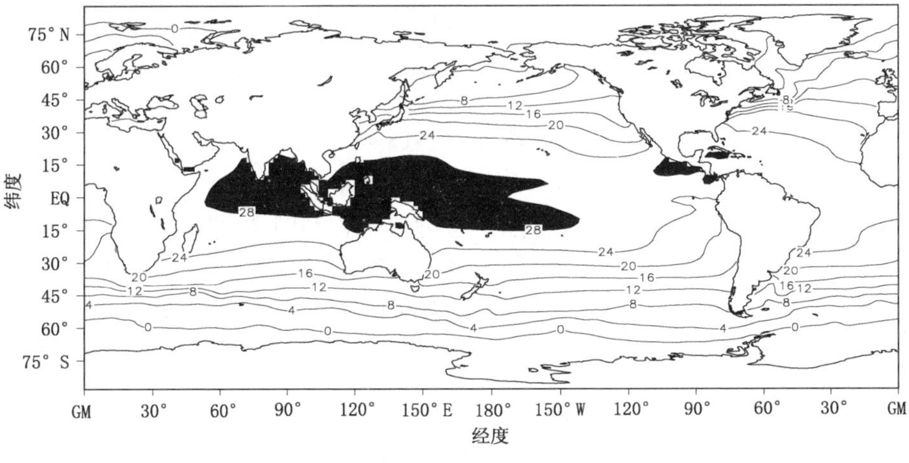

图 14.1　全球海表面年平均温度(单位：℃，阴影区为≥28℃的区域)

暖流流经的海区水温要比有寒流流经的海区高。大洋东、西边界等温线弯曲方向相反。特别值得注意的是，在赤道东太平洋有一个明显的冷舌（SST 只有 22℃左右），而热带西太平洋是全球海温最高的海域，常年维持着 28℃以上的高温（见图中阴影区），全球大约 90%的暖海水集中在这里，这就是著名的西太平洋暖池。通常情况下，赤道太平洋海区维持着东冷西暖的分布特征，东西海温相差 6℃以上。

14.1.2 海温的垂直分布特征

如果想简单说明厄尔尼诺是怎样形成的并不是一件容易的事，还需要了解赤道太平洋次表层（海平面以下几百米深）的海水温度分布情况。图 14.2 给出沿赤道太平洋次表层月平均海温深度—经度剖面图，图中海水温度随深度增加而递减，表层高，随深度增加而降低，尤其是位于海表面及其以下 200 m 深度内的海温变化明显。

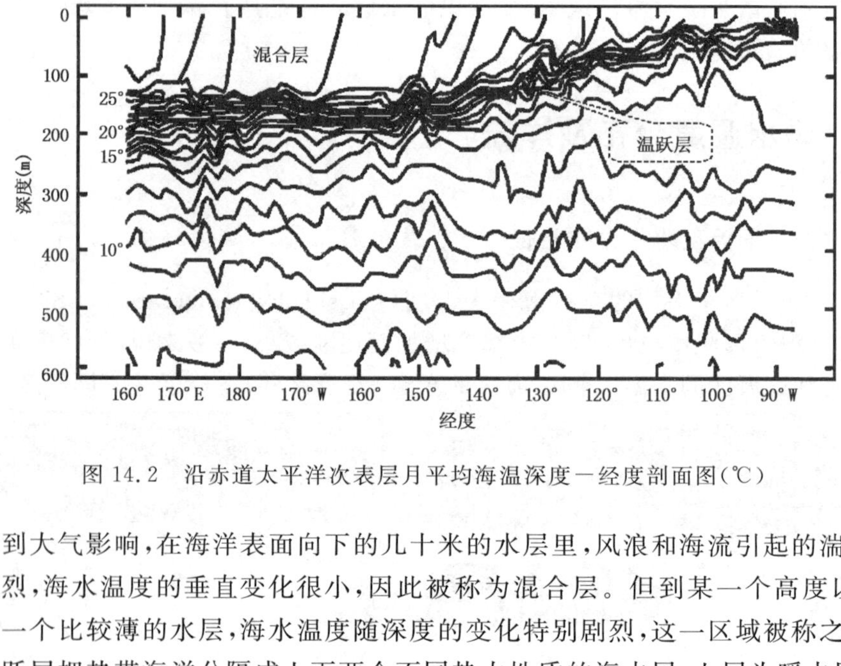

图 14.2 沿赤道太平洋次表层月平均海温深度—经度剖面图（℃）

受到大气影响，在海洋表面向下的几十米的水层里，风浪和海流引起的湍流混合十分强烈，海水温度的垂直变化很小，因此被称为混合层。但到某一个高度以后，很快遇到一个比较薄的水层，海水温度随深度的变化特别剧烈，这一区域被称之为温跃层。温跃层把热带海洋分隔成上下两个不同热力性质的海水层，上层为暖水层，下层则为冷水层。如果以 20℃等温线的位置作为温跃层的深度，温跃层存在向西逐渐倾斜，一般赤道太平洋东部 20℃等温线位于 50 m，而西太平洋达到 150～200 m。因此，温跃层也被称为斜温层。

14.1.3 信风对赤道太平洋海水结构的维持作用

为什么温跃层深度会有这么大的差别呢？主要由于赤道地区信风盛行。信风的形成与三圈环流有关，太阳长期照射下，赤道受热最多，赤道近地面空气受热上升，在近地面形成赤道低气压带，在高空形成高气压，高空高气压向南北两方高空低气压方向移动，在南北纬30°附近遇冷下沉，在近地面形成副热带高气压带。此时，赤道低气压带与副热带高气压带之间产生气压差，气流从“副高”流向“赤低”。在地转偏向力影响下，北半球副热带高压中的空气向南运行时，空气运行偏向于气压梯度力的右方，形成东北风，即东北信风，而南半球形成东南信风。

在赤道南北两侧东南信风和东北信风的驱动下，赤道太平洋表层海水自东向西流动，造成赤道海水往西流动、堆高，使得赤道西太平洋海面较东太平洋高出大约50 cm左右。正常风场条件下，沿赤道太平洋海平面高度呈西高东低的分布（图14.3）。

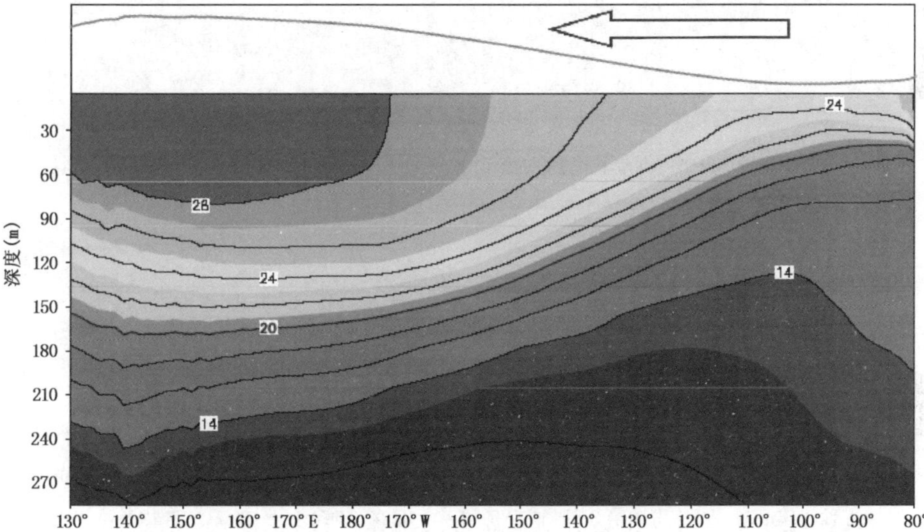

图14.3　赤道太平洋年平均海表面高度和温度(℃)(图中箭头表示信风)

东太平洋赤道地区盛行东风，赤道太平洋表层海水自东向西流动，形成表层洋流。这股洋流将太平洋表层暖的海水输送到西太平洋堆积，使得西太平洋水位不断上升，热量也不断积蓄。与表层洋流相对应，在东西向海水压力差的驱动下，在其下方形成一个与之方向相反自西向东的赤道潜流（图14.4）。与此同时，在赤道东太平洋至南美的太平洋沿岸海域，表层暖的海水流走后，迫使表层以下温度较低的海水上升，以替代流走的海水，因此在这个地区形成巨大的涌升流，称为冷水上翻区。

因此当东风盛行时，表层海洋中海水在两个半球均有指向高纬的分量，这样造成下层冷水涌升，称为赤道涌升。沿岸涌升及赤道涌升使赤道东太平洋形成冷舌，从垂直剖面来看则表现为温跃层变浅。可见,信风是维持热带太平洋水位西高东低和海表温度西暖东冷这一结构的支柱。

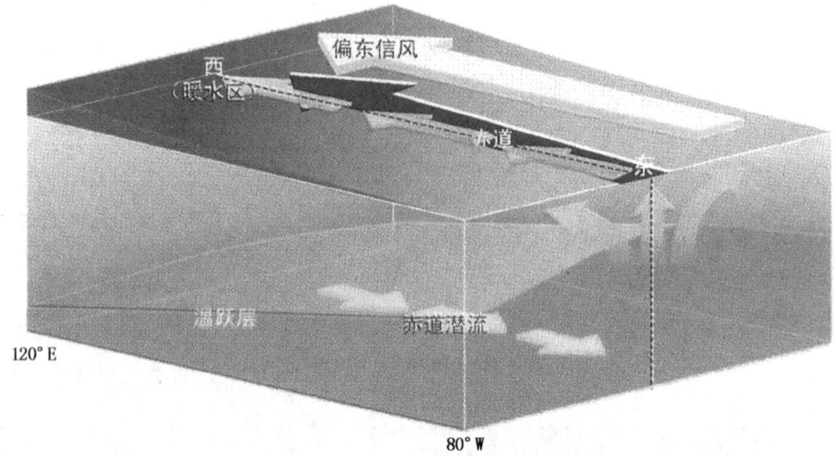

图 14.4 正常情况下信风对赤道太平洋海水结构的维持作用示意图

14.2 厄尔尼诺概述

14.2.1 厄尔尼诺现象

厄尔尼诺现象是指赤道中东太平洋附近的海表温度持续异常增暖现象。El Niño在西班牙语中意为“圣婴”,也可译作“上帝之子”,因为南美沿岸秘鲁一带经常在年末,接近圣诞节时发生这种海温剧升的现象,所以才称为“圣婴”。发生厄尔尼诺时,由于海水温度上升,冷水涌升减弱,鱼类因为得不到浮游生物作食物而死亡。所以,厄尔尼诺现象最早引起南美沿岸居民的注意。

图 14.5 为 1997 年 12 月至 1998 年 2 月期间太平洋海区的海表面温度距平分布图,可以看出,在厄尔尼诺盛期日界线以东大约 10°N～10°S 之间为大面积的正距平区,中心值在 4℃以上,1997 年末是近百年来最强的一次厄尔尼诺事件发展到顶点的情况。

与之相反,当赤道中东太平洋海表温度出现大范围持续异常偏冷的现象被称为拉尼娜(La Niña)现象。La Niña 在西班牙语意为“小女孩”,正好与意为“圣婴”相反,因此也称为“反厄尔尼诺”。

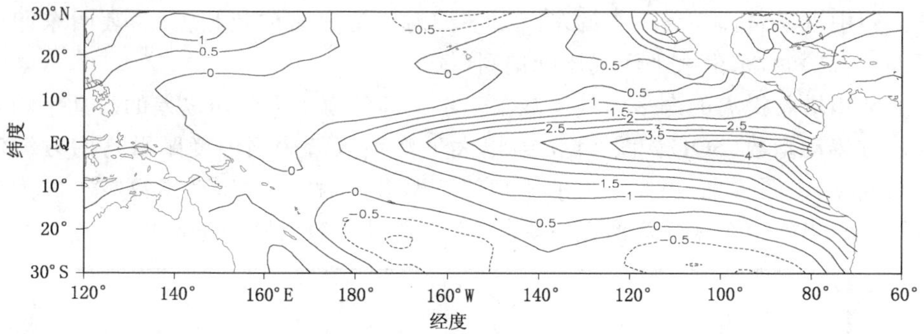

图 14.5　厄尔尼诺盛期(1997 年 12 月—1998 年 2 月)热带太平洋海表面温度距平(℃)

14.2.2　恩索(ENSO)系统

赤道太平洋海温变化与全球大气环流尤其是热带大气环流紧密相关。希尔德布兰得逊(Hildebrandsson,1897)很早就在研究悉尼与布宜诺斯艾利斯的海平面气压变化时,发现这两个地区气压变化经常相反。后来罗基尔(Lockyer,1902)又证实了这种气压变化的“跷跷板”现象。英国气象学家沃克(Walker)把热带东太平洋与热带东印度洋气压场存在的这种反相变化的跷跷板现象称为南方涛动(Southern Oscillation,SO)现象。

科学家选取塔希提(Tahiti)岛代表东南太平洋,选取达尔文(Darwin)港代表东印度洋与西太平洋,图 14.6 是达尔文岛海平面气压与全球海平面气压的相关系数分

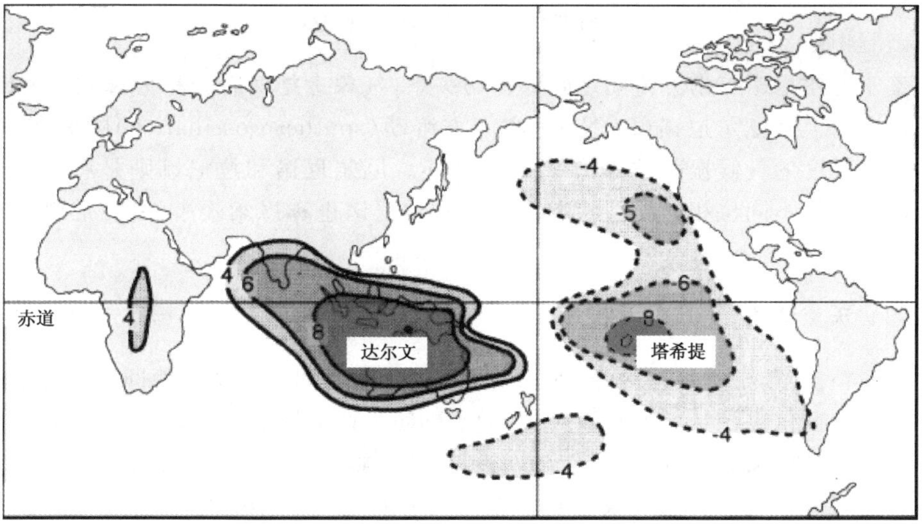

图 14.6　达尔文岛海平面气压与全球海平面气压的相关系数分布

(图中相关系数×10,图中实线深色区为显著正相关区,虚线浅色区为显著的负相关区)

布图。图中以塔希提岛为中心的东南太平洋海区为显著的负相关区，表明东印度洋气压偏低(高)时，东南太平洋气压则偏高(低)。

通常用塔希提岛的海平面气压减去达尔文岛的海平面气压之差的滑动平均来定义为南方涛动指数(SOI)。图 14.7 给出太平洋地区海表面温度距平与南方涛动指数的演变图，由图可见，当赤道太平洋东部海温升高时，南方涛动指数减小成为负指数；反过来，当赤道东太平洋海温下降时，南方涛动指数值则为正指数。

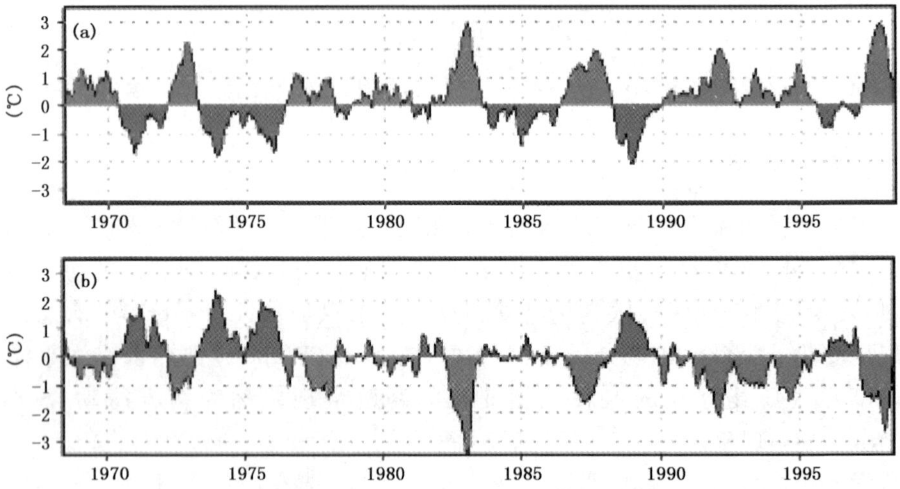

图 14.7 东太平洋地区(5°S～5°N，170°～120°W)海表面温度距平(a)与南方涛动指数(b)的演变曲线

鉴于厄尔尼诺与南方涛动之间的密切关系，气象上把两者合称为恩索(ENSO)。ENSO 实际上是厄尔尼诺(El Niño)和南方涛动(southern oscillation)的英文缩写。这种全球尺度的气候振荡被称为 ENSO 循环。厄尔尼诺和拉尼娜则是恩索循环过程中冷暖两种不同位相的异常状态，因此，厄尔尼诺也称恩索暖事件，拉尼娜也称恩索冷事件。

14.2.3 沃克环流

一般情况下，干空气在冷洋面(东太平洋)上下沉，沿着赤道向西回流成为信风的一部分。当此信风到达西太平洋时，因为受到暖洋面的影响而变为潮湿不稳定，此潮湿不稳定的空气随后上升到高空而形成一个向东封闭的纬向环流(图 14.8a)。发现这一大气环流形式的美国气象家雅各布·皮叶克尼斯(Jacob Bjerknes)为了纪念沃克的开创性工作，将此环流命名为沃克环流(Walker circulation)。

比较正常状态与厄尔尼诺发生时沃克环流的差异，在正常状态下(图 14.8a)，温暖的海水集中在赤道西太平洋(红色部分),靠近海面的空气往西集中。然后受热上升(对流旺盛)。到了高层,空气被分散,一部分往东,在赤道东太平洋下降,使得此地的大气稳定(抑制对流,干旱)。

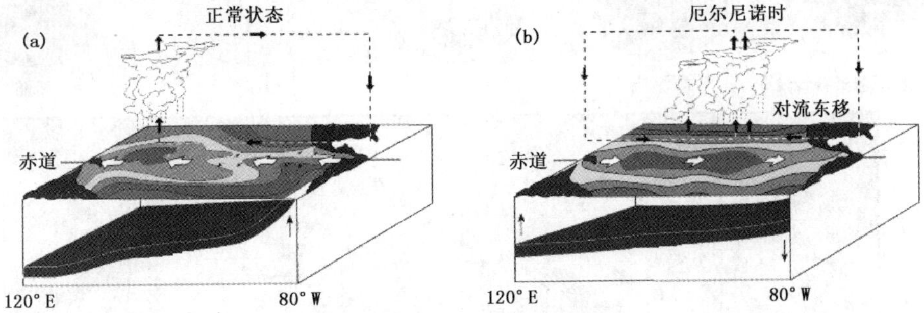

图 14.8 正常状态下(a)和厄尔尼诺发生时(b)的沃克环流

厄尔尼诺发生时(图 14.8b),温暖的海水由西太平洋东移,旺盛对流区跟着东移到中太平洋(甚至东太平洋),造成西赤道东太平洋降水偏少(甚至出现干旱),东太平洋降水偏多(甚至出现洪水)。

横贯赤道太平洋的大气环流圈—沃克环流,沃克环流把南方涛动和赤道太平洋的海表温度联系在一起。

14.2.4 恩索的监测与指标

自上世纪后期,人们开始认识到恩索事件给全球气候异常带来的影响以后,各国政府及科学家投入了极大的物力和精力对恩索事件进行了研究。20 世纪 80 年代初,世界气象组织(World Meteorological Organization,WMO)、政府间海洋学委员会(Intergovernmental Oceanographic Commission,IOC)和国际科协(International Council for Science,ISCU)为研究恩索现象及其对气候的影响,制定了为期 10 年(1985—1994)的"热带海洋和全球大气"(Tropical Ocean & Global Atmosphere,TOGA)计划,我国是该计划的核心成员国。图 14.9 为赤道太平洋布放了庞大的阵列,也称为厄尔尼诺观测系统。厄尔尼诺的监测:主要包括各区的海温指数、SOI 指数、信风指数、哈得来环流和沃克环流指数等。

海表面温度是衡量气候变率的重要指标,是厄尔尼诺监测和诊断最基本的变量。赤道中、东太平洋被划分为以下 4 个主要的监测区(图 14.10),各海区海表平均温度的距平值即为表示各海区海表温度特征的海温距平指数。

Niño1+2 区(0°~10°S,90°~80°W:本区位于南美秘鲁、厄瓜多尔沿岸,由于海区范围较小、又处于沿岸附近的涌升流区,本海区海面温度的年变化和年际变化幅度很大，气象上常说的东部厄尔尼诺常常从该海域的海面温度最先出现异常增温，然异常增暖的范围再逐步向西扩展。

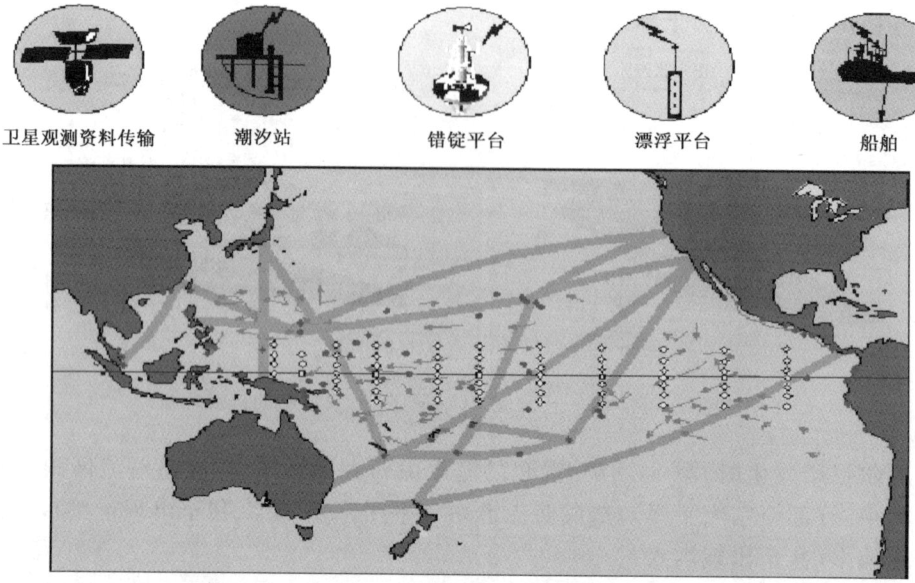

图 14.9 厄尔尼诺观测系统

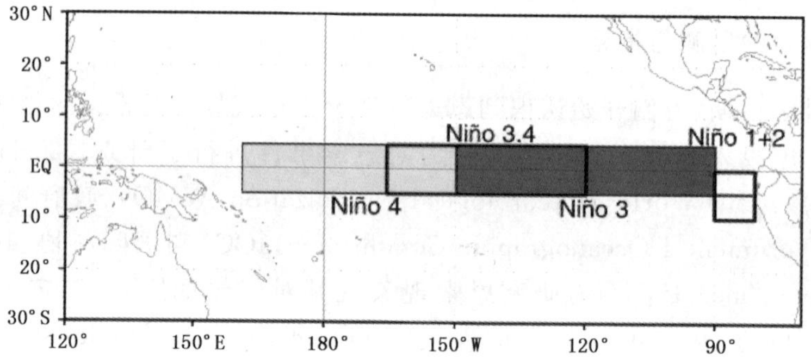

图 14.10 厄尔尼诺海面温度监测区域的划分

Niño3 区(5°N～5°S,160°～90°W)：该区涵盖了赤道东太平洋的大部分海域，其海温变化在厄尔尼诺事件中具有很好的代表性。这一海区的海温距平指数通常被用来判断厄尔尼诺和拉尼娜的发生与结束，一般当该区海表温度距平指数持续 6 个月偏离 0.5℃时，被定义为一次厄尔尼诺事件，持续 6 个月偏低 0.5℃时，被定义为一次拉尼娜事件，图 14.11 显示了 1951—2001 年期间，出现的 15 次厄尔尼诺事件和 11 次拉尼娜事件。

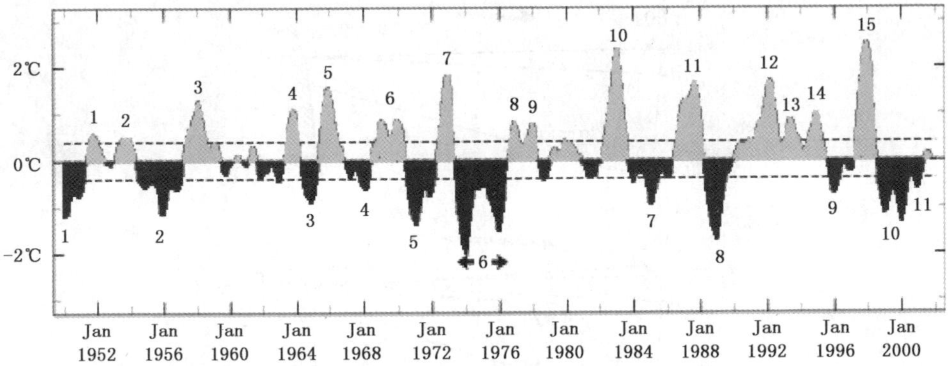

图 14.11　1951—2001 年期间 Niño3 区海表面温度距平

(浅(深)色表示正(负)距平,其对应的数字表示历次发生的厄尔尼诺(拉尼娜)事件)

Niño4 区(5°N～5°S,160°E～90°W):这一海区主要包括赤道中东太平洋海域,部分海区位于西太平洋暖池区内,海面温度的年际变化很小。当厄尔尼诺发展比较强盛的时候,这一海区的海面温度常常出现较强的异常增暖,但中部型厄尔尼诺常常是这一海区的海面温度首先出现异常增暖。

还有学者在 Niño3 区与 Niño4 区之间选取 5°N～5°S,170°～120°W 海域,定义为 Niño3.4 区,这一区域也能够很好监测厄尔尼诺信号。

由于不同作者其着眼点不同,所选的厄尔尼诺年和拉尼娜年也不完全一致。

14.3　厄尔尼诺发生基本成因及其生命期和基本特征

14.3.1　厄尔尼诺发生基本成因

前面我们已经了解到,热带太平洋大气和海洋正常状态的维持依靠的是热带海洋和大气的相互作用。一旦这种作用出现异常,就必然会导致大气和海洋的状态发生异常,厄尔尼诺就是这些异常状态的一种表现。

雅各布・皮叶克尼斯首先提出了厄尔尼诺事件产生机制的假说:一旦秘鲁沿岸的赤道东太平洋海表面温度升高,则赤道太平洋气压梯度变弱,从而使得自东向西的信风减弱。由于信风减弱,就使得赤道东太平洋到中太平洋的海水上翻减弱,就造成从赤道东太平洋到中太平洋海表面温度异常升高,从而产生了厄尔尼诺事件。

这种假说的核心是由于赤道信风的减弱,引起赤道中东太平洋的海温增暖,为了更清楚地说明信风在海气相互作用中所起的作用,图 14.12 给出赤道太平洋热力结构对信风变化的响应。

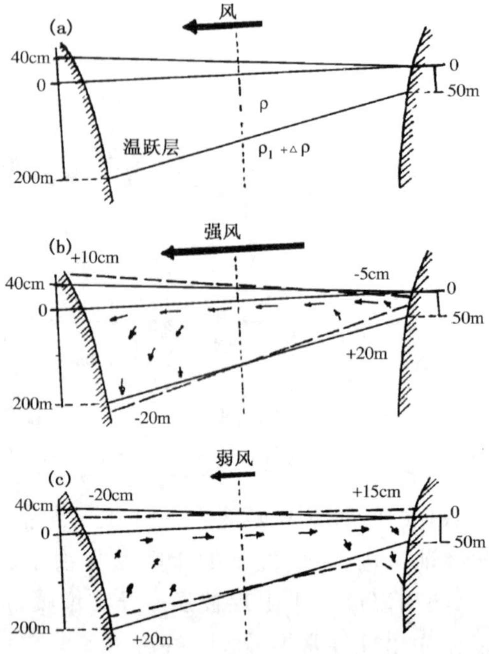

图 14.12 赤道太平洋热力结构对信风变化的响应

(a:正常风场;b:信风加强;c:信风减弱)

正常风场条件下(图 14.12a),沿赤道太平洋海平面高度呈西高东低的分布(西太平洋斜温层深度约为 200 m,东太平洋仅 50 m),西部海平面上升,温跃层加深。这种结构与西暖东冷的平均海温分布相适应。

当信风加强时(图 14.12b),上述海洋的响应明显加强,这造成强赤道上翻和南赤道流,西太平洋有暖水积累,温跃层加深。同时赤道东太平洋(尤其秘鲁沿岸)海温降低,出现拉尼娜的征兆。

当信风减弱时(图 14.12c),海水向东流,这导致沿南美沿岸的温跃层加深,海平面高度上升,海面变暖,出现厄尔尼诺的征兆。而在西太平洋海平面高度下降,温跃层上升。

14.3.2 厄尔尼诺的生命期

根据 1950 年以后 7 次 ENSO 事件的分析,可以把一次典型的厄尔尼诺发展过程划分为三个阶段:先兆阶段,这指春初南美沿岸出现增暖前的时段;第二阶段是异常条件发展的时期;最后阶段是异常条件衰亡、正常条件恢复的阶段。

(1)先兆阶段。盛行于热带太平洋的偏东信风在北澳大利亚—印尼低压区辐合,上升并造成显著的云量和降水。在高空空气向东回流并在干冷的东南太平洋高压区下沉，这个纬向环流就是沃克环流。厄尔尼诺发生的前兆之一是沃克环流的高空支东移，即移到新几内亚与日界线之间的地区，澳大利亚达尔文岛的地面气压上升，日界线以西的信风减弱，日界线附近的表层水略有增暖，印度尼西亚的降水开始减少，但日界线附近降水增加（见图 14.8b）。

（2）异常条件的发展。其最明显的特征是初期出现在秘鲁和厄瓜多尔的异常条件向西扩展。当异常条件向西传播时，日界线以西的先兆振幅或强度继续增加，在冬季厄尔尼诺事件达到成熟阶段，这时在热带太平洋大部分地区出现异常暖的表层海水和特别弱的信风。

（3）回复到正常条件。在南美沿岸，异常条件的振幅在厄尔尼诺爆发后几个月，开始减少。但是在 90°W 以西，几乎 1 年以后才开始回复到正常条件。异常厄尔尼诺衰减的方式与其增长的方式相似，即正常条件（特别低的海表温度和强信风）首先出现在热带东南太平洋，以后向西传播。

但是在有些年份厄尔尼诺事件的发展并不与上述过程和基本特征完全一致。

14.3.3　厄尔尼诺的基本特征

综上所述，典型的厄尔尼诺事件主要具有以下基本特征：

（1）赤道中、东太平洋具有深厚的暖水层，海面温度一般平均偏高 1.5～2.5℃，次表层水温约偏高 3～6℃；

（2）赤道中、东太平洋斜温层深度明显增加，通常可深达 150～175 m；

（3）在赤道太平洋东部，对流性降水明显增加；但在赤道太平洋西部、印度尼西亚和澳大利亚北部，对流性降水明显减少；

（4）赤道西太平洋大气低层出现西风；

（5）南方涛动指数表现为明显的持续负指数；

（6）沃克环流异常偏弱，其上升支东移到中太平洋；

（7）赤道太平洋东部副热带地区高空气压高于正常状态。

而拉尼娜事件出现时，上述海洋和大气的状态大致出现相反的变化。

14.4　厄尔尼诺对气候的影响

恩索对全球气候的影响，归根结底是恩索影响大气环流变化而导致的结果。最早开始受到影响的是热带大气环流，其影响程度也最明显，相继与之相关的中、高纬度大气环流也随之变化，气候也将产生相应的变化。

14.4.1 厄尔尼诺对全球气候的影响

厄尔尼诺发生时热带中、东太平洋海温的迅速升高，首先直接导致了中、东太平洋及南美太平洋沿岸国家异常多雨，甚至引起洪涝灾害；也使得热带西太平洋降水减少，造成印度尼西亚、澳大利亚严重干旱。厄尔尼诺还常常引起非洲东南部和巴西东北部的干旱、加拿大西部和美国北部暖冬以及美国南部冬季潮湿多雨（图 14.13a）。厄尔尼诺年夏季常常引起印尼、澳大利亚东部和印度次大陆及巴西东北部的干旱、赤道中东太平洋潮湿多雨（图 14.13b）

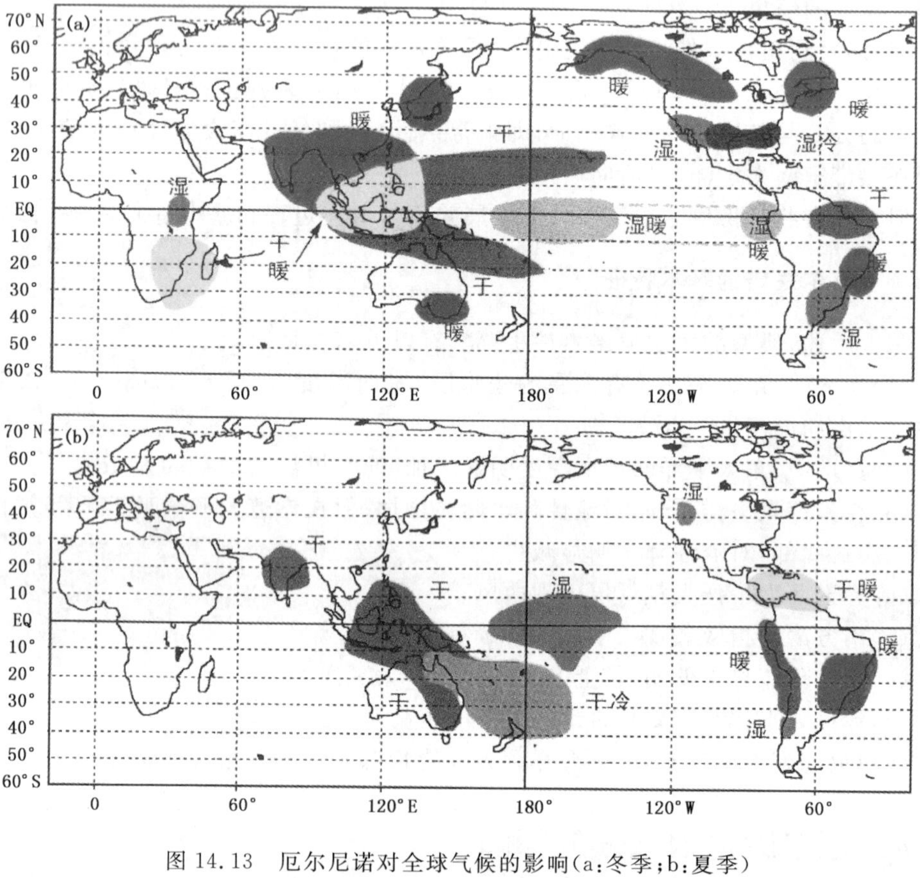

图 14.13 厄尔尼诺对全球气候的影响（a：冬季；b：夏季）

（阴影区表受影响的地区，文字标明了受影响的种类）

拉尼娜的气候影响与厄尔尼诺大致相反，但影响程度较厄尔尼诺小。拉尼娜出现时印度尼西亚、澳大利亚东部、巴西东北部、印度及非洲南部等地降雨偏多，但在赤道太平洋东部和中部地区、阿根廷、赤道非洲、美国东南部等地易出现干旱。

14.4.2　厄尔尼诺对中国气候的影响

中国气候的影响因素是多方面的，包括海洋、冰雪、陆地热状况、季风、大气环流等。厄尔尼诺虽然发生在距离我国遥远的东太平洋，不能对我国的气候产生强烈而直接的影响，但它仍然可以通过大气环流的作用来影响，所以厄尔尼诺也是影响中国气候异常的一个强信号。但它只是影响我国气候变化的主要因素之一，而且它与我国气候的关系要比与热带地区复杂得多。以下从 4 个方面概述厄尔尼诺对我国气候的影响。

1. 对西太平洋台风活动的影响

台风是影响中国的主要灾害性天气系统之一，尤其是在夏半年对中国天气气候影响很大。资料分析表明，西太平洋(包括中国南海)台风活动同恩索有极明显的关系。根据 40 年(1950—1989)的资料，对厄尔尼诺年和拉尼娜年期间西太平洋(包括中国南海)出现的台风数以及登陆我国的台风数统计的结果(表 14.1)可见，台风活动与恩索有着极其密切关系，平均而言，在厄尔尼诺(拉尼娜)年，西太平洋台风数较常年偏少(多)，并且在厄尔尼诺(拉尼娜)年，登陆我国大陆的台风数也偏少(多)。

表 14.1　西太平洋台风数及登陆我国的台风数与恩索的统计关系(李崇银，1985)

	台风发生个数			登陆我国台风个数		
	平均数	最多数	最小数	平均数	最多数	最小数
厄尔尼诺年	26.1	33	20	6.7	9	4
正常年	28.1	35	22	8.0	12	5
拉尼娜年	30.5	40	23	9.3	12	5
40 年平均	28.2					

2. 对东北夏季低温的影响

中国东北是我国的主要粮食产地之一，该地区纬度较高，作物生产期较短，因此夏季低温是一种重要的气候灾害。而资料分析表明，中国东北地区的夏季低温同恩索有密切关系。在厄尔尼诺年夏季，沈阳、长春和哈尔滨三地区 1911—1984 年期间的气温均有持续负距平；而在拉尼娜年夏季，均为持续正距平。因此，可以认为，在厄尔尼诺年夏季，中国东北气温往往偏低；而在拉尼娜年夏季，中国东北气温多偏高。

3. 对我国夏季降水的影响

厄尔尼诺年，东亚季风减弱，中国夏季主要季风雨带偏南，江淮流域多雨的可能性较大，而北方地区特别是华北到河套一带少雨干旱。尤其是发生次年影响更为明显。图 14.14 是对多个厄尔尼诺年发生次年我国夏季降水距平百分率合成的结果，图中的主要特征是长江与长江以南地区多雨，而北方地区少雨。拉尼娜年次年正好相反。

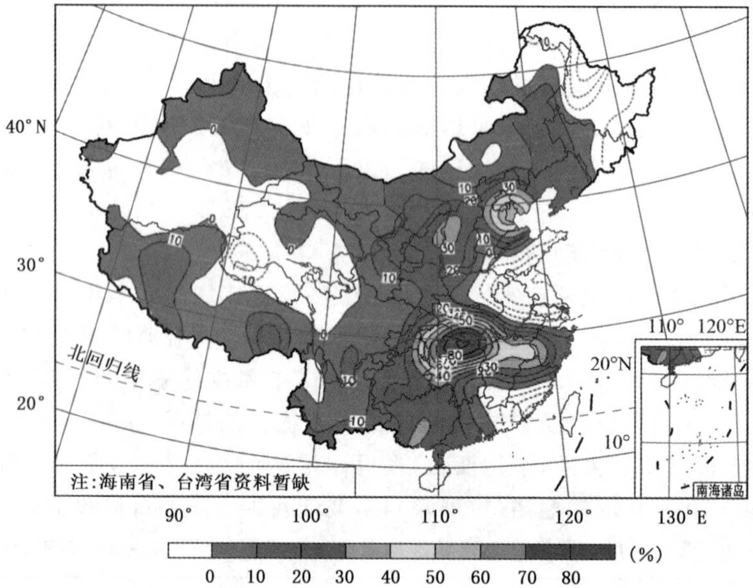

图 14.14 厄尔尼诺次年对我国夏季降水的影响

4. 对我国冬季温度的影响

近 50 年来，厄尔尼诺发生后，我国当年冬季温度偏高的概率较大，1951 年以来发生过 15 次厄尔尼诺事件，我国出现了 14 个暖冬。拉尼娜年我国则容易出现冷冬，1951 年以来发生了 11 次拉尼娜事件，我国出现了 8 个冷冬。

主要参考文献

黄荣辉. 2005. 大气科学概论(现代大气科学丛书). 北京：气象出版社.

李崇银. 1987. 厄尔尼诺影响西太平洋台风活动的研究. 气象学报，**45**(2)：229-235.

王绍武，龚道溢. 1999. 近百年来的 ENSO 事件及其强度. 气象，**25**(1)：9-14.

王绍武，赵宗慈，龚道溢. 2005. 现代气候学概论(现代大气科学丛书). 北京：气象出版社.

杨学祥. 2004. 厄尔尼诺事件产生的原因与验证. 自然杂志，**26**(3)：151-155.

余志豪，杨修群，任黎秀. 2002. 厄尔尼诺. 南京：河海大学出版社.

翟盘茂，李晓燕，任福民. 2003. 厄尔尼诺(全球变化热门话题丛书)//秦大河主编. 北京：气象出版社.

周春平. 2001. 大洋暖池及其影响. 北京：气象出版社.

思考题

1. 全球海表面温度分布主要有哪些特点？
2. 什么是温跃层，为什么又称为斜温层？
3. ENSO 的含义是什么？

第15章 气候变化

地球大约在46亿年前形成，大气则在地球生成的前10亿年前初具规模。自地球诞生起，地球上的气候始终处于不断变化之中，冷、暖和干、湿现象交替发生，它们的时间尺度可长达数百万年至数千万年的，或者几百年，几十年，甚至几年。本章主要介绍以上不同时期气候变化的主要特征及其原因，重点介绍近百年气候变化的事实及其与人类活动的关系，探讨气候变化的影响与应对措施。

15.1 气候变化的背景

实际气候变化是相对于一定的时间尺度和空间范围的，对年以上时间尺度的气候变化，地质时期的气候变化时间尺度跨度最大，包括时间尺度10^8～10^6a的大冰期气候与大间冰期气候，亚冰期气候与亚间冰期气候(10^5a)副冰期气候与副间冰期气候(10^4a)，温度变化幅度可达10～15℃。历史时期的气候变化也称为冰后期气候变化，一般是指末次冰期结束，进入冰后期，距今1万a至有器测资料前的气候变化。全球平均温度变幅不超过2℃；现代气候变化是指最近一二百年中有气象观测记录时期的气候变化，全球平均温度变幅不超过1℃，由于积累了大量较为精确的气象资料，人们对这一时期的气候变化特征的认知大大增加。同时也可以看到，气候变化的时间尺度不同，变化幅度也有所差别。一般来说，时间尺度越长，气候变化幅度也越大。

由于万年以上时间尺度的气候变化是当前气候的背景，有必要简单回顾地球气候变化的历史。为节省篇幅，我们简单介绍距今最近的一次冰期—间冰期旋回，也称为第四纪气候变化。

15.1.1 第四纪大冰期气候

第四纪大冰期开始于距今240万a前，是距今最近的一次大冰期，也是可获得地质资料最丰富的一个时代。这一时期已基本形成了现代的地理条件，在地球古气候史研究中占有十分重要的地位。第四纪是一次影响范围很广的世界规模的大冰川期，在欧洲、美洲以及亚洲都有发现，并有明显的证据可供考查。在第四纪大冰期期间也存在亚冰期与亚间冰期的冷暖反复交替。

在第四纪的亚冰期，全球平均气温可能比现代低 7～9℃，雪线下降，冰川面积和体积均增大，全球的陆地有大约 1/4 被冰覆盖，海平面下降，气候带南移，中、低纬地区形成与其对应的洪积期，此时该地区雨量充沛，内陆湖泊水位升高，水域范围扩大，青藏高原冰盖也在这一时期有所发展。而亚间冰期时的气温均比现代高，因而冰盖范围急剧退缩到高纬或极地，甚至消失，与亚间冰期对应的间洪积期，雨量减少，湖泊水位降低，水域范围缩小。

距今最近一次由亚间冰期到亚冰期的转变反映了近 15 万 a 以来的气候变化。图 15.1 给出近 15 万 a 南极温度和海平面高度距平的变化，可以看到距今 13 万 a 前的末次亚间冰期的气温高于现代不到 3℃；其后为缓慢降温，约 7 万 a 前的剧烈降温标志着末次亚冰期的开始，直到 2 万 a 前，末次亚冰期发展到极盛时期，气温比现代低 10℃左右；到 0.9 万 a 前的早全新世，气温急剧回升，比现代高近 1℃以上，进入现代亚间冰期。这次气候的变化代表末次亚冰期完成一次轮回。由此可知，现代气候更接近于末次亚间冰期。

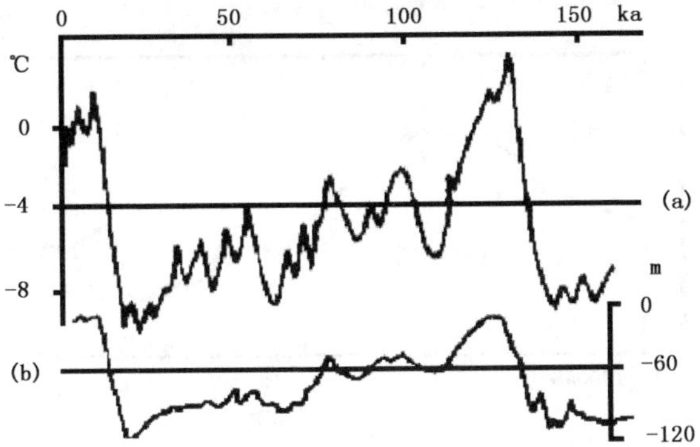

图 15.1　近 15 万 a 的全球气候变化(Fature 等,1993)

横坐标单位 ka 表示距今千年数。(a)表示南极温度距平，大(小)与 0 表示高(低)于现代的度数(℃)；(b)表示海平面高度(反映大陆冰雪体积)，负值表示低于现代的米数(m)。

近 1 万 a 至有仪器观测资料(近 150～100a)期间的气候又称“冰后期”气候。从地质年代来看，该时期也称为全新世气候，该时期气候变化的基本特征是初期转暖，中期达到最暖，后期又转凉，温度变化大致上可分为 3 个阶段：全球温度不稳定升温的新温暖期(中全新世以前)、维持稳定高温的大温暖期(中全新世)以及不稳定降温的晚温暖期(中全新世以后)(图 15.2)。该时期全球平均温度变幅在 2℃范围内。

虽然历史时期气候基本是气候回暖时期，但期间普遍存在从百年到千年时间尺度的气候变化。O. Leistol(1960)根据 1 万 a 来的挪威雪线(图 15.3)，将冰后期以来

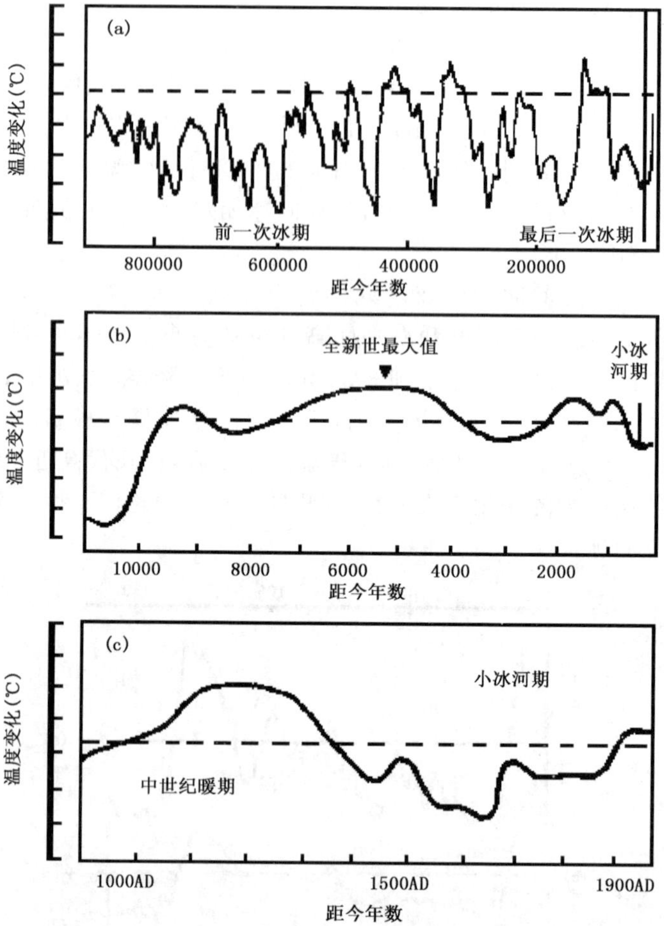

图 15.2　更新世以来 3 种时间尺度的全球温度变化(Houghton 等,1990)
(a)近 100 万 a;(b)近 1 万 a;(c)近 1000 a。点线表示 20 世纪开始时的温度状况

的气候划分为 4 个寒冷期,具体情况如下:

(1)第一寒冷期发生在距今约 9～8 ka,公元前 6.3 ka 左右为主要寒冷期,此时正处于武木亚冰期最近一次副冰期的残余阶段;

(2)第二寒冷期发生于距今约 7～3.5 ka 的气候温暖时期中间的一次相对短暂的气候寒冷期,主要寒冷期时段位于公元前 3.4 ka 前后;

(3)第三寒冷期发生于距今约 3～1.9 ka,主要寒冷时段位于公元前 830 年前后,这次寒冷期又称为新冰期;

(4)第四寒冷期发生于公元 1500—1900 年间,主要寒冷时段位于公元 1725 年前

后，欧洲称这次寒冷期为现代小冰期。

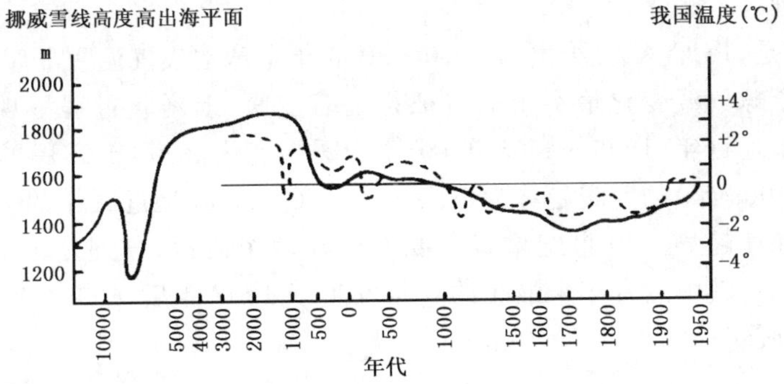

图 15.3　1 万 a 来挪威雪线高度（实线）和 5000 a 来中国温度（虚线）（竺可桢，1972）

在每两次寒冷期之间为相对温暖期：第一温暖期主要发生在距今 7 ka 前后；第二温暖期主要发生在距今 4 ka 前后；第三温暖期发生在距今 1100～700 a。由于前两次温暖期之间的第二寒冷期降温幅度较小，故这两次温暖期又往往统一称为"气候最适时期"或"高温期"（climatic optimum），也就是全新世的大温暖期。第三次温暖期通常被称为"第二次气候最适期"。

15.2　近百年全球和中国的气候变化

根据前述分析，目前我们正处于气候温暖的全新世中，由于第四纪大冰期至今的时间尺度还远远小于地球气候史上的任何一次大冰期的时间长度。由此认为，现在仍处于第四纪大冰期，第四纪大冰期还没有结束。现代气候可能处于亚间冰期的最暖时期的后部。

世界各地的气象观测站在近一两百年中逐渐建立。最早有气象观测记录的地方是佛罗伦萨（1652 年）、伦敦（1668 年）以及巴黎（1752 年）。1900 年以前中国只有北京、上海、天津和香港等地才有气象记录，直到 1949 年以后开始建立全国性完备的气象观测体系。大量观测资料的出现为现代气气候变化研究提供了丰富的科学依据。但是，随着人类社会和经济的发展，该时期人类活动对气候变化的影响愈加显著，由于气候环境是人类赖以生存的最重要地球环境，现代气候变化特征及其与人类活动的关系，已引起各国科学家、世界气象组织等多个世界性机构及各国政府的高度关注。

15.2.1　全球地表气温变化

全球平均地表气温序列是反映气候系统变化的最重要指标，自 1990 年以来，

IPCC 的四次气候评估报告的重要内容之一就是不断更新、建立近 100～150 a 全球平均气温序列。

图 15.4 是 IPCC-AR4 给出的 1850—2006 年全球地表气温距平序列，可以看到，近百年以来全球气温变化最突出的特征是显著变暖，但增暖过程呈现波动性上升。全球平均气温近百年(1906—2005 年)线性变暖趋势为(0.74±0.18)℃/100 a，而近 50 a(1956—2005 年)的变暖趋势为(1.3±0.3)℃/100a，是近百年的 2 倍，表明变暖过程表现出加速趋势。20 世纪增暖主要发生在两个阶段，分别是 1915—1945 年以及 1975 年以后，其中近百年来最暖的 5 年发生于 1997 年后，1996—2005 年的 12 年中有 11 个最暖年。

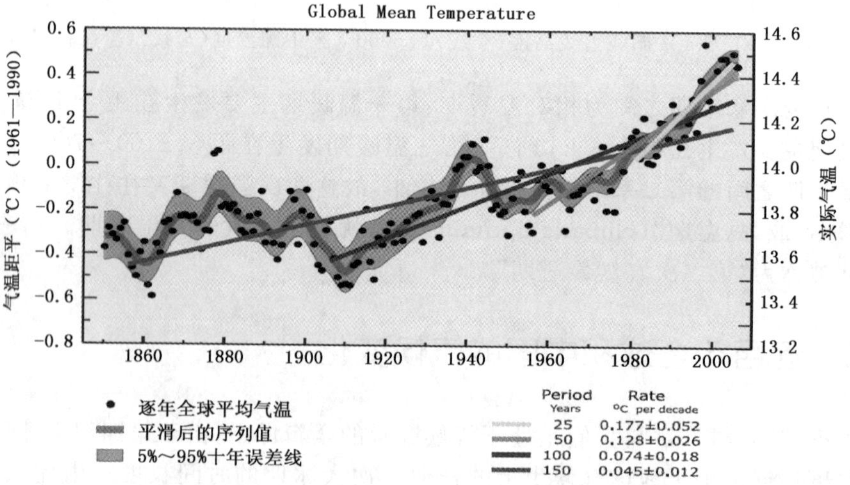

图 15.4 全球平均地表气温距平变化(IPCC,2007)

全球变暖的趋势存在显著的区域性，表 15.1 给出全球、南北半球增暖趋势的对比，可以看到南北半球增暖趋势存在明显差异，特别是近 27 a(1979—2005)北半球增暖趋势是南半球趋势的 2.5 倍，达到了(0.234±0.070)℃/10 a，而南半球增暖趋势仅为(0.092±0.038)℃/10 a。海陆增暖趋势的差异也较显著(表 15.1)，近 27 a(1979—2005)陆地气温的变暖趋势是海洋 SST 的 2 倍。显然，这种海陆变暖趋势的差异也部分反映了南北半球海陆面积的不同。

[彩]图 15.5 给出了 1901—2005 和 1979—2005 年气温变化线性趋势的空间分布，可以看出，20 世纪以来，除了格陵兰南部区域和美国东南部的三个较小地区，以及玻利维亚和刚果盆地的部分地区以外，世界大部分区域地表气温都呈增加趋势。增暖最显著的地区在 40°～70°N(即亚洲内陆、北美西北部)以及南半球中纬度地区和巴西等地。另一方面，已有的长时间记录表明，无论在南半球还是在北半球，陆地

表面气温的变暖速率都比海洋快，特别是 1970 年以来。近 20 年来陆地和海洋的增暖速率分别为 0.27℃/10 a 和 0.13℃/10 a。同时，有些地区则增暖现象不明显或者变冷。比如，在 65°S 以南的南极大陆近几十年没有明显的增温现象。

表 15.1　全球、南北半球地面气温变化趋势对比(CRU)(℃/10 a)(IPCC,2007)

	1850—2005 年	1901—2005 年	1979—2005 年
全球	0.042±0.012	0.071±0.017	0.163±0.046
北半球	0.047±0.013	0.075±0.023	0.234±0.070
南半球	0.038±0.014	0.068±0.017	0.092±0.038
陆地	0.054±0.016	0.084±0.021	0.268±0.069
海洋	0.038±0.011	0.067±0.015	0.133±0.047

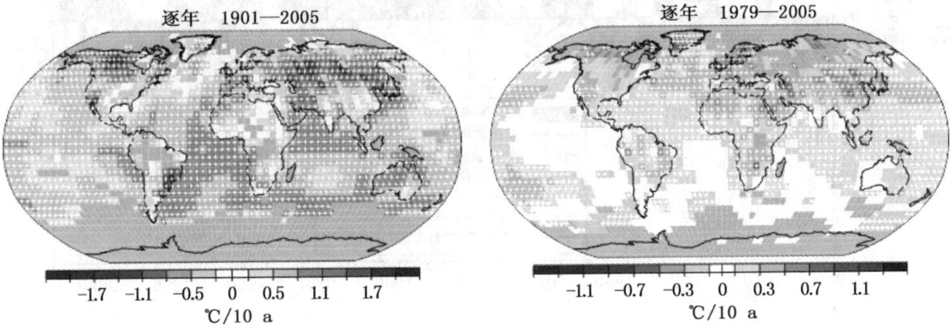

图 15.5　1901—2005(左，℃/10a)和 1979—2005(右，℃/10a)的逐年气温变化线性趋势
灰色表示数据不充足的地区。趋势显著性水平在 5%的地区用白色＋表示。所用到的数据库来自 Smith 和 Reynolds(2005)提供的 NCDC(IPCC,2007)

15.2.2　近百年全球降水变化

近百年来的全球平均降水量的估计相对于温度难度更大，主要存在两个方面的原因：(1)降水的空间变率远远大于气温；(2)海洋上的降水观测资料非常稀少，目前还无法估计全球海洋平均降水变化趋势，因而也难以估计全球平均的降水量变化趋势。由此，本小节着重讨论全球陆地降水量变化。

近百年来的全球降水变化虽然存在时空分布的不均匀性，但总体来讲，全球降水还是存在一定的上升趋势，从全球陆地年降水变化序列(图 15.6)可以看出，全球历史气候学网络(Global Historical Climatology Network，GHCN)作出的 1901—2005 年全球平均降水线性趋势在统计学上不显著，同样 CRU 序列到 2002 年的线性趋势

统计上也是不显著的。但图中也可以看到全球平均陆地降水存在显著的年代际变化，1900—1950 年整体呈增长趋势，1950—1980 年是一个相对多雨的时期，至 20 世纪 90 年代早期呈下降趋势，21 世纪初又开始回升。1951—2005 年，全球降水变化的趋势为 2～7 mm/10 a；1979—2005 年趋势增加为 13～16 mm/10 a。不同降水数据集趋势间存在明显差异，这也从一个侧面反映监测降水变量的难度，因为其在空间和时间上都存在很大的变率。

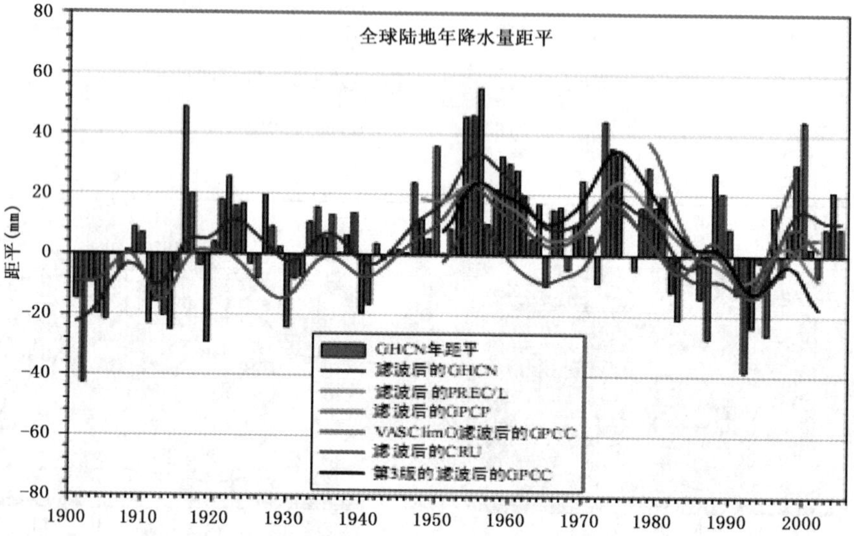

图 15.6 1900—2005 年全球陆地降水距平(以 1981—2000 年为基准期)的时间序列(IPCC,2007)

15.2.3 全球降水变化的区域特性

近百年全球降水变化存在显著的空间差异。[彩]图 15.7 给出了 1901—2005 年全球陆地年降水量变化趋势的空间分布。从图中可以看出，自 1901 年起，北半球中高纬度大陆地区降水增加明显，特别是 30°～85°N 之间多数地区降水增长幅度达 6%～8%/10 a，显著性水平超过 5%，北美洲大部分地区降水增加，尤其在加拿大高纬地区；而在美国西南部，墨西哥西北部以及巴哈半岛降水呈减少趋势，平均减少约 1%～2%/10 a，最大降水量负趋势区在东非、西非和撒哈拉和南亚等地，其中撒哈拉地区出现最早。值得注意的是，1979 年以来降水变化趋势呈现更为复杂的分布，个别区域变干明显，比如北美洲西南部；欧亚大陆则降水增加的区域多于减少的区域；北欧和地中海之间可能存在反向变化趋势；南半球雨量整体上则无明显变化，个别地区降水变化趋势存在差异，比如亚马逊河流域和南美洲东南部越来越湿润，而智利和大陆西海岸部分地区则降水量呈减少趋势。

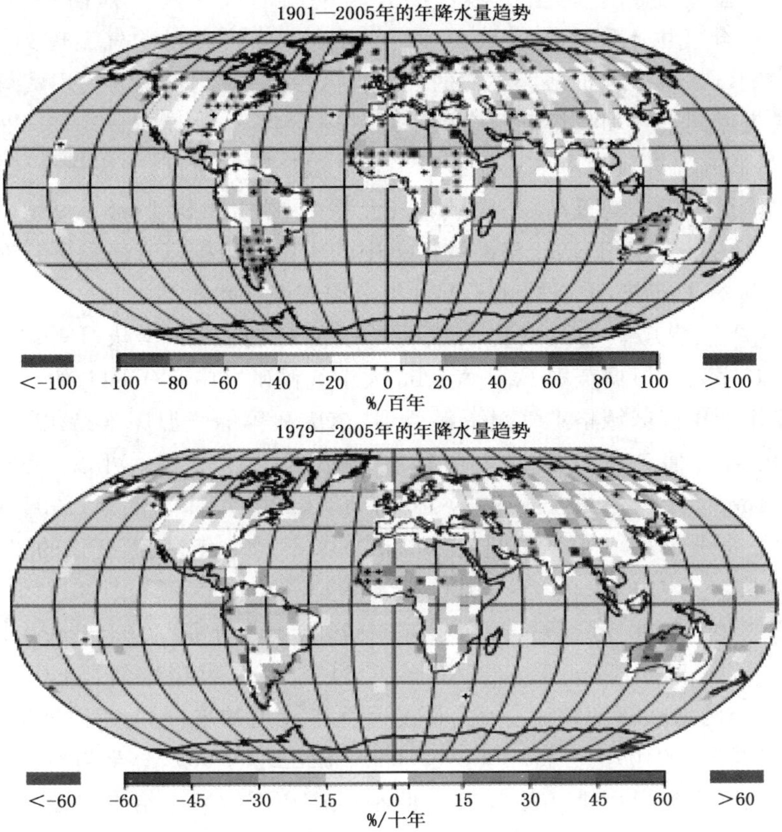

图 15.7　1901—2005 年全球年陆地降水量年变化趋势(以 1961—1990 年为基准期)
灰色区域资料不足以产生可靠的趋势,显著性水平超过 5%用+表示
(数据来源于 GHCN,IPCC,2007)

15.2.4　近百年中国气候变化

20 世纪全球气候增暖,中国幅员辽阔,近百年中国的气候又是怎样的变化呢?对于这个问题我国学者进行了大量的研究。众多研究成果表明,近百年来,我国是全球气候增暖特征最显著的国家之一,中国年平均气温增加幅度比全球略高;中国年降水量变化趋势不明显,但区域降水变化波动较大。近 50 年中国年平均气温变暖速率为全球平均增暖的 2 倍左右,降水量无明显趋势,但存在显著的年代际变化。

1. 气温变化

中国的气候学家相继进行了我国近百年气温变化序列的重建工作。比较有代表性的工作有:屠其璞(1986)从相邻地理区域内气温空间分布特征的相关性出发,提出了一种以气温场序列经验正交函数展开为基础的气温场序列插补方法，得到了1881—1981年我国不同气候区域内42个测站的连续月平均气温序列。王绍武等(1988,1990,1998)从分析站点序列的代表性入手，将观测资料与代用资料相结合，用分区内代表序列进行加权得到了全国平均气温序列。唐国利和任国玉(2005)采用平均最高、最低气温进行算术平均得到了平均气温序列。最近，李庆祥等(2010)利用均一化的中国近百年平均最高、平均最低气温序列，结合英国 East Anglia 大学气候研究中心(CRU)的 CRUTEM3 气温数据集中的中国周边国家长序列资料对20世纪前50年资料进行了补充，重新构建了近百年全国气温变化序列。

表15.2总结几条气温变化曲线的增暖趋势的差异(李庆祥等，2010)。其中CRUTEM3序列是根据英国 East Anglia 大学气候研究中心(CRU)的 CRUTEM3 气温数据集中的中国区域格点气温资料得到，李庆祥等的气温序列给出了趋势的变化范围，主要通过估计气温数据集中存在的不确定性得到。可以看到，李庆祥等(2010)、Jones(2001)、王绍武(1998)、唐国利等(2005)、林学椿等(1995)CRUTEM3(2008)6根曲线计算得到的20世纪100 a(1900—1999年)气温变化的线性趋势分别为0.67～0.98℃/100 a、0.35℃/100 a、0.39℃/100 a、0.72℃/100 a、0.19℃/100 a和0.69℃/100 a；20世纪后50 a(1950—1999年)分别为0.50～0.84℃/50 a、0.73℃/50 a、0.77℃/50 a、0.92℃/50 a、0.64℃/50 a和0.84℃/50 a。可见6条序列在近50年的增暖幅度较为一致，而在近百年尺度的增暖幅度上存在着一定的差异，据李庆祥等(2010)的分析，Jones(2001)、王绍武(1998)、林学椿等(1995)的方法给出的序列在百年尺度上的增暖幅度偏小，与IPCC(2007)给出的全球近百年和近50年气温变化趋势对比，可以发现，不管是近100 a，还是近50 a，中国气温变暖幅度要高于全球平均水平。

表15.2 不同序列计算的气温变化幅度(单位:℃)(李庆祥等,2010)

	1900—1999	1950—1999	1906—2005	1956—2005
李庆祥等(2010)	0.67～0.98	0.50～0.84	0.80～1.14	0.95～1.27
Jones(2001)	0.35	0.73	—	—
王绍武(1990,1998)	0.39	0.77	—	—
唐国利等(2005)	0.72	0.92	—	—
林学椿等(1990,1995)	0.19	0.64	—	—
CRUTEM3(2008)	0.69	0.84	0.90	1.25

注：表中“—”的部分因缺乏实际数据未计算。

2. 中国降水变化

降水变化的研究必须基于具有一定代表性、相对均一的降水序列。由于历史原因导致的气候资料的非均一性问题，特别是由于降水的时空变率大，资料的空间代表性远低于气温资料。早期降水的变化缺少观测数据，多利用史料，而史料记载仅有旱涝描述。20 世纪 70 年代中期开始，中国科学家根据史料记载，将旱涝分为 5 级，分别是涝、偏涝、正常、偏旱和旱，并陆续编绘了中国大部分地区近 500 a 的旱涝图。这样间接将旱涝定量化。在此基础上，王绍武(1998)将史料和降水量观测结合，重建了中国东部 35 站 1880—1996 年的四季和年降水量序列。另外，屠其璞(1987)用场序列插补方法得到中国 42 个测站得到 1881—1981 年降水量序列。章名立(1993)用 279 站建立了中国东部降水量序列。

施能等(1995)对我国过去 100 a 的年降水量变化进行了分析，指出 20 世纪中国降水以负趋势为主，但变化幅度不大。近百年来，中国年降水量变化的总体趋势并不明显，同时，年降水量呈现出明显的年际和年代际振荡，主要周期是 20～30 a(图 15.8)。

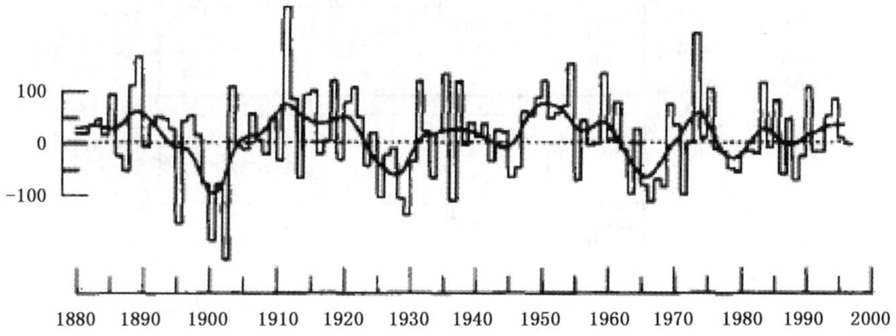

图 15.8 1880—1996 年中国东部 35 站的年降水量距平(mm)
(以 1961—1990 年为基准期)(王绍武，1998)

15.2.5 极端气候的变化

自 20 世纪 90 年代以来，一些学者已经注意到伴随着平均气候的变化，极端气候也在不断变化，且其变率往往远大于平均气候变率。但是，就世界范围而言，由于缺乏气候极值的高质量的长期观测资料，人们对各地或不同区域的极端气候及其长期变率特征的认识并不全面。近十多年来，世界各地频繁出现的极端天气气候事件给全球造成了众多的灾难性后果。目前，极端气候问题已成为各国政府和公众及科学界关注的全球环境变化的焦点之一。

1. 极端气候事件的定义

一般说来，极端气候事件可从下列三方面特征来定义：(1)事件发生的频率相对较低；(2)事件的强度相对较大(或较小)；(3)事件导致了严重的社会经济损失。对某一具体的极端气候事件，往往并不同时具备以上三方面特征，如干旱区的极端降水，强度并不会很大，而且可能对社会经济还是有利的。根据IPCC报告，对某一特定地点和时间，极端天气事件就是指在其统计意义上极少发生的事件，即发生概率低于10%或不发生概率高于90%的事件。而极端气候事件就是在给定时期内，大量极端天气事件的平均状况，这种平均状态相对于该类天气现象的气候平均态也是极端的。

图15.9给出了近55 a(1950—2004)全球陆地极端最高和最低气温的变化。其中最低和最高气温的线性变化趋势分别是0.2℃/10 a和0.14℃/10 a，表明极端最低气温的增暖速度高于最高气温，故平均日较差(DTR)的呈下降趋势(−0.07℃/10 a)，日较差变小，但1979以后，日较差变化较小，这是因为极端最高温度的上升趋势增大，与极端最低温度增长率基本相似。

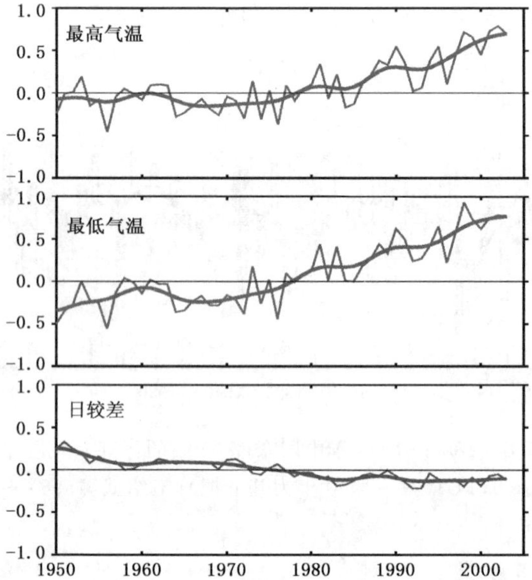

图15.9 1950—2004年全球陆地极端温度(℃)的变化(IPCC，2007)
(以1961—1990年的最高、最低温度和日较差为平均值，粗实线为平滑曲线)

极端温度的变化也表现出与变暖相一致的趋势。Alexander等(2006)研究发现，对绝大多数极端温度指标，均有超过20%的有观测资料的地区表现出显著的变化趋势。中纬度区域霜冻日数大范围减少，极端暖的日数增加而极端冷的日数减少。其中冷夜和暖夜的变化较显著，1951—2003年，超过74%的采样地区冷夜数明显越少，超过73%的地区逐年暖夜数明显增加。冷日和暖日的变化也显示出增暖的趋势，但总体趋势相对较缓。

在极端降水方面，虽然其变化的空间一致性相比于温度的变化要小很多，但观测到的强降水事件大体上呈现增加趋势。根据 IPCC-AR4 的研究报告，1900 年以来，北半球中高纬陆地降水大多有增加趋势。尤为显著的是，近 30 年来伴随着全球的显著变暖，世界许多地区的强降水事件呈现明显增多和增强的趋势，即使平均总降水和雨日数没发生变化或减少的地区，如地中海大部分地区、南非、西伯利亚、日本和美国东北部也都发现近 30 年强降水量及其频数的增加。另一方面，Dai（2004）利用 1870—2002 年 PDSI 指数，研究了与微量降水和降水量的减少相联系的干旱，发现近 30 年来，强度更强、持续时间更长的干旱发生频率持续上升，特别是在热带和亚热带地区，如南非、撒哈拉、加拿大、欧亚南部等地的干旱范围迅速扩大。近 20～30 年，美国、欧洲、东亚、南非、撒哈拉等地区的气候都有趋于极端化（既非常干又非常涝）的倾向。

15.3　气候变化的自然原因

气候变化成因的研究一直是气候研究中的最重要问题，通常我们把能导致气候变化的这些因子分成两类，一类是外部因子，它们不受或基本不受气候系统状况的影响，如地球轨道参数、太阳活动、火山活动、大陆板块漂移、造山运动等，人类活动因具有一定的独立性，在一定程度上也可认为是外部因子。另一类是内部因子，它涉及气候系统内部复杂的相互作用过程，它们是年际及年代际气候变率的主要原因。实际上，任何气候变化都是气候的自然变化、人类活动以及其他外部因子引起的变化叠加而组成的。除人类活动外，以上涉及的气候变化因子都是气候变化的自然原因。本节主要介绍气候变化的自然原因。

15.3.1　地球轨道参数的变化

太阳辐射是地球气候系统能量的根本来源。在太阳辐射源强度不变的情况下下，地球公转轨道天文参数的变化可导致地球接受太阳辐射量的变化，主要包括地球轨道偏心率、地轴倾斜度的变化以及岁差的变化。根据米兰科维奇（1941）理论。地球轨道参数的变化导致太阳辐射到达量的变化，它可以很好地解释过去 100 万 a 以来大尺度的气候变迁。

地球以近似于圆形的椭圆形轨道绕日旋转。地球公转轨道的偏心率在 0.00048～0.06079 之间变动，主要存在 40 万 a 和 10 万 a 两个准周期。偏心率的变化意味着远日点和近日点发生变化，因而导致地球在一年中接受的太阳辐射能量发生变化。

黄赤交角 ε 是指地球赤道面与公转轨道面（黄道面）之间的一夹角，它的变化范围在 21°48′～24°30′。黄赤交角变化的主要周期为 4.1 万 a。黄赤交角决定着极圈和回归线的纬度位置，它的变化使北半球夏季太阳直射的极限纬度和冬季极夜达到的极限纬度发生变动，从而使地球上各纬度接受的太阳辐射量发生变化。

由于地球自转轴的进动，使地球公转轨道面和赤道面的交点（即二分点）每年都沿黄道向西缓慢移动，该现象称为岁差，岁差的平均周期为 2.1 万 a。岁差现象能引起地球近日点和远日点所在季节的变化，使地球上各地的季节开始时间及季节长短发生变化，进而导致气候发生趋势性的冷暖变化，比如现在北半球近日点在冬季，远日点在夏季，但大约 1 万 a 前，北半球冬季处于远日点位置，所以那时天文气候的极端性比现在大，即北半球冬季比现在长而寒冷，冬夏温差比现在大，南半球则相反。

米兰科维奇认为日—地关系的变化是冰期与间冰期交替出现的主要原因。夏季，太阳辐射减少，使得冬季产生的冰雪不足以被融化，经过逐年累积，冰雪覆盖面积增加，而大范围的冰雪反照率增加，反射更多的太阳辐射，地表吸收的太阳辐射量减少，冰雪融化量因此更少。这就是太阳辐射与冰雪反照率之间形成的正反馈机制。

15.3.2 板块漂移和地形变化

从地球物理的角度看，地球表面的海陆分布是不断变化的，即所谓“沧海桑田”。20 世纪 60 年代，提出岩石圈板块构造学说，把海底扩张、大陆漂移、造山运动、火山与地震等一系列地质现象都纳入一个统一的动力学模式中，可以解释全球性的构造运动的过程和相互作用。

板块构造学说认为，地球的岩石圈不是整体一起的，而是被一些构造活动带如大洋中脊和裂谷、海沟、转换断层等分割成相互独立的构造单元。这些构造单元或岩石圈的块体，称为板块。板块内部是比较稳定的区域，各板块之间的结合处则是相对活动的地带。由于板块之间的相互运动，引起大陆的移动，即所谓大陆漂移。

大陆漂移学说认为在 2 亿～3 亿年前的石炭纪晚期，地球上所有的大陆都连接成为一个统一的巨大陆块，称为联合古陆（或泛大陆）；围绕联合古陆的只有一个广阔的海洋，称为泛海洋；从中生代开始，由于联合古陆发生分裂，各大陆终于漂移到它们现代所在的位置；并在其间形成了大西洋和印度洋，同时泛海洋缩小成为现代的太平洋（图 15.10）。自第三纪开始，海陆分布才具有现代的格局。那时北极和南极的位置虽与低纬度有所隔绝，但尚不到现代的程度，当时白令海峡还较宽广，有利于洋流直接通过。到第四纪以后，北极在大陆包围中已处于半封闭状态，而南极则已移到南极洲内部，处于完全封闭状态。

板块漂移、地形变化不断改变着地球海陆分布的形态，它们对地球气候的形成、演变具有重大影响。目前大部分陆地主要集中在北半球，尤其是 30°～60°N 之间，因此北半球中纬度地区冬季气温比南半球冬季低，年温差也大。海陆分布也直接影响海洋环流，进而间接影响气候变化。这种板块之间的运动至今仍在持续，喜马拉雅山仍在上升。同时这种运动的板块之间也是火山和地震频繁发生的地带。

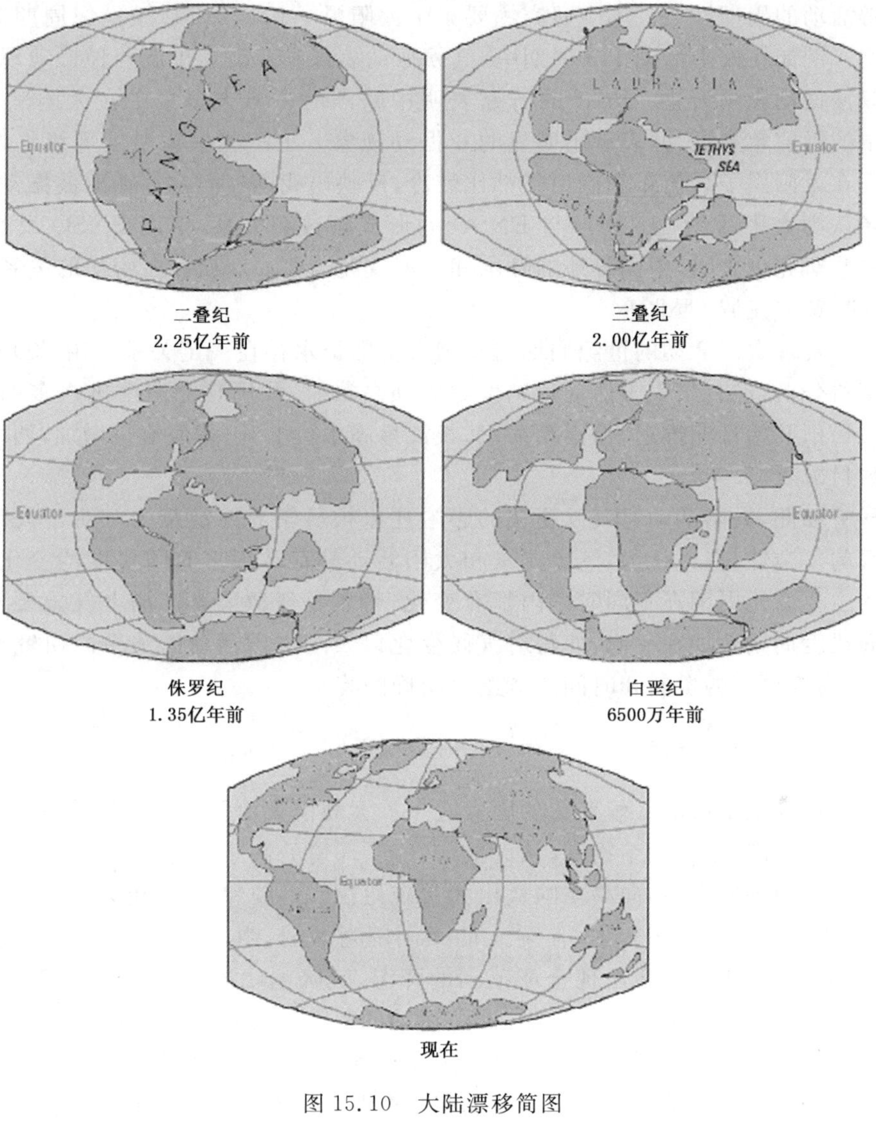

图 15.10　大陆漂移简图

15.3.3　太阳活动对气候的影响

太阳活动是指太阳上的各种物理活动的总称。目前观测到的太阳活动仅仅是最外层的太阳大气区，对于太阳内部的活动以及内外层的关系还需深入研究。太阳活动主要包括五种方式，分别是太阳黑子、光斑与谱斑、耀斑、日珥、和射电辐射。

关于太阳活动与气候变化的关系，近百年来已发现许多事实，主要表现在太阳黑子异常活动的周期性上。不少研究主要集中太阳黑子11a、22a以及世纪周期对气候的影响。例如在太阳活动11a周期中，气候振动表现出双波和单波两种振动现象，其中以双波振动影响为主。Baur的研究表明中欧洲的严冬大多集中在太阳黑子11a周期中的极值年附近，并表现出明显的双振动现象。王绍武根据温度等级平均值发现中国在太阳黑子高值年和低值年都比较冷，反映出我国气温也存在双波振动现象。有学者认为太阳活动11a周期与ENSO的形成频数有关系，单周ENSO发生频数多。一些研究也表明，中国各地的降水和气温变化与11a周期存在密切的关系，如东北，天津，黄河流域，西北等。

研究发现太阳活动的世纪周期与我国大范围降水存在一定关系。由500 a旱涝等级资料分析可知，当太阳活动达到世纪周期高峰时，我国自北向南进入多雨期，长江流域梅雨开始日期推迟，梅雨期缩短，长江最高水位上升，黄河流量增加，西太平洋台风数目减少。

尽管如此，太阳活动对气候变化的影响还未被科学界广泛接受。对于太阳与气候关系的复杂性，有人认为，气象要素和太阳活动都存在很多时间尺度的变化周期，他们的主要变化周期在不同时段内都有变化，特别是气象要素。加上气象要素的各种时间尺度周期叠加在一起，使得对气候变化以及与太阳活动的关系的研究也就困难重重，需要更多的资料和时间才能给出明确的答案。

15.3.4 火山活动与气候

火山活动也是影响气候变化的因素之一。大规模火山作用将大量喷发物由岩石圈输送至大气圈、水圈和生物圈，从而造成气候、环境的快速变化，甚至导致大规模生物灭绝。火山爆发之后，向高空喷放出大量硫化物气溶胶和尘埃，可以到达平流层高度，它们强烈地反射太阳辐射，使射入的太阳辐射减弱，由此使其下层的大气冷却。强火山爆发后数年一般会出现全球范围的降温，其降温幅度在0.3～1.0℃，因此火山爆发产生负辐射强迫。另一方面，火山活动的长期变化的累积效应可能也是气候长期变化的重要外强迫因子。因此火山爆发对气候的影响也称为“阳伞效应”。

火山活动对气候的影响可以从短期和长期两个方面考虑。一般单个火山爆发的影响从几个月到1～2 a，最多不超过3 a。当考虑火山活动的长期变化时，火山活动集中时期或者沉积时期，会影响几十年甚至几百年时间尺度的气候变化。研究发现火山活动指数序列与气候要素变化的准周期性存在一定联系。如高桥浩一郎(1986)认为火山活动周期为70a。王绍武(1991)也发现ENSO具有70a的准周期，但可靠性较差。

15.3.5　温盐环流与气候

温盐环流（thermohaline circulation，THC）是由于海表冷热不均、蒸发降水不均，致使温度和盐度发生变化，导致海水的密度分布不均，从而形成热力学海流。温盐环流与由风应力形成的表层流完全不同，它主要集中在大洋的深层。根据大洋水团的分布，Broecker(1991)最早提出全球温盐环流输送带模型，如图 15.11 所示。

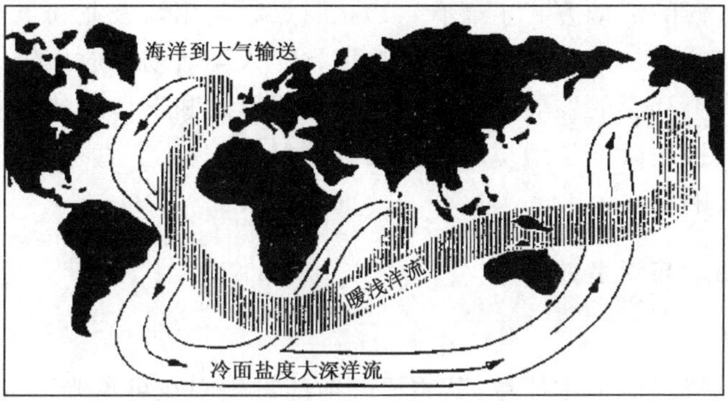

图 15.11　全球温盐环流示意图(Broecker，1991)

千年时间尺度的气候变化，可能与温盐环流的中断与重新形成相联系，一个明显的例子是发生在大约 1 万 a 前，北大西洋及其邻近地区出现的新仙女木冷事件。在全球回暖过程中，北美洲、欧洲和格陵兰以及北极地区覆盖的大量冰开始融化，融冰形成一层很厚的冷而低盐的冷水，这层冷水涌入北大西洋北部，从而抑制了暖水的下沉，减弱了温盐环流，使得热传送带"断裂"，由此形成一个寒冷期。但是冰后期全球普遍增暖，所以这个寒冷期仅仅维持了几百年。新仙女木事件发生时，南极地区气温反而上升，这很可能是温盐环流的作用。

温盐环流在气候突变、全球变暖等问题中的作用还有待于更多的模拟研究。然而，温盐环流在气候系统中的特殊地位，使其已成为气候学与海洋学研究的一个热点问题。

15.4　人类活动与气候变化

人类作为气候系统中的重要成员，一方面，受到气候系统中各种自然过程的影响，另一方面，人类不同于地球上其他的生物，随着人类社会和经济的发展，人类活动对气候变化的影响愈加显著。20 世纪 80 年代末，世界气象组织和联合国环境规划署联合建立了政府间气候变化专门委员会（IPCC），从 1990 年开始，IPCC 对世界上有关全球气候变化的科学、技术和社会经济信息进行了4次评估，其结果愈来愈清楚地表明，人类活动对全球气候变暖有决定性的作用。2007年4月发布的第四次评估报告(2007)明确指出，由于人类活动所造成的全球增暖正在持续加剧，已有90%的把握确信在过去的50年中，人类活动导致了近50年来以全球变暖为主要特征的气候变化，气候变化及其与人类活动的关系，已引起各国科学家、世界气象组织等多个世界性机构及各国政府的高度关注。

人类影响气候的活动方式主要有：(1)化石燃料利用及农业和工业活动排放的二氧化碳等温室气体增加大气中温室气体浓度；(2)人类活动排放导致大气中气溶胶浓度的变化；(3)人类社会的发展不断改变土地利用形式和下垫面的性质。这些活动基本都是直接或间接地改变了地球辐射平衡，气候对这些改变直接响应，同时通过反馈机制的变化间接响应。

15.4.1 人类活动与温室效应

1. 温室效应

太阳是地球气候的根本能源，其主要辐射能量集中在可见光区或近可见光区(波长0.4～0.7 μm)，由于辐射波长较短，又称为太阳短波辐射。到达地球大气顶层的太阳短波辐射中，大约三分之一被直接反射回太空，其余太阳短波辐射绝大部分完全透过大气而被地表吸收(约50%)，大气吸收份额很小，为了平衡所吸收的入射能量，地球必须也向太空发射同样数量的能量。地球的温度比太阳低得多，因此，地球辐射能量集中在波长较长的红外谱区(波长约10 μm)，根据大气对辐射光谱的选择吸收性，大气对太阳短波辐射吸收很小，但地表向上放射的长波辐射又绝大部分被水汽、二氧化碳(CO_2)、臭氧(O_3)甲烷(CH_4)等吸收，并向下放出长波辐射，使地表热辐射不至于无阻挡地射向外空，地面气温要比无大气时高出许多，这一特性称为地球的自然温室效应(图15.12)，并称这些擅长吸收长波辐射但基本不吸收短波辐射的气体为温室气体。如果没有地球的自然温室效应，地球表面的平均温度将低于冰点。因此，地球的自然温室效应使我们现在已知的所有生命活动成为可能。

由于人类活动的影响，一些大气中本来就存在的温室气体含量在不断地增加，另一些完全由人类制造的温室气体也被排放到大气中。大气中温室气体的增加使地球表面变暖。显然，人类活动加剧了自然的温室效应，全球变暖与温室效应的加剧有关。

2. 温室气体

由于人类活动，长期存在的温室气体包括二氧化碳、甲烷、氧化亚氮和卤烃都在增加。根据近200年大气中主要温室气体含量约变化曲线，可以发现所有这些气体的含量在工业时代都已显著各项高，这些气体含量的升高主要源于人类活动。

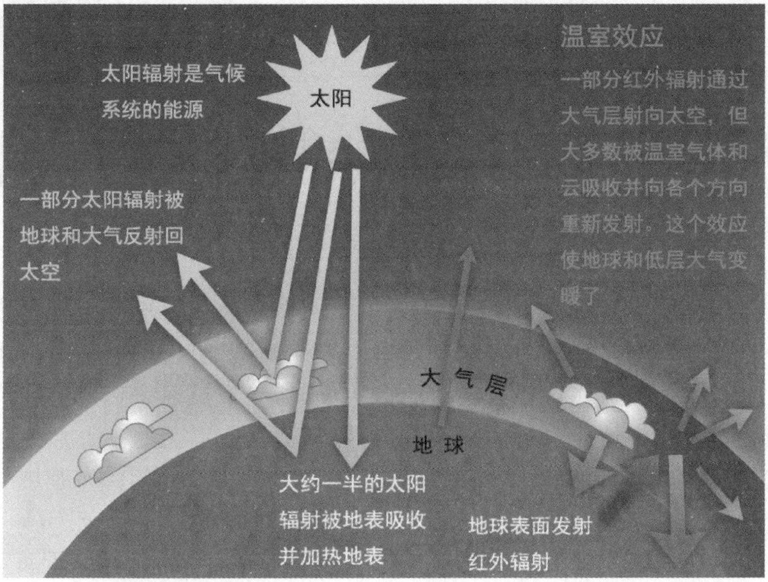

图 15.12 地球的自然温室效应的概念化模型(IPCC,2007)

15.4.2 人为气溶胶及其气候效应

气溶胶是悬浮在空气中的微小颗粒(直径在 0.001～10 μm)的总称,包括自然过程产生的和人类活动产生的气溶胶两种。自然气溶胶有火山灰、尘灰(soil dust,大部分产自北非及亚洲的沙漠地区)、海盐气溶胶(sea salt aerosol)等。人为气溶胶主要包括硫酸盐、化石燃料有机碳、化石燃料黑炭、生物质能燃烧、矿产灰尘气溶胶等。自然气溶胶在大气中的含量、分布和光学特性在一段较长的时期内可以看作不变,而人为气溶胶则受人类活动的影响较大,工业革命以来,尤其是 20 世纪 50 年代以来,增加迅猛,其增长速率对气候变化以及生态环境的影响尤为重要。

对流层气溶胶存在两种效应,分为直接效应和间接效应。直接效应是指气溶胶使入射的太阳短波辐射被反射到空间,而不能到达地表面。另一方面使地面的长波辐射散射到空间。其效果使近地面层接受太阳短波辐射减少,同时放射长波辐射不能回到地面,致使近地面层变冷,这是与温室效应正好相反的一种过程。

气溶胶的间接效应就是通过气溶胶改变云微物理过程,从而改变云的辐射特性、云量和云的存在期,影响地气系统的辐射平衡。当大气气溶胶含量的增加时,云内的云滴数目增加,尺寸偏小不易形成降水,云的生命期因此变长,同时云的反照率增大。导致地气系统的反照率可能变大。大气及地表吸收太阳辐射减少。由此可见,气溶胶通过充当凝结核对地气系统的间接影响也是辐射冷却,可能使得对流层及地表气温降低。然而，必须指出的是，目前科学界对气溶胶的间接效应的了解仍相当有限。

15.4.3 土地利用的变化及其气候效应

人类活动影响气候变化的另一因素是土地利用的变化。这是因为土地利用的变化直接造成陆面物理特性的变化，从而影响辐射、热量和水的交换；再则，植被类型、密度和有关土壤特性的变化通常可引起陆地碳储存及其通量的变化，进而使大气温室气体含量发生变化。

人为改变大尺度的植被特性可影响地表反照率。农田的反照率与自然地表有很大的不同，尤其是森林。森林地表的反射率一般比开阔地要低，这是因为在森林上空有较大的叶片，入射辐射在森林冠层内的多次反射，导致反射率降低。这种效应在雪地尤其明显，因为开阔地面容易全部被雪覆盖，从而具有高反照率。

改变陆地覆盖还会影响一些其他物理属性，比如地表比辐射率、潜热与感热通量的比率(Bowen 比)和地表粗糙度，它们将通过陆气间的各种能量交换，如潜热、感热通量的变化，改变地表能量和水汽收支，直接影响近地面大气温度、湿度、降水和风速。例如，一些模拟表明完全去除亚马逊河雨林森林，将对局地表面温度和水循环有重要影响。亚马逊河流域大约一半降水是从森林的蒸发而来。除掉森林将改变径流与蒸发的比率，区域水循环平衡可能会严重的改变，可能导致水汽辐合和蒸发的减少，径流将会显著减少。

土地利用的变化还可通过其他机制改变气候。陆地覆盖物变化可能对二氧化碳，甲烷，生物质燃烧气溶胶和灰尘气溶胶的排放产生影响，例如 19 世纪的农业发展，改变了地表覆盖，造成 19 世纪大气温室气体(CO_2、CH_4 及 N_2O)的增加。

此外，高密度人口居住区域特别是城市化进程的加快，形成了城市复杂多样的地表覆盖布局，这种特殊的土地利用格局对局地气候也可产生显著影响。随着城市的出现和不断扩大，使得密集的建筑物取代了自然的地表面，地面粗糙度大大增加，地表风速减小，建筑物参差不齐又导致湍流加大。不渗水的道路和建筑材料取代了天然的土壤，减少了蒸发和空气湿度，大大加快了径流，降低了地表反照率。这就改变了地表热量和水分收支各项的相对大小，加上城市中工业生产和居民生活释放出大量人为热量和废气，使得城市气温比周围郊区高。这一现象通常称为“城市热岛效应”或“城市热岛”。“城市热岛”是城市气候中最典型特征之一。根据周淑贞等(1982,1994)对北京、上海及沿海等大中城市进行的城市气候研究发现，无论是冬季，还是全年平均，城市气温均比周围站点显著偏高，且城市规模越大，热岛效应越强。进一步考察这几个城市在近几十年来的温度变化，发现在区域性气候增暖过程中，城市化的影响也是不可忽略的。城市下垫面对大气的影响是当前气候研究和边界层研究的一个热点问题，也是探讨人类对自然气候干扰的方面之一。

15.5　气候变化的影响与应对措施

15.5.1　气候变化的影响

由于全球变化不是人类引起的唯一环境问题，因此对于气候变化的影响评价也显得比较复杂。土壤的损失及其贫瘠化、地下水的过度开采以及酸雨危害等，都是目前正产生重大影响的局地或区域尺度上环境退化的例子，如果不制止这种退化，它将加重全球变暖造成的负面影响。由于这些原因，我们必须在可能减缓或加重其影响的其他因子的背景之下，来考虑气候变化对人类社会及其活动的各种影响。下面将依次讨论各种影响。

1. 海平面升高的影响

据估算，预计到 2030 年平均海平面高度将升高 15 cm，到 2100 年升高 50 cm。由于大部分海洋的升温速率很慢，全球变暖引起的海平面升高将滞后于地表的温度变化。然而全球海平面升高并不一致，海洋的热膨胀效应对地点变化相当大。此外，自然原因（例如，由于最近冰原迁移造成的地幔压力的减轻，目前仍在继续）产生的陆地运动或人类活动（例如，地下开采）可能对全球变暖引起的海平面升高速率产生相当大的影响。在任何地区，为了确定未来海平面的可能升高，必须考虑上述所有因子。

虽然到 2100 年海平面升高估计才 50 cm，这些变化似乎并不大，因为许多人生活在海平面以上足够高的地方，不会受到直接影响。可是，全世界约有一半的人口居住在沿海地区，其中最低洼处是一些土地最肥沃、人口密度最大的地区。对于生活在这些地区的人们，即使这 50 cm 的海平面升高，也将对他们产生严重影响。特别脆弱的一些地区是孟加拉国及类似的三角洲地区、荷兰及太平洋和其他海洋中地势低洼的小岛屿国家。像孟加拉国这样的三角洲地区海平面升高最明显的影响就是将丧失大批优良的农业土地。这是很严重的问题，因为该国一半的经济收入来自农业，85％的人口依赖于农业维持生活，其中许多人正处在生存的边缘。另外海平面的升高也将增加风暴对该地区的危害影响，因为孟加拉国极易受风暴潮的危害，平均而言，每年至少有一次较大的气旋袭击。还有海平面的升高将通过盐水侵入地下淡水资源，进一步影响农业土地的生产力。在埃及的尼罗河三角洲地区、中国的东部沿海地区等也会受到像孟加拉国一样的影响。而地势低洼的小岛屿国家也将遭受土地损失和淡水供应的不足。

2. 对农业和粮食供给的影响

种植作物的类别必须与当地的气候相适应，特别是一年中温度和降水的分布是决定种植何种作物的关键因素。当受到全球变暖,热量资源增加的影响时,这一切都将发生变化。因此,作物的分布也将改变。在全球大部分地区,使作物与新的气候条件相适应几乎不存在什么问题,至少,对于1年或2年内成熟的作物是这样。而森林在较长时期内才能达到成熟,在此时期内,预计的气候变化速率可能使得树木处于它们完全不能适应的气候中,温度和降水型将显著改变,从而阻碍树木生长或使它们对病虫害更加敏感。

可利用水量是影响农业和粮食生产的最重要的因素。水分供给对气候变化的脆弱性转变成作物种植和粮食生产中的脆弱性,因而,干旱或半干旱地区(大多数位于发展中国家)的风险最大。另一个因素实际上能够提高生产,即由于大气中二氧化碳的增加加速了某些作物的生长。

因此虽然作物生产和粮食供给的敏感性研究还处于早期阶段,但尚无有力的证据表明,气候变化对全球粮食供给的影响很大,迫切需要研究的是世界农业将如何响应极端事件,例如长期干旱。然而很明显发达国家和发展中国家之间的差距将进一步增大,发达国家的粮食过剩可能继续增加,而发展中国家,大量的人口增加将伴随粮食生产的相对减少。这样一种状况将引起极大的问题,尤其是在发展中国家。随着气候变化,一些农业区发生改变,人们试图迁移到那些他们仍然能够在农业部门就业的地方。由于人口增长的压力。这种迁移将变得愈来愈来困难,可以预计将出现大批的环境难民。

3. 对淡水资源的影响

气候变暖对水分供给的可能影响是什么?首先,必须注意当前许多地区对水分短缺的脆弱性,尤其是在干旱和半干旱地区,人类社会需求的增长意味着,即使是短期干旱,也将比以前带来更大的灾难。在世界上的许多地区,对水分短缺的脆弱性已经得到了证实,在那些地区,地下水的开采量大大超过它的补充量,这种状况不可能持续太长的时间,由于人口增长,脆弱性也将增加,从而将加重全球变暖的负面影响。

其次,全球变暖引起的气候变化将在许多地方导致水分供给的巨大变化。特别是干旱和半干旱地区,大陆腹地以及亚洲季风区等水资源影响最脆弱的地区。气候极端事件型的改变(尤其是干旱和洪水)是大多数问题的原因。此外,一些地方如东南亚地区,它们依赖于未受管理的河流系统,因而比起俄罗斯西部和美国西部那些具有大规模水资源管理系统的地区来说,对气候变化更加敏感。

4. 对自然生态系统的影响

由于自然生态系统与气候之间存在着密切的关系,气候是决定自然生态系统类型或物种分布的主要因素,气候的变化将通过温度胁迫、水分胁迫、物候变化、日照和光强变化等途径,不可避免对自然生态系统产生一定的影响,不仅体现在对生态系统组成、结构、功能和类型的时空变化的影响,同时也对生态系统的分布等各个方面产生影响。全球10%以上的陆地是耕地,其余部分在一定程度上是人类难以控制的,其中30%是自然森林。构成局地生态系统的动植物种类对于气候、土壤类型以及可利用水量很敏感。

气候是决定生物群落分布的主要因素,气候变化能改变一个地区对不同物种的适应性,并能改变生态系统的内部不同种群的竞争力。所以,在一定时间内,即使气候的微小变化也能引起生态系统成分的巨大变化。然而随着全球变暖,类似的气候变化将在几十年里发生,大多数生态系统不可能如此快地响应或迁移。因此,自然生态系统将愈来愈不能与其环境相适应。不同物种之间的响应存在巨大的差异,某些物种对于平均气候或气候极端事件的变化要比另外一些物种脆弱得多。但是,所有物种都将变得易于患病以及遭受害虫袭击。

另外树木的寿命很长,并且需要花费较长时间来繁殖。由于树木不易很快地响应气候变化,因此全球森林可能将受到严重影响。近年来,许多森林正常生长状况的衰退已引起我们的注意,尤其是在欧洲和北美,那里大多数森林的衰退是由于酸雨及其他污染(来自工业、发电站和汽车)引起的。然而,并非所有对树木的危害都源于此,例如,对加拿大几个地区的研究表明,那里树木的枯萎与气候条件的改变有关,尤其是与连续的暖冬和干夏有关,在某些情况下,可能是由于污染和气候变化的双重效应。另外预计全球变暖引起的气快速变化将造成某些生态系统内物种的重大损失。

而除了陆地上的生态系统受到气候变化的影响外,海洋中的生态系统也不例外,相当的证据表明,海洋中的生物活动随着冰期循环而改变。海水温度变化以及某些洋流型的潜在变化,可能引起了涌升流发生区和鱼类聚集地的变化。某些渔场可能会消失,而另外一些渔场则可能扩大,到那时,渔业不能很好地适应上述提到的较大的变化。

5.对人类健康的影响

人类健康取决于良好的环境。造成环境退化的许多因素也能导致身体不健康。大气污染、水污染或水分供给不足以及贫瘠的土壤(造成作物生长缓慢和营养不良)都对人类健康和福利造成威胁,并且有助于疾病的传播,全球变暖引起的气候变化将加剧上述的许多不利因素。

气候变化对人类本身主要的直接影响是极端高温产生的热效应,它将变得更加频繁、更加普遍。对一些常发生热浪的大城市资料的研究表明,在出现异常高温的日子里,死亡率将增加1～2倍。虽然这一事件之后可能跟着一段死亡低发期,说明某些死亡无论如何总是会在那段时间里发生,但是死亡率增加的大部分似乎与过高的温度直接相关。可以认为,较少出现严寒提供了对过热时期的补偿。然而,研究表明:由于过热引起的死亡率的增加远远超过寒冷时期的减少,尤其是老年人,他们特别难以适应高温。

气候变化对健康的另一个可能影响是增加了疾病在变暖地球上的传播。许多疾病的昆虫载体在暖湿的条件下生长得更好。例如,已知由蚊子传播的脑炎等传染病与出现在澳大利亚、美洲和非洲大陆的异常潮湿条件有关,而后者又与厄尔尼诺周期的不同阶段有关。某些目前主要发生在热带地区的疾病可能随着气候变暖向中纬度地区传播。疟疾就是其中的一个例子,它是在最适温度15～32℃、最适湿度50%～60%的条件下通过蚊子传播的。

15.5.2 应对气候变化的相关措施

1.减缓重点领域的温室气体排放

首先要大力发展清洁能源,抓好节能降耗、保护环境。在保护生态基础上有序开发水电。把发展水电作为促进能源结构向清洁低碳化方向发展的重要措施;积极推进核电建设,把核能作为能源战略的重要组成部分,逐步提高核电在能源供应总量中的比重,加快经济发达、电力负荷集中的地区的核电建设;加快火力发电的技术进步,优化火电结构,加快淘汰落后的小火电机组,适当发展以天然气、煤层气为燃料的小型分散电源;大力发展煤层气产业,最大限度地减少煤炭生产过程中的能源浪费和甲烷排放;推进生物质能源的发展,以生物质发电、沼气、生物质固体成型燃料和液体燃料为重点,大力推进生物质能源的开发和利用;积极扶持风能、太阳能、地热能、海洋能等的开发和利用。通过大规模的风电开发和建设,促进风电技术进步和产业发展,实现风电设备国产化,大幅降低成本,尽快使风电具有市场竞争能力;积极发展太阳能发电和太阳能热利用。大力开发和利用煤的清洁高效技术、油气资源勘探技术、核电技术、输配电和电网安全技术以及可再生能源技术,促进能源工业可持续发展,增强应对气候变化的能力。

大力调整产业结构和区域合理布局。推动服务业发展,提高服务业在国民经济中的比重。把区域经济发展与能源节约、环境保护、控制温室气体排放有机结合起来,根据资源环境承载能力和发展潜力,按照主体功能区划要求,确定不同区域的功能定位,促进形成各具特色的区域发展格局;控制高耗能、高污染产业规模,降低高耗能、高污染产业比重,鼓励发展高新技术产业,优先发展对经济增长有重大带动作用的低能耗的信息产业;制定节能产品优惠政策,对一些重大节能工程项目和重大节能技术开发、示范项目给予投资和资金补助或贷款贴息支持,研究制定发展节能省地型建筑和绿色建筑的经济激励政策;研究鼓励发展节能环保型小排量汽车和加快淘汰高油耗车辆的财政税收政策;引导公众树立节约型汽车消费理念,大力发展公共交通,提高轨道交通在城市交通中的比例。强化钢铁工业、有色金属工业、石油化工工业、建材工业、交通运输、农业机械、建筑节能、商业和民用节能等重点行业的节能技术开发和推广。

在工业生产中，要大力发展循环经济，走新型工业化道路。按照“减量化、再利用、资源化”原则和走新型工业化道路的要求，采取各种有效措施，进一步促进工业领域的清洁生产和循环经济的发展，加快建设资源节约型、环境友好型社会，在满足未来经济社会发展对工业产品基本需求的同时，尽可能减少水泥、石灰、钢铁、电石等产品的使用量，最大限度地减少这些产品在生产和使用过程中产生的二氧化碳等温室气体排放，提高排放控制水平，以减少各种温室气体的排放。

在农业生产和活动中，通过实施农业面源污染防治工程，推广化肥、农药合理使用技术，大力加强耕地质量建设，实施新一轮沃土工程，科学施用化肥，引导增施有机肥，减少农田氧化亚氮排放。进一步加大技术开发和推广利用力度。选育低排放的高产水稻品种，采用科学灌溉技术，研究和发展微生物技术等，有效降低稻田甲烷排放强度；研究开发优良反刍动物品种技术，规模化饲养管理技术，降低畜产品的甲烷排放强度；进一步推广秸秆处理技术，促进户用沼气技术的发展，减少农田氧化亚氮排放；大力推广秸秆还田和少(免)耕技术，增加农田土壤碳贮存。

同时，推进天然林资源保护、退耕还林还草、风沙源治理、防护林体系、野生动植物保护及自然保护区建设等林业重点生态建设工程，抓好生物质能源林基地建设，通过有效实施上述重点工程，进一步保护现有森林碳贮存，增加陆地碳贮存和吸收汇。

根据新形势要求，制定强制性垃圾分类和回收标准，提高垃圾的资源综合利用率，从源头上减少垃圾产生量。提高对填埋场产生的可燃气体的收集利用水平，减少垃圾填埋场的甲烷排放量。

2. 提高重点领域适应气候变化的能力

继续加强农业基础设施建设。加快实施以节水改造为中心的大型灌区续建配套，着力搞好田间工程建设，完善灌排体系。继续推进节水灌溉示范，在粮食主产区进行规模化建设试点，干旱缺水地区积极发展节水旱作农业。推进农业结构和种植制度调整。优化农业区域布局，促进种植业结构向粮食作物、饲料作物和经济作物三元结构的转变。培育产量潜力高、品质优良、综合抗性突出和适应性广的优良动植物新品种。加强新技术的研究和开发，发展包括生物技术在内的新技术，力争在光合作用、生物固氮、生物技术、病虫害防治、抗御逆境、设施农业和精准农业等方面取得重大进展。加强农业技术推广，提高农业应用新技术的能力。

强化对现有森林资源和其他自然生态系统的有效保护。对天然林禁伐区实施严格保护，使天然林生态系统由逆向退化向顺向演替转变。实施湿地保护工程，有效减少人为干扰和破坏，遏制湿地面积下滑趋势。扩大自然保护区面积，提高自然保护区质量，建立保护区走廊。积极整合现有林业监测资源，建立健全国家森林资源与生态状况综合监测体系。提高预警和应急能力。加大技术开发和推广应用力度，提高森林植物在气候适应和迁移过程中的竞争和适应能力。开发和利用生物多样性保护和恢复技术，降低气候变化对生物多样性的影响。

强化水资源管理。坚持人与自然和谐共处的治水思路，在加强堤防和控制性工程建设的同时，积极退田还湖（河）、平垸行洪、疏浚河湖，对于生态严重恶化的河流，采取积极措施予以修复和保护。加强水利基础设施的规划和建设。加大水资源配置、综合节水和海水利用技术的研发与推广力度。

加强海洋生态系统的保护和恢复技术研发，提高对海洋生物多样性的保护能力。加强海洋环境的监测和预警能力建设。提高海洋灾害预警能力。强化应对海平面升高的适应性对策。大力营造沿海防护林，建立一个多林种、多层次、多功能的防护林工程体系。

主要参考文献

丁一汇. 2010. 气候变化. 北京：气象出版社.

丁裕国，江志红. 2009. 极端气候研究方法导论（诊断及模拟与预测）. 北京：气象出版社：232.

高国栋，陆渝蓉. 1988. 气候学. 北京：气象出版社.

江志红，屠其璞，等. 2004. 20 世纪全球温度年代和年代际变化的区域特征. 大气科学，**14**(7)：545-558.

李庆祥，董文杰，李伟. 2010. 近百年中国气温变化中的不确定性估计. 科学通报，**5555**(16)：1544-1554.

林学椿，于淑秋，唐国利. 1995. 中国近百年温度序列. 大气科学，**15**(5)：525-534.

缪启龙，江志红，陈海山，余锦华. 2011. 现代气候学. 北京：气象出版社.

任国玉，郭军，徐铭志，等. 2005. 近 50 年中国地面气候变化基本特征. 气象学报，**63**(6)：942-956.

施能，陈家其，屠其璞. 1995. 中国近 100 年来 4 个年代际的气候变化特征. 气象学报，**53**(4)：431-439.

屠其璞. 1986. 一种气温序列的延长插补方法. 南京气象学院学报，**1**：19-30.

王绍武，叶谨琳，龚道溢，等. 1998. 近百年中国气温序列的建立. 应用气象学报，**9**(4)：392-401.

王绍武，赵宗慈，龚道溢，等. 2005. 现代气候学概论. 北京：气象出版社.

王绍武. 1994. 气候系统引论. 北京：气象出版社.

张先恭，等. 1983. 我国历年逐月平均气温的分级及气温多年变化特征//东北夏季低温长期预报文集. 北京：气象出版社：49-61.

Frich P, Alexander L V, Della-Marta P, et al. 2002. Observed coherent changes in climatic extremes during the second half of the twentieth century. *Climate Research*, **19**: 193-212.

IPCC. 2007. Climate Change: The Physical Science Basis. Contribution of Working Group I to the Fourth Assessment Report of the IPCC. Cambridge: Cambridge University Press, United Kingdom and New York, NY.

Zhai P M, Pan X. 2003. Trends in temperature extremes during 1951—1999 in China. *Geophys Res Lett*, **30**(17), 1913, doi:10.1029/2003GL018004.

Zhai P M, Zhang X, Wang H, Pan X. 2005. Trends in Total Precipitation and Frequency of Daily Precipitation Extremes over China. *J Climat*, **18**: 1096-1108.

思考题

1. 简述近百年全球气候变化的主要特点,分析人类活动的可能影响。
2. 简述气候变化的原因。
3. 何为温室效应?温室效应与全球变暖的关系如何?

第 16 章 农业气象

16.1 气象与农业

常言道:“万物生长靠太阳,雨露滋润禾苗壮”,可见,气象条件对于农业生产极其重要。农业生产的地域性很强,不同地域有着不同的农业生产类型、种植制度和作物种类;农业生产的季节性很强,不同时期的农作物所表现的形态、生理和发育阶段不同,这些都是由气象条件的差异造成的,因此气象条件是影响农业生产不可缺少的自然环境。

农业生产与气象条件关系密切。气象条件影响农业生产,首先是它为第一性生产和第二性生产直接和间接地提供它们所需要的能量和物质;其次,农业生物的生命过程既然在外界自然环境中完成,就必然受到有利和不利的气象条件影响,即使今后农业生产技术达到极高的水平,人们还是要控制外界气象条件选择最优方案来安排生产;第三,通过气象条件对外界其他因子如土壤、水文、地形地势、地面覆盖物的作用,从而又对气象条件的反馈来影响农业生产;第四,气象条件中光、温、水、气等因子的不同组合对农业生产产生不同的影响:不利的组合将导致农业减产;有利的组合会使农业增产;而其最佳组合,则会使农业获得最好的收成。同时农业生产也会反过来影响气象条件:有机体的不同发育期形成不同的农业小气候条件,长期的农业生产过程改变的植被分布影响气候变化等。

气象条件对农业的影响主要表现在以下几个方面:

(1)影响作物的生长发育和产量形成。作物的生长发育需要适宜的气象条件,例如需要适宜的光照,以进行光合作用,合成干物质;需要适宜的热量条件,以完成从发芽到成熟所经历的不同发育期;需要一定的水分条件,保证作物体不会出现萎蔫状态,才能够得以进行蒸腾作用和养分吸收,进行各种各样的生理过程。

(2)影响农事季节活动。一年中经历不同的季节,其气象条件也相继表现不同。因此不同时期的农事活动随之发生相应的改变。春季伊始,温度回升,大地复苏,越冬作物开始返青,北方冷凉地区开始播种,随着气温升高,光照增强,作物开始迅速生长,春末夏初,许多地区进入收获时节。夏季雨水充沛,雨热同季,秋熟作物旺盛生长。秋季温度下降迅速,秋熟作物成熟收获,越冬作物开始播种。冬季温度最低,光照最弱,是大多地区休闲季节,作物处于休眠期。

(3)影响作物的地理分布和种植制度。作物的地理分布主要由气候条件决定,从北向南,依次分布寒带、温带、亚热带和热带,农作物种植也从北方的耐寒冷凉作物到中、低纬地区的喜温作物,到低纬地区的热带作物。北方一年一熟,中部一年两熟,南方一年三熟,甚至全年种植作物。

(4)影响农产品品质。气象条件对农产品品质的影响非常突出,如光照较强,温度日较差较大,夜间呼吸消耗弱,有利于干物质和糖分积累,因此能够产出优质的瓜果,如新疆一带就是这样。空气湿度大、太阳直射光弱,有利于茶叶中的某些重要化学成分的形成,所谓"高山出好茶"就是这个道理。很多地方的特色农产品都与气象条件密切相关。

(5)影响作物受害状况。气象为农业生产提供了必不可少的气候资源,也带来了多种多样的气象灾害。气象要素的波动或异常,常常会超出作物生长发育和产量形成所需的正常范围,出现旱涝、霜冻、冻害、冷害、冰雹、大风、干热风等农业气象灾害,造成作物生长发育受阻甚至停止,农业产量低而不稳。如由于温度偏低导致北方作物冻害、喜温作物的冷害和热带作物的寒害。再如,降水过少会形成干旱,降水过多会形成渍涝,不利于作物生长。

掌握气象对农业的影响规律和特征,有助于利用有利的气象条件,"顺天时,量地力",选择适宜的种植制度,合理进行作物布局和品种搭配,充分利用气候资源,发展优质、高产、高效农业。同时注意防避不利的气象条件,不断增强农业防灾减灾的能力,趋利避害,保证粮食安全,取得更大的社会和经济效益。

16.2 影响农业的气象要素

农业生产是在一定的外界环境条件作用下进行的,环境条件包括很多因素,主要是光照、温度、水分和营养物质。它们相互依存,相互制约,但不可或缺,亦不能相互替代,它们共同对作物产生综合作用。

16.2.1 光合作用理论和光周期现象

1.光的生物学意义

这里讨论的光是指太阳光或太阳辐射,它是最重要的自然光源。太阳辐射对地球上的生命活动至关重要。太阳辐射的能量一方面以其热效应提供动、植物适宜的环境温度条件,另一方面在光的作用下绿色植物进行光合作用,表现光的形态效应和光周期现象,从而使植物正常生长发育,吸收太阳能,固定二氧化碳,制造有机物,因而使一切生物得以生存。光可以促进一些维生素的形成，光的刺激作用可促进叶绿素的形成，产生植物的向光性、趋光性、感光性、光发芽和暗发芽、光形态形成等刺激作用。光还制约着很多植物的开花、休眠、地下贮藏器官的形成过程。光也在很大程度上影响着植物的地理分布。

2. 光合作用

光合作用(photosynthesis)是绿色植物利用光能将其所吸收的 CO_2 和水同化为有机物并释放出 O_2 的过程

$$6CO_2 + 6H_2O + 675\text{kcal} = C_6H_{12}O_6 + 6O_2 \tag{15.1}$$

式中 $C_6H_{12}O_6$ 为光合作用产物，是碳水化合物。675kcal* 是指光合作用过程吸收的太阳能。植物与大气间 CO_2 和水汽交换的主要窗口是气孔，大气中的 CO_2 通过扩散作用经过气孔，进入细胞间隙，再进入叶绿体内，参与生化反应而被同化固定。光合作用的强弱由光合作用中 CO_2 的吸收量或形成光合产物的量表示，称为光合速率，即单位时间单位叶面积所同化的 CO_2 量或形成的光合产物的量或放出的 O_2 量，它主要受 CO_2 浓度、光照强度、光质、水分和温度等外界条件的影响。

植物能在没有紫外线和红外线的辐射谱段中正常生长发育，我们把影响光合作用、色素合成、光周期现象和其他生理现象的光谱区称为生理辐射；在这个光谱区范围内，能使叶绿素分子处于激发状态，并参与合成有机化合物的那部分光谱段称为光合有效辐射(photosynthetically active radiation, PAR)，光合有效辐射的波段大致在 0.40～0.76 μm，而生理辐射范围则比之更宽。

光的能量与波长有关，当波长为 0.40 μm 时，能量为 2.981×10^5 J，波长为 0.76 μm时，能量为 1.569×10^5 J。量子效率是光合作用本身的能量转换效率，释放 1 mol 的 O_2 需要 8～10 个量子。0.40～0.76 μm 的平均能量相当于 0.575 μm 的单色光的能量，为 2.0738×10^6 J。1 g 碳水化合物所含的能量，因不同作物而异，一般为 1.7793×10^5 J，所以 1 mol 碳水化合物(CH_2O)所含的能量等于 $1.7793\times10^5\times30$ J，因此

$$\text{量子效率} = \frac{1.7793\times10^5\times30\ \text{J}}{2.0738\times10^5\times8\ \text{J}}\times100\%$$

$$\sim\frac{1.7793\times10^5\times30\ \text{J}}{2.0738\times10^5\times10\ \text{J}}\times100\% = 32.2\%\sim25.7\%$$

即光合作用的能量转换效率为 25.7～32.2%，是植物对太阳能利用率的最大值，也即是在极其理想的情况下，光合有效辐射完全用于转换为化学潜能的上限。

光的强弱是决定植物光合作用大小的最重要因素。在一定光强范围内，光合速

* 1 cal＝4.1868 J

率随光强增加而增大，增大趋势开始时较快，甚至近似于直线，随光的增强，光合作用的增大逐渐缓慢，到一定值，光合速率不再随光强增加，此时的光强称为光饱和点，光合速率对光强的响应曲线通常以直角双曲线表示（图16.1），可用 Michaelis-Menten 模型模拟（Thornley，1983）。

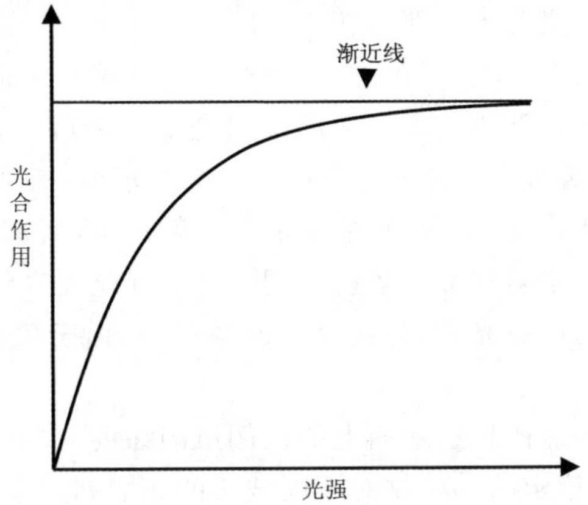

图16.1　光合作用对光强的响应曲线

3. 光周期现象

白天与黑夜的交替及其时间长短决定了植物的花芽形成和是否开花以及开花迟早。植物对光的这种周期性的、特别是昼夜间的光暗变化及光暗时间长短的生理响应表现称为光周期现象。这是植物内部生物节律的一种表现，是植物利用光长控制其生理反应的现象。

自然界中很多植物的开花对光长非常敏感。按照植物对光照时间的不同要求，可将植物分为4种类型。(1)短日性植物：光照长度短于一定临界值才能开花的植物，如水稻、大豆、玉米、棉花等。(2)长日性植物：光照长度长于一定临界值（临界光长）才能开花的植物，如麦类植物、豌豆、油菜等。(3)中日性植物：只有在某一特定的光照长度下才能开花的植物，如甘蔗只有在11.5～12.5 h的日长下才能开花，日照过短或过长，均不利于开花。这类植物种类很少。(4)日中性植物，也称日长钝感植物：植物开花对日照长度没有特殊要求，在任何日照长度下均能开花，如番茄、四季豆、菜豆等，这类植物种类最多。

无论对于短日植物还是长日植物，以光缩短夜长将产生类似于短夜的效应（短日植物不能成花，长日植物能成花）；而以暗缩短日长，却不影响长日的效应（短日植物仍不能成花，长日植物仍能成花）。所以决定植物能否开花的关键是夜长而非昼长。

光周期学说在农业上已得到广泛应用，比如：(1)引种：短日性作物的北方品种向南引种时，由于光照变短，温度升高，导致生育期缩短，不利高产。南方品种向北引种时，光照变长，温度降低，导致迟熟，甚至不能抽穗开花。长日性作物的北方品种向南引种时，一般延迟成熟。纬度和海拔高度相近地区引种易获成功。(2)育种：利用光周期调节花期相遇实现品种间杂交。(3)防御农业气象灾害：如北方某些地方冬小麦易遭晚霜冻，使用对光长高度敏感的品种，使拔节期延迟，可躲过晚霜冻害。(4)花卉栽培中利用光周期现象进行人工调节花期。

4. 光质的影响

光质可以用不同光谱波段表示。太阳辐射是非均质的，由许多不同波长的辐射组成，我们把太阳辐射分成紫外辐射、可见光和红外辐射(表 16.1)。可见光是农业气象学家特别关心的光谱段，包括大部分太阳辐射。不同波长的光，其生物效应不同。光谱成分随着直接辐射和散射辐射之间的比例变化而变化，相对而言，散射辐射比直接辐射含有更多的可见光，因此在有云的情况下，由于散射辐射增多，可见光的比例也就较大。

太阳辐射能的各种光谱到达地面上的比例虽因纬度、季节、地势和气象条件的不同而不同，但基本上是稳定的。植物对不同波长的无能利用率是不同的，波长较短的波段光能利用率较低，波长较长的波段光能利用率较高。

表 16.1 太阳光不同波长范围及能量分布

类别		波段(μm)	辐射强度(cal/cm^2)	占总辐射的比值(%)
紫外辐射		0.280～0.315 0.315～0.400	0.1	6.3
可见光	紫色	0.400～0.450	0.8	52.1
	蓝色	0.450～0.500		
	绿色	0.500～0.570		
	黄色	0.570～0.595		
	橙色	0.595～0.647		
	红色	0.647～0.760		
红外辐射	近红外	0.760～1.400	0.6	41.6
	远红外	1.400～3.000		

(1)紫外光：波长 0.17～0.40 μm。波长小于 0.29 μm 的紫外光会引起植物的毁灭，故又称灭生性辐射。波长为 0.29～0.40 μm 的紫外光为植物所必需，具有生物化学效应，可抑制伸长而使作物变矮；对土壤有一定的消毒作用，可晒种，并有催芽作用。

(2)可见光：波长 0.40～0.76 μm。这部分是光合有效辐射，大体与可见光相当。光合有效辐射中各波段在光合成作用中的意义也不一样，被叶绿体吸收最多的是红橙光，其次是蓝紫光，绿光被吸收得最少。波长为 0.60～0.70 μm 的红橙光最易被植物的光合作用所利用，有利于糖的形成，即产量的形成；波长为 0.50～0.60 μm 的黄绿光，被叶片吸收很少，而反射最强；波长为 0.40～0.50 μm 的蓝紫光能延长植物开花过程，促进蛋白质和脂肪合成，对植物的化学成分有重要影响。

(3)红外光：波长 0.76～4.00 μm。红外光的主要作用是热效应，影响植物体的温度和蒸腾作用，对植物的生理过程没有实际作用，所以此波段光的辐射又称为非生理辐射。

(4)光谱的植物形态效应：不同光谱成分对植物的另一个重要作用是光的形态效应。波长 0.72～1.00 μm 的光对植物伸长起促进作用，其中 0.70～0.80 μm 的远红光，对光周期、对种子形成起重要作用，并控制开花和果实颜色；0.315～0.40 μm 的光具有成形作用，能使植物变矮、叶片变厚，并有利于花青素的形成；波长大于 1.00 μm的光对植物只起热效应，不参加生化反应；波长小于 0.315 μm 的光对植物有有利的一面但更多的是伤害。

16.2.2 温度影响与积温学说

温度是衡量热量状况的标量，是农业环境中的重要因子之一。温度对农业生产的影响是通过其大小、持续时间和变化规律进行的，农业生产对象的生命活动都是在一定的温度范围内进行，温度过高、过低都会使其生命活动受到推延、抑制，甚至造成死亡。温度的时间、空间变化给农业生产带来多方面的影响。

1. 温度的生物学意义

温度是生物的生存环境因子之一。动植物的生长发育都必须在一定的温度下开始，并积累一定的温度总和(积温)才能完成某一发育或整个生命周期。温度影响生物体的生理生态特性、区域分布、光合、呼吸及其蒸腾作用等各种生理过程。温度的高低、日变化和季节变化与植物的产量和品质、病虫害的发生发展都有关系。动物的生活习性、节律、产量、品质、生殖发育活动及畜产品等都受到温度影响。动植物在不同生长发育阶段对环境温度有不同的要求，一旦出现超过所能忍受的高温或低温，就会遭受危害。

除气温外，土壤温度也与作物生长发育有密切关系。土壤温度直接影响作物的发芽、出苗状况以及安全越冬，影响植物对水分和养分的吸收。此外，水温除影响水生植物、水稻生长发育外，还影响鱼类等生物的生长。我国以温水性鱼类居多，他们生活在 15～30℃的水域，最适水温为 25℃左右，温度过高或过低都不利鱼类生长。

生物体的温度往往非常有用。植物的叶温可以反映水分状况，对光合、呼吸、蒸腾作用有显著影响，叶温的高低能够指示其是否经受干旱和高温热害。叶—气温差是运用卫星遥感监测农田干旱的重要参数。

2. 三基点温度

生物体的生命过程有三个基点温度，即最低温度、最适温度和最高温度，或下限温度、最适温度和上限温度。在最适温度范围内，生物体生长发育迅速而良好；在最低温度和最高温度下，生长发育停止，但仍维持生命。如果继续低于最低温度或超过最高温度，生物体就会受到危害，直至死亡。因此，除三基点温度外，还可以确定受害、致死的最低、最高温度指标，统称 5 个基本温度指标（图 16.2）。

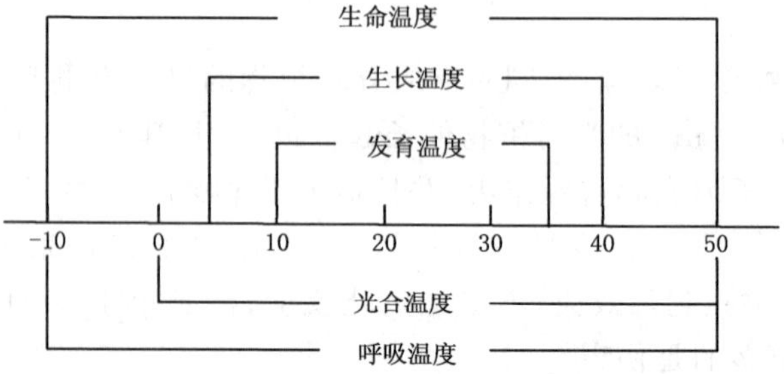

图 16.2 植物生命活动的基本温度（℃）示意图

三基点温度是一个温度范围，它随生物种类、发育阶段、生理状况以及环境条件的改变而变化（表 16.2）。而且，就不同的生命过程而言，植物光合与呼吸、生长与发育等的三基点温度也不尽相同。在农业气象应用中，确定温度的有效性、了解植物分布界限和种植季节、预测作物发育速度、估算气候生产潜力、制定农业气象灾害指标等方面都要考虑三基点温度。

表 16.2 几种主要作物生长的三基点温度（℃）

作物	下限温度	最适温度	上限温度
小麦	3～4.5	20～22	30～32
大麦	3～4.5	20	28～30
玉米	8～10	30～32	40～44
水稻	10～12	30～32	36～38
烟草	13～14	28	35
甜菜	4～5	25	28～30
棉花	13～15	28	35
油菜	4～5	20～25	30～32
紫花苜蓿	1	30	37

根据植物对温度的不同要求，可将植物分为喜温植物和耐寒植物，前者如水稻、玉米，棉花等，后者如麦类、油菜等。也可把植物分为广温植物和窄温植物。

3. 界限温度

标志某些重要物候现象或农事活动的开始、终止或转折点的温度，叫做农业气象界限温度，简称界限温度（北京农业大学农业气象专业，1982），界限温度一般具有普遍意义。

农业上常用的界限有 0℃、3～5℃、10℃、15℃和 20℃。0℃表示土壤冻结与解冻、农事活动开始或停止、冬小麦秋季停止生长与春季开始生长、冷季牧草开始生长，0℃以上持续日数为农耕期；3～5℃为早春作物播种、喜凉作物开始或停止生长、多数乔木开始生长的温度，3～5℃以上持续日数称为生长期或生长季；10℃时春季喜温作物开始播种与生长，持续日数为喜温作物生长期；15℃时水稻/棉花开始生长、水稻停止灌浆、热带作物停止生长；20℃是水稻插秧、一些热带作物开始生长、水稻安全抽穗的温度。

农业气象业务中，常使用界限温度进行宏观农业气候热量资源分析和有针对性的农业生产气象问题分析。如稳定通过各界限温度日期之间的间隔日数、积温表示作物可能生长期长度和期内热量状况，再如不同年份之间稳定通过某界限温度日期的差异可表示其升温、降温的快慢或早晚等，可以为制定农业生产管理和防灾减灾措施提供依据。

4. 温度日变化和季节变化

温度有显著的日变化。一天中，白天温度高、夜间温度低，这有利于白天增加光合作用，夜间减少呼吸消耗。较大的气温日较差可以增加植物干物质积累并获得优良的品质，如新疆瓜果糖分含量高就是这个道理。有研究指出全球多数地区气温随年代的变化趋势表现出明显的不对称性，最低气温上升速率大于最高气温（Easterling，1997），这显然对作物生长不利。

温度亦有显著的年（四季）变化，从而满足作物不同阶段对温度的要求。如喜凉作物冬小麦发育过程中要经过春化阶段的低温过程才能进入生殖阶段形成结实器官。相反，喜温作物棉花现蕾开花期要求气温在 25℃左右，不超过 30℃时温度越高，现蕾越多。有些作物对温度变化趋势的特定要求，是植物长期适应气候条件的结果。

温周期现象：许多植物长期生活于一定的自然环境条件下，适应了某种气候节律，并遗传成为其生物学特性，这一现象称为植物的“温周期”现象。如果环境条件不能满足植物遗传习性所需要的温周期，就不能完成其生长发育进程。

5. 积温学说及其应用

（1）积温学说及其改进

温度对生物的影响，不仅要考虑温度强度，也要考虑温度影响的持续时间，积温则既考虑到温度强度，又考虑了持续时间。法国科学家莱蒙（Reaumur）在 1735 年指出植物完成一定发育阶段及作物从播种到成熟需要一定的积温。随后人们用生育期内平均温度与天数的乘积（积温）表示作物从播种到成熟需要的“热总量”，因此积温的单位是度·日（℃·d）。这些成果被总结为积温学说：1）在其他条件基本满足的前提下，温度对发育起主导作用；2）开始发育要求一定的下限温度；3）完成发育要求一定的积温。

既然积温是常数，发育速度与平均温度之间便成为直线关系，这是积温学说的基本假设。但是人们发现积温学说在预测作物生育期时往往存在误差。因此积温学说在应用过程中不断被改进和发展。如：

有效积温：作物需要达到一定温度指标时才开始生长发育，因此产生有效积温的概念，即气温与作物生长发育起始温度差值的累积总和。

当量温度：羽生寿郎考虑到不同等级的温度对水稻发育速度的有效性不同，对发育最适温度以外的实际温度进行订正，得到的当量温度与发育速度为直线关系，当量积温也变得比较稳定（高亮之，2004）。

温度的非线性关系：沈国权（1980）在当量温度基础上，考虑上、下限温度对发育速度的影响，采用非线性函数，建立了水稻发育速度与温度的非线性模型，使有效积温值从静止不变的常数变为随温度而变化的变量，更加符合实际情况，提高了生育期物候预报的准确率。

（2）积温学说的应用

积温学说在作物引种、农业气候资源分析和区划、农业气象预报、农业气象灾害指标、作物生长模拟等方面得到广泛应用。如在引种和品种推广时，利用积温进行农业气候相似性分析其可行性；在杂交育种、制种时，根据积温进行父母本花期相遇的评估，进而推算出播种期；根据冬小麦从播种到冬前达到壮苗所需要的积温指标预报确定适宜播种期；在农业气候分析中积温能作为鉴定热量资源状况的变量和指标；在区域尺度的农业气候综合区划中积温常作为气候带或大区的主导指标（李世奎等，1988），许多省级农业气候区划也都以积温作为一级指标。

负积温：是某时段内低于0℃的逐日平均气温的总和。负积温愈多，表明冬季愈寒冷，冬作物越冬条件愈差。华北地区和西北东部冬小麦产区常用负积温和最低温度一起分析小麦越冬气候条件和冻害程度。

16.2.3 水分与农业生产

1.水的生物学意义

水是重要的农业环境因素，农业生物的各种生命活动都离不开水。水分的多少影响着生物体的各个方面。首先，水是植物光合作用的基本原料；其次，水也是植物光合作用过程中所需矿物营养元素的传输者；第三，植物细胞依靠充满的水分来维持膨压支撑自身，细胞伸长也要依靠膨压来实现；第四，植物还依靠水分蒸腾来降低叶温和提供根系吸收土壤水分、养分的动力；最后，植物的呼吸作用、有机质合成和分解都要有水分子参与。

当外界水分缺乏时，植物生命活动不能正常进行，干燥的空气或土壤甚至可从植物体中夺走水分，直到其死亡。外界水分过多时，由于缺氧使许多植物的根系不能正常吸收水分和养分而受伤甚至死亡。

在水量的时间分配方面，不同生物体和品种在不同生长发育时期对水分的要求不同。我国降水的季节分配不均，若降水的季节分配正好满足生物体的需要，就促进它们生长发育，获得丰产；反之，就会抑制生物体生长发育，若发生旱涝灾害，导致减产。

2.土壤水分类型和土壤水分常数

水分在土壤中受到各种力的作用，使之能够以不同方式存在于土壤之中并产生运动。对应不同力所作用的水分状态，可分为吸湿水、毛管水和重力水三类。

吸湿水，又称吸着水或紧束缚水。指烘干土壤从含有饱和水汽的空气中吸附于土粒表面的水分。毛管水是由毛管弯曲凹面的表面张力所保持，以水膜形式吸附于土粒周围的水分，又分为薄膜水和毛管悬着水两类。重力水是指因重力排出的水分，不能保持在土层中。

土壤水分在吸附力、毛管力和重力的作用下运动，从一种力转换到另一种力的作用下时，土壤水分的含量也相应改变，把这些临界值区分开来，称为土壤水分常数，常用的有以下4个。

(1)吸湿系数。又称最大吸湿量，土壤吸湿水达到最大数量时的土壤含水量。这种水分被土粒牢固吸附，不能被植物吸收利用。

(2)凋萎系数。又称凋萎含水量或凋萎湿度，植物产生永久凋萎时的土壤含水量，包括全部吸湿水和部分膜状水。此时的土壤含水量处于土壤水分不能补偿植物耗水量的水分状况，通常把它作为植物可利用水量的下限。

(3)田间持水量。又称土壤最小持水量，土壤中毛管悬着水达到最大值时的土壤含水量。包括全部吸湿水、膜状水和毛管悬着水。田间持水量是在不受地下水影响的自然条件下所能保持的土壤水分的最大数量指标。

(4)饱和含水量。土壤所有孔隙全部充满水分时的含水量。当土壤水分近于或等于全蓄水量时，土壤通气性变差，对植物生长发育不利。

3.农田土壤水分平衡

针对整个田间作物系统，计算水分吸收、支出量的目的是明确作物全生育期内或某一生育时期水分供应条件，以确定作物的灌溉量和作物生育期间土壤水分变化的特点。

(1)农田水分平衡

作物生长的农田，水分的收入项主要有：降水、灌溉、毛管上升水、植物截留；支出项有：土壤蒸发、作物蒸腾、径流和排水。水分的收入与支出之差就是水分平衡，是农田水分的净输入，如果水分平衡为负，则土壤含水量减少，反之则增加。

降水通常是农田最重要的水分收入，在没有灌溉的地方，我们把农业生产称之为“雨养”农业。在自然降水能满足作物需要时，可以通过灌溉大范围改善水分条件，获得农业高产。毛管上升水是指当土壤上层干燥，下层湿润时，由于土壤的毛管吸力吸引下层水分向上输送。植物截留是指降水到达地面之前被作物茎叶等器官拦截的部分雨水，因此截留与地上部分绿色面积及冠层结构有关，亦受降水强度和时间影响。

土壤蒸发和作物蒸腾（又称农田蒸散），其快慢（或大小）取决于大气状况、土壤和植物体内的水分状况，以及作物类型和生育阶段。径流又称地表径流，是指从农田表面流出的水分，与降水强度、地面坡度和地表结构有关，当降水强度大于农田水分下渗速度时，则地面形成积水并产生径流，斜坡的径流经常很大，土壤结构比较松软时，往往有利于水分下渗，减少径流。排水是指深层的渗漏，即上层土壤水分超过土壤持水能力时，水分向下渗透并离开根区进入地下水，这部分水分又叫渗漏。

计算农田水分平衡有助于定量了解作物和土壤水分动态，可以据此制定灌溉方案，使作物处于良好的水分状态。

(2)土壤水势

水势是系统中水的化学势与同温同压下纯水化学势之差。化学势则是指在一个无限大的系统中，在等温等压下保持各组分浓度不变时，加入 1 g 分子 i 物质所引起的自由能增量。

根据水势的概念，对植物、大气、土壤中的水分能态，都可以用相对于根系的水势来衡量。植物根细胞要从土壤吸水，其水势一定要低于土壤水势。对大多数植物而言，其水势一般在－1～－2Mpa，土壤凋萎系数的水势一般取值－1.5Mpa，但正常的土壤水势远高于－1.5Mpa，田间持水量时的土壤水势为－0.033Mpa，因此植物可以顺着水势梯度吸水，并从根经过茎再输送到叶片，化为水汽从气孔扩散进入大气，成为一个连续体，称为土壤—植物—大气连续体(SPAC)（表 16.1）。

表 16.3 SPAC 中各部位的水势

部位	近根土壤	根木质部（近地表）	叶肉细胞（地上 10 cm）	气孔内空气（95%湿度）	环境空气（60%湿度）
水势(Mpa)	−0.5	−0.6	−0.8	−6.9	−7.0

(3)土壤—植物—大气水分传输

土壤—植物—大气连续体(soil-plant-atmosphere continuum，SPAC)的概念是将植物根系生长发育所处的土壤、植物本身及其所处的大气环境视为一个系统，用连续的、系统的、动态的观点和定量的方法研究SPAC系统中水分运移、热能传输的生物物理学理论。具体过程为存储于土壤中的水分由植物根系吸收进入植物体，沿根、茎木质部导管输送到叶，水分在叶细胞间隙蒸发为水汽并穿过气孔腔和角质层，进入静止空气的叶边界层，穿过叶边界层后进入湍流边界层，参与大气中的湍流交换，这一系列过程形成一个统一的、动态的且相互反馈的连续系统。水分在该系统中的各种流过程可以应用统一的水势能量指标来定量描述，为农田水分循环、作物需水量、农业干旱监测、预报、灌溉量预报等提供理论依据。

在SPAC系统中，水分运动受势能支配，水流总是从水势高的地方流向水势低的地方。由于植物生长是缓慢的过程，在没有萎蔫情况下，一定时间内，植物吸收的水分中绝大部分消耗于蒸腾，因此，可以将流经植物体中的水流看做是稳定流动，SPAC系统中任意两点间的水势差是克服介质阻力造成水分运移的驱动力，这就像物理学中的电流一样。

SPAC系统中的水分传输能力不仅取决于水势，还取决于土壤的导水性能，植物根系的吸水能力和植物体的输水性能以及大气的状况。在水分流动的全过程中，要克服SPAC中各部分水流阻力，对于不同界面间其水流阻力也存在差异。主要的阻力存在于水分进人根系（土根接触阻力、根系吸收阻力）和水分离开植物叶片（气孔扩散阻力、边界层大气扩散阻力）这两个对称的连结“链条”上。

SPAC系统中水分的输送既是从一个介质到另一个介质或者在介质内部的位移，又是从一个介质到另一个介质的相变。系统内的水分输送与能量输送相伴发生，由于植物蒸腾既是水分输送，又是能量传输，SPAC系统中水分与能量交换互为耦合，同时由于系统内光合作用和呼吸作用产生CO_2交换，因此，土壤—植被—大气系统内部这种能量和物质的输送转化过程控制着农田与大气间的水循环与作物生长的微气象环境，对作物产量的形成有重要影响。

SPAC系统的水分传输理论在农业气象领域得到广泛应用，目前，在农业气象业务中常用SPAC水分传输动态模拟方法预测田间土壤水分和作物蒸发蒸腾的动态变化，为农作物灌溉制度的制定和灌溉预报服务；从SPAC水分传输动力学理论出发，探讨土壤水分对植物有效性动态评价及作物缺水受旱的诊断方法；开展以减少作物水分散失、提高光合产物向经济产量转化效率为目标的SPAC水分最优调控问题。

4.蒸发、蒸腾和蒸散

土壤蒸发是裸地土壤水分的主要支出项，包括土壤水汽化和水汽向大气扩散两个步骤。前者需要足够的热量，主要来自太阳辐射；后者要求土面水汽压高于近地气层水汽压.并取决于土壤水分补给速度。

蒸腾是水分从植物地上部分以水蒸汽状态向外散失的过程，是植物失水的主要方式。植物蒸腾消耗水分常用蒸腾系数，即植物形成单位重量干物质所消耗的水量来表示。蒸腾通过气孔来实现，影响蒸腾作用的因子包括气象因素、土壤水分和植物状况。

土壤蒸发与植物蒸腾的总和称为“蒸散”。农田中出苗以前只有土壤蒸发，出苗后仍以蒸发为主。随作物长大，叶面扩展，蒸腾量不断增加，到植被覆盖地面较密时以蒸腾为主。土壤蒸发对植物的生命活动无直接影响，在缺水时应尽可能减少土壤蒸发对水的浪费。

5. 作物需水量与水分临界期

作物要完成其一生的生长发育，需要消耗一定水量，在不同发育时期，其所需水量不同，了解作物一生中的需水规律，对农田水分科学管理非常必要。

作物需水量：是指在作物全生育期或某一生育阶段，为满足正常生长发育所需要消耗的水量，包括从叶片蒸腾的水分和从裸露土壤表面蒸发的水分。作物需水量包括三个部分：(1)作物同化过程所需水量和作物体含有的水分，这部分仅占总需水量的 0.15%～0.20%，因此常常忽略不计；(2)蒸腾，是作物通过叶片扩散到大气中的水，占大部分需水量；(3)土壤表面蒸发，这部分的比例与作物生育期有关，生育前期很大，后期很小，甚至为零。前两部分之和为作物生理过程所必需，叫做生理需水，后者称之为生态需水。影响需水量的主要因素包括气象条件、植物的生理生态因素、土地面积的大小、能量平衡等。作物需水量一般用 mm 表示。

蒸腾系数：在植物生理学上把植物每生产 1 g 干物质所需的水量，称为蒸腾系数。作物需水量与蒸腾系数有所不同的是，前者指作物的水分需要，单位是 mm，而后者是作物的水分消耗，单位是 g/g，蒸腾系数的倒数就是水分利用效率，因此蒸腾系数越小，水分利用效率越高。

作物需水量的定量计算比较复杂，因为它与大气条件和作物状况有关，在数量上常用最大可能蒸散代替作物需水量。所谓最大可能蒸散，是指在土壤水分不受限制时，正常生长的绿色作物在一定时间内的作物蒸腾和土壤蒸发消耗的总水量，通常指日消耗的水量。

水分临界期和关键期：农作物在不同生长发育时期对水分的敏感程度不同。对水分最敏感的时期，也就是由于水分缺乏或过多，对产量影响最大的时期，称为作物的水分临界期，通常处在作物抽穗开花期。在作物水分临界期内，如降水量较适宜，其保证率也高，则此时并不一定是当地影响产量的关键时期。如在另一个时期，一方面作物对水分也相当敏感；另一方面，正好遇上当地降水条件经常出现不适宜(过多或过少)，这一时期是当地水分条件影响产量的关键时期，称为作物的水分关键期。关键期综合考虑了作物的特性与当地农业气象条件两方面因素形成的概念。某地作物水分的关键期与临界期可能一致，也可能不一致。

16.2.4　二氧化碳、风与农业生产

空气中的二氧化碳是作物进行光合作用、制造有机物的原料，二氧化碳浓度大小影响光合作用强度。风是一种自然现象，适宜的风给农业生产带来无限生机，风力过大则给农业生产造成不同程度的损失。

1. 二氧化碳

二氧化碳既是参与光合作用的重要成分，又对气候的形成具有特殊作用。自从工业革命以来，全球大气中的二氧化碳浓度已从280 ppm上升到近390 ppm，对地球气候和农业环境的改变产生重要作用，日益引起高度重视。

(1)大气中二氧化碳的源汇结构

大气中二氧化碳主要来源：

1)人类活动：人类燃烧矿物燃料、砍伐森林是大气中二氧化碳的重要来源。在现代工业文明兴起之前，人类活动并没有对二氧化碳浓度造成明显影响，公元1000—1800年间的浓度为280 ppm。

2)土壤呼吸：土壤通过植物、土壤微生物和动物的呼吸以及化学氧化作用不断向大气释放二氧化碳，并随着温度升高而增大。湿润土壤中的微生物活动旺盛，二氧化碳释放升高。

3)动物和植物的呼吸：人类、动物和植物在呼吸过程中会释放二氧化碳，但是植物是否是二氧化碳的源还难以确定。如幼龄树木一般应该是二氧化的汇，因为其光合作用大于呼吸作用，产生二氧化碳的净吸收，而老龄树木则由于光合作用较弱可能成为二氧化碳的源。农作物一般都成为二氧化碳的汇，起到固碳作用。

大气中二氧化碳的去向主要有：

1)海洋：海洋是地球系统中最大的碳库，约占其总储量的93%，溶解在海水中的二氧化碳量比大气高50多倍，比陆地生态系统高20倍。海洋从大气中吸收二氧化碳，同时释放氧气，在这一点上，海洋和森林作用相同。虽然海洋也向大气释放大量二氧化碳(900亿t)，但是它从大气吸收的更多(920亿t)，因此，全球大洋每年从大气净吸收二氧化碳约20亿t，占全球二氧化碳年排放量的1/3左右，海洋仿佛一只巨大的二氧化碳沉淀池，目前已经储存了1500亿t碳。

正是海洋强大的二氧化碳“吞吐”作用，地球才保持着今天这样的温度，如果被海洋吸收的二氧化碳全部被释放到大气中去，地球将会变得比今天灼热得多。

2)光合作用：光合作用固定大气中的二氧化碳可以缓解温室效应。碳汇主要指森林吸收并储存二氧化碳的多少。全球森林面积虽然只占陆地的1/3，但森林的碳储量几乎占到了陆地碳库总量的一半。森林是二氧化碳的吸收器、贮存库和缓冲器。反之，森林一旦遭到破坏，则变成了二氧化碳的排放源。实施造林和再造林，增加森

林碳汇量是世界公认最经济有效的解决 CO_2 浓度上升的办法。

3)湿地:由于湿地水分过于饱和的厌氧生态特性,积累了大量的无机碳和有机碳。湿地中的微生物活动相对较弱,植物残体分解释放二氧化碳的过程十分缓慢,因此形成了富含有机质的湿地土壤和泥炭层,起到固碳作用。如果湿地遭到破坏,湿地的固碳功能将减弱,同时湿地中的碳也会氧化分解,湿地则会由"碳汇"变成"碳源",加剧全球变暖进程。

4)森林碳汇:是指森林通过光合作用将大气中的温室气体 CO_2 吸收并以生物量的形式贮存在植物体内和土壤中的能力。森林的这种碳汇作用可以在一定时期内减少大气中温室气体的积累,从而减少该气体在大气中的浓度。森林作为陆地生态系统重要组成部分,有着巨大的生物量,是地球碳循环重要的汇和库,它与气候变化有直接联系。数据表明,森林每生长 1 m^3 生物量,平均吸收 1.83 t CO_2,有强碳汇功能。

近几十年来,由于人口急剧增加,工业迅猛发展,呼吸产生的二氧化碳及煤炭、石油、天然气燃烧产生的二氧化碳,远远超过了过去的水平。而另一方面,由于对森林乱砍滥伐,大量农田建成城市和工厂,破坏了植被,减少了将二氧化碳转化为有机物的条件。再加上地表水域逐渐缩小,降水量大大降低,减少了吸收溶解二氧化碳的条件,破坏了二氧化碳生成与转化的动态平衡,使大气中二氧化碳含量逐年增加,地球气温发生改变。

(2)二氧化碳与植物生长

在植物干物质中,碳占总干重的45%,氧占42%,氢占6.5%,氮占1.5%,其他成分占5%,而其中碳和氧主要来自二氧化碳,因此二氧化碳对植物的生长发育极其重要。

对于农田作物而言,当近地层空气中的二氧化碳浓度不同时,会影响叶片气孔开张和二氧化碳扩散进入的速度,因而影响光合速率。当空气二氧化碳浓度水平较低时,植物光合作用随二氧化碳浓度上升而增强,光合作用不再增大时对应的二氧化碳浓度,称为二氧化碳饱和点,大多植物的二氧化碳饱和点在800～1800 ppm。当光合作用消耗的二氧化碳与呼吸作用释放的二氧化碳相等时,空气中二氧化碳浓度称为二氧化碳补偿点。

作物同化二氧化碳的速率不尽相同,C_4 植物同化二氧化碳的速率要比 C_3 植物大得多;光强增加有助于提高二氧化碳同化速率,当光强增加到光合作用不再增大时,这时的光强称为光饱和点,当光强减小到光合作用与呼吸作用相等时,此时的光强称为光补偿点;温度、水分和风速亦对二氧化碳同化产生影响,通风透光的群体有助于提高光合速率,增加作物产量。

增加空气中二氧化碳浓度有利于提高作物的光饱和点和水分利用效率,增加作物生长量和产量，达到二氧化碳施肥效应。在设施农业生产中，经常由于设施内空气二氧化碳浓度低，需要补充二氧化碳才能增加作物光合作用，提高产量。

2. 风对农业的影响

风对农业的影响有利与不利并存。为了农业生产的趋利避害和减灾防灾，重点叙述不利影响。

(1)风的生物学意义

风是指空气的流动现象，在气象学中则指空气相对于地面的水平运动，是常规气象观测要素，用风速和风向表示。风对植物、动物和微生物的生长、发育、繁殖、形态和行为具有重要影响；风影响植物的内在机理和外部形态，如风加速蒸散，使植物干燥，树干常向盛行风的下风向倾斜；风影响一些鸟类和昆虫的迁移，如迁飞昆虫大多在边界层顶附近的最大风速带或不同尺度的低空急流中成层运行(包云轩等，2007)；微生物随风进行垂直升降和水平飘移。

(2)风对农业的有利影响

1)风的生态效应

风是植被—大气—土壤系统中能量和物质交换的重要动力源。在强光下，风使植被冠层内温度与外界环境温度相平衡，并加快植株的蒸腾，降低植株体温，避免日灼现象(冯秀藻，1991)。风使植物群体内部的空气不断更新，调节植株间温度、水汽、CO_2 等。风是植被被动吸水的原动力，通过叶片失水增大叶片与茎、根和土壤的水势差，促进植物吸收土壤水分和土壤中的矿物质养分。

风促进植物光合作用。在风的作用下，空气中的二氧化碳更容易扩散进入叶片气孔，因此低风速时，光合作用强度随风速增大而上升，当风速超过一定限度，光合作用强度反而降低。因为风速大时，叶片蒸腾旺盛，叶片快速失水，气孔开张度减小，使光合作用减弱。微风时，不仅能改善 CO_2 的供应，还能产生光闪烁，使光分布到冠层内，提高冠层光能利用率。在其他环境条件相同时，有风比无风光合作用高 40%(姜会飞，2008)。

2)风的传输

大多数陆生植物借助于风来传播它们的花粉、孢子、种子和果实等。如风能促进异花授粉，增加结实率；风能把尘土、沙粒等从一个地方输送到远方，如黄土高原就是风积作用的结果；风可以把氧气通过涌浪从水体表面传输到下层，供鱼类生存。

(3)风对农业的危害

风对农业生产的危害(风害)包括造成植物的机械损伤和生理危害、导致土壤风蚀沙化、影响农事活动和破坏农业生产设施等直接危害，以及传播病虫害和扩散污染物等间接危害。

1)直接危害

台风:是我国东南沿海夏秋季节最主要的灾害性天气之一,其影响几乎遍及半个中国。台风带来的暴雨,可导致山洪暴发、江河泛滥、破坏农业和水利设施、带来水涝灾害。在沿海一些地区,巨浪与高潮可引起海水倒灌、农田淹没和盐渍化。

大风:风速≥17.2 m/s(8 级以上)的风称为大风。大风加速植物蒸腾,叶片失水快于根系吸水,造成气孔关闭,光合作用减弱。在北方,春夏季大风可加剧干旱,冬季大风可加重冻害。强风可造成林木和作物倒伏、断枝、落花、落果。水稻开花期前后受暴风侵袭容易倒伏,橡胶树对风十分敏感,在年平均风速>2 m/s 的地方,就会发育不良。

暴风雪:是指雪被强风卷起随风运行,水平能见度小于 1 km 的天气现象,气象上称为"雪暴",出现时大多伴有降雪。暴风雪是牧业生产上的灾害性天气之一,在暴风雪天气中,绵羊的体温降到 28℃左右时可导致死亡。遇到暴风雪袭击时,畜群会惊恐不安,因视觉模糊、方向不辨而随风狂奔不止,无法赶拢回圈,或掉进湖泊或掉下山崖。孕畜则易导致机械性流产。即使在棚圈内,因避风雪寒,常常互相上垛,挤压取暖,也会使怀孕母畜流产,有的甚至被活活压死。如 1981 年 5 月 10—11 日,内蒙古锡林郭勒盟东部地区的一场暴风雪造成牲畜死亡 10 多万头(只),27 人冻死(宫德吉等,2001)。

土壤风蚀:是土壤侵蚀的一种,多发生在大风频繁、天气干燥、植被稀少的地区。干旱地区如出现多风天气,不但土壤水分消耗增加,旱情加重,大风还会吹走大量表土,造成土壤风蚀。中国的土壤风蚀主要发生在北部、西北地区。常会吹走地表肥土细粒,破坏土壤结构,使肥力下降,被风吹走的泥沙沉降后会覆盖良田和村庄,构成危害。风速直接影响土壤的风蚀强度。研究表明,风速达到 8 级以上时就能导致风蚀发生;输沙率随风速的变化遵循幂函数关系;风蚀量与风速呈明显的正相关;风速为 18 m/s 是风蚀强度由轻到重的转折点。强风是干旱和半干旱地区土壤侵蚀的重要因素。

2)间接危害

风的间接危害有多方面,如风的传播作用造成病原体的异地输送,从而扩大病害的侵袭范围;风帮助一些害虫迁飞,如黏虫、稻飞虱等,在春夏季节随偏南气流北上,随下沉气流降落,并在那里繁殖,扩大危害区域;入秋后就随偏北风南迁,回到南方暖湿地区越冬。

作物或果树枝叶受风危害,有利于病原体侵入或害虫寄生;风传播杂草种子,扩大繁殖区;东南沿海地区,海潮风含有较高盐分,可渗透到植物组织中,影响授粉和花粉发芽。

干热风:亦称"干旱风"、"热干风",是一种高温、低湿并伴有一定风力的农业灾害性天气。常出现在温暖季节导致小麦乳熟期受害秕粒。特征是温度显著升高,湿度显著下降,并伴有一定风力,蒸腾加剧,根系吸水不及,往往导致小麦灌浆不足,秕粒严重甚至枯萎死亡。我国的华北、西北和黄淮地区春末夏初期间都有出现,一般分为高温低湿和雨后热枯两种类型。

16.3　农业气象预报

农业气象预报是针对农业生产需求,以农业生物的生物学规律和气象条件演变规律为基础,根据农业生物与气象条件的相互关系,估测未来气象条件和农业生产可能演变趋势的预报,它是气象为农业生产服务的有效途径之一。

16.3.1　农业气象预报方法

1.统计学方法

统计学方法是一种常用的农业气象预报方法,利用概率统计原理和方法,寻求各变量之间的关系,进行农业气象预报。统计学方法简便易行,在经历因子选择、建立统计模型和预报效果检验等过程后,取得较好预报效果。它能够客观揭示因变量与自变量之间的相关联系,几乎适用于各种类型的农业气象预报。但其不足之处在于生物学和物理学机理不明确,统计预报的地区局限性大,即某地区建立的预报模式很难适用于其他地区。

2.天气学方法

从天气学角度出发,运用天气学原理、工具和分析方法,结合农业生物生长发育和农事活动对天气气候条件的需要,进行农用天气等农业气象预报,这种方法就是天气学方法。天气学方法综合考虑了大范围环流形势背景、影响系统和地理地形特点以及演变转折过程,物理意义明确,预报准确率较高,预报效果较好。尤其是用这种方法编制10天以内的中、短期农用天气预报更为适合。

3.气候学方法

根据气候学原理,运用历史气候资料和各种气候诊断分析方法,揭示气候形成演变与农业生产活动的相互关系,并借此预测气候变化对农业影响的预报方法称为气候学方法。使用气候学方法,除需了解当地农业生产对象、农业生产活动对天气气候条件的要求外,还必须熟悉当地气候特征和演变规律,掌握主要天气特别是灾害性天气形成的背景。由于气候演变具有地域广、时间长和相对稳定等特点,运用气候学方法特别适用于编制生长季节以上的长期和超长期农业气象预报。

4.物候学方法

以生物物候学原理为基础,确定历史物候观测和农业生物生长发育与农事活动观测资料间的定量关系,利用当年的物候现象或气象条件预报农业生物生育状况的预报方法。物候学方法比较简易，以过去的经验为依据，适用于编制作物适宜播栽期、收获期、主要发育期预报，以及作物病虫害预报等。

5.数学物理模拟方法

数学物理模拟方法又称数值模拟方法。它是以作物与环境间能量和物质交换为基础，将农业生产过程解析为一系列生物物理化学过程，用一组数学方程加以描述并求解的预报方法。该方法适用于生长发育进程、土壤水分动态、作物需水一灌溉量、作物长势、产量等预报。作物生长模式法是其中使用最多的方法。模式的生物物理机制清晰，能比较全面地反映作物与环境条件间的客观联系，因此具有普遍适用性。理论上说，这是一种比较理想的预报方法，但实际上，由于模式涉及的过程和参数很多，实际应用中只能简化模拟一些主要过程，使预报精度下降。近年来，已提出不少很有前景的简化模拟方案和模式，进一步发挥这种预报方法的优点。

6.卫星遥感方法

以辐射感应为基础，利用卫星遥感影像和数据，及时获取大范围作物信息，结合天气气候条件，监测、判断和预测农业生产状况的方法称为卫星遥感方法。卫星遥感方法通常基于地面、航空和航天(卫星)三种不同遥感平台的遥感技术组成，对各种地面辐射光谱特征进行多次连续对比分析并规范化技术处理后，取得动态监测效果较好。其最大优点是不受高山、沙漠、国界等条件限制，系统客观实时地监测区域农业生产与其环境条件的变化。适用于编制农田土壤水分状况、作物主要发育期、农业气象灾害、作物病虫害、产量等多种类别的农业气象预报。

16.3.2 农业气象预报类型

1.农用天气预报

农用天气也叫农业天气，它是指对农业生产对象和农业生产活动有影响的天气要素和天气过程。农用天气预报是针对农业生产的需要而编发的天气预报。即从农业生产需要出发，依据天气学原理，采用各种天气预报方法，分析、预测未来的农业天气(包括灾害性天气)及其对农业生产的影响。

农用天气预报按其预报内容，可分为农用天气要素预报和专项农用天气预报两种。农用天气要素预报是指直接影响农业生产的所有天气要素预报，包括天空状况、气温、相对湿度、风、降水概率、露、干燥条件等。专项农用天气预报是根据农业生产的具体需求发布的预报。包括播种、施用化学农药、灌溉、作物病虫害等预报。

在我国广大农业地区的关键农事季节里，经常出现秋、冬、春季寒潮、降温，春季播种、育秧期的低温连阴雨，长江中下游地区初夏梅雨，北方麦区的夏季干热风和伏旱，东南沿海地区夏、秋季节的台风和长江下游和华西地区的秋雨天气等。这些重要的农业天气，影响范围广，程度重，发生频率高。深入研究一地关键农事季节的主要农业天气的发生规律、预报方法及农业生产对农用天气的要求，才能及时、准确地开展预报业务。

2. 生育期预报

植物体积增大、生物量增加的过程称为生长，在生长的基础上经历一系列质变过程称为发育。物候是指在植物发育阶段外部形态上的特征表现，物候现象出现的日期称为发育期。植物在不同发育期对外界环境条件有不同的要求和反应。作物发育期预报就是关于作物未来某个发育期出现日期的气象预报。它是在分析研究该发育时期作物发育速度与气象影响因子数量关系基础上进行的。常用的方法有统计学、平均间隔法、物候指标法、积温法和光温法等。

3. 农业气象灾害预报

气象条件对农业生物的生长发育不利并造成减产和经济损失，这类气象灾害都属于农业气象灾害。农业气象灾害预报是关于灾害能否发生、何时何地发生、危害程度如何的农业气象预报。目前，我国农业气象业务部门经常编制的农业气象灾害预报有低温冷害、霜冻、冻害、干旱、小麦干热风、春季倒春寒、牧区的黑白灾和林区的森林火灾危险等级预报等。

4. 病虫害气象预报

作物病虫害是农业生产中的重大自然灾害之一。根据联合国粮农组织统计，全世界每年因病虫害使农业遭受的损失，约占全年农业总产值的20%～30%。农作物遭受病虫危害后，不仅使产品产量显著降低，而且其品质也明显变差。

在影响病虫害发生发展的诸多因素中，环境气象条件常常起关键性作用。作物病虫害气象预报就是在调研分析病虫害与气象条件关系基础上，根据当前病虫生物源数、寄主作物及其他相关生物的生长发育状况和未来天气预报估测未来作物病虫害的可能发生期、发生量以及危害区域和程度的农业气象预报。

病害预报：气象条件影响病原生物的繁殖、侵染和传播，这些气象影响因素包括温度、湿度和风等。常见的病害预报有趋势预报、发生期和发病程度预报以及流行期和流行程度预报，预报时要根据病害种类选择不同的预报因子，预报模式和预报时效。

虫害预报：气象条件不仅直接影响害虫的生存、生长发育和繁殖、迁飞，而且还会通过对寄主作物或天敌等其他生物的作用来影响虫害的发生。气象影响因素包括温度、湿度、光照和风等，这些要素的综合影响经常决定虫害的发生发展和危害。常见的虫害预报有发生期与发生量、迁移与扩散区以及危害程度预报等。预报方法有回归统计、最优分割、聚类分析以及生物气候图等。

5. 农业气象产量预报

(1)基本概念和思路

气象条件对农业产量的影响尤为重要，分析研究农业产量与气象条件之间的定量关系，根据气象条件预报农业生物的最终产量，这就是农业气象产量预报。目前，农业气象产量预报是气象为农业和国民经济建设服务的重要项目，也是世界各国广泛开展和深受重视的一种农业气象预报。以此为基础建立的粮食生产监测、预报和警报体系，可向政府和生产部门及时提供长时效、大尺度和比较客观科学的年景产量信息，具有十分重要的现实意义和明显的社会经济效益。

农业气象产量预报的基本思路可归纳为以下几点：

1)农业生物的生长发育和产量形成与气象条件之间的密切联系可以定量地表述为各种数学函数，并以此为基础建立相应模式。

2)气象条件对农业生物的生长发育和最终产量的影响有一定的持续性和滞后性。

3)在不同生育阶段，气象条件对农业生物最终产量的影响有不等同性，要加以区别对待。

4)在一定地域范围内，大田作物群体的生长发育具有相似性，其气象条件，尤其是温度、辐射等分布均匀、相对稳定。

5)利用气候资料可以推算未来天气条件出现的概率，据此可初步估测作物未来的可能演变及其相应的产量。

(2)预报方法和模型

农业气象产量预报的方法很多，按不同概念和标准可分为统计学方法、动力模拟方法和遥感方法三大类。按预报时效还可分为长、中、短三类；按预报的空间尺度分为省级以上大尺度，市、地区级中尺度，以及县级小尺度三类；还可按预报发布情况分为一次性预报，分阶段逐步订正的多次预报，实时预报；亦可分为单产预报和总产量预报。下面按照三大类简单介绍：

1)统计学方法

分解合成统计模式

影响作物产量的因素很多，相互间的作用也很复杂。这些影响因素可划分为气象条件、农技措施和随机“噪声”(Δy)三大类，其中农业技术措施对应的产量分量称为趋势产量(y_t)。分解合成统计模式的一般通式可表达为(图 16.3)

$$y = y_t + y_w + \Delta y \tag{15.1}$$

式中 y 为作物产量；y_w 为气象产量，随机噪声 Δy 一般取为零。

趋势产量代表了农技措施及除气象因素以外的自然与非自然因素对产量贡献的总和，常用一定的数学方法模拟。气象产量是经过趋势处理后受气象因子影响的剩余产量，常用统计学回归模型计算。

2)动态模拟方法

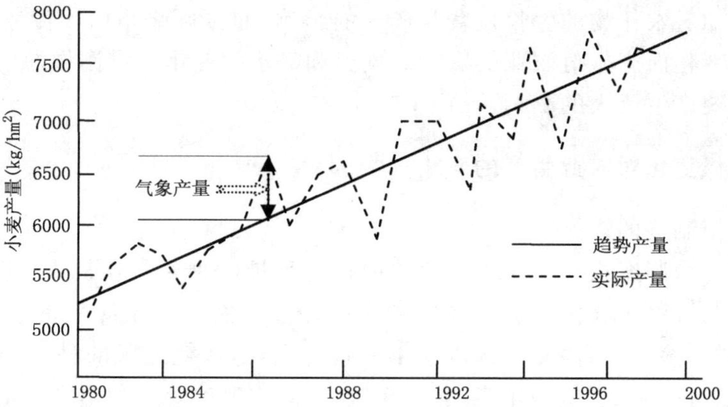

图16.3 作物产量、趋势产量和气象产量

将土壤—植被—大气视为一个系统(SPAS),应用一组数学物理方程描述系统中各种基本生命过程和物理过程以及SPAS内部各种响应反馈过程,考虑作物生长发育演变规律,通过各种子模式或子模式系统有机结合,构成作物生长模拟系统,从而实现作物生长发育的动态预测和最终产量预报。这种子模式主要包括基础过程模式、同化物分配累积模式、产量形成模式和叶面积动态模式等。

3)遥感方法

遥感估产是遥感技术在农业上应用的一个重要方面,具有快速、宏观、动态、综合、经济和客观等优点。它主要是通过对作物光谱反射特性变化的测定来监测作物生长状况的变化,判别不同作物受病虫危害的程度,进而估测作物最终产量的年景趋势。这种方法使用的模式主要有绿度长势产量模式、面积估算模式和遥感气象综合估产模式等,将遥感方法与动态模拟结合可以实现大范围的产量动态预报,这种技术还有待进一步发展。

16.4 气候变化对农业生产的影响及其对策

气候变暖指在一段时间中,地球大气和海洋温度上升的现象,主要是指人为因素造成的温度上升,原因很可能是人类燃烧化石燃料使温室气体排放过多。目前全球气候变暖已是一个不争的事实,气候变暖影响着人类的生存与发展,成为当今人类社会亟待解决的重大问题。在农业上,气候变暖将使农业生产的不稳定性增加,产量波动增大;农业生产布局和结构将出现变动;农业生产条件改变,农业成本和投入大幅度增加。

气候变化对农业的影响可分为直接影响和间接影响。直接影响指由于CO_2等温室气体增加对农作物的生长发育和产量的影响，间接影响指由于温室气体增加导致气候发生变化而产生对农业的影响。气温和降水的变化对农作物的生长发育以及农业生产系统产生巨大的影响。

16.4.1 气候变化对农业生产的影响

1. 对种植制度的影响

农作物种植制度指在一个生产单位内作物种植的种类与比例、一年种植的次数和种植方式与方法。我国幅员辽阔，各地的气候、土壤及经济条件差异显著，种植制度也多种多样，除东北、西北地区以一年一熟为主外，多数地区的种植制度则以多熟种植为中心，有一年二熟、一年三熟、二年三熟、间作套种等。积温区间值4000 ℃·d和5800 ℃·d是两个重要的区分一熟、两熟和三熟种植制度的指标值。前者是一熟制种植的南界，也是两熟制种植的北界；后者则是两熟制的南界和三熟制的北界值。

气候变暖使得农业气候资源在大部分地区有所改善，尤其热量条件，可使现行的一熟、二熟、三熟种植界线北移。目前的两熟区将向北移至目前一熟区的中部；而三熟区将明显地向北向西扩展，不仅以不同三熟组合方式取代目前大部分两熟制地区，而且其北界还将会从目前的长江流域移至黄河流域，三熟区和复种面积将扩大。

在我国，到2050年全国几乎所有地方的农业种植制度均将因气候变暖而发生较大变化，气候变暖将导致复种指数增加和种植方式多样化，同时，由于复种指数的提高，对水分需求量也将相应增加，而我国大部分地区年平均降水量虽有所增加，但增加的幅度不大，尤其北方，北方增温幅度大，蒸发量加大，所以土壤湿度变化不大，在华北大部分地区还有下降趋势，这将是农业生产的主要限制因素，对复种面积能否扩大将起决定作用。

2. 对粮食生产的影响

粮食生产除了受技术、品种因素影响外，一个重要的条件就是气候要素。气象条件为农业生产提供热量、水分等其他自然资源，又是农业技术有效实施的一个限制因素。气候变化对农业生长环境产生影响，进而影响到粮食生产条件。气候变化将导致气候资源发生变化，极端气候事件增加，作物病虫害危害加重，这些都会对未来粮食单产水平及农业生产的稳定性产生较大的影响。

(1)温度影响

气温上升改善了农业热量条件，在一定程度上有利于农业生产的发展，如使我国北部地区的低温冷害减少、种植期延长，亦改善了西北地区的作物生长有效积温，所以气候变暖有利于中高纬度地区的粮食生产而不利于低纬度地区的粮食生产。

温度上升对农业生产发展的不利影响包括：①温度升高，蒸腾加大，有效水分减少，作物对 CO_2 的吸收减小，光合作用减弱；②高温加速土壤中养分分解和流失，地表蒸发增大，作物呼吸消耗增强，净光合产物减少；③高温将加快作物的生育进程，缩短灌浆和子粒成熟时间，降低产量；④高温胁迫加剧作物的水分胁迫，使干旱地区缺水严重，对农业生产构成更大威胁；⑤增暖后导致极端天气气候事件频发，增大农业气象灾害发生几率和强度。

(2)降水影响

降水的增加或减少会改变土壤的蒸发、冠层的蒸腾和土壤水分含量，这些因素反过来又会对植物的功能以及水分的收支产生影响。

气候变暖将造成降水与蒸发量(包括季节分布、强度和年际变化等)的改变，从而影响农业水分状况。一般说来，暖空气可以容纳更多的水汽，因此增温将造成蒸发量加大。在水循环中，蒸发的水分最终将形成降水，因此蒸发量加大意味着降水量增多。但对具体地区来说，蒸发量与降水量通常不会以同样的速度增加：当降水增量超过蒸发增量时，当地的气候就会变湿；反之，就会变干。同时，与降水相关的极端天气气候事件也较明显，高纬度地区气候变得干热，沙漠化扩大，冰川雪线进一步北退和缩小，暴雨洪涝经常发生。近 50 年来长江中下游流域和东南丘陵地区夏季暴雨日数增多较明显，西北地区强降水事件频率也有所增加，中国西北东部和东北南部干旱面积呈增加趋势。干旱或强降水的发生直接影响或终止农业生产进程，导致一些作物受灾减产或绝收。

气候变化下中国的降水变化略显复杂，总趋势是中国东北、西北、青藏地区的降水量将会增加，而东南沿海地区的降水量有可能减少。

(3)CO_2 影响

越来越多的研究表明，由于 CO_2 浓度增加对大气变暖起着十分重要的作用。大气 CO_2 浓度升高对农业生态系统最直接、最重要的影响是其光合作用的变化。随着 CO_2 浓度的增加，细胞内外的 CO_2 浓度差增大，作物与空气 CO_2 交换加快，光合作用增强；气孔导度亦减小，蒸腾速率降低，水分利用率升高，所以有利于作物净光合作用提高，对作物有增产作用。美国农业部水土保持研究所提出，全球 CO_2 浓度加倍后，全球粮食产量将增加 10％～50％。

(4)土壤影响

气候变化导致土壤微生物活性提高，造成更多有机质和氮流失，加速土壤退化、侵蚀、盐渍化，使农业生态系统的脆弱性加剧。如内蒙古草原区沙尘暴使草原生产力和载畜力下降；东北地区干旱造成土壤盐渍化，荒漠化；西南地区水土流失导致土壤肥力损失较大，粮食减产严重；四川省坡耕地水土流失使每年粮食产量减少 490 万 t。这些都是气候变化导致生态环境恶化，对区域农业经济发展产生严重威胁的例子。

气候变化对作物产量影响的研究方法

定量模拟气候变化对未来农业生产的影响，对确定未来农业生产政策，制定气候变化适应方案具有重要意义。研究方法主要包括统计方法和模式方法。统计方法是根据历史资料获得的作物产量与气候要素的统计学关系模型，再将未来气候要素值作为输入因子，估计未来农业产量趋势。而模式方法则是利用大气环流模式（General Circulation Model，GCM）或区域气候模式（Regional Climate Model，RegCM）模拟未来气候要素值，借助随机天气发生器生成逐日天气情景，再结合作物模式进行产量预测。

3．气候变化对作物生育期、产量的影响

气候变化将对我国水稻、小麦、玉米等主要作物的产量产生影响，主要原因是气候变暖对我国作物的生育期有明显影响。

（1）对水稻的影响

一般认为，气候变暖将导致作物生育期缩短。对于水稻而言，气温升高1℃，水稻生育期平均缩短7～8 d。生育期缩短会使分蘖速度加快，有效分蘖减少，导致总干重和穗重下降，产量降低，双季稻区早稻平均减产约为16%～17%左右，晚稻减产平均14%～15%。

（2）对小麦的影响

气候变暖显著缩短小麦的生育期，气温升高1℃，冬小麦生育期平均缩短17 d左右，北部甚至缩短26 d。生育期缩短使干物质累积时间减少，籽粒产量下降，减产幅度大约为10%～12%。气候变暖对春小麦产量的影响大于冬小麦，对灌溉小麦的影响小于雨养小麦，也就是说灌溉能降低气候变化对小麦产量的不利影响。

（3）对玉米的影响

气候变暖使玉米生育期平均缩短7 d左右，造成玉米减产，一般减产5%左右，灌溉条件下减产的幅度比无灌溉的要小。需要注意的是，玉米是C_4作物，外界CO_2浓度较低时即具有较强的光合能力，这种光合生理特征限制了它从日益增长的大气CO_2浓度中直接受益，却可能招致增温带来的不利影响；但另一方面，高CO_2浓度可以增加气孔阻抗，使玉米水分散失减少，从而提高水分利用效率。但总体来说，气候变化对我国玉米生产的影响是弊大于利。

16.4.2 气候变化对作物病虫害的影响

气候变化造成温度、降水异常，冬季温度上升比夏季明显。因此，冬暖有利于作物病虫源（菌）的越冬、繁殖，越冬北界北移，使病虫危害范围扩大，危害程度加剧；温度升高使害虫春季迁出时间提前，秋季回迁时间推迟，危害期延长，繁殖代数增加和迁飞区域扩大。

16.4.3　农业应对气候变化

温室气体增加导致气候变暖，这种变化必然会引起农业生产发生变化。一方面，应积极行动，科学认识气候变化成因、规律、影响程度和范围，主动引导以适应气候变化；另一方面，农业活动也产生了大量温室气体，因此在农业生产中应采取有效措施节能减排，减少农业生产中二氧化碳等温室气体的排放，保证农业可持续发展，主动适应气候变化态势。

农业适应气候变化的对策主要有提高复种指数，引进和培育新品种，加强农业基础设施建设，合理利用水资源，加强土地利用管理，提高天气预报、预测的准确性，适当调整播种期等。

农业减缓气候变化的措施包括：控制减少农业生产中二氧化碳排放源，提高其碳汇库容潜力，如采取保护性耕作措施，包括秸秆还田（还碳于土），少耕免耕；减少水稻田温室气体排放，增加土壤固碳能力；加大植树造林，增加土壤植被的覆盖率，控制动物的温室气体排放等。同时还应加强生态环境的保护和治理，并推广应用节能技术。

总之，应对气候变化，要适应与减缓并重，加大适应的成本投入，减轻气候变化带来的不利影响，取得更大更长远的效益，确保农业高产、高效、优质持续发展。

主要参考文献

包云轩，翟保平，程遐年. 2005. 褐飞虱迁飞参数的数值模拟. 生态学报，**25**(5)：1107-1114.

北京农业大学农业气象专业. 1982. 农业气象学. 北京：科学出版社.

陈玉民，郭国双，王广兴，等. 1995. 中国主要作物需水量与灌溉. 北京：水利电力出版社.

冯秀藻，等. 1991. 农业气象原理. 北京：气象出版社.

高亮之，金之庆. 1994. 全球气候变化和中国的农业. 江苏农业学报，**10**(1)：1-10.

高亮之. 2004. 农业模型学基础. 香港：天马图书有限公司.

宫德吉，李彰俊. 2001. 内蒙古暴雪灾害的成因与减灾对策. 气候与环境研究，**6**(1)：132-138.

姜会飞，郑大玮，2008. 世界气候与农业. 北京：气象出版社.

康绍忠. 1993. 土壤—植物—大气连续体水流阻力分布规律的研究. 生态学报，**13**(2)：158-163.

李世奎，侯光良，欧阳海. 1988. 中国农业气候资源和农业气候区划. 北京：科学出版社.

李天顺. 1988. 农业自然灾害的遥感预报与监测. 灾害学，(3)：48-51.

莫喆，刘中秋，吴永常，等. 2008. 国内外农业生产监测及产量预报系统的现状与分析. 中国农学通报，**24**(5)：434-437.

潘志华，龚绍先. 1998. 环境因子有效性与春小麦生育期模型的建立. 中国农业大学学报，**3**(3)：41-47.

气候变化对农业影响及其对策课题组. 1993. 气候变化对农业影响及其对策. 北京：北京大学出版社.

钱栓,王建林.2003.农业气象作物产量预报的特点与思考.气象科技,**31**(5):257-261.

申双和,等.2009.基于 ENVISAT ASAR 数据的水稻估产方案.中国科学(D辑:地球科学),**39**(6):763-773.

沈国权.1980.影响作物发育速度的非线性温度模式.气象,(6):9-11.

孙智辉,王春乙.2010.气候变化对中国农业的影响.科技导报,**28**(4):110-117.

索恩利.1983.植物生理的数学模型:植物与植物群体生理问题的数量研究.北京:科学出版社.

王春乙,王石立,霍治国.2005.近10年来中国主要农业气象灾害监测预警与评估技术研究进展.气象学报,**63**(5):659-671.

王馥堂,李郁竹,王石立,等.1990.农业产量气象模拟与模型新论.北京:科学出版社.

王馥堂.1991.农业气象预报概论.北京:农业出版社.

王馥棠.2002.近十年来我国气候变暖影响研究的若干进展.应用气象学报,**13**(6):755-766.

王建林.现代农业气象业务.北京:气象出版社.2010.

王石立.2003.近年来我国农业气象灾害预报方法研究概述.应用气象学报,**14**(5):575-582.

信乃诠,崔读昌,高亮之,等.1999.中国农业气象学.北京:中国农业出版社.

杨继武,1994.农业气象预报和情报.北京:气象出版社.

尹东.2007.农业产量预报技术的研究和应用.干旱气象,**25**(2):12-16.

张厚瑄.2000.中国种植制度对全球气候变化响应的有关问题Ⅰ,气候变化对我国种植制度的影响.中国农业气象,(2):9-13.

张养才,等.1991.中国农业气象灾害概论.北京:气象出版社.

赵惠燕,汪世泽.1993.农业病虫害的灾变预测及预报精度分析.灾害学,**8**(4):10-14.

中国的气候与农业编辑委员会.1991.中国的气候与农业.北京:气象出版社.

Easterling D R, Horton B, Jones P D, et al. 1997. Maximum and minimum temperature trends for the globe. *Science*, **277**: 364-366.

Hulme M, Zhao Z C, Wang F T, et al. 1992. Climate Change Due to the Greenhouse Effect and Implications for China. Loudon: CRU/WWF/SMA, Banson Production.

Wang F T. 1997. Impacts of climate change on cropping system and its implication for China. *Acta Meteorologica Sinica*, **11**(4):407-415.

思考题

1.气象条件对农业的影响主要包括哪些方面?

2.何谓光合有效辐射?何谓光周期现象?

3.温度的三基点指哪些?阐述积温学说。

4.农田水分平衡包括那些分量?

5.作物产量由哪几部分构组成?

6.气候变化对农业生产的影响有哪些?

第 17 章　气象能源

地球上的煤、石油、天然气等积蓄了亿万年的化石能源，经过数百年的巨大消耗将不可逆转地趋向枯竭。此外，常规矿物燃料的大量消耗，排放的污染物和温室气体，产生的环境恶化和气候变暖问题已对社会经济可持续发展造成了严重影响。因此，采用新的能源来已成为全球各国的广泛共识。

气象能源中的风能和太阳能因其资源丰富、开发技术成熟、清洁、无污染等优势成为新能源开发的重点。近年来，太阳能、风能在世界范围内得到迅速发展，光伏发电、风电等年增长速度都在 20%以上，太阳能、风能已成为实现能源多样化、应对气候变化和实现可持续发展的重要替代能源。尤其是近几年，随着国际石油价格的不断攀升以及《京都议定书》的生效，太阳能、风能的发展得到世界许多国家的广泛关注，成为国际能源领域的热点。总之，太阳能和风能在近期乃至未来将进入发展高峰，为气象能源的开发和研究提供了前所未有的机遇和挑战。

17.1　气象能源概述

17.1.1　气象能源的概念

由气象要素产生的能统称为气象能源，是气象资源或气候资源的重要组成部分。气象能源目前主要是指由地球上太阳辐射分布不均所产生的风能以及可直接利用的太阳辐射能。这与现阶段科技发展水平和气象能源的开发利用现状有关，目前气象能源中仅有风能和太阳能受到广泛开发利用，而其他的气象能源多处于试验阶段。

太阳辐射来自太阳，地球上实际得到的太阳能，已经因为大气层中各种气体和悬浮物质的吸收、散射以及云层的反射、遮蔽等作用而比大气上界的太阳能量削弱了，且光谱成分、辐射强度等也都发生了变化。

17.1.2　气象能源的特点

气象能源主要具有以下几个方面的特点。

(1)可再生性。在过去漫长的 11 亿年中，太阳消耗了它本身能量的 2%。根据目前太阳产生的核能速率估算，氢的贮量足够维持上百亿年。它不同于化石能源越用越少，在自然界中它是一种不断再生、永续利用、取之不尽、用之不竭的。

(2)自然性。气象能源是自然产生的，不会受人类的影响而改变其大小，多少。

(3)资源丰富。据估算，一年之中投射到地球的太阳能，其能量相当于 137 万 t 吨标准煤所产生的热量，其总量属现今世界上可以开发的最大能源，大约为目前全球一年内利用各种能源所产生能量的一万多倍。到达地球的太阳能中虽仅有约 2%转化为风能，但其总量十分可观，全球风能约为 2.74×10^9 MW，其中可利用的风能约为 2×10^7 MW，比地球上可开发利用的水能总量要大 10 倍。全世界每年燃烧煤炭得到的能量，还不到风力在同一时间内提供给地球能量的 1%。

(4)清洁性。太阳能、风能是一种洁净的能源，在开发和利用时，不会产生废渣、废水、废气，风机噪声，不会影响生态平衡，对于改进能源结构，减少温室气体的排放具有较大潜力。而人类利用矿物能源，必然会释放出大量有害物质，使人类赖以生存的环境受到破坏和污染。

(5)分布广泛，可就地利用。太阳能资源遍及全球，没有地域的限制，可直接开发和利用，且无需开采和运输，尤其对交通不发达的农村、海岛和偏远地区更具有利用的价值。我国约有 2/3 的地区可以较好利用太阳能资源。风能是太阳能的一种转化形式，有太阳就会有风，所以风能分布也很广泛，尤其在高山、海岛、沿海等地风能资源最为丰富。

(6)密度低。太阳辐射尽管遍及全球，但每单位面积上的入射功率却很小，也就是说它虽然是一个巨大能源，同时其单位能量密度小，又是一个“贫矿”。要得到较多的能量，就必须要庞大的受光面积。因此，在利用太阳能时，想要得到一定的转换功率，往往需要面积相当大的一套收集和转换设备，造价较高。风能由于来源于空气的流动，空气密度小，导致风能单位密度较低。在同样的流速下，要获得同样大的功率，风轮直径要相当水轮的 27.8 倍。所以风能是一种稀疏的能源，它使得利用带来了困难。

(7)不稳定性。太阳能不稳定性表现在空间不均匀性和时间间歇性。由于受到昼夜、季节、地理纬度和海拔高度等自然条件的限制以及晴、阴、云、雨等随机因素的影响，到达地球表面的太阳能，随地点不同而有所变化，并且到达某一地面的太阳辐照度既是间断的，又是不稳定的，这给太阳能的大规模应用增加了难度。风能对天气和气候也非常敏感，气流变化频繁，风的瞬时脉动、日变化、季节变化等都十分明显，波动很大，是一种随机性能源，这是风能利用中十分突出的不利因素。

17.2　太阳能的利用

太阳能是太阳内部连续不断的核聚变反应过程产生的能量。地球轨道上的平均太阳辐射强度为 1367 W/m^2。地球赤道的周长约为 40000 km，地球获得的能量可达 1.73×10^{17} W。相当于同期现在人类所利用的能源的一万多倍，但是，由于太阳辐射能量密度小，可变性大，目前人类只利用了太阳能中十分微小的一部分。所以，在当前环境不断恶化、能源日益短缺的情况下，研究开发利用太阳能资源具有非常重要的实际意义。

17.2.1　地面太阳总辐射

到达地面的太阳辐射总量，包括太阳直接辐射和天空散射辐射的总和，通常称为太阳总辐射。太阳能一般以太阳总辐射来表示。确定地面太阳总辐射量，可以采用仪器直接进行测量，全国目前 100 个左右日射观测站，远不能满足太阳能开发利用的需要。通常借助现有地表太阳辐射计算模型，来求算无日射观测站的太阳辐射资料和数据，大体可以分为理论模型和经验模型(统计模型)两大类。

1. 地面太阳总辐射计算的理论模型

理论模型大多详细地考虑了大气中的主要成分对太阳短波辐射的吸收和散射过程，根据大气物理因子对太阳辐射各分量的影响机制，对地表太阳辐射进行模拟。

理论模型对地表太阳辐射计算的基本原理是，逐一考虑各种大气物理因子对太阳辐射的吸收或散射作用，最终得到地表的太阳辐射量，是一种“自上而下”的计算过程。因此，理论模型的结构往往比较复杂。根据对大气中各种成分对太阳光谱影响考虑的细致程度的不同，理论模型又可分为分光谱辐射传输模式和参数化的辐射传输模型两类。

2. 地面总辐射的统计模型

理论上，到达地球表面的太阳总辐射量就等于大气上界的天文辐射量与大气透明度系数的乘积。太阳辐射通过地球大气到达地表是一个相当复杂的过程，包括大气对太阳辐射的折射、散射、反射和吸收，通常用大气透明度系数表示地球大气对太阳辐射的减弱作用。由于大气透明度系数既是时间的函数，又随大气分子、水汽、尘埃含量、云状和云量等而变化，难以精确确定；所以，为了获得某一地区地面总辐射量的多年平均值，通常采用经验方法即气候学计算方法确定。

(1)地面总辐射的影响因子

大气对太阳辐射的削弱作用与天空遮蔽状况有关，主要受日照条件和云量的影响。所以，气候学计算方法中地面总辐射(Q)的表达式为

$$Q = Q_i F(S_1, \bar{n}) \tag{17.1}$$

式中 F 为表示天空遮蔽度的函数；S_1 为日照百分率，即实际日照时数与可能日照时数的百分比；$\bar{n}$ 为平均云量；Q_i 为计算总辐射量的起始值，不同地区可以根据各地大气的特点采用不同的起始值。

通常，起始值 Q_i 有三种选择：一是天文辐射量 Q_0，即大气上界的太阳辐射量。二是晴天太阳总辐射量 Q_A，即无云情况下的地面总辐射；可以通过对辐射观测台站实测资料的统计整理确定。三是理想大气总辐射量 Q_m，所谓"理想大气"是指不考虑大气圈中的水汽、各种悬浮微粒对太阳辐射影响的理想情况，也称为干洁大气。干洁大气中，太阳辐射的衰减只与臭氧、氧、二氧化碳的选择性吸收以及空气分子的散射有关。

天空遮蔽因子对地面太阳总辐射的到达量影响很大。日照百分率 S_1 和平均云量 $\bar{n}$ 都是表征天空遮蔽度的指标量，这两者之间必然存在着一定的联系。显然，天空总云量愈大，对太阳直接辐射的遮蔽作用愈大，地面接收的太阳直接辐射量就愈少，使得地面上的实际日照时数愈小，即日照百分率愈小。在地面总辐射的气候学计算方法中，两者实际上是可以互相取代的；而且一般认为采用日照百分率 S_1 比采用平均云量 $\bar{n}$ 更精确一些。因此，在计算地面太阳总辐射的实际工作中，大多采用 $Q=Q_i F_1(S_1)$进行经验拟合。

17.2.2 太阳能的空间分布

地球围绕太阳公转，日地距离的改变使得到达地面的太阳辐射在一年中有 7%（较平均值变化±3.5%）的变化。日地关系决定了地球表面所接受的太阳辐射量既有日变化，又有季节变化，而且还有随纬度变化的基本特征。

我国年总辐射的分布，主要取决于云量和地理纬度。除了川黔以外的大部分地区，基本上是从东到西增大的。我国西部地区的年总辐射分布与海拔高度相一致，以西藏高原为最大，内蒙古北部较大，新疆的天山和阿尔泰山地区较小。我国东部以川黔和江南地区为最小，并向南北增加，华北地区较大，到东北地区又趋于减少。就极值而言，全国年总辐射最小值出现在川黔一带，而最大值出现在西藏高原，最小值和最大值之间的差异明显，两者相差在 2 倍以上。

由图 17.1 可见，我国的年总辐射量在 3500～8300 $MJ \cdot m^{-2} \cdot a^{-1}$，大体上可以 5500 $MJ \cdot m^{-2} \cdot a^{-1}$等值线作为东、西部分界线。此线以东的东北平原和华北平原大部、长江中下游平原、华南沿海以及滇南一隅，年总辐射量为 4500～5500 $MJ \cdot m^{-2} \cdot a^{-1}$；四川盆地、贵州高原等地区，由于全年中云雾和阴雨天气较多，年总辐射量在 3500～4500 $MJ \cdot m^{-2} \cdot a^{-1}$，是我国年总辐射量的低值区，最小值出现在四川盆地东南部。此线以西和以北的内蒙古高原、黄土高原大部、青藏高原东北部、河西走廊以及新疆全境，年总辐射量在 5500～6500 $MJ \cdot m^{-2} \cdot a^{-1}$。青藏高原西南部年总辐射量达到 6500～7500 $MJ \cdot m^{-2} \cdot a^{-1}$以上；特别是西藏西南部的狮泉河、定日、日喀则一带，年总辐射量在 7800～8300 $MJ \cdot m^{-2} \cdot a^{-1}$，是我国年总辐射量的高值区，最大值就出现在青藏高原的西南部地区；与同纬度及其毗邻地区相比，仅次于撒哈拉大沙漠的全球最高值，与西亚、北非等其他地区的年总辐射量相近。

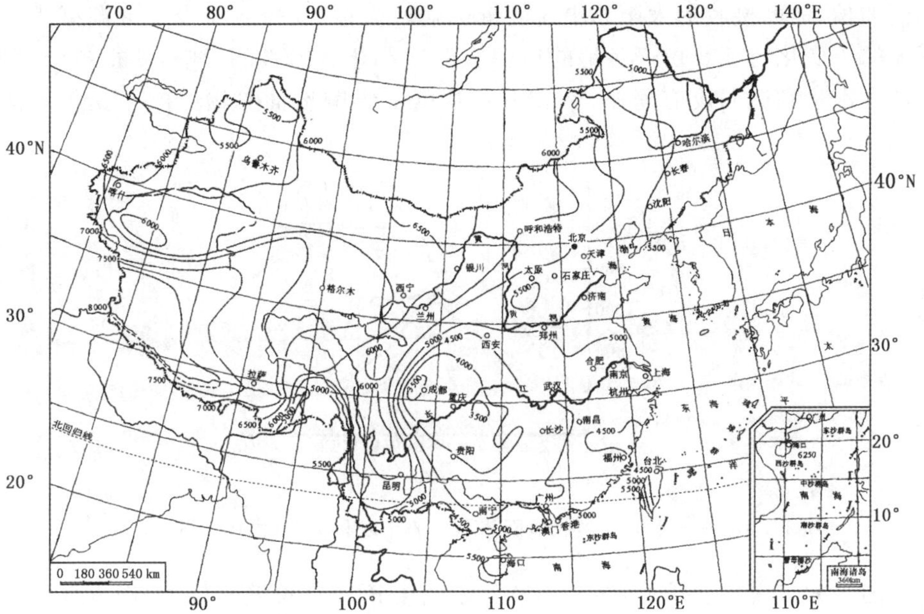

图 17.1　我国年总辐射量($MJ \cdot m^{-2} \cdot a^{-1}$)的地理分布(高绍凤等，2001)

从全国年总辐射量的分布(图 17.1)中可以看出，我国西部地区是同纬度带中的一个高值区，而东部地区则是同纬度带中的一个低值区。因此，我国年总辐射量的分布具有十分显著的东西差异。这一特点在北半球是很突出的。

太阳能资源一般以总辐射量表示，因此，上述全国年总辐射量的分布也反映了各地太阳能资源的状况。太阳能资源丰富的地区分布在西藏大部，新疆南部，青海、甘肃和内蒙古的西部。太阳能资源较丰富区分布在新疆北部，东北地区以及内蒙古东部，华北及江苏北部，黄土高原、青海和甘肃东部，四川西部至横断山区以及福建、广东沿海一带和海南岛。东南丘陵地区，汉水流域以及四川、贵州、广西西部等地属于太阳能可利用区。川黔地区则为我国太阳能资源贫乏区。

17.2.3　太阳能的时间变化

(1)总辐射的日变化。一般来说，一天中正午前后太阳辐射最强，日出、日落时最小，这是由太阳高度角所决定的；但是，地面总辐射日变化曲线并不对称于正午时刻，这是因为上午和下午大气透明度和云量不同所引起的。夏天，午后的天气比午前混浊而且多云，因此午后的太阳总辐射量较午前小；冬天，由于上午多雾，大气透明度出现相反的情况，因而总辐射到达量下午大于上午。

(2)总辐射的年变化。在我国，从冬季到夏季随着太阳高度角逐渐增大，白昼时间不断加长，地面接收的太阳总辐射能量也就增多；从夏季到冬季又逐渐减小，表现出明显的年变化特征。由于各地的地理条件以及环流因素的影响，使得各个时期大气中的含水量和透明度有所不同，在一定程度上影响地面总辐射的年变化规律(图17.2)。

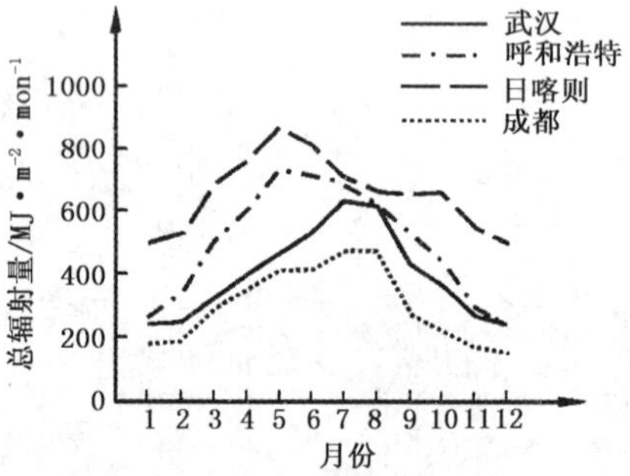

图 17.2　我国不同气候区地面总辐射的年变化曲线(高绍凤等，2001)

我国北方气候比较干燥，冬夏季节太阳高度角和日长差异较大；南方气候湿润，各季节太阳高度角和日长的差异较小。这表明，我国南方太阳总辐射量的年内分配比较均衡，而北方则集中在夏季。

(3)总辐射的季节变化。一年中，太阳总辐射的季节变化非常明显。在我国三大气候区中，东部季风气候区的成都、武汉等地(图 17.2)，地面总辐射月总量最大值出现在 7 月、8 月，最小值出现在 12 月、1 月，两者相差 310～380 $\mathrm{MJ \cdot m^{-2} \cdot mon^{-1}}$；西北干旱区和青藏高寒区，总辐射月总量最大值都出现在 5 月，最小值出现在 12 月，两者相差 380～490 $\mathrm{MJ \cdot m^{-2} \cdot mon^{-1}}$。

我国东部季风气候区太阳总辐射的季节变化特征为，除了雨季开始比较晚的云南高原太阳总辐射春季(3—5 月)最大(2010 $\mathrm{MJ \cdot m^{-2} \cdot quar^{-1}}$)、秋季(9—11 月)最小(1290 $\mathrm{MJ \cdot m^{-2} \cdot quar^{-1}}$)以外，其他地区的太阳总辐射均为夏季(6—8 月)最大(1350～1770 $\mathrm{MJ \cdot m^{-2} \cdot quar^{-1}}$)、冬季(12—2 月)最小(530～840 $\mathrm{MJ \cdot m^{-2} \cdot quar^{-1}}$)。

在我国西北干旱区和青藏高寒区内，全年降水量不大，夏季降水较少，晴天较多，各地太阳总辐射量一般在 2000～2500 $\mathrm{MJ \cdot m^{-2} \cdot quar^{-1}}$。春季总辐射也比较丰富，各地大多在 1600 $MJ \cdot m^{-2} \cdot quar^{-1}$以上。冬季是一年中太阳总辐射量最小的季节，西北干旱区一般不足 1000 $MJ \cdot m^{-2} \cdot quar^{-1}$，青藏高寒地区在 1000 $MJ \cdot m^{-2} \cdot quar^{-1}$以上，狮泉河达到 1350 $MJ \cdot m^{-2} \cdot quar^{-1}$。

17.2.4　太阳能的综合利用

人们通常根据太阳能的地区分布特点、时间变化规律以及影响太阳能利用的技术措施等，对一定区域范围内的太阳能资源进行分类和区划。区划的目的是为了进一步了解当地的太阳能开发潜力，以便充分合理地开发利用太阳能资源，产生最佳的社会效益和经济效益。

与此同时，太阳能的转换、收集、储存运输等方面应用，正在取得显著进展。目前，利用太阳能主要是通过光热转换、光电转换、光化学转换 3 种途径。在太阳能各种利用方法的能量转换方式和利用效率中，光热转换的利用率最高，实际应用也最普遍。

1. 太阳能的利用区划

根据我国太阳能资源的分布特征（图 17.3），可以将全国划分为 4 个不同的太阳能资源利用区。分区标准，如表 17.1 所示。

表 17.1　我国太阳能资源的分区标准[2]

区名	太阳能资源量 ($kW \cdot h \cdot m^{-2} \cdot a^{-1}$)	主要分布地区
丰富区	>1700	青藏高原、西北及内蒙古大部
较丰富区	1500～1700	东北西部、华北大部、山东半岛北部、黄土高原南部、云南高原西北部、藏南谷地、新疆大部
可利用区	1200～1500	东北大部、华南南部、东南沿海及其岛屿、长江中下游、四川盆地周围山地、云南南部
贫乏区	<1200	四川盆地、贵州高原、湘鄂西山地

我太阳能丰富区分布在青藏高原、新疆西部和南部、甘肃中北部、宁夏以及内蒙古的中西部地区。这些地区年降水量一般都在 300 mm 以下，地理景观为草原、沙漠或雪原，气候干燥，大气透明度好，青藏高原海拔高，空气稀薄，所以太阳辐射年总量最大，而月际最大与最小及可利用日数差异较小，年际变化也较稳定，是太阳能利用的最佳地区。目前，我国的太阳能开发利用主要在这一地区。

太阳能较丰富区分布在两个地带：一是新疆北部，最低值在准噶尔盆地；这里冷季由于下垫面为雪覆盖，反射率增大，再加上阴雾天气较多，太阳辐射相对较少；暖季的云量也比南疆地区多,所以太阳能较南疆小,北疆东部也比内蒙古西部的干旱沙漠地区小,这样就形成了一个太阳能资源较丰富区。但是,若与我国东部地区相比,仍然是一个相对的高值区。二是从内蒙古东部向南经东北地区西部、华北、陕北、甘南、川西至西藏南端,基本上沿丰富区东部边缘的地带。这些地区的气候比太阳能丰富区湿润一些,大气中水汽含量较多,云量也较多,所以太阳辐射总量小一些。目前,该区太阳能开发利用也比较广泛,仅次于丰富区。

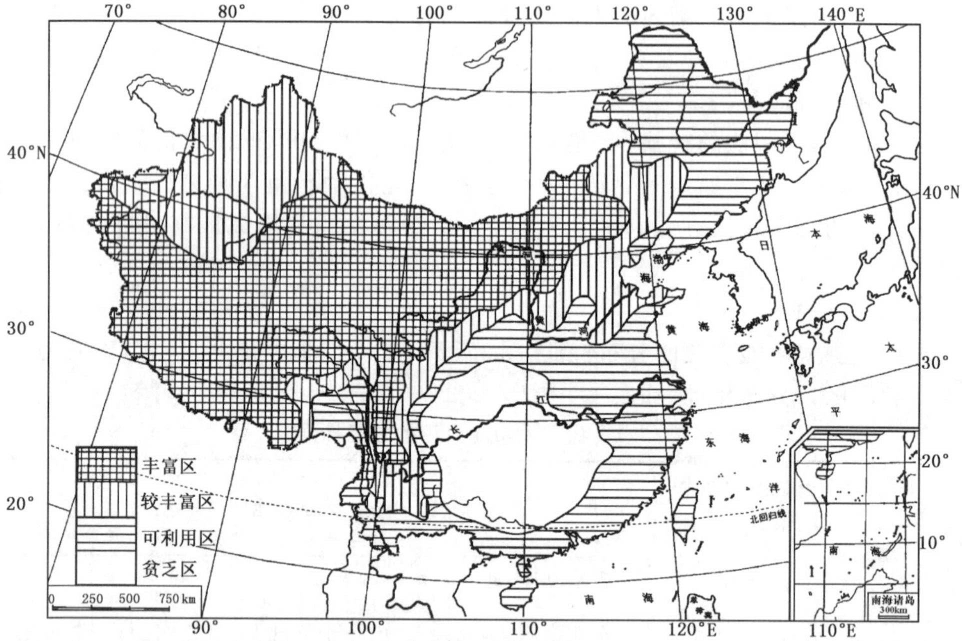

图 17.3 我国太阳能资源的分区(霍明远等,2001)

太阳能可利用区主要分布在两个地区:一个是东北的大部分地区,一个是黄河下游以南地区,包括山东南部、河南、湖北、江苏、浙江、江西、安徽及四川西部和云南一小部分。该区太阳能年变化很大,最大值月与最小值月中可利用日数的比值均大于2.0。也就是说,一年中各月的可利用日数出现明显的差异。最大值月份的太阳能资源不一定小于较丰富区,但最小值月份的太阳能不利于应用。所以,该区也称为季节性可利用区,其中广东、广西、河南、山东、安徽等地都建立了太阳能温室或干燥装置。

太阳能贫乏区以四川盆地为中心,向四周扩展,东至湘西、鄂西、北到陕南,南到云贵的北部,西抵青藏高原边缘。从全年日照时数来看,四川的马边仅 975.0 h,平均每天只有 2 h 40 min 的日照。若与我国日照时数最多的青藏高原的冷湖 3602.9 h,平均每天 9 h 52 min 相比,二者相差 3.7 倍。即使与我国最北端的漠河相比,全年日照小时数也要少1425.7 h。这一地区阴天日数多，一年中高达200～250 d，日照时数比同纬度东部地区少30%～40%。黔东北的道真、务川一带，冬季日照时数仅100 h左右，有的月份几乎见不到直射阳光。

2.太阳能的热利用

迄今为止，由于光热转换技术最成熟，转换效率较高，价格比较低廉，太阳能热利用仍是目前太阳能利用的主要方式。它是通过收集太阳光将其转换为热能的集热器来达到提高温度的目的，最简单的集热器是在涂黑的金属板上覆盖一层玻璃，防止集热器自身热辐射损耗。

通常，集热器有平板型和聚光型两种。前者由集光板、透明盖板、隔热层和外壳四部分组成，直接采集太阳光，集热面积和散热面积相当，不可能达到较高的温度，后者因为太阳辐射能的能量密度较低，要从集热器获得较大的功率，就必须扩大采集面积使热量汇集以便产生高温。这种集热器由聚光器、吸收器、太阳跟踪系统三部分组成。

目前，太阳能热利用可分为低温热利用，中温热利用和高温热利用。低温热利用包括最简单的地膜、塑料大棚、干燥器、蒸馏、供暖、太阳能热水系统，中温热利用有空调制冷、制盐以及其他工业用热，高温热利用有简单的聚焦型太阳灶、焊接机和高温炉。我国太阳能热利用方式主要有太阳能热水器、太阳房、太阳灶等。

(1)太阳能热水器。这是太阳能热利用中最具有代表性的一种装置，它的用途广泛，形式多样。近几十年来，太阳能热水器的普及很快；人们日益体会到利用太阳能这种低价能源的优越性。就华北地区而言，每年可使用太阳能热水器6～8个月，每平方米采光面积每日可获得8400～16800 J热量，相当于1 kg标准煤所产生的热量。截至2007年，我国累计推广应用太阳能热水器已经达到9500万m^2，太阳能热水系统拥有量已占世界总量的四分之一，尤其近年来家庭住宅使用太阳能热水器的普及率不断增加。

目前，在我国市场上常见的太阳能热水器有：平板太阳能热水器、真空管热水器、闷晒式热水器.

(2)太阳房。自古以来，人们修房造屋大多选择坐北朝南的方位，而且设置若干窗户，把太阳的热量引入屋内，这是原始的太阳房。太阳房就是利用太阳的热能代替常规能源，使建筑物达到一定的温度环境的建筑。它完全依靠房屋的合理设计、建筑物方位的合理布局和窗户、墙、屋顶等建材的选择和配置来吸收和贮存太阳能，不需要安装特殊的动力设备就可以达到采暖的目的。由机电装置带动热循环系统的太阳房，称为主动式太阳房。一般由集热器、传热流体、贮热装置、管道、控制系统以及适当的辅助能源系统构成，此外还需要热交换器、水泵、风机等设备，对太阳能进行收集与转换，达到采暖或制冷的目的。常见的供暖系统一般以水或空气作为介质，采用主动方式人为控制室温，所以其造价比被动式太阳房高。目前，在一些经济发达国家已经建造了许多不同类型的主动式太阳房。

(3)太阳灶。从原理和结构上，太阳灶主要有箱式、聚光式和反射式三种类型。将箱式太阳灶置于阳光下经过长时间闷晒，缓慢积聚热量，箱内温度一般可达到120～150℃；所以也称为闷晒式。聚光式太阳灶是将较大面积的阳光聚集到锅灶底部，使温度达到较高的程度，以满足炊事的要求。反射式太阳灶除了集光加热以外，还利用反射聚集热量，其功能和效果更好。太阳灶利用太阳能蒸煮食物和水，适用于居民生活、保温器具、医疗卫生消毒等，对于燃料紧缺的地区具有重要的实用意义。太阳灶在我国西北地区利用效果较好。据不完全统计，在我国太阳能资源丰富和较丰富的地区，已经拥有太阳灶超过10万台，70%以上集中在青藏高原地区，经济效益良好。

太阳能温室、塑料大棚等设施也属于太阳能的热利用，在全国应用十分广泛。此外，还有太阳能锅炉、太阳能干燥器、蒸馏器等，都是运用太阳辐射能转换为热能的原理；目前，应用技术已经成熟或基本成熟，只是所需装置价格昂贵，在经济上用户难以承受而未能推广应用。值得一提的是太阳能空调制冷技术(太阳能空调和冰箱)，虽然并未广泛使用，预计将是未来太阳能利用的重要方面。

3.太阳能发电

未来太阳能的大规模利用是用来发电。利用太阳能发电的方式有多种。目前已实用的主要有以下两种。

(1)光—热—电转换。即利用太阳辐射所产生的热能发电。一般是用太阳能集热器将所吸收的热能转换为工质的蒸汽，然后由蒸汽驱动汽轮机带动发电机发电。前一过程为光—热转换，后一过程为热—电转换。

目前世界上现有的最有前途的太阳能热发电系统大致可分为：槽形抛物面聚焦系统、中央接受器或太阳塔聚焦系统和盘形抛物面聚焦系统。利用太阳热能进行大规模发电、供电有2种具有前景的方式，一种是太阳能收集和传送热量与现代燃气循环电站相结合的ISCC(综合太阳能联合循环)；另一种是太阳能电站独立运行，即较多地使用存储介质，在白天时存储太阳能，需要时再进行释放。

我国虽然早在20世纪70年代末，就对太阳能热发电开展了应用基础研究工作，并将盘式小型太阳能热发电装置的研制列入863计划，但从总体上讲，我国太阳能热发电技术的实际应用尚刚刚起步，到2008年底，太阳能发电装机14万kW，预计到2020年，太阳能发电装机将达到2000万kW。

(2)光—电转换。其基本原理是利用光生伏打效应将太阳辐射能直接转换为电能，它的基本装置是太阳能电池。光生伏打效应是指太阳辐射能光子通过半导体物质转变成电能的过程。太阳能电池就是利用这种效应制成的最具有代表性的产品，它不仅能转换太阳的直射光，也可以利用太阳的散射光，甚至在一支蜡烛的光照下也能输出电流，因而大大拓宽了太阳能应用领域。同时，电池寿命长，基本不需要管理和保养；无活动部件，故障率极小；无废弃物，不污染环境；无需架设电网输电，可节省投资等。所以，国内外都把太阳能电池看成是太阳能利用中最有活力和前景的应用领域。

太阳能电池的实际应用目前已经相当广泛。例如，可作为人造卫星电源、航标灯电源、交通信号、路灯、电围栏、通讯、电视、蒙古包照明等。建立太阳能电站，可以把太阳能电池方阵和自动跟踪、逆变以及计算机监测控制等技术融为一体。实践证明，利用太阳能发电虽然一次性投资较大，但经济效益高，使用周期长，对解决边远农村和牧区长期无电的问题具有重要意义。

太阳能光电转换的另一个重要应用是太阳能光伏发电站。太阳能光伏发电系统主要由太阳电池阵列，贮能蓄电池，防反充二极管，充电控制器及逆变器，测量设备等组成。太阳能发电站一旦建成，不需要运行投资即能运用，但初期投资较高。我国在西藏，新疆等地也建成了一批数千瓦的光伏电站。

4. 太阳能的光化利用

光合有效辐射是种植业中光化转换利用的典型例子。虽然绿色植物进行光合作用所利用的太阳能还不足投射到地面的太阳总辐射的 50%，但它是地球上一切生物生存和生命活动的基础，不仅人类每天吃的粮食和蔬菜、用的木材和轻工原料、动物的饲料和食饵等都是植物光合作用的产物，而且大量使用的煤、石油、天然气等石化燃料也是古代植物固定下来的太阳能。地球上植物光合作用每年进行的有机物质生产，要吸收千亿吨以上的二氧化碳，固定的太阳能比全世界人类每年的总能耗要高 1～2 个数量级。这充分说明太阳能确实是人类能量和物质的重要来源。

植物的光合作用是光化转换的普通形式，而光化反应则是光化转换的另一种形式。所谓“光化反应”，是指某些气体(例如卤素及其化合物等)在太阳光照射下吸热分解、在其复合还原时释放出所吸收的太阳能的反应。目前，光化反应的研究还处于实验阶段，其实际应用仍需时日。

17.3　风能的利用

风能是由地球表面大量空气流动所产生的动能，它比人类迄今为止所能控制的能量大得多；和太阳能一样，也是一种取之不尽、用之不竭的清洁能源，开发利用的潜力很大。同时风力发电是新能源中技术最成熟、最具规模开发条件及商业化发展前景的可再生能源技术。根据国际绿色和平组织和世界风能协会共同发布的《风力12》预计，2020 年世界电力 12%将来自风电，将大大减少因火力发电给大气层带来的危害。风能的合理开发和利用可以有效缓解目前能源匮乏及燃料资源给环境带来的污染问题，在远期有可能成为世界上重要的替代能源。

17.3.1 风能的计算

在气候资源分析中，衡量某地风能资源潜力的大小，通常以风能密度和风能可利用小时数表示；或者采用两者的乘积来表示，称为风能储量。对于一个地区来说，年、季、月平均风速或极端最大风速只能反映该地风能资源的基本状况；从实际利用角度出发，人们通常采用有效风能密度和有效风能时数来评价风能资源的可利用程度。

1.风能和风能密度

计算分析风能资源潜力，揭示风能随时间的变化和地域上的分布规律，对于风能资源规划、开发利用等具有重要意义。目前，风能的利用方式主要是将风所具有的动能转化为电能或机械能等形式；因此，计算风能的大小，实际上就是计算气流的动能。

(1)风能计算公式

风能是空气水平运动所产生的能量，风能的大小主要取决于风速。由物理学可知，一个质量为 m，速度为 u 的气块，其动能为 $mu^2/2$。单位时间内气流以速度 u 垂直流过截面积 F 的气流体积为 $s=uF$，流过的空气质量为 $m=\rho s=\rho uF$；ρ 为空气密度(kg/m^3)。在风能利用的风速范围内，假设空气是不可压缩的；此时气流所具有的总能量(单位为 W)为

$$W=\frac{1}{2}\rho F u^3 \tag{17.2}$$

风工程上称(17.2)式为风能公式。可见，风能的大小与空气密度 ρ、气流通过的面积 F 和风速 u 的 3 次方成正比。空气密度和风速随地理位置、海拔高度、地形条件以及天气气候等因素而变化，因此，在风能计算中，风速取值是否精确对风能估算的准确性影响很大。

风能的利用一般通过风力机叶轮的转动来实现能量的转换或传输。截面积 F 实际上就是风轮旋转一圈所扫过的面积，即 $F=\pi D^2/4$；这里，D 为风轮的直径。通过风轮的气流，由于有一部分空气从叶翼中间流过，其动能没有被有效利用；冲击到叶翼的气流在叶翼周围产生涡旋，使叶翼运动受阻。风能利用系数 K 一般小于 1；对于大型风力机，利用系数 K 可达 0.4，而小型风力机一般只有 0.3 左右。因此，风力机的实际功率为

$$W=\frac{\pi}{8}K\rho D^2 u^3 \tag{17.3}$$

式中，若在标准大气压下空气密度 ρ 的数值为 $1.2255\ kg/m^3$，代入上式可得

$$W=0.481KD^2u^3(\mathrm{W}) \tag{17.4}$$

然而我国的地形复杂、高差较大，空气密度随高度递减，这些因素对风能资源的影响应当予以考虑。

(2)平均风能密度

风能密度是指单位时间内通过垂直于气流的单位截面积上的风能。将(17.2)式中 F 取单位面积，可得瞬时风能密度(W/m^2)；对时间积分并取平均，有

$$\overline{W} = \frac{1}{T}\int_0^T \frac{1}{2}\rho u^3 \mathrm{d}t \tag{17.5}$$

称为平均风能密度，u 为对应时刻 t 的风速(m/s)，T 为时段总时数(h)。

(3)有效风能密度和可利用时数

风力机通常有三种设计风速，即启动风速、额定风速和切断风速；而且对于不同类型的风力机，其设计风速也不完全相同。启动风速是指能够使风力机运转时的风速，通常取小时平均风速 3 m/s。额定风速是指风力机安全运转时的风速，达到或超过这一风速时，由限速器限制风轮转速，输出功率不再增大。当风力机超过某一极限风速时，风力机有损坏的危险，必须中止其运行；这一极限风速称为切断风速，我国一般取小时平均风速 20 m/s。因此，通常将从启动风速到切断风速之间的风速，即 3～20 m/s 之间的风速，称为有效风速；有效风速范围内的平均风能密度，即有效风能密度 $\overline{W_e}$ 。

显然，有效风能密度是指在单位时间内通过单位截面积的有效风速所具有的动能；风能可利用时数是指统计时段中有效风速范围内的总时数，均是可利用风能潜力大小的指标量。

2. 风能的计算方法

在我国平均风能和有效风能密度的计算中，由于风速 u 的取值方法不同，形成了三种计算风能的方法：一是以小时平均风速计算风能密度；二是以日平均风速计算风能密度；三是以年、季、月平均风速计算风能密度。比较结果表明，以小时平均风速计算风能密度的精度最高，但是没有风速观测资料的地方也就无法估算风能；以日平均风速计算风能密度，虽然精确度稍差，但对于没有风速观测的地方，可以采用推算的日平均风速估算风能。

(1)以小时平均风速资料计算风能

由于风速是一个随机变量，一般无法给出风速随时间变化的函数形式，通常只能采用观测的离散值近似计算风能。显然，观测的时间间隔愈小，愈能逼近风能密度的实际值。据研究，采用小时平均风速计算风能已经足够精确。

(2)以日平均风速资料计算风能

考虑到风速的阵性和风力设备的损耗功率，据统计，在日平均风速≥5 m/s 的情况下，出现小时平均风速大于风力机启动风速的时间可达 80%～90%，连续两天以

上出现大于启动风速的时间占70%～80%。因此,日平均风速≥5 m/s的时间是风力机基本上能够运转做功的时间,可以作为估算风能资源的界限指标。由此,得出各地离地面10 m高处的有效风能计算公式为

$$W=\frac{u^3D^2KtP}{2080}=4.81\times10^{-4}u^3D^2KtP \tag{17.6}$$

式中W为有效风能(kW·h);u为平均风速(m/s),由日平均风速≥5 m/s的累积风速除以其相应日数求得;D为风力机的风轮直径(m);K为风能利用系数,一般取$K=0.3$;t为时间(h),将日平均风速≥5 m/s的日数以小时数表示;P为日平均风速的3次方代替小时平均风速3次方平均值需要计算的订正系数,按地区和季节取不同的值。在计算高海拔地区的有效风能时,还应考虑空气密度随海拔高度的变化。

(3)用月、季、年平均风速资料计算风能

根据实测资料,建立有效风速时数与风速平均总时数的比值和月(季、年)平均风速之间的关系,从而由月、季、年平均风速,利用上述关系可确定相应时段有效风速的可能时数;进一步根据实测资料建立有效风速全年出现时数与全年可供风能之间的经验关系或直接建立年平均风速与全年可供风能的经验关系式计算风能的方法。该方法计算简单,但精度稍差。

17.3.2 风能评估技术

现有的风能资源评估的技术手段主要有基于气象站历史观测资料的评估、基于气象塔观测资料的评估、基于空间信息技术的风能评估、基于大气数值模拟的风能评估。

中国气象局组织的中国第3次风能普查于2003年启动,采用了2000多个气象站的30 a历史观测资料,虽然技术方法上没有更新,但所用的气象站点数使用了近2400个台站的观测资料,比第2次普查的900多个站增加了2倍多,并利用一些铁塔上不同高度的观测作为补充。因此在空间分布上比第二次有了很大进展,新的中国风能资源分布图谱会更接近实际情况,普查出的风能资源技术可开发量比第二次略有增加:我国可开发利用的内陆风能资源为2.97亿kW。

中国气象局于2007年组织实施中国第四次风能资源详查和评价工作。本次风能资源详查与以往的风能资源宏观评估相比,具有以下3个特点:(1)开展了高达120 m的多层次专业测风观测。建成由400座70～120 m测风塔组成的风能资源专业观测网,突破了以往仅有10 m高度气象站测风的限制。(2)大幅提高了风能资源评估的精细化程度。此前已开展的三次风能资源普查工作主要是以全国气象站10 m高度的测风资料为基础,普查空间分辨率为百千米到数十千米。这次风能资源详查,以专业化风能资源观测和数值模拟评估技术为基础,成功研发适用于我国地形

和气候特点的风能资源精细化数值模拟评估系统，首次获得了 50 m 高度上，全国 5 km×5 km，局部 1 km×1 km 分辨率的风能资源详查成果可得到水平分辨率 1 km ×1 km，近地面 150 m 高度内任意高度的风能资源立体分布，评估结果更加科学、精细。(3)研发了基于地理信息系统的数据处理和共享技术。在实现全网实时监控和数据传输的基础上，建立了国家级和省级风能资源数据库，初步具备风能资源监测、分析和评估产品的共享服务能力。综合分析表明：我国陆上离地面 50 m 高度达到 3 级以上风能资源的潜在开发量约 23.8 亿 kW；我国内蒙古的蒙东和蒙西、新疆哈密、甘肃酒泉、河北坝上、吉林西部和江苏近海等 7 个千万千瓦级风电基地风能资源丰富，陆上 50 m 高度 3 级以上风能资源的潜在开发量约 18.5 亿 kW；7 个千万千瓦级风电基地总的可装机容量约为 5.7 亿 kW；初步估计，我国 5～25 m 水深线以内近海区域、海平面以上 50 m 高度可装机容量约 2 亿 kW。

将数值模拟技术应用于风能资源评估是一个行之有效的方法，从基础理论上讲，建立在对边界层大气动力和热力运动数学物理描述基础上的数值模拟技术要优于仅仅依赖气象站观测数据的空间插值方法。从实际应用上来看，数值模拟方法对风能资源的评估更为精细，可以模拟出基于气象站观测资料无法分析出的风能资源分布，可以更精确地确定可开发风能资源的面积和风机轮毂高度的可开发风能储量，更好地为风电开发的中长期规划和风电场建设提供科学依据。

现代空间信息技术的高速发展为我们提供了新的思路和方法。近年来，以卫星遥感技术为主要信息源、以数字图像处理和信息提取技术为手段反演地面，特别是近海岸风场参数、风速、方向，已逐渐从试验走向成熟，为区域风能资源评价提供了新的手段。与传统的风能资源观测计算方法相比，空间信息技术支持下的评估方法具有时间、空间和经济效益三个层次上的显著优势。空间分布上卫星遥感数据具有覆盖面广，空间分辨率可控的特点，在科学的反演方法和适当地地面校验基础上，可以获得大范围的逐像元的风场要素信息；时效性高，表现在两个方面：一是选择了适当时间分辨率的卫星遥感数据之后，所有的处理工作都有计算机完成。可以方便快捷地获取所需资料，更重要的是卫星对地观测数据具有多年的积累通过对历史影像的处理可以获取长序列的历史数据；投入产出高，卫星遥感数据本身具有一定的成本，但是由于其在全球运作、平摊在每一用户上的成本较低，相对现场实测来说则是经济实用得多。

17.3.3　风能资源的时空分布

为了对风能资源开发的可能性、开发规模和潜在能力进行决策，了解一个地区乃至全国的风能贮量是很有必要的，因为风能利用究竟有多大的发展前景，对它的总贮量需要有一个宏观的估计。一个地区的风能资源贮量取决于该地区风速的大小和有效风速的持续时间。

1. 我国的风能分区

据宏观估计，我国 10 m 高度的风能总贮量（即理论可开发量）合计为 3.226×10^{12} W。实际可供开发的风能资源，按上述理论总量的 1/10 估计，并考虑风力机叶片的实际扫掠面积（对于 1m 直径风轮的面积为 $0.5^2\times\pi=0.785$ m^2），实际可开发量为 2.53×10^9 kW。

我国学者在进行风能分区时，考虑了有效风能密度和有效风速全年累计小时数这两个表征风能资源的主要参数，将我国风能资源的分布划分成 4 个大区，如图17.4 所示。风能丰富区、较丰富区、可利用区和风能贫乏区的划分标准和各区所占面积比例，如表 17.2 所示。

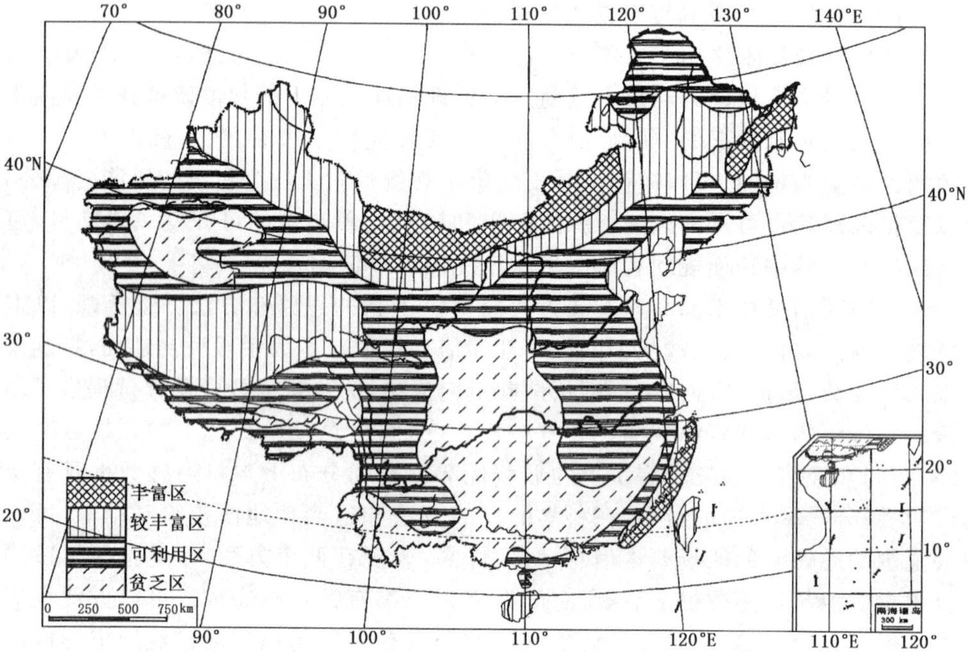

图 17.4　我国风能资源的分布（高绍凤等，2001）

将年平均有效风能密度大于 200 W/m^2，3～20 m/s 有效风速的年累积小时数大于 5000 h 的地区划分为风能丰富区；将年平均有效风能密度在 150～200 W/m^2 范围内，3～20 m/s 有效风速年累积 4000～5000 h 的划为风能较丰富区；将年平均有效风能密度 50～150 W/m^2 和有效风速年累积 2000～4000 h 的划为风能可利用区；将年平均有效风能密度 50 W/m^2 以下、3～20 m/s 有效风速年累积在 2000 h 以下的地区划为风能贫乏区。

表17.2　我国风能分区及各区所占面积百分比(高绍凤等,2001)

指标	丰富区	较丰富区	可利用区	贫乏区
年平均有效风能密度(W/m^2)	>200	200～150	150～50	<50
3～20 m/s风速年累计小时数(h)	>5000	5000～4000	4000～2000	<2000
≥6.0 m/s年累计小时数(h)	>2200	2200～1500	1500～350	<350
占全国面积比例(%)	8	18	50	24

为了能够充分合理地利用风能,必须根据风能资源的分布特点,确定出不同等级的区划指标,进行风能资源利用区划。风能区划涉及许多问题,包括风能密度的大小、有效风能利用时数、风能的季节分配以及一定时间长度重现期的极端最大风速等。风能密度愈大、利用小时数愈多,则风力机利用效率就愈高;风能的季节变化,不仅影响风力机的利用效率,而且也是设计蓄电装置和备用电源的重要参数;为使风力机安全可靠地运行,在设计风力机极限风速时必须考虑一定重现期的最大风速。

各区及其类型区的主要特征:

(1)风能丰富区

该区主要分布在东南沿海、山东、辽东沿海及其海上岛屿、内蒙古北部和松花江下游,面积约占我国总面积的8%左右。沿海和岛屿由于面临海洋,风力强大。愈向内陆,风速愈小,等值线与海岸线平行,是全国风速最大的地区。内蒙古北部是我国内陆风能资源最好的地区,该区受蒙古高压控制,每次冷空气南下都可造成较强风速;而且地形平坦,风速梯度小,春季风能较大。松花江下游区域的大风大多数是由东北低压所致;东北低压春季最易发展,秋季次之,所以该区春季风能最大,秋季次大。

(2)风能较丰富区

该区域集中分布在我国沿海海岸、三北地区北部和青藏高原,面积约占我国国土面积的18%。除了青藏高原以外,该区是风能丰富区由北向南沿海岸向内陆的扩展。风能较丰富区与风能丰富区相比,有效风能密度较小。该区风速较大,各有不同的原因。一是因为沿海地区海陆差异以及台风影响很大;二是因为三北地区直接受冷空气侵袭,特别是冬半年,寒潮、冷空气南下,冷锋过境后大多伴有大风;三是青藏高原地势高,平均海拔在4500 m以上,受高空西风气流的影响,地面形成大面积的大风区。

(3)风能可利用区

该区分布于两广沿海(ⅢG区)、大小兴安岭山地(ⅢH区)和东起长白山向西经华北平原过西北到我国最西端贯穿我国东西的广大地区(ⅢI区),面积约占我国国土面积的50%。该区的风能资源，作为农村能源可以季节性利用，但在山顶、隘口等良好地势条件下风能资源仍比较丰富，也可以安装大型风力机。

(4)风能贫乏区

该区集中分布于四川、云南、贵州和南岭山地、雅鲁藏布江流域和塔里木盆地西部，面积约占全国总面积的24%。因地形闭塞，山峦重叠，故风速较弱；除个别山顶外，风能不宜利用。

2. 风能的时间变化

开发利用风能资源，不仅需要了解其地理分布特征，还应研究其时间变化规律。考虑风能资源的季节变化特点，可以合理安排能量储蓄和峰谷互补措施，也是设计蓄电装置和备用电源的重要参数。

(1)风能的日变化

我国各地的平均风速和风能资源都具有明显的昼夜变化特征。在一天中，上午06—08时风速最小，然后逐渐增大，午后15—17时达到最大值；而后逐渐减小，夜间变化缓慢，次日凌晨最小甚至为静风。孤立山顶风速的昼夜变化与山麓平原相反，最小值出现在午后，最大值出现在夜间；这样的风速昼夜变化对风能丰富区和较丰富区的实际利用不利，因为它不能保证白天持续稳定的能量供应。对于风能资源可利用区和贫乏区，一天中最大风速出现在午后则对风能利用比较有利；例如四川康定，全年≥3.0 m/s的有效风速累积时数只有3623 h，风能资源并不丰富；但是在全年各月每天的12—18时均有6 h左右风速≥3.0 m/s的时段，且保证率在80%以上，尽管可利用时间不长，但其风能资源仍然具有较大的利用价值。

风能的日变化特征与下垫面性质有关，可分为陆地型和海洋型两种。如图17.5所示。在陆地表面上，夜间(20—08时)风速较小，白天(08—20时)风速较大，一般午后出现最大值。因为此时下垫面最热，对流旺盛，高层动量下传使近地层风速增大。日落后，地面逐渐冷却，空气层结趋于稳定因而风速减小；一直到日出后地面受热，层结趋于不稳定，风速又开始增大。在海洋上，风速日变化与陆地上相反，夜间风能大，白天风能小，最小值出现在20—21时左右。这是因为白天海温高于气温，夜间海温低于气温所致。这两种风能日变化在大型天气过程影响较小时才比较显著。

此外，风能日变化幅度与季节、高度也有很大关系；一般来说，冬季风能日振幅小于夏季，山麓风能日振幅小于山顶，风能日变化随高度的增加而改变。

(2)风能的季节变化

我国风能资源的季节变化明显，如图17.6所示。以云南保山和内蒙古土默特旗分别代表风能资源贫乏区和可利用区，土默特左旗≥3 m/s风速的累积时数最大值出现在5月，高达376 h，超过该月总时数的一半；其余月份均不足当月总时数的50%，12月出现最小值，只有153 h；保山站的风速时数也具有一定的年变化，但变化幅度小于土默特左旗；土默特左旗≥3 m/s 的风能密度 5 月最大达 172 W/m²，9 月最小仅为 47 W/m²；而保山站≥3 m/s 的风能密度 2 月最大为 70 W/m²，8 月最小仅 31 W/m²。

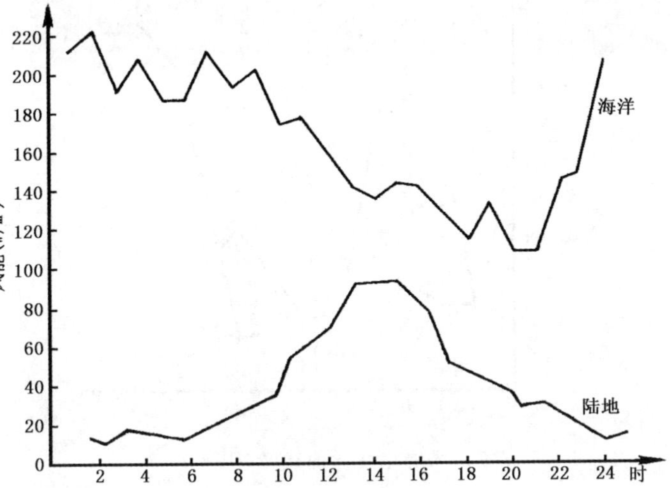

图 17.5　风能日变化(霍明远等，2001)

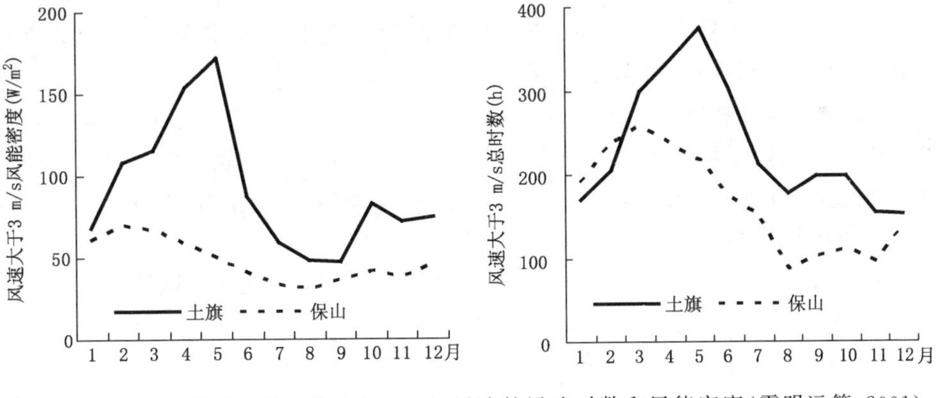

图 17.6　中国土默特左旗和保山≥3 m/s 风速的风速时数和风能密度(霍明远等，2001)

各地风能的季节变化存在很大差异。图 17.7 给出了北京和海口两地的风能年变化曲线。可见，北京地区冬季风能最大，春季次大，夏季最小；而海口则在秋季出现风能最大值，春末夏初出现最小值；而且北京风能的年变化幅度远大于海口的年变化幅度。

总的来说，我国中北部和西部一般春季和冬季为风速和风能最大的季节，夏、秋季为风能最小的季节；东南部及沿海岛屿由于受台风等影响，秋季风速和风能最大，夏季最小。各地风能资源的年变化幅度，内陆地区大于沿海及其岛屿，北方大于南方。

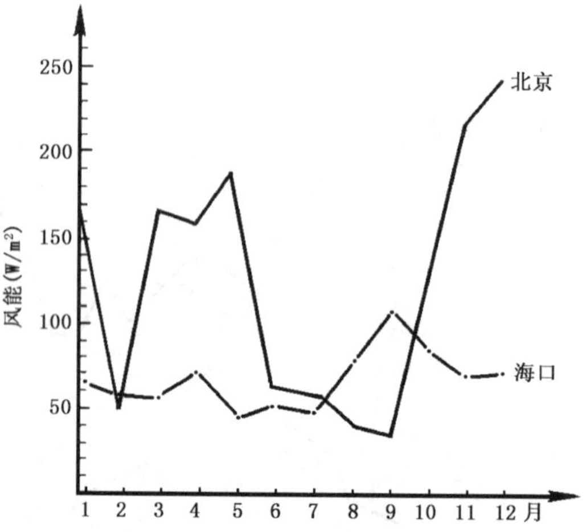

图 17.7 风能年变化曲线(霍明远等，2001)

(3)风能的垂直变化

风能资源通常以离地面 10 m 高度处的风速大小来衡量；但是，对于大型风力机，还需要考虑几十米甚至 100 m 高度即整个近地层中的风速变化。所以，在风能利用中往往需要推算不同高度上的风能密度。

在近地层中，风能随高度的变化实际上取决于平均风速随高度的变化。各高度上的风速变化主要是由于地面对空气的摩擦阻碍作用而引起的，而且地面摩擦力的影响随离地面高度的增加而减小。所以，近地层平均风速随高度增加而增大，其增大的数值一般服从指数律。

由近地层风速随高度的变化规律可知，在高度较低的气层内，风能随高度的增加速度较快，但是随着高度的继续增加，风能增加的速度减小。因此，如何合理地选择风力机安装高度，对提高风力机的投入产出比具有重要的实用意义。

17.3.4 风能利用和开发

风作为传递能量的气流，在运动中给人类提供了利用的可能性。风能的利用形式多样，可转化成机械能、电能、热能等。风能可利用的几种基本形式有：

1. 风力致热

风力致热的作用将风能转换成热能以供家用或工农业供热需求。风力致热与风力发电、风力提水相比，具有能量转换效率高，对风质要求低，风况变化的适应性强，蓄能问题便于解决等优点。因为由机械能转变为电能时不可避免地要产生损失，而由机械能转变为热能时，而风力致热的转换效率可以达到40%。通常有三种转换方法。首先是用风力机发电，再将电通入电阻丝发热。这是一种间接发热方法，转换效率不高。第二种是用风力机带动一台空气压缩机对空气压缩后放出热量。此法转换效率也不高。第三种是将风力机直接通过传动器带动搅拌器高速转动并搅拌液体致热。此法转换效率最高。此外，通过利用风力使固体材料摩擦产生热量也是一种有效的方法。

在农村生产生活中，采暖、加热、保温、烘干需要大量热能。因此，风力致热具有良好的发展前景。日本在1981年已经采用风力致热方法在北海道养殖鳗鱼，在京都等地用于温室供热。丹麦、荷兰、美国、新西兰等也将风力致热器用于家庭供热。农村、边远地区能源的最终使用方式主要是热能，如采暖、加热、保温、烘干、水产养殖、家禽饲养及蔬菜大棚等，因此使用风力致热最有利、最便捷，这是一项节能和提高人民生活水平的有效措施，欧美和日本等国都在进一步开展这方面的研制工作。目前，国际上风力致热技术仍处于示范试验阶段，而在我国还基本上处于研究阶段。

2. 风力发电

风能的开发利用可以分为两大类。一类是并网型的，一类为离网型的。风力发电是目前使用最多的形式，其发展趋势：是功率由小变大，陆上使用的单机最大发电量已达到2MW；二是由一户一台扩大到联网供电；三是由单一风电发展到多能互补，即“风力—光伏”互补和“风力机—柴油机”互补等。

随着矿石燃料日渐枯竭和价格的上升，火力发电成本将逐渐增高，风电成本则随着科技进步、风电机组容量的增大和风电场规模的扩展将继续下降。据联合国对新能源和可再生能源的估计，到2020年，风力发电成本可降到3美分/千瓦时及以下。国际能源署（IEA）在《世界能源展望2002》中，预测全世界风电装机在2010年、2020年、2030年将分别达到5500万kW、11200万kW、19500万kW。

世界上很多国家，尤其是发达国家，已充分认识到风电在调整能源结构、缓解环境污染等方面的重要性，对风电的开发给予了高度重视。根据全球风能委员会（GWEC）的报告，2005年全世界共新增风电装机容量11769 MW，较2004年的8207 MW增长了43%，创造了新的年度装机纪录。

我国风力发电事业始于20世纪70年代，主要解决远离电网的边远地区的农村、牧区、海岛等地对电能的迫切需求。因而着重研制开发100—1000 W的独立运行的离网型小型风力发电机组，取得了明显的经济效益和社会效益。目前，离网型小型风力发电机组的生产能力和年产量均居世界首位，除满足国内用户需求外，还出口国外。20世纪80年代开始研制中大型风力发电机组。在1985年至1995年期间，先后自行研制了120 kW，200 kW和300 kW风力发电机组。在1995年至2003年间研制了600 kW和750 kW的固定桨距型风力发电机组，国产化率达到90%以上。

为了配合国内大型风力发电机组的产业化，我国还逐步形成了叶片、齿轮箱、发电机、偏航系统、电控系统等零部件专业生产厂。标志着我国兆瓦级大型风电机组的自主创新能力已达到世界先进水平。现在我国正在研制 3 MW 的风力发电机组，可能在明年或后年就出成果。

我国电力 70%来自燃煤火电，对环境造成巨大的压力。随着《可再生能源法》的实施，风能作为清洁的可再生能源将得到大规模开发，风电产业将进入一个前所未有的高速发展时期。根据《可再生能源中长期发展规划》的目标，我国风电机组装机容量到 2010 年、2015 年、2020 年将分别达到 500 万 kW、1000 万 kW、3000 万 kW，届时风电将占全国总发电装机 10 亿 kW 容量的 3%。2030 年以后，水能资源也将大部分开发完毕，近海风电市场进入大规模开发时期。

3. 风力提水

风力提水可用于农田灌溉、人畜饮水、海水制盐、水产养殖、草场改良或滩涂改造等工程的提水作业，经济效益和社会效益显著。

我国早在 1700 多年前就已应用风帆式风车提水。古代科学著作《物理小识》中就有“用风帆六幅车水灌田”的记载。我国机械式风力提水机组技术较为成熟，应用地域比较广泛，主要用于在东南沿海制盐，南方地区农田灌排、盐碱地改良，北方扩大农田灌溉、改良盐碱地、满足农牧民人畜饮水等。我国目前研发生产的风力提水机主要有两种，一种为低扬程大流量风力提水机，用于提取地表水，主要在南方各省及东南沿海地区使用。另一种风力提水机为高扬程小流量风力提水机，用于提取深井地下水，主要用于北方及草原牧区。

4. 风帆助航

人类最早利用风能的方式为风帆助航，我国在 3000 年前的商朝出现了风帆船，到唐朝帆船已广泛航运于江河。此后，随着帆船制造技术的进步，科技的发展和航行经验的积累迎来了风帆助航的辉煌时期 15 世纪。我国航海家郑和七下西洋：哥伦布乘帆船发现了美洲新大陆。此后随着蒸汽机和内燃机的发明以及煤、石油等矿石能源的大规模开采和利用，帆船因动力小和速度慢而逐渐被淘汰。

现代风帆都由计算机控制，使风帆转动角度尽量保持最佳风力利用状态。我国 80 年代开始了自主研究风帆助航船，当时我国研制了几条小型的风帆助航船在长江上试运行，并取得了喜人的进展。武汉水运学院与南京航运公司研制的 200 t 圆弧形翼帆助航船，1985 年下水试航，节能效果达 50%以上。广东省航运科研所与东莞水运公司也在 80 吨位的货船上加装了翼型帆，节油 42.2%。20 世纪 90 年代，宁波海运公司试制了一艘 2500 吨级的“明州 22”号风帆助航货轮，可以在 3～20 m/s 风速下使帆，采用计算机控制油压操帆该轮于 1996 年 1 月投入运营，行驶在日本、宁波、厦门、香港之间，可载运 146 只集装箱。但是，自此以后，我国风帆船的开发便处于停滞状态，至21世纪初，国内鲜有对于新型风帆船研制的报道。

主要参考文献

高绍凤，陈万隆，朱超群，等. 2001. 应用气候学. 北京：气象出版社：16-66，158-218.

耿宽宏. 1986. 中国沙区的气候. 北京：科学出版社.

霍明远，张增顺. 2001. 中国的自然资源. 北京：高等教育出版社，28-50.

李克煌. 1990. 气候资源学. 郑州：河南大学出版社.

陆渝蓉，高国栋. 2001. 物理气候学. 北京：气象出版社：39-56.

缪启龙，江志红，陈海山，等. 2011. 现代气候学. 北京：气象出版社.

潘守文，等. 1994. 现代气候学原理. 北京：气象出版社：60-75.

丘宝剑，卢其尧. 1987. 农业气候区划及其方法. 北京：科学出版社.

孙卫国. 2008. 气候资源学. 北京：气象出版社：28-83，222-280.

谭冠日，严济远，朱瑞兆. 1985. 应用气候. 上海：上海科学技术出版.

翁笃鸣. 1997. 中国辐射气候. 北京：气象出版社：111-140.

杨振斌，薛桁，王茂新，等. 2003. 卫星遥感地理信息与数值模拟应用于风能资源综合评估新尝试. 太阳能学报，**24**(4)，536-539.

么枕生. 1984. 气候统计基础. 北京：科学出版社.

张家诚. 1988. 中国气候总论. 北京：气候出版社：378-401.

中国自然资源丛书编撰委员会. 1995. 中国自然资源丛书·气候卷. 北京：中国环境科学出版社：61-97，337-395.

朱瑞兆，祝昌汉，薛桁. 1988. 中国太阳能、风能资源及其利用. 北京：气象出版社.

朱瑞兆. 1991. 应用气候手册. 北京：气象出版社.

思考题

1. 太阳能和风能的定义和特点是什么？
2. 中国太阳能和风能分布有哪些特征？
3. 太阳能利用方法有哪些？
4. 如何计算太阳能和风能？

第18章 交通气象

安全和畅通是现代交通管理和决策中两个最重要的目标，因此，凡涉及交通上工程设计、施工建设、营运安全、维护保养的气象条件均属交通气象的研究范畴。广义上讲，“交通气象”是指为了改善交通运营能力、保障交通安全、提高交通运输质量所开展的气象监测、天气预报、气候预测、气象灾害预警和气象信息服务等。

交通、气象、环境等科学的进步及计算机、数字通信等技术的革命，为世界交通气象的发展带来了新的契机。我国的交通气象业务是一个全新的领域，发展空间大，有许多研究和业务有待于开展或深入。

18.1 交通气象产生的背景

18.1.1 气象条件对交通运输的影响

在18世纪瓦特发明蒸汽机后的200多年里，人类交通条件的变化日新月异。现代交通更加快速、便捷、舒适，但交通始终不能回避天气、气候问题。现代交通速度快、容载量大、运行密度高，交通运输是经济和社会生活的命脉，对现代交通构成威胁或造成灾害的恶劣气象条件一旦出现，往往会造成严重的后果，甚至危及人类的生命安全。为现代交通提供与之相适应的气象保障已受到交通运输业、各级政府和全社会的普遍关注。于是，交通气象被提上了议事日程并得到迅速发展。

影响交通安全和运营的各种因素中，气象条件是一个重要的因素，它影响到交通运输的各个环节，主要体现在：

(1)恶劣天气常导致高速公路封路、火车误点甚至中断、飞机和船舶航班取消或后延等，打乱了客运与货运秩序。

(2)恶劣天气条件带来大量的交通事故，造成人员伤亡及财产损失。重大交通事故又往往导致交通中断甚至瘫痪，严重影响经济和社会生活秩序。

(3)不利的天气、气候条件会影响交通基础设施的建设和使用寿命，关系到安全运行水平，增加建设和养护成本。

(4)为减少交通气象灾害可能造成的危害，在规划设计中，对交通线路的确定、机场和港口位置的选定等，都要充分认识到当地的天气、气候条件，考虑在建设和运营期间可能受到不良气象条件或恶劣天气的影响或制约。

18.1.2　交通气象灾害

因不利(恶劣)气象条件诱发的交通灾害事故(人员严重伤残甚至死亡、交通设施损坏、交通运输运营能力下降甚至交通系统瘫痪等)，这些不利(恶劣)气象条件统称为“交通气象灾害”，包括：浓雾、强降水(雨或雪)、强风、高温、低温、冰冻等气象灾害，以及由它们造成的次生灾害(如横风、积涝、路面积水、积雪、结冰、强降水时的低能见度等)或伴生的地质灾害(如路基坍塌、山体滑坡、泥石流等)。

自然界许多重大灾害都具有突发性。例如地震、火山爆发、雪崩、海啸、龙卷风、浓雾、决堤、垮坝等重大灾变事件的发生都是突然的，人们猝不及防，危害严重。突发性的自然灾害出现之前有一个孕育过程，即能量物质和信息的积累过程，孕育积累过程属渐变过程，一般不受人们的关注和重视，甚至不为人所觉察，当积累过程基本完成处于临界状态时，只要有一个微小的触发机制，就能引起能量突然释放、状态突然改变。因为这些灾害是突然发生的，人们缺少思想上、物质上和技术上的准备，使一部分人产生恐惧心理、怨愤情绪和慌乱无措的行为，降低了人们的应对能力和应对的有效性，造成严重的后果。

我国幅员辽阔，东西经度相距62°，南北纬度相差50°，气候上跨北半球的赤道带、热带、亚热带、暖温带、冷温带，还有高原气候区，距海远近及海拔高度的差异大。加之地形复杂，具有“十里不同天”的特点，全国各地都有自己各具特色的天气、气候。这些特点对交通气象而言，却面临着地域上灾害的复杂多变，因此，各地交通部门在不同季节对不同交通气象灾害有着不同的关注点。图18.1是全国主要气象灾害分布图。从图上可见：夏季和台风侵袭季节，我国南方大部和东部沿海地区暴雨和短时强降水高发，常造成江河洪水泛滥，不但淹没农田、城乡，而且殃及交通设施，冲毁交通干线，造成许多不可抗拒的交通事故。北方如新疆北部、内蒙古中北部、吉林省中部和南部、辽宁北部、黑龙江中部和北部在冬半年是我国寒潮侵袭频次最多的地区。由于寒潮频发，所带来的强风、积雪、低温冻害等灾害性天气对交通运输的安全营运造成了严重威胁，甚至会造成车毁人亡的重大交通事故。

春、秋季我国淮河以南地区多雾，其中福建西北部、浙江西南部、贵州西北部、云南南部等地更是浓雾多发区。统计表明：雾害是造成我国高速公路交通事故的重要“杀手”。由于交通运营自身流动性大，加之途径地域复杂，出行时往往风平浪静，行程中却天气多变。所以提高灾变预防和应急意识，掌握不同区域、不同季节的天气、气候特点，及时收听收看当地的天气预报，对确保行程交通安全是至关重要的。

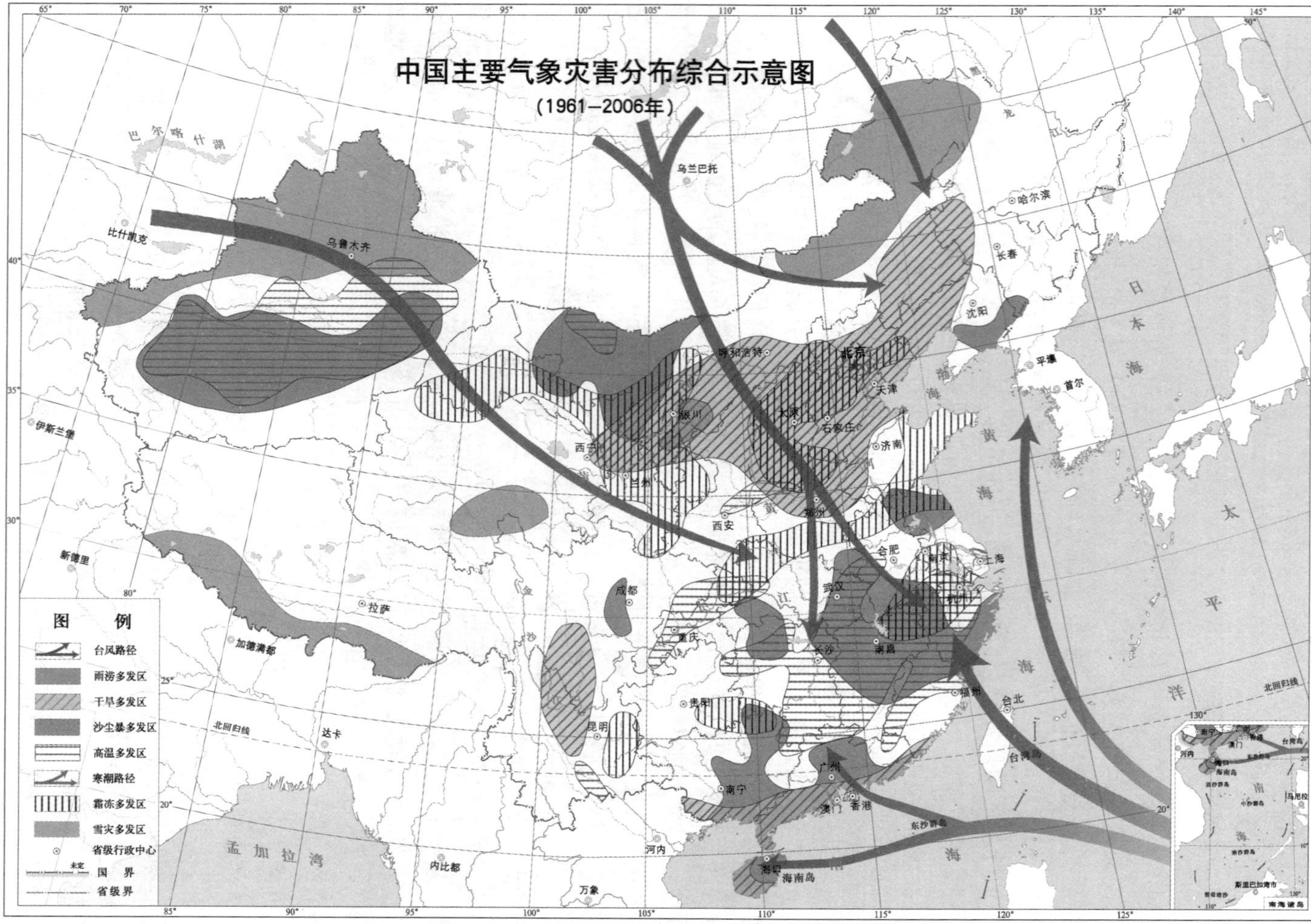

图18.1 全国主要气象灾害分布图（中国气象局，中国灾害天气气候图集）

18.1.3　交通气象的主要特点

交通气象与常规气象有许多相似之处，但又有一些不同的地方。自 1643 年托里拆利发明水银气压表、1653 年意大利北部建立世界上第一个气象观测站以来，世界气象观测步入了一个科学测量的阶段；1820 年法国的勃伦特思制成天气图，使得以天气学理论为基础的天气预报成为可能；20 世纪 50 年代以来，数值预报取得长足发展。天气预报已成为社会经济、日常生活中不可或缺的重要信息，气象部门的日常业务已形成一个规范严密、运行有序的观测、预报和服务体系。

常规的天气观测和预报对社会的所有人群具有普适性，对灾害性天气的界定和标准有严格的定义，然而对快速发展的现代交通未必适用，一些对人们生活而言，十分常见的、并不致灾、甚至有益的气象条件，在现代交通背景下却有可能成为致灾因素。在过去，雾的有无及雾造成的水平能见度下降与人们生产和生活的关系并不密切，但在现代交通条件下，雾却成为最重要的气象灾害之一。又如降雨，适度的雨水浇灌了农田，净化了空气，湿润了土壤，补给了江河湖泊等水体，常用普降喜雨来描述雨水给大地、给人间带来的润泽，只是在雨量达暴雨、大暴雨等强降水时方被称为灾害性天气。然而在高速公路上，小雨就能使路面湿滑，对交通安全造成影响。降雨还具有阵性和局地性，只要短时雨强较大，瞬间可使能见度剧降，成为交通上的致灾因子。

交通气象关注的是危及交通安全和畅通的天气气候问题，是应用气象的一个分支，在其研究和应用上有其特殊性，但涉及的原理、方法与常规气象是一致的。常规气象由于普适性的需要，探测的密度及预报的内容在时间、地域和量级上只能粗放一些，但不可否认，常规气象的探测和预报是交通气象的基础，是开展交通气象工作的后盾，它提供了大范围天气变化的背景，必须用足、用好。

18.1.4　交通气象服务需求

随着社会、经济的发展，人流和物流在增大，航空、公路、铁路、水运等里程在增加、延伸，这些都是不可逆转的发展趋势。与此同时，由于大气污染程度的加剧、城市化的发展、大面积下垫面状况的改变等人类活动的影响，气候异常不断呈现，极端天气、气候事件频率增大，一些气象记录的极值不断被刷新。以南京为例，自 1905 年有气象记录以来，年降水量的最大值(1991 年 1825.8 mm)和最小值(1978 年 534.6 mm)都出现在近 30 多年里；南京 1905—2002 年的最大日雨量为 198.5 mm(1931 年 7 月 24 日)，但在 2003 年 7 月 5 日南京小校场的记录为 207.2 mm，浦口气象站的记录达 301.4 mm。类似的突破历史记录的极端天气事件在最近的气象记录和媒体报道中并非偶见。极端天气、气候对现代交通带来新的挑战。交通气象任重道远，需要众多的交通和气象工作者齐心协力、共同应付,也需要全社会的认知、重视和参与。

地气系统是一个庞大的自然系统,理论研究和科学技术的进步使我们认识到这一系统中的一些自然现象在某些时段、某些地域的发生与否是具有一定的确切性的,而准确的发生时间、发生地点和发生量级又具有一定的随机性和模糊性。对突变事件的孕育过程、对随机事件的移动变化进行密切的监测,提高预测预报精度,对可能产生的突变提前预警,可以防患于未然。在交通气象上,做好各类不良气象条件的监测、预报预警和信息发布,及时忠告驾乘人员,提醒他们做好防范准备,协助交通管理部门及时采取应急管理措施,可以有效地减轻其造成的危害。因此,针对交通气象灾害的特点,在重要区域、场所或沿线增设满足特殊需求的监测设备显得非常重要,与交通管理部门建立交通沿线视频监控信息及气象信息共享等决策支持平台,实时监测交通沿线的气象状况,对于提高交通气象灾害的监测和预警预报水平是有益的,也是必要的。

18.2 影响交通的不利气象条件和气象灾害

天气条件的变化对车辆本身、路面状况、司机判断和反应能力等均会造成不同程度的影响,有时气象致灾因子往往相伴而生。例如夏季雷雨,风雨、雷电常相伴而生,甚至与冰雹、龙卷为伍;台风来临之际,若处在朔望日前后恰逢天文大潮,除狂风暴雨外还会伴生风暴潮,危害更大;北方春季大风常引发沙尘暴;又如冬季降雪,不仅影响视程障碍使路面湿滑,被碾压后造成路面结冰,受深积雪阻滞途中人员会受冻挨饿,道路开通后还可能遇到因低温水箱被冻而无法启动的难题。局地型浓雾(团雾)造成的交通事故往往比大范围的浓雾要严重得多,这与司机遭遇不利气象条件或突发气象灾害时的反应、处置能力有关。

危害交通安全与畅通的气象因素很多,从机理上讲,主要有以下四类:视程障碍、下垫面状况、强外力作用和雷电。

18.2.1 视程障碍

对于运动中的交通工具,驾乘人员需要知晓前方航线、路面、道面、水面上的一定视程(可控距离)内的可视状态。但是,雾、霾、雨、雪、沙尘、烟等天气现象会使能见度降低,甚至造成严重的视程障碍。有的天气现象的出现具有突发性,分布具有明显的局地性,在恶劣天气条件下,即使驾驶员谨慎驾驶,也有被后面或侧面碰撞的可能。

一般能见度是指人的正常视力白天能从极限远处背景中分辨出的最远目标物的距离。对于移动目标而言,又可分为消失距离和发现距离。消失距离是指当目标物向远离观测者的方向移去时,观测者最终看到景象逐渐模糊直至在背景中消失瞬间的位置与观测者之间的距离。发现距离是指当目标物从极限远处背景中向观测者的方向移来时，最初被观测者发现的位置与观测者之间的距离。

由于人所感知的"能见度"——目测能见度，除了与大气光学状态有关外，还与观测者自身的视力、视角、状态及所处环境、背景等多种因素有关。为了使"能见度"能客观地反映大气的光学状态，气象上给出了一个经典的能见度定义：标准视力的眼睛观察水平方向以天空为背景的黑体目标物（视角在0.5°～5°）时，能从背景上分辨出目标物轮廓的最大水平距离，也称之为气象光学视程（MOR）。

气象光学视程（MOR）是1957年世界气象组织建议采用的一种衡量大气光学状态的光学量度。即：白炽灯在色温2700 K时发出的平行光柱，通过大气，光亮减少到其初始值的0.05时的路径长度，称之为气象光学视程。也就是透射比为0.05时的大气路径长度，其数学表达式为

$$MOR = \frac{1}{\sigma}\ln\frac{1}{0.05} = \frac{2.996}{\sigma} \tag{18.1}$$

式中σ为大气消光系数，它是指色温为2700 K的白炽灯发出的平行光束通过大气单位距离的路径损失的那部分光通量。该系数是对由于大气对光吸收、散射造成衰减的度量。大气中光的衰减主要由散射和吸收引起。在可见光波段，吸收作用可以忽略，而经由大气中粒子产生的可见光散射现象是导致能见度降低的主要因素，因此，在研制能见度观测仪时可以认为消光系数与散射系数相等。

由此可以看出，如何准确探测大气的消光系数σ就成为器测能见度的核心问题。因为σ是一个与实际具体人的视觉无关的量，这样就建立了能见度的仪器观测与人工观测之间客观的关系，从而也找到了用仪器观测能见度的突破口。

目前国内外正在研制的各类能见度观测仪器中，由于仪器结构和采用的工作原理不同，对大气消光系数σ的测量方式存在很大差别。能见度观测仪器的主要类型有散射式（后向散射式、前向散射式）、透射式、摄像式、激光雷达式等，其中以前向散射式能见度观测仪较为常见。

1.雾

雾是当近地气层的温度下降到露点温度以下，空气中的水汽凝结成小水滴或凝华成冰晶，弥漫在空气中，使水平能见度小于1 km的现象。它常呈乳白色，在交通气象上，按水平能见度（V）大小分为四个等级：

雾	能见度 500 m$<V\leqslant$1000 m
浓雾	能见度 200 m$<V\leqslant$500 m
强浓雾	能见度 50 m$<V\leqslant$200 m
特强浓雾	能见度 $V\leqslant$50 m

形成雾的物理过程是近地层大气降温增湿的过程，根据成因不同，可分为以下几

种类型：

辐射雾：日落后由于地面辐射冷却，使空气中水汽达到饱和后凝结而成的雾。多出现在冬半年晴朗的夜间和早晨，有显著的突发性和地方性特点。

平流雾：是由暖而湿的空气流经冷的下垫面而形成的。如海洋上暖而湿的空气流到冷的陆地上或冷的海洋面上都易形成平流雾。东海的雾季在3—6月，黄海的雾季在5—7月。

锋面雾：冷暖气团之间的过渡区称锋区，冷暖气团在移动的过程中相互作用，使空气中的水汽达到饱和而成雾，因而锋面雾有明显的移动性。

山坡雾：空气沿山坡绝热上升冷却而形成的雾。在山地、云底易形成山坡雾。

蒸发雾：是由暖水面蒸发的水汽进入其上冷空气中凝结而成的雾。

2. 霾与烟

霾是大量极细微尘粒均匀地浮游在空中，使空气混浊、水平能见度小于10 km的现象。霾使远处光亮物体微带黄、红色，使黑暗物体微带蓝色。

霾与大气污染程度有关，近年来我国有霾增多的趋势。单纯的霾造成的能见度不会太低，一般在千米以上。但在晴朗的夜间，随着温度的下降和空气湿度的增大，水汽容易在霾粒上凝结，形成雾霾并存的天气现象，能见度可降至500～1000 m；若温度进一步降低，近地层水汽趋近饱和，又会转化为以雾为主要角色的浓雾天气，此时，能见度可降至500 m以下，危及交通安全。因此在霾较重的天气条件下，对霾→雾霾并存→浓雾的演变过程要引起警觉。英国伦敦在工业化前期因空气污染严重而被称为雾都，实际上就是由霾至雾、雾霾结合的综合产物。

大量的烟存在于空气中，使水平能见度小于10 km。烟幕蓝黑色、灰色或褐色，变浓时可以闻到烟味。工矿区、农田收割后焚烧作物秸秆、较大的火灾区域及柴油发动机的尾气等均可形成烟幕。其危害与烟幕的浓度、烟源的位置、风向风速等有关。

3. 沙尘

沙尘天气主要依据沙尘天气当时的地面水平能见度划分为五个等级：

浮尘：当天气条件为无风或平均风速≤3.0 m/s时，尘沙浮游在空中使水平能见度小于10 km的天气现象。

扬沙：风将地面尘沙吹起，使空气相当混浊，水平能见度在1～10 km的天气现象。

沙尘暴：强风将地面尘沙吹起，使空气很混浊，水平能见度小于1 km的天气现象。

强沙尘暴：大风将地面尘沙吹起，使空气非常混浊，水平能见度小于500 m的天气现象。

特强沙尘暴：狂风将地面尘沙吹起，使空气特别混浊，水平能见度小于50 m的天气现象。

沙尘暴的形成有三个主要因素：大风、沙尘源和不稳定大气。一般人们印象中只记住了大风和沙尘源，似乎沙漠地区只要有大风就会出现沙尘暴，其实不然。我国北方秋冬季节寒潮爆发时，大风也常有出现，但沙尘暴却集中在春季，因为起沙与否是沙尘暴能否形成的重要条件。空气的水平运动不能直接引起沙尘暴。出现沙尘暴，尤其是强沙尘暴时，天气系统中伴随的上升气流可达几米/秒的量级，有时甚至更强。春季太阳高度角升高时，沙漠地表升温迅速，此时降水量很少，一旦冷空气暴发引起强对流，使大范围的沙尘粒向上输送并随大风东移，形成沙尘暴。

4.降水

根据形态可以把降水分为三种：液态降水（雨）、固态降水（雪）、固液混合降水（雨夹雪）。雨雪天气是造成视程障碍最频繁的气象因素。通常情况下能见度和降水的强度密切相关，即在大雨（雪）、暴雨（雪）时会导致低能见度出现，短时强降水也会使能见度急剧下降。此外，在浓密的毛毛雨天气及雨雾并存的天气条件下，雨量（降水强度）虽然不大，往往也会造成严重的视程障碍。表18.1和表18.2分别列出了短时强降雨、降雪与能见度的关系及其对交通的影响。

表18.1　短时强降雨与能见度的关系及其对道路交通的影响

1 h 雨强(mm)	1 min 钟雨强(mm)	能见度区间值(m)	能见度可能降至的低值(m)	对交通的影响
≥10	0.8～1.2	300～500	250	显著影响，限速行驶。
≥15	1.2～2.0	200左右	100～150	严重影响，尽量减少出行，低速慎驶。
≥20	<2.0	100～150以下	50～100	行驶困难，严重阻塞甚至瘫痪。

表18.2　降雪造成能见度下降对道路交通的影响

降雪	能见度	对交通的影响
小雪	1～2 km	一定影响，不利于高速行驶。
中雪	0.5～1 km	显著影响，减速行驶。
大雪	0.2～0.5 km	显著影响，限速行驶。
大一暴雪	50～200 m	严重影响，尽量减少出行，低速慎驶。
暴雪	<50 m	行驶困难，严重阻塞甚至瘫痪。

18.2.2　下垫面状况

许多交通工具都要在地面上行驶，雨雪天气路面湿滑，交通事故增多，积雪和路面结冰是飞机停航、火车受阻、高速公路封路的重要天气因素。不仅驾乘人员要倍加关注，也是交通、气象工作者关注的重点。

1. 潮湿

路面潮湿降低了摩擦系数，影响机动车制动效果。导致路面潮湿的因素多见于降雨、降雪和积雪融化成水。据英国统计，所有公路导致伤亡的事故中，由刹车引起的约占 20%，且主要由于路面潮湿引起，其中一半事故发生在降雨时段。另据美国、澳大利亚等国家统计，雨雪天公路事故约增加 30%，起因于能见度低，刹车失灵（滑行），若同时有强风，事故率更高，损失更大。

2. 积水

据调查统计，只要有短时强降水（1 h 超过 15 mm）就能造成城市交通干线积水，当积水达到 20 cm 深时，行人步行困难；积水超过 30 cm 深时，自行车和小汽车行进受阻；当积水超过机动车底盘时，即造成机动车熄火抛锚，引起交通的拥堵甚至瘫痪。

3. 积雪

路面有积雪时摩擦系数很小，积雪 5～10 cm 时，车轮打滑必须减速行驶；当积雪深度≥10 cm 后易形成雪堵。1991 年 12 月下旬上海普降大雪，雪深 5～10 cm，积雪三天未化，路面严重结冰，12 月 29 日最低气温 −8℃，虹桥机场、高速公路和大浦大桥封闭。仅 27 日一天发生百余起交通事故，骨折病人猛增至平日的近 10 倍。吉林省气象局科技开发中心归纳总结了积雪对交通的影响（见表 18.3）。

表 18.3 降雪造成的积雪对城市交通的影响

降雪	路面情况	对交通影响
小雪	路面积雪随风飘，背风洼处有少量积雪。	路况复杂司机须注意，但对交通影响不大。
中雪	积雪覆盖地面。	影响行车和刹车。
大雪	路面积雪。	限速慢行。
暴雪	深厚积雪严重时形成雪阻。	行车困难、交通受阻。
雨夹雪	冰水混合降温形成冰面。	行车困难、刹车失阻、行车失控。

严重的积雪使飞机无法起降，使火车受到封堵，公路无法通行，途中的人员需要救助。露、霜等地面凝结现象对于一般的裸露地而言也会形成地面潮湿，但需数小时的积累，交通线路上因常有车轮通过，留存的可能性很小。

4. 结冰

路面结冰状态下摩擦系数最小，谢静芳等采用英国 08B190 摆性抗滑性能仪，对不同路面状况下的路面摩擦系数进行实测（表 18.4）表明：平均而言，结冰路面的摩擦系数只有潮湿路面的 1/2 或干燥路面的 1/3。

表 18.4 不同路面状况的摩擦系数测试统计

项目	干燥(0℃以上)	潮湿	积水	干燥(0℃以下)	结冰
平均值	0.91	0.67	0.67	0.65	0.32
最大值	0.96	0.72	0.70	0.76	0.04
最小值	0.82	0.62	0.64	0.55	0.18

路面结冰的成因有以下几种:雨后降温结冰、降雪经碾压成冰、积雪融化后结冰(日化夜冻)、冻雨等。此外冰雹、冰粒和雨夹雪天气较普通雨雪天气路面更滑。过冷却液态水降落触地后直接冻结成坚硬的冰层,这就是雨凇(亦称冻雨)。2008 年 1 月华中地域在出现浓雾冰冻的同时,多次出现雨凇加剧了对交通的危害。雨凇不仅使路面结冰,还会压坏输电线路、输电设备及其他裸露交通设施,影响交通管理。

河道、湖泊及港口的结冰封冻在北方冬季是司空见惯的现象,在南方则属小概率事件,而在中纬度地区,冷冬年由于强寒潮袭击,强低温持续多日会造成湖面和河道的水面结冰封冻,影响水上交通的安全与畅通,危害主要出现在大的湖泊及较宽的河道。河湖封冻在中纬度地区年际间分布的离散度很大,即使在北方,初始封冻的日期也有明显的差异,这是交通气象需要研究的课题。

5. 路面变形损坏

路面及路基温度在 0～60℃范围内的热胀冷缩不会影响到路面和路基的质量。我国夏季正午前后的太阳高度角高,晴天路面升温快,当气温≥35℃时,路面温度一般≥60℃,路面高温会导致柏油路面软化、起包、汽车爆胎、自燃及易燃易爆物品的起火爆炸等。路面是直接接收太阳辐射的下垫面,所以路面温度峰值的出现时段早于气温。正午过后太阳高度角虽然逐渐减小,但由于热量的积累因素,高温会延续到 16 时前后。而低温时段遇降水,不仅会形成结冰、积雪,水分渗入路基结冰,其膨胀力对路基路面均会造成损伤,在日化夜冻的天气条件下,这种损伤更加明显。

路面、路基温度可以用铂电阻温度传感器来感应,传感器埋在路面下不同深度,感应探测的温度数据可无线传输至监控中心。

18.2.3 强外力作用

风是促使地气系统热量和水汽输送、形成新的热量收支与水分平衡的重要载体,适量的风是人体舒适的要素之一,也有利于驱散雾霾。显然,大风尤其是强侧风是水上运输的最大威胁,对陆上及空中交通也是一种致灾因子。对水上、陆上交通影响的是近地层空气的水平运动,剧烈的空气垂直运动是危及空中交通安全的重要因子之一。

风压是垂直于风向的单位面积上所受到的压强,单位是千牛顿/米^2(kN/m^2),风

压(W)和风速(V)的关系式为

$$W_0 = \mu V^2 / 1600 \tag{18.1}$$

式中风压 W_0 的单位为千帕(kPa,即 kN/m^2),风速 V 的单位为米/秒(m/s),μ 为系数(又称风压换算系数)$\mu=0.625$ kg/m^3。

设风速为 V,风向与车船长轴的夹角为 A,垂直于车船的侧风风速为 $V \cdot \sin A$,同理,侧风风压 $W=W_0 \cdot \sin A$,$30° \leqslant A \leqslant 150°$,$\sin A$:0.5～1.0,所以当风向与车船的夹角为 30°～150°时,称为侧风。风速的阵性和风向的摆动是强风的特性,这增加抗御的难度。在我国,易形成强风并影响水陆空交通的不利天气条件或气象灾害有以下几种。

1. 台风

台风是一种极为强大的热带气旋,不仅对我国的天气、气候有着重要影响,而且对影响区的交通有着巨大的危害,台风风力越强,雨量越大,对交通的影响越严重。登陆我国的台风主要集中在 7—9 月(表 18.5)。

表 18.5　不同季节登陆我国的台风和热带低压次数的统计平均值

月份	4	5	6	7	8	9	10	11	12
台风次数	0	0.2	0.5	1.6	1.6	2.0	0.4	0.3	0
热带低压次数	0	0.1	0.2	0.7	1.1	0.7	0.1	0.1	0

56%的台风会带来台风暴雨,94%的台风大暴雨发生在 7—9 月。达到特大暴雨强度的大多在 8—9 月,以 9 月份最多。在我国,台风影响时 8 级以上的大风东部多于西部,南部多于北部。台风影响的地域显然与各个台风的路径关系密切。台风移动路径十分复杂,主要受 500～200 hPa 高空气流的引导,此外,西太平洋副热带高压的位置和强度也会影响台风的生消和移动。有研究表明,因台风造成的交通事故数量和损失是与台风影响区大小、风力强弱、雨量大小呈高度正相关的。

2. 强风

风速的大小主要取决于气压梯度,当然还与该地的地形和下垫面的粗糙程度有关。我国有三个地区风速最大,大风天数最多。第一个地区是中蒙边境,年大风日数多达 50～70 d,主要是地形平坦,寒潮大风、气旋大风畅行无阻;第二个地区是青藏高原,冬半年位于高空急流之下,午后因高空大风的动量下传,年大风日数在 100 d 以上;第三个大风区是东南沿海,海面摩擦力很小,空气动能损失很小,台湾海峡及沿岸,因为气流的狭管效应,年大风日数也超过 100 d。

我国绝大部分地区以春季风速最大、强风日数最多,各地因形成大风的天气系统和气候条件不同,大风的年内季节分布也有差异。例如:哈尔滨春季多气旋,4—5 月的大风占全年的一半以上;西北地区的大风也以春季最多,但大风季比东北地区长,常后延至初夏 6 月甚至 7 月，这与西风急流北移，地面温度高，高空动量下传多有关；华北的大风主要是寒潮大风；广州以 7—9 月大风最多，主要原因是台风活动频繁，而台湾海峡秋冬季节大风最多。

3. 飑线与龙卷风

飑线是突然发作的强风，持续时间短促，出现时瞬时风速突增，风向突变，气象要素随之亦有剧烈变化，常伴有雷雨、冰雹等强对流性天气，是一种具有极大破坏作用的重大灾害性天气，多发生在春末夏初。1974 年 6 月 17 日飑线途经鲁、苏、皖、浙、赣五省历程 800～900 km，历时 17～18 h，经过南京时瞬时最大风速达 38.8 m/s，是历史上罕见的大风。

龙卷风是一种自积雨云底部下垂具有象鼻状漏斗云的小范围的剧烈天气现象，它具有很大的破坏力。它是一个高速旋转的空气涡旋，水平范围小，直径一般在 3 km以下；但风速极大，可达 100～200 m/s；垂直气流也很强，可达 50 m/s。整个龙卷风的移速约为 15 m/s，所经路程短的只有 30 m，长的可达 450 km。龙卷风出现时，在其前后还常伴有雷雨或冰雹。

4. 浪与潮

浪、潮不仅与水上航行安全有直接的关系，港址的选定、港口的设计也要作相应的考虑。例如沿海港口方位一般与盛行风向一致，又要考虑港外波浪随风涌入；计算防波堤所承受的外力时，最多风向和最大风力也是主要的因素。由于气象站一般不会恰好在海边或河岸，往往这些地方风速较大些，所以港口设计一般要将附近气象站的风压提高 20%使用。

形成浪涌、潮涌的因素除了强风以外，还有潮汐、地震、海洋中火山爆发等，但风仍然是一个重要的因素，若当时风速大、风向又适合，起着推波助澜的作用，使危害加剧；反之，则削弱可能造成的危害。

18.2.4　雷电

在不稳定及潮湿的天气中，云层中的水滴、冰晶在对流活动中产生电荷，当电荷积累的电压过大时，云与云之间或云与地之间就会出现放电现象——闪电，放电通道周围的空气急剧膨胀产生隆隆雷声。

突如其来的雷暴会对户外活动人员构成危险，闪电可能对电力设施造成损毁，引发火灾或因电击导致人员伤亡。除直接电击外，受雷电影响的导体、电器亦会因感应电击而受损。雷暴中常会出现狂风甚至龙卷风，风速骤然增强及风向突然改变，致使船只沉没，雷暴狂风和闪电还对飞机升降和飞行安全构成严重威胁。

18.3 交通气象业务

对不利交通气象条件或交通气象灾害进行系统的监测、预警预报和防御是开展交通气象业务的根本宗旨，现代交通气象业务主要包括：①对交通工程区气候背景作调查分析，为其工程设计和施工提供准确的气象参数，并提交相应的气象评估报告；②对营运交通干线（包括空中航线、铁路、公路、内河航道、海运航线等）的气象条件进行实时监测，对沿线和周边区域的交通气象灾害做出准确的预警预报，并及时告知营运、驾乘及交通管理人员，使他们做好思想和技术上的准备，采取相应的规避、防范措施；③在出现恶劣的交通天气条件或发生交通气象灾害时，协助交通部门采取适当的应急响应措施。

在实际工作中，交通气象灾害的有效防御需要交通和气象部门的有效融合和鼎力协作，需要交通气象工作者应用相关学科的新理论、新技术和新方法提高监测预警能力和气象服务水平，为交通管理决策和防灾减灾提供可靠的依据。

18.3.1 分析了解交通气象灾害的时空分布

为了提高交通气象工作的效率，首先要认识和分析所在地域交通气象灾害的种类、强度和时空分布规律。例如在江苏，冬半年是浓雾多发季节，尤其是晚秋至初春；发生时段主要集中在后半夜至凌晨，日出后要警惕团雾的危害；雾的种类上，由于辐射雾有明显的突发性和危害性强的特点，要善于捕捉前兆信息及时预警预报；在地域上，丘陵地段因有的路段日落早、山体辐射面大、冷空气下泻及烟霾从谷地抬升等因素，浓雾多出现早；闭塞的山区浓雾消散的时间后延，对水网密集与林木茂盛的地域也要予以关注。有霾的天气和地域，要注视霾、雾霾并存和浓雾的演变。在浓雾区的下风方要监视雾的扩散漫延。掌握这些分布规律对做好低能见度浓雾的交通气象服务是必要和有益的。

又如春季的强风，初春有寒潮大风，此后有江淮气旋发展东移时的大风；春季太阳高度角逐渐升高，太阳辐射逐渐增强，此时要关注强对流天气的发生及其引发的大风；在低空风速大时晴天的中午前后，因动量下传也会出现日变化明显的西南大风。

统计分析可以反映一些基本的分布规律，在此基础上还应分析并阐释形成这种分布的原因，以便在日常业务中灵活运用，有的放矢地提高工作的主动性。

掌握交通沿线的地形地貌特点、江河走向、下垫面植被状况，对做好交通气象服务也是至关重要的。

18.3.2　实时监测

交通气象灾害的监测是开展交通气象工作的基础，应在充分发挥气象系统现有的综合气象监测系统资源优势的基础上，着眼于我国交通运输领域对气象保障的实际需求，利用计算机、通信、网络、视频控制等高新技术，统筹规划和发展我国的交通气象灾害监测和信息传输系统。

设置在交通沿线（路边、岸边）的自动监测站主要具备要素的传感、信息的存贮和发送功能。监测信息不仅要符合气象观测规范，而且要能满足交通气象的实际需求，还要能适应交通工程相关技术要求（图 18.2）。

图 18.2　交通气象自动监测站

交通气象监测的三个原则是：

代表性——监测数据不仅要反映测点的气象状况，而且要反映测点周围一定范围内的平均气象状况，还要能反映出对交通设施、交通工具、驾乘人员等影响的气象状况。在选择站址和仪器性能、确定仪器安装位置时都要充分满足监测信息的代表性要求。

准确性——监测数据要真实反映测点的实际气象状况，监测所使用的仪器性能和制定的检测方法要满足常规气象和交通气象的准确度要求。

比较性——监测数据不仅在监测网站间具有可比性，而且要与常规气象网站及其他自动气象网站的记录具有可比性。在监测仪器、监测方法和数据处理等方面既要考虑交通气象的特殊需要，也要符合常规气象的观测规范要求。

观测站采集控制器一方面承担着观测站所有观测项目的数据采集、计算、处理、存储及观测站运行保障管理等基本任务，同时还要提供强大的通信和传输功能，这也是实现观测站自动组网和中心站监控运行管理所必需的。

观测站均通过GPRS/CDMA/3G无线通信方式（或通过交通沿线附属光缆）与监控管理中心建立双向联系，实现交通气象观测站的自动组网功能。中心站可对所有的观测站进行统一管理，可设置和查询各个观测站的站名、区站号、通信DTU号码、经纬度、海拔高度、通信在线登录状态、当前工作状态、观测要素设置、数据上传时间间隔等。

一个中心站监控管理软件系统可同时监控多达200个交通气象观测站。观测站与中心站之间通过制定的通信协议来建立实时在线的双向对话，中心站下达的指令可以由系统根据需要自动生成，也可以通过人机交互界面接收人工操作。通信协议确保观测站和中心站可实现如下功能：

设置数据上传时间间隔：中心站可向某个观测站、多个观测站、全部观测站下达指令，使其设置成每间隔1 min、5 min、6 min、10 min、30 min或每1 h自动上传观测站最新的逐分钟气象数据，或设置成其他任意时间间隔自动上传逐分钟气象数据。

遗漏资料补传：可自动诊断或人工干预下达指令来补传观测站中存储的历史观测数据。

时钟校准：分布在野外的各个观测站，必须保证时钟的准确和同步，可由中心站控制下达指令，对观测站的日期和时间进行校准。

报警功能：对接收到的异常数据提供报警功能，例如：缺测记录、超越气象要素测量范围、明显的气象数据异常值等。

多界面监控功能：中心站软件需要提供多种类型的监控软件界面，用列表、图形等不同的界面形式对观测站网的运行情况进行实时监控。

监测的布设：在气象灾害多发区，站间距3～5 km；在季节性气象灾害多发区，站间距10～15 km；在气象灾害偶发区，站间距20～50 km。过密地设置监测站固然会传来较多的信息，但这需要较大的投资，也会影响信息使用的实际有效性。监测站的维护和传感器的计量检定是确保监测信息准确及时的重要环节，同时还要做好雷电防护。

18.3.3 预警

防御灾害需要时间，交通管理部门在获取气象信息后从决策到措施落实、交通工程计划更改及采取应对措施都需要时间。准备外出的旅客和已经上路的车辆预先知道未来的天气、前方路段的天气、可以做出合理的选择。交通气象信息为避开可能出现的交通气象灾害提供重要的技术支撑。预警和临近预报的区分在于：预警时间提前得较多，在时间、地点和量级上容许存在一定的不确定性，但能提醒相关人员注意。预警后经过一段时间监测若判断灾变天气不会出现，可解除预警，若判断灾变天气的确会出现，应在半小时前发布临近预报加以确认。

智能交通系统是通过通信和信息网络系统把交通管理、公众媒体等各部门连接起来，为已连接到该系统中的任何部门、任何个人传送交通天气信息。如美国已建的交通天气信息系统（ATWIS），能提供道路状况和天气预报等信息，通过移动电话对旅客提供未来 6 小时天气预报，还能提供前方 100 km 路段每小时更新的天气预报信息。

18.3.4　临近预报

在确认交通气象上不利气象条件或气象灾害出现前，应发布临近预报。预报内容要求定量（量级）、定点（地段）、定时（时段）；预报信息服务上，应是实况监测、预报信息的不间断跟踪服务。对各类灾害性天气的预报时效，既要满足交通管理部门的需求，也要根据目前气象部门的预报技术基础和条件来设计，切忌不切实际的要求。如目前美国国家环境预报中心（NCEP）对灾害性天气设置的预警时效：龙卷风平均 12 min、雷暴平均 18 min、飓风登陆的预警时间平均为 20 h。

在制作临近预报的过程中，除了常规预报中的天气图、数值预报产品可作为参考信息外，更多的要依赖交通沿线自动监测站发来的每分钟一次的实时信息、气象业务系统的卫星云图和雷达信息、周边地区常规气象站和自动站信息（10 分钟更新一次），此外，还要用好交通部门的视频信息、交管部门的反馈信息。总之，对一切有助于临近预报的信息都要充分利用，如江苏省气象系统原来就设置重要天气报（称 WS 报），它在交通气象临近预报中发挥了极为重要的作用。

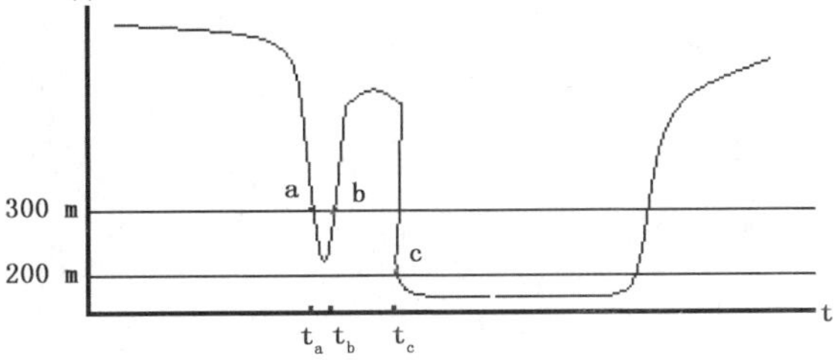

图 18.3　“象鼻形”先期振荡的概念模型

为做好临近预报，还要根据当地的天气、地理特点，发现并总结有实用价值的预报指标、概念模型、数值模型。如：南京交通气象研究所分析已经积累的每分钟一次的监测资料和能见度图谱，发现能见度稳定＜100 m 的浓雾出现之前，往往普遍出现一个“象鼻形”的先期振荡前兆，它出现时间短，

能见度不是很低，一般为 200～800 m，但这是突发浓雾的前奏，具有一定的预兆信息（图 18.3）

18.3.5　交通气象信息发布

交通气象灾害的发生具有突发性、局部性，当然也有区域性，所以交通气象信息的发布，尤其是突发性灾害天气的临近预报必须及时快捷，信息发布的渠道从专业用户对象到公众媒体都要保持高度畅通，在灾害天气来临前公之于众，以便用户、公众及有关部门采取应急防御措施。具体的信息发布和传播以江苏省南京交通气象研究所研制开发的信息发布平台和江苏交通气象传输网络为例。

主要发布：沪宁高速公路沿线最新的路况实时监测信息和预警、预报信息及决策管理信息。终端安装在沪宁高速公路马群指挥中心，沪宁高速公路各管理分中心均可通过 Web 方式浏览服务器的所有信息，所有信息均为自动显示。

1. 监测、预警信息显示

信息显示终端对已出现的灾害性天气实况设置了预警界限，如对能见度而言：绿色为某站能见度值已降至 500～200 m；黄色表示某站能见度值已降至 200～50 m；红色表示某站能见度值已＜50 m。同时，在相应测站上的色标会闪烁，以起到警示作用（图 18.4）。

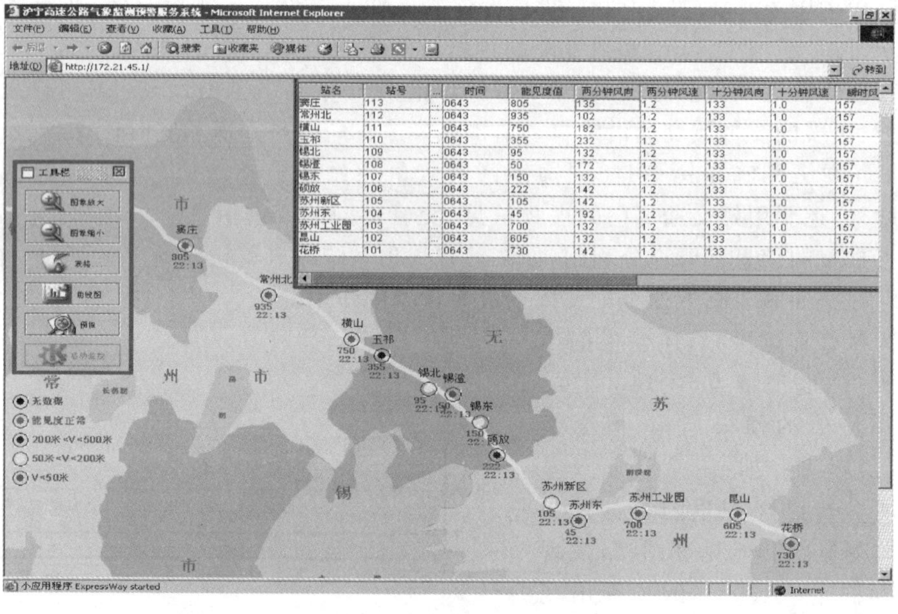

图 18.4　监测信息显示界面

系统可以对图形进行放大或缩小，也可移动图形，调整最佳的可视比例和重点显示区域。

系统提供了环境气象要素实时监控、历史气象要素查询，历史及实时资料绘图等操作的三个界面。如低能见度监测、预警信息的自动显示(图 18.5)。

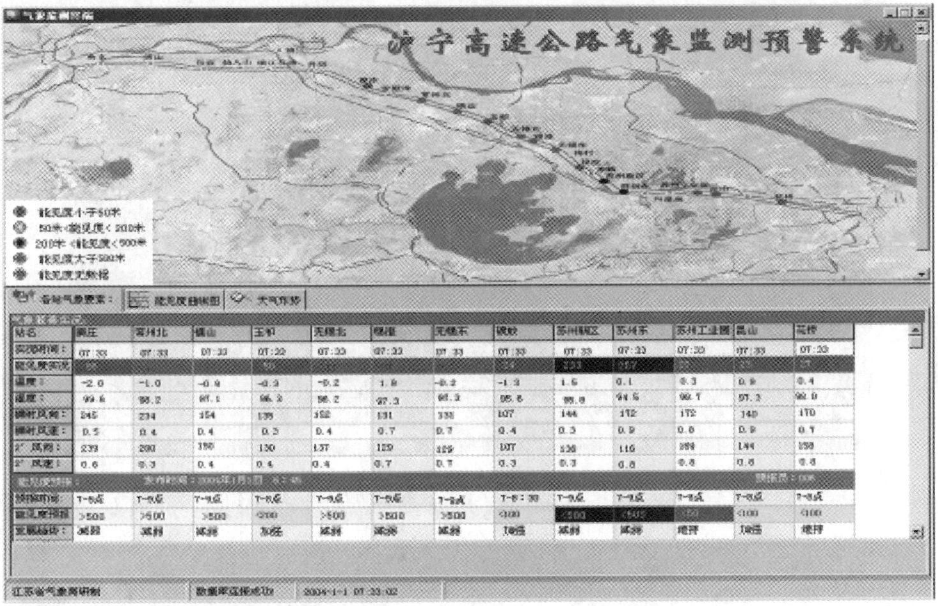

图 18.5　低能见度监测预警信息的显示

2. 预警信息发布

在高速公路间隔一定间距设置跨路面的大屏显示栏，及时滚动显示气象部门发布的交通气象灾害信息和临近预报，向过往司机发出警示性要点，如“遇雨雾冰雪天气，请减速行驶”(图 18.6)、“前方××米处进入雾区请注意减速”、“前方××出口处请注意分流”、“前方××段到××段封闭”等。

除了面向具体交通干线的针对驾乘人员的交通气象预警信息发布外，还有高频次的交通广播电台、电视、网络、报纸等面向媒体和公众发布的详细交通气象信息。如江苏省气象局建立的江苏交通气象网向网民们提供了极其详尽的交通气象监测、预警、预报等信息(图 18.7)。

3. 预报信息发布

图 18.8 是沪宁高速公路各路段天气预报发布界面。

此外，还可应用手机短信、电视插播(滚动播发)、无线广播(各地的交通台)等媒体向公众及时发布交通气象灾害的相关监测、预警、预报信息。使准备外出或已经出行的公众获得更多的气象灾害侵袭某地域的信息，作好预防措施，提高公众对气象灾害的应对能力。

图 18.6　设置在沪宁高速公路上的大屏显示栏

图 18.7　江苏交通气象网页视屏显示

图 18.8　沪宁高速公路沿线自动站各路段天气预报显示

总之，对交通灾害性天气的发布务必做到恶劣天气早知道、早报警、早处置，减少交通堵塞和交通事故的发生概率，提高交通气象的保障水平。

18.3.6　气象信息在交通运营管理中的应用

交通部门要开发内部专用的气象信息管理发布系统，运行于内部计算机网络。当系统发布气象信息时，下属端应立即弹出信息窗口显示气象信息的文字或图表，并分等级发布气象灾害预警信号：

(1)普通信息。属一般气象信息，仅供了解与参考，不需记录、执行和反馈。

(2)通知信息。属重要通告信息，要求接受者回复收到予以确认。

(3)执行信息。属命令式信息，信息中包括命令发布人、执行责任人、执行内容和要求、时间和期限，要求责任人执行完毕后回复，以确保关键气象服务的有效和及时。

系统将录下气象信息获得后相关职能部门的审批、发布、接收、执行和回复的全过程。在发布通知信息和执行信息时，若相关运管人员不在计算机旁，未能收到发布的信息并加以确认时，系统将自动改发到手机，并通过短信回复方式完成信息反馈。今后，当交通气象进一步发展后，还可将气象系统与交通的发布和监控系统联动，使交通气象信息的传递发布更加迅捷有效。

高速公路不到万不得已是不应完全封路的。然而低能见度等恶劣天气条件如浓雾、降雪、暴雨天气等又是危害交通安全的"元凶"。所以一个完整的低能见度交通诱导系统的研究、设置，就是探索建立一个从低能见度天气条件或交通气象灾害导致低能见度过程的监测到全路协调诱导安全运行的解决方案。其主要配置是：

(1)增加能见度单要素监测站；

(2)配置太阳能工作站，加装系统工作状态远程信息传输装置；

(3)设置密度大的雾天传感装置和警示显示屏，中间沿线设置无线接收装置；

(4)道路两侧护栏立柱上装置诱导信号灯；

(5)预设外场信息传输执行装置。

通过对气象工作状态的远程控制，在低能见度天气出现时，警告显示屏给出警示图案，最大可视预警距离一般为 2 km；诱导信号灯向驾驶人员提供正确的道路轮廓线。从而实现既保障交通安全又尽可能提高车流量的目标。

交通气象现代化、交通智能化管理是一个逐步发展和完善的过程，交通安全运行诱导系统的研究和实施无疑应在这方面迈出坚实的一步，尤其对浓雾多发地段更为重要。

18.3.7 交通气象灾害的应急与管理

作为交通气象安全管理的有效手段，预警、预报与应急管理是紧密关联的，也是交通气象安全管理系统中的关键。预警预报是应急的基础。

许多国家都非常重视道路交通气象服务和应急措施。1992 年成立的国际道路天气常设委员会(SIRWEC)致力于降低和减少气象条件对交通的不良影响。目前已有澳大利亚、比利时等 30 多个国家加入该组织，合作研制出道路天气信息系统，记录道路天气状况，尽早预报影响交通的恶劣天气状况，减少意外事故，确保安全。

美国交通部联邦公路管理局在 2003 年 5 月就开始"道路气象管理系统"的研究，内容包括不利气象状况对公路的主要影响，不利气象条件下的道路交通决策支持系统，驾乘人员针对不利气象状况应采取的反应措施，不利气象条件下的交通管理和紧急事件管理等。

我国在公路交通气象灾害方面已经建立了较完整的集快速响应、科学决策、联动指挥和及时处理能力于一体、功能较完善的公路交通应急预案；交通部与中国气象局签订了"关于共同做好海上搜救气象服务的协议"；江苏省交通部门已构建了内河交通公共突发事件应急预案；沪宁高速公路早在 20 世纪末就已设计了恶劣天气条件下高速公路应急管理流程等。

主要参考文献

刘聪，卞光辉，黎健，等. 2009. 交通气象灾害. 北京：气象出版社.

潘娅英，陈武. 2006. 引发公路交通事故的气象条件分析. 气象科技，**34**(6)：778-782.

吴赞平，王宏伟，袁成松，等. 2006. 沪宁高速公路气象决策支持系统. 现代交通技术，(5)：91-94.

Datla S, Sharma S. 2008. Impact of cold and snow on temporal and spatial variations of highway traffic volumes. *Journal of Transport Geography*, **16**(3)：358-372.

Hassan A, Barker D. 1999. The impact of unseasonable or extreme weather on traffic activity in Lothian region, Scotland. *Journal of Transport Geography*, **35**(9)：209-213.

Khattak A. 2002. The relationship between road accident severity and recorded weather. *Journal of Safety Research*, **29**(4)：249-262.

思考题

1. 气象条件对交通安全和营运有何影响？
2. 交通气象的特点是什么？对交通气象的服务需求有哪些？
3. 影响交通的不利气象条件和气象灾害有哪些？它们会产生什么样的影响？
4. 现代交通气象业务包括哪些方面？
5. 交通气象信息发布有哪些渠道？发布的主要内容是什么？

第 19 章 健康气象

人体健康与气象环境条件息息相关。本章主要介绍气象要素如何影响人体健康、气象与人体疾病的关系、人体对气候的适应性和健康气象预报等方面的基础知识。通过本章节的学习，可以提高对天气、气候对人体健康与疾病的影响及其变化规律的认识，做到风险防范和及时趋利避害，使自己的学习、工作、生活更顺心、舒适，帮助和服务于人们提高自己的生活质量。

19.1 气象要素对人体健康的作用

人体与外界环境是相互联系相互作用的，当外界气象环境要素发生变化，必然引起人体发生应急反应。我们已经知道，人体包括循环、呼吸、消化、泌尿、生殖、神经、内分泌、淋巴免疫及感官等系统，可实现人体呼吸、血液循环、消化与吸收、代谢与排泄、生殖等生命活动功能，以及调节人体适应气象环境变化的作用。人体对气象环境的适应性调节是通过神经感受器、下丘脑、植物神经系统和内分泌腺产生作用，经过一系列的生理反应，使人体适应变化的环境。

19.1.1 气象要素影响人体的部位及生理作用

气象要素作用于人体的部位首先是感受器官（图 19.1）。人体对气象要素影响的敏感反应部位主要为皮肤、肺与呼吸道、眼耳鼻等感觉器官，这些部位有各种神经感受器，可接受不同气象环境要素的刺激。

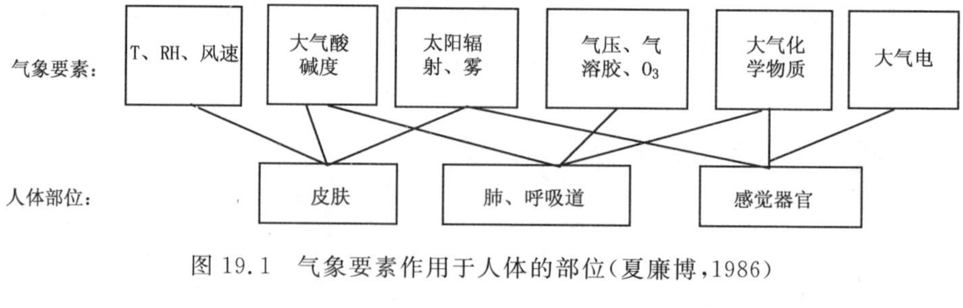

图 19.1 气象要素作用于人体的部位（夏廉博，1986）

皮肤：皮肤位于人体表面，是人体最大的器官。成人的皮肤总面积约为1.5 m^2，其总重量约占体重的16%。皮肤的厚度根据部位有所不同，通常约0.5～4 mm。皮肤表面有许多皮嵴和皮沟形成，皮嵴部位常见许多凹陷小孔，称为汗孔，是汗腺导管开口部位。皮肤有很丰富的神经感受器，能感受环境温度、湿度、气流、太阳辐射、大气酸碱度等的刺激。其中，影响皮肤主要气象因素是环境温度和紫外线。人体皮肤内有冷感受器和热感受器，"冷感受器"位于皮肤浅层，"热感受器"位于皮肤深层。皮肤通过对流、传导、辐射等方式能够感知环境温度变化，并通过神经纤维把从周围环境接受的刺激变成一种信号传递给大脑，使人体对外界刺激产生了感觉。据测定，每平方厘米皮肤中约有10个冷感受器和1个热感受器，能够感受引起皮肤温度0.003℃变化的热量。当环境温度变化时，人体通过下丘脑控制，影响脑垂体活动，调节甲状腺及肾上腺以及胰腺等内分泌腺的分泌，使皮肤血管收缩或扩张来保持体温恒定。当人体皮肤受到太阳紫外辐射照射后，皮肤蛋白能吸收波长(0.29 μm的紫外辐射，使黑色素氧化，皮肤中维生素D及组胺增加，增强胃酸分泌，可使血液中血红蛋白及钙、镁、磷含量上升，促进肌体蛋白代谢。

肺和呼吸道：是人体与外界环境进行气体交换的器官。从鼻腔开始到喉部下的环状软骨称为上呼吸道，环状软骨以下的气管和支气管为下呼吸道。呼吸性细支气管以下直到肺泡，为气体交换的场所。上呼吸道能感受空气温度、湿度和风，而肺泡主要感受大气的化学要素，如氧分压、臭氧及大气中的化学物质等。当空气干燥时，呼吸道黏液及抗体分泌量都会减少，黏膜干燥、弹性弱、微小裂口、纤毛活动减少，血流减少和变缓，使呼吸道排泄异物功能减退，降低了对吸入空气的预热作用。因此，若人体处在一个过于干燥的环境中，吸入的空气会使鼻腔表面的毛细血管破裂出血。空气湿度影响细菌和病毒在呼吸道的生长，高湿有利于革兰氏阴性细菌繁殖，低湿有利于革兰氏阳性细菌及流感病毒繁殖。当寒潮空气入侵后，气温剧降，呼吸道毛细血管就会收缩，以减少机体的热量散失。毛细血管收缩会降低局部血液循环的速度，同时黏膜的穿透性也降低，使人体的抵抗力减弱，病菌乘虚而入使人体致病。空气中正离子增多，特别是 CO_2 分子多(离子数为 $10^4 \sim 10^5$ cm^3/s)，使气管的纤毛活动从1400次/分降至1100次/分，降低了排泄功能，并使人感到咽喉干燥、头痛；大气酸度 >8 时，呼吸道黏膜穿透性增加，细胞膨胀，纤毛活动减慢；pH <5 出现气管炎症状。随大气气压的降低，人体心率加速，血红蛋白增加，周围血循环和植物神经系统的调节功能改善，肺呼吸功能加强，胃酸分泌减少，降低了对有毒药物的耐受性。

感觉器官：包括眼、耳、鼻等。人眼对天气变化和大气中有毒、有害物质的侵害极为敏感。寒冷的天气可诱发青光眼，强烈日光伴一定频率的闪烁可诱发癫痫。受到风沙和烟雾等天气侵袭时，可发生沙眼、结膜炎等眼疾。耳内压力感受器可感受到气压变化的影响，鼻腔能感受大气污染物质的刺激性气味。

19.1.2 气象要素作用于人体的机制

气象要素作用于人体后，传到下丘脑，刺激脑垂体使内分泌功能改变，可通过对人体神经系统发生作用，产生生理调节反应。例如：当环境温度变化通过皮肤感受器将冲动传入时，下丘脑能将中枢温度传感器发放的神经冲动，与从皮肤温度传感器传入的神经冲动统一起来，并根据机体当时体温的具体情况，对体温进行整合调节，使人体血管收缩或舒张来保持体温的恒定。太阳光对眼睛的作用可影响人的脑垂体，通过调节抗利尿素来控制人的排尿量。

同一种（组）气象要素作用于人体所产生的生理、病理变化可以完全不同。人体对气象要素的反应（不是反射）是一种缓慢的生理调节。肌体出现生理反应的时间间隔，取决于气象要素刺激的不同程度、个体差异以及其他因素。如：人体对冷空气入侵的反应，当入侵前为暖气团控制，这时冷空气的刺激会引起较大的反应；如该地已为冷空气控制，这时冷空气再通过，引起的反应就小。

气象刺激引起的反应取决于机体的心理状态和体质状况，不同年龄、性别的个体对气象要素刺激的反应也不同。测定反应的最简单方法是观察 24 小时尿液的变化。如：环境变寒冷时，人体的尿量排泄会增加，尿液 pH 值会上升，炎热时相反。体温调节功能好的人能较快出现调节反应，相反，会有所延迟。

气象要素刺激将引起人体一系列生理变化，通常是通过植物神经系统进行调节反应。调节内脏功能的神经装置称为植物神经系统，也叫内脏运动传出神经或自律神经，分为交感神经和副交感神经系统两部分。交感神经几乎分布于所有内脏器官；副交感神经分布比较局限，某些器官并无副交感神经。皮肤和肌肉内的血管、汗腺、竖毛肌等只有交感神经。植物神经系统的生理功能在于调节心肌、平滑肌和腺体的活动。内脏器官组织一般都接受交感和副交感双重植物神经的支配，两者起抑制或兴奋相反的调节作用。见表 19.1。

Straube 通过 6 个月皮肤试验，观察不同天气状况下人体植物神经系统的反应，得到如下研究结论：(1)天气良好，静风，皮肤反应微弱；锋过境或天气转变时反应强烈；(2)冷锋或暖锋对交感神经系统和副交感神经系统都有影响，但冷锋时皮肤反应出现较迟；(3)天气变化时，乙酰胆碱反应比肾上腺素反映出现为早；交感神经反应出现在副交感神经反应后 8 小时；(4)逆温层较高时，反映较强烈。

假定气象要素作为一个非特异性刺激引起了副交感神经系统的反应，如要再使其反应，必须要有一定的间隙期，如果很短时间内重复刺激，可能出现交感神经系统的兴奋。这一生物气象现象称为“Hoff 补偿原则”。可知，当人体接受气象要素的刺激，植物神经系统不能很好调节时，就会发生气象的病理效应。

人体本身的生理活动有一定的生物节奏。如人体排尿量、尿素和氯排泄量的高峰值一般在下午14时，而最低值在凌晨2时，人体体温则在傍晚最高，清晨最低；在一天中的不同时间中，植物神经系统的兴奋程度也不一样。故同样气象条件在一天中作用于人体的时间不同会产生不同的生理反应。例如副交感神经在夜间活动占优势，故哮喘病人的发作多以夜间为剧。

表19.1　人体内脏器官的交感和副交感植物神经的生理功能

器官	交感神经系统	副交感神经系统
循环器官	加快心跳，冠状血管舒张，腹腔内脏与皮肤动脉血管收缩	心跳减慢，冠状血管收缩，少数器官（如外生殖器）血管舒张
呼吸器官	抑制支气管平滑肌活动，使其舒张	支气管收缩，黏液腺分泌增加
消化器官	分泌黏稠唾液，抑制胃肠运动，阻止胃液分泌，促进括约肌收缩，抑制胆囊收缩	分泌稀薄的唾液，促进胃液和胰液分泌，促进胃肠运动，使括约肌舒张，促进胆囊收缩
泌尿生殖器官	肾脏血管收缩，膀胱逼尿肌松弛，括约肌收缩，外生殖器血管收缩，促进有孕子宫收缩，无孕子宫宽息	膀胱逼尿肌收缩，括约肌舒张，阴茎勃起
眼	瞳孔放大，眼睑平滑肌收缩，睫状肌舒张	瞳孔缩小以减少刺激，睫状肌收缩，促进内腺分泌
皮肤	竖毛肌收缩，汗腺分泌	
代谢	促进糖元酵解，促进肾上腺素分泌	促进胰岛素分泌

19.1.3　气温对人体体温等生理调节机能的影响

人是恒温动物，维持体温稳定是机体进行新陈代谢和正常生命活动的必要条件。为了保持机体体温与环境温度相平衡，人体的散热与产热也必须与外界环境统一。因此，人体体温调节与环境气温变化有非常密切的关系。

1. 人体热平衡及体温调节

（1）人体产热

人体产热主要是体内糖、脂肪和蛋白质等能量物质氧化的结果，人的整个机体都参加产热过程。不同组织、器官产热大小存在差异。肌肉产热最大，可使体温上升1～2℃，肝脏在内脏器官中产热最大。气温下降时，人体肌肉收缩，打战，就是在产热，在寒冷的室外，人不停地跑动，就是通过骨骼肌产热抵御寒冷保持体温恒空。

影响人体产热的因素主要包括以下5个方面：

1）基础代谢：基础代谢指在基础状态下，单位时间内的能量代谢。所谓基础状态是指人体处在清醒、静卧、未作肌肉活动、不受环境温度、食物及精神紧张等因素影响时的状态。单位时间内的基础代谢称为基础代谢率，以每小时、每平方米体表面积的产热量为单位（$kJ \cdot m^{-2} \cdot h^{-1}$）。基础代谢率随性别、年龄的不同而有差异。一般地，男性基础代谢率平均比女性高；婴幼儿基础代谢率比成年人高，随年龄增大基础代谢率降低（图 19.2）。基础代谢不是机体最低的代谢水平，慢波睡眠期间的代谢水平最低。

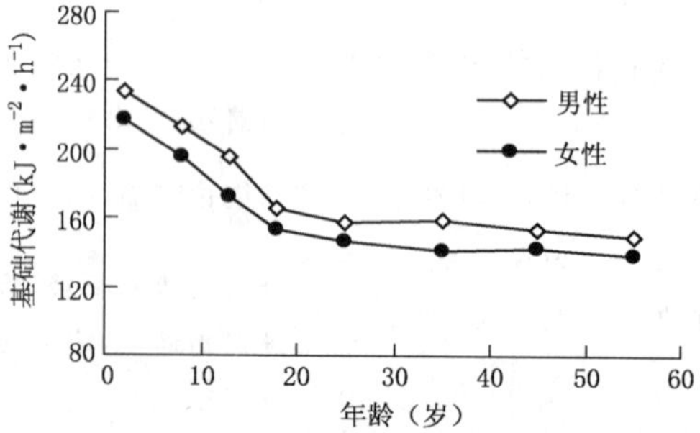

图 19.2 不同年龄的单位体表面积基础代谢

人体体表面积可用下式子计算

$$A = 0.0061H + 0.0128W - 0.1529 \tag{19.1}$$

或

$$A' = 71.84W^{0.425}H^{0.725}$$

式中 A 或 A' 为体表面积，A 的单位为 m^2，A' 的单位为 cm^2，W 为体重(kg)，H 为身高(cm)。

2）内分泌腺活动：内分泌腺主要是甲状腺、肾上腺、胰腺、去甲状腺和生长激素等。甲状腺素可刺激机体的代谢率，作用缓慢，但持续时间长。甲状腺功能亢进时，基础代谢率比正常增加 25%～80%，减退时，基础代谢率可比正常减少 20%～40%；肾上腺素促进组织氧化，促进皮肤血管收缩减少散热，促进肝糖转化为葡萄糖供热，它作用迅速，但持续时间短。肾上腺低下时，基础代谢率降低。

3）环境温度变化：环境温度在 20～30℃时，人体在静息状况下的能量代谢较为稳定。当环境温度低于 14℃时，基础代谢率增高，以增加人体产热。寒冷时，基础代谢率的增高，除了由于肌肉活动增加的产热外，甲状腺素和肾上腺素分泌的增多也是产热增多的因素。如：冷水浴可增加基础代谢率 80%；在热环境中逗留，会降低人体的基础代谢率。人体生病发热时，体温每升高 1℃，基础代谢率增加 13%。

4）食物：进食后，产热增多，机体所产生的额外热量为食物中蛋白质所含热量的 30%～40%、碳水化合物所含热量的 4%～6%。

5）肌肉活动：肌肉剧烈活动时，代谢率增大，甚至可增加 16 倍，产热增加显著，可达 2500～3150 $kJ \cdot m^{-2} \cdot h^{-1}$。

(2)人体散热

人体如果完全与外界环境隔绝，不受周围气温影响，即使在静息状态，其基础代谢的产热也可使人体温度增高 2℃/h，因此，人体在产热同时也在进行散热。人体散热主要有以下 4 种方式。

1)传导：人体内部的热能到达体表后，可以传导方式传给与体表接触的物体，如衣服、桌子、椅子等。传导散热决定于人体与接触物的温差和热导率。人体浅表组织的热导率约为 46 $kJ \cdot m^{-2} \cdot h^{-1}$。环境气温下降时，血管收缩(交感神经控制)，肤温降低，使传导散热减少；高温下相反。

2)对流：空气比热容较小(1.00 $kJ \cdot kg^{-1} \cdot ℃^{-1}$)，接近皮肤表面处的气温可很快上升，若比环境气温高，则产生对流散热。对流方式失散的热量占人体总散热的15%。在正常情况下，大气的对流，使肌体直接接触的约 1～2 mm 厚薄的空气层变为潮湿和温暖。暖空气较轻因而上升，并被干冷的空气所代替，空气不断流动，体热就会不断向空气散失。气温为 34.5℃时，基本无对流，若气温在 37℃以上，人体通过对流获得热量。气流可增强对流的作用，在中等风速时，通过对流散热的增强作用约为风速的平方。

3)辐射：当气温低于人体体温时，肌体通过发射红外辐射方式来散失热量，通常可占到总散热量 40%%～60%。辐射失热与温差、人的体形和体表面积有关。由表 19.2 知，寒冷时，人蜷缩减低了辐射散失的热量。由于人体对辐射散热的反射性调节较不敏感，故寒冷季节或夜间静息时会因辐射失热受凉致病。

表 19.2　不同体位时的辐射体表面积比

体位	体型		
	健壮	中等	消瘦
直立	75%	75%	77%
半直立		72%	
坐	72%	70%	69%
蜷卧		66%	

4)蒸发潜热：当身体表面的水分由液态变为气态(蒸发)进入空气时，人体通过汽化潜热失去热量。人体蒸发分为不感蒸发和出汗两种。不感蒸发是指组织间液直接渗出皮肤或通过肺泡表面经呼吸道而扩散蒸发，蒸发过程是在蒸发表面弥漫地持续不断的过程，无出汗感觉，不受体温调节中枢控制，不感蒸发量约 1000 mL/d，其中通过皮肤散失量约为 600～800 mL/d，通过肺散失量约为 200～400 mL/d。影响出汗的因素包括气象环境状况、人体活动强度、热浴、神经紧张状况等。在静息时，环境温

度<25℃，无汗；环境温度为25～28℃，稍有出汗；环境温度为29～30℃，明显出汗。在特别干热地区（$T=34-38$℃，$RH<30\%$），14天中可出汗80 L。神经紧张时会在掌跖、腋下出汗。

(3)人体产热与散热的平衡

人体产热与散热平衡可用如下方程表示

$$M+W+C+R_n-E=\Delta S \tag{19.2}$$

式中M为代谢产热量；W为人体机械运动所做的功；C为传导和对流热交换，外界温度高于皮肤温度为正，吸热；反之为负，散热；R_n为辐射散热或吸热；E为蒸发潜热，为负值；ΔS为人体蓄热量变化。所以，从理论上讲，ΔS趋于零时，人体体温就趋于稳定；若产热多于散热，$\Delta S>0$，可导致体温上升；散热多于产热时，$\Delta S<0$，可导致体温下降。

2. 体温调节

体温调节功能是指机体在不同环境温度下，通过中枢神经系统的一系列整合调节功能，使体温保持相对稳定的能力。当人体产热与散热不平衡时，机体就会进行体温调节。体温调节功能与人体健康关系较大，反映了人体对大气环境的适应能力。

人体的体温调节中枢为下丘脑，包括调定点神经元在内，属于控制系统。它的传出信息控制着产热器官如肝、骨骼肌以及散热器官如皮肤血管、汗腺等受控系统的活动，使受控对象——机体深部温度维持一个稳定水平。而输出变量体温总是会受到内、外环境因素的影响(譬如机体的运动或外环境气候因素的变化，如气温、湿度、风速等)。此时则通过温度检测器——皮肤及深部温度感受器(包括中枢温度感受器)将干扰信息反馈于调定点，经过体温调节中枢的整合，再调整受控系统的活动，仍可建立起当时条件下的体热平衡，收到稳定体温的效果。由细菌所致的发热是由于热敏神经元的阈值受到致热原的作用而升高，调定点上移(如39℃)的结果。因此，发热反应开始先出现恶寒、战栗等产热反应，直到体温升高到39℃以上时才出现散热反应。只要致热因素不消除，产热与散热两个过程就继续在此新的体温水平上保持着平衡。

在炎热环境中，温觉感受器兴奋，交感神经紧张度降低，皮肤小动脉扩张，动一静脉吻合支开放，皮肤血流量因而大大增加。于是较多的体热从机体深部被带到体表层，提高了皮肤温度，增强了辐射、传导、对流、出汗等散热作用。

在寒冷环境中，冷觉感受器兴奋，交感神经紧张度增强，皮肤血管收缩，皮肤血流量剧减，肤温降低，减弱辐射、传导、对流等散热作用；同时人体代谢率增大，寒战等产热加强，保持体温不至于下降得太多。

3. 气温对内分泌腺的影响

气温影响人体的内分泌腺，从而也使人体生理功能由此发生一定的改变。气温影响脑垂体功能。寒冷使抗利尿素分泌减少，故而多尿；寒冷使甲状腺功能活跃，增加促甲状腺素分泌，增加人体产热；寒冷使肾上腺皮质功能活跃，尿中 17-酮排泄明显增加，故冬季人体尿中 17-酮较夏季为多。

人体毛细血管的抵抗力受两组不同作用的激素控制，皮质醇及肾上腺素可增加毛管抵抗力，而生长激素与组胺则降低毛管抵抗力。寒冷时人体毛细血管抵抗力会增强，而暖锋通过后，其降低。毛细血管抵抗力与出血性疾病有关。

4. 气温对消化器官的影响

气温对消化液的分泌与胃肠机能有明显的影响。高温抑制胃的运动机能，如气温为 9～15℃、相对湿度为 72%～78%时，胃收缩 20 次/min；气温为 32～34℃、相对湿度为 32%～40%时，胃收缩 1 次/min。高温抑制胃腺的分泌，抑制胰腺、肠腺的活动，对胃腺的作用最明显。因此，高温降低人体的消化功能，故夏季人的食欲减退。

19.1.4 湿度与人体健康的关系

气温适中时，空气湿度对人体的影响较小；气温较高或较低时，空气湿度对人体的热平衡和温热感产生较大影响。

高温高湿对机体热平衡不利，高温时，人体依赖蒸发散热维持热平衡，环境中湿度过高，妨碍汗液的挥发，导致热平衡失调，体温增高，心跳加快，脉搏明显增高。当温度>25℃，相对湿度>70%时，增加人体的难受程度，使人感到十分闷热和烦躁，人就会无精打采，萎靡不振。

低温高湿时，水汽吸收身体热辐射，机体散热加快，衣服在潮湿空气中热导率大，加速人体散热。衣料毛细管吸收的水分使衣服表面水分蒸发降温。若气流快速，则寒冷感更强。冬季，湿度增大时，则会使热传导加快约 20 倍，使人感觉更加阴冷。关节炎患者由于无法适应强烈的降温，会出现病情加重或酸痛加剧的情况。

当相对湿度低于 50%时，干燥的空气容易夺走人体的水分，使皮肤干燥、鼻腔黏膜受到刺激。因此，在秋冬季干冷空气侵入时，极易诱发呼吸系统病症。

19.1.5 风速与人体健康的关系

当风速高于 0.5 m/s 时，开始影响体温调节和主观感觉。人的冷暖感觉除了气温差异的原因外，风速大小也是一个重要因素。

首先，风作用于人的皮肤，对人体体温起着调节作用，决定着人体的对流散热，并影响人体出汗的散热率。气温低于肤温时，气流总是产生散热；气温高于肤温时，气流作用有加热和散热的双重作用：气流速度加大，空气与人体之间的对流加强，对人体起加热作用；同时，气流使人体表面蒸发力加大，可提高了人体蒸发散热率。所以，炎热夏天，当人体出汗减少，仍持续吹电风扇时，起不到降温作用。

其次，风能影响人体的冷暖感觉。风速不同，使人的冷暖感觉也不同。低温时，风速越大，通过对流带走的热量越多，人体感觉越寒冷。高温时，风速越大，通过对流获得的热量越多，人体会感觉更炎热。

19.1.6 光对人体的生物效应

人体吸收光后，吸收的光量子转变的能量不同，对人体影响不同。如吸收红光或红外线时，光能变为分子的振动能或转动能产生热量；如吸收紫外线时，分子中的电子激发，形成化学能和其他能。

1. 紫外线的生物效应

在第二届哥本哈根光学会议上，将紫外线分成三段，即 UV-A(320～400 nm)、UV-B(275～320 nm)、UV-C(200～275 nm)，它们对人体的生物效应存在差异。主要有以下 4 个方面的作用。

(1)红斑作用

皮肤在紫外线照射后出现潮红的现象称为红斑反应。起作用波段是 UV-B 和 UV-C。

皮肤经一定时间紫外线照射后，刚出现可辨别的红斑，引起这一红斑的紫外线剂量称为一个红斑剂量(单位)。规定功率是 1 W 的波长 297 nm 紫外线灯的红斑辐射强度为 1 个红斑剂量。红斑作用最强的紫外线波长为 254 nm。在低纬度地区获得的紫外线波长比高纬度地区短，故低纬度地区红斑剂量比高纬度地区大。一年中夏季太阳辐射强，故夏季月份红斑剂量占全年的比例高。

(2)色素沉着作用

皮肤中的黑色素原在 UV-A 的照射下，通过氧化酶的作用转变为黑色素，使皮肤发生色素沉着。黑色素的存在：一方面改变了皮肤对光线的吸收能力，可促使汗腺分泌，保护皮肤及深部组织不致受过热损害，增强了皮肤保护功能；另一方面，可防止过多的紫外线穿透深层组织，从而减少紫外线的伤害作用。

(3)抗佝偻病作用

经 UV-B 照射后，皮肤及组织中的麦角固醇和 7-脱氢胆固醇转变为维生素 D_2 和维生素 D_3。正常日照下，人皮肤可产生维生素 D_3 为 10～100 μg/d。维生素 D 能维持正常的钙、磷代谢和骨骼的正常生长发育，从而达到预防和治疗佝偻病。

(4)杀菌作用

紫外线长波段可被细胞原浆吸收，蛋白质分子产生光化分解；短波段进入细胞核，造成核蛋白变性，蛋白凝固，细菌死亡。

2. 可见光的生物效应

可见光明显影响高级神经系统，可见光作用于视器官产生视觉，能改变机体的紧张和觉醒状态。红光使人兴奋，蓝、紫光对人体具有镇静作用，黄色和黄绿色对人最适宜，使人感到温暖。在适度阳光照射下，能缓解眼睛疲劳和预防近视，提高人的情绪和劳动效率。

3. 红外线的生物效应

红外线的生物效应主要是热效应。长波红外线(1400～3000 nm)的穿透能力较弱，主要加温皮肤表层。短波红外线(760～1400 nm)的穿透能力较强，可加温组织深部。适量的红外线照射能给皮肤组织均匀加温，促进血管扩张，促使机体新陈代谢与细胞增生。医学上，利用红外线治疗慢性皮肤病、神经病、冻伤和伤口愈合。

19.1.7 气压变化引起的人体生理反应

天气变化时，气压波动较大，进而影响到人的生理反应。例如，冷、暖锋面或气团的入侵，使气压骤升或骤降，人体血压也随之产生相当大的变化。一般来说，冷锋或冷气团入侵，会使气温下降、人体的血压升高；而暖锋或暖气团入侵，则使气温上升，人体血压降低。因天气变化而引起的气压变化，对人的失眠、精神分裂和心脏衰竭等疾病也有一定程度的影响。例如，当冷锋过境或冷气团入侵、气压骤升时，失眠、精神分裂和心脏衰竭现象就会加剧。

我们知道，气压是随着海拔高度的升高而逐渐降低的，在海拔 1500 m 以上的高山或高原地区，气压的降低将导致人体发生许多重要的生理变化。如，低气压下，人体肺呼吸功能加强，胃酸分泌减少，对有毒药物的耐受性降低。由于空气中氧分压的降低，肺内气体的氧分压随之下降，血液中血红蛋白不能饱和，出现血氧过少，这时心率加速，以增加血液中血红蛋白量。当人体内只有 50%的血红蛋白与氧结合时，生命将受到影响，这时对应的大气压为 320 hPa，相当于海拔 8500 m 高度，通常把 320 hPa 称为气压生理界限。

19.2 气象与人体疾病

19.2.1 气象与人体疾病的关系

气象因素通过作用于人体感受器官或者某些中间环节，使人体产生生理或病理变化，因此气象与人体许多疾病有密切的关系。我国医学很早就注意到人体疾病与气候因素的密切关系。如《黄帝内经》论及："阴阳四时者，万物之始终也，逆之则灾害生，从之则苛疾不起，是谓得道"，"治病不本四时，不知日月，不审逆从……，故病未已，新病复起"，说明了人们只有按四时的变化作出相应的调节才能保持健康。在《素问·五常政大论》中记述有"地有高下,气有温凉,高者气寒,下者气热。……,西北之气散而寒之,东南之气收而温之,所谓同病异治也",论述了治病要因地因时而异。在"天人相应"思想指导下形成了"四时五脏阴阳"理论,认为:人体是以五脏为中心的外应四时阴阳、内合六腑、五官、五体、五华等组织器官的五大功能系统组成的有机整体,心、肝、脾、肺、肾等五脏系统分别与四时相应,主导着相应季节时令中五脏系统之间的协调与控制,维持着人体生命活动。公元前 400 年,希腊名医 Hippocrates 所著的《空气、土壤和地域》中也有疾病和天气关系的论述,他忠告:"一个医师要掌握医学科学,必须首先考虑一年四季气候的变化能对人产生什么影响,不同的季节不但其气象特征不同,对人体健康的影响也不同"。到十九世纪中叶,出现了关气象和疾病关系的研究专著。自 20 世纪 30 年代开始,如美国伊利诺伊大学 Petersen 教授、荷兰 Tromp 博士等应用统计方法和实验研究方法对气象要素、天气系统和天气气候变化与疾病的关系开展了更进一步研究,至今,疾病与气象关系的研究仍方兴未艾,气象工作者一直积极探索医疗气象预报服务工作。

一般认为,受天气和气候变化影响而发作或加重的疾病,称为气象病,可分为气象因子直接引起的疾病(如中暑、冻伤、气象官能症、焚风病等)和气象因子间接诱导引发的疾病(如流感、支气管哮喘、关节炎等)两类。有些疾病随寒来暑往四季交替周期变化,每年在固定的季节发生,称为季节病。

19.2.2 气象疾病的季节性

气象疾病具有季节性特点。很多疾病与天气季节变化有关,每年发生在同一季节,具有季节倾向。如:麻疹、流脑、猩红热流行于冬春季,霍乱、痢疾等消化道疾病多发于夏季。在秋末冬初(11 月 1)和春季(3 月)是大气环流大规模调整和转换的时期,天气变化比较急剧,冷空气活动频繁,致使疾病多发。我国古代医学家已认识到春季多风病、盛夏多暑病、雨夏多湿病、秋季多燥病、隆冬多寒病的特点,在疾病的防治上,提出不同季节采取不同药物治疗的主张。

不同地区,由于气候不同,有些疾病发生的月份不一致。例:传染性疾病中,甲型肝炎在北方发生在秋冬季节,在南方发生春秋季节;乙型脑炎在福建多发于 3—12 月,在北京地区多发于 6—9 月;登革热一般发生 5—11 月,由于气候区域性差异,发生时间也是各地不一。

19.2.3 天气过程对疾病的影响

有些疾病的触发或明显加重与天气变化过程密切相关,如哮喘、中风、心脑血管、冠心病等疾病的复发与天气系统的过境具有高度的相关性。见表 19.3。

表19.3　天气过程对疾病的影响

疾病	锋面过境前	锋面过境时	锋面过境后
风湿痛		增加	
骨折痛		增加	
感冒	增加		增加
哮喘性支气管炎		频发	
咯血	增加	增加	增加
咽炎		增加	
面神经麻痹		增加	
急性青光眼		增加	
心肌梗塞		增加	
心脏病猝死		增加	
脑溢血		增加	
胆结石发作		增加	
癫痫发作		增加	
肺结核死亡	增加	增加	

19.2.4　气象要素直接引起的疾病

包括气象官能症、焚风病、中暑、冻伤、老年人意外性低体温、高原适应不全等。

1.气象官能症

人体在天气变化前出现的心理生理上的自觉症状，天气稳定后症状自行消失，未造成机体器质性损害，这类症状称为气象官能症。心理反应有精神抑郁、烦躁不安、焦虑、易冲动等；生理反应有疲乏、食欲不振、头昏头痛、失眠多梦、心慌胸闷和皮肤过敏等。

该病的发生与年龄性别关系很大，年龄越大发病率越高，女性发病率高于男性，是男性的3倍。发病原因有两种解释：一是天气变化前后大气压发生改变，影响了大气中的重力波，重力波作用于人体而产生了不适症状；另一种说法是天气变化影响了空气中的离子，由于不同属性的气团间相互摩擦产生了大量正离子，这种离子变化导致了气象官能症。故要减轻或消除症状，可使用阴离子发生器，使室内阴阳离子趋于平衡，减少正离子的作用。

2.焚风病

在焚风天气出现时人们常常会出现如偏头痛、眩晕、烦躁、抑郁、激惹等一系列症状，这类症状就称为焚风病。

焚风的产生：风从山上吹下，在背风坡气温按干绝热率而升高，在坡地较低部分出现干热气流(温度高于30℃，相对湿度小于30%、风速大于3 m/s)，同时可影响大气电、离子及气压波动。

焚风对人体生理的影响：焚风刺激肾上腺素分泌，尿中激素及电解质变化，血钾浓度增高，产生心肌毒性作用；17-酮分泌减少，削弱人体热刺激的抵抗力。焚风病患者心率减慢、肌肉软弱、精神不集中；正离子引起人体血液中5-烃色胺浓度增加，产生激惹、偏头痛、浮肿、鼻塞、呼吸困难等。

3. 中暑

当机体在高温高湿或强辐射热的气象条件下，引起人体体内水分、盐分大量散失，体温调节功能出现障碍，就会发生中暑。

发病机理：人体处在高温环境时，中枢神经系统兴奋，内分泌系统机能增强，使体液温度上升，酶活性增强，产热高，体温进一步上升；皮肤为了散热，血液循环加快，心脏、血管舒张调节不适应，导致大量出汗，机体失盐；当维持较长时间时，体内水盐得不到补充，电解质平衡紊乱，出现痉挛等症状。发生中暑的气象条件可分为三类：(1)高湿闷热型，环境温度在30～31℃，相对湿度为85%；(2)干热型，湿度低但环境温度很高，相对湿度为30%，环境温度高达40℃。(3)环境温度和湿度介于前两者之间，相对湿度为50%左右，环境温度在38℃附近。

4. 冻僵、冻伤和冻疮

机体在寒冷环境中缺乏足够保暖条件，人体产热大大低于失热，时间过久就会受到损伤。全身性损伤为冻僵，局部性损伤为冻伤，冻疮是受冻后的综合症状，与冻伤不同。(1)冻僵：是寒冷对机体全身的影响。依据体温下降的不同程度，可将人体对寒冷的反应分成三个时期：兴奋增强期，体温降至34℃，中枢神经系统兴奋，植物神经功能亢进，延髓呼吸、循环中枢兴奋，机体寒战，增加产热。兴奋减弱期，体温进一步下降，人体兴奋降低，到31℃时，痛觉消失；到26～27℃时，代谢下降，已无寒战，呼吸、心率减慢。完全麻痹期，体温降至20℃时，出现类似昏迷的情况，呼吸微弱、血压剧降，脉搏微弱，反射消失，如不救治即会死亡。

(2)冻伤：是寒冷对机体局部影响造成的。环境气温在－10℃以下，机体局部温度在－4℃(组织冰点)以下时，组织发生了血液循环障碍，细胞体液冻结受伤。

(3)冻疮是在低温潮湿环境条件下，引起皮肤血管痉挛所致的组织损伤。冻疮易发生在耳轮、耳垂、手指、手背、小腿、脚跟、趾背等处。症状是局部麻木，冷时有胀、烧灼感，气温稍高则有痒感，破溃后有痛感。

5. 老年人意外性低体温

低体温是指人的体温降至35℃以下的状况。资料表明，65岁以上的老人体温在

35.5℃以下，十分接近低体温。在寒冷的冬天，低体温会导致有的老年人突然死亡。故把直肠温度低于35℃，老年人有可能发生生命危险时的体温称为意外性低体温。

主要原因：老年人随着年龄的增长，老年人产热少，体温调节能力弱；对温度的鉴别能力差，出现低体温时没有特殊的症状与体征，不出现寒战和皮肤收缩反应；在寒冷环境中出现热量负平衡，热量就不断地散失，体温也越来越低，会危及生命。一般来说，室温在10℃以上不易发生。

6. 高原适应不全症

高原适应不全症：又称高山病，是指由于机体对高原地区的低气压不能很好适应，导致人体缺氧，引起一系列症状与特征。

致病机理：在高原地区，人体肺泡中氧分压与大气氧分压之差较小，影响肺泡气体交换和血液携氧与结合氧在组织中释放的速度，导致机体供氧不足，产生缺氧。在3 km以上，人会感觉口、鼻、眼干燥，前额轻痛，头晕、气喘、心悸等。7～90 d代偿可完全适应。5.3 km以上为代偿障碍临界高度，在这一高度以上，大多数人难以完全适应。

19.2.5 气象要素诱发或加重的疾病

包括：感冒与流感、慢性支气管炎、支气管哮喘、心肌梗塞、关节炎、精神病、眼病、皮肤病等。

1. 感冒

感冒是生活中最常见的疾病，感冒病毒有100多种，每次流行可能都是不一样的病毒感染上呼吸道感染引起的疾病。

感冒一年四季均可发生，华南地区主要集中在12月至翌年2月，在长江流域主要集中在11月至翌年3月，在北方主要集中在秋、冬、春季(10月中旬至翌年5月上旬)。长江以北地区出现感冒的高峰天气主要有两种情况，主要是低温天气下导致人体受凉诱发了感冒，第一是冷空气南下时，特别是在秋天进入冬天后的第一次降温，日平均气温降幅在10℃以上，人体的体温调节功能还不能很好适应，其后的1—2天内感冒患者显著增加；第二种情况是冷空气过境后，本地受冷高压控制，由于阳光充足日照强，中午热，早晚冷，气温日较差比较大，人体在早晚极易受凉，感冒患者也显著增加。另外，持续阴天兼有雨雪的严寒天气流感发病率也非常高。

受凉之所以诱发感冒，是因为寒冷降低了呼吸道的抵抗力，加上空气干燥，干燥使鼻黏膜极易发生细小的皱裂，病毒易于侵入；当气温下降时，鼻腔局部温度降低到32℃左右，这温度适合病毒繁殖生长；受寒后，鼻腔局部血管收缩，一些抵抗病毒的免疫物质，特别是鼻腔内局部分泌的免疫球蛋白A，在降温后明显减少，为病毒入侵提供了有利条件，进而引起人体患感冒。

2.支气管哮喘

支气管哮喘是发作性的肺部过敏性疾病,表现为哮喘、气急、咳痰、呼吸困难、难以平卧,哮喘高发期为春季的4—5月和夏秋季节的8—10月。发病时,人体内的乙酰胆碱增加,组胺或组胺类物质产生作用,刺激副交感神经,平滑肌收缩,气道阻力增高:由于细支气管平滑肌的痉挛并伴有不同程度的黏膜水肿、腺体分泌亢进,结果产生胸闷、气急、喘鸣及咳痰等症状。

哮喘发病与气象条件和空气质量密切相关。对外源性支气管哮喘的研究资料表明,主要气象影响因子是气温,哮喘发病率在日平均气温为15~25℃之间呈抛物线分布,日平均气温在21℃时达到最高峰,随后减小。在春季4—5月和夏秋季节的8—10月,平均气温常在21℃左右浮动,哮喘发生率较高。另外,风媒花粉是吸入型哮喘的一个重要过敏原,哮喘发病高峰是过敏原与气象要素复合作用的结果。谢庆玲等分析了南宁市小儿与成人两组哮喘的发病资料和相关的气象要素,认为影响哮喘病发生的主要气象因子有日平均气压、24小时变压、日平均气温、24小时变温及日平均相对湿度,并认为高气压环流的气压配置与支气管哮喘发病密切相关,高压环流会存在逆温,各种过敏原物质如尘埃、花粉和孢子等不易扩散,浓度增加,易被吸入,增加了诱发哮喘的可能性。

3.慢性支气管炎

慢性支气管炎是指气管、支气管黏膜及其周围组织的慢性非特异性炎症。一般认为,每年咳嗽、咳痰2~3个月,连续2年以上者,就可以认为是得了慢性支气管炎。

天气寒冷是造成慢性支气管炎病情复发和加重的主要诱因。慢性支气管炎多在冬季复发,有明显的季节性,多发地区的年平均气温为1.1~21.1℃,年平均气温低的地区,慢性支气管炎发病率高。在黑龙江省,当气温日较差大、日变差大,相对湿度高,风速大时,出现慢性支气管炎病人病情加重的情况。在四川绵阳地区,当气温日变差大时,患者病情会加重。甘肃天水地区慢性支气管炎病人在月平均气温低于0℃、风速大的月份病情恶化,即当气温低、湿度低、气压高、风速大时,病情加重。广州番禺地区慢性支气管炎病人,在冷空气入侵引起降温过程的前1天或降温后的1~2天,即当日变温由正转负或由负转正时,病情加重;另外,在气压增高过程中,正变压在2~3.5 hPa和相对湿度在75%~84%的湿冷阴天时,以及有锋面活动与南北风向转换及风速增加时,患者病情加重的机会亦增多。在天津地区,当气压变化较大,干旱少雨,气温偏低且月变化剧烈时,易引起慢性支气管炎发病。北京及张家口发现,锋面过境与慢性支气管炎患者发病有关。在南京地区,慢性支气管炎患者一年四季均有发病,冬季最高,其次为春季,夏季最低;月平均发病人数以12月、4月份最多,5月最少,7月次少。气象条件稳定,慢性支气管炎发病率低;气象条件多变,发病率高。

4. 高血压

高血压是一种常见的心血管病，它可引起血管、脑、心、肾等重要器官的病变，并可发生高血压脑病等严重并发症，危及人的生命。国外许多学者对高血压与气象关系进行了研究，指出了气象要素的变化对高血压的发生、发展有较大的影响。

高血压病与短期天气的变化也有密切的关系。据研究，在气压下降到最低值、气温上升到最大值时发病入院的患者最多，约占发病率的53.6%；在气压最低后急速上升，气温达到最大值后急速下降时发病人数也较多，占第二位，为33.9%，上述两种大气形势发病率之和，占高血压发病数的87.5%。由此看出，在春、秋两季高血压病人主要发生在强冷空气来临之前的暖低压控制至强冷空气过境时气压上升、温度下降这一时段内，即在气温、气压变化幅度较大的日子里，高血压病人发病率很高，这说明高血压病与气温、气压等气象要素的急剧变化有显著关系。

对高血压病人，首先要注意防寒，寒冷的天气使高血压病发病率高，并使心血管患者死亡率增加，因为寒冷刺激易使高血压病患者并发高血压脑病等不良并发症，危及患者的生命。脑出血(脑溢血)多发生在寒冷季节，特别是天气转变时，如阴天、暴风雪等气温急剧下降、气压变动较大时。低温寒冷天气是诱发脑出血病的重要原因之一，这是因为人体血管也有"热胀冷缩"效应，夏天由于气温高，人体血管自然扩张，血液流动就会既快又通畅，因此不易引发心脑血管病。而冬天由于气温低、气压高，寒冷刺激导致血管壁收缩，周围阻力增大，血液流动受到一定限制，血液循环减慢黏稠度增加，动脉平均压升高，容易发生心脑血管病。

5. 抑郁症病

抑郁症：情感低落，抑郁忧虑，兴趣变得淡漠，思考困难，消极意念沉重，感觉生不如死，且有自卑、自责或自罪，甚至有罪恶妄想。精神不振，缺乏主动性，动作缓慢，重者终日呆立，愁容不展，泪流满面，有的卧床不起，甚至呈木僵状态。有的自杀意念强烈，反复出现自杀企图及行为。抑郁症的症状可有晨重晚轻的节律特征，即精神活动障碍以晨间严重，午后转轻。

天气变化对人的精神活动有明显的影响。如某地被低压中心控制，气压明显下降，气温相对上升，出现闷热天气时，有些人在精神上可陷入不知所措、沮丧、抑郁；或表现为坐立不安，工作效率减低；儿童则常表现出易受激惹，并出现骚动、暴怒、哭泣、吵闹叫喊。

抑郁症病人常可对某种天气特别敏感，例如其对暖锋和暖空气特别敏感，当出现这种天气条件时，即可出现症状的恶化。

6. 眼病

高原低气压对正常眼睛的生理反应有很大影响。人的视功能对低气压和缺氧非常敏感，向高攀登，人的色觉、中央视觉、周围视觉、暗适应及眼内压都有改变，视觉运动反应速度也会减慢，视野变狭窄。过热的天气和强烈的日照对视功能和眼内压也会产生不良的影响；光线过弱也会有不良影响，北方地区近视眼较南方多，主要与北方日照不足有关；长时期在野外工作，角膜被风沙刺伤，会产生特异性角膜变性。

某些眼病的发作与气象条件具有对应关系。气象要素诱发眼病的根本原因还未彻底明了，但有些气象要素对眼病的影响还是可以解释的。比如在特别热的天气后突然转冷，血压和眼内压都会升高，易于诱发青光眼及出血，在锋面过境或暖气团进入后，因毛细血管扩张，有时可使白内障手术后发生小血栓的脱落。光感性眼病主要是眼睑、结膜、角膜对紫外线及红外线的过敏，一般色素较多的人种不发生这类光感性眼病，而虹膜呈蓝色的人种最易过敏；一般发生在春季及初秋，这是因为全年各月份光谱组成不同而形成的季节性变化。

青光眼多发生在寒季最冷月份，当冲锋过境或冷气团进入后易于发作。夏季较少发作，但当夏季出现特殊的炎热天气时也可发生。视网膜剥离多发生在春夏季节，冬季少发。白内障手术后前房出血，易发生在湿热天气气压下降时。

7. 皮肤病

皮肤位于人体表面，是人体与大气之间直接进行能量交换和物质交换的桥梁。人体皮肤参与全身的机能活动，以维持机体与外界环境的平衡，维护人体的健康。皮肤具有屏障保护、感觉、调节体温、吸收、分泌和排泄、代谢、免疫稳定等作用。与气象密切相关的是感觉、调节体温、黑素的生成与代谢、汗腺的分泌和排泄等。

影响皮肤的主要气象因素是外界气温和太阳辐射。适宜的气象条件有利于人类皮肤保健。如适量的日光可刺激皮肤排泄旺盛，汗液分泌增多，维生素D形成增加，改善皮肤的血液循环，加强组织的新陈代谢，有助于缓解皮肤干燥和增加皮肤抗病能力。人体皮肤对外界温度的变化比较敏感，外界气温变化直接影响皮肤温度，若外界气温急增或骤降超过了皮肤的调节作用，常引起皮肤病变，直接或间接地影响皮肤健康，导致皮肤病的发生。当体内外温度升高时，血管扩张，血流加快，出汗增加，以散发热量。当气温的急剧异常升温超过了人体的适应能力，局部皮肤长期受热，可引发火激红斑皮肤病。当外界气温降低时，血管收缩，血流减慢，通过深静脉回血，以保持体温。如温度甚低，组织发生冻结，细胞间隙可形成冰晶，细胞变形，形成冻伤。过度的日光照射，抑制了皮肤中黑色素细胞的吸收能力，引起日晒损伤，造成日光皮炎。雀斑的发生可能与日光下曝晒有一定关系。夏季，气温高，湿度大，人体出汗过多，不易蒸发，汗液浸渍皮肤角质层，致使汗腺导管口闭塞，汗腺导管内汗液渗入组织引起刺激，容易诱发痱子。

在湿热地区皮肤病较多，在气温15～32℃时，皮肤病发病率比较高，特别在气温大于27℃时，皮肤开始出汗后易发生。因为皮肤平时呈酸性，可以作为抵抗微生物的保护层，但出汗可破坏皮肤保护层，使皮肤上的微生物得以生长，并侵入皮肤，故夏季化脓性皮肤病(疖、痈、脓包疮)和霉菌病就明显增加,例如南方地区的脚癣发病率就相当高。

19.2.6　气候变化与人体健康

由于人类活动导致大气中温室气体的含量不断上升,引起全球气候变化已是不争的事实。全球变暖对人类健康的影响归纳为直接影响和间接影响两个方面。

直接影响主要是:(1)极端温度事件(如热浪)引起的与冷热有关的发病率和死亡率的改变。(2)其他极端气象事件(例如风暴、洪水和干旱)导致死亡、受伤、心理失衡和公共卫生设施的破坏。

间接影响主要有

(1)气候变化改变了生态系统,影响自然疫源性疾病的分布和传播。由于自然疫源性疾病的传播媒介和中间宿主的地区分布和数量取决于各种气象因素(温度、湿度、雨量、地表水及风等)和生物因素(宿主种类及病原体变异和人类干预),气候变暖可以增强这些疾病的传播。

(2)气候变化加快大气中化学污染物之间的光化学反应速度,造成光化氧化剂的增加并诱发某些疾病。如,眼睛炎症、急性上呼吸道疾病、慢性支气管炎、慢性呼吸阻塞疾病、肺气肿和支气管炎哮喘等。在夏季,暑热天数延长及高温、高湿天气可直接威胁人们的健康,如气温升高使城市热岛效应加剧,空气污染更为严重等,更加影响人类健康。

(3)气候变化可增强紫外线辐射强度,并引起如白内障、雪盲、皮肤病等疾病。

(4)气候变化引起水质恶化或洪水泛滥,进而导致一些疾病的流行,如腹泻、霍乱和痢疾等。气候变化引起海平面的升高而发生洪水和风暴潮,会使各种水传播性疾病的发病增加,如钩端螺旋体病、血吸虫病等。

(5)社会、经济、人口的变化影响经济、基础设施及资源,造成广泛的公共健康后果(如心理健康问题、营养不良、传染病、社会动乱等)

全球变暖后,疟疾和登革热的传播范围将增加,这两种通过昆虫传播的疾病将殃及世界人口的40%～50%。而且,气候变化可通过各种渠道对疾病的发生产生影响,危害人类健康,其中包括对人体直接影响,对病毒、细菌、寄生虫、敏感原的影响,对各种传染媒介和宿主的影响,对人的精神、人体免疫抵抗力的影响等等。人们因气候变化而产生不适应的感觉,也会助长某些疾病的蔓延,使病情加重,甚至导致死亡。

高温热浪对人体健康会造成直接严重的影响,因其引起死亡人数的增加超过了其他气候灾害事件。所以,下面主要对高温热浪对人体健康的影响进行着重阐述。

关于高温热浪的定义,世界气象组织(WMO)建议高温热浪的标准为:日最高气温高于32℃,且持续3d以上。我国根据气候和环境特点,将每日极端最高气温分为

3 个等级:高温日极端最高气温≥35℃称为高温,≥38℃称为危险性高温,≥40℃称为强危险性高温。把连续出现 3 天≥35℃高温或连续 2 天≥35℃且 1 天≥38℃的高温天气称为一次高温热浪过程,连续 8 天≥35℃高温或连续 3 天≥38℃的高温天气称为强高温热浪过程。

热浪主要影响心血管、脑血管和呼吸系统等的发病,加重患有心血管疾病、呼吸系统疾病患者的病情而造成提前死亡,造成死亡率上升,以对老年人群和低收入地区体力劳动者影响较为显著,热浪对男性、女性的影响是基本相当的,也就是说热浪对男性和女性具有同等的杀伤力。事实上,心脑血管和呼吸系统病人的死亡与温度的变化紧密联系,老龄化增加了与热浪有关的疾病和死亡的风险。

考虑温度和湿度的影响,黄卓提出了表征炎热程度和过程积累效应的热浪判别指标——热浪指数,根据热浪指数 HI 提出了分级标准(表 19.4)。

表 19.4 天热浪的分级标准

	轻度热浪(3 级)	中度热浪(2 级)	重度热浪(1 级)
热浪指数	$2.8 \leqslant HI < 6.5$	$6.5 \leqslant HI < 10.5$	$HI \geqslant 10.5$

计算热浪指数时,需要确定对人体健康影响的温度阈值。由于不同的地区人群,对温度的敏感度有所不同,随地区不同,温度阈值有所差别,且不同的阈值对应于不同的死亡原因。例如,王丽荣等在研究天气变化对人口死亡率的影响时,以上海、广州为例,得出广州循环系统疾病和呼吸系统疾病的阈值温度均为 36℃,而上海循环系统疾病为 33℃,呼吸系统疾病为 35℃,两个地区相差很大。阈值对于不同年龄也不同,尤其是对一个地区的老年人来说最容易受到温度变化的影响。

热浪的影响,不仅仅是温度和湿度的函数,它是多种因子共同作用的结果,这些因子包括风、云量、辐射量、蒸发量、空气状况和人体衣着状况等,因此许多学者在前人只考虑单因子和双因子变量的基础下,考虑了多个因子共同作用时,热浪对人体健康的影响。如谈建国考虑逐日 4 个时刻的温度、有效积温、相对湿度、热日连续天数、14 时云量建立了衡量夏季暑热程度的相对舒适度指标,指标值越大,表明所受暑热程度影响越大。陈正洪等考虑温度、相对湿度、风速、有效累计温度建立的城市暑热危险度统计预报模型。谭冠日等考虑温度、热浪持续时间、南北风速、气压建立了热日天气一死亡关系模型,研究了上海和广州的热日对死亡的影响。

19.3 人类的气候适应

人体在漫长的进化过程中,逐渐从体型、生活方式(饮食、服饰)、居住场所不同等来适应气候环境的地域差异和时间变化。

19.3.1 人体体型和外表的气候适应性

我们知道,地球上的人种可分为白种人、黄种人和黑种人。白种人分布在纬度较高的寒冷地区,他们体型高大、鼻子长而窄;而黑种人主要分布在纬度较低的赤道附近,体型矮小,鼻子短而宽,头发卷曲。黄种人分布气候温和的亚洲,体型介于两者之间。这是人体适应气候的结果。

高纬度地区较为寒冷,该地区阳光斜射,光线较为微弱,紫外线也弱,所以当地分布的白种居民形成这些适应性特征:体内黑色素含量低,皮肤呈浅色;身体较粗壮高大,以减少热量散失;鼻子高窄,鼻孔通道较长,以预热吸进的冷空气;体表毛发稠密,以防寒冷等。

热带赤道地区在一年之内受到太阳的直射时间长,气温高,紫外线强烈,故居住在此地的黑种人,经长期自然选择,也逐渐形成一系列适应性特征:皮肤内黑色素含量高,以吸收阳光中的紫外线,保护皮肤内部结构免遭损害;体表汗腺密度特别大,以便在极度炎热时能维持或迅速恢复正常体温;鼻子低宽,鼻孔通道短,嘴唇厚、嘴裂大、体毛少,便于散热;头发像羊毛一样卷曲,使每根卷发周围都有许多空隙,空隙充满空气,空气传热性差,因此,卷发有隔热作用,保护头脑不受伤害等。

19.3.2 人类居住环境的气候适应性

人类居住场所也是与当地气候相适应的,表现在随气候条件的不同,建筑南北半球不同,欧洲与亚洲有异,我国南方与北方差别显著,东部与西部格调不一。大陆性气候与海洋性气候的建筑风格各有特色;热带与温带、寒带建筑风格也自成一家。与多样的气候类型相适应,人类在长期的实践中形成了丰富多彩的传统民居的类型,如,傣族竹楼、福建客家土楼、江南民居、西北黄土高原的窑洞、北京四合院、塞北的蒙古包等,具有北方敦实厚重、南方轻盈灵秀、西北粗犷朴实、东南华丽多姿的鲜明特征。

我国南方炎热、多雨潮湿地区的建筑主要考虑通风、遮阳、隔热、降温等功能。在我国南方民居为防止夏季倾盆大雨,常常设计成光顶陡缘,坡度大,使雨水能顺势泻下;屋体高大,采用天井,保证良好的通风性,防止潮湿。如,我国云南西双版纳的傣族居民为适应当地潮湿多雨气候用竹木建造了干阑式住宅,非常利于通风、遮阳、防雨。建筑底层常被架空,四周无墙,只有几排柱子支承上面的重量,木或竹的楼面留缝,使较凉的空气从底层透人,改善微气候。底层和第二层外墙不开窗,上两层为住房,向外开窗,内侧为廊,连通各间,并设凉台,屋顶坡度较大,以利屋顶通风,飘檐较远,采用重檐的形式有利于遮阳、防雨。

我国北方寒冷地区的建筑物主要考虑采暖、防寒、保温等功能。建筑屋顶坡度小，建筑物紧凑封闭，墙体厚重、处于主导风向方位的外墙，一般不开窗或少开窗。如，北京四合院，房屋由垣墙包绕，对外不开敞，面向内院，一般不用楼房，主要居室朝南，在南向开大窗，北向只开小高窗，有适当的挑檐，冬季可获得较多日照，夏季又可遮阳，很好地适应了北京地区冬季寒冷、干燥，风沙较大，夏季又偏热的气候特征。还有内蒙古的传统居住形式蒙古包也是适应气候的典范。草原上气候变化骤烈，冬季气温低且风沙大，日照强烈。蒙民用动物皮以及皮毛做成的毛毡作覆盖物，以枝条做骨架，构造很简单，便于拆装和携带，圆形建筑平面的散热面积小，起到了保温和抵抗风沙作用。

19.3.3 人类饮食习惯的气候适应性

食物的来源与分布决定了人类饮食习惯的地域差异，而各地天然食物的生产与分布受气候限制甚大。极端地说，在北极的爱斯基摩人，在冰天雪地之中主要摄入动物型食物；而低纬度地区，温度高，植物物种丰富，主要以植物型食物为主。如在热带和赤道地区许多地方的居民，至今仍以香蕉、猴面包、芋头、木薯、木瓜等为主食。在我国，气候对食物主食分布影响最典型是“南稻北麦”。大体在秦岭一淮河以南，热量丰富、雨量充沛，非常适合种植需水多的水稻，因而南方人们多以大米及其制品为主食，例如米饭、米糕、米团等。而秦岭—淮河以北的北方地区春天雨水稀少，生长耐旱的小麦，人们主要以面粉制品如面条、馒头、饺子、大饼等为主食。在温度低、降水更少的内蒙古草原、西北地区和夏季很冷的青藏高原上，当地人们主要以放牧牛羊为业，因而便以牛羊肉、奶为主食。

在我国的云、贵、川等西南地区，人们特别喜欢吃辣椒，这也是用食物来适应气候的一种对策。因为这些地方气候阴冷、潮湿，多食辣椒可防止消化液分泌减少和胃肠蠕动减弱，增加进食量，从而避寒祛潮；冷湿气候很易使人得风湿性关节炎和腰肌痛等症，辣椒属热性，有祛风湿、发汗健脾胃之效。

气候环境对饮食习惯的影响还表现在季节差异上。在高温高湿的夏季，炎热天气会使人体消化液的生成和分泌减少，抑制胃肠蠕动，食物的消化，特别是蛋白质和脂肪成分的消化、吸收会受到影响，致使食欲不振。因此，人们爱吃含水分、淀粉和糖分多、易于消化和较清淡的食品或有香气、刺激性强的食品。夏季，人们除吃素食外，还多喝汤粥，食用瓜果、茶啤酒等饮料等解暑。冬季低温条件下，人们散失的热量较多，为有更多的热量补充，就多吃含脂肪和蛋白质高等发热量大的动物肉类。

19.3.4 服饰与气候的关系

服饰在人们生活中具有重要作用，服饰首先是人们遮风蔽雨、保暖和保护作用的需要；其次反映人们审美观念和社会观念变迁，是社会地位与身份的象征。

衣服保暖性主要包括隔热、阻碍湿扩散的作用。衣着的保温阻热效果受以下因素影响：服装的厚薄、与人体接触物的传热面积大小、服装透湿性、服装包裹人体的表面积。服装透湿性表现在，一方面，服装对皮肤的表面的水蒸汽扩散形成一个附加的阻力；另一方面，服装吸收部分汗液，使得只有剩余部分汗液蒸发冷却皮肤。服装吸收了汗液后，会使人凉快。

不同地域气候背景下的服饰也体现特色。在沙漠气候下，人们衣着要求透气、防晒、防风沙、并且要适应温度日较差很大的变化，所以，阿拉伯人通常穿白色宽松的长袍，带着面纱。在高温高湿的气候环境中，人们通常穿着薄纱，能吸汗透气。我国西藏高原地区因风大温低，为防寒保暖，藏族同胞通常穿肥厚的有宽腰大袖的长袍，头带皮毛帽，脚着长靴，形成了独特的服饰。中国古代服饰的发展，不仅是中华文化、民族交流的漫长过程，而且很大一部分与气候有关。分析我国历代服饰的形制及其质地的使用，可看出受气候冷暖变化的影响很大，气候对服饰雏型的建立占很重要的一环，气候决定衣料的选择，衣料又影响服饰的形制，使我国中原地区和北方游民族所居住的地区因气候的差异在服饰的式样和质材上有很大的不同。

中原地区是中华文化的发源地，历史时期气候历经了五个暖期和六个小冰期，服装的形式因不同朝代的时间推移而发生变化。

商周时代质料方面，以帛、丝作衣料，一般民众是葛布或褐，也就是毛布。春秋战国各诸侯国的服饰因区域气候差异就渐有差别了。中原周地和三晋的服饰的朴质，同商周时候类似；齐鲁服饰通风质轻；北方中山和燕地服饰、西北秦地服饰的厚实，可以从中解读出小冰期的痕迹；东南吴越服饰的拙而有式，南方楚地服饰的轻丽，西南巴蜀滇服饰的宽松，可明显看出服饰的确是因地制宜。

秦汉时期的气温比现在高出1℃，薄丝绸织成的蝉衣、厚丝绸的襜褕、贴身的衫和绮襦纨裤就是秦至西汉末叶前的适应气候的穿着服饰。

西汉末叶至隋初气候转寒旱，为中国历史上第二个小冰期，可从袍、袄、背心、氅衣等质料较厚实，保暖效果较佳的服饰广为流行。

隋初至五代时期的平均气温高于现今1℃，从在夏季男子穿着葛麻制成的袍衫、女子穿着较袒露的衫子及其夏季流行木屐、蒲鞋等迹象看，此时期的夏季比现在炎热许多。

宋代处于中国第三个小冰期，气候干冷。宋代妇女服饰大多仿照周代制度，服饰较唐代衣服保守许多，从魏晋南北朝就流行的袄在宋代又大受欢迎，胡服、胡衣在民间广为流行，且有从关外民族织造的毛织物锦缎。这些都说明了服饰因应气候变寒而改变。

元代属于寒冷气候期，元代入主中原之后，皮毛占衣服的比例仍大，正因气候的配合，在上位者才可能维持蒙古人的传统服饰，从而未被中原服饰同化。

明清时期的气候包含了中国历史上第四到第六个小冰河期。袄至明清仍广为流行，而清代的坎肩、裤子以厚实的质料制成，中纳絮棉，以增加保暖的效果。

为了适应北方寒冷的气候，北方游牧民族的服饰多以皮毛作为衣服主料，形式多以窄袖、紧身、长袍为主，以利活动，并戴皮帽、穿皮靴。

19.4 健康气象预报

在局地(如室内外小范围场所)因时间、地点及环境特点的变化而形成特定微气象条件，加上人体个人体质、着装和所处状态的差异，其引起的人体生理反应或对人体的影响是不同的，因此，在应用气象业务服务方面，针对特定气象条件，提供健康气象预报服务越来越成为一个重要的内容，主要包括人体舒适度、空气污染指数等的预报。

19.4.1 人体环境舒适度的预报

人体对气象环境的主观感觉可包括有环境冷热感、潮湿感、气流感、清新感等四个方面，每一方面又可划分细为不同的等级。如环境冷热感可分为十级：不能忍受的严寒、严寒、寒冷、凉爽、舒适、较暖、暖和、炎热、酷热、不能忍受的酷热。环境潮湿感可分为七级：极干燥、很干燥、干燥、正常、潮湿、很湿、极湿，也可以出汗评价环境的潮湿感，即：前额及身体均干燥；皮肤发黏；可见潮湿；前额及身体潮湿形成汗珠；部分衣服潮湿；衣服几乎全部潮湿；衣服湿透滴汗。环境气流感可分为停滞、静止、微感(刚感到有风)、微风、风、强风六个等级。清新感则可分为清新、一般、不清新、很不清新等四级。

为了把上述人体的主观感觉或气象条件引起的人体生理反应定量描述出来，生物气象学家提出了表征人体舒适程度的指标，即用于评价气象环境要素对人体和人类活动影响的综合指标，又称为生物气象指标。引起人体产生生理反应的气象要素主要是温度、湿度、风速(气流)和辐射等。气象工作者就是根据这些气象要素开展对这些指标的预报工作，为人们的日常生活工作提供服务信息。这些生物气象指标可分为以下类别：

(1)根据测定环境综合气象要素制定评价指标。如卡他度、湿球温度、黑球温度；

(2)根据主观感觉结合气象要素制定评价指标。如实感气温、等价温感、不适指数等；

(3)根据生理反应结合气象要素制定评价指标。

下面简述常用指标及其服务应用。

1. 卡他度

用卡他温度表测定，它主要用于度量周围环境中气温、湿度、气流等综合要素对人体散热强度的影响。卡他温度计由英国伦纳德·希尔(Leonard Hill)于 1916 年研制的,其构造很简单,是一根底部为一个大圆柱管的酒精温度计。

使用时,将卡他温度表浸入 60～80℃的热水,当酒精上升到安全球的 1/2～1/3 处,取出擦干,悬挂于测定点,随着酒精液球的散热,温度下降,酒精液面不断下降,记录酒精柱从 38℃开始降到 35℃需要的时间,反复 4 次,求平均时间 t(s),然后根据卡他计常数 F(不同卡他温度表不同,$\mathrm{mcal/cm^2}$),计算卡他度

$$H=F/t[\mathrm{mcal/(cm^2 \cdot s)}] \tag{19.3}$$

一般认为,$H \geqslant 7.0\mathrm{mcal/(cm^2 \cdot s)}$,环境冷;$H<5.5\mathrm{mcal/(cm^2 \cdot s)}$,闷热;$H<3.1\mathrm{mcal/(cm^2 \cdot s)}$,出汗。

2. 实感温度(或有效温度)

人们可能有这样的体验,适当地改变温度、湿度和风速的组合,可以产生相同的热感觉。即在不同的风速、湿度或气温下使人产生同样感觉。把人体在不同气温、湿度和风速的综合作用下所产生的热感指标称为实感温度或有效温度,即人体实际感觉到的温度。以风速为 0、相对湿度为 100%时的空气温度作为有效温度的度数参照标准,即静止饱和的大气条件下人体实际感到的温度。

与实感温度对应的舒适感觉类别见表 19.5。

表 19.5　与实感温度对应的舒适感觉类别

实感温度(℃)	>28	27～28	25～26.9	17～24.9	15～16.9	<15
舒适感类别	很不适	不适	暖	舒适	凉	不适

Misenard 给出了用经验公式计算的实感温度

$$ET=37-\frac{37-T_a}{0.68-0.14RH+1/(1.76+1.4V^{0.75})}-0.29T_a(1-RH) \tag{19.4}$$

式中 ET 为实感温度度,T_a、RH、V 分别为环境温度、相对湿度和风速。实感温度的不足:除温度外,考虑湿度和风速,但没有考虑到太阳辐射对人体的影响;另外,空气湿度很高时人体并不会太舒适。

3. 温湿指数

指温度和湿度综合作用导致人体不快的程度,又称不适指数,说明了无风时湿热或干冷对人体的影响。温湿指数可根据温度、湿度的不同物理参量组合,有以下几种计算式

$$DI=0.4(T_d+T_w)+15 \tag{19.5}$$

$$DI=0.55(T_d+0.2T_{dp})17.5 \tag{19.6}$$

$$DI=T_d-(0.55-0.55RH)(T_d-58) \tag{19.7}$$

$$DI=0.72(T_a+T_w)+40.6 \tag{19.8}$$

式中 T_d、T_w、T_a、T_{dp} 分别为干球温度、湿球温度、空气温度和露点温度(℃)。当温湿指数处于 60～65 时，大部分人舒适；温湿指数为 75，50％人舒适；温湿指数＞80，大部分人感到不适。

Meigs 和 De Percin 把符合下述三种天气之一即为湿冷天气。

(1)气温在－5～15℃的雨天或雾天；

(2)气温在 15～20℃的雨天或雾天，并有＞2.2 m/s 的风速；

(3)气温在－5～15℃，地面有积雪或天空中云量为 6～10。

4. 等价温感

指气温、湿度、气流、平均辐射温度对人体的综合影响而产生的温热感觉。计算公式为

$$T_{ep}=9.979x-0.14x^2-2.89 \tag{19.9}$$

其中

$$x=0.0556T_a+0.0538T_w+0.0372e-0.00144\sqrt{V}(100-T_a) \tag{19.10}$$

$$T_w=T_g+0.169\sqrt{V}(T_g-T_a) \tag{19.11}$$

式中 T_a 为气温，T_w 为平均辐射强度，T_g 为黑球温度；e 为水汽压；V 为风速。

5. 湿黑球温度

考虑了太阳辐射，评价室外炎热环境下人体热应激的综合指标。用湿黑球温度表测定，湿黑球温度表含有三部分：即干球温度表、湿球温度表、黑球温度表等。黑球温度表表面涂黑，以吸收辐射热。黑球温度是指示环境传送辐射热能力的一个很好的指标。湿黑球温度 T_{wg} 的计算表达式为

$$T_{wg}=0.7T_w+0.2T_g+0.1T_d \tag{19.12}$$

式中 T_w 为湿球温度，T_g 为黑球温度，T_d 为干球温度。

对未适应炎热环境者，以湿黑球温度 29.4℃为上限，否则以 31.1℃为上限。超出上限值，应暂停户外活动，以防止发生中暑。

6. 风冷指数或寒冷指数

风冷指数或寒冷指数是综合评估风速和气温对裸露人体影响的指数。

在我国北方寒冷的室外环境下，由于空气干燥，可用以下公式计算风冷指数

$$H=(33-T_a)(9+10.9\sqrt{V}-V) \tag{19.13}$$

式中 H 为风冷指数，即人体皮肤温度 33℃时，体表单位面积散热量($\mathrm{kcal\cdot m^{-2}\cdot h^{-1}}$)；$T_a$ 空气温度，V 为风速(m/s)。不同风冷指数对人体的感觉见表 19.6。

在我国长江及以南地区，冬季没有北方那么干燥，空气湿度大，甚至近于饱和，天气湿冷，人体散失热量在湿空气中比在干空气中快且多，人体会感到更冷。所以，对上面风冷指数计算公式需要进行湿度订正。当日平均温度小于 20℃时，风冷指数计

算公式为

$$H' = (33 - T_a)(20 + 3.3\sqrt{V} - V/3)\exp(0.005\ |RH - 40|) \quad (19.14)$$

式中 RH 为相对湿度。寒冷程度的 4 级标准分别是：1 级（$H<500$，舒适），2 级（$500 \leqslant H' < 675$，稍冷），3 级（$675 \leqslant H' < 850$，较冷），4 级（$H' \geqslant 850$，寒冷）。

表 19.6　不同风冷指数与人体的感觉

H ($kcal \cdot m^{-2} \cdot h^{-1}$)	人体感觉	H ($kcal \cdot m^{-2} \cdot h^{-1}$)	人体感觉	H ($kcal \cdot m^{-2} \cdot h^{-1}$)	人体感觉
<80	热	300～500	凉	900～1100	很冷（寒冷）
80～100	暖	500～700	很凉	1100～1300	极冷（严寒）
150～300	适宜	700～900	冷	1300～2500	不能耐受的寒冷

7. 体感温度

考虑气温、湿度、风速、太阳辐射（云量）及着装的多少、色彩等因素后，人体所感觉到的温度称为体感温度。体感温度的计算式可表述为

$$T_F = T_a + T_u + T_r - T_V \quad (19.15)$$

式中 T_F 为体感温度（℃），T_a 为气温（℃），T_u 为湿度对体感温度的修正，T_r 为辐射作用对体感温度的修正，T_v 为风速作用对体感温度的修正。

一个估算 T_r 的经验关系式为

$$T_r = 0.42C_a \times (1 - 0.9M_c) \times I_a \quad (19.16)$$

式中 C_a 为外衣吸热能力，白色外衣约为 20%，杂色外衣约为 60%，黑色外衣约为 90%；M_c 为云量系数，晴天为 0.0，少云为 0.3，多云为 0.7，阴天为 1.0。I_a 为辐射增温系数。

考虑到我国长江及以南地区冬季的湿冷天气，所以在体感温度计算式也增加一项低温段的湿度订正。袁业畅等考虑了人体皮肤散热方式、代表性人群的具体感受，给出了武汉市体感温度预报计算式

$$T_F = \begin{cases} T_a + \dfrac{9.0}{T_M - T_n} + \dfrac{RH - 50.0}{15.0} - \dfrac{u - 2.5}{3} & T_M \geqslant 33.6 \\ T_a + \dfrac{RH - 50.0}{15.0} - \dfrac{u - 2.5}{3} & 12.1 \leqslant T_M < 33.6 \\ T_a - \dfrac{RH - 50.0}{15.0} - \dfrac{u - 2.5}{3} & T_M < 12.1 \end{cases} \quad (19.17)$$

式中 T_M 为日最高气温（℃），T_n 为日最低气温（℃）；T_a 为环境气温（℃）；RH 为日平均相对湿度（%），u 为日平均风速（m/s），并制定了武汉市体感温度的感受级别表。

8. 紫外线指数(UVI)

指在一天中太阳在天空中的位置最高时(一般是在中午前后),到达地面的太阳光线中的紫外线辐射对人体皮肤、眼睛等组织和器官的可能损伤程度。

用 0—15 的数字来表示。通常规定,夜间的紫外线指数为 0,在热带、高原地区,晴天无云时的紫外线指数为 15。紫外线指数越大,表示在愈短的时间里紫外线对皮肤的伤害愈强。紫外线指数的计算公式为

$$UVI \approx \frac{D_{\lambda 0} \times E_{UV} \times C_{er} \times 1000}{D_{\lambda} \times \Delta I} \tag{19.18}$$

式中 E_{uv} 是观测的紫外线辐射强度(W/m^2);$D_{\lambda 0}$ 是 UV-A、UV-B 的谱宽,取值 110 nm;C_{er} 是等效红斑订正因子,取值 0.01;D_{λ} 是观测的紫外线辐射谱宽(nm);ΔI 是单位紫外线指数相当紫外线辐射强度,取 25 mW/m^2。

根据紫外线指数的计算值,可对其强弱进行分级,从而采取相应的防护措施(表 19.8)。

表 19.8 紫外线指数分级(中国气象局)

UVI 指数	紫外线强弱	对人体的危害程度及防护
一级(0~2)	最弱	安全,可以不采取防护措施
二级(3~4)	弱	正常,对人体的可能影响比较小
三级(5~6)	中等强度	对人体有中等强度的伤害,外出应注意防护
四级(7~9)	强度较强	对人体危害比较大,需要采取防护措施,避免外出
五级(>10)	非常强	对人体危害最大,必须采取防护措施,尽量不外出

19.4.2 空气污染的预报

随着工业及交通运输业的不断发展,大量的有害气体和颗粒物被排放到空气中,改变了空气组成,使空气质量变坏。空气污染物包括:烟尘、总悬浮颗粒物、可吸入悬浮颗粒物(浮尘)、氮氧化物、二氧化硫、一氧化碳、臭氧、挥发性有机化合物等。在一定的天气条件下(如雾和逆温条件),这些空气污染物不容易扩散,会加重污染物的危害程度,导致污染事件的发生,严重影响人体的健康,使体弱者发病甚至死亡。如多诺拉烟雾事件(1948 年美国宾夕法尼亚州多诺拉城)、伦敦烟雾事件(1952 年冬天伦敦)。

1. 污染物的危害

(1)悬浮颗粒物污染与人体健康

悬浮在空气中粒径小于 100 μm 的颗粒物通称总悬浮颗粒物(TSP),其中空气动

力学粒径小于10 μm的称可吸入颗粒物(PM_{10})。可吸入颗粒物因粒小体轻,能在大气中长期飘浮,飘浮范围从几千米到几十千米,可在大气中造成不断蓄积,使污染程度逐渐加重。可吸入颗粒物成分很复杂,并具有较强的吸附能力。例如可吸附各种金属粉尘和强致癌物苯并(a)芘、吸附病原微生物等。

研究表明总悬浮颗粒物浓度增加1倍,总死亡率增加4%,浓度每增加100 mg/m^3时,总死亡率增加1.7%。而致死比例中,慢性障碍性呼吸道疾病死亡率增加38%、肺心病死亡率增加8%。首先可吸入颗粒物对局部组织有堵塞作用,使支气管的通气功能下降,或细支气管和肺泡的换气功能丧失,持续不断的作用会导致慢性鼻咽炎、慢性气管炎。滞留在细支气管与肺泡的颗粒物也会与二氧化氮等产生联合作用,损伤肺泡和黏膜,引起支气管和肺部产生炎症,引发慢性咽炎、支气管炎、肺气肿、支气管哮喘等疾病。长期持续作用,还会诱发慢性阻塞性肺部疾患并出现继发感染,最终导致肺心病死亡率增高。

(2)氮氧化物污染与人体健康

一氧化氮、二氧化氮等氮氧化物是常见的大气污染物质,能刺激呼吸器官,引起急性和慢性中毒,影响和危害人体健康。氮氧化物中的二氧化氮毒性最大,它比一氧化氮毒性高4～5倍。大气中氮氧化物主要来自汽车废气以及煤和石油燃烧的废气。

氮氧化物主要是对呼吸器官有刺激作用。由于氮氧化物较难溶于水,因而能侵入呼吸道深部细支气管及肺泡,并缓慢地溶于肺泡表面的水分中,形成亚硝酸、硝酸,对肺组织产生强烈的刺激及腐蚀作用,引起肺水肿。亚硝酸盐进入血液后,与血红蛋白结合生成高铁血红蛋白,引起组织缺氧。在一般情况,当污染物以二氧化氮为主时,对肺的损害比较明显,二氧化氮与支气管哮喘的发病也有一定的关系;当污染物以一氧化氮为主时,高铁血红蛋白症和中枢神经系统损害比较明显。

(3)二氧化硫污染与人体健康

二氧化硫是一种常见的和重要的大气污染物,是一种无色有刺激性的气体。二氧化硫主要来源于含硫燃料(如煤和石油)的燃烧;含硫矿石(特别是含硫较多的有色金属矿石)的冶炼;化工、炼油和硫酸厂等的生产过程。SO_2在空气中可被自由基氧化成SO_3,再溶于水汽形成硫酸雾,也可直接溶于水汽形成亚硫酸雾,再氧化成硫酸雾。

二氧化硫对人体的危害是:研究表明空气中二氧化硫浓度每增加1倍,总死亡率增加11%;浓度每增加100 mg/m^3,总死亡率增加2.4%。首先,SO_2对眼结膜和鼻咽部黏膜具有很强的刺激作用,易被湿润的上呼吸道和支气管黏膜吸收,造成该部位平滑肌内末梢神经感受器产生反射性收缩,使气管和支气管的管腔变窄,气道阻力增加,分泌物增多,严重时可造成局部炎症或腐蚀性组织坏死。其次,吸附在可吸入颗粒上的SO_2进入肺部深处,其毒性可增加3～4倍,吸附的三氧化铁等金属氧化物,

可催化 SO_2 氧化成硫酸雾，而它的刺激性比 SO_2 大 10 倍。还有沉积在肺泡内或黏附在肺泡壁上的 SO_2 和可吸入颗粒，长期作用会促使肺泡壁纤维增生，形成肺纤维性病变以致发生肺气肿。另外，SO_2 被肺泡吸收后，与血液中维生素 B_1 结合，破坏正常情况下的体内维生素 B_1 与维生素 C 的结合，使体内维生素 C 的平衡失调，从而影响机体的新陈代谢和生长发育。

(4)一氧化碳污染与人体健康

一氧化碳是一种无色、无味、无臭、无刺激性的有毒气体，几乎不溶于水，在空气中不容易与其他物质产生化学反应，故可在大气中停留很长时间。如局部污染严重，可对健康产生一定危害。一氧化碳属于内窒息性毒物。空气中一氧化碳浓度到达一定高度，就会引起种种中毒症状，甚至死亡。一氧化碳是煤、石油等含碳物质不完全燃烧的产物。一些自然灾害如火山爆发、森林火灾、矿坑爆炸和地震等灾害事件，也能造成局部地区一氧化碳的浓度增高。吸烟也被认为是一氧化碳污染来源之一。

随空气进入人体的一氧化碳，在经肺泡进入血液循环后，能与血液中的血红蛋白等结合。一氧化碳与血红蛋白的亲和力比氧与血红蛋白的亲和力大 200～300 倍，因此，当一氧化碳侵入机体后，便会很快与血红蛋白合成碳氧血红蛋白，阻碍氧与血红蛋白结合成氧合血红蛋白，造成缺氧形成一氧化碳中毒。当吸入浓度为 0.5%的一氧化碳，只要 20～30 分钟，中毒者就会出现脉弱，呼吸变慢，最后衰竭致死。长时间接触低浓度的一氧化碳对人体心血管系统、神经系统乃至对后代均有一定影响。

(5)光化学烟雾污染与健康

光化学烟雾是排入大气的氮氧化物和碳氢化物受太阳紫外线作用产生的一种具有刺激性的浅蓝色的烟雾。它包含有臭氧、醛类、硝酸酯类等多种复杂化合物。这些化合物都是光化学反应生成的二次污染物，主要是光化学氧化剂。当遇逆温或不利于扩散的气象条件时，烟雾会积聚不散，造成大气污染事件，使人眼和呼吸道受刺激或诱发各种呼吸道炎症，危机人体健康。

空气中的氮氧化物、碳氢化物及大量使用挥发性有机溶剂等在太阳紫外线的作用下，产生化学反应，生成臭氧和醛类等二次污染物。在光化学反应中，臭氧约占 85%以上。日光辐射强度是形成光化学烟雾的重要条件，因此在一年中，夏季是发生光化学烟雾的季节；而在一日中，下午 2 时前后是光化学烟雾达到峰值的时刻。光化学氧化剂可由城市污染区扩散到 100 km 甚至 700 km 以外。在汽车排气污染严重的城市，大气中臭氧浓度的增高，可视为光化学烟雾形成的信号。

光化学烟雾对人体最突出的危害是刺激眼睛和上呼吸道黏膜，引起眼睛红肿和喉炎，这可能与产生的醛类等二次污染物的刺激有关。光化学烟雾对人体的另一些危害则与臭氧浓度有关。当大气中臭氧的浓度达到 200～1000 $\mu g/m^3$ 时，会引起哮喘发作，导致上呼吸道疾患恶化，同时也刺激眼睛，使视觉敏感度和视力降低；浓度在 400～

1600 $\mu g/m^3$ 时，只要接触 2 小时就会出现气管刺激症状，引起胸骨下疼痛和肺通透性降低，使机体缺氧；浓度再高，就会出现头痛，并使肺部气道变窄，出现肺气肿。接触时间过长，还会损害中枢神经，导致思维紊乱或引起肺水肿等。臭氧还可引起潜在性的全身影响，如诱发淋巴细胞染色体畸变、损害酶的活性和溶血反应，影响甲状腺功能、使骨骼早期钙化等。长期吸入氧化剂会影响体内细胞的新陈代谢，加速衰老。

2. 空气污染指数

为定量空气污染物对人体健康和生态环境的影响，我国采用空气污染指数(API)来对空气质量进行评价。空气污染指数是将常规监测的几种空气污染物浓度简化成为单一的概念性指数数值形式，并分级表征空气污染程度和空气质量状况。根据我国空气污染特点和污染防治重点，目前计入空气污染指数的污染物暂定为：二氧化硫、氮氧化物和总悬浮颗粒物。API 由某一污染物的周日平均浓度与空气污染指数分级浓度限值比较进行计算，具体为：

当某种污染物浓度 $C_{i,j} \leqslant C_i \leqslant C_{i,j+1}$ 时，其污染分指数值为：

$$I_i = [(C_i - C_{i},_{j})/(C_i, C_{j+1} - C_{i,j})] \times (I_{i,j+1} - I_{i,j}) + I_{i,j} \qquad (19.19)$$

式中 I_i 为第 i 种污染物的污染分指数；C_i 为第 i 种污染物的浓度值；$I_{i,j}$ 为第 i 种污染物 j 转折点的污染分项指数值；$C_{i,}$ 为第 j 转折点上 i 种污染物（对应于 $I_{i,j+1}$）的浓度值；$C_{i,j+1}$ 为第 $j+1$ 转折点上 i 种污染物（对应于 $I_{i,j+1}$）浓度值。

各种污染参数的污染分指数都计算出以后，取最大者为该区域或城市的空气污染指数

$$\mathrm{API} = \max(I_1, I_2, \cdots, I_{i,} \cdots, I_n) \qquad (19.20)$$

空气污染指数与对应的人体健康影响程度见表 19.7。

表 19.7　空气污染指数分级及不同空气质量状况对人体健康影响

API	空气质量状况	对人体健康的影响	建议采取的措施
0～50	优	对健康人群无危害，可正常活动	
51～100	良		
101～150	轻微污染	易感人群症状有轻度加剧，健康人群出现刺激症状	心脏病和呼吸系统疾病患者应减少体力消耗和户外活动
151～200	轻度污染		
201～250	中度污染	心脏病和肺病患者症状显著加剧，运动耐受力降低，对大众健康影响比较严重	老年人和心脏病、肺病患者应在停留在室内，并减少体力活动
251～300	中度重污染		
>300	重度污染	所有人的健康都会受到严重影响，运动耐受力降低，有明显强烈症状，提前出现某些疾病	老年人和病人应当留在室内，避免体力消耗，一般人群应避免户外活动，要采取预防措施

主要参考文献

黄卓，陈辉，田华. 2011. 高温热浪指标的研究. 气象，**37**(3)：345-351.

李源，袁业畅，陈云生. 2000. 武汉市人体舒适度计算方法及其预报. 湖北气象，(1).

王丽荣，雷隆鸿. 1997. 天气变化对人口死亡率的影响——以广州市和上海市为例. 生态科学，**16**(2)：81-86.

吴兑，邓雪娇. 2001. 环境气象学与特种气象预报. 气象，**26**(8).

夏廉博. 1986. 人类生物气象学. 北京：气象出版社.

袁聚祥. 2002. 预防医学. 北京：北京医科大学出版社.

周晓农. 2010. 气候变化与人体健康. 气候变化研究进展，**6**(4)：235-240.

思考题

1. 影响人体健康的气象要素有哪些？是如何影响的？
2. 从人体热平衡方程简述人体是如何维持体温恒定的？
3. 结合生活实际谈谈气象直接和间接导致的疾病有哪些？
4. 为什么白种人体型高大、鼻子长而窄，而黑种人体型矮小，鼻子短而宽？
5. 表征人体环境舒适度的指标有哪些？有什么区别与联系？

第 20 章　气象防灾减灾

我国幅员辽阔，地形地貌多样，处于东亚季风区，是世界上受自然灾害影响最严重的国家之一。在各类自然灾害中，70%以上的是气象灾害。气象灾害，是大气对人类的生命财产和国民经济建设及国防建设等造成的直接或间接的损害。一般来说，中国西北地区及内蒙古、西藏、四川等省（区）属大陆性气候，常年干旱，冬季冻害严重。青藏高原是全国降雹最多的地区，南疆和内蒙古、甘肃两省（区）西部沙尘暴发生最频繁。东北、华北、西北东部及黄淮北部一带，干旱和霜冻发生较为频繁。江淮、江南、华南是全国暴雨洪涝、台风（热带气旋）灾害最为严重的地区，也是雷雨大风、龙卷等灾害性天气多发区。西南地区中东部一带地形复杂，干旱、暴雨及引发的泥石流、崩塌、滑坡和冰雹、低温阴雨等灾害发生频繁。

气象灾害对工农业生产、人民生命财产、经济建设以及国防建设等造成重大的直接或间接损失。2008 年 1 月中旬至 2 月上旬，我国南方地区连续遭受 4 次低温雨雪冰冻极端天气过程袭击，对国民经济和社会生活造成了重大损失：

——交通运输严重受阻。京广、沪昆铁路因断电运输受阻，京珠高速公路等“五纵七横”干线近 2 万 km 瘫痪，22 万 km 普通公路交通受阻，14 个民航机场被迫关闭，大批航班取消或延误，造成几百万返乡旅客滞留车站、机场和铁路、公路沿线。

——电力设施损毁严重。持续的低温雨雪冰冻造成电网大面积倒塔断线，13 个省（区、市）输配电系统受到影响，170 个县（市）的供电被迫中断，3.67 万条线路、2018 座变电站停运。湖南 500 kV 电网除湘北、湘西外基本停运，郴州电网遭受毁灭性破坏；贵州电网 500 kV 主网架基本瘫痪，西电东送通道中断；江西、浙江电网损毁也十分严重。

——电煤供应告急。由于电力中断和交通受阻，加上一些煤矿提前放假和检修等因素，部分电厂电煤库存急剧下降。1 月 26 日，直供电厂煤炭库存下降到 1649 万 t，仅相当于 7 天用量，有些电厂库存不足 3 天。缺煤停机最多时达 4200 万 kW，19 个省（区、市）出现不同程度的拉闸限电。

——农业和林业遭受重创。农作物受灾面积 2.17 亿亩，绝收 3076 万亩。秋冬种油菜、蔬菜受灾面积分别占全国的 57.8%和 36.8%。良种繁育体系受到破坏，塑料大棚、畜禽圈舍及水产养殖设施损毁严重，畜禽、水产等养殖品种因灾死亡较多。

森林受灾面积 3.4 亿亩，种苗受灾 243 万亩，损失 67 亿株。

——工业企业大面积停产。电力中断、交通运输受阻等因素导致灾区工业生产受到很大影响，其中湖南 83%的规模以上工业企业、江西 90%的工业企业一度停产。有 600 多处矿井被淹。

——居民生活受到严重影响。灾区城镇水、电、气管线(网)及通信等基础设施受到不同程度破坏，人民群众的生命安全受到严重威胁。据民政部初步核定，此次灾害共造成 129 人死亡，4 人失踪；紧急转移安置 166 万人；倒塌房屋 48.5 万间，损坏房屋 168.6 万间。

造成气象灾害发生的原因是多方面的，归纳起来，主要是自然因素与人类活动因素两大类。就自然因素而言，最为根本的是大气环流和天气过程的异常，主要影响我国天气和气候及其异常的因子包括：亚洲季风、青藏高原、厄尔尼诺和南方涛动事件及环流系统的异常。另外，随着社会的发展、文明的进步，人类活动的影响已经不再是局部性问题，温室效应、环境污染等已经对天气、气候及极端事件产生影响，并导致了全球气候变化。主要表现为：人口的不断增长带来巨大的资源和环境压力；人类活动影响土地利用，造成环境恶化，引发多种灾害；人类活动影响全球变暖，导致一系列气象灾害的发生；热岛效应造成城市灾害。

20.1 气象灾害特点

随着经济的高速发展，自然灾害造成的损失亦呈上升发展趋势，直接影响着社会和经济的发展。虽然人类不能阻止其发生，但是可以逐步掌握气象灾害的特点和规律，及时做出预警，积极进行防御，将灾害的损失降至最低。气象灾害的特点是：

(1)种类多，主要有暴雨洪涝、干旱、热带气旋、霜冻低温等冷冻害、风雹、连阴雨和浓雾及沙尘暴等其他灾害共 7 大类 20 余种，如果细分，可达数十种甚至上百种。

(2)范围广，无论在高山、平原、高原、海岛，还是在江、河、湖、海以及空中，处处都有气象灾害。

(3)频率高，我国从 1950—1988 年的 38 年内每年都出现旱、涝和台风等多种灾害，平均每年出现旱灾 7.5 次，涝灾 5.8 次，登陆我国的热带气旋 6.9 个。

(4)持续时间长，同一种灾害常常连季、连年出现。例如，1951—1980 年华北地区出现春夏连旱或伏秋连旱的年份有 14 年。

(5)群发性突出，某些灾害往往在同一时段内发生在许多地区如雷雨、冰雹、大风、龙卷风等强对流性天气常有群发现象。1972 年 4 月 15 日，从辽宁到广东共有 16 个省(区)的 350 多个县、市先后出现冰雹，部分地区出现 10 级以上大风以及龙卷风等灾害天气。

(6)连锁反应显著，天气气候条件往往能形成或引发、加重洪水、泥石流和植物病虫害等自然灾害，产生连锁反应。因气象因素引起的山体滑坡、泥石流、风暴潮、森林火灾、酸雨、空气污染等灾害称为气象次生灾害。2010 年 8 月 7 日，持续 40 多分钟的暴雨使得土石冲进甘肃省舟曲县县城，并截断两条河流形成堰塞湖。被淹面积占全县城的 2/3，造成 1481 人遇难，284 人失踪，5 万人受灾。

(7)灾情重，中国每年受台风、暴雨、干旱、高温热浪、沙尘暴、雷电等重大气象灾害影响的人口达 4 亿人次。据 1990—2006 年数据统计，近 17 年来中国大陆每年因气象灾害造成的直接经济损失达 1859 亿元，占 GDP 的比例平均为 2.8%。

20.2　主要气象灾害种类

气象灾害从大的方面可以分为天气灾害和气候灾害。

天气灾害：指大范围或局地性、持续性或突发性、短时间强烈的异常天气而带来的灾害，如大范围的寒潮、台风等天气灾害或局地区域所发生的暴雨、冰雹、龙卷风等灾害。这些灾害常伴随有强风、暴雨和降温等。

气候灾害：指大范围、长时间的、持续性的气候异常所造成的灾害，如长时间气温偏高、偏低，降水量偏多、偏少而形成的洪灾、干旱、低温冷害等灾害。

在全国总受灾面积中，干旱灾害所占比例最大，约占 51%；其次是洪涝灾害，占 27%；风雹、低温冷冻和雪灾、台风灾害所占比例分别为 10%、7%和 5%。

20.2.1　干旱与洪涝

1. 旱涝灾害的概念与分布

(1)干旱概念

干旱是指某一地域范围在某一具体时段内的降水量比多年平均降水量显著偏少，导致该地域的经济活动(尤其是农业生产)和人类生活受到较大危害的现象。它是一种气候灾害，也是一种持续性的气象灾害。按干旱成因可分为气象干旱、农业干旱、水文干旱和经济干旱。按干旱发生的季节可分为春旱、夏旱、秋旱及冬旱。

根据干旱出现频次将中国干旱分成 4 个多旱区域。

1)黄淮海多旱区包括河北、山西、山东省全部，安徽、河南、江苏、陕西、宁夏和内蒙古的部分地区。上述地区平均每年出现 1 次干旱。最大中心位于河北、山西、山东、河南及陕西境内，平均每年 1.2 次。

2)另一个多旱区位于我国南方沿海包括福建、广东及广西东部沿海区，平均每年 1 次干旱，其中广东及福建沿海为高中心，平均每年也在 1.2 次。

3)我国西南地区的西南部，主要位于云南及四川南部。我国东北的西部，包括内蒙古东部及辽宁、吉林、黑龙江部分地区呈东北—西南向的狭长地带为次多旱区，干旱平均每年约 0.75 次以上。

4)干旱发生频率季节变化区域差异较大，春季干旱频率较高，地区分布不均，在华北及西南地区高达 60%，而长江流域仅 10%，秋季情况与春季类似。夏季干旱频率分布比较均匀，东部大部分地区为 30%左右。冬季干旱发生频率也较高，长江以北、华南以及西南山地都在 40%～50%，长江流域及江南较低，为 20%～30%。

(2)洪涝概念

水灾分为“洪”和“涝”两种。“洪”，指大雨、暴雨引起山洪暴发、河水泛滥、淹没农田、毁坏农业设施等。“涝”，指雨水过多或过于集中或返浆水过多造成农田积水成灾。

我国主要江河供水的季节特征为：

珠江流域发源于南岭山区的东江、北江、桂江等支流，5 月上旬即进入汛期，大洪水集中在 5—6 月。由此往西，汛期逐渐推迟，柳江、红水河大洪水集中在 6 月中旬至 7 月中旬。

长江流域入汛时间自东往西推迟。4 月中旬即进入汛期。清江、乌江到 6 月中旬。中游各支流(汉江除外)汛期结束时间比较一致，都在 7 月中旬。长江上游金沙江、岷江、澜沧江汛期集中在 7、8 两月。嘉陵江、汉江上游，汛期时间较长，分伏汛和秋汛，整个汛期从 7 月开始，至 10 月上旬结束。长江干流宜昌大洪水主要发生在 7 月下旬至 8 月中旬之内。

淮河处在南北气候过渡带，6—7 月受梅雨锋影响，7—8 月又受台风暴雨的影响，汛期时间比较长，大洪水主要发生在 6—8 月。

黄河汛期分伏汛和秋汛，上游兰州 7—9 月为汛期，90%洪水集中在这段时间。7—8 月上旬为伏汛，下旬是过渡段，洪水发生频率较低，7 月、8 月、9 月频率分别为 36%、12%、42%。

西北内陆河地区，气温对洪水的变化有显著影响，汛期一般在 5—8 月或 6—9 月，汛期各月洪水发生的次数相对比较均匀。

(3)旱涝成因

我国地域辽阔，是一个典型的季风气候国家，降水量年际变动大而造成旱涝时空的分布不均。从全球气候总的趋势来看，受“厄尔尼诺”的形成和全球气候变暖的影响，极端天气和自然灾害的发生概率较大。

旱涝灾害的发生，固然与厄尔尼诺和拉妮娜现象等气候因素有关，但人为的生态破坏起了推波助澜的作用，加剧了旱涝灾害的发生频率和危害程度。历史上长江中上游地区是莽莽的大森林，植被良好，覆盖率高。20 世纪以来，由于人们对生态平衡的认识不足，随心所欲地大规模地砍伐林木，扩大耕地面积，围湖造田、毁林开荒、毁草开荒、造成严重的水土流失，致使河道淤塞，水位超高，造成河水出槽，洪水泛滥。我国黄河干流下游多年来每年都发生断流，年断流达100多天。黄河泥沙含量增大，河床抬高，成为地面“悬河”。国内外专家称，黄河的病症不是一般的小毛病，是中华民族的大动脉出血。黄河照此持续下去，有成为中国最大内陆河的危险。例如，黑龙江省的乌裕尔河曾是嫩江干流的一条重要支流，由于流域内大面积开荒等因素而成为省内的一条内陆河。该省嫩江、松花江流域发生的洪涝灾害，与近几年来流域内大规模毁林开荒有直接关系。违背自然规律，就必然会受到自然规律的惩罚。

2. 旱涝灾害的危害

(1)干旱灾害危害程度

干旱具有发生频率高、持续时间长、涉及范围广、影响程度重、后续影响大等特点，决定了解决干旱问题的复杂性和艰巨性。它涉及人类生活和国民经济各部门，尤其对农林牧业生产影响最大。干旱是最严重的气象灾害，也是重大自然灾害之一。干旱在世界上分布范围甚广，全世界有120多个国家受到不同程度的干旱威胁。特大干旱可以夺走难以计数的生命，是导致自然生态和环境恶化的罪魁祸首，是社会经济特别是农业可持续发展的重大障碍。我国历史上发生的每一次大旱都给中华民族带来深重灾难。干旱造成粮食损失占所有气象灾害造成粮食损失的60%左右，造成的经济损失达58%以上。干旱还会对水资源、生态环境、社会经济发展等产生深远的不利影响。干旱灾害即能够造成农作物减产甚至绝收，也会引起人畜饮水困难。1990—2006年，我国年均干旱灾害受灾面积占年均自然灾害受灾面积的53%，其中有55.4%的农田因干旱减产30%，有超过10%的农田减产超过70%，年均造成粮食损失近275亿kg，相当于全国近一年的口粮。2009年初，包括河北、河南、山东、江苏等粮食主产区在内的15个省(市)出现不同程度的旱情。截至2月9日统计，干旱已造成全国1.36亿亩作物受旱，其中重旱3981万亩，346万人、166万头大牲畜因旱发生饮水困难。专家初步估计这次冬春旱将使冬小麦产量减产20%。由此可见，旱灾可谓是影响我国粮食生产的首要自然灾害。

为了使我国的气象干旱监测预报预警更加规范化和标准化，对气象干旱的监测更具有可比性，我国2006年11月编制了《气象干旱等级》国家标准，对满足各级人民政府组织防御气象干旱灾害的需求，以最大限度减少气象干旱造成的损失，具有十分重要的意义。

《气象干旱等级》国家标准规定了全国范围气象干旱指数的计算方法、等级划分标准、等级命名、使用方法等，并界定了气象干旱发展不同进程的术语。气象干旱等级国家标准中规定了5种监测干旱的单项指标和气象干旱综合指数CI。5种单项指标为：降水量和降水量距平百分率、标准化降水指数、相对湿润度指数、土壤湿度干旱指数和帕默尔干旱指数。气象干旱综合指数 CI 是以标准化降水指数、相对湿润指数和降水量为基础建立的一种综合指数。

《气象干旱等级》国家标准中将干旱划分为五个等级，并评定了不同等级的干旱对农业和生态环境的影响程度：

I. 正常或湿涝，特点为降水正常或较常年偏多，地表湿润，无旱象；

II. 轻旱，特点为降水较常年偏少，地表空气干燥，土壤出现水分轻度不足，对农作物有轻微影响；

III. 中旱，特点为降水持续较常年偏少，土壤表面干燥，土壤出现水分不足，地表植物叶片白天有萎蔫现象，对农作物和生态环境造成一定影响；

IV. 重旱，特点为土壤出现水分持续严重不足，土壤出现较厚的干土层，植物萎蔫、叶片干枯，果实脱落，对农作物和生态环境造成较严重影响，对工业生产、人畜饮水产生一定影响；

V. 特旱，特点为土壤出现水分长时间严重不足，地表植物干枯、死亡，对农作物和生态环境造成严重影响，工业生产、人畜饮水产生较大影响。

《气象干旱等级》国家标准规范全国通用，具有空间和时间可比性，能较为客观地描述干旱的发生、发展、持续、解除等过程，以及干旱发生程度和范围的等级标准的干旱监测指标。

(2)洪涝灾害危害程度

洪涝自古以来一直是困扰人类社会发展的自然灾害。我国有文字记载的历史文献第一页就是劳动人民和洪水斗争的光辉画卷——大禹治水。时至今日，洪涝依然是对人类影响最大的灾害。我国长江连年洪灾给中下游地区带来极大的损失，严重损害了社会经济的健康发展。

洪涝灾害对于粮食生产有着很大的危害。从 1990—2006 年，全国年均洪涝灾害受灾面积为 1247.2 万 hm^2，成灾率和绝收率分别达到 7%和 2%，成为粮食因灾受损率较高的自然灾害。进入 20 世纪 90 年代以来，最严重的洪涝灾害有 1991 年，1998 年和 2003 年，受灾面积分别达到了 2459.6 万 hm^2、2229.2 万 hm^2 和 1920.8 万 hm^2。

从洪涝灾害的发生机制来看，洪涝具有明显的季节性、区域性和可重复性。如我国长江中下游地区的洪涝几乎全部都发生在夏季，并且成因也基本上相同，而在黄河流域则有不同的特点。同时，洪涝灾害具有很大的破坏性和普遍性。洪涝灾害不仅对社会有害，甚至能够严重危害相邻流域，造成水系变迁，并且在不同地区均有可能发生洪涝灾害，包括山区、滨海、河流入海口、河流中下游以及冰川周边地区等。洪涝仍具有可防御性，人类不可能彻底根治洪水灾害，但通过各种努力，可以尽可能地减轻灾害的影响。

3. 旱、涝灾害的防治

(1)干旱灾害的应对策略

1)加强干旱灾害生态环境动态监测预测工作,适时做好人工增雨作业,为决策部门合理开发、建设规划提供宏观决策科学依据。

2)加强干旱灾害风险评估。包括评估技术方法、评估模型、评估指标、风险水平等级分布及分区等,以便得出危害程度及今后的防御措施办法。

3)提高水资源利用效率。①开发土壤水库,增加土壤水库库容。采用深耕多蓄雨水,早秋耕蓄纳秋雨,耙耱保墒提高持水能力等措施。②实施集雨节灌农业。在年降水量400～700 mm的半干旱半湿润地区,修建雨水流集场和蓄水窖,将流失的雨水收集利用。③积极推广节水灌溉技术。在工程节水、农艺节水和科学用水管理等方面做文章。④大力推广旱作地膜覆盖技术。地膜覆盖是集增温保墒、集水调水、边行优势等生态效应于一体的高效综合生产栽培技术。⑤发展设施农业。温室和塑料大棚在北方不但有增加热量的功能,在抗旱中也发挥了明显的作用。

(2)洪涝灾害的应对策略

1)加快水土保持综合治理,改善生态环境。根据区域特点,积极开展以小流域为单元的水土保持综合治理,以生物措施为主,结合工程措施,辅以能源措施和行政措施。生物措施重点抓好退耕还林,封山育林,植树造林,提高土壤和植被的含水保水能力;工程措施是兴建谷坊、塘坝、地头水窖等拦沙蓄水工程,有效拦蓄水土资源;能源和行政措施是以电代燃料(积极利用区域的水能资源优势,开发水能资源)、以沼气代燃料。同时加强水土流失预防监督工作,严禁垦荒种植和滥伐林木,加强森林保护,杜绝和减少人为造成的水土流失。

2)加强城镇的防洪工程建设。中心城区要继续建好防洪工程,并形成封闭堤圈,以整体提高中心城区的防洪能力;加大投入,尽快完善城区防洪体系,提高抗灾减灾能力。

3)加大地质灾害的综合治理。对重点地质灾害危险点要加大治理力度,采取避让搬迁、工程治理等多种措施,切实避免和降低地质灾害。

总之,对于防治旱涝灾害要有着长期的防灾机制,应该具体地从各方面来进行防灾减灾。首先,提高对干旱和洪涝灾害的认识。要加强干旱和洪涝灾害成因、发生条件、发生时间、特征、影响范围、影响程度等研究,以便能发现并掌握其发生发展规律。其次,要在充分了解农作物,尤其是粮食作物生长情况的前提下,认真研究这两种自然灾害对农作物危害的机理与过程,进而提出防御对策措施,减少农作物损失。第三,要继续加强基础设施建设投入力度,按照科学规划、整体推进的方针,继续推进农田水利建设,完善各项工程的管理与维护。第四,建立健全干旱和洪涝灾害的监测和预警预报体系,采用卫星遥感、地理信息系统、全球定位系统及网络通信技术等现代科技手段，加强对干旱和洪涝灾害发生条件及过程的监测，形成全国性、多层次、布局合理的监测体系，提高对干旱灾害和洪涝灾害预警预报的准确性和时效性。此外，要健全灾害预警预报信息发布机制，充分利用各类传播方式，准确、及时发布旱涝灾害预警预报信息。

20.2.2 强对流天气

强对流天气灾害是因发生强对流天气而造成的灾害。强对流天气出现短时强降水、雷雨大风、龙卷风、冰雹和飑线等现象的灾害性天气，它发生在对流云系或单体对流云块中，在气象上属于中小尺度天气系统。

1.强对流天气的产生

强对流天气的形成，必须同时具备三个条件：

(1)不稳定大气

受地表、高度和光照等因素的影响，出现低层空气暖而湿。上层空气干而冷，冷的空气急速向下走，而暖的空气急速向上走，致使大气层处在极不稳定的状态。例如，在沿海地区由于海陆间冷热差异，形成热力环流运动，就导致大气层不稳定。

(2)充沛的水汽

南方地区夏季阳关充足，气温高，蒸发快。特别是海洋、湖泊上空，水分蒸发量更大，空气中具有充沛的水汽。例如，1998 年 7 月 21 号在武汉引起的大暴雨，有 1.5 倍东湖的水量从空中掉下来。可想而知它的水汽有多大、多丰富。

(3)有足够的冲击力

大气运动的冲击力有热力和动力两种。热力对流，就是由于地面强烈加热和地表性质不同造成了地表增热不均，引起垂直环流。动力抬升，以低层气流辐合抬升为例。受温度差等因素的影响，高温区中心的气压变得很低。出现低层气流水平辐合，低空的天气系统在气压梯度力的作用下，四周气压较高的空气向中心流动，低压空气团受到高压空气团的压力作用，使低气压向上运动，产生足够的冲击力促使低层气流辐合抬升。

2.强对流天气的发展

四周气压较高的空气在向低压中心流动中，受抬升力、摩擦阻力、科氏力等力作用下，当它未流到中心时就围绕着中心旋转起来，从而形成空气漩涡。空气的漩涡产生了“牵引”，加剧了强对流的程度，产生水平方向的空气迅速向同一地区集中，漩涡上升，带动外围空气的加速流动，则加速了强对流天气的发展。

3.强对流天气灾害的特点

强对流天气是以大尺度天气系统为背景，大尺度天气系统影响或决定着中小尺度天气系统的生成、发展和移动过程，而中小尺度天气系统又对大尺度天气系统有反馈作用。下面以广东省强对流天气来分析强对流天气的特点：

(1)发生早、结束迟

广东的强对流天气一般 2 月开始发生，至 9 月以后逐渐减少，个别年份可提前在 1 月出现，推迟至 10—12 月结束。

(2)强度大、破坏性强

广东的强对流天气与其他地区强对流天气一样，具有垂直方向速度大、突发性强、破坏力大的特点，如出现强对流天气时，一些过程的瞬时风速达 12 级或以上，甚至超过 100 m/s。

(3)出现频繁，水平尺度小，生命史短

强对流天气是广东各种自然灾害中出现次数最多的一种灾害性天气，大风、飑线、冰雹和龙卷风出现均较频繁，例如，有的年份，一天内竟降冰雹 4 次，最长降雹时间可持续半小时；有的月份，全省可出现持续多日降雹。强对流天气的水平尺度小，一般小于 200 km，有的仅几千米。生命史短，一般仅几小时至几十小时。此外，它还有气象要素梯度大以及非地转平衡、非静力平衡的基本特征。对流天气易于在某些特定的地区形成和发展，如山脉两侧、海陆边界、湖泊周围、沼泽地带等，因此，各类强对流天气形成的物理过程是不完全相同的，这与下垫面的动力和热力作用的影响有很大的关系。

4. 强对流天气灾害的分类

(1)飑线

气象上所谓飑，是指突然发生的风向突变，风力突增的强风现象。而飑线是指风向和风力发生剧烈变动的天气变化带，沿着飑线可出现雷暴、暴雨、大风、冰雹和龙卷等剧烈的天气现象，它是一条雷暴或积雨云带。飑线是受起伏地形和热力分布不均而产生的动力作用和热力作用的综合结果。它的形成和发展除与天气形势有密切关系外，地方性条件也起着极其重要的作用。它常出现在雷雨云到来之前或冷锋之前，春、夏季节的积雨云里最易发生。潮湿不稳定气层能助长飑线的强烈发展。当它即将出现时，天气闷热，风向很乱或多偏南风。当强冷空气入侵时，地面冷锋前部的暖气团中，或低压槽附近，大气存在不稳定层结，此时最易形成飑线天气。飑线多发生在傍晚至夜间。飑线从生成到消亡可分为三个阶段：①初生阶段，一般经历 3～5 h，有 6 级左右大风，并伴有雷雨。②全盛阶段，历时 1～2 h，风向突然改变，风速骤增，常由 8 级猛增至 12 级以上，气压急剧上升，温度剧降，短时间会降低 10℃ 以上。这阶段发生的狂风暴雨，破坏力很大。③消散阶段，历时 2 h 左右，风力减小，雷雨强度降低，气压渐降，气温渐升，天气渐好。

(2)台风与龙卷风

台风是指发生在西北太平洋和南中国海的强烈的热带气旋。热带气旋是发生在热带海洋上的强烈天气系统。它像在流动江河中前进的漩涡一样，一边绕着自己的中心急速旋转，一边随周围大气向前移动。在北半球，热带气旋中的气流绕中心呈逆时针方向旋转，在南半球则正好相反。我国华南地区受台风影响最为频繁，其中广东、海南最为严重，有的年份登陆以上两省的台风多达 14 个。此外，台湾、福建、浙江、上海、江苏等地也是受台风影响较频繁的省市。有些台风从我国沿海登陆后还会深入到内陆。在西太平洋沿岸国家中，登陆我国的台风平均每年有 7 个左右，占这一地区登陆台风总数的 35%。台风登陆地区带来的影响是十分巨大的，如 9711 号台风于 1997 年 8 月 10 日上午 8 时在关岛以东洋面生成，8 月 18 日 21 时 30 分在浙江温岭登陆。上海市普遍出现 8～10 级大风，普降暴雨 59～87 mm，局部地区高达 152.1 mm。长江口、黄浦江沿线潮位均超历史记录，黄埔公园站潮位达 5.72 m，超警戒线 1.17 m，相当于 500 年一遇的水位。市区防汛墙决口三处，漫溢倒灌近 20 处，39 处电线被刮断，电网发生故障 952 起，70 条街道积水，倒塌房屋 500 余间，损坏 2000 余间。郊区受灾农田近 500 km^2，135 个飞机航班不能按时起降，22 条轮渡线全部停驶，直接经济损失约 6.3 亿元以上。

龙卷风是一种强烈的、小范围的空气涡旋，是由雷暴云底伸展至地面的漏斗状云(龙卷)产生的强烈的旋风，其风力可达 12 级以上，最大可达 100 m/s 以上，一般伴有雷雨，有时也伴有冰雹。它是大气中最强烈的涡旋现象，影响范围虽小，但破坏力极大。它往往使成片庄稼、成万株果木瞬间被毁，令交通中断，房屋倒塌，人畜生命遭受损失。龙卷风分为陆龙卷和海龙卷。出现在陆地上的龙卷称为陆龙卷，出现在海面上的龙卷称为海龙卷。它旋转力很强，常把地表面上的水、尘土、泥沙等卷挟而上，从四面八方聚拢成管状，有如“龙从天降”，因而得名龙卷。陆上龙卷风外围多为泥沙；海上龙卷外围多为海水。海上的这种龙卷群众也叫它“龙吸水”。龙卷风是在极不稳定天气下由空气强烈对流运动而产生的，其形成和发展同飑线系统等没有本质上的差别，只是龙卷风更严重一些、尺度更小一些。它的形成和发展必须有大量的能量供应，因而需要有强烈对流不稳定能量的存在。它与热带气旋性质相似，只不过尺度比热带气旋小很多。在形成和发展时，由于空气对流，使龙卷中心的气压变得很低，在气压梯度力的作用下，四周气压较高的空气就向龙卷中心流动，当它未流到中心时就围绕着中心旋转起来，从而形成空气的旋涡。龙卷风的水平范围很小，直径从几米到几百米，平均为 250 m 左右，最大为 1 km 左右。在空中直径可有几千米，最大有 10 km。极大风速可达 150～450 km/h，龙卷风持续时间，一般仅几分钟，最长不过几十分钟，但造成的灾害是很严重的。广东是我国龙卷风多发区之一，一年四季都会发生，从时间上看，以春末夏初为多，从地区上看以沿海地区最多，内陆较少。

(3)冰雹

冰雹是从雷雨云中降落的坚硬的球状、锥状或形状不规则的固体降水。常见的冰雹大小直径一般为 5～50 mm，最大可达 10 cm 以上。冰雹是由于冰晶或雨滴在对流的积雨云中几上几下翻滚凝聚而降落的固体降水。它通常是产生在系统性的锋面活动或热带气旋登陆影响过程中，但也有局部性的。冰雹一般多出现在春夏之交，空气对流发展旺盛的午后，且多出现在内陆山区。在垂直发展旺盛的积雨云中都有冰雹存在，但冰雹要在落地之前不被融化，云中的冰雹就必须增至足够大。空气中很强的具有明显起伏的上升气流能使冰雹在空气中反复升降而增长。据估计，降雹时上升运动必须大于 20 m/s；要产生 10 cm 的大雹，必须要有 50 m/s 以上的上升气流运动（一般产生雷雨的积雨云上升运动仅10 m/s左右）。这样强的上升运动，完全靠大气不稳定的能量释放而获得。所以降雹的一个必要条件是空气中存在极不稳定的大气层，不稳定层越厚，越是利于降雹。在积雨云内，0℃层以下的云层由水滴组成，0℃层以上的云层由过冷却水滴组成，再高一些的云层则由过冷却水滴与雪花和冰晶等混合组成。如果积雨云中上升气流时强时弱，当上升的冷却水滴与上空的冰晶或雪花相碰，过冷水滴就冻成冰雹的核心。冰雹形成后，或因上升气流减弱，或因其重量较大而下降，当它降到 0℃层以下后，又有一部分水滴粘于其上，这时若上升气流增强，它又被带到 0℃层以上的低温区，雹核表面的水又被冻成冰，当上升气流再也托不住时，它便落到地面，成为冰雹。

(4)雷暴与雷电

雷暴(thunderstorms)是伴有雷击和闪电的局地对流性天气。它必定产生在强烈的积雨云中，因此常伴有强烈的阵雨或暴雨，有时伴有冰雹和龙卷风，属强对流天气系统。雷暴的能量很大，千分之几到十分之几秒的雷电放出的电能可达到数十亿到上千亿瓦，温度为 1 万～2 万℃。通常把只伴有阵雨的雷暴称为“一般雷暴”，而把伴有闪电、雷鸣、暴雨、大风，有时还会出现冰雹、龙卷风和下击暴流等灾害性天气的雷暴称为“强雷暴”。

雷暴共分为三种，分别为单体雷暴、多单体雷暴及超级单体雷暴三种。分辨它们的方法是根据大气的不稳定性及不同层次里的相对风速而定。①单体雷暴是在大气不稳定，但只有少量甚至没有风切变时发生。这些雷暴通常较为短暂，不会持续超过 1 h。在平日亦有很多机会看到这种雷暴，因此亦被称为阵雷。②多单体雷暴由多个单细胞雷暴所组成，是单细胞雷暴的进一步发展而成的。这时会因为气流的流动而形成阵风带，这个阵风带可以延绵数里，如果风速加快、大气压力加大及温度下降，这个阵风带会越来越大，并且吹袭更大的区域。③超级单体雷暴是在风切变极大时发生的，并由各种不同程度的雷暴组成。这种雷暴的破坏力最大，并且有 30%可能性会产生龙卷风。

强雷暴发生时，出现雷、雨天气现象时风力达到或超过 8 级(≥17.2 m/s)的天气现象，有时将这种雷雨大风现象称作飑。当雷雨大风发生时，乌云滚滚，电闪雷鸣，狂风夹伴强降水,有时伴有冰雹,风速极大。它涉及的范围一般只有几千米至几十千米。雷雨大风常出现在强烈冷锋前面的雷暴高压中。雷暴高压是存在于雷暴区附近地面气压场的一个很小的局部高压,雷暴高压中心温度比四周低,下沉气流极为明显,雷暴高压前部为暖区,暖区有上升气流,就在这个下沉气流与上升气流之间,存在着一条狭窄的风向切变带,其为雷雨大风发生处,它过境时带来极强烈的暴风雨。如果雷雨大风发生在单一气团内部,那么它常常是由于局地受热不均引起。雷雨大风的生命史极短。

雷电因其强大的电流、炙热的高温、强烈的电磁辐射以及猛烈的冲击波等物理效应而能够在瞬间产生巨大的破坏作用,造成雷电灾害。雷击一般有直接雷击和间接雷击两种形式。直接雷击(包括雷电直击、雷电侧击)是在雷电活动区内,雷电直接通过人体、建筑物、设备等对地放电产生的电击现象;间接雷击是直击雷辐射脉冲的电磁场效应和通过导体传导的雷电流,如以雷电波侵入、雷电反击等形式侵入建筑物内,导致建筑物、设备损坏或人身伤亡的电击现象。

雷电灾害泛指雷击或雷电电磁脉冲入侵和影响造成人员伤亡或物体受损,其部分或全部功能丧失,酿成不良的社会和经济后果的事件。我国每年有上千人遭雷击伤亡,广东省、云南省损失最为惨重。雷电灾害具有较大的社会影响,经常引起社会的震动和关注,例如 2004 年 6 月 26 日,浙江省台州市临海市杜桥镇杜前村有 30 人在 5 棵大树下避雨,遭雷击,造成 17 人死 13 人伤,而 2007 年 5 月 23 日 16 时 34 分,重庆市开县义和镇政府兴业村小学教室遭遇雷电袭击,造成学生 7 人死亡、44 人受伤。雷电灾害还可能导致建筑物、供配电系统、通信设备、民用电器的损坏,引起森林火灾,仓储、炼油厂、油田等燃烧甚至爆炸,造成重大的经济损失和不良社会影响。

(5)短时强降水

短时强降水是指短时间内降水强度较大,其降雨量达到或超过某一量值的天气现象。由短时强降水引起的暴雨危害主要有两种:①渍涝危害,由于暴雨急而大,排水不畅易引起积水成涝,土壤孔隙被水充满,造成陆生植物根系缺氧,使根系生理活动受到抑制,加强了嫌气过程,产生有毒物质,使作物受害而减产。②洪涝灾害,由暴雨引起的洪涝淹没作物,使作物新陈代谢难以正常进行而发生各种伤害,淹水越深,淹没时间越长,危害越严重。特大暴雨引起山洪暴发、河流泛滥,不仅危害农作物、果树、林业和渔业,而且还冲毁农舍和工农业设施,甚至造成人畜伤亡,经济损失严重。

5. 强对流天气灾害对国计民生和农业生产的危害

强对流天气发生时,往往几种灾害同时出现,对国计民生和农业生产影响较大。

(1)飑线、龙卷风和雷雨大风最突出的气象要素之一是强风。尽管飑线的水平尺度小,但在其影响的范围内都将发生强大的风、雨灾害,可导致树木折倒,房屋掀翻,瓦砾飞行,人畜受伤受害,庄稼倒伏。飑对内河航行的船只危害也较大,如 1980 年 2

月 27 日在广东潭江水道行驶的曙光 401 客轮，被飑吹沉，死亡 301 人，经济损失 100 万元；1983 年 3 月 1 日在东平水道航行的红星 283 号，被飑吹沉，死亡 148 人，经济损失 110 万元；1985 年 3 月 27 日在天河水道航行的红星 312 客轮，被飑吹沉，死亡 83 人，经济损失 120 万元。除此之外，几乎每年都有客、货船被飑吹沉事件发生，造成不同程度损失。

(2)龙卷风的风向旋转时，中心风力可达 100～200 m/s，具有极大的破坏力。如 1987 年 4 月 6 日在广东从化发生的一次龙卷风，吹塌房屋 950 间，严重损坏 3210 间，吹断荔枝 1460 棵，三华李、柑橘橙等果树 15300 株，死亡 4 人，受伤 14 人，经济损失 100 多万元；1990 年 4 月 10 日龙卷风袭击阳江市，死亡 16 人，伤 10 人，倒塌房屋 250 多间，揭顶 750 间，在漠阳江上航行的船只被龙卷风吹沉，死 10 人，伤 5 人。1986 年 5 月龙卷风袭击信宜和 1989 年 4 月 23 日龙卷风袭击普宁，亦造成较大的经济损失和人员伤亡。

(3)雷雨大风的风力一般小于飑线和龙卷风，但它的发生不仅有大风，而且伴随有电闪雷鸣和暴雨等现象，个别的雷鸣巨响使人感觉到有如地震一般。雷雨大风可导致人、畜伤亡、房屋倒塌和大片农作物被毁等。如 1997 年 4 月 12 日，花都、从化和广州市白云区 15 个乡镇遭受雷雨大风袭击，受伤 2 人，损坏房屋 1047 间，揭掉瓦房瓦面 280 间，荔枝等果树被吹断 4800 多棵，倒塌工棚 6.6 万 m^2，损坏稻田、菜地 4074 亩，死亡飞鸟 6.5 万只，直接经济损失 2481 万元。此外，雷电对航空活动造成的危害尤其严重。雷电也可能引发森林火灾和山火。

(4)冰雹是雷雨云中水汽凝华和水滴冻结相结合的产物。雹以雹胚(霰)为核心，外面包有好几层冰壳。雹的密度大致为 300～900 kg/m^3，平均为 700～800 kg/m^3，大冰雹的降落速度可达 30 m/s 或更大。降雹形成的灾害虽然是局部和短时的，但后果是严重的。降雹会砸坏农作物、果园、房屋和其他设施、设备，致人畜伤亡。如 1997 年 4 月 12 日茂名市北部山区出现暴雨和冰雹等灾害，信宜市 14 个乡镇出现 6～7 级阵风，最大冰雹重 15kg，一般大的如鸡蛋，小如花生米，造成 3 人死亡，倒塌房屋 750 间，被揭房屋瓦顶 2 万多间，经济作物受损达 10 多万亩。1997 年 4 月 3 日清新县 10 个镇受冰雹袭击，全县受损房屋 10750 间。高州市 6 个镇受冰雹袭击，损坏房屋 16000 间。

(5)短时强降水易形成洪水内涝，影响作物生长，影响人类正常的工作生活环境和健康，甚至威胁人类的生命。作物超时浸泡会烂根、死苗；房屋、堤坝长期浸泡会倒房、坍堤、垮坝。此外，内涝易于瘟疫和作物病虫害的流行。洪水可冲毁堤坝，淹没农田，毁掉庄稼，冲击桥梁，淹没房屋和家园，使人们流离失所，人畜均难逃其浩劫。短时强降水常构成暴雨的一部分。如 1997 年 5 月 7—9 日，清远市和广州市北部普降短时暴雨，清远市源潭镇降雨 939 mm；高桥镇降雨 512 mm；佛冈县龙山镇降雨

614 mm；广州的花都市梯面镇降雨 460 mm，从化龙潭镇降雨 425 mm，由于暴雨集中，强度大，致使山洪暴发，山体下滑，江河水位猛涨，部分堤围溃决，造成极其严重的洪涝灾害，受灾人口 36 万人，死亡 112 人。倒塌房屋 1.83 万间。全停产乡镇企业 65 个，冲毁桥涵 52 座。损坏高压输电线路 12 km，损坏通信线路 82 km，农业受浸面积 3.97 万 hm^2，直接经济损失达 13.7 亿元。

总而言之，强对流天气的破坏力很强，会产生严重的灾害。若以风速估计该类天气的能量，则一个强对流风暴的平均能量可达 10^8 kW·h，大约相当于当年在日本广岛、长畸遭受的原子弹爆炸时具有的能量的十多倍。国际上把它列为仅次于热带气旋、地震、洪涝之后的第四位具有杀伤性的灾害性天气。广东在 1980—1985 年期间发生的 3 次海难事件都是处于这种天气背景之下。由于各类强对流天气有各自的发生季节和发生特点，农业生产为户外作业，又是根据季节来安排的，所以强对流天气对农业生产中的各类作物的危害不尽相同。上述的洪涝、风、雹是强对流天气灾害中影响农业生产的主要几种危害。强对流天气对农业生产的直接危害是外力摧毁庄稼，间接危害是由内涝诱发和传播病虫害致庄稼减产甚至绝收。

随着人民生活水平的提高，经济建设的发展，因强对流天气的发生而造成的损失也就更加严重。强对流天气灾害与强对流天气的类型、其影响的范围和持续时间是密切相关的。

6. 强对流天气灾害的防御对策

由于强对流天气突发性强，成灾种类多，破坏力大，常造成严重灾害，目前尚无有效办法人为削弱及防治，因此要采取预防为主、防救结合的策略。

(1)建立抗灾夺稳产的农林牧结构和措施

1)建立抗灾夺稳产的农林牧结构。在多强对流天气灾害发生的地方，特别是山区需大力种草种树，封山育林，绿化荒山，增加森林覆盖率，做好水土保持，减少水土流失，有可能减少空气的对流作用，以减轻强对流天气灾害的发生，农区增加林牧业比重，并增加种植抗强对流天气灾害和复生力强的作物比例；在强对流天气灾害多发区，多种根茎类作物。在关键生育期错开强对流天气灾害多发时段。成熟作物要及时抢收。

2)植树造林，绿化环境，加固建筑物，以防雷雨大风、龙卷风等风害，改善生态环境，防止土壤沙化，保护水源，疏导沼泽。

3)作物受灾后需及时采取补救措施。强对流天气灾害发生后，作物除遭受机械损伤外，还有许多间接危害，因此，应根据不同灾情，不同作物，不同生育期的抗灾能力等，及时采取补救措施。

4)培育优良的抗强对流天气灾害的作物品种，提高作物抗灾能力。

(2)提高强对流天气的预报水平和加强对强对流天气系统的理论研究

1)提高强对流天气的预报水平

要对强对流天气的产生和移动作好预测预报，可利用气象雷达监测，加强气象台、站联防来预报强对流天气的发生，监视它的活动，还可利用地球同步卫星连续拍摄的云图照片，对强对流天气发生、发展、移动及消亡进行探索、追踪，配合天气形势图分析，有助于判断强对流天气出现地区的预测预报，从而可提高强对流天气的预报水平；及时发布预报信息，以便在强对流天气出现以前采取必要的防御措施。

2)加强对强对流天气系统的理论研究工作

如加强对强对流天气成因的机理研究，加密监测强对流天气网点，更新监测手段；建立防灾减灾计算机指挥系统，尽快应用于抗灾救灾工作，提高应变能力，对影响本省的强对流天气灾害进行系统整理，并建立强对流天气数据库和灾情库，及时为领导决策和采取措施提供准确的灾情资料。

(3)建立、健全防灾系统

1)健全气象防灾减灾法律法规体系，依法发展气象防灾减灾事业。应制定《气象灾害防御条例》及配套法规，制定《气象灾害普查办法》、《气象灾害风险性评估管理办法》、《气象灾害调查评估管理办法》等部门规章。同时要加强气象防灾减灾技术标准体系建设，制定气象灾害普查、评估、灾情收集等相关的技术标准，建立健全气象防灾减灾法律体系。

2)将气象防灾减灾纳入中央和地方同级国民经济和社会发展规划及财政预算。气象灾害防御是一项以社会效益和生态效益为主的公益性工程项目，工程性防御投资巨大，非工程性防御研究周期长，都需要大量资金支持。必须纳入各级政府的经济和社会发展规划和计划，进行长远规划，分步实施。同时要将气象防灾减灾体系建设纳入本级财政规划，进行整体考虑，通盘部署，保证气象灾害防御体系的建设进度和质量，实现有计划、有步骤、先重点、后普遍的有序推进。

3)完善气象灾害防御体系建设，提高防灾减灾能力。建立气象灾害防御指挥、预报警报、防御实施相结合的气象灾害应急系统；建立统一领导、上下联动的应急响应机制；建立多部门信息共享的一体化气象灾害监测和信息网络系统；加强气象及相关灾害预测预报警报能力建设；完善气象灾害预警发布系统；建立气象防灾减灾决策指挥系统；建设气象灾害收集上报调查和评估系统；建立气候变化与极端气候事件预测分析系统；健全人工影响天气工程体系，完善雷电灾害防御工程体系；加强防风防汛等气象灾害及衍生灾害工程体系建设。

4)加强科研开发和信息共享，提高气象灾害预警水平。提高预警预报预测水平，加强多学科合作，开展灾害防御科学研究，通过提高气象灾害监测预警防御水平，获取更大的经济、社会和生态效益。以高科技先进监测、网络系统建设为基础，完善、健全气象灾害预警、预报、预测系统，提高服务能力，建立快速、准确的灾害预警及防御措施发布系统，全面提高气象灾害防御能力。

5）加强合作与交流，积极开展气象灾害的主动防御。气象灾害防御工作涉及社会的各个方面，需要社会各部门通力合作。必须建立健全气象灾害防御工作指挥机构，研究解决重大问题，做好部门协调工作，落实有关政策。同时要开展建设用地、建设项目气象灾害风险性评估工作。

6）加大公众气象防灾减灾宣传教育力度，提高全社会气象防灾减灾能力。建立气象防灾减灾宣传教育长效机制，将减灾教育纳入公民义务教育体系之中，通过宣传教育，使气象灾害易发区重发区群众增强防御意识，了解灾害的成因及防御办法和措施效果、规范行为，尽可能避免人为因素增大灾害的损失，熟悉预警信号和应急处理办法，明确在灾害防御过程中应尽的职责，熟悉转移路线和方案。通过提高全社会防御气象灾害的意识和能力，提高气象防灾减灾水平。提高从事气象灾害防御相关工作人员的专业素质和技能，充分发挥气象灾害监测预警与应急系统的建设效益，防御和减轻气象灾害对国民经济和人民财产所带来的损失。

在防洪防涝、防风、防雹的各项防御措施中，植树造林改善局地小气候是关键。影响对流发展的物理因子有 6 个，即大气的静力稳定度，云外下沉气流，挟卷过程，风的垂直切变，对流云的合并，对流活动对大尺度环流场的反馈作用等。破坏其中任何一个环节都可阻止对流的继续发展，避免形成强对流天气。在科学技术高度发展的今天，采取措施避免强对流天气灾害的发生是完全可能的。毫无疑问，预报的准确是前提，我们必须提高预测强对流天气灾害的水平。

20.2.3 低温与冰雪

低温雨雪冰冻天气过程是指长时间（持续天数≥6 天）维持地面低气温、并伴有连续降雪、冰冻天气的过程，即最高气温≤1℃、平均气温≤0℃的天气过程。冻雨（又称冰雨、冰凌）天气，是一种严重的灾害性天气，它会给交通运输、电力传输、通信设施、农业生产、群众生活带来极大影响。2008 年 1 月 10 日至 2 月 5 日，我国南方出现了大范围的持续低温雨雪冰冻天气，给国民经济造成了巨大损失。此次低温雨雪冰冻天气范围广、强度大、持续时间长、过程之间基本无间歇期、灾害重，长江中下游及贵州连续低温日数和连续冰冻日数均超过年周期，达到历史最大值，给湖南、湖北、安徽、江西、广西、贵州等个省区、市交通运输、能源供应、电力传输、通信设施、农业生产、群众生活造成严重影响。

冰冻一般包括冻雨、雨凇。逆温层底高度偏低，逆温层顶气温偏高，1000～925 hPa为较厚的过冷层是冰冻灾害的主要原因。雨凇天气长时间维持的原因是在稳定形势下，高空槽发展为低涡，副冷锋缓慢南压所造成的，暖空气势力较强时近地面有辐射逆温的冷气层时，平原地区可出现明显雨凇。叶茵等（2007）总结贵州冻雨时得出，强冻雨年，500 hPa 高度距平在中高纬度呈准对称分布，即极圈为负距平，极圈外围为正距平，尤其在欧亚地区，“南正北负”型分布更为明显；弱冻雨年，500 hPa 高度距平在中高纬度仍呈对称分布，但正、负中心位置跟强冻雨年接近相反，主要表现为在欧亚地区上空呈“南负北正”的距平分布。下面我们以 2008 年 1 月发生在中国的低温雨雪冰冻天气为例来分析其过程及特征。

1. 低温雨雪冰冻天气成因与过程

当冷空气团是从极地方向过来，如蒙古国、贝加尔湖方向，冷空气较强，主要以大风、降温过程为主。冷空气团从西伯利亚方向过来，也会带来大风降温的天气，但强度没有从北路过来的强。冷空气团从西路过来，比如从冰岛沿途过来，经过欧洲地中海这个方向过来的自西向东过来的冷空气，这类冷空气就容易带来大范围的降雪过程。西路来的西南暖湿气流与东路贝加尔湖以东的冷空气在黄淮、江淮、江南北部一带相遇，再加上黄淮一带暖湿气流比较活跃，出现了这次低温雨雪天气。

2008 年 1 月 10 日至 2 月 2 日发生在全国的雨雪冰冻天气表明，青藏高原东部、西北地区东部、华北西南部、黄淮西部和南部、江淮、江汉、江南、华南、云贵高原、四川东部和南部、重庆以及西藏西南部、新疆西南部等地的累计降水量均在 10 mm 以上，降水量较大的区域集中在江淮、江汉东部、江南、华南及云南西北部等地，过程降水量达 50～250 mm；贵州、湖南、江西以及广西东北部、安徽南部等地出现了冻雨或冰冻天气，贵州累积降水量较小，以冻雨天气为主。2008 年 1 月 10 日至 2 月 2 日全国降水距平分布表明，东北地区、华北东北部和内蒙古东部等地降水偏少 5～9 成，全国其余大部地区降水偏多 1～2 倍，西北地区大部、华南中南部等地偏多超过 2 倍。

2. 低温雨雪冰冻天气过程主要特点

(1)低温的异常特点

低温雨雪冰冻天气，雨雪、冻雨范围广，降雪强度大，雨雪、冻雨持续时间长，过程之间基本无间歇，地面温度、百叶箱温度明显偏低且持续时间长，低温阴冷天气特征突出。

在 2008 年 1 月 10 日至 2 月 2 日的天气过程中，我国大部地区出现了显著的大幅度降温，降温在 10℃以上，其中又以西北地区和长江以南地区降温最为明显，普遍在 15℃以上，华南部分地区的降温幅度甚至达到 20℃以上。在如此大幅度的降温过程后，我国除西南地区中西部和黑龙江省北部外的大部地区均出现了气温的显著偏低，其中西北至华中到华南的大部地区气温较气候平均值偏低 2～4℃。就全国平均气温而言，1 月 10 日至 2 月 2 日的日平均气温，日最高气温和日最低气温平均分别为 0.3℃，2.1℃和－0.9℃，均比气候平均值偏低。其中，最高气温的偏低幅度最大，达 5.7℃；而最低气温的偏低幅度最小，为 1.7℃。日平均气温和日最高气温在此次天气过程中均达到了 1951 年以来的历史最低值，日最低气温为 1951 年以来的第 7

位低值。对低温出现的概率进行估算发现(图略):全国 2008 年 1 月 10 日至 2 月 2 日的温度普遍大幅偏低,日平均气温在中国大部分站点都达到了 50 年一遇,在一些站点达到了百年一遇;并且,日最高气温偏低更为显著,在西北、长江中上游的大部分站点都达到了百年一遇;而日最低气温的偏低相对较不明显,仅在贵州、湖南、湖北的部分站点达到了 50 年一遇,其余大部分站点为 20 年一遇。这些分析表明,2008 年初的灾害性天气过程具有降温幅度大、温度显著偏低的特征,并且日最高气温偏低最为显著。

(2)雨雪量的异常特点

根据我国降雪量距平百分率,可以看到,东北、华北东部、黄淮东部、华南南部、内蒙古东部、云南、新疆北部等地降雪量较常年同期偏少,而全国其他大部地区的降雪量都较气候平均值偏多 50%到 2 倍以上。降雪量偏多的地区主要分布在 3 个区域,即新疆南部、陕甘宁地区、长江中下游至江南和华南北部一带,降雪量较气候平均值偏多 1 倍以上。据 2008 年 1 月 10 日至 2 月 2 日各站冰雪量统计情况来看,长江中下游至江南一带、陕甘宁地区、四川东南部和新疆西部等自东南向西北大范围地区的降雪量都达到了百年一遇的强度,另外在西北地区中东部、江淮流域以及江南地区的一些站点还分别发生了 50 年一遇和 20 年一遇的强降雪。另外,降雪过程还表现出显著的持续性特征。

(3)冰冻的异常特点

与低温和降雪一样,在 2008 年初的这次灾害性天气过程中,冰冻天气也表现出了持续性强的特征。据 1 月 10 日至 2 月 2 日全国各站冰冻日数距平的分布特征,可以看到,除东北大部、华南南部和云南等地的冰冻日数较气候平均值偏少 1～5 d 外,全国其余大部分地区的冰冻日数明显偏多。其中,从西北中东部至华北西部经江淮流域到长江中下游和江南一带的大范围区域,以及新疆西部的冰冻日数偏多 5～10 d,湖南、湖北、贵州等省区的冰冻日数甚至偏多 15 d 以上。就整个冬季而言,2007/2008 年冬季中国的平均冰冻日数也较气候平均值偏多 10 d,达 1951 年以来的第 2 大值。

冰冻灾害发生最严重的 5 个省(安徽、贵州、湖北、湖南和江西),从历年冬季最长连续冰冻日数变化,可以看到,自 20 世纪 50 年代至 2006/2007 年冬季最长连续冰冻日数表现出明显的逐渐减少趋势,然而 2007/2008 冬季的最长连续冰冻日数异常偏多,达 11 d,较气候平均值 2.9 d 偏多 8.1 d,为 1951 年以来的最大值。如此之长的连续冰冻天气过程已超过了百年一遇的强度。

3.防御低温雨雪冰冻灾害的对策

(1)加强雨雪冰冻灾害科研

1)进行雨雪冰冻灾害条件和机理的研究。雨雪冰冻天气的研究是一个复杂的课题，应加强研究雨雪冰冻灾害天气形成和发展过程和机理，揭示雨雪冰冻灾害生成背景与长距离输送的天气气候特征与条件，将传统的天气学方法和现代数值预报方法有效结合，探索新的雨雪冰冻灾害中短期预报和治理方法。

2)加强基础性研究。雨雪冰冻灾害资料是一项非常重要的基础资料，它是防灾减灾的主要依据。应加快研究和拟定雨雪冰冻灾害评价指标体系，开发和利用遥感技术和地理信息系统，建立快速、科学的资料收集和核实手段，达到科学、简便、实用的要求。

3)开展气候变化对雨雪冰冻灾害演进的影响研究。研究预测未来几年和年我国气候变化情景，在此基础上评估气候变化对雨雪冰冻灾害的进一步影响。

4)凡事预则立，不预则废。预案不是万能的，也不是一成不变的，它需要在实践中不断完善。这次历史罕见的灾害再次提醒各级政府，必须全面落实突发事件应对法，进一步完善和落实预案。

(2)提高气象灾害监测预警水平

1)加强气象灾害综合监测系统建设。重点加强大雪、大风、浓雾、大雨等气象灾害的监测，建立实时监测、快速传递、高效分发的综合信息处理及综合气象服务平台，不断加强对国道、高速公路及山区道路沿线的气象监测，增强铁路、公路、港口、航运和交通气象保障能力，进一步完善与国家综合气象监测网相衔接、适合各地气候特点和经济社会发展需求的区域气象监测网络。

2)雨雪冰冻灾害监测是掌握其发展趋势的重要手段，要通过现代遥感和自动化处理技术对不同类型雨雪冰冻灾害进行监测，及时预报雨雪冰冻灾害的动态变化，在现有气象观测预警系统的基础上，建立现代化的雨雪冰冻灾害天气及南方和北方灾害性天气的监测、预报、警报服务系统。

3)利用气象卫星、雷达、自动气象站等高科技手段，定期进行雨雪冰冻灾害发展势态的评估，进一步在资源环境的研究与实践方面利用“3S”等高新技术，建立资源环境信息系统，形成一个实时的国家级雨雪冰冻灾害监测、预警和对策服务系统。

4)气象部门要牵头制定气象灾害及其次生衍生灾害的综合监测系统建设规划，协调和指导国土资源、能源、交通、铁路、公路、民航、农业、林业、水利、海洋等有关部门，建立跨地区、跨部门的气象灾害监测信息共享机制和共享平台。

5)建立、完善市和区县市两级气象灾害预测预报体系，完善分灾种气象灾害预报业务系统和气象灾害预报预警平台，提高重大气象灾害预报的准确率和时效性。

6)完善气象灾害预警信息发布系统。加快建设各级气象灾害预警信息发布平台，并不断拓展信息发布系统功能，增加信息发布内容和时间、次数。进一步完善和扩充气象影视、气象手机短信、气象声讯电话预警发布系统和专业信息网站功能，逐步建立和完善气象灾害信息发布平台，与广播电视、公安、新闻出版、海洋、卫生等社会公共媒体、有关部门和行业内部信息发布渠道实现连接和共享。

(3)坚持综合治理

制定周密方案,加强组织协调,集中优势力量,全力以赴抓抓实;针对气候变化特点,政府及有关部门按照职责做好防雪灾和防冻害准备工作,农牧区和种养殖业要储备饲料,做好防雪灾和防冻害准备;交通、铁路、电力、通信等部门应当进行道路、铁路、线路巡查维护,做好道路清扫和积雪融化工作;建立保险业务,完善冰雪灾害保险制度,动员群众以村为单位参加灾害保险,集中社会力量支持雨雪冰冻灾害地区群众开展抗灾自救,重建家园;认真做好宣传和教育工作,提高全社会对冰冻灾害的认识。

(4)健全执法体系

法规是针对自然灾害最大限度地减轻灾害损失而采取的有力措施,是保证气象灾害应急工作高效、有序进行,全面提高对气象灾害的综合管理水平和应急处理能力,保障公共安全和人民生命财产安全的重要举措。因此,加强法规体系建设。《中华人民共和国气象法》、《中华人民共和国防洪法》及中国气象局制订的《重大气象灾害预警应急预案》、《气象灾害防御条例》作为防治雨雪冰冻灾害频发的大法,其内容比较概略,有些规定比较原则,一些委任性和规范性条款还需制定配套的专项法律和行政法规,地方上也需因地制宜制定更为具体实施办法、细则和规章,以逐步完善法规体系。全国人大应尽快制订《雨雪冰冻灾害法》,以适应经济发展之形势需要。加强行政执法。《气象法》和《气象灾害防御条例》等的颁布实施,只是法制建设的起点,要真正做到依法治灾,依法管灾,必须坚持不懈进行法制建设,特别是要自上而下建立行政执法体系。

(5)强化资金投入

为了使防治雨雪冰冻灾害适应国民经济发展要求,切实把生态环境建设好,中央和地方财政安排预算内基本建设投人用于防治雨雪冰冻灾害的比例要适当增加要加强政府部门与金融机构的联系和协作,鼓励金融机构介入重点项目前期工作也可采用租赁、承包、股份、合作、独资、合资等形式,吸收各方面的资金,形成国有资本、私营资本、国外资本和混合资本共同参与的多极投入机制。国家财政应专设生态环境保护专项基金,用于铁路和公路水土保持、国土整治等生态建设。

20.2.4 大风与沙尘暴

1. 大风

(1)大风的概念

一般所说的大风是指平均风力达 6 级以上,瞬时风力达 8 级或以上,以及对生活、生产产生严重影响的风。扬沙和沙尘暴均是强风吹起沙、尘等物,能见度降低的天气现象,因而气象上把扬沙和沙尘暴统称为风沙天气。大风会破坏房屋、车辆、船舶、树木、农作物以及通信设施、电力设施等，有时还会造成少量人口伤亡、失踪。秋、冬、春三季出现的大风天气往往持续时间较长，有时伴有扬沙、沙尘暴、强降温或寒潮天气现象，很容易造成大的灾害。特别是伴有沙尘暴、寒潮出现时，破坏力很强，造成的灾害损失往往也非常大。

(2)大风指标和时空分布

风力在 6 级以上就可对作物产生危害，中央气象台规定瞬时风速≥17.2 m/s(8 级)，称为一个大风日。我国各地 8 级以上大风天数大多在 5～50 d，总的趋势是北方多于南方，沿海多余内陆，高山隘口多于盆地河谷。东北、华北、西北和青藏高原为 10～75 d，西南、华南和长江流域为 3～25 d。全国大风天数最多的地区：青藏高原；中蒙边境地区和新疆西北部；沿海及近海岛屿，尤其台湾海峡；东北松辽平原。高山上的大风一般都在 100 d 以上，如五台山 189 d，泰山 133 d，新疆北部的阿拉山口为 166 d。

我国绝大多数地区春季大风多于冬季，夏季最少，秋季与冬季相近。瞬时最大风速除高山隘口和龙卷风以外，只有中蒙边境和沿海出现过 40 m/s 以上的风速。东南沿海风力大主要是受台风影响，超强台风中心附近的最大风速甚至可达 17 级。

(3)大风的成因

沿海夏秋主要是台风造成，冬春主要是气旋和海潮造成。除台风和龙卷风外，形成大风天气的主要原因是强的风速垂直切变、低空变形场的锋生、地面黄河气旋的适度发展，使冷空气加强并向南爆发，低空急流、低空低涡及地面气旋产生的强辐合上升运动，触发了不稳定能量的释放。

(4)大风的危害

大风所造成的危害是多方面的，对公交、农林、畜牧业都有影响，特别对农业生产危害最大。直接危害主要是造成土壤风蚀沙化，造成作物的机械损伤和生理危害，同时也影响农事活动和破坏农业生产设施，间接危害是传播病虫害和扩散污染物质。

1)造成土壤风蚀沙化。春季是大风天气的多发期。每到春季气温回升，土壤解冻，植物还未长出，地表裸露，气候干燥。此时的大风，加速土壤水分的蒸发，加剧干旱的威胁，造成跑墒，影响播种。干松的土壤，遇到大风时，表土易被吹走，形成风蚀，风速越大，表土刮走越多，风蚀越严重，以致播下的种子暴露，或连同表土一起被刮走。同时，大风还携带沙土，淹埋农田幼苗。农田受到严重风蚀和沙土淹埋的结果，就会逐渐变得贫瘠，以致不能种植庄稼。

2)造成作物机械性损伤和破坏。强风可造成林木和作物倒伏、折秆、断枝、落叶、拔根、落粒落果等。夏季大风，常使作物倒伏或茎秆折断、叶片撕裂，花器官损伤。秋季大风，又能摇落作物和果树的果实。冬季的“白毛风”(牧区 7 级以上的大风加雪)，常把畜群吹散，迷途或冻死。

3)生理危害。风能加速林木的蒸腾作用,使耗水过多,造成叶片气孔关闭,光合作用降低,致使林木枯顶,甚至造成枯萎,特别是林缘附近和林分强度稀疏的地段更为严重。春夏季大风可加剧农作物的旱害,冬季大风可加重越冬作物冻害。

(5)大风的防治措施

近些年我国防风灾的工作已取得一些进展,所采用的防风措施主要有工程措施和非工程措施两种。其中工程措施包括以下几个方面。

1)种植防风林带。在台风多发的沿海地区和沙尘暴多发的三北地区种植防风林带,其防风及保护环境的作用主要有:植物群落可降低风速、减小风暴潮;森林群落可调节水分小循环,保证江河流水;固沙保土,减少水土流失以及对大气进行生物净化。增加经济效益;巩固路基、改善景观、减少灾害损失。

2)设置防风墙。用于阻挡风沙的构筑物即防风墙,主要有对拉式防风墙、承插式防风墙、土堤式防风墙、站区式筑板防风墙,桥梁纯钢板式防风墙等。

3)加强海堤、水库和闸涵的除险加固和建设,减小台风带来的风暴潮、高强度降雨造成的海堤溃决、水库失事造成的大灾损失。

4)减小风灾对居住环境的损毁措施。在风灾影响大的地区,建筑物、构筑物应有特殊加固措施,防止其倒塌;加强对大跨空间结构风荷载和风振动的研究;城市规划中提前做好防风设计,城市中街道风速与风向和街道构成的角度相关,在城市规划中街道走向设计应考虑各种不同风速下的风向,行道树树种的选择亦应遵循能抵抗病虫害、风灾及有害气体的原则。

防风灾的非工程措施主要有"防、避、抢(救)"三个阶段以及公共安全及个人自救两个层面,具体措施如下:

1)在风灾频发地区建设防台风指挥系统、气象预警中心,加强台风的监测和预报。"避难疏散场地、气象预警中心等城市抗震防灾设施"是城市规划的强制性内容。同时利用卫星通信系统探测台风,保证通信畅通,提高防风指挥决策现代化水平。

2)增强人们风灾安全自救意识、普及风灾安全自救知识。大风警报后,外出的人应尽快进入室内,船舶应及早驶入港湾,住在湖滨、海边等地域的居民,居于木屋、危房、草棚的住户,住所紧靠高压线的人家都应在大风到来之前迁移到安全的地方。

3)加强防台风风险管理工作,制定台风灾害的预警应急方案。风灾应急对策应包括灾害警戒期和灾害发生后两方面。推行洪水保险,完善社会保障体系,提高社会救助能力,促进灾害恢复。

2. 沙尘暴

(1)沙尘暴概念、分类及等级划分

沙尘暴是指强风把地面大量沙土卷入空中,使空气特别混浊,水平能见度小于1 km的天气现象。广义的沙尘暴包括气象学中浮尘、扬沙和沙尘暴。浮尘系指颗粒

<0.001 mm 的尘埃，浮游于空中，能见度小于 10 km 的天气现象；扬沙则指风力较大，能将粉尘(颗粒 0.001～0.05 mm)吹扬于空中，能见度 1～10 km 的天气现象；沙尘暴则指风力强大，能将沙粒(颗粒>0.05 mm)吹上低空，能见度<1 km 的天气现象；狭义的沙尘暴则仅分为沙暴和尘暴，其中沙暴是指大风把大量沙粒吹入近地面气层所形成的携带沙风暴，尘暴则是大风把大量尘埃及其他细粒物质卷入高空所形成的风暴，尘暴以尘埃的飞扬为特色。

经统计，20 世纪 60 年代特大沙尘暴在我国发生过 8 次，70 年代发生过 13 次，80 年代发生过 14 次，而 90 年代至今已发生过 20 多次，并且波及的范围愈来愈广，造成的损失愈来愈重。现将 90 年代以来我国出现的几次主要大风和沙尘暴天气的有关情况介绍如下：1993 年：4 月至 5 月上旬，北方多次出现大风天气。4 月 19 日至 5 月 8 日，甘肃、宁夏、内蒙古相继遭大风和沙尘暴袭击。其中 5 月 5 日至 6 日，一场特大沙尘暴袭击了新疆东部、甘肃河西、宁夏大部、内蒙古西部地区，造成严重损失。1994 年：4 月 6 日开始，从蒙古国和我国内蒙古西部刮起大风，北部沙漠戈壁的沙尘随风而起，飘浮到河西走廊上空，漫天黄土持续数日。1999 年：4 月 3 日至 4 日，呼和浩特地区接连两天发生持续大风及沙尘暴天气。这次沙尘暴的范围从内蒙古自治区的西部地区一直到东部的通辽市南部，瞬时风速为 16 m/s。伊克昭盟达拉特旗风力最高达到 10 级。2000 年：3 月 22—23 日，内蒙古自治区出现大面积沙尘暴天气，部分沙尘被大风携至北京上空，加重了扬沙的程度。3 月 27 日，沙尘暴又一次袭击北京城，局部地区瞬时风力达到 8～9 级。正在安翔里小区一座两层楼楼顶施工的 7 名工人被大风刮下，2 人当场死亡。一些广告牌被大风刮倒，砸伤行人，砸坏车辆。2002 年：3 月 18—21 日，20 世纪 90 年代以来范围最大、强度最强、影响最严重、持续时间最长的沙尘天气过程袭击了我国北方 140 万 km^2 的大地，影响人口达 1.3 亿。

对沙尘暴强度的等级划分，我国学者主要依据沙尘暴易发生的中国北方地区的现状，特别是西北地区，将沙尘暴强度划分为 4 个等级(表 20.1)。

表 20.1　我国西北地区沙尘暴强度等级划分(苏志球，2002)

强度等级	瞬时极大风速	最小能见度
特级	>10 级，>25 m/s	0 级，<50 m
强	8～10 级，>20 m/s	1 级，50～200 m
中	6～8 级，>17 m/s	2 级，200～500 m
弱	4～6 级，>10 m/s	3 级，500～1000 m

沙尘天气过程分为五类：浮尘天气过程、扬沙天气过程、沙尘暴天气过程和强沙尘暴天气过程。

浮尘天气过程：在同一次天气过程中，我国天气预报区域内5个或5个以上国家基本（准）站在同一观测时次出现了浮尘天气；

扬沙天气过程：在同一次天气过程中，我国天气预报区域内5个或5个以上国家基本（准）站在同一观测时次出现了扬沙天气；

沙尘暴天气过程：在同一次天气过程中，我国天气预报区域内3个或3个以上国家基本（准）站在同一观测时次出现了沙尘暴天气；

强沙尘暴天气过程：在同一次天气过程中，我国天气预报区域内3个或3个以上国家基本（准）站在同一观测时次出现了强沙尘暴天气。

特强沙尘暴天气过程在同一天气过程中，相邻3个或3个以上国家基本（准）站在同一观测时次出现了特强沙尘暴的沙尘天气。

（2）沙尘暴的时空分布和影响路径

沙尘暴主要出现在沙漠地区及其相邻近的干旱、半干旱地区。世界上有中亚、北美、中非和澳大利亚四大沙尘暴多发区。我国的沙尘暴属于中亚沙尘暴多发区的一部分。利用卫星、遥感等高新技术研究结果表明，我国沙尘暴的源区分为境外源和境内源。境外源主要有蒙古国东南部荒漠区和哈萨克斯坦东部沙漠区。境内源主要是内蒙古东部的苏尼特盆地或浑善达克沙地中西部、阿拉善盟中蒙边境地区、新疆南疆的塔克拉玛干沙漠和北疆的库尔班通古特沙漠。我国沙尘暴的季节变化特征是春季最多，占全年总数的1/2，夏季次之，秋季最少。按月份来看，4月发生率最高，3月和5月次之，9月最低。我国西北地区沙尘暴日变化特征为午后和傍晚占总数的65.4%，清晨到中午占34.6%。

根据卫星遥感图像分析，初步认为影响我国的沙尘暴路径主要有3条：第一条偏西路径是翻越帕米尔高原后进入南疆盆地，然后向东移动继续影响青海和甘肃；第二条西北路径是经北疆和蒙古国西部进入我国，影响新疆、青海、甘肃、宁夏、内蒙古以及陕西等地区；第三条偏北路径是由贝加尔湖或蒙古国中部、东部进入我国，主要影响内蒙古、甘肃、宁夏、陕西以及华北地区。

（3）沙尘暴的成因

1）大风。大风是吹蚀和搬运地表沙尘物质的原动力，因而是引发沙尘暴发生的基本动能因子。沙暴的起沙风速是5 m/s，尘暴则更小。我国北方干旱半干旱区，冬春盛吹西北风，强劲而干燥，大风日数多者几十天，少者有几天。3—5月是干旱程度最重，大风日数最多和地面热力场最不稳定季节，因而也是沙尘暴的发生季节，其中4月份出现的频率最高。此时，西伯利亚强冷空气吹向东南，途经我国西北。该区高亢坦荡的地势结构，质地轻粗的地表构成，干旱缺水的气候特征，植被稀疏的生态环境，便形成沙粒和尘埃容易吹扬的条件。

2）沙源。沙源是形成沙尘暴的物质基础。近年来，在全球气候变化的影响下，我国北方地区干旱和暖冬现象日益加剧，加之不合理的人为活动干扰(滥垦、滥伐、滥樵、滥牧、滥用水资源等)，造成了大面积植被破坏，加剧土地沙化，沙尘暴途经地带，壤质和沙质土壤比例相当高，共占 93.5%。大面积的沙化土地当春季回暖解冻、狂风起时，裸露的干燥疏松沙土极易被强风扬起、为沙尘暴形成提供丰富的沙源。

3)不稳定的空气。不稳定的空气是形成沙尘暴的热力条件。如果低层空气温度高则不稳定，容易向上运动，风吹动沙尘将会卷扬很高，形成沙尘暴。除上述三大因素外，工矿、交通建设、大规模施工等产生的扬尘也为沙尘暴的发生、发展提供了细沙和尘土。某些地区和环节的政策失误、管理混乱、地方保护主义、协调失控、运转机制失效是导致沙尘暴的社会原因。

(4)沙尘暴的危害

沙尘暴是一种危害性极大的灾害性天气。当其发生时，首先以强风形式摧毁途径的建筑物及公共设施、树木等，甚至造成人畜伤亡。其次是以携带大量沙粒物质的风沙流形式风蚀沙割和掩埋农田、灌溉渠道、道路、村舍、草场等。第三，由沙尘暴产生的扬沙、浮尘造成大气环境的严重污染，给人们的身体健康也带来不利影响。沙尘暴主要危害方式有：

1)强风：携带细沙粉尘的强风摧毁建筑物及公用设施，造成人畜伤亡。

2)沙埋：以风沙流的方式造成农田、渠道、村舍、铁路、草场等被大量流沙掩埋，尤其是对交通运输造成严重威胁。

3)土壤风蚀：每次沙尘暴的沙尘源和影响区都会受到不同程度的风蚀危害，风蚀深度可达 1～10 cm。据估计，我国每年由沙尘暴产生的土壤细粒物质流失高达 $10^6 \sim 10^7 \times 10^3$ kg，其中绝大部分粒径在 10 μm 以下，对源区农田和草场的土地生产力造成严重破坏。

4)大气污染：在沙尘暴源地和影响区，大气中的总悬浮颗粒物(TSP)增加，大气污染加剧。以 1993 年“5.5”特强沙尘暴为例，甘肃省金昌市的室外空气的 TSP 浓度达到 1016 mg/m^3，室内为 80 mg/m^3，超过国家标准的 40 倍。2000 年 3—4 月，北京地区受沙尘暴的影响，空气污染指数达到 4 级以上的有 10 天，同时影响到我国东部许多城市。3 月 24—30 日，包括南京、杭州在内的 18 个城市的日污染指数超过 4 级。

(5)未来发展趋势

多个全球气候模式以及区域模式的分析结果表明，未来几十年内，在全球变暖的影响下，北半球中纬度内陆地区，降水量变化不大，但温度显著升高，地表蒸发加大，土壤变干。这是有利于沙尘暴发生的不良气候背景，再加上土地资源利用不合理的局面短期内难以根本扭转，草地资源退化和减少的状况难以根本改变，以及水资源短缺的矛盾日趋严重,都将导致未来沙尘暴的继续活跃。另据国家环境保护总局和中国科学院联合“探索沙尘暴”科学考察队的考察结果表明:综合考虑近期生态环境和气候状况的变化,以及近年沙尘暴活跃势头,也认为在未来的几年,中国的沙尘暴仍将会增加。因此,防治沙尘暴刻不容缓。

(6)沙尘暴防治对策与建议

1)加强沙尘暴形成过程和成因机制的研究

沙尘暴的形成必须具备干旱大风动力条件和地表沙物质基础。其中,大风是由大气环流所决定的,风速的大小强弱变化还与气候冷、暖波动和大的地貌格局有关;大风运行路径地区的沙尘物质,周围基岩山地经地质时期以来长期侵蚀、搬运、堆积形成的。就人类自身能力而言,目前还无法控制大气环流和气候冷暖变化,也不可能改变地表的物质组成和消灭沙尘源地(特别是沙漠)。但只要我们深入研究沙尘暴发生、发展规律,揭示其形成机制,搞清沙尘暴的发生源地、发生发展的天气气候特征和条件、运移路径、危害的表现等,为沙尘暴的预警研究提供科学依据,从而运用现代科学技术和广大科技工作者及劳动人民丰富的抵御和防治沙尘暴的实践经验,消除沙尘暴的形成条件,便可使沙尘暴所造成的损失减少到最低限度。

2)建立和完善沙尘暴的监制与预报系统

减轻沙尘暴灾害应建立和完善沙尘暴的监测与预报系统,尽快改变我国北方特别是西北地区气象台站稀少、设备落后的现状,增设监测及预报系统。在已有气象台站基础上,增加雷达、卫星遥感等现代化手段,改进气象灾害联防通信网络,提高监测和预报水平,加强对沙尘暴的跟踪监测,对发生区及早预报,以便尽量采取必要措施把受灾降低到最小程度。同时,应提高沙尘暴发生区生产、生活设施的建设标准,增强抗灾能力。预计未来 24 小时内将有沙尘天气过程发生时,在内部公报、专报及决策服务材料中发布沙尘天气预报。

3)增加地表植被盖度,建立防风固沙的防护林体系

人类不合理的经济活动破坏了地表植被保护层和土壤层,最终将导致沙尘暴的发生有次数增多、强度加重、影响范围扩大的趋势。因此,防治沙尘暴或减轻其危害,应加大林草植被建设,建立完善的防风固沙防护林体系,特别是应结合当前退耕还林草工作,搞好产业结构调整,坚决杜绝滥砍、滥牧、滥樵、滥开矿和滥用水资源等不合理的经济活动,尽可能地增加地表植被盖度,消减直接裸露的沙尘源,以减少沙尘暴的发生频率、强度和影响范围。

4)开展国际间的合作,共同防治沙尘暴灾害

我国沙尘暴的发生既来自中国北方地区,也有来自中亚哈萨克斯坦、蒙古国甚至俄罗斯等国家的,它所造成的危害和涉及范围不仅对中国而且对韩国、日本甚至美国的生态环境都有重要影响,是跨国际的自然灾害。因此,应加强国际间的合作研究,

共同防治尘暴灾害。

20.3　气象防灾减灾技术

20.3.1　气象灾害的监测、预报和预警技术

1. 灾害监测

灾害监测包括灾害发生前对灾害前兆与孕灾环境的监测、灾害过程中对灾害现象的监测和灾害结束后对灾害后果的监测，是与整个灾害过程并存的一项减灾基础性工作。灾害监测的目的是掌握灾害系统孕育、发生、发展、演变和消失的动态，以便采取相应的防灾、抗灾和补救措施。依观察手段可分为感官观察和仪器监测。前者受人的感觉能力限制，只能感觉到一些表面的、直接的灾害前兆或现象。大多数灾害信息需要靠专门的科学仪器来捕捉。我国对主要自然灾害的监测技术水平已有很大提高，遥感、计算机、雷达和各种先进监测仪器已被广泛应用。

随着气象现代化通信设施建设和计算机的深入应用，使得对气象灾害的监测跟踪与监测诊断成为可能。以下是某省建立的气象灾害监测诊断系统：该系统有实时和历史逐日气温、降水资料和历史灾情库。依据气象灾害规律和指标，用程序的方式建立各种气象灾害模式。模式建立后，利用实时资料，对全省的气象站进行推理判别，提供随机灾情报告，最后结合历史灾情，对当年灾害进行评估。

我国目前的大气监测网基本上是以监测天气尺度以上系统为原则规划组建的，几十千米至几千米数的中小天气尺度系统因目前站网距离大，成了漏网之鱼。为了监测中小天气尺度系统，提高对局地致灾暴雨、雷雨大风、冰雹预报水平，减轻山地灾害造成的人民生命财产的损失，很有必要增加站网密度，建设自动气象站。另外，还需要建设气象雷达站，提高卫星探测能力，建立起综合性的、密度适合社会发展需求的、现代化的立体大气监测系统，以提高大气监测能力。

2. 灾害预报

(1)灾害预报的意义和内容

气象灾害预报是关于某种对生产有危害的气象灾害能否发生及发生时间、空间分布、强度和危害程度的专题性预报，其中灾害性天气预报由气象台站发布。进行气象灾害的中短期预报，可在灾害发生前或初期做好防灾抗灾准备，以采取应急减灾措施，尽可能减轻灾害损失。

灾害预测的内容主要是灾害种类及灾害三要素—发生时间、地点及强度，更具体些还包括灾害分布、未来的灾害演变趋势和灾害事件的预测。

(2)灾害预报的基本原理

自然灾害的形成、发展及时空分布有一定规律，并与各种自然、社会因素相互影响。运用与自然灾害相关的各门科学理论和方法，对灾害监测资料进行分析，找出其内在联系，就能够对自然灾害的未来发展趋势进行预测。

(3)气象灾害预报方法

1)卫星遥感方法。利用遥感方法进行灾害预报主要是捕捉灾害前兆信息和估计灾害的发展趋势。对地物进行遥感监测有航空遥感和航天遥感，后者又包括资源卫星和气象卫星。航空遥感包括飞机或航模，应用于较低空的监测。资源卫星的监测精度高，但周期长，卫星经过同一地区上空需间隔 14 d 之久，获取资源卫星资料的成本也较高。气象卫星只要天气好每天都能获得 1～2 次资料，覆盖范围大，获取资料成本很低，但每个像元的面积约 1.1 km×1.1 km，分辨率较低，不适于监测小范围灾害，但对大范围监测效果很好。如能将气象卫星资料与资源卫星资料结合使用分析效果更好。卫星遥感影像给出的是地面光谱特性测值，反映何种灾害的何种特征，还需要进行大量的地面样点实测才能确定遥感的灾害监测指标。采集信息又可分为主动遥感和被动遥感两类，前述为被动遥感，即采集地物发出的光谱信息。主动遥感指从卫星上发出某种电磁波，根据卫星采集地物对该电磁波的反射率来判断地物的特征，目前采用的主要是雷达回波。

2)数值模拟方法。以相似性原理为依据，分析模拟对象运动变化的物理过程、机制和环境条件，并将物理学定律以数学形式表达出来，以便用数值计算求解。

3)统计学方法。基本原理是把灾害三要素，发生时间、地点或范围、强度或损失、致灾因素或相关因子看做随机变量，通过对历史样本数据的统计分析建立预报值与相关预报因子间的统计关系式。还有些模式是输入灾害三要素的时间序列值，通过统计分析前后期样本值间相关关系建立灾害要素值随时间变化的统计关系式。统计学方法能比较客观且能定量表示各种随机灾害要素与致灾因子或相关因子间的相互关系，但也存在一定局限性和缺陷，如因子选择不当或数据未经预报处理剔除其他因素的影响，都可造成所建模式对灾害历史资料的拟合虽好，但预报未来灾害效果不好。此外，统计模式的结果外推时也往往与实际有较大出入。

3.灾害预警

灾害预警是在监测到灾害前兆或发出灾害预报之后，根据灾害可能造成的伤害，在灾害发生之前向社会公众公开发出的警告。气象灾害的预警信号由名称、图标和含义三部分构成。气象灾害总体上分为四级预警，按照灾害的严重性和紧急程度，颜色依次为蓝色、黄色、橙色和红色，同时以中英文标识，分别代表一般、较重、严重和特别严重。在发出预警信号的同时，还要提醒公众应采取的防御措施。

灾害性天气中总是包含着一个个极强的中小尺度天气系统，建设地面自动气象站网、多普勒天气雷达、闪电定纬仪等先进的大气探测仪器和设备，结合卫星、遥感等技术，就可以加强对中尺度灾害性天气的监测和预报，并开展区域定量观测，将能大大提高对暴雨和中尺度灾害性天气的预报准确率，提高预报时效和预报的空间分辨率。

目前，我国已建成了4000多个各类气象台站；成功发射了4颗极轨气象卫星和3颗静止气象卫星，是世界上同时拥有双轨气象业务卫星的少数国家之一；具有世界先进水平的多普勒天气雷达网和沙尘暴监测网、自动气象站网、L波段探空雷达、全球定位系统(GPS)探空站、飞机探测、风廓线仪和三维闪电定位仪等气象灾害监测网，初步形成天基、空基和地基相结合、门类比较齐全、布局基本合理的综合气象灾害监测系统；建成了由有线和无线通信，以及气象、水利等部门建成的连通全国各省、地、市县分级管理、集中控制的计算机广域网等组成的灾害信息传输网络，建立了灾害全程动态监测及资料处理、分析系统。

20.3.2 气象灾害防御

气象灾害防御包括为减轻气象灾害采取的各种社会行动和工程措施，狭义的灾害防御指灾害发生前采取的行动，广义的灾害防御则还包括灾后防止次生和衍生灾害而采取的措施。防灾措施包括工程性和非工程性两类。工程性措施有针对灾害源的，如在多风地带营造防风林，在河流上游修建水库，人工消雹等，但更多的是针对受灾体的。其中一类措施是加强受灾体的抗灾能力，如修建大棚进行保护性生产等；另一类措施是使受灾体躲避或隔离灾害源；如有些建筑的规划选址应尽可能避开灾害的多发地段；还有一类措施是针对灾害载体的，如筑堤蓄水防洪。非工程措施指以经济、行政、管理、法律等社会性管理行动达到减灾目的的措施。

在防灾工作中，航天防灾应用系统具有特殊的意义。航天防灾应用系统，就是利用航天技术提供条件，为人类防止自然灾害服务。它是一项规模庞大、内容复杂、环环紧扣的系统工程，需要有周密的计划，严密的组织分工与有力的措施，才能收到应有的效果。在对自然灾害的监测和分析研究中将采用光学、红外、微波、激光等多种遥感技术；遥感、测地、定位、通信等多种技术手段；航空、航天、地面多层次的监测；自然、社会、经济等多种信息的综合。航天防灾应用系统，实质是自然灾害预测、预报与控制系统。它综合利用现有的气象卫星、地球资源卫星、导航卫星、测地卫星、航天飞机、空间站等获得的信息，遥感飞机及地面监测数据收集平台所获得的信息，包括对自然环境，如冰川、冻土、湖泊沉积、沙漠化、沼泽化、水系、海岸、滩涂等观测数据；对地面生态、农林、海洋浮标、水文、气象等台站网的观测数据；对地球物理，如重力、磁场、地震波、地应力和地球形状等的观测数据，以及通过各种途径收集的资源环境、地理地图、社会、经济的信息。将这些众多的信息通过卫星通信，将它们集中到控制中心，汇总、融合、显示，作出减灾方案，提供领导决策。航天防灾应用系统的建立，对国民经济发展是非常有利的,还可促进国际合作,为人类减灾作出贡献。

20.3.3 人工影响天气

人工影响天气,是指为避免或者减轻气象灾害,合理利用气候资源,在适当条件下通过科技手段对局部大气的物理、化学过程进行人工影响,是人工降水、人工防雹、人工消云、人工消雾、人工防霜、人工削弱风暴(台风)和人工抑制雷电的总称。

人工影响天气最主要的方法是播云,即用飞机、火箭、高炮或地面发生器等手段向云中播撒碘化银等催化剂,改变云的微结构,使云、雾、降水等天气现象发生改变。播云的手段有三种:①地面播撒,通过空气运动,带入云中。此法虽然简易,但催化剂从何处入云,能有多少入云,都很难掌握。②将催化剂装入火箭弹头或高射炮弹内,发射到云中的预定部位。此法虽迅速和直接,但是载量有限。③用飞机将催化剂直接播入云内。此法机动性强,载量也大,但有时受飞行安全的限制。

人工增雨根据不同云层的物理特性,选择合适的时机,用飞机、火箭弹向云中播撒干冰、碘化银、盐粉等催化剂,促使云层降水或增加降水量。人工增雨可分为静力催化和动力催化两种。静力催化指大多数云层温度在0℃以下,云中缺乏冰晶或冰晶数量不足,云不会产生降水或降水率不高,人工通过"三七"高炮和火箭发射把装有碘化银的人雨弹发射到云中,增加人工冰核,促成降水或提高降水速率。动力催化指采用大范围催化方式,使过冷却液态微滴快速转换为冰晶,当过冷云滴冰晶催化时,会释放出大量的潜热,使更多的水汽凝华增长成冰晶放出潜热,使云层的温度上升,增大气流上升速度,促进云的进一步发展,从而形成降水或增加更多降水。

人工防雹是采用人为的办法对一个地区上空可能产生冰雹的云层施加影响,使云中的冰雹胚胎不能发展成冰雹,或者使小冰粒在变成大冰雹之前就降落到地面。防雹措施可分两类:①往云中播撒成冰催化剂。这种方法认为,冰雹云中含水量很大,而自然冰雹胚胎为数不多,所以这些胚胎能充分地与过冷水滴并合而长成大冰雹。播撒成冰催化剂以后,冰雹云中产生大量的人工冰雹胚胎,它们和自然胚胎争夺水分,使云中水量分散到大量的胚胎上,结果每一个胚胎都不能得到充分的水量而长成对农作物有损害的大冰雹。按此观点,一些国家广泛试验了用地面燃烧的方法,或用火箭、高射炮和飞机等手段,把大剂量的碘化银粒子播撒到冰雹云中去。另外,也有人试验在云的中下部播撒吸湿核,促进暖云降水过程,以减少冰雹生长所必需的水分供应。②爆炸法。用高射炮、火箭等,向云的中部和下部大量集中轰击。一方面爆炸能在一定条件下影响云中的铅直气流,破坏或改变冰雹云的自然发展过程;另一方面爆炸能引起过冷水滴的冻结,从而产生大量的人工冰雹胚胎,限制各个冰雹长大。

人工消雾是用人工播撒催化剂、人工扰动空气混合或在雾区加热等方法使雾消散。人工消雾分为人工消暖雾(雾区温度高于0℃)和人工消过冷雾(雾区气温高于

0℃,雾滴为过冷却水滴等)。目前有三种消暖雾方法:①加热法:对小范围区域雾区如机场跑道等,大量燃烧汽油等燃料、加热空气使雾滴蒸发而消失。②吸湿法:播撒盐、尿素等吸湿质粒作催化剂,产生大量凝结核,水汽在凝结核上凝结长成大水滴,雾滴会蒸发并在大水滴上凝结,使雾消失。③人工扰动混合法:用直升飞机在雾区顶部搅拌空气,把雾顶以上干燥空气驱下来与雾中空气混合,雾便消失。

20.3.4　气象减灾的综合管理

减轻气象灾害的系统工程由监测系统、信息系统、基础理论研究与灾害预报系统、防抗系统、救援系统等子系统组成(图 20.1)。每一个子系统还包括若干更小的子系统或单元。从控制论的角度看,气象减灾可看成是一个输入一输出系统。由气象减灾综合管理系统对灾害、灾情和减灾效果的反馈信息分析研究做出判断和决策并制定减灾行动,依其作用可分为四类:作用于气象灾害源的旨在削弱或消除之;作用于气象灾害载体的旨在限制或削弱之;作用于受灾体环境的旨在改善之以利提高受灾体的承受和恢复能力;作用于受灾体的旨在加强其抗灾耐灾能力;不可抗拒的气象灾害则要使受灾体躲避或隔离。

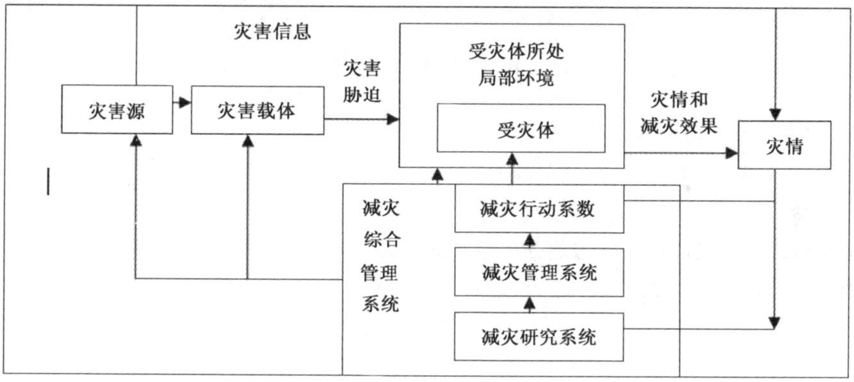

图 20.1　气象减灾系统工程的反馈原理

气象减灾系统运行包括以下 3 个部分:

1)灾前预评估研究:根据短期气候预测、中期(3～10 d)天气预报和短期(12～72 h)灾害性天气预报的预测预报结果,运用科学合理的方法,定性或定量预评估某一地区气象灾害发生的强度、范围及可能造成的灾害损失。并根据其发生的范围、强度、影响程度等来决定是否向国家或有关部委提供决策参考,同时向社会公众发布灾害预警警报服务。这可大大提高突发气象灾害的应急处理能力,减轻其所造成的损失。

2)灾中跟踪评估研究:当气象灾害发生时,对其灾情的快速评估。即利用气象探测系统,跟踪灾害的发展,确定成灾地点和范围、灾情特征等,区别不同程度开展对国家及有关部委提供决策参考、同时向社会公众发布灾害评估信息。

3)灾后评估研究:气象灾害发生后,根据气象灾害发生过程中的强度、范围、持续时间及发生灾害地区的经济、社会、人口等情况、并结合实地调查,抽样统计进行灾情评估,并客观、定量核定灾情,为区域灾后重建和国家救济提供科学依据。

20.3.5 加强全民防灾意识

个人在面对气象灾害时,如果有相应的气象防灾知识和意识,就能更好地避免自己和他人受到伤害。例如,雷电交加之际,不要站在高大建筑物、高楼、大树和电杆下避雨,也不要在田间、山坡上行走或作业,以防雷击。在室内应避免站在铝合金窗旁或电灯下、要远离自来水管,拔掉家电电源,不要拨打电话和手机。进行各种自然灾害发生先兆、发展特征和紧急避险知识的普及和言传,对提高全社会防灾减灾的意识相能力都是极有好处的。所以应充分利用学校教育、电视传媒、报刊杂志、网络平台等渠道开展气象防灾减灾科普宣传话动,提高个人、企业、部门在面临气象灾害时的自我保护能力。

主要参考文献

白丽萍. 2008. 风灾及其防治. 城市环境,(2):76-78.

邓振镛,倾继祖,黄蕾诺,奚立宗,徐金芳. 2009. 干旱对农业危害的特点及其减灾技术. 安徽农业科学,**37**(32):16177-16179.

郭进修,李泽椿. 2005. 我国气象灾害的分类与防灾减灾对策. 灾害学,**20**(4):106-109.

何明珠,李得禄,马海芸. 2003. 河西走廊绿洲区沙尘暴灾害的发生及其防治. 甘肃林业科技,**28**(4):30-33.

黄荣辉,张庆云,阮水根,等. 2005. 我国气象灾害的预测预警与科学防灾减灾对策. 北京:气象出版社:3-22.

贾红莉,徐亮,韦淑侠,等. 2002. 青海省大风及风沙天气发生规律分析. 青海科技,(5):39-40.

姜会飞. 2008. 农业气象学. 北京:科学出版社.

李克让,郭其蕴,张家诚. 1999. 中国干旱灾害研究及减灾对策. 郑州:河南科学技术出版社:47-76.

梁清文,宋大晓. 2007. 航天技术为经济建设服务我国卫星监测在防灾减灾中发挥重要作用. 国防科技工业,(8):14-15.

林曲凤,梁玉海,李艳. 2000. "11 · 24"寒潮大风成因分析. 山东气象,**3**(20):29-31.

刘引鸽. 2005. 气象气候灾害与对策. 北京:中国环境科学出版社.

陆根平,王永溪,胡天祥. 2009. 黄山市洪灾成因分析和防治对策. 中国防汛抗旱,(3):39-41.

潘多英. 2007. 甘肃省大风的危害及防御. 农业科技与信息,(6):55-56.

潘志祥. 2000. 长沙洪涝分析及防灾减灾对策思考. 湖南水利水电,(3):34-36.
彭珂珊,彭桦. 2008. 2008 年中国罕见的雨雪冰冻灾害及防范对策初探. 新观察,(20):33-35.
钱英,王百庆. 2009. 强对流天气的形成过程. 物理教学,(11):63-64.
申元村. 2004. 我国沙尘暴形成机制及防治对策研究. 干旱区资源与环境,**18**(1):9-12.
史培军,等. 2008. 从应对 2008 年低温雨雪冰冻巨灾看我国巨灾风险防范对策. 保险研究,(5):9-12.
史培军. 2008. 从南方冰雪灾害成因看巨灾防范对策. 中国减灾,(2):12-15.
苏志珠,董光荣. 2002. 我国北方沙尘暴灾害及防治对策. 山西大学学报,**25**(4):361-365.
孙丽萍,于德庆. 1999. 试论旱涝灾害的防治与水资源的合理开发. 黑河科技,(1):52-53.
王春乙,娄秀荣,王建林. 2007. 中国农业气象灾害对作物产量的影响. 自然灾害学报,(10):37-43.
王华. 2008. 干旱灾害对农业生产的影响. 湖南农业,(17):13-13.
王遵娅,等. 2008. 气候变化研究进展. **3**(4):63-67.
辛吉武,邢旭煌,翁小芳,等. 2006. 我国主要农业气象灾害分布特征及其防御措施. 中国人口资源与环境,**92**(4):199-202.
辛吉武,许向春. 2007. 我国的主要气象灾害及防御对策. 灾害学,**22**(3):85-89.
徐玉貌,刘红年,徐桂玉. 2000. 大气科学概论. 南京:南京大学出版社.
颜晓飞,邵源春. 2009. 干旱和洪涝灾害对我国粮食产量影响的实证分析. 现代经济. **8**(5):152-153.
杨怒良,许丹. 1996. 贵州省气象灾害及防御对策. 贵州气象,(6):10-13.
杨照德. 1998. 减灾防灾拯救地球—航天技术与减灾. 防灾航天技术与国民经济,(1):8-10.
叶茵,杜小玲,严小冬. 2007. 贵州冻雨时空分布及对应临近环流特征分析. 贵州气象,**31**(6):11-13.
张庆阳,张沅,李莉. 2002. 我国北方沙尘暴及其防治初探. 城市环境与城市生态,**15**(5):48-50.
张润琼,等. 2009. 2008 年贵州罕见低温雨雪冰冻灾害成因及影响分析. 热带地理,**29**(4):319-322.
张鹰,丁贤荣. 1995. 海岸带灾害与防灾减灾对策浅议. 水利水电科技进展,**15**(4):39-42.
郑大玮,李茂松,霍治国. 2008. 2008 年南方低温冰雪灾害对农业的影响及对策. 防灾科技学院学报,**10**(2):1-4.
中国气象局. 2007. 中国气象灾害年鉴(2006). 北京:气象出版社.

思考题

1. 气象灾害有哪些特点?
2. 国家标准中将气象干旱划分为几个等级?
3. 强对流天气产生的条件和特点是什么?
4. 低温雨雪冰冻天气过程有何主要特点?
5. 可以采取哪些有效对策防治沙尘暴?

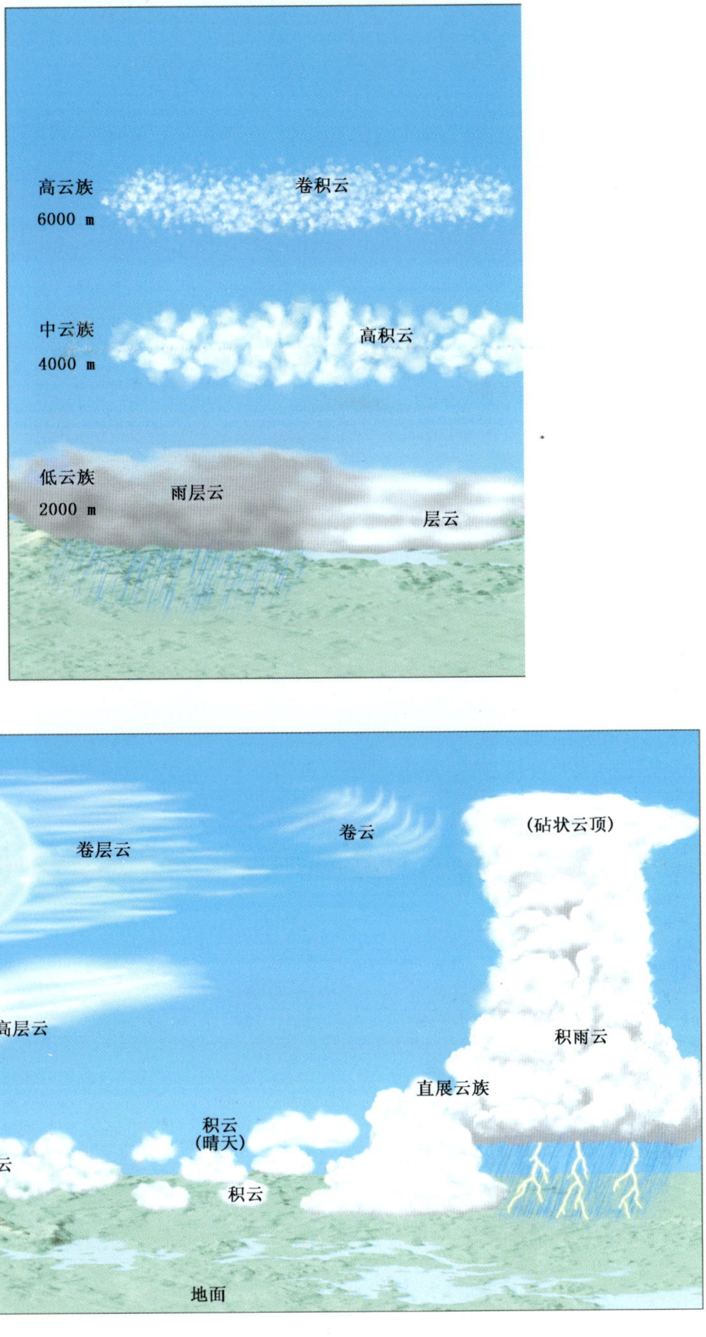

图 3.1　根据高度和形状对云的分类(Lutgens and Tarbuck，2004)

图 3.4　沙漠中海市蜃楼

（沙漠探索 http://www.zhongguook.com/public/web/smtm/）

图 3.5　彩虹（国家地理 http://www.cctv.com/special/586/—1/30685.html）

图 3.6　晕（Lutgens and Tarbuck，2004）

图 3.7　城市上空的光化学烟雾(Lutgens and Tarbuck，2004)

图 3.8　臭氧洞(国家地理 http://www.cctv.com/special/586/—1/30685.html)

图 3.9　酸雨过后的树木

(酸雨 http://ichoabc.baoan.net.cn/hxkz/hjbh/syu02.htm)

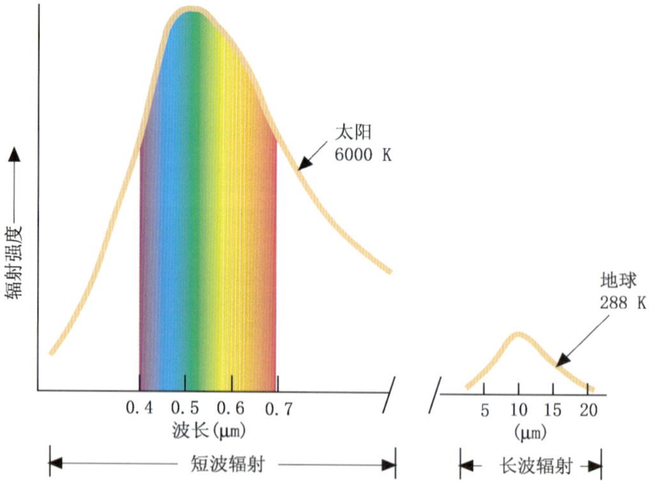

图 4.5　太阳辐射与地球辐射的比较
（相对于太阳辐射，地球辐射的纵坐标放大了 10 万倍）

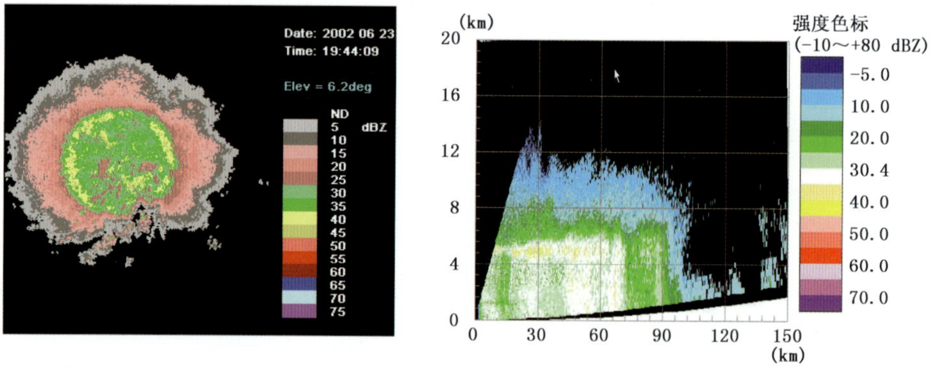

图 7.16　零度层亮带的 PPI(左)和 RHI(右)(40 dBZ 的黄色为亮带回波)

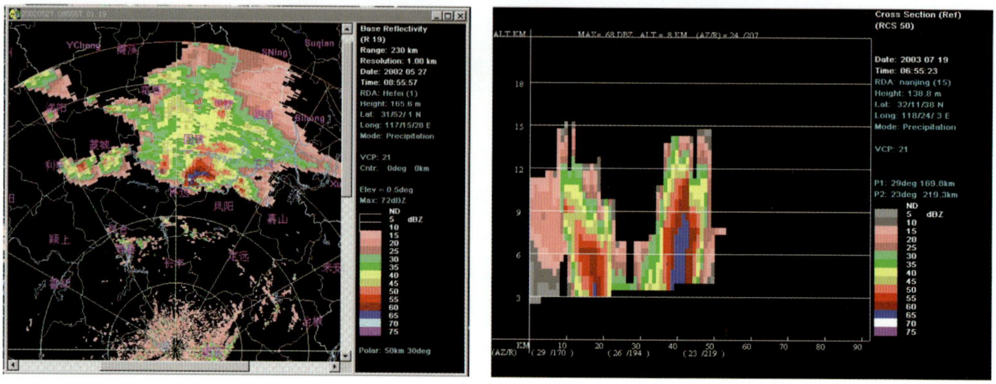

图 7.17　对流云回波的 PPI(左)和 RHI(右)

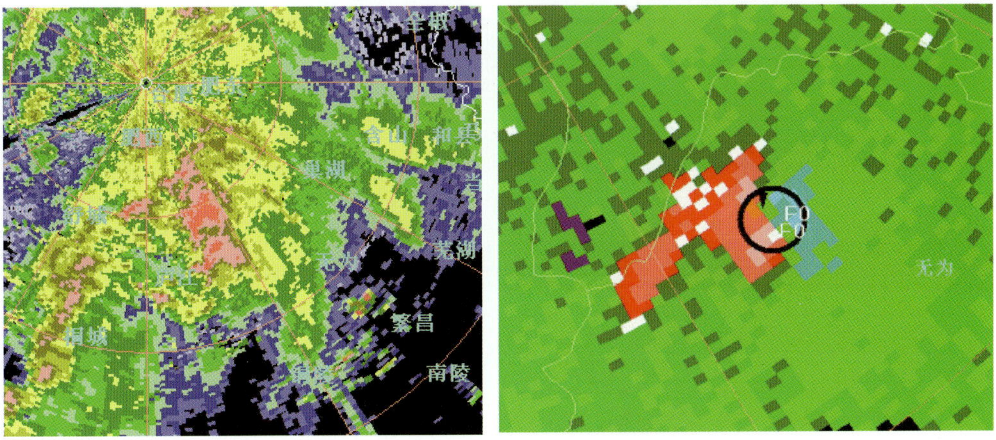

图 7.19　龙卷涡旋的反射率因子(左)和径向速度(右)

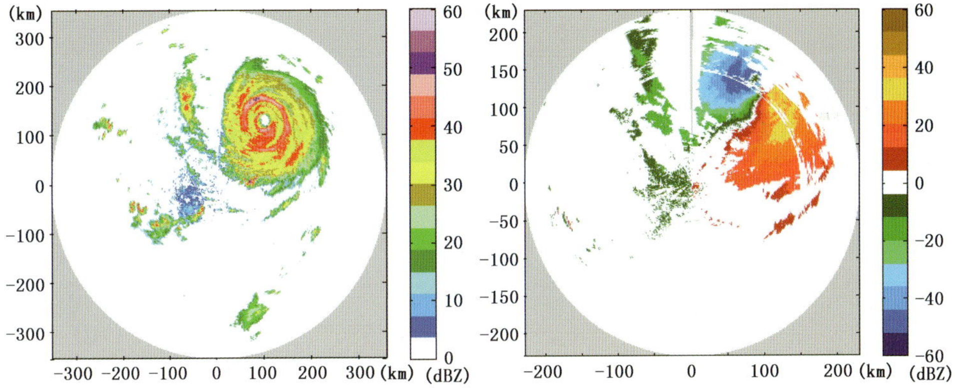

图 7.20　台风的反射率因子(左)和径向速度(右)

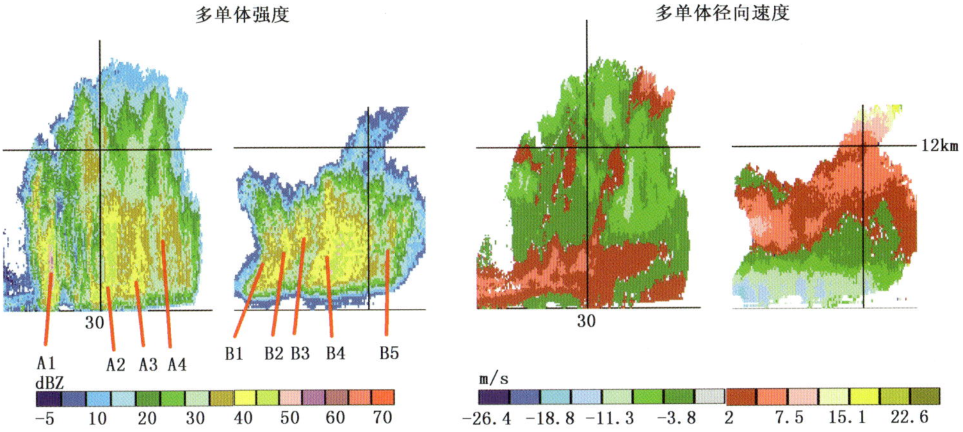

图 7.21　多单体风暴 RHI 的反射率因子(左)和径向速度(右)

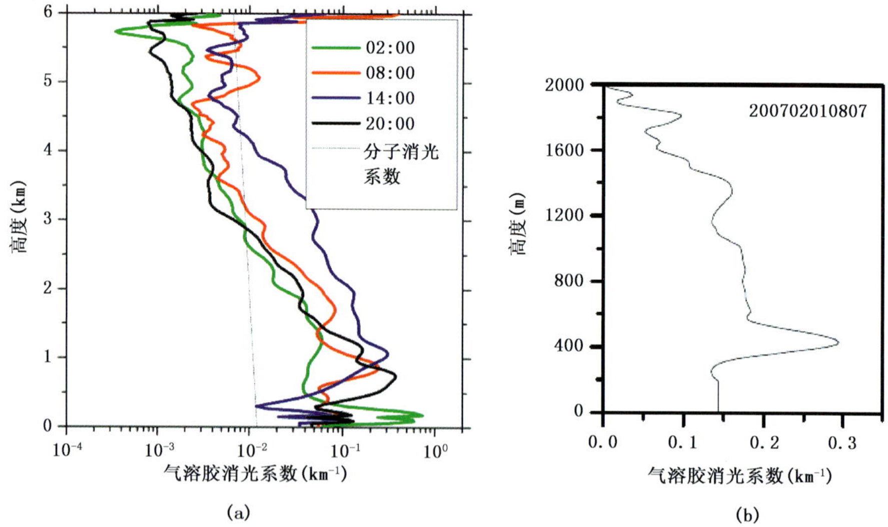

图 9.13　激光雷达测量的气溶胶消光系数随高度的变化
(a)2008 年 7 月上海地区不同时次的气溶胶平均消光系数随高度的变化
(b)2007 年 2 月 1 日中午北京地区气溶胶消光系数随高度的变化

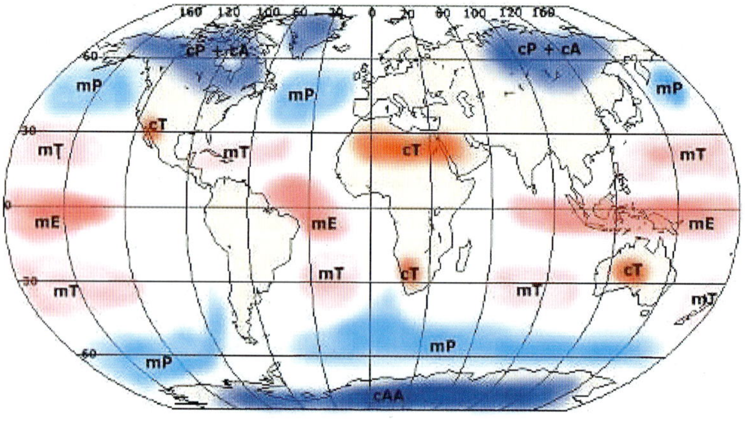

图 11.1　气团源地示意图

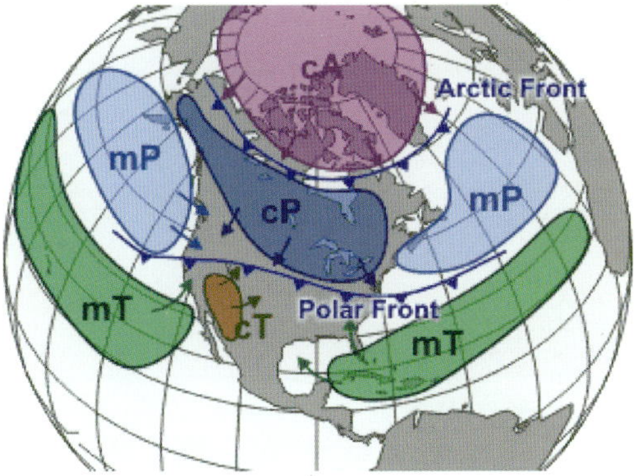

图 11.2　影响北美和其他大陆的气团和锋

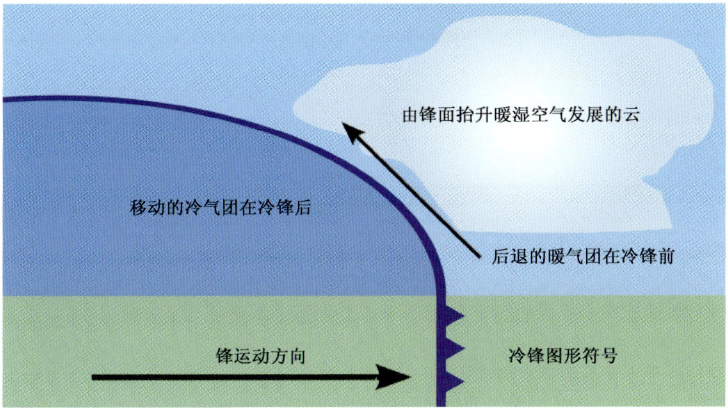

图 11.4　冷锋示意图

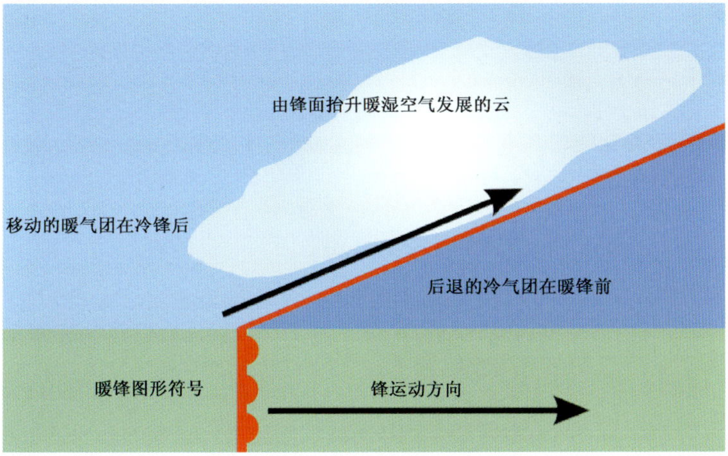

图 11.5　暖锋示意图

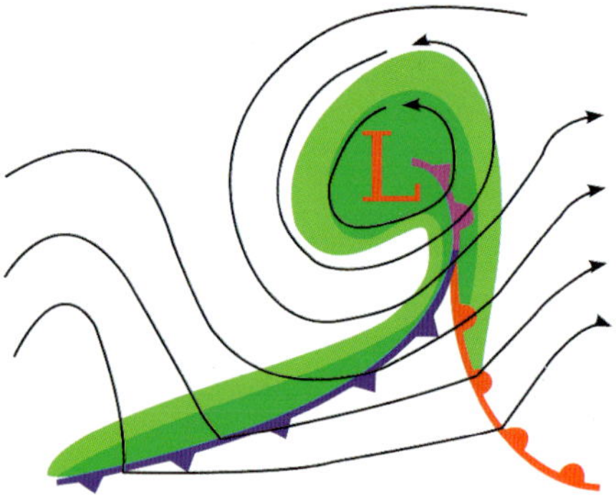

图 11.6　锢囚锋示意图

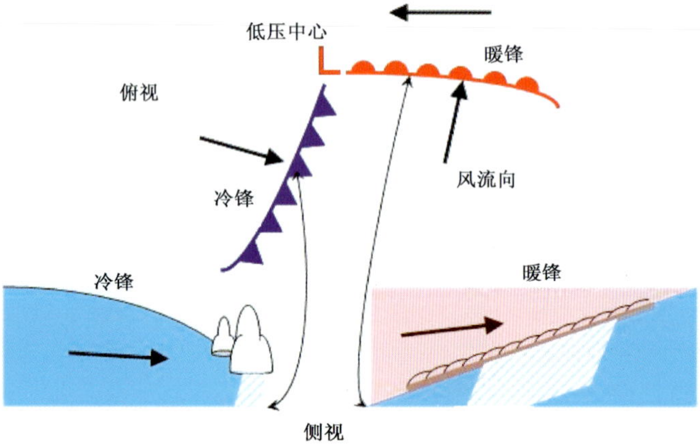

图 11.7　锋面模型图(上半部为平面俯视图,下半部为剖面侧视图)

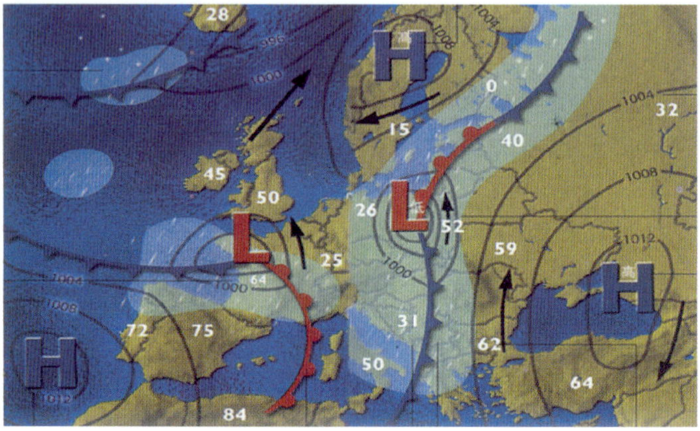

图 12.1　早期绘制的天气图(ECMWF 资料)

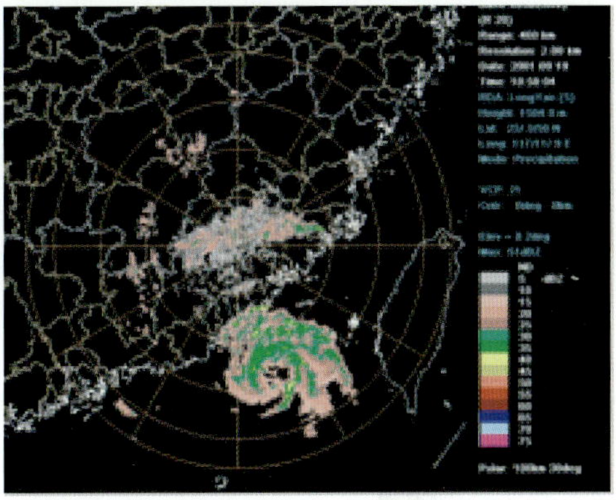

图 12.4　卫星云图与雷达回波图(国家气象中心)

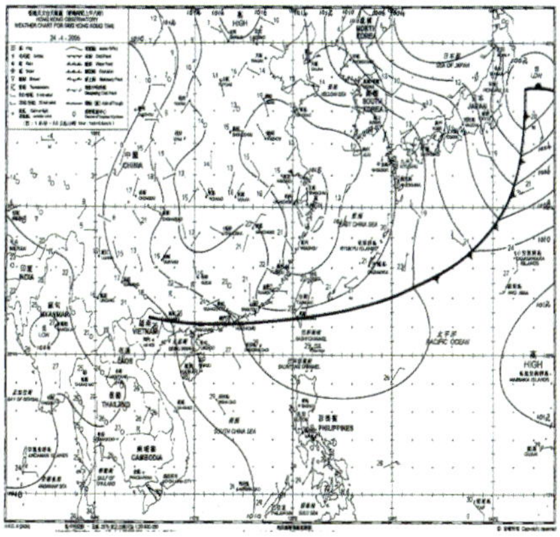

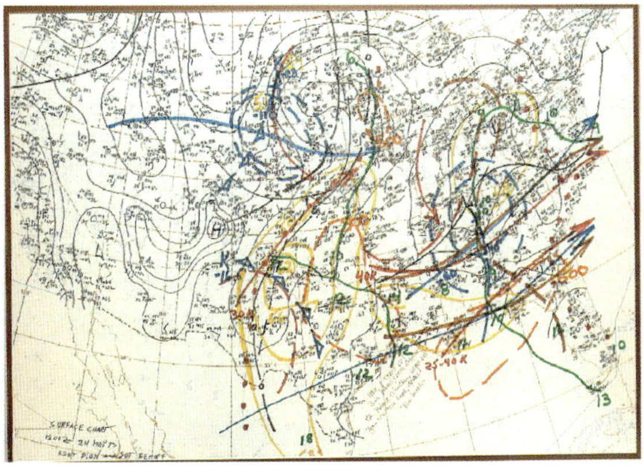

图 12.9　常用天气图(引自:毕宝贵现代预报业务介绍)

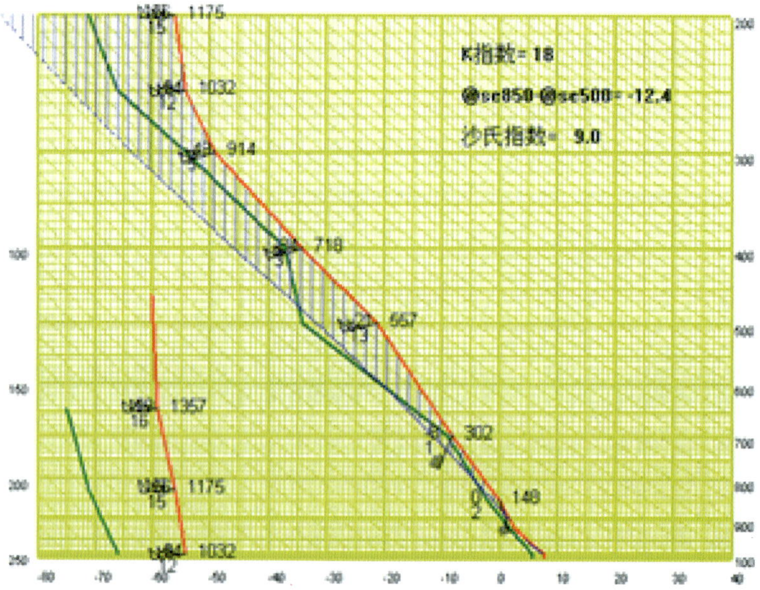

图 12.20　温度对数压力图

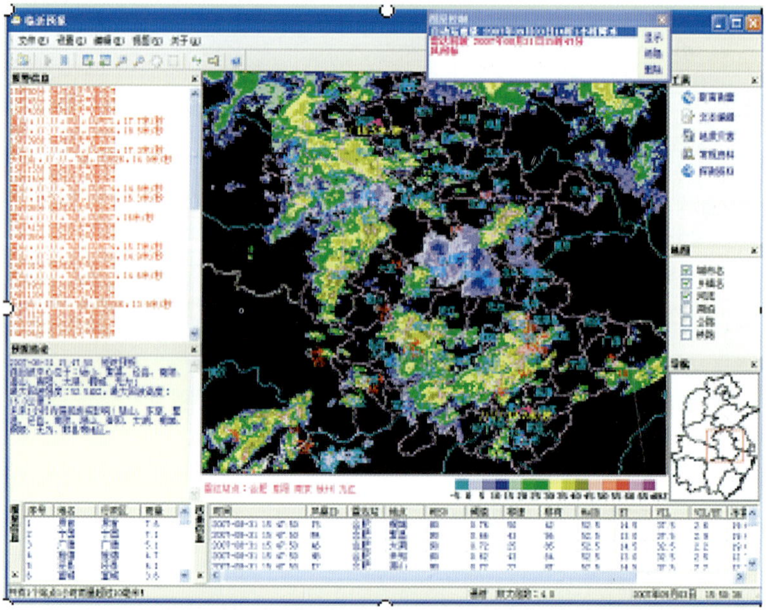

图 12.22　雷达回波(安徽省气象台)

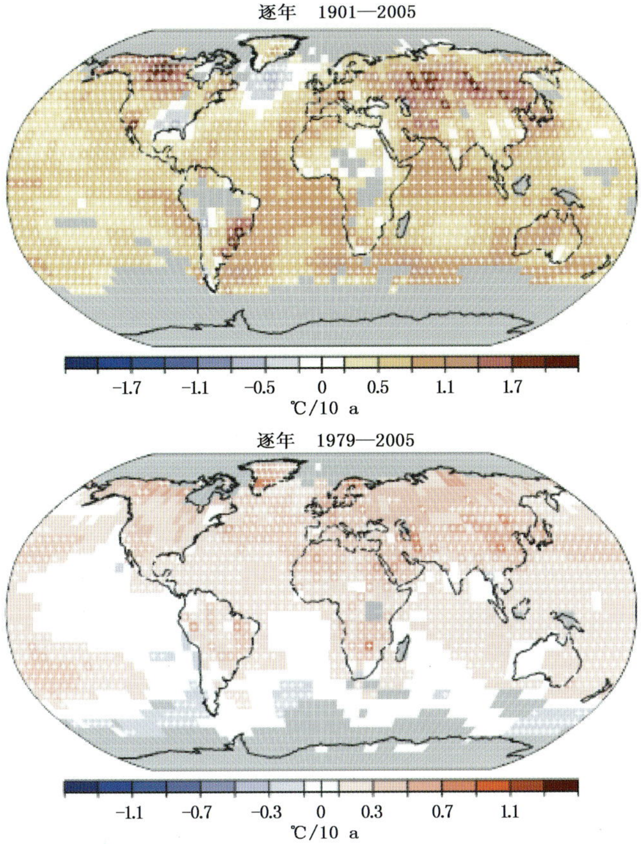

图 15.5 1901—2005(上,℃/10a)和 1979—2005(下,℃/10a)的逐年气温变化线性趋势
灰色表示数据不充足的地区。趋势显著性水平在 5%的地区用白色+表示。所用到的数据库来自 Smith 和 Reynolds(2005)提供的 NCDC(IPCC,2007)

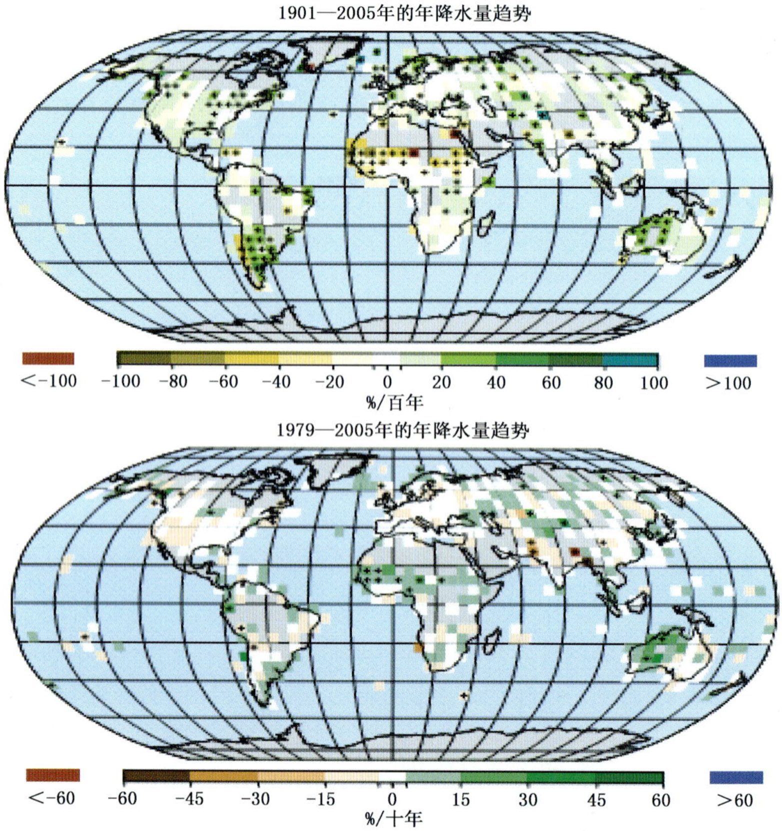

图 15.7 1901—2005 年全球年陆地降水量年变化趋势(以 1961—1990 年为基准期)
灰色区域资料不足以产生可靠的趋势，显著性水平超过 5%用+表示
(数据来源于 GHCN，IPCC，2007)